定本
解析概論

定本
解析概論

高木貞治 著

岩波書店

本書は,『解析概論』改訂第三版をもとに,組版ソフト LaTeX を用いて新たに組み直したものである．組版にあたっては，一部の漢字仮名遣いを改めた以外，本文は原則変更していない．また，定本に際して，黒田成俊氏に「高木函数」の解説をお願いし，補遺として巻末に付した．

改訂第三版　序　文

　本書の著者は，1960年2月28日に逝去された．そのとき，この第三版の改訂原稿は，著者の指示に従って，岩波書店編集部において整理中であった．著者の指示には，言語上の指示と，数学上のそれとがあった．

　数学に関する著者の指示は，本書第二版の巻末にあった解説補遺の一部を抹消あるいは本文中に挿入することであって，そのほかに，用紙数枚に書かれた改訂原稿が添えられていた．その原稿は，第二版のそれに対応する部分と置き換えられて，この第三版に印刷されている(202頁最終行～203頁7行，および205頁，[附記])．それは，指数函数および三角函数の加法定理，およびその諸性質を，Maclaurin展開を利用して，巧妙に導き出すもので，著者の着想には，味わうべきものがある．その原稿が，数学に関する限り，図らずも，著者の絶筆となってしまった．

　著者の言語上の指示は，一部は著者の発意によるもの，他は編集部の希望に著者が承認を与えた結果によるものである．すなわち，編集部は，最近の日本語の急激な変遷に応ずるため，改版の機会に，旧版の語法を現行のそれに置き換えたい希望を著者に伝えて，その同意を得たばかりでなく，著者自身からも，数学用語の或るものを現行の用語に改めるなどの積極的な指示が与えられた．編集部において整理を行っていたのは，この言語上のことに関してであった．

　著者の逝去という大変に遭遇して，進行中の本書の改訂に，どう対処すべきかを決めるために，彌永昌吉，三村征雄の両氏および筆者が，岩波書店編集部を交えて，会合したのは，昨年4月初めのことであった．その席で，筆者がこの事に当ることになって，彌永，三村両氏の協力をお願いした．その後，三村氏は，校正に至るまで，終始筆者に有益適切な注意を与えられた．彌永氏は改訂の期間の大部分を海外で過されたので，協力を得る機会が失われ，残念であった．

　本書のこの版を改訂第三版というけれど，内容においては，増訂第二版と変るところはない．強いて内容上追加したことを言えば，199頁，[附記]の後段に，πの近似値の計算に関する最近の挿話をつけ加えたこと位である．ただ，改訂に関する著者の意図を継承して，本書の一部に，下に述べるような変更が加えられたので，それを明示する意味で，改訂版と名づけることを適当と考えたのである．

　解析概論は，著者の残された数篇の名著の中の一つである．その叙述は，著者の緒言にあるように，'講義式'である．読むものをして，知らず識らずのうちに，"解析学の基本事項を大

観"しうるように書かれている．直接著者の講義を聴いているような印象である．著者の講義は，端的に現実を見つめて，その本質に直進する簡明さを尊ばれた．そのために，講義は非常に印象的であったが，一方，その真意を理解するためには，綿密な補足を必要とした．本書においても，そのような補足を読者に委ねられた箇所がある．その中で，補足が，一般読者にとって，可成り困難であるような箇所に対しては，著者は，機会ある毎に，巻末に解説補遺を追加して，読者の理解を容易にする労をとられた．これら解説補遺は，改訂に際して，本文中に繰り入れられるのが適当であると考えられたので，この第三版においては，それらは，必要に応じて，すべて本文中に繰り入れられた．また，このような補足をすることが適当と考えられる箇所が，第二版本文中に，まだ，いくつか残っていたので，それらの箇所についても，本文の補充あるいは変更を行った．

第9章は，著者の改訂を一度も経なかった章であるので，補充も従って多くなった．また，§§ 84, 91, 94, 96 などに比較的多くの補充変更がなされた．しかし，全体を通じて，本書の構成は旧版のままであり，補足は，旧版の補正，あるいは，著者の意図の敷衍，明確化を出ないと信ずる．

著者の文章は，豊かな連想と，鋭い語感とをもって綴られている流暢な文体なので，異質な構文や語彙が混入しないように，細心の注意を払ったが，数々の不手際については，読者が寛容であることをお願いする次第である．旧版を忠実に再生して，補足を脚註等で記入する方法を採らなかったのは，読者の通読の便益を主眼としたからである．

現に数学に忠実な精神を歓迎された著者を偲びつつ，この仕事を終って，思わぬ疎漏，あるいは誤植など，ありはしないかと虞れる．

著者に直接または間接に，数学の同僚諸氏および読者から寄せられていた本書に関する意見は，なしうる限り照合して参考とした．また，黒田成俊氏は改訂の事に参与し，終始筆者を助けて，適切な寄与をした．さらに，校正に際しては，三村征雄，田村二郎，黒田成俊三氏の協力を得，三氏は共に有益な注意を筆者に与えられた．

上記の諸氏，および，この改訂に関して，直接間接，協力された数学の同僚諸氏に対して，心から御礼を申し述べる．また，言語上の整理，校正などを担当された岩波書店の方々に対して，深く感謝の意を表する．最後に，数学上，言語上の改訂に関する責任は一切筆者が負うことを表明する．

1961年3月

黒田成勝

増訂第二版　序　文

　本書改版の機会において改訂または増補を施した要点としては，まず第一に新設の第 9 章において Lebesgue 積分論の一般的解説を試みたことを挙げねばならない．また第一版本文に関しては，無限級数の絶対および条件収束の差別の説明を合理化し，また新に Fourier 積分公式を解説したが，そのほか各所微細の改訂は枚挙し難い．

　Lebesgue 積分論は，組立てにおいては Saks に従い，細目に関しては，Lebesgue の原著のほか，de la Vallée Poussin, Carathéodory, Hahn, Kolmogoroff 等を参考して書いたが，この試作において，解説の不行届きまたは論点の見落しなどの少からぬことをおそれる．Lebesgue 積分論の追加に伴って，118 頁に述べたような意味における Riemann 積分論の縮小は当然考えられるべきであったが，伝統を顧慮してしばらく原形を存することにした．そのほか，本書を通覧して感ぜられるのは，第一版序文にいわゆる全書式に属すべき材料が予想外に累積して，全体を不明朗ならしめたうらみがあることである．これら第一義的でない事項は適宜取捨して参考の資料とすることを読者に期待せねばならない．

　河田敬義，岩澤健吉両君が第 9 章の校正刷を精査して有益なる助言を寄せられたことを特記して謝意を表する．

　　昭和 18 年 5 月

著　者

第一版 緒言

　本書は，著者の意図においては，時代に順応した一般向きの解析学予修書，あるいはむしろ解析学読本で，なるべく少量の一冊子内において，解析学の基本事項を大観して，自由に各特殊部門に入るべき素養を与えることを目標とするものである．解析概論といっても，内容は微分積分法の一般的解説であるが，ただ特に初等函数の理論に重点を置いたことを標出するために，この題名を選んだのである．応用上最も重要ないわゆる初等函数の致命的な性質はそれの解析性であるから，初等函数を自由に駆使するためには，なるべく早期に解析函数論の基礎概念を領得することの緊要なのは，あまりにも当然である．実際，初等解析函数論は，前世紀の解析入門であったいわゆる代数解析の現代化にすぎない．

　予修書としての解析概論は繁冗を厭うて簡明を尊ぶことはもちろんであるが，本書が著者の予想を裏切って意外に部厚になった一つの原因は講義式の叙述にある．数学の解説法において，著しく対蹠的な二つの様式が認められる．その一つをかりに教本式というならば，Euclid の幾何学原本がその典型とされていたものである．それは既成の理論を整理して，それを論理的の系統に従って展開する方法で，その特色は正確と簡潔と，そうして難読とにある．教本式に整理された理論は精巧なる作為物であっても，それが内蔵する複雑な機構の秘密を看破するためには，いわゆる行と行との中間の空白を読むことを要するであろう．難読なる所以がそこにある．いわゆる講義式は反対で，数学上の概念発生の源をたずね，理論進展の跡を追う方法であるが，その短所は冗長，一般に粗雑，細目においてはほとんど常に未完成なところにある．理論の根幹を掴むことを主眼として，それを枝葉にまで敷衍するにいとまなく，洗練を読者に一任することが止むを得ないからである．教本式の長所と講義式の短所とはかくの如くであるが，試みにその裏を言うてみるならば，教本式は既成数学を型に入れて，それを一つの現存物として，言わば一つの閉集合として取扱う嫌があるが，講義式では境界は開放的で，数学を活き物として，その生長の一つのフェイズを捕えようとするところに若干の新鮮味があり得るであろう．このほか，全書式ともいうべきものは，約言すれば数学現状の展覧会で，精粗錯雑，玉石同架である．それは玄人向きで，解析概論においてはまずは問題外であろう．解析概論において，最も理想的な方法は，理論の大局においては講義式，細節においては教本式にのっとって，なおその上に慾を言えば，全書式の各部門からなるべく多くのサンプルを取入れて，全体を具合よく調合するのであろうが，具合よくというところに無限の要求がある．このような理想を念頭に置きつつ，本書を書きは書いたが，もとより具合よくはいかないで校了の後，はなはだ

不出来に終ったことを痛感したことであった．

解析概論に取入れるべき材料の取捨が他の一つの困難な問題である．根幹を取って枝葉を捨てることは当然でも，根幹と枝葉との境界は必ずしも分明でなく，実は確定でもない．その上に伝統の顧慮がある．一例として指数函数，三角函数を取ってみる．彼等は初等解析において王位を占めるものであるが，その古典的導入法は，全く歴史的，従って偶発的で，すこぶる非論理的と言わねばなるまい．さて解析概論において，その歴史的発生を無視することが許されないとするならば，これらの函数の合理的導入法を述べる上に，古典的導入法が偶発的である所以をも説くことが，解析概論に課せられる迷惑な任務というものであろう．このような事例は一二に止まらない．Riemann 積分の解説のためにパルプを惜しむことを得ないのも同様の事情に由来する．本書を理想的の薄さに止め得なかった他の原因がここにある．もしも読了の後，読者が自ら不急の部分を抹消して，自家用の教本式体系を作成するならば著者の目的は初めて達成されるのである．

本書に取入れた材料に少しも特異なものはないが，その排列に関しては，思考節約を方針として，若干考慮を費した．一例を言えば，次元(独立変数の数)に無関係な事項は一所に置いて，それを一般に最も印象的な二次元に即して解説した．次元が物を言うところは，もちろん次元に従って配置したが，初めから一変数・多変数というような形式的の対立を設定する必要を認めなかったのである．解説の方法は前にも述べたが，基礎的の事項に関してはなるべく論証の明確を努めて，応用的の部門においては解法の敏活を主として，微細な論点を読者の補充に委任した．各章の終りに少数の練習問題を配置して，読者の任意使用に供したが，精選を期したのではない．解法の示唆を附記して置いたけれども，誤算の有無は保証されないのだから，もとより拘泥すべきでない．問題の多きを貧らなかったのは，練習の効果を重視したからである．

これは些事ながら，記号と用語とに関して弁解を附け加える．まず三角函数の記号は，本邦慣行の英米式によったが，逆三角函数は独仏式の arc を用いた．ただし逆正切は行掛り上 arc tg の代りに arc tan と書いた．これは '合いの子式' ではあるが，それを日本式にアーク・タンと読めば都合がよいと思った．学用語は一般に慣用に従った．往々著者の口癖を混入したかも知れないが，もちろん，それを固執する意志を有するのではない．冪の仮字巾は和算家の先例に藉口して，印刷上の不便を避けたのである．壔をおりおり筒と書いたのも不精な筆癖である．そのほか，数々の杜撰は読者の寛容を乞わねばならない．

友人彌永昌吉君，菅原正夫君，黒田成勝君は，本書の校正刷を綿密周到に閲読して，多くの有益なる助言を寄与された．ここに特筆して謝意を表明する．

昭和 13 年 3 月

著　者

目　　次

改訂第三版　序　文
増訂第二版　序　文
第一版　緒　言
定理索引

第1章　基本的な概念 ……………………………………………… [1–36]

1. 数の概念 …………………………………………………… 1
2. 数の連続性 ………………………………………………… 2
3. 数の集合・上限・下限 …………………………………… 4
4. 数列の極限 ………………………………………………… 5
5. 区間縮小法 ………………………………………………… 10
6. 収束の条件　Cauchy の判定法 ………………………… 12
7. 集積点 ……………………………………………………… 14
8. 函　数 ……………………………………………………… 17
9. 連続的変数に関する極限 ………………………………… 21
10. 連続函数 …………………………………………………… 24
11. 連続函数の性質 …………………………………………… 27
12. 区域・境界 ………………………………………………… 30
　　練習問題（1）……………………………………………… 34

第2章　微分法 …………………………………………………… [37–92]

13. 微分　導函数 ……………………………………………… 37
14. 微分の方法 ………………………………………………… 39
15. 合成函数の微分 …………………………………………… 42
16. 逆函数の微分法 …………………………………………… 44
17. 指数函数および対数函数 ………………………………… 48
18. 導函数の性質 ……………………………………………… 51
19. 高階微分法 ………………………………………………… 55
20. 凸函数 ……………………………………………………… 56
21. 偏微分 ……………………………………………………… 58
22. 微分可能性　全微分 ……………………………………… 59
23. 微分の順序 ………………………………………………… 61
24. 高階の全微分 ……………………………………………… 63
25. Taylor の公式 …………………………………………… 66

26.	極大極小	72
27.	接線および曲率	79
	練習問題 (2)	91

第3章 積 分 法 [93–153]

28.	古代の求積法	93
29.	微分法以後の求積法	95
30.	定 積 分	97
31.	定積分の性質	105
32.	積分函数　原始函数	108
33.	積分の定義の拡張(広義積分)	111
34.	積分変数の変換	119
35.	積の積分(部分積分または因子積分)	122
36.	Legendre の球函数	128
37.	不定積分の計算	132
38.	定積分の近似計算	135
39.	有界変動の函数	139
40.	曲線の長さ	142
41.	線 積 分	147
	練習問題 (3)	150

第4章 無限級数　一様収束 [154–214]

42.	無限級数	154
43.	絶対収束・条件収束	155
44.	収束の判定法(絶対収束)	159
45.	収束の判定法(条件収束)	164
46.	一様収束	166
47.	無限級数の微分積分	169
48.	連続的変数に関する一様収束　積分記号下での微分積分	173
49.	二重数列	183
50.	二重級数	185
51.	無 限 積	190
52.	巾 級 数	194
53.	指数函数および三角函数	202
54.	指数函数と三角函数との関係　対数と逆三角函数	206
	練習問題 (4)	212

第5章 解析函数, とくに初等函数 [215–289]

55.	解析函数	215

56.	積　分	218
57.	Cauchy の積分定理	223
58.	Cauchy の積分公式　解析函数の Taylor 展開	228
59.	解析函数の孤立特異点	232
60.	$z=\infty$ における解析函数	237
61.	整 函 数	238
62.	定積分の計算(実変数)	239
63.	解析的延長	244
64.	指数函数　三角函数	248
65.	対数 $\log z$　一般の巾 z^a	256
66.	有理函数の積分の理論	261
67.	二次式の平方根に関する不定積分	265
68.	ガンマ函数	268
69.	Stirling の公式	278
	練習問題 (5)	284

第 6 章　Fourier 式展開　　　　　　　　　　　　　[290–316]

70.	Fourier 級数	290
71.	直交函数系	291
72.	任意函数系の直交化	292
73.	直交函数列による Fourier 式展開	294
74.	Fourier 級数の相加平均総和法[Fejér の定理]	297
75.	滑らかな周期函数の Fourier 展開	299
76.	不連続函数の場合	300
77.	Fourier 級数の例	303
78.	Weierstrass の定理	306
79.	積分法の第二平均値定理	309
80.	Fourier 級数に関する Dirichlet-Jordan の条件	311
81.	Fourier の積分公式	314
	練習問題 (6)	316

第 7 章　微分法の続き(陰伏函数)　　　　　　　　　[317–349]

82.	陰伏函数(陰函数)	317
83.	逆 函 数	323
84.	写　像	325
85.	解析函数への応用	330
86.	曲線の方程式	334
87.	曲面の方程式	339
88.	包 絡 線	343

- 89. 陰伏函数の極値 ……………………………………………………… 345
    - 練習問題（7） ………………………………………………………… 348

第8章 積分法（多変数） ……………………………………………… [350–427]

- 90. 二次元以上の定積分 …………………………………………………… 350
- 91. 面積・体積の定義 ……………………………………………………… 351
- 92. 一般区域上の積分 ……………………………………………………… 357
- 93. 一次元への単純化 ……………………………………………………… 360
- 94. 積分の意味の拡張（広義積分） ……………………………………… 367
- 95. 多変数の定積分によって表わされる函数 ………………………… 374
- 96. 変数の変換 ……………………………………………………………… 376
- 97. 曲 面 積 ………………………………………………………………… 388
- 98. 曲線座標（体積，曲面積，弧長の変形） …………………………… 395
- 99. 直交座標 ………………………………………………………………… 403
- 100. 面 積 分 ………………………………………………………………… 407
- 101. ベクトル法の記号 ……………………………………………………… 409
- 102. Gauss の定理 …………………………………………………………… 410
- 103. Stokes の定理 …………………………………………………………… 418
- 104. 完全微分の条件 ………………………………………………………… 421
    - 練習問題（8） ………………………………………………………… 426

第9章 Lebesgue 積分 …………………………………………………… [428–491]

I. 概 括 論 ……………………………………………………………… (428–455)

- 105. 集 合 算 ………………………………………………………………… 428
- 106. 加法的集合類（σ 系） ……………………………………………… 431
- 107. M 函 数 ………………………………………………………………… 432
- 108. 集合の測度 ……………………………………………………………… 436
- 109. 積 分 …………………………………………………………………… 438
- 110. 積分の性質 ……………………………………………………………… 441
- 111. 加法的集合函数 ………………………………………………………… 449
- 112. 絶対連続性　特異性 …………………………………………………… 452

II. Lebesgue の測度および積分 …………………………………… (455–480)

- 113. Euclid 空間　区間の体積 ……………………………………………… 455
- 114. Lebesgue 測度論 ………………………………………………………… 458
- 115. 零 集 合 ………………………………………………………………… 462
- 116. 開集合・閉集合 ………………………………………………………… 464
- 117. Borel 集合 ……………………………………………………………… 468
- 118. 集合の測度としての積分 ……………………………………………… 470
- 119. 累次積分 ………………………………………………………………… 474

120.	Riemann 積分との比較	476
121.	Stieltjes 積分	478
	III. 集合函数の微分法	(480–491)
122.	微分法の定義	480
123.	Vitali の被覆定理	482
124.	加法的集合函数の微分法	484
125.	不定積分の微分法	487
126.	有界変動・絶対連続の点函数	489

附録 I　　無理数論 ………………………………………………… 493

1. 有理数の切断 ……………………………………………… 493
2. 実数の大小 ………………………………………………… 494
3. 実数の連続性 ……………………………………………… 495
4. 加　　法 …………………………………………………… 496
5. 絶 対 値 …………………………………………………… 498
6. 極　　限 …………………………………………………… 498
7. 乗　　法 …………………………………………………… 500
8. 巾および巾根 ……………………………………………… 501
9. 実数の集合の一つの性質 ………………………………… 501
10. 複 素 数 …………………………………………………… 503

附録 II　二, 三の特異な曲線 …………………………………… 505

補 遺　　いたるところ微分不可能な連続函数について(黒田成俊) ……… 509

年　　表 ……………………………………………………………… 518
事項索引 ……………………………………………………………… 519
人名索引 ……………………………………………………………… 523

装丁・佐藤篤司

定理索引

定理	頁	定理	頁	定理	頁	定理	頁	定理	頁
1	3	32	104	63	247	94	450		
2	5	33	107	64	263	95	450		
3	6	34	108	65	300	96	451		
4	6	35	109	66	303	97	451		
5	7	36	115	67	306	98	451		
6	8	37	117	68	309	99	454		
7	10	38	140	69	311	100	454		
8	12	39	167	70	314	101	460		
9	15	40	169	71	317	102	464		
10	16	41	174	72	319	103	464		
11	17	42	178	73	320	104	465		
12	27	43	184	74	323	105	466		
13	28	44	184	75	323	106	467		
14	29	45	191	76	330	107	469		
15	39	46	193	77	357	108	469		
16	41	47	194	78	360	109	474		
17	42	48	195	79	361	110	474		
18	45	49	195	80	422	111	476		
19	51	50	197	81	430	112	478		
20	51	51	223	82	433	113	482		
21	52	52	226	83	433	114	485		
22	53	53	228	84	433	115	485		
23	54	54	229	85	433	116	486		
24	54	55	230	86	434	117	486		
25	57	56	230	87	437	118	487		
26	60	57	230	88	442	119	487		
27	61	58	231	89	443	120	487		
28	66	59	238	90	444	121	488		
29	67	60	239	91	445	122	488		
30	72	61	243	92	447				
31	104	62	244	93	448				

第1章　基本的な概念

1. 数の概念

数の概念および四則算法は既知と仮定する*．初めのうちは実数のみを取扱うから一々ことわらない．次の用語は周知である．

自然数　$1, 2, 3$ 等．物の順位または物の集合の個数を示すために用いられる．

整数　$0, \pm 1, \pm 2$ 等．自然数は正の整数である．

有理数　0 および $\pm \dfrac{a}{b}$，ただし a, b は自然数．$b = 1$ なるとき，それは整数である．

無理数　有理数以外の実数．例えば

$$\sqrt{2} = 1.4142135\cdots,$$
$$e = 2.718281828\cdots,$$
$$\pi = 3.1415926535\cdots,$$

(ただし，それらが有理数でないことは証明を要する．)

十進法　実数を十進法で表わすことも周知である．有理数を十進法で表わせば，数字は有限か，または無限ならば循環小数になる．ただし，有限位数の十進数を循環小数の形に表わすこともできる．例えば $0.6 = 0.5999\cdots$．無理数を十進法で表わすならば，無限の位数を要し，数字は決して循環しない．

我々が十進法によって数を表わすに至ったのは，手指の数にその原因があるのであろうが，理論上は 1 以外の任意の自然数を基本として，十進法と同様の方法によって，数を表わすことができる．

特に二進法では，数字は 0 と 1 とだけで足りる．有理数を二進法で表わせば，分母が 2 の巾**になるもののほかは，循環二進数になる．

［例］

$$\frac{5}{8} = \frac{1}{2} + \frac{1}{2^3} = (0.101).$$
$$\frac{5}{8} = \frac{1}{2} + \frac{1}{2^4} + \frac{1}{2^5} + \cdots = (0.10011\cdots).$$
$$\frac{2}{3} = \frac{1}{2} + \frac{1}{2^3} + \frac{1}{2^5} + \cdots = (0.101010\cdots).$$

数の幾何学的表現　解析学では便宜上自由に幾何学の術語を流用する．例えば座標法によ

---

*　附録(I)を参照．
**　巾は冪の仮字(和算の用例による)．

って実数を直線上の点で表現する．その方法は周知である．直線 XX' の上で，0 を表わす点 O は座標の原点で，また 1 が半直線 OX 上の点 E で表わされるとすれば，OE は長さの単位である．一般に x を表わす点 P は，x が正あるいは負なるに従って，半直線 OX あるいは OX' の上にあって，OP の長さがすなわち x の絶対値である．それを $|x|$ と書く．このようにして実数 x, x' が点 P, P' で表わされるならば，$|x-x'|$ は PP' の長さである．

絶対値に関する次の関係は，しばしば引用される．
$$|x| + |x'| \geqq |x + x'| \geqq |x| - |x'|.$$
これも周知である．

二つの実数 x, y を一組として，それを (x, y) と書くならば，個々の組 (x, y) と平面上の個々の点 P との間に，座標法によって一対一の対応が成立する．そのとき (x, y) を点 P と略称する．通常は直交座標を用いる．

同じように，三つの実数の組 (x, y, z) は空間の一点によって表わされる．

なお一般に，n 個の実数の一組 $(x_1, x_2, \cdots, x_n)$ を n 次元空間の一点といい，それを一つの文字 P で表わす．

今 $P = (x_1, x_2, \cdots, x_n)$, $P' = (x_1', x_2', \cdots, x_n')$ なるとき
$$\sqrt{(x_1 - x_1')^2 + (x_2 - x_2')^2 + \cdots + (x_n - x_n')^2}$$
なる数を P, P' の距離と略称して，それを PP' と書く．然らば '三角関係' $PP' + P'P'' \geqq PP''$ が成り立つ．もしも P を固定すれば
$$PP'^2 = (x_1 - x_1')^2 + (x_2 - x_2')^2 + \cdots + (x_n - x_n')^2 < \delta^2$$
なる点 P' は，P を中心とする半径 δ なる 'n 次元の球' の内部にあるという．もしまた
$$|x_1 - x_1'| < \delta, \quad |x_2 - x_2'| < \delta, \quad \cdots, \quad |x_n - x_n'| < \delta,$$
いい換えれば
$$\text{Max}(|x_1 - x_1'|, \cdots, |x_n - x_n'|) < \delta$$
ならば*，P' は P を中心として稜が座標軸に平行で，その長さが 2δ なる 'n 次元の立方体' の内部にあるという．

我々は言語の短縮を欲するために，上記のような幾何学的の表現法を用いるのであるから，文字に拘泥して，n 次元空間に関して奇怪な空想をほしいままにする必要はない．しかし，このような表現法が印象を鮮明にすることの効果は，容易に承認されるであろう．

2. 数の連続性

実数に関して前節で述べたことは，誰もが承認することと仮定したのであったが，数の連続性は解析学の基礎であるから，それを説明しなければならない．

---

* $\text{Max}(a_1, a_2, \cdots, a_n)$ は $a_1, a_2, \cdots, a_n$ の最大の値を表わす記号．同様に Min は最小の値を示す．

すべての数を A, B の二組に分けて，A に属する各数を B に属する各数よりも小ならしめることができたとするとき，このような組分け (A, B) を Dedekind の切断といい，A を下組，B を上組という．

切断 (A, B) において，どんな数も，もれなく，下組か上組かいずれか一方，しかも一方のみに属するという規約は厳重である*．

今一つの数 s を取って，s よりも小なる数をすべて下組に入れ，s よりも大なる数をすべて上組に入れるとする．切断を完成するためには，s 自身も下組あるいは上組に入らなければならないが，もしも s を下組に入れるならば，s は下組の最大数で，そのとき上組に最小数はない．またもし s を上組に入れるならば，s は上組の最小数で，そのとき下組に最大数はない．このようにして任意の数 s を境界とする切断ができるが，重要なのはその逆である．すなわち次の定理が成り立つ．

定理 1. 実数の切断は，下組と上組との境界として，一つの数を確定する [Dedekind の定理]．すなわち切断 (A, B) が与えられたとき，一つの数 s が存在して，s は A の最大数または B の最小数であり，初めの場合には B に最小数はなく，後の場合には A に最大数がないのである．前のように，初めに s を取って，それを境界として切断 (A, B) を作るのではなく，反対に切断 (A, B) があるとき，それによって s が決定されるのである．

これが実数の連続性である．今我々はこの定理は承認されたものとして，それを基礎として，理論を組立てることにする．

大小の順序のあるところには切断ができるが，理論上切断の三つの型が可能である．すなわち

(1°) 下組に最大数があり，同時に上組に最小数がある．約言すれば，下組と上組との間に飛び (leap) がある．

(2°) 下組に最大数がなく，かつ上組に最小数がない．すなわち下組と上組との間に途切れ (gap) がある．

(3°) 下組または上組に端(最大または最小)があって，他の一方には端がない．すなわち下組と上組とは連続している．

Dedekind の定理は実数の切断は (3°) の型に限ることをいうのである．

整数の範囲内では，切断は (1°) の型に限る．有理数の範囲内では，二つの有理数の中間に必ず他の有理数がある(有理数の稠密性)から，(1°) の型の切断は不可能であるが，一方 (2°) の型の切断が可能である．例えば $b > \sqrt{2}$ なる有理数 b を上組 B とし，その他の有理数 a を下組 A とすれば，$s = \sqrt{2}$ なる有理数 s はないから，(A, B) は有理数の切断であるが，それは (2°) の型である．このように有理数だけなら，一つの有理数にも触れないで，それを A, B の二組に切り離してしまうことができる．このような状態を Dedekind は切断 (Schnitt) なる語で示唆したのであろう．

---

* ただし，下組 A，または，上組 B が空虚(空集合)なることは許さない．

しかし無理数をも入れてしまえば，このような切り離しはできない．実数の範囲内では，切断の切れ目（下組と上組との境界）に必ず実数がある．それが実数の連続性である．

3. 数の集合・上限・下限

或る一定の条件に適合する数の全部を集合という．その条件に適する個々の数はこの集合に属し，またその条件に適しない個々の数はこの集合に属しない．どんな数も，前者か後者か，いずれか一つでなければならない．

[例 1] すべての有理数の集合．条件は有理数なることである．

[例 2] a, b は定数で，$a < b$ とするとき $a \leqq x \leqq b$ なるすべての x の集合．この集合を閉区間 $[a, b]$ という．

[例 3] a, b は例 2 と同様として，$a < x < b$ なるすべての x の集合．この集合を開区間 (a, b) という．

[例 4] $x^2 < 2$ なる有理数 x の集合．（もちろん，このような x の全部の集合の意味である．）

[例 5] $x^2 > 2$ なる正の有理数 x の集合．

[例 6] $f(x)$ は与えられた函数（例えば多項式），また a, b は与えられた数であるとき $a < f(x) < b$ なる x の集合．

集合 S に属する数がすべて一つの数 M よりも大[あるいは小]でないときには，S は上方[あるいは下方]に有界であるといい，M をその一つの上界[あるいは下界]という．上方にも下方にも有界ならば，単に有界という．

集合 S に関して，上界または下界は確定でない．すなわち一つの上界よりも大なる数はやはり上界であり，また一つの下界よりも小なる数は下界である．故に集合の限界としては，なるべく小なる上界，および，なるべく大なる下界に興味がある．集合 S に最大数があるならば，それは，もちろん上界の中で最小なるものであり，また S に最小数があれば，それは下界の中で最大なるものである．さて次に証明するように，S が有界ならば，最大または最小の数がないときにも，最小の上界および最大の下界が存在する．それらを S の上限または下限という．故に上限，下限は必ずしも S に属する数ではない．すなわち，S に最大数がないときには，上限は S に属しない．下限も同様である．

再言すれば，集合 S の上限 a とは次の条件 (1°), (2°) に適合する数である．

(1°) S に属するすべての数 x に関して $x \leqq a$．

(2°) $a' < a$ とすれば，$a' < x$ なる或る数 x が S に属する．

上記 (1°) は a が S の上界であること，(2°) は a よりも小なる上界のないことを意味する．故に上限すなわち最小上界である．

下限に関しては不等号の向きを反対にすればよい．

例 1 の集合は上下共に有界でない．

例 2, 3 の集合は有界で，a が下限，b が上限である．例 2 では，上限も下限も集合に属するが，例 3 で

は，上限も下限も集合に属しない．

例 4 の集合は有界であるが，最大数も最小数もなく，$\sqrt{2}$ が上限，$-\sqrt{2}$ が下限である．

例 5 の集合は上方には有界でないが，下方には有界で，$\sqrt{2}$ が下限である．

以上，上限下限の意味を述べたが，次にその存在の証明をする．

定理 2． 数の集合 S が上方[または下方]に有界ならば S の上限[または下限]が存在する[Weierstrass の定理]．

［証］ まず S は下方に有界であると仮定して，下限の存在を証明しよう．

S の一つの下界を a とすれば，a よりも小なる数はやはり S の下界である．よって S の下界でありうる数の全部を A 組とし，その他の数の全部を B 組とすれば，一つの切断が生ずる．実際，B 組に属する数は S の下界でありえない数だから，それは，どんな下界よりも大でなければならない．従って A 組に属する数よりも大である．

この切断によって確定される数を s とする．然らば s は A に属して A の最大数であるか，あるいは s は B に属して B の最小数であるか，いずれか一つである(定理 1)．

さて，s は B に属するであろうか．

かりに s が B に属するとすれば，s は S の下界でありえないのだから，s よりも小で，しかも S に属する数がある．その一つを x とする．すなわち $x < s$．

x と s との中間にある一つの数を b とする．すなわち $x < b < s$．

然らば b は S に属する数 x よりも大であるから，S の下界ではない．すなわち B に属する．しかも，その b が s よりも小であるから，これは矛盾である．

故に s は B の最小数ではありえない．

故に s は A の最大数，すなわち S の最大下界，すなわち S の下限である．

S が上方に有界なるとき，上限の存在することも，同じように証明される．

4. 数列の極限

$a_1, a_2, \cdots, a_n, \cdots$ のように，無数の数を一定の順序に並べたものを数列という．その項 a_n は自然数の範囲内において変動する変数 n の '函数' である．この函数が確定したときは，数列を $\{a_n\}$ と書く．さて n が限りなく増大するとき，a_n が一定の数 α に限りなく近づくならば，数列 $\{a_n\}$ は α に収束(あるいは収斂)するといい，また α を a_n の極限という．記号では
$$\lim_{n \to \infty} a_n = \alpha,$$
または見やすく
$$n \to \infty \quad \text{のとき} \quad a_n \to \alpha$$
と書く．詳しくいえば，任意の正数 ε が与えられたとき，それに対応して一つの番号 n_0 が

$$n > n_0 \quad なるとき \quad |\alpha - a_n| < \varepsilon$$

なるように定められるのである.

　数列 $\{a_n\}$ が収束するとき,その極限 α は一意的に確定する.それは定義によって明白であろう.

　もしも,どれほど大きい正数 R を取っても,それに対応して
$$n > n_0 \quad なるとき \quad a_n > R$$
なる n_0 があるならば,記号 ∞ を用いて,標語的に
$$\lim_{n \to \infty} a_n = \infty \quad または \quad a_n \to \infty$$
と書く.
$$\lim_{n \to \infty} a_n = -\infty \quad または \quad a_n \to -\infty$$
も同様である*.

　上記の定義によれば,収束する数列の若干項を取り去っても,そのあとに無数の項が残留すれば,同一の極限値に収束する.簡単にいえば

定理 3. 収束数列の部分数列は,もとの極限値に収束する.

　極限が ∞ または $-\infty$ で表わされる場合も同様である.

　これとは反対に,収束しない数列の部分数列が収束することは可能である.例えば $a_n = (-1)^n$ のとき,その部分数列 $a_2, a_4, \cdots$ は 1 に収束し,$a_1, a_3, \cdots$ は -1 に収束する.

　数列の各項 a_n が絶対値において一定の数を超えないとき,その数列は有界であるという.有界なる数列は必ずしも収束しない(例. $a_n = (-1)^n$).しかし,収束数列は有界で,その極限値も同じ限界を出ない.すなわち:

定理 4. $a_n \to \alpha$ ならば,$|a_n| < M$ なる定数 M がある.そうして $|\alpha| \leqq M$.

　[証] 一つの正数 ε を取る.然らば仮定によって
$$n > p \quad なるとき \quad |\alpha - a_n| < \varepsilon, \quad すなわち \quad \alpha - \varepsilon < a_n < \alpha + \varepsilon$$
なる自然数 p がある.そこで
$$|a_1|, |a_2|, \cdots, |a_p|, |\alpha - \varepsilon|, |\alpha + \varepsilon|$$
なる $p+2$ 個の数のどれよりも大なる一つの数を M とすれば,$n \leqq p$ でも,$n > p$ でも $|a_n| < M$.それが定理の初めの部分である.

　次に $a_n \to \alpha$, $|a_n| < M$ とする.もしも,かりに $|\alpha| > M$ とするならば,$|\alpha| > M' > M$ なる数 M' がある.然らば $|\alpha - a_n| > M' - M > 0$.これは $a_n \to \alpha$ に矛盾する.故に $|\alpha| \leqq M$.

(証終)

---

　* このような記法は標語的にのみ使用する.すなわち '極限値がある' というとき,その極限値は $+\infty$ または $-\infty$ ではないとする.それらをも入れていうときには,特別にことわる.

$|a_n| < M$ から $|\alpha| < M$ は得られない．例えば $a_n = 1 - \dfrac{1}{n} < 1$, $\alpha = 1$．

[注意] $a_n \to \alpha$ のとき，或る数 M があって，すべての n に関して $a_n \leqq M$ ならば，$\alpha \leqq M$ である．このことは，ことわりなしに，しばしば用いられるであろう．証明は，定理 4 の証明後段と同様である．

定理 5. $\{a_n\}$, $\{b_n\}$ が収束するとき，

(1°) $$\lim_{n\to\infty}(a_n + b_n) = \lim_{n\to\infty} a_n + \lim_{n\to\infty} b_n.$$

(2°) $$\lim_{n\to\infty}(a_n - b_n) = \lim_{n\to\infty} a_n - \lim_{n\to\infty} b_n.$$

(3°) $$\lim_{n\to\infty}(a_n b_n) = (\lim_{n\to\infty} a_n)(\lim_{n\to\infty} b_n).$$

(4°) $$\lim_{n\to\infty} \frac{a_n}{b_n} = \frac{\lim_{n\to\infty} a_n}{\lim_{n\to\infty} b_n}.$$

ただし，(4°) においては $b_n \neq 0$, $\lim_{n\to\infty} b_n \neq 0$ とする．

[証] $a_n \to \alpha$, $b_n \to \beta$ とする．(1°), (2°) は明白であろう．さて
$$\alpha\beta - a_n b_n = (\alpha - a_n)\beta + a_n(\beta - b_n).$$
そこで $|\beta| < M$, $|a_n| < M$（定理 4）とすれば，
$$|\alpha\beta - a_n b_n| \leqq M(|\alpha - a_n| + |\beta - b_n|).$$
n を十分大きくすれば，右辺はどれほどでも小さくなる．故に $a_n b_n \to \alpha\beta$. すなわち (3°) である．

(4°) を証明するには，手数を省くために，まず

(4′) $$\lim_{n\to\infty} \frac{1}{b_n} = \frac{1}{\beta}$$

を証明するがよい．そうすれば (3°) によって
$$\lim a_n \cdot \frac{1}{b_n} = \alpha \cdot \frac{1}{\beta}$$
を得る．それが (4°) である．さて
$$\frac{1}{\beta} - \frac{1}{b_n} = \frac{b_n - \beta}{\beta b_n}.$$
仮定によって $|\beta| > 0$．また $b_n \to \beta$ だから，或る番号以上は $|b_n| > \dfrac{1}{2}|\beta|$，従って
$$\left|\frac{1}{\beta} - \frac{1}{b_n}\right| \leqq \frac{2|b_n - \beta|}{|\beta|^2}.$$
n を十分大きくすれば，右辺，従って左辺も，どれほどでも小さくなる．すなわち (4°) が証明されたのである．

定理 3, 4, 5 では数列が収束することを仮定したのであるが，逆に一つの数列が与えられたときに，それが収束するか，しないかを判定する方法は，後に述べるであろう．ここでは最も基本的なる単調数列だけを片づけて置く．
$$a_1 < a_2 < a_3 < \cdots < a_n < \cdots$$

のように，各項がその番号と共に増大する数列 $\{a_n\}$ を単調に増大するという．もしもこの数列が有界ならば，すべての n に関して $a_n < M$ なる定数 M がある．すなわち，a_n の集合は有界である．今，その上限を α とする(定理2)ならば，α は数列 $\{a_n\}$ の極限である．なぜなら，今 $\alpha' < \alpha$ とすれば，上限の定義によって $\alpha' < a_p \leqq \alpha$ なる a_p があるが，数列は単調に増大するのだから，$n > p$ のとき $\alpha' < a_n$．しかるに，すべての n に関して $a_n \leqq \alpha$ であるから，$n > p$ なるとき，$\alpha' < a_n \leqq \alpha$，従って $|\alpha - a_n| < \alpha - \alpha'$．$\alpha'$ は α よりも小なる任意の数であったから $a_n \to \alpha$．もちろん $\alpha \leqq M$ である．

単調増大の意味を拡張して(不減少)，$a_1 \leqq a_2 \leqq \cdots \leqq a_n \leqq \cdots$ としても，同様である．

そうすれば，或る番号以上 $\leqq$ が全部 $=$ で，$a_p = a_{p+1} = \cdots = a_n = \cdots$ のようになる場合も生ずる．その場合には，これらの相等しい値が極限 α である．そうしても極限の定義の文字には抵触しない．

単調減少に関しても同様である．総括して：

定理6．有界なる単調数列は収束する．

単調数列が有界でないならば，増大の場合には $a_n \to +\infty$，減少の場合には $a_n \to -\infty$．これは明白である．

次に一, 二の例を掲げる．

［例1］ $a > 0$ ならば，$\lim\limits_{n \to \infty} \sqrt[n]{a} = 1$．

［証］

(1°) $a > 1$ とする．然らば $\sqrt[n]{a} > 1$．また $\sqrt[n]{a} > \sqrt[n+1]{a}$．故に $\{\sqrt[n]{a}\}$ は単調減少で，1 が一つの下界である．従ってそれは $\alpha \geqq 1$ なる極限値を有する．今かりに $\alpha > 1$ とするならば，$\alpha - 1 > h > 0$ とするとき $\alpha > 1 + h$ で，$\sqrt[n]{a} > 1 + h$，従って $a > (1+h)^n > nh$．右辺は n と共に限りなく増大するから，これは不合理である．故に $\alpha = 1$．

(2°) $a < 1$ ならば $a' = \dfrac{1}{a} > 1$，故に $\sqrt[n]{a'} \to 1$，従って $\sqrt[n]{a} \to 1$ (定理5, (4°))．

(3°) $a = 1$ のときは明白．

［例2］ $a > 1, k > 0$ ならば，$n \to \infty$ のとき $\dfrac{a^n}{n^k} \to \infty$．

［証］

(1°) $k = 1$ とする．$a = 1 + h$ と置けば，$h > 0$．故に
$$a^n = (1+h)^n = 1 + nh + \frac{n(n-1)}{2}h^2 + \cdots > \frac{n(n-1)}{2}h^2,$$
$$\frac{a^n}{n} = \frac{(1+h)^n}{n} > (n-1)\frac{h^2}{2}.$$

故に，$n \to \infty$ のとき，第三辺は限りなく増大するから，$\dfrac{a^n}{n} \to \infty$．

(2°) $k < 1$ とする．$\dfrac{a^n}{n^k} > \dfrac{a^n}{n}$ $(n > 1)$ だから明白．

(3°) $k > 1$ とする．$a > 1$ だから，$a^{\frac{1}{k}} > 1$．故に (1°) によって任意に $M > 1$ を取るとき，

十分大なる n に関して
$$\frac{(a^{\frac{1}{k}})^n}{n} > M, \text{ 従って } \frac{a^n}{n^k} = \left[\frac{(a^{\frac{1}{k}})^n}{n}\right]^k > M^k > M.$$
故に $\dfrac{a^n}{n^k} \to \infty$.

[例 3] $a > 0$ ならば $\displaystyle\lim_{n\to\infty} \dfrac{a^n}{n!} = 0$.

[証] $k > 2a$ なる一つの自然数 k を取って $\dfrac{a^k}{k!} = C$ と書く．然らば $n > k$ のとき $\dfrac{a^n}{n!} = C\dfrac{a}{k+1}\dfrac{a}{k+2}\cdots\dfrac{a}{n} < \dfrac{C}{2^{n-k}} = \dfrac{C\cdot 2^k}{2^n} < \dfrac{C\cdot 2^k}{n}$．故になお $n > \dfrac{C\cdot 2^k}{\varepsilon}$ とすれば，$\dfrac{a^n}{n!} < \varepsilon$.
（証終）

[例 4] $a_n \to \alpha$ ならば，$\dfrac{a_1 + a_2 + \cdots + a_n}{n} \to \alpha$.

[証] $a_n = \alpha + b_n$ と置けば，$b_n \to 0$．そのとき
$$\frac{a_1 + a_2 + \cdots + a_n}{n} = \alpha + \frac{b_1 + b_2 + \cdots + b_n}{n},$$
故に
$$\frac{b_1 + b_2 + \cdots + b_n}{n} \to 0$$
なることを示せばよい．$\varepsilon > 0$ とすれば，仮定によって一つの番号 k よりも大きい n に関して $|b_n| < \varepsilon$．さて $|b_1|, |b_2|, \cdots, |b_k|$ の最大のものを A とすれば，$n > k$ なるとき
$$\left|\frac{b_1 + b_2 + \cdots + b_n}{n}\right| < \frac{Ak + \varepsilon(n-k)}{n} < \frac{Ak}{n} + \varepsilon.$$
n を十分大きく取って，$\dfrac{Ak}{n}$ を ε よりも小ならしめれば，
$$\left|\frac{b_1 + b_2 + \cdots + b_n}{n}\right| < 2\varepsilon.$$
ε は任意だから，これは 0 に収束する．

[例 5] （e の定義）
$$a_n = \left(1 + \frac{1}{n}\right)^n$$
とすれば，二項定理によって
$$a_n = 1 + \frac{n}{1!}\frac{1}{n} + \frac{n(n-1)}{2!}\frac{1}{n^2} + \frac{n(n-1)(n-2)}{3!}\frac{1}{n^3} + \cdots + \frac{1}{n^n}$$
$$= 1 + 1 + \frac{1 - \frac{1}{n}}{2!} + \frac{\left(1 - \frac{1}{n}\right)\left(1 - \frac{2}{n}\right)}{3!} + \cdots + \frac{\left(1 - \frac{1}{n}\right)\cdots\left(1 - \frac{n-1}{n}\right)}{n!}.$$

n の代りに $n+1$ を取れば，右辺において各項が増大して，かつ項数が増すから，数列 $\{a_n\}$ は単調に増大する．しかも上記の等式から見えるように

$$a_n < 1 + \frac{1}{1!} + \frac{1}{2!} + \frac{1}{3!} + \cdots + \frac{1}{n!}$$
$$< 1 + 1 + \frac{1}{2} + \frac{1}{2^2} + \cdots + \frac{1}{2^{n-1}} < 3.$$

すなわち $\{a_n\}$ は，単調に増大して，かつ有界であるから，収束する．古典数学では，それの極限値をもって e なる数の定義とした．

5. 区間縮小法

定理 7. 閉区間 $I_n = [a_n, b_n]$ $(n = 1, 2, \cdots)$ において，$(1°)$ 各区間 I_n がその前の区間 I_{n-1} に含まれ，$(2°)$ n が限りなく増すとき，区間 I_n の幅 $b_n - a_n$ が限りなく小さくなるとすれば，これらの各区間に共通なるただ一つの点が存在する．

この定理によって一つの数(各区間に共通なる数)を確定することを，区間縮小法という．

[証] 仮定 $(1°)$ によって
$$a_1 \leqq a_2 \leqq \cdots \leqq a_n \leqq \cdots\cdots \leqq b_n \leqq \cdots \leqq b_2 \leqq b_1.$$
すなわち数列 $\{a_n\}, \{b_n\}$ は単調でかつ有界である．よって
$$\lim a_n = \alpha, \quad \lim b_n = \beta$$
が存在する(定理 6)．さて任意の m, n に関して $a_n < b_m$ だから，$n \to \infty$ のとき $\alpha \leqq b_m$，従って $m \to \infty$ のとき $\alpha \leqq \beta$ (7 頁[注意])．

さて仮定 $(2°)$ によって，任意の $\varepsilon > 0$ に対応して，
$$b_n - a_n < \varepsilon$$
なる n が存在する．然らば
$$a_n \leqq \alpha \leqq \beta \leqq b_n$$
から，
$$0 \leqq \beta - \alpha < \varepsilon.$$
ε は任意だから $\alpha = \beta$.

任意の n に関して $a_n \leqq \alpha \leqq b_n$ だから，α は各区間 I_n に属する．α 以外に各区間に共通なる数の存在しないことは仮定 $(2°)$ によって明白である． (証終)

この定理において，区間 I_n を閉区間として，I_n の両端 a_n, b_n が I_n に属すると仮定した．この仮定は必要である．α は開区間 (a_n, b_n) に属するとは限らないから，I_n が閉区間でなければ，上記証明は拘束力を失うであろう．実際，区間の左端(または右端)がすべて同一の点なる場合には，その点がすなわち α である．

以上において，実数の連続性に関する四つの基本的定理を述べた．すなわち

（I） Dedekind の定理(定理 1).

（II） Weierstrass の定理(上限または下限の存在，定理 2).

(III) 有界な単調数列の収束(定理 6).
(IV) 区間縮小法(定理 7).

我々は(I)を公理のように取扱って，(I)から(II)を導き，次に(II)から(III)を，また(III)から(IV)を導いたが，これらの定理は，実は，同等である．すなわち四つの定理の中の任意の一つを承認すれば，他の定理はそれから導かれる．それを示すためには，(IV)を仮定して(I)を証明すればよい．

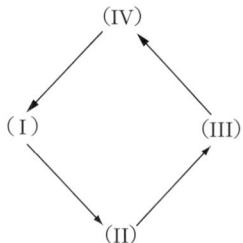

今 (A, B) を実数の切断とする．我々の目標は定理 7 を仮定して，下組 A に最大数があるかあるいは上組 B に最小数があるか，いずれか一方，しかもただ一方のみの可能性を証明することである．

A, B から一対の数 a, b を取り出して，区間 $[a, b]$ を I_0 と名づける．さて $\dfrac{a+b}{2}$ は a と b との中間にあるが，それは A または B のいずれか一方に属しなければならない．$\dfrac{a+b}{2}$ が A に属するか，または，B に属するかに従って，

$$a_1 = \frac{a+b}{2},\ b_1 = b: \quad \text{または} \quad a_1 = a,\ b_1 = \frac{a+b}{2}$$

と置けば，区間 $I_1 = [a_1, b_1]$ の左端は A に属し，右端は B に属する．区間 I_1 は区間 I_0 の左半または右半で，その幅は $b_1 - a_1 = \dfrac{1}{2}(b-a)$ である．

同様にして区間 $[a_1, b_1]$ の左半または右半を $I_2 = [a_2, b_2]$ とすれば，a_2 は A に属し，b_2 は B に属して，$b_2 - a_2 = \dfrac{1}{4}(b-a)$.

このような操作を継続すれば，区間の列

$$I_0 \supset I_1 \supset I_2 \supset \cdots \supset I_n \supset \cdots {}^*,$$
$$I_n = [a_n, b_n], \quad b_n - a_n = \frac{1}{2^n}(b-a)$$

を得るが，それは定理 7 の条件に適合するものである．そこで定理 7 に従って，この区間列によって定められる確定の数を s とすれば，s は切断 (A, B) の下組または上組に属しなければならない．

---

* 集合 A, B に関して $A \supset B$ は 'A は B を含む' ことを表わす．すなわち B に属する数はすべて A に属するのである．

今 $s \in A$ とする*．然らば $s < s'$ なる s' を取れば，$b_n \to s$ によって $s < b_n < s'$ なる b_n が存在するから，s' は B に属する．すなわち s は A に属して，s よりも大なる s' はすべて B に属する．換言すれば s は A の最大数である．このとき，B に最小数はない．―― もしも，かりに s' を B の最小数とするならば $s < s'$，従って上記のように $b_n < s'$ なる b_n が存在する．しかも b_n は B に属するから，これは不合理である．

もしも $s \in B$ ならば，全く同様にして，s が B の最小数で，A に最大数がないことが示される．すなわち，定理 7 から Dedekind の定理が導かれたのである．

6. 収束の条件　Cauchy の判定法

定理 8．数列 $\{a_n\}$ が収束するために必要かつ十分なる条件は，任意の $\varepsilon > 0$ に対応して番号 n_0 が定められて，
$$p > n_0, \quad q > n_0 \quad \text{なるとき} \quad |a_p - a_q| < \varepsilon$$
なることである．

［証］ 条件が必要なることは明白であろう：今 $a_n \to \lambda$ とすれば，収束の意味によって，
$$p > n, \quad q > n, \quad |a_p - \lambda| < \frac{\varepsilon}{2}, \quad |a_q - \lambda| < \frac{\varepsilon}{2}$$
なる n が定められる．従って $|a_p - a_q| < \varepsilon$．

定理の核心は条件が十分なることである．まずこの条件から数列 $\{a_n\}$ が有界であることがでてくる．実際，上記条件に従って，一つの ε に n_0 が対応するとすれば，$p > n_0$ なるとき
$$|a_{n_0+1} - a_p| < \varepsilon,$$
$$a_{n_0+1} - \varepsilon < a_p < a_{n_0+1} + \varepsilon$$
だから，n_0 より大きい番号に関しては $\{a_n\}$ は有界である．n_0 は確定だから，有限個の数 $a_1, a_2, \cdots, a_{n_0}$ をつけ加えても，$\{a_n\}$ は有界である．

よって今任意の n に関して，$a_n, a_{n+1}, \cdots$ の上限および下限をそれぞれ l_n, m_n として，$I_n = [m_n, l_n]$ と置けば，
$$m_1 \leqq m_2 \leqq \cdots \leqq m_n \leqq \cdots\cdots \leqq l_n \leqq \cdots \leqq l_2 \leqq l_1, \tag{1}$$
$$I_1 \supset I_2 \supset \cdots \supset I_n \supset \cdots.$$
さて仮定によって，$\varepsilon > 0$ に n_0 が対応して，$p > n_0, q > n_0$ なるとき
$$a_p - a_q < \varepsilon.$$
よって，$n > n_0$ とすれば，上限の意味により，任意の $q \geqq n$ に対して $l_n - a_q \leqq \varepsilon$．従って，下限の意味により，
$$l_n - m_n \leqq \varepsilon$$

---

* $s \in A$ は，'s が集合 A に属する' ことの略記である．s が集合 A に属するとき，s を A の元(element)という．$s \in A$ は '$s\,\dot{\varepsilon}\sigma\tau\acute{\iota}\,A$'（$s$ は A である）に由来する．

であるから，区間縮小法によって，
$$l_n \to \lambda, \quad m_n \to \lambda$$
なる λ が存在する．然らば
$$a_n \to \lambda$$
でなければならない．実際，a_n は区間 $[m_n, l_n]$ に属するから，十分大なる n に関して，
$$|a_n - \lambda| \leqq l_n - m_n \leqq \varepsilon.$$
（証終）

[附記] **上極限・下極限** 上記証明において，(1) は数列 $\{a_n\}$ の有界性だけから導かれたのであった．(1) において，単調数列 $\{l_n\}, \{m_n\}$ は収束する．その極限を λ, μ とするとき，λ を有界数列 $\{a_n\}$ の上極限(limes superior)といい，それを記号 $\limsup_{n\to\infty} a_n$ あるいは見やすく $\varlimsup_{n\to\infty} a_n$ で表わす．同様に μ を $\{a_n\}$ の下極限(limes inferior)といい，$\liminf_{n\to\infty} a_n$ または $\varliminf_{n\to\infty} a_n$ と書く．このように有界数列 $\{a_n\}$ は常に上極限 λ と下極限 μ とを有して，$\mu \leqq \lambda$ であるが，それらが一致するときに限って，数列は収束して
$$\lim_{n\to\infty} a_n = \lambda = \mu.$$

（Ⅰ） 上極限 λ は次の性質を有する．

(1°) λ よりも大なる $\lambda+\varepsilon$ を取れば，十分大なる n に関して常に $a_n < \lambda+\varepsilon$．

(2°) λ よりも小なる $\lambda-\varepsilon$ を取れば
$$\lambda - \varepsilon < a_n$$
なる n が無数にある．

実際，λ の定義によって，n が十分大きいとき $l_n < \lambda+\varepsilon$ だから，$a_n \leqq l_n < \lambda+\varepsilon$．それが (1°) である．また $a_p, a_{p+1}, \cdots$ の上限としての l_p の意味によって，任意の p に関して $\lambda-\varepsilon \leqq l_p - \varepsilon < a_n$，$n \geqq p$，なる a_n がある．p は任意だから，このような a_n が無数にある（n の異る a_n は区別していう）．それが (2°) である．

上記 (1°), (2°) を換言すれば：

（Ⅱ） どんなに λ に近いところにも無数の a_n がくる．しかし λ よりも大なる λ' を取れば，このようなことはない．

あるいは：

（Ⅲ） $\{a_n\}$ の部分数列で λ に収束するものはあるが，λ よりも大なる λ' に収束するものはない．λ を $\{a_n\}$ の上極限というのは，それを示唆するのである．

下極限 μ に関しては上記（Ⅰ），（Ⅱ），（Ⅲ）において大小の関係を逆にすればよい．

有界でない数列 $\{a_n\}$ に関しても上極限，下極限を定義することが，応用上便利である．それをなるべく簡明に述べるために，（Ⅲ）において収束数列の極限として $+\infty, -\infty$ を許容する

ことにする．よって

　　　$\{a_n\}$ が上方に有界でないならば，$\overline{\lim} a_n = +\infty$,

　　　$\{a_n\}$ が下方に有界でないならば，$\underline{\lim} a_n = -\infty$,

　　　$\{a_n\}$ が上方に有界で下方に有界でないときには，$l_n \to \lambda$ または $l_n \to -\infty$ に従って $\overline{\lim} a_n = \lambda$ または $\overline{\lim} a_n = -\infty$．$\{a_n\}$ が下方に有界で，上方に有界でないときの $\underline{\lim} a_n$ も同様である．

　　$\pm\infty$ をも入れていえば，任意の数列 $\{a_n\}$ に関して $\overline{\lim} a_n, \underline{\lim} a_n$ は常に存在するが，それらが一致するときに限って，その共通の値として $\lim a_n$ が存在する．

　［例1］　$a_n = \dfrac{(-1)^n n + 1}{n}$，$\overline{\lim} a_n = 1$，$\underline{\lim} a_n = -1$．

　［例2］　$a_{2n} = 1 + \dfrac{(-1)^n}{n}$，$a_{2n-1} = \dfrac{(-1)^n}{n}$．すなわち数列は $-1, 0, \dfrac{1}{2}, \dfrac{3}{2}, -\dfrac{1}{3}, \dfrac{2}{3}, \cdots$ で，$\overline{\lim} a_n = 1$，$\underline{\lim} a_n = 0$．ここでは，数列中に 1 よりも大きい項も，0 よりも小さい項も無数にある．

　［例3］　$a_n = (-1)^n n$．$\overline{\lim} a_n = +\infty$，$\underline{\lim} a_n = -\infty$．

　［例4］　$a_n = \cos n\alpha$（ただし π/α は無理数）．$\overline{\lim} a_n = +1$，$\underline{\lim} a_n = -1$．

　（証明はむつかしいが，α/π が無理数ならば，単位円周上の定点 A を起点として同じ向きに長さが $n\alpha$ なる弧 AP_n を取れば，点 P_n は円周上に稠密に分布される）．

　点列　一次元における数列と同じように，二次元でも，順位を示す各自然数 n に対応して点 $P_n = (x_n, y_n)$ が定められるとき，点列 $\{P_n\}$ が生ずる．

　点列 $\{P_n\}$ の極限とは，次の条件に適する定点 $A = (a, b)$ をいう：すなわち，どれほど小なる正数 ε を取っても，それに対応して番号 n_0 を十分大きく取れば，

$$n > n_0 \quad \text{なるとき} \quad AP_n < \varepsilon$$

なることをいうのである．そのとき点列 $\{P_n\}$ は A に収束するという．

　距離 AP_n とは $\sqrt{(a-x_n)^2 + (b-y_n)^2}$ をいう（§1. 参照）．それが ε よりも小ならば，もちろん $|a-x_n| < \varepsilon$，$|b-y_n| < \varepsilon$ であるが，逆にこれから $AP_n < 2\varepsilon$ を得る．故に $P_n \to A$ は

$$\lim_{n\to\infty} x_n = a, \quad \lim_{n\to\infty} y_n = b$$

にほかならない．

　三次元以上でも同様である．点列の収束に関しては，Cauchy の判定法を次のように述べることができる．

　点列 $\{P_n\}$ が収束するために必要かつ十分なる条件は，正なる ε を任意に取るとき，それに対応して自然数 n_0 が定められて，n_0 よりも大なる任意の m, n に関して $P_m P_n < \varepsilon$ なることである．

7. 集積点

　数の集合と同様に，二次元以上でも，或る一定の条件に適合する点の全部を一つの点集合という．集合に属するすべての点 $P = (x_1, x_2, \cdots, x_n)$ の各座標 x_k が有界なるとき，点集合を有界

という．そのとき，集合の点はすべて一定の有限範囲内にある．例えば一次元ならば一定の区間内，二次元ならば一定の正方形内または一定の円内にある，等々．

一つの集合 S に関して或る点 A が**集積点**であるとは，点 A にどれほど近いところにも S に属する点が無数にあることをさしていう．ただし A が集合 S に属するというのではない．

［例 1］ x, y を任意の有理数として，点 (x, y) の集合を S とすれば，すべての点 (a, b) は集積点である．なぜならば，a または b が有理数であっても，無理数であっても，任意の $\varepsilon > 0$ に対して $|x - a| < \varepsilon$, $|y - b| < \varepsilon$ なる有理数 x, y が無数にあるから．

［例 2］ m, n を任意の自然数として，点 $\left(\dfrac{1}{m}, \dfrac{1}{n}\right)$ の集合を S とすれば，$\left(\dfrac{1}{m}, 0\right)$, $\left(0, \dfrac{1}{n}\right)$, $(0, 0)$ が集積点である．一般に，集積点の集積点は，やっぱり集積点である．

［注意］ 数列 $\{a_n\}$ に含まれる数 a_n の集合を S とする．数列 $\{a_n\}$ の中に，同じ数 a が無数に繰り返して出て来る場合には，a は S の集積点であるとは限らない．これに反し，$\{a_n\}$ に同じ数が無数に含まれることがなければ，$\{a_n\}$ が a に収束することは，S が有界で a が S の唯一の集積点であることと同等である．またその場合，$\overline{\lim}\, a_n, \underline{\lim}\, a_n$ は，それぞれ S の最大，最小の集積点にほかならない．

定理 9. 有界なる無数の点の集合に関して，集積点が必ず存在する［Weierstrass の定理］．

［証］ 定理は各次元に通用するけれども，簡明のために二次元として証明する．この集合 S は有界だから，その点はすべて辺が軸に平行なる一つの正方形 Q に含まれると考えてよい．正方形 Q に S の無数の点が含まれるから，今 Q を四つの正方形に等分するならば，それらのうち少くとも一つは S の無数の点を含む(内部または周上に，以下同様)．その一つを Q_1 とする．そのような正方形が二個以上あるとき，明確を欲するならば，象限順で最初のものを取ることにすればよい．さて Q_1 が S に属する点を無数に含むから，Q_1 を四つの正方形に等分すれば，それらのうち少くとも一つ Q_2 は，必ず S の点を無数に含まなければならない．このようにして行けば，$Q, Q_1, Q_2, \cdots, Q_n, \cdots$ なる正方形の一列が生じて，$n \to \infty$ のとき，Q_n の辺は限りなく小さくなる．

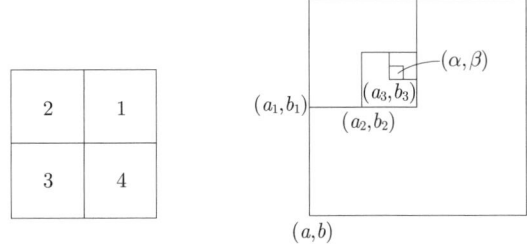

今一般に Q_n の四つの頂点の中で左下のもの(各座標が最小なるもの)を (a_n, b_n) とするならば，
$$Q \supset Q_1 \supset Q_2 \supset \cdots \supset Q_n \supset \cdots$$
から，
$$a \leqq a_1 \leqq a_2 \leqq \cdots \leqq a_n \leqq \cdots,$$

$$b \leqq b_1 \leqq b_2 \leqq \cdots \leqq b_n \leqq \cdots.$$

これら二つの数列は明らかに有界だから,

$$\lim_{n\to\infty} a_n = \alpha, \quad \lim_{n\to\infty} b_n = \beta. \qquad \text{(定理 6)}$$

然らば点 $P = (\alpha, \beta)$ は集積点である.

なぜならば, 今 (α, β) を中心とするどれほど小さな円を取ってみても, 十分大なる或る番号以上は, Q_n がすべてその円に含まれる. 然るに Q_n は S の点を無数に含むのだから, どれほど (α, β) に近いところにも, S の点が無数に存在する.

上記の例 2 では, Q は原点を一つの頂点とし, 両軸上に長さ 1 の辺を置く正方形としてよい. 然らば Q_n は x 軸または y 軸に接するものに限る.

A が集合 S の集積点ならば, S から A に収束する点列 $\{P_n\}, (P_n \neq A)$ を取り出すことができる. 実際, P を A とは異なる S の任意の点として, A から AP の $\dfrac{1}{2}$ 以内の距離にある S の点を $P_1 (\neq A)$ とする. A は集積点だから, そのような点は必ず存在する. 同様に $AP_2 < \dfrac{1}{2} AP_1, AP_3 < \dfrac{1}{2} AP_2, \cdots$ なる点 $P_2, P_3, \cdots$ を取れば, $AP_n < \dfrac{1}{2^n} AP$ だから, 点列 $\{P_n\}, (P_n \neq A)$, は A に収束する.

［注意 1］ 上方に有界なる数の集合 S の上限 a が S に属しないならば, 上限の意味から, a は S の集積点である. 故に上記によって, S から a に収束する数列 $\{a_n\}$ を取り出すことができる. a が S に属するときは, $a_n = a$ とすれば, 数列 $\{a_n\}$ は a に収束する. いずれにしても, S の上限に収束する数列を S から取り出すことができる. 下限についても同様である.

［注意 2］ 点列 $\{P_n\}$ が有界ならば, $\{P_n\}$ の部分点列 $\{P_m\}$ (番号 m は自然数の一部分)を適当に取り出して, 点列 $\{P_m\}$ が収束するようにすることができる. 実際, S を点 P_n の集合とすれば, S が無数の点の集合のときには, 定理 9 によって S の集積点が存在するから, S の一つの集積点に収束する $\{P_n\}$ の部分点列 $\{P_m\}$ を上記と同様の方法で取り出せばよい. また, もし S が有限個の点の集合ならば, 点列 $\{P_n\}$ の中に, 同じ点 P が無数に出てくるから, $P_m = P$ なる部分点列 $\{P_m\}$ を取り出せばよい.

S に関する集積点は必ずしも S に属する点ではないが, もしも, すべての集積点が S に属するならば, S を**閉集合**という.

例えば閉区間 $[a, b]$, または二次元では, 周をも入れた円または正方形などは閉集合を成す.

S が閉集合でないときに, S に集積点をつけ加えて集合 $[S]$ を作れば, それは閉集合である: S の集積点の集積点は, やはり S の集積点であるからである.

この注意によって, 区間縮小法を次のように拡張することができる.

定理 10. 有界なる閉集合の列 $S_1, S_2, \cdots$ において

 (1°) $S_1 \supset S_2 \supset \cdots \supset S_n \supset \cdots$,

 (2°) n が限りなく増大するとき, S_n の径が限りなく小さくなる

ならば, これらの集合 S_n に共通なる点がただ一つ存在する.

有界なる点集合の径とは, その集合に属する二点間の距離の上限をいう. 故に, S_n の径が限りなく小さくなるとは, S_n が限りなく小さくなる円に含まれるというのと同じことである.

[証] $S_1, S_2, \cdots$ から任意にそれぞれ点 $P_1, P_2, \cdots$ を取り出したとする．然らば(1°)によって $P_n, P_{n+1}, \cdots$ は S_n に属するから，(2°)によって点列 $\{P_n\}$ は Cauchy の収束条件を満たす．よって $\{P_n\}$ の極限を A とする．或る番号から先の P_m がことごとく同じ点であるときには，$P_m = A$ で A は S_n に属する．その他の場合には，A は閉集合 S_n の点 $P_n, P_{n+1}, \cdots$ の集積点だから，A は，やはり，S_n に属する．n は任意だから，A はすべての集合 $S_1, S_2, \cdots$ に共通である．さて，これらの集合に共通なる点がただ一つに限ることは，仮定(2°)によって明らかである． (証終)

定理 9, 10 に関連して，次の重要な定理を述べておく．

定理 11．無数の円の一組が，全体として，有界なる閉集合 F を覆うならば，F はすでに，それらの円の中の有限個だけで覆われる[Heine-Borel の被覆定理]．

ここで F を覆うというのは，F に属する各点が，これらの円のどれかの内部にあることをいう．

[証] かりに定理は真でないとする．然らば，F を包む一つの正方形 Q を取って，それを四つの小正方形に等分するとき，それらの小正方形(辺をも入れていう)のうちの少くとも一つに属する F の部分集合に関して，定理は真でない*．（さもなければ，F において定理が真！）この部分閉集合を F_1，それを含む小正方形を Q_1 とする．同様の操作を繰り返して，閉集合の無限列 $F \supset F_1 \supset F_2 \cdots$ を得るが，それらは，それを含む小正方形と共に限りなく小さくなるから，F に属する一点 P_0 を共有する(定理 10)．P_0 が F に属するから，P_0 は与えられた円の中の或る一つの内部に含まれる．故に十分大きい n に対して F_n は，それを包む小正方形 Q_n と共に全くこの円内に入る．これは F_n に関する約束(F_n において定理が真でないこと)に矛盾する．故に定理を承認せざるをえない． (証終)

この証明において F が閉集合であるという仮定が重大である．さもなければ，P_0 が F に属することがでてこない．また F の各点が円の内部に含まれることが肝要である．P_0 が円の周上にあるのでは，n をどれほど大きくしても，Q_n 従って F_n が全くは円内に入らないかも知れないから，証明が拘束力を失うであろう**．

8. 函　　数

区間 $[a, b]$ が与えられたとき，
$$a \leqq x \leqq b \tag{1}$$
なる数 x はこの区間に属するという．もしも我々が x にこの区間に属する任意の数値を与えようと欲するならば，x をこの区間における変数という．そのとき x はこの区間内において自由に変動しうるのである．

---

* 二つの閉集合の双方に属する点の集合は閉集合である．
** ここで円(円の内部)というのは一例である．実際は円を任意の開集合としても，定理は成り立つ(§ 12 参照)．

今この区間内における変数 x の個々の数値に対応して，それぞれ変数 y の数値を確定すべき或る一つの規準が与えられたと仮定するとき，y を x の函数といい，特定の函数を示すために特定の文字を用いて
$$y = f(x), \quad y = F(x)$$
などと書く．函数 y の値は x の値に伴って変動する．よって x を独立変数，y を従属変数という．

上記の場合，函数 y は区間 $[a,b]$ において定義されているから，$[a,b]$ をこの函数の定義区間という．定義区間が(1)のように閉区間ならば，$x=a$ または $x=b$ に対応する y の値は確定であるが，或る場合には，定義区間を開区間
$$(a,b) \quad a < x < b,$$
または一方のみ閉じた区間
$$[a,b) \quad a \leqq x < b,$$
$$(a,b] \quad a < x \leqq b$$
に，または，なお一般に或る集合 S に属する x だけに，限定することもある．それらの差別は厳格に尊重されねばならない．

もしまた x が a よりも大なる任意の値を取りうるならば，標語的に区間を
$$(a, +\infty) \quad a < x < +\infty$$
と書く．$[a, +\infty), (-\infty, a), (-\infty, +\infty)$ 等も同様である．

次に函数の例二，三を掲げる．

[例1] $y = x^2$ とすれば，y は区間 $(-\infty, +\infty)$ における x の函数である．

[例2] $y = \sin x$ も同様．ただし x は弧度法による角の数値である．すなわち 'ラジアン' を単位とする．

[例3] $y = \sqrt{1-x^2}$．平方根は正の値(負でない値)を表わすとすれば，この場合 y は区間 $[-1, +1]$ において x の函数である．

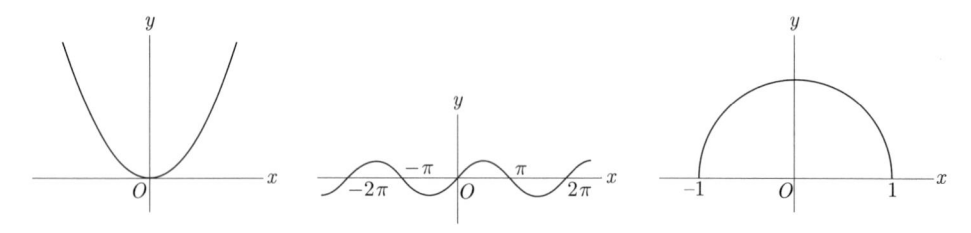

上記の例では，函数が算式に基づいて定義されたのであるが，それは必要でない．また一つの区間の各部分において，相異なる算式によって，一つの函数を定めることもできる．

[例4] 区間 $-1 \leqq x < 0$ では $y = x+1$，また区間 $0 < x \leqq 1$ では $y = 1-x, x=0$ のときは $y=1$ とすれば，y は区間 $[-1, +1]$ において定義された函数である．

[例5] $y = \text{sign}\, x$．これは区間 $(-\infty, +\infty)$ において，次のようにして定められる函数である．すなわち

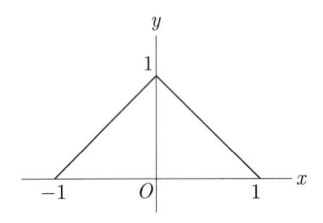

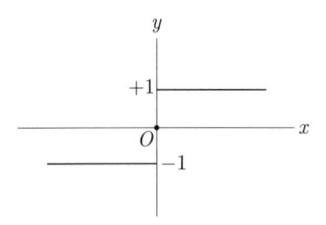

x が正ならば $y=+1$, x が負ならば $y=-1$, $x=0$ ならば $y=0$.

次の例も上記函数の定義に適合する．

[例 6] 区間 $0<x<1$ において，x が有理数ならば $y=0$, x が無理数ならば $y=+1$.

[例 7] 区間 $0<x<1$ に属する x の値を二進法で書き表わして，それを十進法によって読むときの値を $y=f(x)$ とする．ただし，2 の巾を分母とする有理数は有限二進数で書き表わすものとする．

例えば，$x=\dfrac{1}{2}$ ならば，二進法で $x=(0.1)$. 故に $f\left(\dfrac{1}{2}\right)=\dfrac{1}{10}$. また $x=\dfrac{1}{4}$ ならば，二進法で $x=(0.01)$. 故に $f\left(\dfrac{1}{4}\right)=\dfrac{1}{100}$, 等々．

変数 x の値とそれに対応する函数 $y=f(x)$ の値とを組合せて，点 (x,y) を平面上に取るとき，それらの点の集合(軌跡)は，常用の函数の場合，一つの曲線である．それを函数 $f(x)$ のグラフという．上記の例 1−5 ではグラフを記しておいたが，例 6, 7 ではグラフは線として表わすことが困難である．

或る数 a に十分近い x のみに着目して，x の函数 $f(x)$ のグラフを考察する必要が，しばしば生ずる．このような場合，a に十分近い x を，a の近傍に属するという．詳しくいえば，a の近傍とは，a を含む開区間 (b,c), $b<a<c$, のことで，その幅 $c-b$ は，臨機，十分小さくとる．

なお，函数には，次のような例もある．

[例 8] $0<x<\infty$ なる区間において $y=\sin\dfrac{1}{x}$. $x=0$ の近傍ではグラフは実際に画ききれない．

[例 9] $x\neq 0$ なるとき $y=x\sin\dfrac{1}{x}$, $x=0$ なるとき $y=0$ とすれば，y は $(-\infty,+\infty)$ における x の函数である．$x=0$ の近傍において y のグラフは無限に頻繁に振動するから画ききれない．

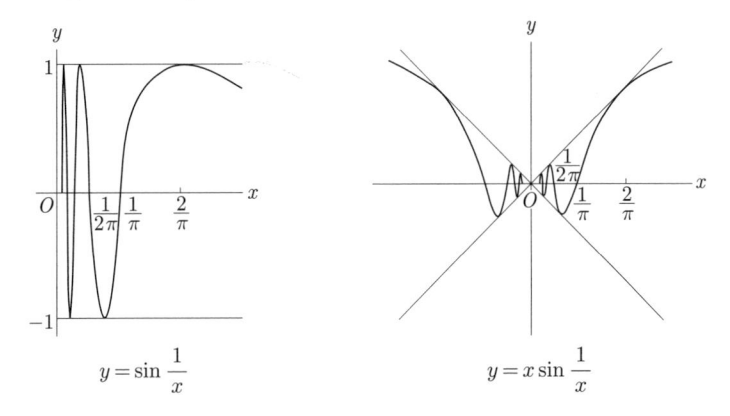

上記例 6−9 のような函数は，一見はなはだ奇怪なものであるけれども，函数の定義を本節

の初めに述べたように設定する以上，それらが函数の中に加入することを拒むことはできない．いわゆる自縄自縛である．これらの函数，特に例 6, 7 などは，実用に適しないけれども，さし当っては，軽率な推理に基因する誤謬を警戒するために，おりおり引用される．実用に適する函数を限定するためには，上記の一般的定義になんらかの制限を加える必要のあることは明白である．

　二次元以上，すなわち独立変数が二つ以上ある場合にも，函数の定義は同様である．今二次元に関していえば，一つの点 $P=(x,y)$ に対応して一つの数 z を確定する規準が定められたときに，z を (x,y) の函数という．記号は $z=f(x,y)$，あるいは略して $z=f(P)$ など．変数 x,y が取りうる値の範囲には通例或る制限があって，函数 $f(P)$ は或る区域（あるいは点集合）において定義される．

　[例 10]　$z=ax+by+c$ (a,b,c は定数)とすれば，z は (x,y) の函数（一次整函数）である．この場合 x,y の値は無制限でよい．

　[例 11]　$z=\sqrt{r^2-x^2-y^2}$ とすれば，z は原点 $(0,0)$ を中心とする半径 r の円（周をも入れていう）内において定まった函数である．

　[例 12]　$z=xy$．x,y は無制限．

　[例 13]　$f(x,y)=\dfrac{2xy}{x^2+y^2}$．ただし $(x,y)\neq(0,0)$．しかし，もしも，$f(0,0)$ を例えば 0 と定めるならば，$f(x,y)$ は x,y のすべての値に関して定義される．

　[例 14]　$0\leqq x\leqq 1, 0\leqq y\leqq 1$ なる区域内において，あるいは $P=(x,y)$ が $x^2+y^2=1$ なる円(それを単位円という)の内部にあるとき，x も y も有理数ならば $f(x,y)=1$，その他の場合には $f(x,y)=0$．

　$z=f(x,y)$ が与えられたときに，x,y の値とそれに対応する z の値とを三次元の一点 (x,y,z) で表わすならば，それらの点の集合は，常用の函数の場合には，一つの面を組成する．この面によって函数 $z=f(x,y)$ を幾何学的に表わすことができる．

　上記の例 10，$z=ax+by+c$ は一つの平面で表わされる．

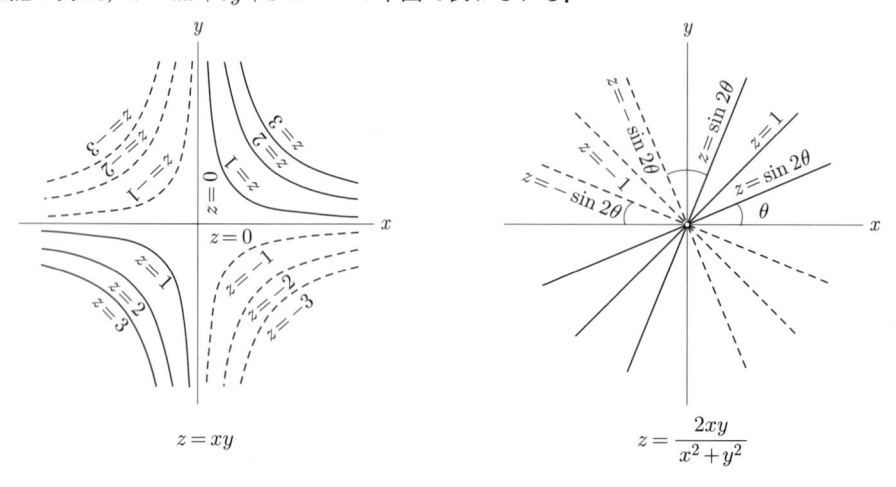

$z=xy$

$z=\dfrac{2xy}{x^2+y^2}$

例 11，$z=\sqrt{r^2-x^2-y^2}$ は一つの半球面で表わされる．

例 12，$z=xy$ は双曲放物面で表わされる．この場合，z に一定の値 k を与えるような (x,y) は一つの等辺双曲線 $(xy=k)$ 上にある．それを $z=k$ に対する等位線という．

例 11 では，等位線は原点を中心とする同心円周で，例 10 では，等位線は平行線である．

例 13 では，$z=k(-1\leqq k\leqq 1)$ は $2xy=k(x^2+y^2)$ なる二直線上の点 (x,y) に対応する．$|z|>1$ には決してならない．等位線は原点を通る直線である．もちろん原点 $(x=0, y=0)$ は除外される．その点は特異である．

例 14 の函数は曲面では表わされない．

9. 連続的変数に関する極限

点 P の函数 $f(P)$ が或る区域内において定義されているとする．そのとき P がこの区域内において変動して，限りなく一つの定点 A に近づくとき，それに伴って $f(P)$ が限りなく一定の値 α に近づくならば，α を A における $f(P)$ の極限という．記号では
$$P \to A \quad \text{のとき} \quad f(P) \to \alpha.$$
または二次元を例に取って $P=(x,y)$，$A=(a,b)$ とすれば，
$$\lim_{(x,y)\to(a,b)} f(x,y) = \alpha.$$
詳しくいえば，$\varepsilon>0$ を任意に取るとき，それに対応して $\delta>0$ を定めて
$$|x-a|<\delta,\ |y-b|<\delta,\ P\neq A \quad \text{なるとき} \quad |f(x,y)-\alpha|<\varepsilon$$
ならしめることをうるのである*．

このような極限に関しても，定理 5 と同様なる定理が成り立つこと明白である．すなわち
$$P \to A \quad \text{のとき} \quad f(P)\to\alpha,\ g(P)\to\beta \quad \text{ならば,}$$
$$f(P)\pm g(P)\to\alpha\pm\beta, \quad f(P)g(P)\to\alpha\beta, \quad \frac{f(P)}{g(P)}\to\frac{\alpha}{\beta} \quad (\text{ただし}\ \beta\neq 0).$$
極限値としての $+\infty$，$-\infty$ の意味も，数列の場合と同様である．

次の二つの例は基本的だから，周知であろうけれども，一応述べて置く．

［例 1］
$$\lim_{x\to\infty}\left(1+\frac{1}{x}\right)^x = e.$$
e は n が自然数なるとき $\lim\left(1+\frac{1}{n}\right)^n$ として定義されたのであったが (§4, [例 5])，連続的変数 x に関しても標記の等式が成り立つのである．

それを証明するために $n\leqq x<n+1$ (n は自然数) とすれば，

---

* ε-δ 式の陳述で，ε, δ が正数であることを一々ことわらないこともある．

$$\left(1+\frac{1}{n+1}\right)^n < \left(1+\frac{1}{x}\right)^x < \left(1+\frac{1}{n}\right)^{n+1},$$

すなわち

$$\frac{\left(1+\frac{1}{n+1}\right)^{n+1}}{1+\frac{1}{n+1}} < \left(1+\frac{1}{x}\right)^x < \left(1+\frac{1}{n}\right)^n \cdot \left(1+\frac{1}{n}\right).$$

$n \to \infty$ のとき，第一辺と第三辺とは極限値 e に収束する(定理 5)．故に任意の $\varepsilon > 0$ に対して一つの正数 N を取って，$n \geqq N$ なるとき

$$e - \varepsilon < \left(1+\frac{1}{n+1}\right)^n, \quad \left(1+\frac{1}{n}\right)^{n+1} < e + \varepsilon$$

ならしめうる．然らば $x \geqq N$ なるとき

$$e - \varepsilon < \left(1+\frac{1}{x}\right)^x < e + \varepsilon,$$

すなわち

$$\left|\left(1+\frac{1}{x}\right)^x - e\right| < \varepsilon.$$

故に

$$\lim_{x \to \infty}\left(1+\frac{1}{x}\right)^x = e.$$

［例 2］
$$\lim_{x \to 0}\frac{\sin x}{x} = 1.$$

半径 1 なる円において弧 $2x$ を張る弦が $2\sin x$ であるから，これは弧，従って弦が限りなく小さくなるとき，弦と弧との比の極限が 1 に等しいというのである．これは弧長の定義(後述，§40)からの当然の帰結であるが，通常次のように説明する．

まず $x > 0$ として証明をすれば十分である．さて $0 < x < \dfrac{\pi}{2}$ なるときは
$$0 < \sin x < x < \tan x.$$

弧 AB の長さは，弧に内接する折線の長さの上限として定義されるから，それは弦 AB よりも大で，折

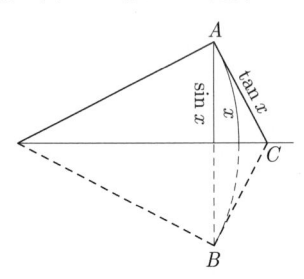

線 ACB よりも小である．従って

$$1 > \frac{\sin x}{x} > \cos x. \tag{1}$$

さて $0 < \sin x < x$ から，$\lim_{x\to 0}\sin x = 0$．故に $\cos^2 x = 1 - \sin^2 x$ を用いて $\lim_{x\to 0}\cos x = 1$．故に(1)から標記の関係を得る． (証終)

連続的変数に関しても，Cauchy の収束条件は適用される．それを説明するために，まず次の考察をする．

今 $\lim_{P\to A} f(P) = l$ とするならば，A に収束する任意の点列 $\{P_n\}$，$P_n \neq A$，に関して $\lim_{n\to\infty} f(P_n) = l$ なることは明白である．さて逆に A に収束するすべての点列 $\{P_n\}$，$P_n \neq A$，に関して $f(P_n)$ が収束すると仮定する．然らば $\lim_{n\to\infty} f(P_n)$ は点列 $\{P_n\}$ の選択に無関係な一定の値を有するであろう．なぜなら，もしも

$$P_n \to A \quad \text{のとき} \quad f(P_n) \to l,$$
$$P_n' \to A \quad \text{のとき} \quad f(P_n') \to l'$$

とすれば，$\{P_n\}$ と $\{P_n'\}$ とを合併して作られる点列（例えば $P_1, P_1', P_2, P_2', \cdots$）を $\{P_n''\}$ と書けば，$\{P_n''\}$ も A に収束するから，仮定によって $f(P_n'')$ も収束する．その極限を l'' とする．然らば $\{f(P_n)\}$ も $\{f(P_n')\}$ も $\{f(P_n'')\}$ の部分数列であるから，$l = l''$，$l' = l''$（定理3）．従って $l = l'$，すなわち極限値 l は一定である．

さてこの l に関して，P が任意に A に近づくとき，

$$\lim_{P\to A} f(P) = l \tag{2}$$

であることを証明することができる．それを間接法でするために，(2)を否定してみよう．(2)を否定することは何を意味するか．それは或る $\varepsilon > 0$ が存在して任意の $\delta > 0$ に対して

$$AP < \delta, \quad P \neq A \quad \text{でかつ} \quad |f(P) - l| \geqq \varepsilon$$

なる点 P が存在することである．然らば $\frac{1}{n}$ ($n = 1, 2, \cdots$) に対応して

$$AP_n < \frac{1}{n}, \quad P_n \neq A, \quad |f(P_n) - l| \geqq \varepsilon \tag{3}$$

なる P_n が存在するはずである．さて(3)によれば点列 $\{P_n\}$ は A に収束するが，$f(P_n)$ は l に収束しない．これは不合理である．故に(2)が成り立つ． (証終)

さて Cauchy の収束条件は次のように述べられる．

$\lim_{P\to A} f(P)$ が存在するために必要かつ十分なる条件は ε に δ が対応して

$$0 < PA < \delta, \quad 0 < P'A < \delta \quad \text{なるとき} \quad |f(P) - f(P')| < \varepsilon$$

なることである．

実際，この条件の下において，$\{P_n\}$，$P_n \neq A$，を A に収束する任意の点列とすれば，$f(P_n)$

は収束する(定理 8). 故に (2) によって $\lim_{P\to A} f(P)$ は存在する. 条件が必要なることは明白であろう.

[附記] 連続的変数に関する上極限, 下極限　点 P が限りなく定点 A に近づくとき, $f(P)$ の上極限, 下極限が, 数列の場合と同様に定義される. 今 $AP<t, P\neq A$ なる点 P に対応する $f(P)$ の値の全体を f の値域と名づける. t が小さくなれば, 値域は減縮するから, 値域の上限 $l(t)$ は単調に減少(不増大)し, 下限 $m(t)$ は単調に増大(不減少)する. $t\to 0$ のときそれらの極限 λ, μ が, それぞれ上極限, 下極限である. 記号で書けば*

$$\lambda = \overline{\lim_{P\to A}} f(P) = \lim_{t\to 0}\left(\sup_{0<AP<t} f(P)\right),$$
$$\mu = \underline{\lim_{P\to A}} f(P) = \lim_{t\to 0}\left(\inf_{0<AP<t} f(P)\right).$$

故に A に収束する任意の点列 $\{P_n\}, P_n \neq A$, から生ずる数列 $f(P_n)$ の上極限の上限, 下極限の下限がそれぞれ λ, μ に等しい. $\overline{\lim}_{P\to A} f(P)$ は P が限りなく A に近づくとき, $f(P)$ がついには上越しえない最小限界で, $\underline{\lim}_{P\to A} f(P)$ は $f(P)$ がついには下越しえない最大限界である.

上限, 下限として $\pm\infty$ をも許すならば, $\overline{\lim}, \underline{\lim}$ は常に確定する.

$\overline{\lim} f(P), \underline{\lim} f(P)$ が一致すれば, その共通の値はすなわち $\lim f(P)$ である.

10. 連続函数

或る区域内において, 変数 x が連続的に変動するに伴って連続的に変動する函数 $f(x)$, すなわち, いわゆる連続函数が応用上重要である.

変数 x が限りなく一つの値 a に近づくとき, $f(x)$ もまた限りなく $f(a)$ に近づくならば, $f(x)$ は $x=a$ なる点において連続であるという. 故に

$f(x)$ が $x=a$ なる点において連続であるとは

$$x\to a \quad \text{のとき} \quad f(x)\to f(a)$$

であることにほかならない. 常例の型で, いわゆる ε-δ 式にいえば:

正なる ε が任意に与えられたとき, それに対応して正なる δ を適当に取って

$$|x-a|<\delta \quad \text{なるとき} \quad |f(x)-f(a)|<\varepsilon$$

ならしめうるのである.

或る区域の各点において連続なる函数を, その区域において連続という.

或る点で連続なる函数の和, 差, 積, 商はその点において連続である. ただし商に関しては分母がその点で 0 にならないとする. 点の代りに区間といっても同様である. 例えば $f(x), g(x)$ が区間内の一点 a において連続なるとき, $f(x)+g(x)=h(x)$ とすれば,

---

* sup は上限(supremum)の略記. $\sup_{0<AP<t} f(P)$ は $0<AP<t$ なる P に対応する $f(P)$ の上限の意. 従って, この上限は t の函数である. また inf は下限(infimum)の略記である. 近頃, 英語の文献では sup を l. u. b. また inf を g. l. b. とも書く. それらは最小上界(least upper bound)および最大下界(greatest lower bound)の略記である (§ 3 参照).

$x \to a$ のとき $f(x) \to f(a), g(x) \to g(a)$, 故に $h(x) \to h(a)$. （定理 5）

[例] 定数 a および x は x の函数として各点で連続だから，それから四則によって生ずる x の有理函数は，分母が 0 になる点を除けば，連続である．

三角函数 $\sin x, \cos x$ は $(-\infty, +\infty)$ において連続である．今 $\sin x$ についていえば，$x = a+h$ と置いて

$$|\sin(a+h) - \sin a| = \left|2\sin\frac{h}{2}\cos\left(a+\frac{h}{2}\right)\right| < 2 \cdot \frac{|h|}{2} \cdot 1 = |h|.$$

故に $x \to a$ のとき $h \to 0$, $\sin x \to \sin a$．$\cos x$ も同様である．故に $\tan x$ は $\cos x \neq 0$ すなわち $x \neq \dfrac{n\pi}{2}$ （n は奇数）ならば，連続である．

その他の初等函数に関しては，後に至って適当なる機会において述べるであろう．

§8 に掲げた函数の中で，例 4 は $[-1, +1]$ において連続である．$x = 0$ なる点が目立つけれども，連続函数の定義に従えば，連続性を認めざるをえない．例 9, $f(x) = x\sin\dfrac{1}{x}$ も同様である．例 5, $f(x) = \operatorname{sign} x$ は $x = 0$ においてだけ不連続である．例 6 は各点において不連続である．

時としては x が増大しつつ（左から）a に近づく場合，あるいは x が減少しつつ（右から）a に近づく場合において，$f(x)$ の極限を考察することがある．その極限を

$$\lim_{x \to a-0}（左から），\quad \lim_{x \to a+0}（右から）$$

なる記号で表わすのが簡便である．$x = a \pm \varepsilon, \varepsilon > 0, \varepsilon \to 0$ を示唆するために $x \to a \pm 0$ と略記するのである．例えば

$$\lim_{x \to \frac{\pi}{2}-0} \tan x = +\infty, \qquad \lim_{x \to \frac{\pi}{2}+0} \tan x = -\infty,$$

$$\lim_{x \to -0} \operatorname{sign} x = -1, \qquad \lim_{x \to +0} \operatorname{sign} x = +1,$$

$$\lim_{x \to -0} e^{\frac{1}{x}} = 0, \qquad \lim_{x \to +0} e^{\frac{1}{x}} = +\infty.$$

同様の意味で記号

$$\lim_{x \to a-0} f(x) = f(a-0), \qquad \lim_{x \to a+0} f(x) = f(a+0)$$

を用いる．それらは x が左から，あるいは，右から a に近づくときの $f(x)$ の極限を表わす．

次のグラフでは

$$f(a-0) = \alpha, \quad f(a+0) = \beta.$$

これらは $f(a)$ とは別の物であるが，もしも $f(a) = \alpha$ ならば，$f(x)$ は $x = a$ において左へ連続

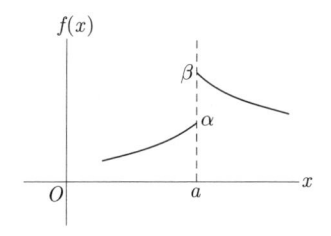

であるといい，またもし $f(a)=\beta$ ならば右へ連続であるという．左へも右へも連続なるときがすなわち前に述べた意味の連続である．

$f(x)$ が閉区間 $[a,b]$ で連続であるというときには，$x=a$ においては右へ，また $x=b$ においては左へ連続であることを意味する．

$f(x)$ が開区間 (a,b) において定義されているとき，もしも $f(a+0)$ が確定ならば，それを $f(a)$ として $f(x)$ の定義を $[a,b]$ にまで拡張すれば，$f(x)$ は $x=a$ において右へ連続になる．

例えば §8, [例 9] において $f(x)=x\sin\dfrac{1}{x}$ なる式は $x=0$ のとき意味を有しないが，$\lim_{x\to 0}x\sin\dfrac{1}{x}=0$ である．故に $f(0)=0$ として $f(x)$ の定義を補えば $f(x)$ は $(-\infty,\infty)$ において連続になる．このような '式の欠点' から生ずる不連続は補正されたものと，みなすことが，多くの場合，適切である．例えば $f(x)=\dfrac{x^2-1}{x-1}$ において $f(1)=2$, 等々．

$f(x)$ が単調増大（すなわち $x<x'$ なるとき $f(x)<f(x')$，または広義において $f(x)\leqq f(x')$）なるとき，$x=a$ を定義区間内の一点とすれば $f(a-0)$ も $f(a+0)$ も確定で $f(a-0)\leqq f(a)\leqq f(a+0)$.

$\{x_n\}$ を a に収束する単調数列とすれば，$\{f(x_n)\}$ は $f(a)$ を限界とする単調数列であるから収束する．その極限は数列 $\{x_n\}$ の選択に無関係で，それが $f(a-0)$ または $f(a+0)$ である（§9 参照）．

もしも $f(a-0)=f(a+0)$ ならば，$f(a)$ もそれに等しいから $f(x)$ は $x=a$ において連続であるが，$f(a-0)<f(a+0)$ ならば，もちろん，不連続である．単調減少の場合も同様．

§8, [例 7] の函数は単調増大であるが，不連続点が稠密に分布されている．例えば，$x=\dfrac{1}{2}$ とすれば二進法では $\dfrac{1}{2}=(0.1)=(0.0111\cdots)$．それを十進法で読めば $\dfrac{1}{10}$ または $\dfrac{1}{90}$ である．従って

$$f\left(\dfrac{1}{2}-0\right)=\dfrac{1}{90}, \quad f\left(\dfrac{1}{2}\right)=f\left(\dfrac{1}{2}+0\right)=\dfrac{1}{10}.$$

一般に $x=\dfrac{a}{2^n}$（a は奇数）において同様の現象がある（跳びは $\dfrac{8}{9}\cdot\dfrac{1}{10^n}$）．これは不連続点が稠密に分布されている単調函数の一例である．

指数函数について　　一例として，上記の考察を指数函数に適用してみよう．底 a は 1 より大として，指数 x が有理数なるときには，a^x の意味と性質とは既知とする．今 x を一つの無理数とし，$\{x_n\}$ を単調に増大しつつ x に収束する任意の有理数列とすれば，$\{a^{x_n}\}$ は単調に増大するが，それは有界である．すなわち，b を x より大なる有理数とすれば，$a^{x_n}<a^b$．故に $\{a^{x_n}\}$ は極限値を有するが，その極限値は数列 $\{x_n\}$ の選択に無関係である（23 頁）．その極限値を無理数 x に関する a^x の定義とする．然らば上記の b に関して $a^x\leqq a^b$ であるが，ここで等号はない．（なぜなら，$x<b'<b$ なる有理数 b' を取れば $a^x\leqq a^{b'}<a^b$ だから．）故に $a^x<a^b$．同様にして，b が x より小なる有理数ならば $a^b<a^x$．このようにして，すべての実数 x に関して定義された函数 a^x は単調増大である．すなわち $x<x'$ ならば $a^x<a^{x'}$．それは x または x' が有理数である場合にはすでにわかったのであるが，x および x' が無理数ならば，$x<b<x'$ たる有理数 b を取れば $a^x<a^b<a^{x'}$．

a^x が単調増大であることが知れた上は，前頁の記号を用いるために $f(x)=a^x$ と置けば，$f(x-0)=f(x+0)$ が確かめられたときに，$f(x)$ すなわち a^x の連続性が証明される．そのために $p<x<q$, $q-p<\dfrac{1}{n}$ なる

有理数 p,q を取る（n は任意の自然数）．然らば $a^p < a^x < a^q$ で，$a^q - a^p = a^p(a^{q-p} - 1) < a^p(a^{1/n} - 1)$．この差は n を十分大きく取れば，どれほどでも小さくなる（§4，[例 1]）．さて $a^p < f(x-0) \leqq f(x+0) < a^q$ だから $f(x-0) = f(x+0)$ でなければならない．

$0 < a < 1$ の場合も同様で，この場合 a^x は単調減少な連続函数である．また $a = 1$ ならば，$a^x = 1$．

任意の指数に関して $a^x \cdot a^y = a^{x+y}$ を証明するには極限による．$\{x_n\}, \{y_n\}$ を有理数列 $x_n \to x, y_n \to y$ とすれば，$x_n + y_n \to x + y$．さて有理指数に関しては $a^{x_n} \cdot a^{y_n} = a^{x_n + y_n}$ は既知で，$n \to \infty$ のとき左辺の極限は $a^x \cdot a^y$，右辺の極限は a^{x+y}．従って $a^x a^y = a^{x+y}$．同様にして $a^x \cdot b^x = (ab)^x, (a^x)^y = a^{xy}$ も証明される．（最後の式の証明は，x^r [r は有理数] の連続性を用いて，$(a^{x_n})^{y_m} = a^{x_n y_m}$ において，まず $x_n \to x$ とする．）

二つ以上の変数の函数に関しても，連続性の定義は同様である．

今二次元の場合についていえば，平面上の或る区域で函数 $f(P) = f(x, y)$ が定義されているとして，$P = (x, y)$ がその区域に属する定点 $A = (a, b)$ に限りなく近づくとき，$f(P)$ が限りなく $f(A)$ に近づくならば，$f(P)$ は A において連続であるという．例の通り ε-δ 式でいえば，P がその区域に属して

$$PA < \delta \quad \text{のとき} \quad |f(P) - f(A)| < \varepsilon,$$

ε が与えられて後に δ が定められるのである．

或る区域に属する各点で連続なる函数をその区域で連続であるという．

［注意］ $f(x, y)$ が連続ならば，y に一定の値を与えるとき，それは x の連続函数になり，また x に一定の値を与えるとき，y の連続函数になる．これの逆は真でない．

例えば $(x, y) = (0, 0)$ 以外では $f(x, y) = \dfrac{2xy}{x^2 + y^2}$．また $f(0, 0) = 0$ (§8，[例 13]) とすれば，$f(x, y)$ は x または y の一方のみに関しては連続であるが，双方の函数としては $(0, 0)$ において不連続である．実際，点 P が $y = x \tan \alpha$ なる直線上において，$(0, 0)$ に近づくとすれば，$f(P)$ の値は常に $\dfrac{2\tan\alpha}{1 + \tan^2\alpha} = \sin 2\alpha$ である．故に $f(x, y)$ は $(0, 0)$ において連続でない．

11. 連続函数の性質

定理 12. ［中間値の定理］ 或る区間において連続なる函数 $f(x)$ が，この区間に属する点 a, b において相異なる値 $f(a) = \alpha, f(b) = \beta$ を有するとき，α, β の中間にある任意の値を μ とすれば，$f(x)$ は a, b の中間の或る点 c において，この μ なる値を取る．すなわち

$$a < c < b, \quad f(c) = \mu$$

なる c が存在する．

［証］ $\alpha < \mu < \beta$ として証明する．$F(x) = f(x) - \mu$ と置けば，$F(a) = \alpha - \mu < 0, F(b) = \beta - \mu > 0$．$F(x)$ は $[a, b]$ において連続で，$F(a) < 0$ だから，a の或る近傍では $F(x) < 0$．故に $[a, \xi]$ において常に $F(x) < 0$ なる ξ が存在する．しかし $F(b) > 0$ だから $\xi < b$．故にこのような ξ に上限がある．それを c とすれば，$F(c) = 0$ でなければならない．もしも，かりに $F(c) < 0$ とすれば，上記の区間 $[a, \xi]$ は c を超えて延長されるであろう．それは c の意味に反する．またも

し $F(c)>0$ とすれば，十分小なる ε に関して $F(c-\varepsilon)>0$ で $[a,\xi]$ の右端 ξ は $c-\varepsilon$ を超えない．それも c の意味に反する．故に $F(c)=0$，すなわち $f(c)=\mu$．さて $a<c\leqq b$ であったが，$f(b)=\beta\neq\mu$ だから $c<b$ でなければならない． (証終)

定理 12 は二次元以上にも通用する．或る区域 K において $f(P)$ が連続で，K に属する点 A,B において $f(A)=\alpha, f(B)=\beta$ とする．今 K 内において A,B を一つの連続曲線 C (例えば折線 AB) で連結して，P はこの線上を動くとする．この線上任意の一点を起点として P までの長さを s とすれば，C 上において $f(P)$ は変数 s の連続函数である．それを $\varphi(s)$ とする．今点 A,B に対応する s の値を a,b とすれば $\varphi(a)=\alpha, \varphi(b)=\beta$ で，$a<c<b$ なる c において $\varphi(c)=\mu$．すなわち $s=c$ に対応する曲線 C 上の一点 P において $f(P)=\mu$．もちろん μ は α,β の中間の値である．

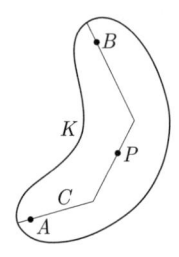

次に述べる定理は各次元に関して成立するけれども，たいていは一次元または二次元に関して説明する．変数の区域は閉じたものとする，すなわち境界をも入れていう．一次元ならば閉区間である．

定理 13. 有界なる閉区域 K において連続なる函数 $f(P)$ は有界で，かつその区域において最大および最小の値に到達する．

[注意] 閉区域とせねばならない一例は $-\dfrac{\pi}{2}<x<+\dfrac{\pi}{2}$ における $\tan x$．

[証] まず上界を論ずる．かりに $f(P)$ が上界を有しないとする．然らば $f(P_0)>0$ なる点 P_0 がある．同様に $f(P_1)>2f(P_0)$ なる点 P_1，$f(P_2)>2f(P_1)$ なる点 P_2，等々がある．$P_1, P_2, \cdots$ は，無数の相異なる点で，K は有界なる閉区域だから，K において集積点を有する(定理 9)．その一つを A とする．さて $P_1, P_2, P_3, \cdots$ の部分列で，A に収束するものを取って，それを $P_{\alpha_1}, P_{\alpha_2}, \cdots, P_{\alpha_n}, \cdots$ とする(16 頁参照)．然らば $\lim_{n\to\infty} f(P_{\alpha_n})=f(A)$．然るに $f(P_{\alpha_n})>2^{\alpha_n}f(P_0)$ で，α_n は限りなく大きくなるのだから，これは不合理である．故に $f(P)$ は上界を有する．下界も同様．

よって K における $f(P)$ の値の上限，下限を M,m とする．定理の後の部分は K において $f(P)=M, f(Q)=m$ なる点 P,Q が存在することである．

もしも K において $f(P)\neq M$ とするならば，$F(P)=\dfrac{1}{M-f(P)}$ は K において連続である．然るに $M-f(P)$ はどのようにも小さくなるから，$F(P)$ は有界でない．それは不合理である．故に K において，$f(P_0)=M$ なる点 P_0 がある．$f(P)$ は M よりも大きくはならないから，

$M = f(P_0)$ が最大値である．最小値も同様．

定理 12, 13 を総括していえば，閉区域における連続函数の値域は閉区間 $[m, M]$ である．

定理 14. ［連続の一様性］有界なる閉区域 K において，$f(P)$ は連続とする．正なる ε が任意に与えられたとき，それに対応して正なる δ があって，区域 K の任意の点 P, Q に関して
$$PQ < \delta \quad \text{なるとき} \quad |f(P) - f(Q)| < \varepsilon \tag{1}$$
になる．

［注意］まず定理の意味を説明する．K に属する一点 P を固定すれば，$f(P)$ は P において連続だから
$$PQ < \delta_P \quad \text{なるとき} \quad |f(P) - f(Q)| < \varepsilon \tag{2}$$
なる δ があるが，P が変動すれば，δ も変わるであろうから，それを明示するために，δ の代りに δ_P と記したのである*．然るに定理は P の位置にかかわらず，一定の δ をもって (1) が成り立つというのである．故にそれを連続の一様性という**．

区域 K における $f(P)$ の連続性として，(1) が成り立つことを要望するのは，自然であるが，一点 P における $f(P)$ の連続性を (2) のようにいい表わすのは技巧的である．然るに我々は各点 P における '原子的' の連続性をもって，区域 K における連続性を定義した．このような暫定的な定義によって，はたして上記の要望が満たされるであろうか．そこに問題があるのだが，少くとも有界なる閉区域に関しては，我々は然りと答えうるのである．

［証］K に属する点 P を中心として半径 r の円を画いて，その周上および内部の点の集合を $C(P, r)$ と名づける．円 $C(P, r)$ は区域 K の外に跨る場合もあろう．よって，$C(P, r)$ の点の中で，K にも属する点の集合を C'_r とする．C'_r は有界なる閉集合だから (17 頁脚註)，定理 13 によって，C'_r における函数 f の最大値と最小値が存在する．その差を，その円 $C(P, r)$ に関する f の振動量といい，それを $v(P, r)$ と書く．然らば P を固定すれば，r が増大するに従って，v も増大 (不減少) する．いま，閉集合 K に関する f の振動量を V とする．もしも，$0 \leq V < \varepsilon$ ならば定理は明白である．よって，$0 < \varepsilon \leq V$ のときに証明をする．そのとき $v(P, r) < \varepsilon$ なる r に上限がある．それを ρ とする．ρ は P の函数だからそれを $\rho(P)$ と書けば，$\rho(P) > 0$ である．実際，f は P において連続だから，十分小なる $r_0 > 0$ をとれば，C'_{r_0} に属する任意の二点 A, B に関し
$$|f(A) - f(P)| < \frac{\varepsilon}{2}, \quad |f(B) - f(P)| < \frac{\varepsilon}{2}.$$
従って，
$$|f(A) - f(B)| \leq |f(A) - f(P)| + |f(B) - f(P)| < \varepsilon.$$
故に，$v(P, r_0) < \varepsilon$．それは $\rho(P) \geq r_0$ を意味する．すなわち，$\rho(P) > 0$．

---
* 明確を欲するならば，δ_P を P における δ の上限とするがよい．然らば δ_P は P の函数として確定する：$\delta_P = \delta(P)$．
** 一様 (uniform) を平等 (gleichmässig) ともいう．

さて $\rho(P)$ は連続函数であることを示そう．今円 $C(P,\rho)$ の内部に K に属する点 Q を取って，Q を通る直径 AB を引く．Q を中心とし QA よりも小なる半径を有する円は $C(P,\rho)$ の内部にあるから，その中における f の振動量は ε よりも小である．従って $\rho(Q) \geqq QA$．また Q を中心として，QB よりも大なる半径を有する円は $C(P,\rho)$ を内部に含むから，その中における f の振動量は ε よりも小でない(さもなければ $C(P,\rho)$ が拡大される)．従って $\rho(Q) \leqq QB$．さて $QA = \rho(P) - PQ$, $QB = \rho(P) + PQ$ だから
$$\rho(P) - PQ \leqq \rho(Q) \leqq \rho(P) + PQ,$$
従って
$$|\rho(P) - \rho(Q)| \leqq PQ,$$
すなわち $\rho(P)$ は連続である．

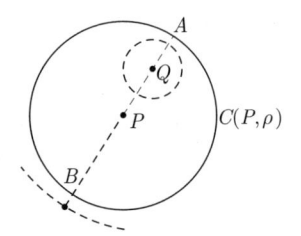

有界なる閉区域 K において連続なる $\rho(P)$ は最小値を有する(定理 13)．それを ρ_0 とすれば，$\rho(P) > 0$ だから，$\rho_0 > 0$ で $v(P, \rho_0/2) \leqq v(P, \rho/2) < \varepsilon$．すなわち $PQ < \rho_0$ なるとき $|f(P) - f(Q)| \leqq v(P, \rho_0) \leqq \varepsilon$． (証終)

12. 区域・境界

区域，境界などという語を上文しばしば用いたが，ここで少しくその意味を明確にして置こう．以下述べることは，各次元に通用するが，一次元ないし三次元を連想して考えればよい．

内点・外点・境界　点集合 S に属する一つの点 P に十分近い点がすべて S に属するとき，P を S の内点という．

S に属しない点 P に十分近い点が，一つも S に属しないとき，P を S の外点という．S に属しない点の全体を S の余集合という．それを S' と書くならば，S の外点はすなわち S' の内点である．S'' は S 自身である．よって S と S' とは互に余集合であるという．

S の内点でも外点でもない点の全体を S の境界という．故に P を境界の点とすれば，どのように P に近いところにでも，S に属する点もあり，また S に属しない点，すなわち S' に属する点もある．(ただしこれは P 自身をも入れていう．)

この定義に従えば，S の境界は同時に S' の境界である．境界の点は S と S' とに分属する．(といってもすべて S に属し，またはすべて S' に属することもある．) S が空間のすべての点の

集合である場合を除けば，S は内点または外点を一つも有しないことはあるが，境界点は必ず存在する．——実際，点 A は S に属し，B は S' に属するとして，線分 AB 上の点を考察すれば，まず A が S の内点でないならば，A がすでに境界点である．もしまた A が S の内点ならば，線分 AB 上で，A に十分近い点はすべて S の内点である．今 AB 上で，線分 AP の点がすべて S の内点であるような点 P に着眼して，AP の長さを x とするならば，B は S に属しないのだから，x に上限がある．それを x_0 として $AP_0 = x_0$ とすれば，P_0 は境界点である．

一例として S を平面上の有理点(すなわち座標 x, y が共に有理数なる点)の集合とすれば，平面上の各点が S の境界の点である．内点，外点は一つもない．

内点，外点，境界点は直感的ないい表わしであるが，それらの定義を上記の文句通りすなおに受け入れて，論理的に考えるならば，この例のような '非常識' な場合も容易に承認されるであろう．このような論理的の態度が解析学の理解に絶対的に必要であって，それがなくては，応用が不安心であろう．

開集合・閉集合　集合 S の各点が内点であるとき，S を開集合という．S の集積点がすべて S に属するとき，S を閉集合ということはすでに述べた（§7）．

互に余集合なる二つの集合 S, S' の中一つが開集合ならば，他の一つは閉集合である．

開集合は空間の次元に関係する．例えば，平面上では，一つの円の内部(内部の点の全体の集合)は開集合である．しかし三次元空間における点集合としては，それは一つの内点をも有しない．それとは違って，閉集合は次元に関係しない．例えば円周をも入れていえば，円は三次元空間においても閉集合である．円周だけでも，すでに閉集合である．開集合，閉集合は反対語ではない．

集合 S の内点全部の集合を S の開核(または核)という．それをかりに (S) と書くならば，(S) は開集合で，しかも S に含まれる最大の開集合である．

また S の集積点で S に属しないものがあれば，それを S に合併して生ずる集合を S の閉包という．それをかりに $[S]$ と書けば，$[S]$ は閉集合，しかも S を含む最小の閉集合である．

$[S]$ から (S) を除いた残りはすなわち S の境界である．

集合 S の部分集合 T が $[T] \supset S$ を満すとき，T は S の中に稠密に分布しているという．たとえば，有理数全体の集合は，実数全体の集合の中に稠密に分布している．

点集合の間の距離　二つの点集合 A, B にそれぞれ属する点 P, Q の間の距離の下限を集合 A, B の距離という．すなわち距離を記号 ρ で表わせば

$$\rho(A, B) = \inf \rho(P, Q), \quad P \in A, \quad Q \in B.^*$$

A, B が有界で共通点を有しないならば，A, B の境界上の或る点 P_0, Q_0 において $\rho(P_0, Q_0) = \rho(A, B)$．

［証］　下限の意味によって，$P_n \in A, Q_n \in B, \rho(P_n, Q_n) \to \rho(A, B)$ なる点列 $\{P_n\}, \{Q_n\}$ が

---

* $P \in A$ は点 P が集合 A に属することの記号(既出，12 頁)．記号 inf も既出(24 頁)．

ある(16 頁[注意 1])．そこで，A は有界だから，点列 $\{P_n\}$ から収束する部分点列 $\{P_m\}$ を抽き出せば(16 頁[注意 2])，$\rho(P_m, Q_m) \to \rho(A, B)$．今度は $\{Q_m\}$ の中から，同様にして，収束する部分点列 $\{Q_k\}$ を抽き出せば*，$\rho(P_k, Q_k) \to \rho(A, B)$．さて，$P_k \to P_0, Q_k \to Q_0$ とすれば，$\rho(P, Q)$ は P, Q に関して連続であるから，$\rho(P_k, Q_k) \to \rho(P_0, Q_0)$．従って $\rho(P_0, Q_0) = \rho(A, B)$．このような P_0 は A の内点ではありえない．(もしも P_0 が A の内点ならば，仮定によって，A, B に共通点はないから，$\rho(P_0, Q_0) > 0$ で，線分 $P_0 Q_0$ の上に，$P_0' \in A, \rho(P_0', Q_0) < \rho(P_0, Q_0)$ なる点 P_0' があるであろう．) 然るに A の点列 $\{P_k\}$ が P_0 に収束するから，P_0 は A の外点ではありえない．すなわち P_0 は A の境界点である．同様に Q_0 は B の境界点である． (証終)

特に A, B が有界なる閉集合ならば $P_0 \in A, Q_0 \in B$．この場合，A, B に共通点がないならば，$\rho(A, B) > 0$．

集合 A, B のどちらかが閉集合でなければ，共通点がなくても $\rho(A, B) = 0$ なることがある．(例えば A, B が互に余集合なるとき．)

点集合の径とは，それに属する二点間の距離の上限であった($\S 7$)．すなわち径を δ と書けば，
$$\delta(A) = \sup \rho(P, Q), \quad P \in A, \quad Q \in A.$$
集合 A が有界ならば，A の境界上の二点 P_0, Q_0 において
$$\delta(A) = \rho(P_0, Q_0).$$
証明は上記と同様．

領域・閉域　区域というのは，一つの点集合である．しかし，通例，我々は区域は内点を有することを要求し，また区域が連結されていることを要求する．連結の意味は開集合および閉集合に関しては次のように明確に述べられる．

開集合は，それが共通点を有しない二つの開集合に分割されえないときに，連結されているという．

連結された開集合を領域という．領域は開集合だから，境界点を含まないが，領域にそれの境界点をつけ加えた点集合，すなわち領域の閉包を閉域という．

K を領域とすれば，K に属する任意の二点を K に属する連続線(例えば線分または折線)で連結することができる．

(K 内の一点 A に，K 内の連続線で結ばれる点と，結ばれない点とがあれば，それらは別々に開集合を作るであろう．)

閉集合も同様で，それが共通点を有しない二つの閉集合に分割されえないときに，連結されているという．連結されている閉集合が少くとも二点を含むとき，それを**連続体**という．

二次元以上でも，点 P を含む任意の領域(または一般に開集合)を点 P の**近傍**というが，近傍の径は，適宜，十分小さくとる．

---

* 番号 m は自然数の一部分，また $\{k\}$ は $\{m\}$ の一部分である．

12. 区域・境界

[例1] 一次元で，S を開集合，x を S の一点とすれば，x は内点だから，S は x を含む或る開区間を含む．そのような区間の左端の下限を a，右端の上限を b とすれば，S は開区間 (a,b) を含む．開区間 (a,b) は一つの領域である．ただし $a=-\infty$，または $b=+\infty$ なる場合もある．もしも S が (a,b) に含まれない点 x_1 を含むならば，S は x_1 を含む開区間 (a_1, b_1) を含み，(a,b) と (a_1, b_1) とは共通点を有しない．ただしその端が一致することは可能である．例えば $b=a_1$．そのとき a_1 は S に属しないのだから，(a,b) と (a_1, b_1) とは連結されていない．すなわち S は一個以上または無数の共通点を有しない開区間の合併である．

S が閉集合で，内点を有するならば，それを含む閉区間 $[a,b]$ が S に属して，S は無数の互に隔離した閉区間を含みうるが，S はまた孤立する点をも含みうる．その場合，それらの孤立点の集積点があれば，それも含まねばならない．

[例2] 二次元では，円の内部は領域で，円周はその境界である．円内の一点または円内の一つの線分を除いても，残りは領域で，除いた点または線分は境界である．しかし，それの閉包は円の全部(周をも入れて)である．その周上の一点から外部へ引かれた一つの線分(端をも入れて)をつけ加えても閉集合であるが，それの核は円の内部，その核の閉包は円板で，円外に引いた線分を含まない．

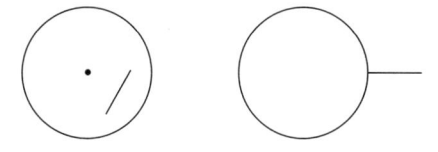

[例3] 正方形 Q の内部 $(0<x<1, 0<y<1)$ を S とすれば，S は領域であるが，S から $x=\dfrac{1}{n}$ $(n=2,3,\cdots)$ なる縦線上の点を除けば，残りの S_1 は開集合であるが，連結が失われて，無数の領域に分割される．

もしも x 軸の下側において，正方形 Q' $(0<x<1, -1<y\leqq 0)$ を S_1 につけ加えて，それからさらに点 $\left(\dfrac{1}{n}, 0\right)$，$(n=2,3,\cdots)$，を除いた集合 S_2 を作れば，連結が回復されて一つの領域が生ずる．S_2 の境界は Q, Q' の外周と Q から除いた縦線(下端をも入れて)上の点である．Q の左辺 $(x=0, 0<y\leqq 1)$ の点は S_2 の境界であるが，そこへは領域内からは到達されない．すなわち，それらの点を内点のみを通る線で一つの内点と連結することができない．境界論はやっかいである．

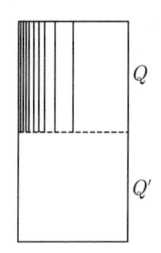

本書で取扱う区域は，たいがいは境界が一つの連続曲線であるものに限る．

然らば曲線とは何をいうか．我々は解析学において便宜上幾何学的の用語を使うけれども，空間的の直観を論理の根拠とはしないつもりだから，このような問題が生ずる．

今かりに次のように曲線の定義を立ててみる(二次元)．

媒介変数 t は閉区間 $a\leqq t\leqq b$ において変動し，$x=\varphi(t)$，$y=\psi(t)$ は t の連続函数なるとき，

点 $P=(x,y)$ の軌跡が一つの曲線である．起点 $A=(\varphi(a),\psi(a))$ と終点 $B=(\varphi(b),\psi(b))$ とを連結する一つの曲線である．

我々が直観的に連続なる線*と考えるものは皆この定義に適合するが，逆は真でない．すなわち，この定義に適合するものをすべて線というならば，意外なものが線の名の下に包括されてしまう．（自縄自縛！）

まず t の相異なる値に同一の点 (x,y) が対応することが可能である．そのような点を**重複点**と名づけよう．しからば，上記の定義の下においては，重複回数が無限なる重複点も可能であり，また重複点が無数にあることも可能である．実際 Peano(1890) は，重複点が無数にあることも許されるとして，一つの正方形の内部の各点をすべて洩れなく通過する曲線の実例を作って，当時の数学界を驚かせた．このような曲線は迷惑である．上記の定義は曲線の定義として，あまりに広汎に過ぎるのである．

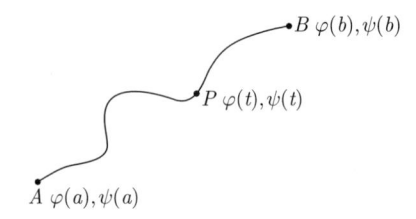

そこで，上記の定義に，重複点の存在を許さないという制限をつけ加えて，そのような曲線を **Jordan 曲線**という．然らば Jordan 曲線とは，その点が一つの線分 ($a\leqq t\leqq b$) 上の点と一対一に，かつ連続的に，対応する点集合である．それは線分の位相的写像というものである．もしも，区間の両端 $t=a, t=b$ に対応する点のみが一致するときは，**Jordan 閉曲線**という．それは一つの円周の位相的写像である．

二次元においては，Jordan 閉曲線は平面を内外の二領域に分割して，それらの二領域に共通なる境界を成すものである．（その証明は存外むずかしい．）

この後，本書で取扱う二次元の区域は大概 Jordan 閉曲線を境界とするものに限るが，なお我々はその曲線に多大の制限（接線の存在，接線の連続的変動等々）を加える．

三次元以上では，区域の境界はいっそうむずかしくなる．しかし球や立方体は簡明で，それらを適当に活用すれば，応用の範囲は存外に広いのである．

練習問題 (1)

(1) $a_1 > b_1 > 0$；$a_n = \dfrac{1}{2}(a_{n-1}+b_{n-1})$, $b_n = \sqrt{a_{n-1}b_{n-1}}$ とすれば，数列 a_n, b_n は同一の極限値に収束する．

---

* 文字に拘泥しないで線を曲線(curve)という．直線も曲線の中へ特別の場合として入れる．

この極限値を a_1, b_1 の算術幾何平均という(Gauss)．

(2) $a>0, b>0$; $a_1=\dfrac{1}{2}(a+b)$, $b_1=\sqrt{a_1 b}$, 一般に $a_n=\dfrac{1}{2}(a_{n-1}+b_{n-1})$, $b_n=\sqrt{a_n b_{n-1}}$ とすれば，$l=\lim\limits_{n\to\infty} a_n = \lim\limits_{n\to\infty} b_n$ が存在する．

[$1°$] $|a|<b$ のとき，$a=b\cos x$, $-\pi<x<\pi$，と置けば，$l=b\dfrac{\sin x}{x}$．

[$2°$] $a>b>0$ のとき，$a=b\cosh x$ と置けば，$l=b\dfrac{\sinh x}{x}$．ただし $\cosh x = \dfrac{e^x+e^{-x}}{2}$, $\sinh x = \dfrac{e^x-e^{-x}}{2}$（§54 参照）．

[注意] [$1°$] において，直径 1 なる円に内接，外接する辺数 n の正多角形の周の長さを $p(n), P(n)$ と書いて，$a=1/P(k), b=1/p(k)$ とすれば，$a_n=1/P(2^n k), b_n=1/p(2^n k)$ で，極限 $l=1/\pi$．故に $k=4$ または $k=6$ として，π の近似値が求められる．これは円周率 π の素朴なる計算法の整理である．ただし収束は，はなはだ緩慢である．

(3) 有界なる数列 a_n, b_n に関して
$$\overline{\lim}(a_n+b_n) \leqq \overline{\lim} a_n + \overline{\lim} b_n,$$
$$\underline{\lim}(a_n+b_n) \geqq \underline{\lim} a_n + \underline{\lim} b_n,$$
ここで $\geqq$ または $\leqq$ は $=$ で置き換えられない．例：$a_n=(-1)^n, b_n=(-1)^{n+1}$．

和の代りに差，積，商を取ればどうか．

(4) x が無理数ならば，$f(x)=0$, $x=\dfrac{p}{q}$ が有理数（$\dfrac{p}{q}$ は既約分数で，$q>0$）ならば，$f(x)=\dfrac{1}{q}$ とする．このようにして区域 $x>0$ において定義される函数 $f(x)$ の連続性はどうであるか．

[解] x が有理数ならば，x において不連続．x が無理数ならば，x において連続．

問題を少しく変更して，x が小数 n 桁までの十進数（すなわち $x=\dfrac{p}{10^n}$ で p は 10 で割れない整数）なるとき，$f(x)=\dfrac{1}{10^n}$ で，その他の x に対しては $f(x)=0$ とするならば，結果は同様である．

(5) $f(x), g(x)$ は $[a,b]$ において連続とする．もし $[a,b]$ 内に稠密に分布されている点 x において（例えば x が有理数なるとき）$f(x)$ と $g(x)$ とが相等しい値を取るならば，$[a,b]$ のすべての点 x において $f(x)=g(x)$．

二次元以上でも同様である．

(6) $f(x)$ は或る区間 $[a,b]$ の有理数 x に関してのみ定義されていて，かつ連続の条件を満足するとする．すなわち ε-δ 式でいえば $|x-x'|<\delta$ なるとき，$|f(x)-f(x')|<\varepsilon$．そのとき，$f(x)$ の定義を拡張して区間 $[a,b]$ において連続なる函数が得られるであろうか？（例：26 頁に述べた a^x の拡張．）

[解] 必要かつ十分なる条件は，上記の連続条件が一様性を有すること（ε のみに関係して x, x' に関係しない δ が存在すること）である．26 頁で，a^x に関しては単調性を用いたが，今度は Cauchy の判定法を用いる．

有理数というのは一例で，区間内において稠密なる点集合でもよい．また二次元以上でも同様である．

(7) $f(x)$ は (a,∞) で連続で $\lim\limits_{x\to\infty}(f(x+1)-f(x))=l$ ならば $\lim\limits_{x\to\infty}\dfrac{f(x)}{x}=l$．（Cauchy）

[解] $f(x)$ に $f(x)-lx$ を代用すれば $l=0$ なる場合に帰して，幾分か簡単になる．一例として $f(x)=\log x$ が挙げられる．

(8) $f(x)$ は区域 K における連続函数で，x が区域 K に属するとき，$f(x)$ は区域 G に属するとする．また，$g(y)$ は区域 G における連続函数とする．然らば，$g(f(x))$ は区域 K における連続函数である．

要約すれば，連続函数の連続函数は連続函数である．二次元以上でも同様である．

(9) $a>0$ のとき $(a^x)^y = a^{xy}$ はすべての実数値 x, y に関して成り立つ．ただし，x, y が有理数なるとき，それは既知とする．

[解] $f(x,y) = x^y$ が $x>0, y>0$ において，x, y の連続函数であることを用いて，26 頁と同様に証明される(上記問題(8)参照)．$f(x,y)$ の連続性は，xy 平面上の有界なる区域で，$f(x,y)$ が有理数 x, y に関して，一様に連続の条件(問題(6))を満たすことから得られる．(この解法は，問題(6)適用の一例を示す．)

第 2 章 微 分 法

13. 微分　導函数

或る区間において，変数 x の函数 $y = f(x)$ が与えられているとする．独立変数の二つの値 x, x_1 に対応する函数の値を y, y_1 として
$$x_1 - x = \Delta x, \quad y_1 - y = \Delta y$$
と略記する．然らば
$$\frac{\Delta y}{\Delta x} = \frac{y_1 - y}{x_1 - x}$$
は x と x_1 との間の区間における函数 y の平均の変動率である．

今 x を固定して，$|\Delta x|$ を限りなく小さくするとき
$$\lim_{\Delta x \to 0} \frac{\Delta y}{\Delta x}$$
なる極限値が存在するならば，それは函数 $y = f(x)$ の<u>点 x における</u>変動率ともいうべきものであろう．この極限値を記号
$$\frac{dy}{dx}$$
で表わす．$\Delta x, \Delta y$ などは伝統的の記号であるが，もしも Δx の代りに h と書けば
$$\frac{dy}{dx} = \lim_{h \to 0} \frac{f(x+h) - f(x)}{h}.$$
上記の極限値が存在するとき，函数 $y = f(x)$ は点 x において微分可能であるという．

もしも或る区間の各点 x において $f(x)$ が微分可能ならば，$f(x)$ はその<u>区間において微分可能</u>であるという．その場合，極限値 $\frac{dy}{dx}$ は x の函数である．その函数を $f(x)$ の導函数といい，それを記号 $f'(x)$ で表わす．すなわち上記条件の下において
$$\frac{dy}{dx} = f'(x).$$

記号 $\frac{dy}{dx}$ は Leibniz からの伝統である．$f'(x)$ は Lagrange の用例である．$f(x)$ を y で表わす場合には，$f'(x)$ を y' または $\dot{y}$ で表わす．$\dot{y}$ は Newton の用例である．Cauchy は $D_x y$ または $D_x f(x)$ なる記号を用いた．独立変数を特記するに及ばないときには，添字を略して D と書く．
$$\frac{dy}{dx} = f'(x) = y' = \dot{y} = D_x y = Df(x).$$
これらの記号は一長一短である．現今は拘泥しないで，場合に応じて便宜流用する．

導函数(derived function, 略して derivative)とは '微分法によって $f(x)$ から導き出される函数' という

ことの略称である．導函数 $f'(x)$ は区間に関する称呼であるが，一点 x における $\dfrac{dy}{dx}$ すなわち $\lim \dfrac{\Delta y}{\Delta x}$ は Newton のいわゆる '流動率'(fluxion)である．ドイツ系統では，Leibniz の伝統に従って，この極限値 $\dfrac{dy}{dx}$ を微分商(Differentialquotient)といっているが，英米系統では，それを改称して微分係数(differential coefficient)という．フランス系では，微分商も導函数も共に dérivée という．

函数 $y=f(x)$ のグラフにおいては，$\Delta y/\Delta x$ は点 (x,y) と点 $(x+\Delta x, y+\Delta y)$ とを結ぶ弦の勾配で，$\dfrac{dy}{dx}$ は点 (x,y) における接線の勾配である．

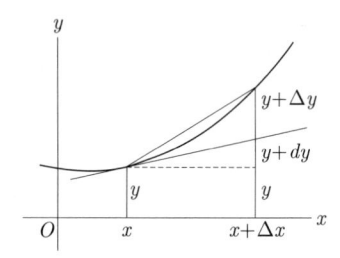

$\Delta x, \Delta y$ はグラフの上での点の座標の変動であるが，もしもグラフの代りに接線を取って，接線上における点 (X, Y) の座標の変動を dx, dy で表わして，$dx = X - x$（それは Δx と同一），また $dy = Y - y$（それは Δy とは違う）とするならば

$$dy = f'(x)dx \tag{1}$$

は点 (x,y) における接線の方程式にほかならない．そのように dx, dy を単独に定義すれば，(1)の意味は明確である．しかし我々は点 (x,y) の近傍においてのみ(1)を用いるつもりであるから，dx を変数 x の微分(differential)，dy をそれに対応する函数 y の微分という．

上文で接線というような耳慣れた言葉を用いて，$\dfrac{dy}{dx}$ は接線の勾配などといったけれども，実際は，それは接線を定義したのにすぎない．すなわち $\dfrac{dy}{dx}$ が存在するときに，点 (x,y) において $\dfrac{dy}{dx}$ を勾配とする直線を $y=f(x)$ の接線というのである．よって今一度 $\dfrac{\Delta y}{\Delta x}$ から出直してみよう．

$\lim \dfrac{\Delta y}{\Delta x} = f'(x)$ が存在するならば，$\dfrac{\Delta y}{\Delta x} = f'(x) + \varepsilon$，すなわち $\Delta x \neq 0$ のとき

$$\Delta y = f'(x)\Delta x + \varepsilon \Delta x \tag{2}$$

と置くとき，ε は x と Δx とに関係するが，x を固定すれば，$\Delta x \to 0$ のとき $\varepsilon \to 0$．

今逆に $\Delta x \neq 0$ のとき

$$\Delta y = A \cdot \Delta x + \varepsilon \cdot \Delta x \tag{3}$$

で，A は x のみに関係して，Δx には関係しない係数，また ε は x にも Δx にも関係するが，$\Delta x \to 0$ のとき $\varepsilon \to 0$ と仮定してみよう．もしも(3)が成り立つならば，$\Delta x \to 0$ のとき $\dfrac{\Delta y}{\Delta x} = A + \varepsilon \to A$，すなわち $A = \lim \dfrac{\Delta y}{\Delta x}$，従って点 x において $f'(x)$ が存在して，$A = f'(x)$．故に(3)が成立するのは，$f'(x)$ が存在するときに限り，その場合(3)は(2)と同じものである．よって

$f'(x)$ が存在するという仮定の下において (2) を考察する．

さて (2) の右辺の第一項 $f'(x)\Delta x$ は Δx に関して一次式である（我々は今 x の値を固定している，従って変数は Δx である）が，第二項では $\Delta x \to 0$ のとき Δx の係数 ε が限りなく小さくなるのだから，その ε と Δx との積なる $\varepsilon \cdot \Delta x$ は Δx よりも高度に微小になる．すなわち $\Delta x \to 0$ に際して，(2) の右辺の第一項なる $f'(x) \cdot \Delta x$ が <u>Δy の主要部</u>である．そこで Δy の主要部なる $f'(x) \cdot \Delta x$ を点 x における函数 $y = f(x)$ の微分と名づけて，それを dy で表わすことにする．すなわちこの定義によれば

$$dy = f'(x)\Delta x. \tag{4}$$

今同様の意味において，x それ自身を x の函数とみれば，$x' = 1$ だから

$$dx = \Delta x.$$

故に上記定義の下において，Δx は x の函数なる x の微分である．これを (4) に代入すれば，

$$dy = f'(x)dx. \tag{5}$$

これを

$$\frac{dy}{dx} = f'(x) \tag{6}$$

と書くならば，記号 $\dfrac{dy}{dx}$ において dx および dy が各々独立の意味を有するから，$\dfrac{dy}{dx}$ は商としての意味を有する．すなわち '微分商' というものである．

このように，現代的の精密論法によって，Leibniz の漠然たる '微分商' が合理化される．また (5) によれば，$f'(x)$ は微分 dy における dx の係数であるから，それを '微分係数' というのも，もっともではある．

x が独立変数であるときには，上記の $dx = \Delta x$ ということは，あまりに細工が過ぎるようであるが，後に至って独立変数を交換するときに Δx の代りに dx と書くことの意味が了解されるであろう．

［注意］ 上記 (2) によって，ε は x と Δx との函数 $\varepsilon = \varepsilon(x, \Delta x)$ として，条件 $\Delta x \neq 0$ のもとで定義されたが，$\Delta x \to 0$ のとき $\varepsilon \to 0$ なのだから，ε の定義を $\Delta x = 0$ まで延長して，$\Delta x = 0$ のとき $\varepsilon = \varepsilon(x, 0) = 0$ とすれば，x を固定したとき Δx の函数として，ε は $\Delta x = 0$ において連続となる．(3) においても，$\Delta x = 0$ のとき $\varepsilon = 0$ という仮定を追加して，ε が $\Delta x = 0$ で連続性を保つようにするのが自然である．後に至って，(2) あるいは (3) の式を，$\Delta x = 0$ のときも含めて考察する必要を生ずるが，そのとき，$\Delta x = 0$ に対する ε の値は，上記のように定義されるものとする．

14. 微分の方法

次に掲げるのは，微分の定義から直ちに出て来る周知の定理である．

定理 15. 或る区間において，x の函数 u, v が微分可能ならば，

(1°) $\quad (u \pm v)' = u' \pm v'.$

$(2°) \quad (uv)' = u'v + uv'.$

$(3°) \quad \left(\dfrac{u}{v}\right)' = \dfrac{u'v - uv'}{v^2}.$ （ただし $v \neq 0$ とする）

［証］ $(1°)$ は明白であろう．

$(2°) \quad \Delta(uv) = (u+\Delta u)(v+\Delta v) - uv = \Delta u \cdot v + u \cdot \Delta v + \Delta u \Delta v,$

故に
$$\frac{\Delta(uv)}{\Delta x} = \frac{\Delta u}{\Delta x} \cdot v + u \cdot \frac{\Delta v}{\Delta x} + \Delta u \cdot \frac{\Delta v}{\Delta x}.$$

仮定によって，$\Delta x \to 0$ のとき，
$$\frac{\Delta u}{\Delta x} \to \frac{du}{dx}, \quad \frac{\Delta v}{\Delta x} \to \frac{dv}{dx}, \quad \Delta u \to 0.$$

故に
$$\frac{d(uv)}{dx} = \frac{du}{dx}v + u\frac{dv}{dx}.$$

すなわち
$$(uv)' = u'v + uv'.$$

$(3°) \quad \Delta\left(\dfrac{u}{v}\right) = \dfrac{u+\Delta u}{v+\Delta v} - \dfrac{u}{v} = \dfrac{v\Delta u - u\Delta v}{v(v+\Delta v)},$

故に
$$\frac{\Delta(u/v)}{\Delta x} = \frac{\dfrac{\Delta u}{\Delta x}v - u\dfrac{\Delta v}{\Delta x}}{v(v+\Delta v)}.$$

仮定によって，$\Delta x \to 0$ のとき，
$$\frac{\Delta u}{\Delta x} \to \frac{du}{dx}, \quad \frac{\Delta v}{\Delta x} \to \frac{dv}{dx}, \quad \Delta v \to 0,$$

故に
$$\frac{d}{dx}\left(\frac{u}{v}\right) = \frac{\dfrac{du}{dx}v - u\dfrac{dv}{dx}}{v^2}.$$

すなわち
$$\left(\frac{u}{v}\right)' = \frac{u'v - uv'}{v^2}.$$

上記$(1°), (2°)$ は三つ以上の函数 $u, v, \cdots, w$ に関しても同様である．例えば

$(2') \quad (uvw)' = u'(vw) + u(vw)' = u'vw + uv'w + uvw',$

あるいは

$$(2'') \qquad \frac{(uvw)'}{uvw} = \frac{u'}{u} + \frac{v'}{v} + \frac{w'}{w}.$$

もちろん $uvw \neq 0$ と仮定して，こう書くのである．

定数 c を x の函数とみれば，$c'=0$．よって $(2°)$ から $(cu)' = cu'$．また x を x の函数とみれば $x'=1$．従って $(2')$ を n 個の因子 x に適用すれば

$$\frac{d(x^n)}{dx} = nx^{n-1}.$$

よって $(1°), (2°), (3°)$ を応用して，x の有理函数の微分ができることは周知の通りである．

三角函数の微分も周知である．今 $\Delta x = 2h$ と置けば

$$\frac{\sin(x+\Delta x) - \sin x}{\Delta x} = \frac{\sin h}{h} \cos(x+h).$$

$\Delta x \to 0$ のとき，$h \to 0$，従って $\dfrac{\sin h}{h} \to 1$，また $\cos(x+h) \to \cos x$．故に定理 5（および 21 頁）によって

$$D \sin x = \cos x.$$

同じように

$$D \cos x = -\sin x.$$

これらを用いて，商の微分法によって

$$D \tan x = \frac{1}{\cos^2 x}. \qquad \left(x \neq n\pi + \frac{\pi}{2},\ n = 0, \pm 1, \pm 2, \cdots \right).$$

点 x において $y=f(x)$ が微分可能ならば，$\Delta x \to 0$ のとき $\Delta y \to 0$ であるから，その点において $f(x)$ は連続である．すなわち

定理 16．連続性は微分可能性の必要条件である．

しかし，それは十分条件ではない．

［例］ $f(x) = x \sin \dfrac{1}{x}$，$f(0)=0$ とすれば $f(x)$ は 0 を含む区間で連続であるが，$x=0$ において微分可能でない．実際

$$\frac{f(h) - f(0)}{h} = \sin \frac{1}{h}$$

で，$h \to 0$ のとき，極限は存在しない．

上記の函数では $x=0$ は特異なる一点であるが，Weierstrass (1872) は或る区間の各点において微分可能でない連続函数の実例を作って，当時の数学界に衝動を与えた．

時としては Δx を正または負に限って

$$\lim_{\Delta x \to +0} \frac{\Delta y}{\Delta x}, \qquad \lim_{\Delta x \to -0} \frac{\Delta y}{\Delta x}$$

を考察することがある．極限値が存在する場合，それらを，それぞれ，右へ，あるいは左への微分商といい，前者を D^+y，後者を D^-y で表わす．両者が相等しいときが，すなわち，y が微分可能なのである．

［例］ $y=|x|$ とすれば，$x=0$ において，$D^+y=1$，$D^-y=-1$．

[注意1] 閉区間 $[a,b]$ において，$f(x)$ が微分可能というときには，$x=a$ では右へ，また $x=b$ では左への微分商が存在することをいう．そのとき $f(x)$ は $x=a$ では右へ連続，$x=b$ では左へ連続である．

極限値として $\pm\infty$ をも許容する意味で
$$\lim_{h\to 0}\frac{f(a+h)-f(a)}{h}=\pm\infty$$
なるとき，それを $f'(a)=\pm\infty$ と略記することもあるが，今我々はそれを微分可能としない．上記 $f'(a)=\pm\infty$ は $\lim_{h\to 0}f'(a+h)=\pm\infty$ を意味しないから，このような略記法は慎重に取扱わねばならない．

[例] $y=\operatorname{sign} x$．（§8, [例5]）

規約の文字に執着すれば，$x=0$ のとき $Dy=+\infty$．

15. 合成函数の微分

$y=f(x)$ は区間 $x_0\leqq x\leqq x_1$ における x の函数，また $\varphi(t)$ は区間 $t_0\leqq t\leqq t_1$ における t の函数とする．もしも $\varphi(t)$ が x_0 と x_1 との間の値のみを取るならば，$y=f(x)$ において x に $\varphi(t)$ を代入するとき，y は区間 $[t_0,t_1]$ における t の函数である．今
$$y=f(\varphi(t))=F(t)$$
と置く．もしも $f(x)$ も $\varphi(t)$ も連続ならば，$t\to t_0$ のとき $\varphi(t)\to\varphi(t_0)$．従って $f(\varphi(t))\to f(\varphi(t_0))$，すなわち $F(t)\to F(t_0)$．故に y は t に関して連続である．

定理17. もしも $f(x)$ も $\varphi(t)$ も微分可能ならば，$F(t)=f(\varphi(t))$ も微分可能で，
$$F'(t)=f'(x)\cdot\varphi'(t),$$
すなわち
$$\frac{dy}{dt}=\frac{dy}{dx}\cdot\frac{dx}{dt}.$$
これが函数の函数(合成函数)の微分法である．

[証] t の変動 Δt に対応する x の変動を Δx，それに対応する y の変動を Δy とすれば，
$$\frac{\Delta y}{\Delta t}=\frac{\Delta y}{\Delta x}\cdot\frac{\Delta x}{\Delta t}. \tag{1}$$
$\Delta t\to 0$ のとき
$$\frac{\Delta x}{\Delta t}\to\frac{dx}{dt}.$$
またそのとき $\Delta x\to 0$，従って
$$\frac{\Delta y}{\Delta x}\to\frac{dy}{dx}.$$
故に
$$\frac{\Delta y}{\Delta t}\to\frac{dy}{dx}\cdot\frac{dx}{dt}.$$

15. 合成函数の微分

すなわち
$$F'(t) = f'(x)\varphi'(t).$$

上記の大ざっぱな証明法が，我々に反省の機会を与える．

x が独立変数ならば，Δx は任意でかつ $\Delta x \neq 0$ であるが，上記の場合のように，x が t の函数であるときは，Δt の値によっては $\Delta x = 0$ でもありうる．そのような場合には，(1) のように書くことは不合理である．このような粗雑な証明を補修するよりも，むしろ初めから仕直すのが早い．すなわち次のようにするのである．独立変数 t の変動 Δt に対応する x および y の変動を $\Delta x, \Delta y$ と書くことは上記の通りとして
$$\Delta y = f'(x)\Delta x + \varepsilon \Delta x, \quad \Delta x = \varphi'(t)\Delta t + \varepsilon' \Delta t.$$
と置けば，$\Delta t \to 0$ のとき，$\varepsilon' \to 0$．またそのとき $\Delta x \to 0$．ただしこの場合，$\Delta t \neq 0$ でも $\Delta x = 0$ でありうるが，39頁[注意]のように，$\Delta x = 0$ のとき $\varepsilon = 0$ と定義するのだから，$\Delta t \to 0$ のとき $\varepsilon \to 0$．よって
$$\begin{aligned}\Delta y &= (f'(x)+\varepsilon)(\varphi'(t)+\varepsilon')\Delta t \\ &= f'(x)\varphi'(t)\cdot\Delta t + [\varepsilon\varphi'(t)+\varepsilon' f'(x)+\varepsilon\varepsilon']\Delta t\end{aligned}$$
において，右辺の第二項の括弧 [ ] の中を ε'' と書けば，
$$\Delta y = f'(x)\varphi'(t)\Delta t + \varepsilon''\Delta t, \quad \varepsilon'' = \varepsilon\varphi'(t) + \varepsilon' f'(x) + \varepsilon\varepsilon'$$
で，$\Delta t \to 0$ のとき $\varepsilon'' \to 0$，故に
$$dy = f'(x)\varphi'(t)dt.$$

すなわち結果においては
$$dy = f'(x)dx$$
へ機械的に $dx = \varphi'(t)dt$ を持ち込むのと同様である．これが微分記号の便利なところである（39頁参照）．

同様に，y は x の函数，x は t の函数，また t は u の函数で，それらが微分可能ならば
$$\frac{dy}{du} = \frac{dy}{dx}\frac{dx}{dt}\frac{dt}{du} \ 等.$$

[附記] **微小数または無限小**(infinitesimal)　独立変数の或る一定の変動に伴って <u>0 に収束する変数</u>を微小数または無限小という．例えば：

$$\begin{aligned}&x \to 0 &&\text{のとき}&& \sin x, \\ &x \to 1-0 &&\text{のとき}&& \sqrt{1-x^2}, \\ &x \to +\infty &&\text{のとき}&& e^{-x}, \\ &x \to a, y \to b &&\text{のとき}&& \sqrt{(x-a)^2+(y-b)^2},\end{aligned}$$

等々はいわゆる微小数である．

α も β も微小数で，しかも $\dfrac{\beta}{\alpha} \to 0$ ならば，β を α よりも高位の微小数という．すなわち $\beta = \varepsilon\alpha$ と置けば，$\varepsilon \to 0$ である．α を標準にすれば，α よりも高度の微小数を一般的に記号 $o\alpha$ で表わす．この記号は，

$\varepsilon\alpha$ において，ε に関して精確なる値を知る必要がなくて，ただ $\varepsilon\to 0$ なることのみが用いられる場合に便利である．今その用例の二，三を示そう．

［例 1］　$\beta = o\alpha, \gamma = o\alpha$ ならば $\beta + \gamma = o\alpha$ あるいは $o\alpha + o\alpha = o\alpha$．ここで三個所の $o\alpha$ は相等しいのではなく，α よりも高度の微小数を無差別に同じ記号 $o\alpha$ で表わして，$\dfrac{\beta}{\alpha} \to 0$, $\dfrac{\gamma}{\alpha} \to 0$ なるときは $\dfrac{\beta+\gamma}{\alpha} \to 0$ であることを簡明に略記するのである．

［例 2］　u が有界ならば，$uo\alpha = o\alpha, o(u\alpha + o\alpha) = o\alpha$．

なぜなら：$u\varepsilon\alpha$ において $\varepsilon \to 0$ ならば，$u\varepsilon \to 0$；また $\varepsilon(u\alpha+\varepsilon'\alpha) = (\varepsilon u + \varepsilon\varepsilon')\alpha$ において $\varepsilon \to 0, \varepsilon' \to 0$ ならば，$\varepsilon u + \varepsilon\varepsilon' \to 0$ だから．

［例 3］　前頁に掲げた計算において
$$\Delta y = f'(x)\Delta x + o(\Delta x),$$
$$\Delta x = \varphi'(t)\Delta t + o(\Delta t),$$
故に
$$o(\Delta x) = o(\Delta t) \qquad [例 2]$$
従って
$$\Delta y = f'(x)\varphi'(t)\Delta t + f'(x)o(\Delta t) + o(\Delta t)$$
$$= f'(x)\varphi'(t)\Delta t + o(\Delta t). \qquad [例 2, 例 1]$$

独立変数の或る変動に伴って α, β が無限小になり，しかも $\omega = \beta/\alpha$ が有界ならば，α を標準として $\beta = O\alpha$ と書く．$\omega \to 0$ のときには $\beta = o\alpha$ だから，$o\alpha$ はもちろん $O\alpha$ であるが，逆は真でない．

特に $\omega \to a, a \neq 0$ ならば $\beta = O\alpha, \alpha = O\beta$．このとき α, β を同位の微小数という．β が α^n と同位の微小数なるとき β を α に関して **n** 位の微小数という．

［注意］　記号 $o\alpha, O\alpha$ において，α が微小数なることは必要でない．例えば $x \to \infty$ のとき $\log x = o(\sqrt[n]{x})$，これは $\dfrac{\log x}{\sqrt[n]{x}} \to 0$ を示すのである．また ε が微小数ならば $\varepsilon = o(1)$．

要するに $o\alpha$ においては記号 o を $\varepsilon, \varepsilon'$ 等の因子で置き換えて，それを $\varepsilon\alpha, \varepsilon'\alpha$ などと書くとき，$\varepsilon \to 0$ または $\varepsilon' \to 0$ ならばよろしい．また $O\alpha$ においては O を ω で置き換えるとき，ω が有界ならばよろしい．もちろんすべて独立変数の或る一定の変動に関していうのである．

文字 o, O は order（程度）を示唆するのである．o は 'より小なる程度'，O は '同程度以下'．

16.　逆函数の微分法

区間 $a \leqq x \leqq b$ において連続なる函数 $y = f(x)$ が与えられているとする．この区間における y の最小および最大の値を p, q とすれば（定理 13），y は区間 $p \leqq y \leqq q$ における任意の値を取る（定理 12）．しかし $y = f(x)$ が単調（狭義）である場合においてのみ，y の一つの値に対応する x の値が一意に確定する．

もしも $f(x)$ が単調でないとするならば，$x_1 < x_2 < x_3$ に対応して $y_1 < y_2 < y_3$ または $y_1 > y_2 > y_3$ にならないことがある．もしも例えば $y_1 < y_2, y_2 > y_3$ ならば，$y_2 > \eta > \mathrm{Max}(y_1, y_3)$ なる η に対応して，区間 (x_1, x_2) および (x_2, x_3) において $\eta = f(x)$ なる x の値が少くとも一つずつある．

単調の場合には，区間 $p \leqq y \leqq q$ における y の各々の値に $y = f(x)$ なるような x の一つの確

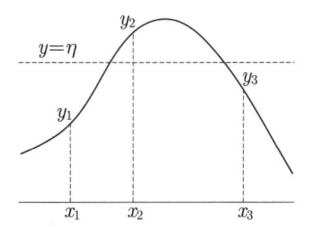

定の値が対応するから，x は y の函数である．よって $x=\varphi(y)$ として，φ を f の逆函数という．そうすれば，f は φ の逆函数で，f と φ とは互に逆なる函数である．

定理 18．或る区間において x の函数 y が連続で単調ならば，y の変動区間において x が y の逆函数として確定される．逆函数も連続でかつ単調である．もしも y が x の函数として微分可能ならば，x も y の函数として微分可能で，
$$\frac{dy}{dx}\cdot\frac{dx}{dy}=1.$$

［証］逆函数が確定することはすでに述べた．そこで $y=f(x)$, $x=\varphi(y)$ と書いて，$x=\xi$ に $y=\eta$ が対応するとする．$\varphi(y)$ が単調であることは明白であろう．よって今 $\{y_n\}$ を η に収束する任意の単調数列とすれば，それに対応する $\{x_n\}$ も単調でかつ有界だから，或る極限値 λ に収束する．然らば，$f(x)$ の連続性から，$f(\lambda)=\eta$．故に $\lambda=\varphi(\eta)=\xi$．すなわち $y_n\to\eta$ のとき $x_n\to\xi$，すなわち $\varphi(y_n)\to\varphi(\eta)$．故に逆函数 $\varphi(y)$ は連続である．

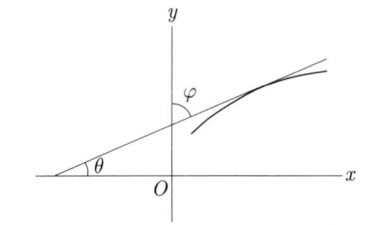

$$\frac{dy}{dx}=\tan\theta,\quad \frac{dx}{dy}=\tan\varphi$$

さて
$$\frac{\Delta x}{\Delta y}=1\Big/\frac{\Delta y}{\Delta x}.$$

故に $\Delta y\to 0$，従って $\Delta x\to 0$ のとき $\lim\dfrac{\Delta x}{\Delta y}=1\Big/\lim\dfrac{\Delta y}{\Delta x}$，すなわち $\dfrac{dx}{dy}=1\Big/\dfrac{dy}{dx}$，ただし

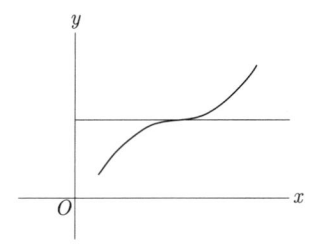

$\dfrac{dy}{dx} = 0$ になるところは除くべきである．そのところでは $\dfrac{\Delta x}{\Delta y} \to \pm\infty$．それを $\dfrac{dx}{dy} = \pm\infty$ と書くのは格別である．

逆三角函数を逆函数の例に取ってみよう．

(1°)　　arc sin x．

$y = \sin x$ は区間 $-\dfrac{\pi}{2} \leqq x \leqq \dfrac{\pi}{2}$ または一般に

$$(2n-1)\dfrac{\pi}{2} \leqq x \leqq (2n+1)\dfrac{\pi}{2}, \quad (n = 0, \pm 1, \pm 2, \cdots)$$

において単調で，区間 $-1 \leqq y \leqq 1$ に属する値を取る．故に函数 $y = \sin x$ の逆函数，すなわち $x = \arcsin y$ が区間 $-1 \leqq y \leqq 1$ において可能であるが，そのためには x を上記の区間の中の一つに限定しなければならない．

x に関して一つの区間を指定するとき，それを逆函数 arc sin の一つの枝という．これら arc sin の無数の枝の中で $\left[-\dfrac{\pi}{2}, \dfrac{\pi}{2}\right]$ に対応するものを，引用の便宜上主値といい，それを特記するために，大文字を用いて Arc sin と書くことにする．

x, y は変数の記号に過ぎないから，逆函数においても独立変数を x，従属変数を y と書くことにすれば，

$$y = \text{Arc}\sin x. \quad (-1 \leqq x \leqq 1)$$

それは

$$x = \sin y, \quad \left(-\dfrac{\pi}{2} \leqq y \leqq \dfrac{\pi}{2}\right)$$

を意味する．

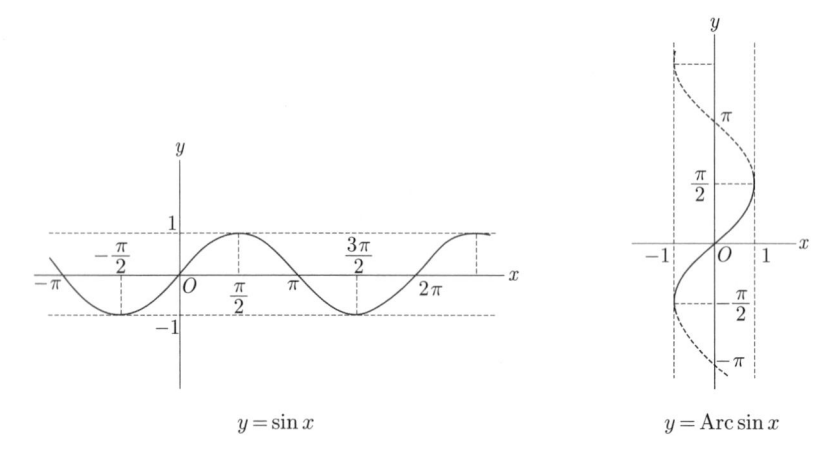

$y = \sin x$

$y = \text{Arc}\sin x$

さて $y = \sin x$ から

$$\dfrac{d\sin x}{dx} = \cos x, \quad \dfrac{d \arcsin y}{dy} = \dfrac{1}{\cos x} = \pm \dfrac{1}{\sqrt{1-y^2}}.$$

主値に関しては $-\dfrac{\pi}{2} \leqq x \leqq \dfrac{\pi}{2}$ だから $\cos x \geqq 0$. 故に $\pm$ は $+$ である. すなわち変数 x, y を取り換えて書けば

$$D \operatorname{Arc\,sin} x = \dfrac{1}{\sqrt{1-x^2}}.$$

(2°) $\arctan x$.

$y = \tan x$ は区間 $-\dfrac{\pi}{2} < x < \dfrac{\pi}{2}$ において $-\infty$ から $+\infty$ まで単調に増大する. よって $\tan$ の逆函数 $\arctan$ (の主値) が次のように定義される. すなわち独立変数を x と書いて, 区間 $-\infty < x < \infty$ において

$$y = \operatorname{Arc\,tan} x, \qquad -\dfrac{\pi}{2} < y < \dfrac{\pi}{2}.$$

例えば

$$\operatorname{Arc\,tan} 0 = 0. \qquad \operatorname{Arc\,tan}(\pm 1) = \pm \dfrac{\pi}{4},$$

$$\operatorname{Arc\,tan}(\pm \infty) = \lim_{x \to \pm \infty} \operatorname{Arc\,tan} x = \pm \dfrac{\pi}{2}.$$

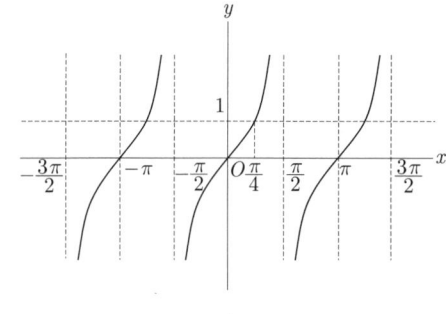

$y = \tan x$

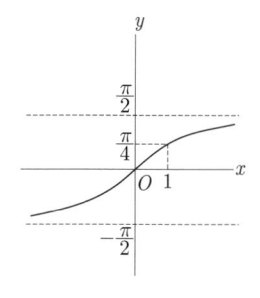

$y = \operatorname{Arc\,tan} x$

また $y = \tan x,\ \dfrac{dy}{dx} = \dfrac{1}{\cos^2 x} = 1 + y^2$ から, 記号を変えて

$$D \operatorname{Arc\,tan} x = \dfrac{1}{1+x^2}.$$

[注意] 上記と同様に $\arccos, \arccot$ 等に関しても主値を定義することは, もちろん, できるが, そのような規約に頼らないで, すべて $\operatorname{Arc\,sin}$ または $\operatorname{Arc\,tan}$ から導く方が紛れがなくて安全であろう.

$y = \arcsin x$ または $y = \arctan x$ において y の値を区間 $\left[-\dfrac{\pi}{2}, +\dfrac{\pi}{2}\right]$ に限定して, それを主値と呼ぶことは便宜上の規約で, 実質上の必要によるのではないから, もしもその規約に拘泥すれば, 往々不自然なる結果を招くことがある.

[例 1] $y = \arcsin \sqrt{1-x^2}$ は $\sqrt{1-x^2} = \sin y$ を意味する. 従って $x^2 = \cos^2 y,\ x = \pm \cos y$. 故に x と y との関係は次の図の曲線で示される. もしも $\arcsin$ を主値とすればグラフは ABC で, 点 $B\left(0, \dfrac{\pi}{2}\right)$ が角立つ. しかし y を主値と限らないならば, グラフは $A'BC$ または ABC' のように滑らかな曲線 ($\arccos x$ または $\arccos(-x)$ の枝) である.

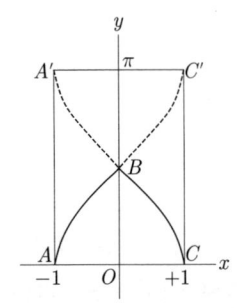

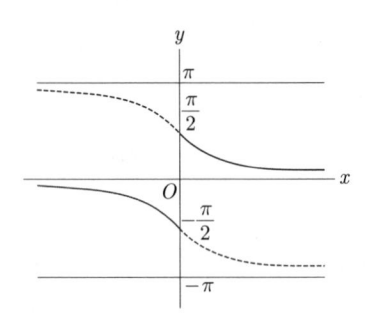

y を主値として微分すれば (§17 の最後参照)

$$\frac{dy}{dx} = \frac{1}{\sqrt{1-(1-x^2)}} \frac{-x}{\sqrt{1-x^2}} = \frac{1}{|x|} \frac{-x}{\sqrt{1-x^2}} = \mp \frac{1}{\sqrt{1-x^2}} \quad (x \gtreqless 0)$$

で，$x=0$ においては $D^+y = -1$, $D^-y = +1$. 同じように，$y = \arcsin 2x\sqrt{1-x^2}$ を考察してみるとよい．

[例 2] $y = \arctan \dfrac{1}{x}$.

しいて主値を取れば $x=0$ は不連続点になる．しかし点線で示したような滑らかな分枝もある．それらは $\mathrm{arccot}\, x$ の枝である．

17. 指数函数および対数函数

底 $a > 1$ とすれば，指数函数 $y = a^x$ は区間 $-\infty < x < +\infty$ において連続かつ単調増大で，$0 < y < \infty$. 故に逆函数 $\log_a x$ は区間 $0 < x < \infty$ において連続で，単調に $-\infty$ から $+\infty$ まで増大する．

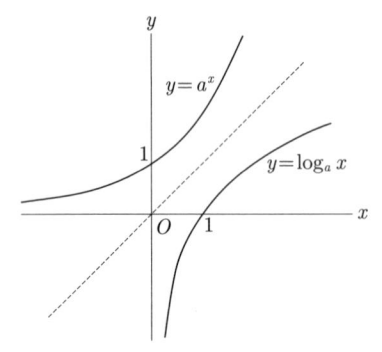

a^x の微分法は周知であるが，これは基本的だから一応説明しておこう．

a^x が微分可能ならば，

$$\frac{d(a^x)}{dx} = \lim_{h \to 0} \frac{a^{x+h} - a^x}{h} = a^x \lim_{h \to 0} \frac{a^h - 1}{h}$$

だから，問題は

$$\lim_{h \to 0} \frac{a^h - 1}{h},$$

すなわち $x=0$ における Da^x を求めることに帰する．

まず $h>0$ とする．然らば $a^h>1$．故に $a^h=1+\dfrac{1}{t}$ と置けば，$t>0$．指数函数の連続性（§ 10）によって $h\to 0$ のとき，$a^h\to 1$，従って $t\to\infty$．

さて $h=\log_a\left(1+\dfrac{1}{t}\right)$ だから

$$\frac{a^h-1}{h}=\frac{\dfrac{1}{t}}{\log_a\left(1+\dfrac{1}{t}\right)}=\frac{1}{\log_a\left(1+\dfrac{1}{t}\right)^t}.$$

$h\to 0$ のとき $t\to\infty$，従って $\left(1+\dfrac{1}{t}\right)^t\to e$, (§ 9)．$\log_a$ は連続函数だから，$h\to 0$ のとき $\log_a\left(1+\dfrac{1}{t}\right)^t\to\log_a e$．故に

$$\lim_{h\to 0}\frac{a^h-1}{h}=\frac{1}{\log_a e}=\log_e a.$$

以上 $h>0$ とした．$h<0$ ならば，h の代りに $-h$ と書けば，

$$\frac{a^{-h}-1}{-h}=\frac{a^h-1}{h}\cdot\frac{1}{a^h}.\quad (h>0)$$

$h\to 0$ のとき，$a^h\to 1$ だから，

$$\frac{a^{-h}-1}{-h}\to\log_e a.$$

故に

$$\frac{d(a^x)}{dx}=a^x\log_e a. \tag{1}$$

$0<a<1$ のときには a^x は単調減少であるが，同様にして (1) を得る．特に $a=e$ とすれば，$\log_e e=1$ だから，

$$\frac{d(e^x)}{dx}=e^x. \tag{2}$$

逆函数に移れば（定理 18）

$$\frac{d\log_a x}{dx}=\frac{1}{x\log_e a},\quad (a>0,\ x>0) \tag{3}$$

$$\frac{d\log_e x}{dx}=\frac{1}{x}.\quad (x>0) \tag{4}$$

(1) と (2) と，または (3) と (4) とを比較すれば，対数の底として e を採用することの便利なる所以が了解される．解析学では，log は e を底とするものと了解する．e を底とする対数を自然対数 (natural logarithm) といい，それを特記するために，log nat または略して ln などの記号を用いるが，通常は単に log と書く．すなわち

$$\log x=\log_e x=\log\text{nat}\,x=\ln x.$$

要約すれば

$$De^x = e^x. \qquad Da^x = a^x \log a, \qquad (a > 0).$$
$$D \log x = \frac{1}{x}. \quad (x > 0) \qquad D \log_a x = \frac{1}{x \log a}, \qquad (a > 0, x > 0).$$

［注意］ $\log x$ は $x > 0$ に対してのみ定義されているから，上記のように $x > 0$ のとき $D \log x = \frac{1}{x}$. 然るに $x < 0$ に対しては，$D \log(-x) = \frac{-1}{-x} = \frac{1}{x}$ であるから，x が負の場合も込めて，$D \log |x| = \frac{1}{x}$ $(x \neq 0)$.

対数微分法 u, v, w 等は微分可能な x の函数とする．然らば，u, v, w が 0 でない点 x において，$\log |uvw|$ も微分可能で（上記［注意］参照）

$$D \log |uvw| = D(\log |u| + \log |v| + \log |w|) = \frac{u'}{u} + \frac{v'}{v} + \frac{w'}{w}.$$

然るにまた

$$D \log |uvw| = \frac{(uvw)'}{uvw}.$$

故に

$$\frac{(uvw)'}{uvw} = \frac{u'}{u} + \frac{v'}{v} + \frac{w'}{w}, \qquad (u \neq 0, v \neq 0, w \neq 0).$$

同様に

$$\left(\frac{u}{v}\right)' \bigg/ \frac{u}{v} = \frac{u'}{u} - \frac{v'}{v}.$$

これらはもちろん定理 15 からも導かれる．また

$$\log a^x = x \log a \qquad (a > 0)$$

から

$$\frac{Da^x}{a^x} = \log a.$$

故に

$$Da^x = a^x \log a.$$

このように (1) が対数微分法によって簡明に導かれる．

巾函数 x^a, $(x > 0)$. 任意の指数 a に関して

$$\log x^a = a \log x,$$

従って

$$\frac{Dx^a}{x^a} = \frac{a}{x},$$
$$Dx^a = ax^{a-1}.$$

これが一般の巾函数の微分法の公式である．

18. 導函数の性質

定理 19. ［Rolle の定理］ $f(x)$ は区間 $[a,b]$ で連続，(a,b) で微分可能とする．もしも $f(a)=f(b)$ ならば，区間 (a,b) の或る点において $f'(x)$ が 0 になる．すなわち $a<\xi<b$, $f'(\xi)=0$ なる ξ がある．

［証］ まず $f(a)=f(b)=0$ とする．その場合，$f(x)$ が常に 0 ならば，定理は明白である．もしも $f(x)$ が正なる値を取るならば，$[a,b]$ において連続なる $f(x)$ の最大値は正である．その最大値を $f(\xi)$ とする（定理 13）．然らば $f(\xi)>0$ だから $a<\xi<b$．

さて $x=\xi$ において $\Delta f \leqq 0$．故に

$$\Delta x>0 \quad \text{とすれば} \quad \frac{\Delta f}{\Delta x}\leqq 0, \quad \text{従って} \quad f'(\xi)\leqq 0,$$

$$\Delta x<0 \quad \text{とすれば} \quad \frac{\Delta f}{\Delta x}\geqq 0, \quad \text{従って} \quad f'(\xi)\geqq 0,$$

故に $f'(\xi)=0$．

もしも $f(x)$ が負の値のみを取るならば，最小値を考察すればよい．

$f(a)=f(b)=k\neq 0$ ならば，$f(x)-k$ を考察すればよい． (証終)

［注意］ 応用上，多くの場合 $f(x)$ が連続で，かつ微分可能なる区間内の点 a,b に関して Rolle の定理が適用されるが，上記のように連続性は閉区間 $[a,b]$ で，また微分可能性は開区間 (a,b) だけで仮定しても定理が成り立つのである．なお一般に連続性に関しては，$f(x)$ は開区間 (a,b) で連続で，$\lim\limits_{x\to a+0}f(x)=\lim\limits_{x\to b-0}f(x)$ だけを仮定してもよい．そのとき $x=a$ に関して ($x=b$ でも同様)，$f(x)$ の定義を $f(a)=\lim\limits_{x\to a+0}f(x)$ によって $x=a$ にまで拡張し，あるいは $x=a$ において変更すれば，$f(x)$ は $[a,b]$ において連続になるから，$f(x)$ をその意味に取れば定理 19 は成り立つ．以下このような特別の場合に関して，くどくどしく説明しないこともあろう．

定理 20. ［平均値の定理］ $f(x)$ は $[a,b]$ において連続，(a,b) において微分可能とする．然らば

$$\frac{f(b)-f(a)}{b-a}=f'(\xi), \qquad a<\xi<b,$$

なる ξ が存在する (Lagrange)．

［証］ $F(x)=f(x)-Ax$ と置いて $F(a)=F(b)$ になるように，定数 A を定めることができる．すなわち

$$f(a)-Aa=f(b)-Ab \quad \text{から} \quad A=\frac{f(b)-f(a)}{b-a}.$$

然らば Rolle の定理によって $F'(\xi)=0, a<\xi<b$．さて $F'(x)=f'(x)-A$．故に

$$f'(\xi)=\frac{f(b)-f(a)}{b-a}.$$

定理掲出の公式の左辺は区間 $[a,b]$ に関する $f(x)$ の平均増加率で，それが区間内の一点における増加率

$f'(\xi)$ に等しいのである.

上記の公式をフランス系では'有限増加の公式'ともいう．上記公式の左辺は $\dfrac{\Delta y}{\Delta x}$ であるが，$\Delta x \to 0$ とはしないのだから．

定理 20 を次のように拡張することができる．

定理 21. 区間 $[a,b]$ において $f(x), g(x)$ は連続で，(a,b) において微分可能とする．然らば (a,b) 内の或る点 ξ において

$$\frac{f(a)-f(b)}{g(a)-g(b)} = \frac{f'(\xi)}{g'(\xi)}, \qquad a<\xi<b.$$

ただし，(1°) $g(a) \neq g(b)$. (2°) $f'(x), g'(x)$ は区間内で同時に 0 にならないと仮定する (Cauchy).

［注意］ この仮定を強くして，(a,b) において $g'(x) \neq 0$ としてもよい．そのとき Rolle の定理によって $g(a) \neq g(b)$ であるから．

［証］ 今度は $F(x) = \mu f(x) - \lambda g(x)$ と置いて，$\lambda : \mu$ を適当に定めて $F(a) = F(b)$ ならしめる．すなわち

$$\mu f(a) - \lambda g(a) = \mu f(b) - \lambda g(b)$$

から

$$\mu\{f(b) - f(a)\} = \lambda\{g(b) - g(a)\}.$$

よって

$$\lambda = f(b) - f(a), \quad \mu = g(b) - g(a)$$

として

$$F(x) = \{g(b) - g(a)\}f(x) - \{f(b) - f(a)\}g(x)$$

とする．然らば $F'(\xi) = 0$ から (定理 19)

$$\{g(b) - g(a)\}f'(\xi) = \{f(b) - f(a)\}g'(\xi).$$

ここで $g'(\xi) \neq 0$. なぜならば：もしも $g'(\xi) = 0$ とすれば，仮定 (1°) によって $g(b) - g(a) \neq 0$ だから，$f'(\xi) = 0$ になるが，それは仮定 (2°) に反する．

よって両辺を $\{g(b) - g(a)\}g'(\xi)$ で割って

$$\frac{f(b) - f(a)}{g(b) - g(a)} = \frac{f'(\xi)}{g'(\xi)}.$$

(証終)

上記定理に興味ある幾何学的の説明を与えることができる．わかりやすくいうために，独立変数を t と書いて，曲線

$$x = g(t), \quad y = f(t), \qquad a \leqq t \leqq b$$

を考察する．$t=a, t=b$ に対応する点を A, B とすれば定理掲出の公式の左辺は弦 AB の勾配で，右辺は $t=\xi$ に対応する点 P における接線の勾配である．すなわち曲線 A,B 上の中間の或る点 P における接線が，弦 AB に平行になるのである．

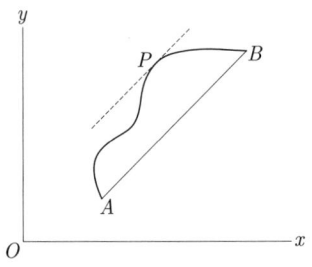

$f'(x)$ と $g'(x)$ が同時に 0 にならないという仮定は，曲線が各点において確定の接線を有することを意味する．$g(b)-g(a)$ を $\neq 0$ と仮定するのは，それを左辺の分母に置くからである．実質的には $f(b)-f(a)$ または $g(b)-g(a)$ が 0 にならなければ（$A\neq B$ ならば）よい．

定理 22. 或る区間において常に

$$f'(x)>0 \quad \text{ならば，} f(x) \text{ は単調に増大する，}$$
$$f'(x)<0 \quad \text{ならば，} f(x) \text{ は単調に減少する，}$$
$$f'(x)=0 \quad \text{ならば，} f(x) \text{ は定数である．}$$

[注意] 増大，減少は共に狭義でいう．すなわち $a<b$ なるとき $f(a)<f(b)$ または $f(a)>f(b)$ で，$f(a)\leqq f(b)$ または $f(a)\geqq f(b)$ の意味ではない．

[証] 平均値の定理による．第一の場合には，区間内の任意の二つの点 a,b とその中間の一点 ξ とに関して

$$\frac{f(b)-f(a)}{b-a} = f'(\xi) > 0.$$

故に $a<b$ なるときは $f(a)<f(b)$．

その他も同様．

[注意] 一点 $x=a$ において $f'(a)>0$［あるいは <0］ならば，$f(x)$ はその点において増大［あるいは減少］しつつあるという．微分商の定義によって，その場合，$|x-a|$ が十分小なるとき，$x\lessgtr a$ に従って $f(x)\lessgtr f(a)$［あるいは $f(x)\gtrless f(a)$］．それは $f(x)$ を一定の $f(a)$ に比較していうのであるから，区間に関しての単調増大［あるいは減少］とは違う．

定理 22 では $f'(x)$ を連続とは仮定していない．もしも $f'(x)$ が $x=a$ において連続ならば，$f'(a)>0$ なるときには，a を含む十分小なる或る区間内で $f'(x)>0$，従って定理 22 によって，その区間内では $f(x)$ は単調増大である．$f'(a)<0$ の場合は単調減少である．

$f'(a)=0$ なるときは，$f'(x)$ が連続でも，$f(x)$ の増大または減少に関して一般的になんらの断言もなしえない．

定理 22 の第一，第二の場合に，逆は真でない．すなわち $f(x)$ が狭義で単調なるとき，区間内の或る点において $f'(x)=0$ になることがある（45 頁の一番下の図）．もしも単調を広義に取れば：

$f'(x)\geqq 0$ ならば，$f(x)$ は単調増大（不減少）で，逆も真である．$f'(x)\leqq 0$ なるときも同様．

[附記] **導函数の連続性について**   区間 $[a,b]$ において $f(x)$ が微分可能ならば，$f(x)$ は連

続であるが，導函数 $f'(x)$ は必ずしも連続でない．すなわち微分法は連続性を保存しない．

　[例]
$$f(x) = x^2 \sin \frac{1}{x}, \qquad f(0) = 0.$$

$x \neq 0$ ならば
$$f'(x) = 2x \sin \frac{1}{x} - \cos \frac{1}{x}.$$

ここで $\frac{1}{x}$ を微分するとき $x \neq 0$ を仮定したから，これは $x=0$ のときには通用しない．$x=0$ のときは，規則通りに計算して
$$f'(0) = \lim_{h \to 0} \frac{h^2 \sin \frac{1}{h} - 0}{h} = \lim_{h \to 0} h \sin \frac{1}{h} = 0.$$

すなわち $\lim_{x \to 0} f'(x) = f'(0)$ でないから，$f'(x)$ は $x=0$ において不連続である．

　導函数は必ずしも連続でないから，$x \to a$ のとき $f'(x) \to f'(a)$ とはいかない．$\lim_{x \to a} f'(x)$ は存在すらも保証されない．ここに注意すべきは，その裏が成り立つことである：すなわち

　定理23．$f(x)$ が連続なる区間内の一点 a は別として，a の近傍では $f(x)$ が微分可能で，$\lim_{x \to a} f'(x) = l$ が存在するならば，$f'(a) = l$．すなわち a においても $f(x)$ は微分可能で，$f'(x)$ は a において連続である．

　[証]　平均値の定理によって
$$\frac{f(x) - f(a)}{x - a} = f'(\xi), \qquad a \leqq \xi \leqq x.$$

$x \to a$ のとき，$\xi \to a$．故に仮定によって $f'(\xi) \to l$．すなわち
$$\lim_{x \to a} \frac{f(x) - f(a)}{x - a} = l, \qquad \text{すなわち} \quad f'(a) = l.$$

　[注意]　a が区間の左端（または右端）ならば $f'(a) = l$ は右（または左）への微分商である．

　導函数に関しては，（それが連続でなくても）中間値の定理が成り立つことが注意に値する：

　定理24．$f(x)$ が $[a,b]$ において微分可能なるとき，μ を $f'(a)$ と $f'(b)$ との中間にある任意の値とすれば，$f'(\xi) = \mu$, $a < \xi < b$ なる ξ が存在する．

　[証]　$F(x) = f(x) - \mu x$ と置いて
$$F'(a) = f'(a) - \mu < 0, \qquad F'(b) = f'(b) - \mu > 0$$

と仮定して，$F'(\xi) = 0$, $a < \xi < b$ なる ξ の存在を示せばよい．この仮定によれば，$[a,b]$ において連続なる $F(x)$ は，その最小値を $x = a$ または $x = b$ において取りえない（53頁，[注意]）．故に $a < \xi < b$ なる ξ に対応して $F(\xi)$ が最小値を取る．然らば $F'(\xi) = 0$ でなければならない．それは定理19の証明で述べた通りである．　　　　　　　　　　　　　　（証終）

　[注意]　定理23, 24によって任意の函数が或る函数の導函数になりえないことがわかる．

19. 高階微分法

$y = f(x)$ の導函数を $f'(x)$ とするとき，$f'(x)$ の導函数を $f(x)$ の第二階の導函数といい，それを $f''(x)$ と書く．第 n 階の導函数 $f^{(n)}(x)$ もこれに準ずる．$f^{(n)}(x)$ を $y^{(n)}$ または $y_x^{(n)}$ あるいは $D_x^{(n)} y$ などとも書く．一点 x における $f''(x)$ の値，すなわち

$$\frac{d}{dx}\left(\frac{dy}{dx}\right) \quad \text{を} \quad \frac{d^2 y}{dx^2} \quad \text{と書く．}$$

同様に

$$\frac{d^n y}{dx^n} = f^{(n)}(x).$$

上記の記号において，dx^2 は巾 $(dx)^2$ であるが，$d^2 y$ は $d(dy)$ の意味で，それを y の第二階の微分という．§13 で述べたように，微分記号を用いて

$$dy = y_x' dx$$

と書くとき，両辺の微分を取れば，$d(dy), d(dx)$ を $d^2 y, d^2 x$ と略記して

$$d^2 y = y_x''(dx)^2 + y_x' d^2 x. \tag{1}$$

これは積の微分法である．さて x が独立変数ならば，$dx = \Delta x$ は x に関係なく自由に取れるのだから，$d^2 x = d(\Delta x) = 0$ として

$$d^2 y = y_x'' dx^2.$$

これは $\dfrac{d^2 y}{dx^2} = f''(x)$ を意味する．しかし，もしも $x = \varphi(t)$ が t の函数，従って $y = f(x)$ も t の函数であるならば，$d^2 x = x_t'' dt^2$ で，(1) は

$$d^2 y = y_x'' x_t'^2 dt^2 + y_x' x_t'' dt^2$$

になる．それは

$$\frac{d^2}{dt^2} f(\varphi(t)) = f''(\varphi(t)) \varphi'(t)^2 + f'(\varphi(t)) \varphi''(t)$$

を意味するが，(1) では補助変数 t を表面に出さないで，直接に x と y との間の関係が示されている．そこに微分記号の特色がある．

u, v が x の函数なるとき，

$$\frac{d^n}{dx^n}(u \pm v) = \frac{d^n u}{dx^n} \pm \frac{d^n v}{dx^n}.$$

また積 uv に関してはいわゆる Leibniz の法則が成り立つ．すなわち

$$\frac{d^n(uv)}{dx^n} = u^{(n)} v + \binom{n}{1} u^{(n-1)} v' + \cdots + \binom{n}{k} u^{(n-k)} v^{(k)} + \cdots + u v^{(n)},$$

$\binom{n}{k}$ は二項係数である．これは帰納法によって容易に証明される．右辺の式の組立は $(u+v)^n$ の展開と同型である．

合成函数または逆函数またはすでに商 u/v の高階導函数は簡単な公式で表わされない．

20. 凸 函 数

　高階導函数は逐次の導函数として定義されたから，原函数 $f(x)$ との関係が間接である．ただ第二階の導函数 $f''(x)$ は，直接に $f(x)$ に関連する或る簡明な性質を有する．

　或る区間において函数 $y=f(x)$ が有界であるとして，例の通り $y_1=f(x_1)$, $y_2=f(x_2)$ などと略記する．今 $y=f(x)$ のグラフの上で，任意の二点 $A=(x_1,y_1)$, $B=(x_2,y_2)$ の間において，グラフが弦 AB の下側にあるとき，$f(x)$ を（下に向って）凸函数という．下側とは y 軸の負の向きを下方とみなしていう．

　反対の場合には，上に向って凸という．ただし，ことわりなしに単に凸というときには，下に向って凸を意味することと約束する．

　上記凸函数の定義は解析的に（式で）いえば，次の通りである：

$$x_1 < x < x_2 \quad \text{なるとき} \quad \begin{vmatrix} 1 & 1 & 1 \\ x_1 & x & x_2 \\ y_1 & y & y_2 \end{vmatrix} \geqq 0. \tag{1}$$

グラフの上の点を一般に $P=(x,y)$ とすれば，凸函数の場合，三角形 APB の周上で APB が正の向きであるから，面積（$\geqq 0$）の2倍が(1)の行列式（符号をも入れて）で与えられるのである．幾何学的の意味を離れていえば，(1)を凸函数の定義とみればよい．

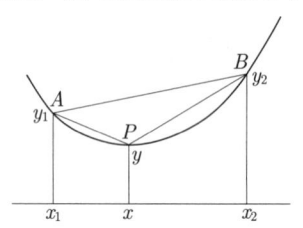

(1)から簡単な計算によって，同じく $x_1 < x < x_2$ なる条件の下において

$$\frac{y-y_1}{x-x_1} \leqq \frac{y_2-y}{x_2-x} \tag{1'}$$

を得る．または $x-x_1>0$, $x_2-x>0$ を考慮して中間分数を挿入すれば

$$\frac{y-y_1}{x-x_1} \leqq \frac{y_2-y_1}{x_2-x_1} \leqq \frac{y_2-y}{x_2-x}, \tag{1''}$$

すなわち符号をも考慮していえば，AP の勾配が PB の勾配よりも小で（大でない），AB の勾配はその中間にあるのである．

　故に区間 $[x_1, x]$ の外では，グラフは弦 AP の上側にある．特にグラフに接線が引けるならば，グラフは接線の上側にある*．

---

　　* 　上記は広義の凸函数である．上文，下側は '上側でない' ことを意味する．もしも(1)において $\geqq$ を $>$ に換えて，等号を拒絶すれば，狭義の凸函数になる．

定理 25. $f''(x)$ が存在する場合には,

(1°) 区間内で常に $f''(x) \geq 0$ ならば, $f(x)$ は凸函数である.

(2°) $f(x)$ が凸函数ならば, 区間内で常に $f''(x) \geq 0$ である.

[証]

(1°) $(1')$ の左辺は $f'(\xi_1)$ に等しい. ただし, $x_1 < \xi_1 < x$. また右辺は $f'(\xi_2)$ に等しい. ただし $x < \xi_2 < x_2$, すなわち $\xi_1 < \xi_2$.

さて $f''(x) \geq 0$ ならば, $f'(x)$ は単調増大(不減少)であるから, $f'(\xi_1) \leq f'(\xi_2)$. 故に $(1')$ が成り立つ. すなわち $f(x)$ は凸函数である.

(2°) $f(x)$ が凸函数ならば, $(1'')$ が成り立つ. さて $x \to x_1$ のとき $(1'')$ の左辺の極限は $f'(x_1)$ である. 故に

$$f'(x_1) \leq \frac{y_2 - y_1}{x_2 - x_1}.$$

$x \to x_2$ のとき $(1'')$ の右辺の極限は $f'(x_2)$ である. 故に

$$\frac{y_2 - y_1}{x_2 - x_1} \leq f'(x_2).$$

すなわち $f'(x_1) \leq f'(x_2)$, 故に $f'(x)$ は区間内で単調増大(不減少)従って $f''(x) \geq 0$. (証終)

凸函数は定義区間の内部の各点で連続で, 右へおよび左への微分商を有する. それらは単調に増大し, 前者は後者よりも大である(小でない). —— 実際

$$x_1 < x < x_2$$

とすれば $(1')$ から

$$\frac{y - y_1}{x - x_1} \leq \frac{y_2 - y}{x_2 - x}.$$

今 x, x_1 を固定すれば $\frac{y_2 - y}{x_2 - x}$ は, x_2 が減少しつつ x に近づくとき単調に減少し, しかも下方に有界である. 故に

$$\lim_{x_2 \to x} \frac{y_2 - y}{x_2 - x} = D^+ y$$

は存在して

$$\frac{y - y_1}{x - x_1} \leq D^+ y.$$

同様に $D^- y = \lim_{x_1 \to x} \frac{y - y_1}{x - x_1}$ も存在するから, この不等式から

$$D^- y \leq D^+ y.$$

$D^+ y, D^- y$ が存在するから y は連続である. $D^+ y, D^- y$ が単調に増大することも同様にして証明される.

21. 偏微分

二つ以上の変数の函数において，ただ一つの変数のみを変動させて，その変数に関して微分することを偏微分という．例えば $z = f(x,y)$ とするとき

$$\frac{\partial z}{\partial x} = \lim_{\Delta x \to 0} \frac{f(x+\Delta x, y) - f(x,y)}{\Delta x}, \quad \frac{\partial z}{\partial y} = \lim_{\Delta y \to 0} \frac{f(x, y+\Delta y) - f(x,y)}{\Delta y}.$$

或る区域内の各点において $\dfrac{\partial z}{\partial x}, \dfrac{\partial z}{\partial y}$ が存在するとき，それらは x, y の函数である．それを

$$\frac{\partial z}{\partial x} = f_x(x,y) = D_x f(x,y), \quad \frac{\partial z}{\partial y} = f_y(x,y) = D_y f(x,y)$$

などと書く．高階微分に関しても同様に

$$\frac{\partial}{\partial x}\left(\frac{\partial z}{\partial x}\right) = \frac{\partial^2 z}{\partial x^2} = f_{xx}(x,y),$$

$$\frac{\partial}{\partial y}\left(\frac{\partial z}{\partial x}\right) = \frac{\partial^2 z}{\partial x \partial y} = f_{xy}(x,y), \quad \frac{\partial}{\partial x}\left(\frac{\partial z}{\partial y}\right) = \frac{\partial^2 z}{\partial y \partial x} = f_{yx}(x,y),$$

$$\frac{\partial}{\partial y}\left(\frac{\partial z}{\partial y}\right) = \frac{\partial^2 z}{\partial y^2} = f_{yy}(x,y), \quad 等々.$$

三つ以上の変数に関しても同様である．

［例1］ $\sqrt{x^2+y^2} = r$ と置いて

$$f(x,y) = \log r = \frac{1}{2}\log(x^2+y^2)$$

とする．然らば

$$f_x = \frac{x}{x^2+y^2} = \frac{x}{r^2}, \quad f_y = \frac{y}{r^2},$$

$$f_{xx} = \frac{1}{x^2+y^2} - \frac{2x^2}{(x^2+y^2)^2} = \frac{1}{r^2} - \frac{2x^2}{r^4},$$

$$f_{xy} = -\frac{2xy}{(x^2+y^2)^2} = -\frac{2xy}{r^4} = f_{yx},$$

$$f_{yy} = \frac{1}{r^2} - \frac{2y^2}{r^4}.$$

よって $\dfrac{\partial^2 f}{\partial x^2} + \dfrac{\partial^2 f}{\partial y^2}$ を記号 Δf で表わすならば，

$$\Delta f = \frac{\partial^2 f}{\partial x^2} + \frac{\partial^2 f}{\partial y^2} = \frac{2}{r^2} - \frac{2(x^2+y^2)}{r^4} = 0.$$

［例2］ $\sqrt{x^2+y^2+z^2} = r, \ f(x,y,z) = \dfrac{1}{r} = (x^2+y^2+z^2)^{-\frac{1}{2}}$ とする．

$$f_x = -\frac{x}{(x^2+y^2+z^2)^{\frac{3}{2}}} = -\frac{x}{r^3}, \quad f_y = -\frac{y}{r^3}, \quad f_z = -\frac{z}{r^3},$$

$$f_{xx} = -\frac{1}{r^3} - x\left\{-3\frac{1}{r^4}\cdot\frac{\partial r}{\partial x}\right\} = -\frac{1}{r^3} + \frac{3x}{r^4}\cdot\frac{x}{r} = -\frac{1}{r^3} + \frac{3x^2}{r^5},$$

$$f_{yy} = -\frac{1}{r^3} + \frac{3y^2}{r^5},$$

$$f_{zz} = -\frac{1}{r^3} + \frac{3z^2}{r^5},$$

$$\Delta f = \frac{\partial^2 f}{\partial x^2} + \frac{\partial^2 f}{\partial y^2} + \frac{\partial^2 f}{\partial z^2} = -\frac{3}{r^3} + \frac{3(x^2+y^2+z^2)}{r^5} = -\frac{3}{r^3} + \frac{3r^2}{r^5} = 0,$$

$$f_{xy} = -x\left(-3\frac{1}{r^4}\cdot\frac{\partial r}{\partial y}\right) = 3\frac{xy}{r^5} = f_{yx}, \qquad \text{等々.}$$

偏微分商の定義は全く機械的で，計算上の手段であるにすぎないが，それらを適当に利用すれば，応用上有効である．

22. 微分可能性　全微分

函数 $z = f(x, y)$ を一点 $P = (x, y)$ の近傍において考察する．例の通り $\Delta z = f(x+\Delta x, y+\Delta y) - f(x, y)$ と置く．さて

$$\Delta z = A\Delta x + B\Delta y + \varepsilon\rho, \tag{1}$$

ただし，A, B は $\Delta x, \Delta y$ には関係しない係数，すなわち点 (x, y) において一定の値を有するもので，ρ は定点 (x, y) と動点 $(x+\Delta x, y+\Delta y)$ との距離 ($\rho = \sqrt{(\Delta x)^2 + (\Delta y)^2}$)，また ε は $\Delta x, \Delta y$ に関係するが，$\rho \to 0$ のとき，$\varepsilon \to 0$ とする．すなわち 43 頁に述べた記号を用いるならば，$\varepsilon\rho = o\rho$．そのとき函数 z は点 (x, y) において微分可能であるという．

(1)が成り立つならば，$\Delta y = 0$ すなわち $\rho = |\Delta x|$ とするとき

$$\frac{\Delta z}{\Delta x} = A \pm \varepsilon,$$

すなわちそのとき，$\Delta x \to 0$ と共に $\varepsilon \to 0$ だから，(x, y) において $\dfrac{\partial z}{\partial x}$ が存在して，それが A に等しい．同様に $\dfrac{\partial z}{\partial y}$ が存在して，それが B に等しい．かつまた点 $(x+\Delta x, y+\Delta y)$ が一定の方向から点 (x, y) に収束するとき，すなわち α が一定で，$\Delta x = \rho\cos\alpha, \Delta y = \rho\sin\alpha$ とするとき，

$$\frac{\Delta z}{\rho} = A\cos\alpha + B\sin\alpha + \varepsilon,$$
$$\lim_{\rho\to 0}\frac{\Delta z}{\rho} = A\cos\alpha + B\sin\alpha = \frac{\partial z}{\partial x}\cos\alpha + \frac{\partial z}{\partial y}\sin\alpha. \tag{2}$$

この場合，$\lim\limits_{\rho\to 0}\dfrac{\Delta z}{\rho}$ は $\Delta x = \rho\cos\alpha, \Delta y = \rho\sin\alpha$ なる方向への偏微分商というものである．(1)が成り立つときは各方向への偏微分商が存在して，しかもそれが(2)によって与えられる．

z が微分可能なるとき，Δz の主要部なる $\Delta x, \Delta y$ に関する一次式 $\dfrac{\partial z}{\partial x}\Delta x + \dfrac{\partial z}{\partial y}\Delta y$ を z の全微分といい，それを dz で表わす．特に $z = x$，また $z = y$ のとき $dx = \Delta x, dy = \Delta y$ (§ 13, 参照)．故に全微分は

$$dz = \frac{\partial z}{\partial x}dx + \frac{\partial z}{\partial y}dy. \tag{3}$$

z が微分可能なるときは $dz = \dfrac{\partial z}{\partial x}\Delta x + \dfrac{\partial z}{\partial y}\Delta y$ は (x,y) において曲面 $z = f(x,y)$ に接する平面を表わす．この平面上の流通座標を X,Y,Z とすれば，dx, dy, dz はそれぞれ $X-x, Y-y, Z-z$ に等しく，接平面の方程式は

$$Z - z = \frac{\partial z}{\partial x}(X - x) + \frac{\partial z}{\partial y}(Y - y)$$

である．これが実は接平面の定義である．ただし我々は応用上点 (x,y) の近傍においてのみ (3) を用いるのである．

　$z = f(x,y)$ が或る領域の各点において微分可能であるとき，その領域において微分可能という．その場合 $f(x,y)$ はもちろんその領域において連続である．

　定理 26. 或る領域において $\dfrac{\partial z}{\partial x}, \dfrac{\partial z}{\partial y}$ が存在してかつ連続ならば，z はその領域において微分可能である．

　［証］ $\Delta x, \Delta y$ の代りに h, k と書けば

$$\begin{aligned}\Delta z &= f(x+h, y+k) - f(x,y) \\ &= \{f(x+h, y+k) - f(x, y+k)\} + \{f(x, y+k) - f(x,y)\}.\end{aligned}$$

x に関して平均値の定理を適用すれば

$$f(x+h, y+k) - f(x, y+k) = hf_x(x+\theta h, y+k), \quad 0 < \theta < 1.$$

仮定によって f_x は連続だから，

$$f_x(x+\theta h, y+k) = f_x(x,y) + \varepsilon$$

と置けば $h \to 0, k \to 0$ のとき $\varepsilon \to 0$.

　次に y に関する偏微分が可能だから，

$$f(x, y+k) - f(x,y) = kf_y(x,y) + \varepsilon' k$$

と置けば $k \to 0$ のとき $\varepsilon' \to 0$．故に

$$\Delta z = hf_x(x,y) + kf_y(x,y) + h\varepsilon + k\varepsilon'.$$

$|h| \leqq \rho, |k| \leqq \rho, (\rho = \sqrt{h^2 + k^2})$，従って $|h\varepsilon + k\varepsilon'| \leqq (|\varepsilon| + |\varepsilon'|)\rho$ だから

$$\Delta z = hf_x(x,y) + kf_y(x,y) + o\rho,$$

すなわち z は微分可能である．

　［注意］ 定理 26 の仮定は過大である．上記証明では f_x だけの連続性を用いた．故に領域内で z_x, z_y が存在して*，一点 (x,y) において，どちらかが連続ならば，その点において z は微分可能である．

＊ z_x, z_y は $\dfrac{\partial z}{\partial x}, \dfrac{\partial z}{\partial y}$ の略記．

23. 微分の順序

$f(x,y)$ をまず x に関して微分して導函数 $f_x(x,y)$ を得，次に f_x を y に関して微分して第二階の導函数の一つである f_{xy} を得る．故に f_{xy} と f_{yx} とは観念上別々の物である．然るに或る条件の下において，f_{xy} と f_{yx} とが同一の函数になる．今その条件のうちで最も手近かなものを取るならば：

定理 27. 或る領域において f_{xy}, f_{yx} が連続ならばその領域で $f_{xy} = f_{yx}$．

［証］ 領域内の任意の一点 (a,b) の近傍を考察する．簡単のために
$$\Delta = f(a+h, b+k) - f(a+h, b) - f(a, b+k) + f(a,b) \tag{1}$$
と置く．すなわち図の記号を用いて
$$\Delta = f(P_3) - f(P_1) - f(P_2) + f(P).$$

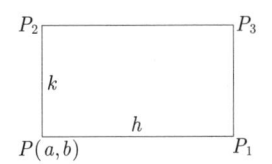

また
$$\varphi(x) = f(x, b+k) - f(x, b) \tag{2}$$
と置く．然らば $\varphi(a) = f(P_2) - f(P)$, $\varphi(a+h) = f(P_3) - f(P_1)$,
$$\Delta = \varphi(a+h) - \varphi(a). \tag{3}$$
仮定によって (a,b) の近傍* で f_x が存在するから，(2) から
$$\varphi'(x) = f_x(x, b+k) - f_x(x, b). \tag{4}$$
そこで $x=a$ と $x=a+h$ との間の区間に関して，平均値の定理を $\varphi(x)$ に適用すれば，
$$\varphi(a+h) - \varphi(a) = h\varphi'(a+\theta h). \quad (0 < \theta < 1)$$
(3), (4) によって詳しく書けば
$$\Delta = h\{f_x(a+\theta h, b+k) - f_x(a+\theta h, b)\}. \tag{5}$$
さて仮定によって，(a,b) の近傍で f_{xy} が存在するから，(5) の右辺に $y=b$ と $y=b+k$ との間の区間に関して，平均値の定理を適用すれば
$$\Delta = hk f_{xy}(a+\theta h, b+\theta' k). \quad (0 < \theta' < 1)$$
仮定によって f_{xy} は点 (a,b) において連続である．故に
$$\lim_{(h,k)\to(0,0)} \frac{\Delta}{hk} = f_{xy}(a,b). \tag{6}$$
x, h と y, k とを交換して考察しても同様に

---

* 近傍といっても，矩形 $PP_1P_3P_2$ を全く含めていう．h, k は任意に小さく取れるから，近傍といってよろしい．

$$\lim_{(h,k)\to(0,0)} \frac{\Delta}{hk} = f_{yx}(a,b) \tag{7}$$

を得る．(6), (7) を比較すれば，点 (a,b) において，すなわち領域内の各点において，

$$f_{xy} = f_{yx}.$$

[注意] 上記の証明を再考してみよう．(6) を得るまでには，定理の仮定の一部分，すなわち領域において f_x, f_{xy} が存在することと，f_{xy} が点 (a,b) において連続であることだけを用いた．今その上に，領域内で f_y が存在することを仮定するならば，(1) から

$$\frac{\Delta}{hk} = \frac{1}{h}\left\{\frac{f(a+h,b+k)-f(a+h,b)}{k} - \frac{f(a,b+k)-f(a,b)}{k}\right\},$$

従って $k\to 0$ のとき

$$\frac{\Delta}{hk} \to \frac{1}{h}\{f_y(a+h,b) - f_y(a,b)\}.$$

然るに (6) によって，$k\to 0, h\to 0$ のとき，$\dfrac{\Delta}{hk}$ は一定の極限値 $f_{xy}(a,b)$ に収束する．故に $h\to 0$ のとき

$$\lim \frac{1}{h}\{f_y(a+h,b) - f_y(a,b)\} = f_{xy}(a,b).$$

左辺の極限値は定義によって $f_{yx}(a,b)$ であるから，

$$f_{yx}(a,b) = f_{xy}(a,b).$$

よって定理 27 の仮定を緩和して，次のようにいうことができる．

或る領域において f_x, f_y, f_{xy} が存在して，領域内の一点において f_{xy} が連続ならば，その点において f_{yx} も存在し，かつ $f_{xy} = f_{yx}$ (Schwarz の定理)．もちろん x と y とを交換してもよい．

故に f_x, f_y が存在する場合，例えば f_{xy} を求めたときに，それが連続ならば，f_{yx} を求めるには及ばない．

定理 27 でも，またはそれを精密にした Schwarz の定理でも，定理の仮定は $f_{xy} = f_{yx}$ が成り立つための十分なる条件であるにすぎない．十分なる条件ならば，次のようにもいわれる．

或る領域において f_x, f_y が (存在して，それらが) 領域内の一点において微分可能ならば，その点において $f_{xy} = f_{yx}$ (Young の定理)．

この場合にも上記証明中の (5) までは通用する．(5) において $h=k$ として f_x の微分可能性の仮定を用いて (§ 22)

$$f_x(a+\theta h, b+h) = f_x(a,b) + \theta h f_{xx}(a,b) + h f_{xy}(a,b) + oh,$$
$$f_x(a+\theta h, b) = f_x(a,b) + \theta h f_{xx}(a,b) \qquad\qquad + oh.$$

これを (5) に代入して，$\Delta = h^2 f_{xy}(a,b) + oh^2$，故に

$$\lim_{h\to 0} \frac{\Delta}{h^2} = f_{xy}(a,b).$$

仮定が x, y に関して対称的であるから，$f_{xy}(a,b) = f_{yx}(a,b)$ を得る．

Young の定理では f_x, f_y の微分可能性，従って $f_{xx}, f_{xy}, f_{yx}, f_{yy}$ の存在を仮定する．しかしそれらの連続性を仮定しない．Schwarz の定理では f_x, f_y, f_{xy} の存在の上に f_{xy} の連続性を仮定するが，f_{yx} (および f_{xx}, f_{yy}) に関しては存在すらも仮定しない．場合に応じて便宜兼用すべきである．応用上は一般的に定理 27 で用が足りるであろう．

もちろん無条件で $f_{xy}=f_{yx}$ とはいわれない．それを認識することは重要だから，今その一例を挙げておく．

$$\begin{cases} f(x,y)=xy\dfrac{x^2-y^2}{x^2+y^2}, & (x,y)\neq(0,0), \\ f(0,0)=0 \end{cases}$$

とする．

$(x,y)\neq(0,0)$ として計算すれば

$$f_x(x,y)=\frac{3x^2y-y^3}{x^2+y^2}-\frac{2x^2y(x^2-y^2)}{(x^2+y^2)^2}.$$

x,y を交換して符号を換えれば f_y を得る．また

$$f_{xy}(x,y)=\frac{x^2-y^2}{x^2+y^2}+\frac{8x^2y^2(x^2-y^2)}{(x^2+y^2)^3}.$$

$(x,y)\neq(0,0)$ ならば，これは連続だから，f_{yx} に等しい．さて，$f_{xy}(0,y)=-1$, $(y\neq 0)$, $\lim_{y\to 0} f_{xy}(0,y)=-1$. 然るに $f_x(0,y)=-y, y\neq 0$ で，$f_x(0,0)=0$ だから $f_x(0,y)$ は $y=0$ で連続．故に $f_{xy}(0,0)=-1$ (定理 23)．同様に $f_{yx}(x,0)=1$ から $f_{yx}(0,0)=1$.

第三階以上でも，導函数が連続ならば，それに達した微分の順序を変更してもよい．例えば $f_{xxy}=(f_x)_{xy}=(f_x)_{yx}=f_{xyx}$ のように相接する二つの添字を交換してよいから，それを繰返して

$$f_{xyz}=f_{xzy}=f_{zxy}=f_{zyx}=f_{yzx}=f_{yxz},$$

$$f_{xxyy}=f_{xyxy}=f_{xyyx}=f_{yxxy}=f_{yxyx}=f_{yyxx}, \quad 等々.$$

よって二つの変数の場合には第二階の導函数は

$$f_{x^2}=\frac{\partial^2 f}{\partial x^2}, \quad f_{xy}=\frac{\partial^2 f}{\partial x\partial y}, \quad f_{y^2}=\frac{\partial^2 f}{\partial y^2}$$

の三つで，第 n 階のは

$$f_{x^r y^s}=\frac{\partial^n f}{\partial x^r \partial y^s} \quad (r+s=n,\ s=0,1,2,\cdots,n)$$

の $n+1$ 個である．三次元以上もこれに準ずる．

24. 高階の全微分

$u=f(x,y)$ の第一階の全微分

$$du=\frac{\partial u}{\partial x}dx+\frac{\partial u}{\partial y}dy$$

において，もしも $\dfrac{\partial u}{\partial x},\dfrac{\partial u}{\partial y}$ が微分可能ならば，x,y に関する du の全微分として d^2u を得る．すなわち x,y を独立変数($h=dx, k=dy$ は前の通り)とすれば

$$d^2u = d(du) = \frac{\partial}{\partial x}\left(\frac{\partial u}{\partial x}h + \frac{\partial u}{\partial y}k\right)h + \frac{\partial}{\partial y}\left(\frac{\partial u}{\partial x}h + \frac{\partial u}{\partial y}k\right)k$$

$$= \frac{\partial^2 u}{\partial x^2}h^2 + 2\frac{\partial^2 u}{\partial x \partial y}hk + \frac{\partial^2 u}{\partial y^2}k^2$$

$$= \frac{\partial^2 u}{\partial x^2}dx^2 + 2\frac{\partial^2 u}{\partial x \partial y}dxdy + \frac{\partial^2 u}{\partial y^2}dy^2.$$

同様に

$$d^3u = \frac{\partial^3 u}{\partial x^3}dx^3 + 3\frac{\partial^3 u}{\partial x^2 \partial y}dx^2dy + 3\frac{\partial^3 u}{\partial x \partial y^2}dxdy^2 + \frac{\partial^3 u}{\partial y^3}dy^3.$$

一般に

$$d^n u = \frac{\partial^n u}{\partial x^n}dx^n + \cdots + \binom{n}{k}\frac{\partial^n u}{\partial x^k \partial y^{n-k}}dx^k dy^{n-k} + \cdots + \frac{\partial^n u}{\partial y^n}dy^n.$$

これを

$$d^n u = \left(\frac{\partial}{\partial x}dx + \frac{\partial}{\partial y}dy\right)^n u$$

と略記すればわかりよい.

変数が三つ以上ならば,同じようにして

$$d^2 u = \frac{\partial^2 u}{\partial x^2}dx^2 + \frac{\partial^2 u}{\partial y^2}dy^2 + \frac{\partial^2 u}{\partial z^2}dz^2 + \cdots$$

$$+ 2\frac{\partial^2 u}{\partial x \partial y}dxdy + 2\frac{\partial^2 u}{\partial x \partial z}dxdz + 2\frac{\partial^2 u}{\partial y \partial z}dydz + \cdots,$$

一般に

$$d^n u = \left(\frac{\partial}{\partial x}dx + \frac{\partial}{\partial y}dy + \frac{\partial}{\partial z}dz + \cdots\right)^n u.$$

合成函数 u が x, y の函数で, x, y が t の函数ならば, u は t の函数である.

もしも u が x, y に関して, また x, y が t に関して連続[または微分可能]ならば, u は t に関して連続[または微分可能]である (§15 参照).

微分可能の場合に $\dfrac{du}{dt}$ を求めてみよう.

$$\Delta u = u_x \Delta x + u_y \Delta y + o(\sqrt{\Delta x^2 + \Delta y^2}). \tag{1}$$

ここで $\Delta x, \Delta y$ を t の変動 Δt に対応するものとすれば

$$\Delta x = x'\Delta t + o(\Delta t), \quad \Delta y = y'\Delta t + o(\Delta t). \tag{2}$$

記号 o は 43 頁で述べた通り.

(2) を (1) に持ち込めば

$$\Delta u = (u_x x' + u_y y')\Delta t + o(\Delta t).$$

従って $\lim\limits_{\Delta t \to 0}\dfrac{\Delta u}{\Delta t}$ が存在して,その値は

24. 高階の全微分

$$\frac{du}{dt} = u_x x' + u_y y'. \quad \left(x' = \frac{dx}{dt},\ y' = \frac{dy}{dt}\right)$$

第二階以上の微分可能性を仮定すれば，これから

$$\begin{aligned}\frac{d^2 u}{dt^2} &= \frac{du_x}{dt} x' + u_x x'' + \frac{du_y}{dt} y' + u_y y'' \\ &= (u_{xx} x' + u_{xy} y') x' + (u_{xy} x' + u_{yy} y') y' + u_x x'' + u_y y'' \\ &= u_{xx} x'^2 + 2 u_{xy} x' y' + u_{yy} y'^2 + u_x x'' + u_y y''.\end{aligned}$$

初めの三項は $d^2 u$ の式と同じ組立てであるが，それに x'', y'' を含む終りの二項が加わるのである．

x および y が二つの変数 ξ, η の函数ならば，u もまた ξ, η の函数である．その場合 u_ξ, u_η を求めるには上記の結果において x', y' にそれぞれ x_ξ, y_ξ または x_η, y_η を代用すればよい．すなわち

$$u_\xi = u_x x_\xi + u_y y_\xi, \qquad u_\eta = u_x x_\eta + u_y y_\eta.$$

同様に

$$\begin{aligned}u_{\xi\xi} &= u_{xx} x_\xi^2 + 2 u_{xy} x_\xi y_\xi + u_{yy} y_\xi^2 + u_x x_{\xi\xi} + u_y y_{\xi\xi}, \\ u_{\xi\eta} &= u_{xx} x_\xi x_\eta + u_{xy}(x_\xi y_\eta + x_\eta y_\xi) + u_{yy} y_\xi y_\eta + u_x x_{\xi\eta} + u_y y_{\xi\eta}, \\ u_{\eta\eta} &= u_{xx} x_\eta^2 + 2 u_{xy} x_\eta y_\eta + u_{yy} y_\eta^2 + u_x x_{\eta\eta} + u_y y_{\eta\eta}.\end{aligned}$$

［例］ $u = u(x, y)$ において，x, y に関する偏微分商を極座標に変換すること．

$$\begin{aligned}x &= r \cos\theta, & y &= r \sin\theta, \\ r &= \sqrt{x^2 + y^2}, & \theta &= \arctan \frac{y}{x}.\end{aligned}$$

u が r, θ の函数で，その r, θ が x, y の函数であるとみて，計算するのである．

$$\begin{aligned}r_x &= \frac{x}{r} = \cos\theta, & r_y &= \frac{y}{r} = \sin\theta. \\ \theta_x &= -\frac{y}{r^2} = -\frac{\sin\theta}{r}, & \theta_y &= \frac{x}{r^2} = \frac{\cos\theta}{r}.\end{aligned}$$

$$u_x = u_r r_x + u_\theta \theta_x = u_r \cos\theta - \frac{u_\theta}{r} \sin\theta,$$

$$u_y = u_r r_y + u_\theta \theta_y = u_r \sin\theta + \frac{u_\theta}{r} \cos\theta,$$

$$u_{xx} = u_{rr} \cos^2\theta + \frac{u_{\theta\theta}}{r^2} \sin^2\theta - 2 \frac{u_{r\theta}}{r} \cos\theta \sin\theta + \frac{u_r}{r} \sin^2\theta + 2 \frac{u_\theta}{r^2} \cos\theta \sin\theta,$$

$$u_{yy} = u_{rr} \sin^2\theta + \frac{u_{\theta\theta}}{r^2} \cos^2\theta + 2 \frac{u_{r\theta}}{r} \cos\theta \sin\theta + \frac{u_r}{r} \cos^2\theta - 2 \frac{u_\theta}{r^2} \cos\theta \sin\theta.$$

これから

$$\frac{\partial^2 u}{\partial x^2} + \frac{\partial^2 u}{\partial y^2} = \frac{\partial^2 u}{\partial r^2} + \frac{1}{r^2} \frac{\partial^2 u}{\partial \theta^2} + \frac{1}{r} \frac{\partial u}{\partial r}$$

を得る．

25. Taylor の公式

定理 28. 或る区間において, $f(x)$ は第 n 階まで微分可能とする. 然らばその区間において, a は定点, x は任意の点とするとき

$$f(x) = f(a) + (x-a)\frac{f'(a)}{1!} + (x-a)^2\frac{f''(a)}{2!} + \cdots + (x-a)^{n-1}\frac{f^{(n-1)}(a)}{(n-1)!} + (x-a)^n\frac{f^{(n)}(\xi)}{n!}. \quad (1)$$

ただし

$$\xi = a + \theta(x-a), \qquad 0 < \theta < 1.$$

すなわち ξ は a と x との中間の或る値である.

これを **Taylor の公式**という.

上記公式の右辺で, 最後の項だけは, 他の項と違って, a の代りに a と x との中間値 ξ に対する導函数 $f^{(n)}$ の値が書いてある. この最後の項を剰余項という. それを R_n と書けば

$$R_n = (x-a)^n\frac{f^{(n)}(\xi)}{n!}. \quad (2)$$

問題の核心はこれの証明である.

[証] 今

$$F(x) = f(x) - \left\{f(a) + (x-a)\frac{f'(a)}{1!} + \cdots + (x-a)^{n-1}\frac{f^{(n-1)}(a)}{(n-1)!}\right\} \quad (3)$$

と置く. $F(x)$ がすなわち R_n である. さて仮定によって, $F(x)$ は第 n 階まで微分可能であるが, 計算してわかるように

$$F(a) = F'(a) = \cdots = F^{(n-1)}(a) = 0,$$
$$F^{(n)}(x) = f^{(n)}(x). \quad (4)$$

さて定理 21 を $F(x)$ と $G(x) = (x-a)^n$ とに応用する. 然らば $F(a) = 0$, $G(a) = 0$ だから

$$\frac{F(x) - F(a)}{G(x) - G(a)} = \frac{F(x)}{(x-a)^n} = \frac{F'(x_1)}{n(x_1-a)^{n-1}},$$

x_1 は a と x との中間値である. 同様に, $F'(a) = 0$, $G'(a) = 0$ から

$$\frac{F'(x_1)}{n(x_1-a)^{n-1}} = \frac{F''(x_2)}{n(n-1)(x_2-a)^{n-2}},$$

x_2 は a と x_1 と, 従って a と x との中間値である.

これは右辺に $F^{(n)}$ がでてくるところまで続けられるから, 結局(4)によって

$$\frac{F(x)}{(x-a)^n} = \frac{F^{(n)}(\xi)}{n!} = \frac{f^{(n)}(\xi)}{n!}$$

を得る. ここで ξ は a と x との中間値である. すなわち

$$F(x) = (x-a)^n\frac{f^{(n)}(\xi)}{n!}. \quad (5)$$

左辺の $F(x)$ を(3)によって詳しく書けば(1)を得る.   (証終)

25. Taylor の公式

Taylor の公式 (1) で，$n=1$ とすれば
$$f(x) = f(a) + (x-a)f'(\xi).$$
これは平均値の定理である．すなわち定理 28 は平均値の定理の拡張である．

上記証明において $f^{(n)}(x)$ は (5) でのみ用いたから，$f^{(n)}(x)$ は a を一端とする開区間で存在するとしても十分である．

もしも反対に，第 n 階に関しては $x=a$ においてのみ $f^{(n)}(a)$ の存在を仮定するならば，それからさかのぼって a の近傍で $n-1$ 階までの導函数は存在することになるが，その場合，次の定理が成り立つ．

定理 29. $x=a$ を含む或る区間において $f(x)$ が第 $n-1$ 階まで微分可能で，点 $x=a$ において $f^{(n)}(a)$ が存在するならば
$$f(x) = f(a) + (x-a)\frac{f'(a)}{1!} + (x-a)^2\frac{f''(a)}{2!} + \cdots + (x-a)^n\frac{f^{(n)}(a)}{n!} + o(x-a)^n. \quad (6)$$

[証] $F(x)$ は (3) の通りとすれば，平均値の定理によって，前のように
$$\frac{F(x)}{(x-a)^n} = \frac{F^{(n-1)}(\xi)}{n!(\xi-a)}, \quad a \lessgtr \xi \lessgtr x,$$
までは得られる．今度は $F^{(n)}(a) = f^{(n)}(a)$ が存在するのだが，前の通り $F^{(n-1)}(a) = 0$ だから，$x \to a$ 従って $\xi \to a$ のとき
$$\lim_{x \to a} \frac{F^{(n-1)}(\xi)}{\xi - a} = \lim_{\xi \to a} \frac{F^{(n-1)}(\xi) - F^{(n-1)}(a)}{\xi - a} = F^{(n)}(a) = f^{(n)}(a).$$
すなわち
$$\lim_{x \to a} \frac{F(x)}{(x-a)^n} = \frac{f^{(n)}(a)}{n!},$$
すなわち
$$F(x) = (x-a)^n \frac{f^{(n)}(a)}{n!} + o(x-a)^n,$$
それが証明すべきことであった．

定理 28 においては，$f^{(n)}(x)$ が区間内で存在することを仮定したが，もしもその上に $f^{(n)}(x)$ が $x=a$ において連続であることを仮定するならば，R_n が (2) のように書かれるから，定理 29 が得られる．しかし $f^{(n)}(a)$ の存在だけを仮定して，定理 29 は既に成り立つのである．

定理 29 で $n=1$ とすれば
$$f(x) = f(a) + (x-a)f'(a) + o(x-a).$$
$f'(a)$ が存在すれば，これは成り立つ（$f'(a)$ の定義！）．定理 29 はそれの拡張である．しかし高階導函数は導函数の導函数として間接に定義された．$f'(a)$ の例に倣って
$$f(x) = f(a) + A_1(x-a) + A_2\frac{(x-a)^2}{2} + \cdots + A_n\frac{(x-a)^n}{n!} + o(x-a)^n$$
における係数 A_i として逐次 $f^{(i)}(a)$ が定義されたのではない．一般函数の場合，そうは行きかねる．そこに導函数の複雑性がある．

定理 28 または定理 29 を区間 $a \leqq x < b$ に適用する場合には $f^{(i)}(a)$ は右への微分商の意味で存在すればよい．区間 $b < x \leqq a$ の場合には左への微分商でよい．そのつもりで証明を読み返してみればわかるであろう．

[附記] 定差　$y = f(x)$ において，x に一定の増加 Δx (ただし $\Delta x \geqq 0$)を与えるとき，それに対応する y の増加

$$\Delta y = \Delta f(x) = f(x + \Delta x) - f(x)$$

を y の定差(difference)または差分という．Δy を x の函数とみて，増加 Δx に対する，それの定差を y の第二階の定差といい，それを $\Delta^2 y$ と書く．すなわち

$$\begin{aligned}\Delta^2 y &= \Delta f(x + \Delta x) - \Delta f(x) \\ &= \{f(x + 2\Delta x) - f(x + \Delta x)\} - \{f(x + \Delta x) - f(x)\} \\ &= f(x + 2\Delta x) - 2f(x + \Delta x) + f(x).\end{aligned}$$

同様にして，第 n 階の定差は

$$\begin{aligned}\Delta^n y &= \Delta^{n-1} f(x + \Delta x) - \Delta^{n-1} f(x) \\ &= f(x + n\Delta x) - \binom{n}{1} f(x + (n-1)\Delta x) + \binom{n}{2} f(x + (n-2)\Delta x) + \cdots + (-1)^n f(x).\end{aligned} \quad (7)$$

例えば，$g(x) = ax^n + \cdots$ を n 次の多項式として，$\Delta x = h$ と書けば

$$\Delta g(x) = nahx^{n-1} + \cdots, \quad \Delta^2 g(x) = n(n-1)ah^2 x^{n-2} + \cdots,$$
$$\Delta^n g(x) = n! ah^n. \quad \Delta^{n+1} g(x) = 0. \quad (8)$$

さて定理 29 の仮定の下において，十分小なる Δx に関して

$$f(x + k\Delta x) = \sum_{\nu=0}^{n} (k\Delta x)^\nu \frac{f^{(\nu)}(x)}{\nu!} + o(\Delta x)^n.$$

これを(7)へ持ち込めば

$$\begin{aligned}\Delta^n y &= \sum_{k,\nu=0}^{n} (-1)^{n-k} \binom{n}{k} k^\nu \Delta x^\nu \frac{f^{(\nu)}(x)}{\nu!} + o(\Delta x)^n \\ &= \sum_{\nu=0}^{n} \Delta x^\nu \frac{f^{(\nu)}(x)}{\nu!} \left(\sum_{k=0}^{n} (-1)^{n-k} \binom{n}{k} k^\nu \right) + o(\Delta x)^n.\end{aligned} \quad (9)$$

さて

$$\sum_{k=0}^{n} (-1)^k \binom{n}{k} k^\nu = \begin{cases} 0, & (\nu = 0, 1, \cdots, n-1) \\ (-1)^n n! & (\nu = n). \end{cases}$$

これは $y = x^n$ とすれば，(9)から得られる．そのとき(8)によって $\Delta^n y = n! \Delta x^n$ であるから．

故に

$$\Delta^n y = (\Delta x)^n f^{(n)}(x) + o(\Delta x)^n,$$

従って

$$\lim_{\Delta x \to 0} \frac{\Delta^n y}{\Delta x^n} = f^{(n)}(x).$$

これは $\frac{\Delta y}{\Delta x} \to f'(x)$ の拡張であるが，ここでも定理 29 と同様に $f^{(n)}(x)$ の存在を仮定して証明をしたのだから，$\lim \frac{\Delta^n y}{\Delta x^n}$ が存在するとき，それが $f^{(n)}(x)$ であるというのではない．換言すれば $f^{(n)}(x)$ が高階の定差によって直接に定義されたのではない．

二次元以上における Taylor の公式 Taylor の公式は二次元以上にも拡張される．今二次元としていう．或る領域において $f(x, y)$ が n 回まで微分可能であるとき $A=(x, y)$ を領域内の一点とし，また $|h|, |k|$ を十分小さく取って，点 $B=(x+h, y+k)$ もまた線分 AB も全く領域内にあらしめるならば

$$F(t) = f(x+ht, y+kt)$$

は区間 $0 \leqq t \leqq 1$（線分 AB 上）における t の函数で，その区間において定理 28 の仮定が成り立つ．すなわち

$$F'(t) = \left(h\frac{\partial}{\partial x} + k\frac{\partial}{\partial y} \right) f(x+ht, y+kt), \cdots,$$

$$F^{(n)}(t) = \left(h\frac{\partial}{\partial x} + k\frac{\partial}{\partial y} \right)^n f(x+ht, y+kt).$$

故に

$$F(t) = F(0) + tF'(0) + \cdots + \frac{t^{n-1}}{(n-1)!} F^{(n-1)}(0) + \frac{t^n}{n!} F^{(n)}(\theta t), \qquad 0 < \theta < 1.$$

そこで $t=1$ とすれば

$$f(x+h, y+k) = f(x, y) + df(x, y) + \frac{1}{2} d^2 f(x, y) + \cdots$$
$$+ \frac{1}{(n-1)!} d^{n-1} f(x, y) + \frac{1}{n!} d^n f(x+\theta h, y+\theta k).$$

略記法 $d^\nu f$ は §24 の通りである．すなわち

$$df(x, y) = h f_x(x, y) + k f_y(x, y),$$
$$d^2 f(x, y) = h^2 f_{xx}(x, y) + 2hk f_{xy}(x, y) + k^2 f_{yy}(x, y), \cdots.$$

ただし最後の項（剰余項）においては，変数 x, y のところへ $x+\theta h, y+\theta k$ を入れるのである．

特に $n=1$ とすれば

$$f(x+h, y+k) - f(x, y) = h f_x(x+\theta h, y+\theta k) + k f_y(x+\theta h, y+\theta k).$$

$(x+\theta h, y+\theta k)$ は線分 AB 上の或る点である．これが二次元における平均値の定理である．

もしも定理 29 のように，第 n 階の微分に関しては点 $A=(x, y)$ においてのみ，その可能性を仮定するならば

$$f(x+h, y+k) = f(x, y) + df(x, y) + \frac{d^2 f(x, y)}{2!} + \cdots + \frac{d^n f(x, y)}{n!} + o\rho^n,$$

$$\rho = \sqrt{h^2 + k^2}.$$

これを証明するには

$$F(t) = f\left(x + \frac{h}{\rho}t, y + \frac{k}{\rho}t\right)$$

と置いて

$$F(t) = F(0) + tF'(0) + \cdots + \frac{t^n F^{(n)}(0)}{n!} + ot^n$$

において $t = \rho$ とすればよい．ここで ot^n/t^n は線分 AB の方向に無関係に（一様に）0 に収束する．それは定理 29 の証明を参照して容易に証明される．

Taylor 級数　定理 28 において，$f(x)$ の各階の微分が可能で，区間内のすべての x に関して

$$\lim_{n \to \infty} R_n = 0,$$

すなわち

$$f(x) = \lim_{n \to \infty} \sum_{\nu=0}^{n} (x-a)^\nu \frac{f^{(\nu)}(a)}{\nu!}$$

であるとき，右辺を無限級数の形に書けば，区間内で

$$f(x) = f(a) + (x-a)\frac{f'(a)}{1!} + (x-a)^2 \frac{f''(a)}{2!} + \cdots + (x-a)^n \frac{f^{(n)}(a)}{n!} + \cdots. \qquad (10)$$

これを $f(x)$ の **Taylor 級数**という．特に $a = 0$ であるときは **Maclaurin** の級数という．

　Taylor 級数は解析学において最も重要である．実用上の函数は Taylor 級数に展開されるが，その展開を定理 28 のみによって直接の計算で求めることは技術上得策でない．それは後に譲って（第 5 章），ここでは最も簡単な一，二の例を挙げておく．

　［例 1］　$f(x)$ が n 次の多項式ならば $f^{(n+1)}(x) = 0$ だから，(10) は有限級数である．それは $f(x)$ を $(x-a)$ の多項式として表わすものにほかならない．

　［例 2］　$f(x) = e^x$.
この場合にはすべての n に関して $f^{(n)}(x) = e^x$．故に $a = 0$ とすれば $f^{(n)}(0) = 1$ で

$$R_n = \frac{x^n}{n!} e^{\theta x}, \qquad 0 < \theta < 1.$$

故に

$$|R_n| < \frac{|x|^n}{n!} e^{|x|}.$$

x を固定すれば $\lim \dfrac{|x|^n}{n!} = 0$ (§ 4, [例 3])．故に $-\infty < x < \infty$ において

$$e^x = 1 + \frac{x}{1!} + \frac{x^2}{2!} + \cdots + \frac{x^n}{n!} + \cdots.$$

特に $x=1$ のとき，剰余項を入れて書けば

$$e = 1 + \frac{1}{1!} + \frac{1}{2!} + \cdots + \frac{1}{n!} + R_{n+1}, \quad R_{n+1} = \frac{e^\theta}{(n+1)!} < \frac{3}{(n+1)!}. \tag{11}$$

e の計算 e は $\lim\left(1+\dfrac{1}{n}\right)^n$ として定義されたけれども，この数列は収束緩慢だから計算に適しない．今(11)を用いて $\dfrac{1}{n!}$ を小数第七位まで計算して行けば，$n=10$ までは次のようになる．

$$1 + \frac{1}{1!} + \frac{1}{2!} = 2.5$$
$$\frac{1}{3!} = 0.1666666$$
$$\frac{1}{4!} = 0.0416666$$
$$\frac{1}{5!} = 0.0083333$$
$$\frac{1}{6!} = 0.0013888$$
$$\frac{1}{7!} = 0.0001984$$
$$\frac{1}{8!} = 0.0000248$$
$$\frac{1}{9!} = 0.0000027$$
$$\frac{1}{10!} = 0.0000002$$
$$\overline{}$$
$$e \fallingdotseq 2.7182814$$

それらを加えて e の近似値を得るが，$n \geq 3$ なる8項において各 $\dfrac{1}{10^7}$ 未満の誤差があり，また剰余項

$$R_{11} < \frac{3}{11!} = \frac{1}{10!} \cdot \frac{3}{11} < \frac{1}{10^7}$$

だから，誤差は $\dfrac{1}{10^6}$ 以下である．実際は $e=2.718281828\cdots$ である．

e が無理数であることの証明 仮りに e を有理数として，$e=\dfrac{m}{n}$ としてみる．m, n は整数である．然らば $n!e$ は整数，従って(11)によって

$$n!R_{n+1} = \frac{e^\theta}{n+1} > 0 \quad (0 < \theta < 1)$$

は整数でなければならない．従って

$$1 \leq \frac{e^\theta}{n+1} < \frac{3}{n+1},$$

すなわち $n+1 < 3, n < 2, n = 1$．然らば $e = m$ で，e は整数でなければならない．$2 < e < 3$ だから，これは不合理である．

[例]

$$\sin x = x - \frac{x^3}{3!} + \frac{x^5}{5!} - + \cdots,$$

$$\cos x = 1 - \frac{x^2}{2!} + \frac{x^4}{4!} - + \cdots.$$

x は任意である．ここでも $|R_n| \to 0$．

26. 極 大 極 小

函数 $f(x)$ が点 $x = x_0$ において取る値 $f(x_0)$ が x_0 の近傍で，x_0 以外の点 x における $f(x)$ の値よりも大[あるいは小]なるとき，$f(x_0)$ を極大値[あるいは極小値]，x_0 を $f(x)$ の極大点[あるいは極小点]といい，極大値，極小値を総称して極値という．また x_0 を極値点という．

すなわち x_0 が $f(x)$ の極小点であるとは
$$0 < |x - x_0| < \delta \quad \text{なるとき} \quad f(x) - f(x_0) > 0$$
なる δ が存在することである．もしも不等号 $>$ を $\geqq$ に換えるならば，$f(x_0)$ を<u>弱い意味</u>の極小という．極大も同様である．

この定義によれば，$f(x)$ の極値と，全区域における $f(x)$ の最大または最小値とは，別々の概念であるから，極大値がかえって極小値よりも小でありうる．極大極小は或る一点の近傍のみに関していうのである．すなわち局所的(im Kleinen, local)の最大最小である．

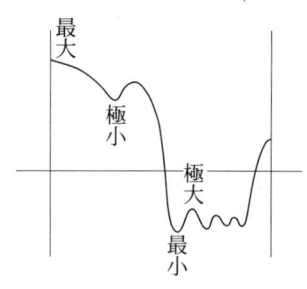

定理 30. 点 x_0 を函数 $f(x)$ の定義域の内点とする．

($1°$) $f(x)$ が x_0 において微分可能なるとき，もしも，$x = x_0$ において $f(x)$ が極値をとるならば，$f'(x_0) = 0$．$f'(x_0)$ が存在するとき，これが極値の必要条件である．

($2°$) $f(x)$ は，x_0 で連続で，x_0 の近傍で，x_0 以外では，微分可能とする．もしも，$f'(x)$ がその点 $x = x_0$ で符号を変ずるならば，$f(x_0)$ は極値である．詳しくいえば，x が増大しつつ点 x_0 を通過するとき，$f'(x)$ の符号が $+$ から $-$ に変わるならば，$f(x_0)$ は極大値，また反対に $-$ から $+$ に変わるならば $f(x_0)$ は極小値である．

($3°$) $f(x)$ が x_0 の近傍で微分可能で，$f''(x_0)$ が存在するとき，$f'(x_0) = 0$, $f''(x_0) > 0$ ならば $f(x_0)$ は極小値で，$f'(x_0) = 0$, $f''(x_0) < 0$ ならば $f(x_0)$ は極大値である．

[証]

($1°$) 定理 19 の証明中に述べたようにして，x_0 で $f(x)$ が極値をとる今の場合，$f'(x_0)$ の

存在だけから $f'(x_0) = 0$ を得る．

　(2°)　$x < x_0$ なるとき $f'(x) > 0$ ならば，$f(x)$ は単調に増大し，$x > x_0$ なるとき $f'(x) < 0$ ならば，$f(x)$ は単調に減少する(定理22)．仮定によって，$f(x)$ は x_0 で連続だから $f(x_0)$ は極大値である．

　反対の場合には $f(x_0)$ は極小値である．

　(3°)　$f''(x_0) \gtreqless 0$ に従って，$f'(x)$ は点 x_0 において増大または減少する(53頁，[注意])．従って，$f'(x_0) = 0$ ならば $x = x_0$ で $f'(x)$ は符号を変ずるから．

　[注意]　$f''(x_0) = 0$ なるときには，一般的には，なんらの断言もできない．この場合，もしも $f'''(x_0) \neq 0$ ならば，
$$f(x) - f(x_0) = \frac{1}{6}(x-x_0)^3 f'''(x_0) + o(x-x_0)^3. \quad \text{(定理29)}$$
然らば，$|x - x_0|$ が十分小なる間は，右辺の符号はその第一項が決定するから，$f(x) - f(x_0)$ は $x = x_0$ において符号を変ずる．故に $f(x_0)$ は極値でない．この場合，$f(x_0)$ を停留値，x_0 を停留点という．停留 (stationary) というのは，$f(x) - f(x_0)$ が $|x - x_0|$ に関して高位(三位)の微小数で，x_0 において $f(x)$ の変動が緩慢であることを示唆するのである．

　またもし $f^{(3)}(x_0) = 0$ で，$f^{(4)}(x_0) \neq 0$ ならば，$f^{(4)}(x_0) \lesseqgtr 0$ に従って，$f(x_0)$ は極大または極小である．

　一般に $f'(x_0) = 0, f''(x_0) = 0, \cdots, f^{(k-1)}(x_0) = 0$ で $f^{(k)}(x_0) \neq 0$ ならば，k が奇数のとき x_0 は極値点でないが，k が偶数のときには極値点である．

　[例]　一つの平面の両側に二点 A, B が与えられているとする．動点 P がこの平面の両側で，それぞれ一定の速さ c_1, c_2 をもって運動するとき，P が A から B まで最短の時間で行くべき経路を求めること．

　[解]　問題の要求によれば，平面の両側で P は直線上を進行することを要し，かつ A, B を含みその平面に垂直なる平面上において運動することを要することは明白だから，その垂直面上で考察すればよい．すなわち問題は次のように簡約される．

　平面上の直角座標に関して x 軸の上側と下側とに点 $A = (0, h_1), B = (a, -h_2)$ が与えられているとする $(a > 0)$．今 $P = (x, 0)$ を x 軸上の点とするとき，$\dfrac{AP}{c_1} + \dfrac{BP}{c_2}$ を最小ならしめる点 P の位置を求めること．

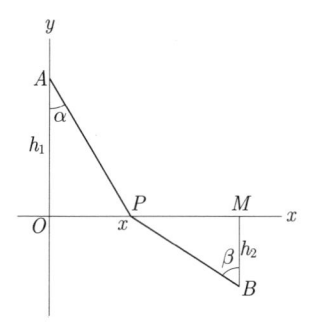

さて図において O の左方，または M の右方にある点は問題外であること明白である．故に問題は，区間 $0 \leqq x \leqq a$ において

$$f(x) = \frac{\sqrt{h_1^2 + x^2}}{c_1} + \frac{\sqrt{h_2^2 + (a-x)^2}}{c_2}$$

の最小値を求めることに帰する．

上記区間内で，$f(x)$ は微分可能である．実際，計算を実行すれば

$$f'(x) = \frac{1}{c_1} \cdot \frac{x}{\sqrt{h_1^2 + x^2}} - \frac{1}{c_2} \frac{a-x}{\sqrt{h_2^2 + (a-x)^2}}$$

を得る．

そこで，まず条件 $f'(x) = 0$ を考察する（図を参照）．

$f'(x)$ の式の第一項は

$$\frac{1}{c_1} \frac{x}{\sqrt{h_1^2 + x^2}} = \frac{\sin \alpha}{c_1}. \tag{1}$$

これは $[0, a]$ において x が増大するに従って単調に増大する．また第二項の

$$\frac{1}{c_2} \frac{a-x}{\sqrt{h_2^2 + (a-x)^2}} = \frac{\sin \beta}{c_2} \tag{2}$$

は，x が増大するに従って減少する．

故に (1) と (2) との差である $f'(x)$ は区間 $[0, a]$ において単調に増大する．そうして $x = 0$ であるとき $f'(x) < 0$，$x = a$ であるとき $f'(x) > 0$．故に $f'(x)$ は区間 $(0, a)$ においてただ一回 0 になり，そのとき $f(x)$ は極小値を取る．

$f'(x)$ が 0 になるところを $x = x_0$ とすれば，$(0, x_0)$ では $f'(x) < 0$ だから $f(x)$ は減少し，(x_0, a) では $f'(x) > 0$ だから $f(x)$ は増大する．故に $f(x_0)$ は最小値である．点 x_0 においては

$$\frac{\sin \alpha}{\sin \beta} = \frac{c_1}{c_2}. \quad \text{［光の屈折律］}$$

多変数の函数の極値も同様に定義される．今二次元についていえば，$P_0 = (x_0, y_0)$ の近傍で，P_0 以外の各点 $P = (x, y)$ において

$$f(P) < f(P_0) \quad \text{［あるいは } f(P) > f(P_0)\text{］}$$

であるとき $f(P_0)$ を極大［あるいは極小］値という．

この定義によれば，$f(x_0, y_0)$ が極値を取るときには，x または y のみを変動させても $f(x, y_0)$ または $f(x_0, y)$ はそれぞれ $x = x_0$ または $y = y_0$ において極値を取るから

$$f_x(x_0, y_0) = 0, \quad f_y(x_0, y_0) = 0.$$

これは極値の必要条件である．

この条件の下において，

$$f(x,y) - f(x_0, y_0) = \frac{1}{2}\{a(x-x_0)^2 + 2b(x-x_0)(y-y_0) + c(y-y_0)^2\} + o\rho^2, \tag{3}$$

ただし,
$$a = f_{xx}(x_0, y_0), \quad b = f_{xy}(x_0, y_0), \quad c = f_{yy}(x_0, y_0), \quad \rho = \sqrt{(x-x_0)^2 + (y-y_0)^2}.$$

ρ が十分小さい間は, (3)の右辺の符号を決定するものは二次式

$$aX^2 + 2bXY + cY^2 \quad (X = x-x_0, Y = y-y_0)$$

である. そこで三つの場合が生ずる.

(1°) $ac - b^2 > 0$. 二次式は定符号で, a が(従って c も)正なるか負なるかに従って, 常に正または常に負である. 前の場合には $f(P_0)$ は極小, 後の場合には極大である.

(2°) $ac - b^2 < 0$. 二次式は不定符号, 従って P_0 の近傍で $f(P) > f(P_0)$ にも $f(P) < f(P_0)$ にもなるから, $f(P_0)$ は極値でない.

(3°) $ac - b^2 = 0$. 二次式は完全平方である. この場合には第三階以上の微分を考慮しなくては, なにも断言できないが, 一般論ははなはだ煩雑である. 今簡単のために座標を変換して $(x_0, y_0) = (0, 0)$ とし, またこの場合完全平方である上記の二次式を y^2 として(すなわち $a = 0, b = 0, c = 1$), 二, 三の例を掲げる.

[例 1] $z = y^2$. $(0,0)$ において z は最小値 0 を取るけれども, $(x, 0)$ において $z = 0$ だから, これは弱い意味での極小である.

[例 2] $z = y^2 + x^4$. $(0,0)$ において極小.

[例 3] $z = y^2 - x^3$. $(0,0)$ は極値点でない. (x,y) が次の図(左)で影をつけたところにあるとき $z < 0$, その外部では $z > 0$.

[例 4] $z = (y - x^2)(y - 2x^2)$. 同上, 図(右).

この場合には (x, y) が $(0,0)$ からの任意の半直線上を動いても, z は増大する. それでも $(0,0)$ は極小値を与えない.

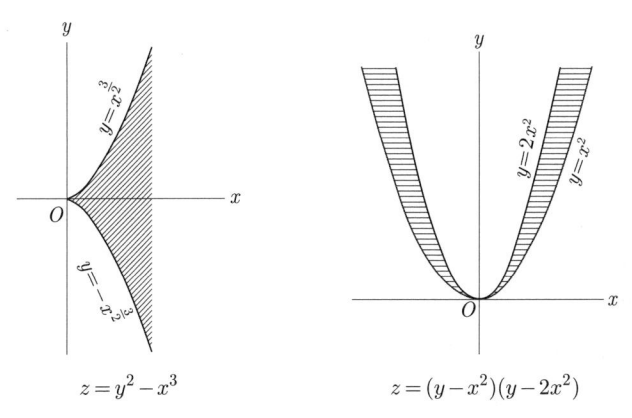

$z = y^2 - x^3$

$z = (y - x^2)(y - 2x^2)$

変数三個以上の場合も同様で, $f(x_1, x_2, \cdots, x_n)$ に関して点 $A = (a_1, a_2, \cdots, a_n)$ が極値を与えるためには, その点において

$$f_{x_1} = 0, f_{x_2} = 0, \cdots, f_{x_n} = 0$$

であることが必要である．そのとき A における $f_{x_i x_j}(A) = a_{ij}$ と置けば

$$f(a_1 + \xi_1, \cdots, a_n + \xi_n) - f(a_1, \cdots, a_n) = \frac{1}{2} Q(\xi_1, \xi_2, \cdots, \xi_n) + o\rho^2,$$

ただし

$$Q(\xi_1, \xi_2, \cdots, \xi_n) = \sum_{i,j=1}^{n} a_{ij} \xi_i \xi_j$$

また

$$\rho = \sqrt{\sum_{i=1}^{n} \xi_i^2}.$$

もしも a_{ij} の行列式

$$D = \begin{vmatrix} a_{11} & a_{12} & \cdots & a_{1n} \\ a_{21} & a_{22} & \cdots & a_{2n} \\ \cdots\cdots\cdots\cdots\cdots\cdots \\ a_{n1} & a_{n2} & \cdots & a_{nn} \end{vmatrix} \neq 0 \qquad (a_{ij} = a_{ji})$$

ならば，A が極値点であるか，ないかに関して，一定の断言ができる．

二次形式 Q が定符号ならば，その符号が正のとき極小，負のとき極大である．その判別法は D の首座行列式

$$D_k = \begin{vmatrix} a_{11} & a_{12} & \cdots & a_{1k} \\ a_{21} & a_{22} & \cdots & a_{2k} \\ \cdots\cdots\cdots\cdots\cdots\cdots \\ a_{k1} & a_{k2} & \cdots & a_{kk} \end{vmatrix} \qquad (k = 1, 2, \cdots, n)$$

の符号による*．すなわち D_k がすべて正ならば極小で，また D_k の符号が $(-1)^k$ ならば極大である．

二次形式 Q が不定符号ならば，$f(A)$ は極値でない．$D \neq 0$ で，D_k の符号が上記の条件に適合しないときが，それである．

$D = 0$ ならば，第二階の微分だけでは，なんとも断言ができない．

最大最小の問題は昔から数学者の興味をそそったものだが，その一つの原因は個々の問題に特別の工夫を要したところにあったのであろう．その点，今も昔も同様だけれども，微分法以後は，少くとも極大極小の必要条件は機械的に得られることになり，また近世に至って Weierstrass (定理 13) によって，閉区域における連続函数の最大最小値の存在が確定したのである．

Steiner は最大最小に関する幾何学上の多くの問題を巧妙な方法で解いたが，その方法の核心は，解析的にいえば，微分法による極値の必要条件を幾何学的に求めるところにあった．彼の検証は正確ではなかった

---

* 高木：代数学講義改訂新版 304 頁参照

けれども，彼は非凡な洞察力によって，結果において正鵠を逸しなかったのである．Steiner が得た結果は，現代的な精密論法によって，大概すべて正当化されている．今この間の消息を説明するために，最も簡単な一例を取る．

[例 1] 周が与えられた三角形の面積の最大値を求めること．

[解] 周を $2p$，辺を x, y, z，面積を S として，S の代りにその平方を $f(x,y)$ とすれば
$$f(x,y) = p(p-x)(p-y)(p-z), \quad z = 2p - x - y \tag{4}$$
で，独立変数を x, y とすれば，それの変動する範囲は領域
$$(K) \quad 0 < x < p, \quad 0 < y < p, \quad p < x + y \tag{5}$$
である．

さて三角形の一辺 y を固定すれば，最大面積の場合 $x = z$ でなくてはならないことは幾何学的に明白である．これは $f_x = 0$ を解いたのである．同様に $f_y = 0$ から $y = z$ を得る．すなわち
$$x = y = z = \frac{2}{3} p. \tag{6}$$

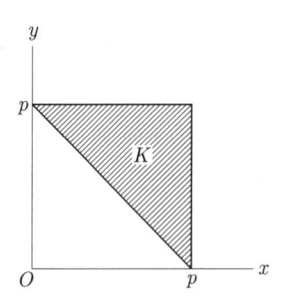

この関係から(Steiner のように)，直ちに正三角形が求めるものであると断定することは，もちろん不当である．我々の知りえたのは'もしも最大値があるならば，それは正三角形によってのみ与えられる' ことだけである．さて $f(x,y)$ は連続であるが，(5)は閉区域でないから，最大の存在は保証されていない．ここが問題の急所である．

今の場合，幸にして Weierstrass の定理によって，無造作にこの関門を通過することができる．今領域 K に境界点をつけ加えて，閉区域
$$[K] \quad 0 \leqq x \leqq p, \quad 0 \leqq y \leqq p, \quad p \leqq x + y$$
を考察する．それは三角形の極端の場合として二重線分，従って面積 0 なるものをも最大値の競争に参加させることにほかならない．さて閉区域 $[K]$ においては $f(x,y)$ は最大値を有する．然るに $[K]$ の境界では $f = 0$ で，$[K]$ の内点では $f > 0$．故に最大は $[K]$ の内部において起る．然るに $[K]$ の内部すなわち (K) では，(6)以外の点において最大はありえないのであったから，(6)が最大を与えるのである． (解終)

もしも点(6)において $f(x,y)$ の第二階の微分を計算すれば，前節の記号を用いて

$$a = c = -\frac{2}{3}p^2, \quad b = -\frac{1}{3}p^2, \quad ac - b^2 > 0$$

を得る．故に(6)は極大点である．しかし，極大すなわち最大ではないのだから，これだけでは問題は解決されない．

[例 2]　行列式の最大値[Hadamard の定理]．なお一つの例として，n 次の行列式

$$D = \begin{vmatrix} a_1 & b_1 & \cdots & l_1 \\ a_2 & b_2 & \cdots & l_2 \\ \multicolumn{4}{c}{\dotfill} \\ a_n & b_n & \cdots & l_n \end{vmatrix}$$

の絶対値の最大値を

$$a_i^2 + b_i^2 + \cdots + l_i^2 = s_i^2 \qquad (i = 1, 2, \cdots, n) \tag{7}$$

なる条件の下において求めてみよう．（ただし s_i は与えられた正数．）目標は次の関係式である．

$$|D| \leqq s_1 s_2 \cdots s_n.$$

D は n^2 個の変数 $a_1, \cdots, l_n$ の多項式であるが，ここでは条件(7)のために独立変数は $n(n-1)$ 個である．今 n 次元の球面(7)の上の点を P_i として

$$P = (P_1, P_2, \cdots, P_n)$$

なる組合せ P の函数として行列式 D を考察すれば，$D = D(P)$ は P に関して連続で，P の変動の区域は閉区域で，かつその点はすべて内点である*．よって D の最大値，最小値は存在して，それらは D の極値の中から求められる．

さて

$$D = a_i A_i + b_i B_i + \cdots + l_i L_i,$$

$A_i, B_i, \cdots, L_i$ は $a_i, b_i, \cdots, l_i$ の余因子で，それは D の第 i 行以外の組成分子の多項式である．そこで(7)を考慮に入れて，D の極値の必要条件として

$$\frac{\partial D}{\partial a_i} = A_i + L_i \frac{\partial l_i}{\partial a_i} = A_i - L_i \frac{a_i}{l_i} = 0$$

を得る．$b_i, c_i, \cdots$ に関しても同様だから

$$\frac{A_i}{a_i} = \frac{B_i}{b_i} = \cdots = \frac{L_i}{l_i}.$$

さて $i \neq k$ とすれば

$$a_k A_i + b_k B_i + \cdots + l_k L_i = 0,$$

故に

$$a_i a_k + b_i b_k + \cdots + l_i l_k = 0. \tag{8}$$

(7), (8)からは $a_1, \cdots, l_n$ の値はきまらないが，D の絶対値は確定する．すなわち(7), (8)を用

---

* 点 P の空間に関しては，適当に点 P の近傍を定義することを要する(例えば，球面上の円を用いて)．

いて
$$D^2 = \begin{vmatrix} s_1^2 & 0 & \cdots & 0 \\ 0 & s_2^2 & \cdots & 0 \\ \multicolumn{4}{c}{\dotfill} \\ 0 & 0 & \cdots & s_n^2 \end{vmatrix} = (s_1 s_2 \cdots s_n)^2,$$

すなわち
$$D = \pm s_1 s_2 \cdots s_n.$$

故に D の最大値は $s_1 s_2 \cdots s_n$ [最小値は $-s_1 s_2 \cdots s_n$] で，それは弱い意味の極大[極小]である*．

27. 接線および曲率

本章の終りにおいて曲線の接線および曲率に関して述べる．それは微分法発祥の問題である．ただし記述を簡明にするために，ベクトル法の記号を用いる．一定の大きさと方向とを有する量としてのベクトルの意味は既知とする．直角座標の原点 O から点 $P = (x, y, z)$ に至る線分 OP で表わされるベクトルを $\boldsymbol{v} = (x, y, z)$ と書き，x, y, z を $\boldsymbol{v}$ の座標（または成分）という．また $\boldsymbol{v}$ の大きさを $|\boldsymbol{v}|$ と書く．すなわち $|\boldsymbol{v}| = \sqrt{x^2 + y^2 + z^2}$．

二つのベクトル $\boldsymbol{u} = (x_1, y_1, z_1), \boldsymbol{v} = (x_2, y_2, z_2)$ に関して，次のように二種の乗法を定義する．

(1°) スカラー積：
$$\boldsymbol{u}\boldsymbol{v} = x_1 x_2 + y_1 y_2 + z_1 z_2$$

これは一つの数である．$\boldsymbol{u}, \boldsymbol{v}$ が零ベクトルでないとき，それらの方向余弦は，それぞれ

$$\frac{x_1}{|\boldsymbol{u}|}, \frac{y_1}{|\boldsymbol{u}|}, \frac{z_1}{|\boldsymbol{u}|} \quad \text{および} \quad \frac{x_2}{|\boldsymbol{v}|}, \frac{y_2}{|\boldsymbol{v}|}, \frac{z_2}{|\boldsymbol{v}|}$$

だから，$\boldsymbol{u}, \boldsymbol{v}$ の間の角を θ とすれば

$$\cos\theta = \frac{x_1 x_2 + y_1 y_2 + z_1 z_2}{|\boldsymbol{u}||\boldsymbol{v}|}.$$

故に
$$\boldsymbol{u}\boldsymbol{v} = |\boldsymbol{u}||\boldsymbol{v}|\cos\theta.$$

これがスカラー積の幾何学上の意味である．$\boldsymbol{u}, \boldsymbol{v}$ が互に垂直であるとき
$$\boldsymbol{u}\boldsymbol{v} = 0.$$

また
$$\boldsymbol{u}\boldsymbol{u} = x_1^2 + y_1^2 + z_1^2 = |\boldsymbol{u}|^2.$$

---

* 幾何学的にいえば，稜の長さ (s_i) が与えられた平行面体の体積は直方体において最大である．(8) は稜 s_i, s_k の直交条件である．

スカラー積に関しては交換律および加法に対する分配律が成り立つ．すなわち
$$uv = vu, \qquad (u_1 + u_2)v = u_1v + u_2v.$$
x, y, z が変数 t の函数であるときは，ベクトル
$$OP = u = (x, y, z)$$
を t の函数と考えることができる．そのとき，$t + \Delta t$ に対応するベクトルを
$$OP' = u + \Delta u = (x + \Delta x, y + \Delta y, z + \Delta z)$$
とすれば，Δu は，すなわち，ベクトル PP' で
$$\Delta u = (\Delta x, \Delta y, \Delta z).$$

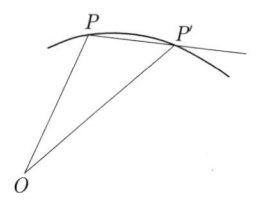

x, y, z が微分可能ならば，$\Delta t \to 0$ のときベクトル
$$\frac{\Delta u}{\Delta t} = \left(\frac{\Delta x}{\Delta t}, \frac{\Delta y}{\Delta t}, \frac{\Delta z}{\Delta t} \right)$$
の極限値は一定のベクトルである．今その極限値を $\dot{u} = \dfrac{du}{dt}$ と書けば
$$\dot{u} = (\dot{x}, \dot{y}, \dot{z}).$$
この記法によれば，スカラー積の定義によって
$$\frac{d}{dt}(uv) = \dot{u}v + u\dot{v}.$$
特に u が常に単位ベクトル（すなわち $|u| = 1$）で，その方向のみが変化するときには，$uu = 1$ だから，$u\dot{u} = 0$ である．そのとき $\dot{u} \neq 0$ ならば，u と $\dot{u}$ とは互に垂直である．

(2°) ベクトル積 $u \times v$　　二つのベクトル
$$u = (x_1, y_1, z_1), \quad v = (x_2, y_2, z_2)$$
の座標の行列
$$\begin{pmatrix} x_1 & y_1 & z_1 \\ x_2 & y_2 & z_2 \end{pmatrix}$$
から作られる三つの行列式を座標とするベクトル
$$w = (y_1z_2 - y_2z_1, z_1x_2 - z_2x_1, x_1y_2 - x_2y_1)$$
を u, v のベクトル積といい，それを $u \times v$ と書く*．それの幾何学的の意味は次の通りである．

今簡単のために $w = (x, y, z)$ と書けば

---

*　スカラー積を内積，ベクトル積を外積ということもある．

$$xx_1 + yy_1 + zz_1 = 0, \quad xx_2 + yy_2 + zz_2 = 0,$$

すなわち
$$\boldsymbol{w}\boldsymbol{u} = 0, \quad \boldsymbol{w}\boldsymbol{v} = 0$$

で，$\boldsymbol{w}$ は $\boldsymbol{u}$ および $\boldsymbol{v}$ に垂直である．また

$$\begin{vmatrix} x & y & z \\ x_1 & y_1 & z_1 \\ x_2 & y_2 & z_2 \end{vmatrix} = x^2 + y^2 + z^2 = |\boldsymbol{w}|^2$$

はベクトル $\boldsymbol{u}, \boldsymbol{v}, \boldsymbol{w}$ を三つの稜とする平行六面体の体積で，それが正であるから $\boldsymbol{u}, \boldsymbol{v}, \boldsymbol{w}$ は座標軸と同意(すなわち右ねじ)の三稜系である．この体積が $|\boldsymbol{w}|^2$ に等しいから，$|\boldsymbol{w}|$ は $\boldsymbol{u}, \boldsymbol{v}$ が作る平行四辺形の面積に等しい．

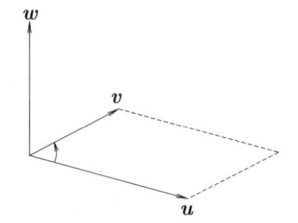

特に $\boldsymbol{u}, \boldsymbol{v}$ の方向が一致するときは
$$\boldsymbol{u} \times \boldsymbol{v} = 0.$$

上記の定義によれば，ベクトル積は交換律に従わないで，
$$\boldsymbol{u} \times \boldsymbol{v} = -\boldsymbol{v} \times \boldsymbol{u}.$$

加法に対する分配律
$$(\boldsymbol{u}_1 + \boldsymbol{u}_2) \times \boldsymbol{v} = \boldsymbol{u}_1 \times \boldsymbol{v} + \boldsymbol{u}_2 \times \boldsymbol{v},$$
$$\boldsymbol{v} \times (\boldsymbol{u}_1 + \boldsymbol{u}_2) = \boldsymbol{v} \times \boldsymbol{u}_1 + \boldsymbol{v} \times \boldsymbol{u}_2$$

は容易に験証される．また $\boldsymbol{u}, \boldsymbol{v}$ が t の函数ならば
$$\frac{d}{dt}(\boldsymbol{u} \times \boldsymbol{v}) = \dot{\boldsymbol{u}} \times \boldsymbol{v} + \boldsymbol{u} \times \dot{\boldsymbol{v}}.$$

(3°) なお，三つのベクトル
$$\boldsymbol{u} = (x_1, y_1, z_1), \quad \boldsymbol{v} = (x_2, y_2, z_2), \quad \boldsymbol{w} = (x_3, y_3, z_3)$$

を稜とする平行六面体の体積を，符号をも考慮して $(\boldsymbol{u}, \boldsymbol{v}, \boldsymbol{w})$ で表わす．すなわち

$$(\boldsymbol{u}, \boldsymbol{v}, \boldsymbol{w}) = \begin{vmatrix} x_1 & y_1 & z_1 \\ x_2 & y_2 & z_2 \\ x_3 & y_3 & z_3 \end{vmatrix}.$$

二つずつ互に垂直な三つの単位ベクトル $\boldsymbol{i}, \boldsymbol{j}, \boldsymbol{k}$ が右ねじならば，それらは単位三稜系を成すという．この場合

$$i^2 = j^2 = k^2 = 1, \quad i \times i = j \times j = k \times k = 0,$$
$$ij = ji = 0, \quad i \times j = k = -j \times i,$$
$$jk = kj = 0, \quad j \times k = i = -k \times j,$$
$$ki = ik = 0, \quad k \times i = j = -i \times k,$$
$$(i, j, k) = 1.$$

さて曲線 C が媒介変数 t によって表わされているとする．然らば C 上の点 $P = (x, y, z)$ の座標 x, y, z は与えられた t の函数であるが，点 P の代りにベクトル OP を v と書いて，$v = (x, y, z)$ を t の函数として考察する．今曲線 C において $t + \delta t$ に対応する点を $P' = (x + \delta x, y + \delta y, z + \delta z)$，あるいは，ベクトル OP' を $v + \delta v$ とすれば，前に述べたように，δv はベクトル PP' で

$$\delta v = (\delta x, \delta y, \delta z).$$

今 x, y, z が第三階まで微分可能とすれば，Taylor の公式(定理 29)によって

$$\delta x = \dot{x} \delta t + \ddot{x} \frac{\delta t^2}{2} + \dddot{x} \frac{\delta t^3}{6} + o\delta t^3,$$

$\delta y, \delta z$ も同様であるが，これらを一括して簡明に書けば

$$\delta v = \dot{v} \delta t + \ddot{v} \frac{\delta t^2}{2} + \dddot{v} \frac{\delta t^3}{6} + o \delta t^3. \tag{1}$$

$\dot{v} = (\dot{x}, \dot{y}, \dot{z})$ はベクトルである．$\ddot{v}, \dddot{v}$ も同様で，また o は $\delta t \to 0$ のとき $|o| \to 0$ なるベクトルとみてよい．(1)における三つのベクトル $\dot{v}, \ddot{v}, \dddot{v}$ は，曲線 C の点 P における幾何学上の性質に関して重要な意味を有する．

ベクトル $\dot{v} = (\dot{x}, \dot{y}, \dot{z})$ の大きさは

$$|\dot{v}| = \sqrt{\dot{x}^2 + \dot{y}^2 + \dot{z}^2},$$

また点 P における曲線 C の接線の方向余弦は

$$\frac{\cos \alpha}{\dot{x}} = \frac{\cos \beta}{\dot{y}} = \frac{\cos \gamma}{\dot{z}} = \frac{1}{|\dot{v}|}$$

によって与えられる．ただし $\dot{v} = 0$ すなわち $\dot{x}, \dot{y}, \dot{z}$ が同時に 0 になる点(特異点)は除く*．

媒介変数として，t の代りに，曲線 C の一つの定点から起算した弧長 s を取れば，結果が簡明である．

よって，以下 s に関する微分を $'$ で示して

$$\delta v = v' \delta s + v'' \frac{\delta s^2}{2} + v''' \frac{\delta s^3}{6} + o \delta s^3 \tag{2}$$

とする．

---

* 以下，本節で述べる一般論では，曲線 C は点 P において特異性を有しないと仮定する．

27. 接線および曲率

弧長の理論は後に述べるが，ここでは弧 PP' と弦 PP' との比が距離 $PP' \to 0$ のとき 1 に収束することだけを用いる．すなわち

$$\frac{\delta x^2 + \delta y^2 + \delta z^2}{\delta s^2} \to 1.$$

従って

$$\frac{dx}{ds} = \cos\alpha, \quad \frac{dy}{ds} = \cos\beta, \quad \frac{dz}{ds} = \cos\gamma.$$

故に

$$x'^2 + y'^2 + z'^2 = 1, \quad \text{すなわち} \quad |\boldsymbol{v}'| = 1.$$

s を媒介変数とすれば，$\boldsymbol{v}'$ は接線上において s の増加する向きに取った単位ベクトルである．

$|\boldsymbol{v}'|=1$ だから，$\boldsymbol{v}''\neq 0$ を仮定すれば，$\boldsymbol{v}''$ は $\boldsymbol{v}'$ に垂直である（80頁）．P において $\boldsymbol{v}''$ に平行な直線を曲線 C の**主法線**(principal normal)，$\boldsymbol{v}', \boldsymbol{v}''$ を含む平面を**接触平面**(osculating plane) という．

P を通る任意の平面の方程式を標準形で

$$l(X-x) + m(Y-y) + n(Z-z) = 0 \qquad (l^2+m^2+n^2=1)$$

とすれば，$\boldsymbol{p}=(l,m,n)$ は平面の法線上の単位ベクトルである．曲線上の点 $P'=(x+\delta x, y+\delta y, z+\delta z)$ からこの平面への距離は

$$l\delta x + m\delta y + n\delta z,$$

すなわち，スカラー積 $\boldsymbol{p}\cdot\delta\boldsymbol{v}$ に等しい．ただし $\delta\boldsymbol{v}=(\delta x, \delta y, \delta z)$．これは (2) によって

$$\boldsymbol{pv}'\delta s + \boldsymbol{pv}''\frac{\delta s^2}{2} + \boldsymbol{o}\delta s^2$$

に等しく，$\boldsymbol{p}$ が $\boldsymbol{v}', \boldsymbol{v}''$ に垂直 ($\boldsymbol{pv}'=0, \boldsymbol{pv}''=0$)．すなわち平面が $\boldsymbol{v}', \boldsymbol{v}''$ を含むときに限って，δs^2 よりも高位の微小数である．これが接触平面の意味である．

さて P および P' における接線の間の角を $\delta\alpha$ とすれば，$\delta\alpha$ はベクトル $\boldsymbol{v}'$ と $\boldsymbol{v}'+\delta\boldsymbol{v}'$ との間の角で，$\boldsymbol{v}'$ の長さは常に 1 に等しいのだから，$\delta s \to 0$ のとき

$$\frac{\delta\alpha}{|\delta\boldsymbol{v}'|} \to 1.$$

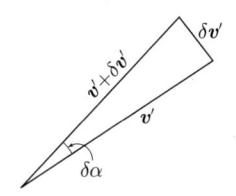

然るに

$$\frac{\delta\boldsymbol{v}'}{\delta s} \to \boldsymbol{v}'', \quad \frac{|\delta\boldsymbol{v}'|}{\delta s} \to |\boldsymbol{v}''|.$$

故に
$$\frac{\delta\alpha}{\delta s} \to |v''|, \quad \text{すなわち} \quad \frac{d\alpha}{ds} = |v''|.$$

ここで $\dfrac{d\alpha}{ds}$ は C の接線の方向が弧長に伴って変動する率であるから，それを点 P における曲率といい，その逆数 ρ を曲率半径という．すなわち

$$\frac{1}{\rho} = \frac{d\alpha}{ds} = |v''| = \sqrt{\left(\frac{d^2x}{ds^2}\right)^2 + \left(\frac{d^2y}{ds^2}\right)^2 + \left(\frac{d^2z}{ds^2}\right)^2}. \tag{3}$$

P における接触平面の垂線を陪法線(binormal)という．今，接線，主法線，陪法線上に単位三稜系 i, j, k を取れば，上記によって

$$\left.\begin{array}{l} i = v', \\ j = \rho v'', \\ k = i \times j. \end{array}\right\} \tag{4}$$

然らば
$$k' = i' \times j + i \times j'$$

であるが，$i' = v''$ は j に平行だから $i' \times j = 0$，従って
$$k' = i \times j'.$$

故に k' は i に垂直である．また $|k| = 1$ から k' は k に垂直，従って k' は j に平行である．（ここで $k' \neq 0$ を仮定した．）前に述べた $|v''|$ と同じように，$|k'|$ は s の変動に伴う陪法線の向きの変動率，すなわち接触平面が接線のまわりを回転する角の変動率である．s の増す向きを接線の正の向きと定めたから，この回転はその正負を区別することができる．k' は j に平行で，$|j| = 1$ だから $k' = \pm |k'| j$ であるが，今

$$k' = -\frac{1}{\tau} j$$

と置いて $\dfrac{1}{\tau}$ を曲線 C の第二曲率または捩率(あるいはねじれ)といい，その逆数を捩率半径という．

点 P が曲線 C の上を進むとき，単位三稜系 (i, j, k) は，τ の正負に従って，右ねじまたは左ねじに回りつつ変動する．

任意のベクトルは i, j, k の結合として $ai + bj + ck$ の形で表わされるが，今 j' を考察すれば
$$j = k \times i, \quad j' = k' \times i + k \times i'.$$
$i' = v'' = \dfrac{1}{\rho} j$, $k' = -\dfrac{1}{\tau} j$ であったから，$j \times i = -k$, $k \times j = -i$ を用いて，

$$j' = -\frac{1}{\rho} i + \frac{1}{\tau} k.$$

上記 i', j', k' を集めて書けば，

$$\begin{cases} \boldsymbol{i}' = & \dfrac{1}{\rho}\boldsymbol{j}, \\ \boldsymbol{j}' = -\dfrac{1}{\rho}\boldsymbol{i} & +\dfrac{1}{\tau}\boldsymbol{k}, \\ \boldsymbol{k}' = & -\dfrac{1}{\tau}\boldsymbol{j}. \end{cases} \tag{5}$$

これが Frenet の公式である．$\boldsymbol{i},\boldsymbol{j},\boldsymbol{k}$ の成分は接線・主法線・陪法線の方向余弦で，$'$ は弧長 s に関する微分を示すのであった．さて (4) から $\boldsymbol{v}'' = \dfrac{1}{\rho}\boldsymbol{j}$．よって (5) を用いて，

$$\boldsymbol{v}''' = -\frac{\rho'}{\rho^2}\boldsymbol{j} + \frac{1}{\rho}\boldsymbol{j}'$$

$$= -\frac{1}{\rho^2}\boldsymbol{i} - \frac{\rho'}{\rho^2}\boldsymbol{j} + \frac{1}{\rho\tau}\boldsymbol{k}.$$

よって行列式を作れば (81 頁)，

$$(\boldsymbol{v}', \boldsymbol{v}'', \boldsymbol{v}''') = \left(\boldsymbol{i}, \frac{1}{\rho}\boldsymbol{j}, -\frac{1}{\rho^2}\boldsymbol{i} - \frac{\rho'}{\rho^2}\boldsymbol{j} + \frac{1}{\rho\tau}\boldsymbol{k}\right)$$

$$= \left(\boldsymbol{i}, \frac{1}{\rho}\boldsymbol{j}, \frac{1}{\rho\tau}\boldsymbol{k}\right) = \frac{1}{\rho^2\tau}(\boldsymbol{i}, \boldsymbol{j}, \boldsymbol{k}) = \frac{1}{\rho^2\tau}.$$

従って

$$\frac{1}{\tau} = \rho^2(\boldsymbol{v}', \boldsymbol{v}'', \boldsymbol{v}''') = \frac{\begin{vmatrix} x' & y' & z' \\ x'' & y'' & z'' \\ x''' & y''' & z''' \end{vmatrix}}{x''^2 + y''^2 + z''^2}. \tag{6}$$

これが s を変数としての撓率の式である．

任意の媒介変数 t に関して ρ と τ とを計算しよう．前のように，t に関する微分を $\cdot$ で表わすならば

$$\begin{aligned} \dot{\boldsymbol{v}} &= \boldsymbol{v}'\frac{ds}{dt}, \\ \ddot{\boldsymbol{v}} &= \boldsymbol{v}''\left(\frac{ds}{dt}\right)^2 + \boldsymbol{v}'\frac{d^2s}{dt^2}, \\ \dddot{\boldsymbol{v}} &= \boldsymbol{v}'''\left(\frac{ds}{dt}\right)^3 + 3\boldsymbol{v}''\frac{ds}{dt}\frac{d^2s}{dt^2} + \boldsymbol{v}'\frac{d^3s}{dt^3}. \end{aligned} \tag{7}$$

$\boldsymbol{v}'$ と $\boldsymbol{v}''$ とは互に垂直であるから，上の第二の式によって $\ddot{\boldsymbol{v}}$ は二つの互に垂直なベクトルの和

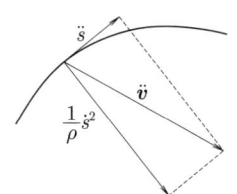

に分解される．一つは $\boldsymbol{v}' \dfrac{d^2s}{dt^2}$ で，それは C の接線に平行で，その大きさは $\dfrac{d^2s}{dt^2}$ ($|\boldsymbol{v}'|=1$ だから)，また一つは $\boldsymbol{v}'' \left(\dfrac{ds}{dt}\right)^2$ で，それは C の主法線に平行で，その大きさは $\dfrac{1}{\rho}\left(\dfrac{ds}{dt}\right)^2$ ($|\boldsymbol{v}''|=\dfrac{1}{\rho}$ だから)である．t を時間とみるとき，加速度 $\ddot{\boldsymbol{v}}$ がこのような二つの成分に分解されることは，運動学で周知である．故に

$$|\ddot{\boldsymbol{v}}|^2 = \ddot{x}^2+\ddot{y}^2+\ddot{z}^2 = \dfrac{1}{\rho^2}\left(\dfrac{ds}{dt}\right)^4 + \left(\dfrac{d^2s}{dt^2}\right)^2.$$

また $\left(\dfrac{ds}{dt}\right)^2 = \dot{x}^2+\dot{y}^2+\dot{z}^2$ を t に関して微分して

$$\dfrac{ds}{dt}\dfrac{d^2s}{dt^2} = \dot{x}\ddot{x}+\dot{y}\ddot{y}+\dot{z}\ddot{z}.$$

従って

$$\dfrac{1}{\rho^2}\left(\dfrac{ds}{dt}\right)^6 = |\ddot{\boldsymbol{v}}|^2\left(\dfrac{ds}{dt}\right)^2 - \left(\dfrac{ds}{dt}\right)^2\left(\dfrac{d^2s}{dt^2}\right)^2 = (\dot{x}^2+\dot{y}^2+\dot{z}^2)(\ddot{x}^2+\ddot{y}^2+\ddot{z}^2) - (\dot{x}\ddot{x}+\dot{y}\ddot{y}+\dot{z}\ddot{z})^2$$
$$= \begin{vmatrix}\dot{y}&\dot{z}\\\ddot{y}&\ddot{z}\end{vmatrix}^2 + \begin{vmatrix}\dot{z}&\dot{x}\\\ddot{z}&\ddot{x}\end{vmatrix}^2 + \begin{vmatrix}\dot{x}&\dot{y}\\\ddot{x}&\ddot{y}\end{vmatrix}^2,$$

故に

$$\dfrac{1}{\rho} = \dfrac{|\dot{\boldsymbol{v}}\times\ddot{\boldsymbol{v}}|}{|\dot{\boldsymbol{v}}|^3}. \tag{8}$$

また (7) から

$$(\dot{\boldsymbol{v}}, \ddot{\boldsymbol{v}}, \dddot{\boldsymbol{v}}) = \left(\dfrac{ds}{dt}\right)^6 (\boldsymbol{v}', \boldsymbol{v}'', \boldsymbol{v}''').$$

故に (6), (8) から

$$\dfrac{1}{\tau} = \dfrac{(\dot{\boldsymbol{v}}, \ddot{\boldsymbol{v}}, \dddot{\boldsymbol{v}})}{|\dot{\boldsymbol{v}}\times\ddot{\boldsymbol{v}}|^2}. \tag{9}$$

任意の媒介変数 t の函数として，(8), (9) から曲率および撓率が計算される．

［例］ 螺線

$$x = a\cos t, \quad y = a\sin t, \quad z = ht \quad (a>0).$$
$$\dot{x} = -a\sin t, \quad \dot{y} = a\cos t, \quad \dot{z} = h.$$
$$\ddot{x} = -a\cos t, \quad \ddot{y} = -a\sin t, \quad \ddot{z} = 0.$$
$$\dddot{x} = a\sin t, \quad \dddot{y} = -a\cos t, \quad \dddot{z} = 0.$$
$$|\dot{\boldsymbol{v}}| = \sqrt{\dot{x}^2+\dot{y}^2+\dot{z}^2} = \sqrt{a^2+h^2}$$
$$|\dot{\boldsymbol{v}}\times\ddot{\boldsymbol{v}}| = \sqrt{a^2h^2\sin^2 t + a^2h^2\cos^2 t + a^4} = a\sqrt{a^2+h^2}.$$
$$(\dot{\boldsymbol{v}}, \ddot{\boldsymbol{v}}, \dddot{\boldsymbol{v}}) = a^2 h.$$
$$\dfrac{1}{\rho} = \dfrac{a}{a^2+h^2}, \quad \dfrac{1}{\tau} = \dfrac{h}{a^2+h^2}.$$

すなわち曲率も撓率も一定である．τ と h とは同符号で，それの正負は右ねじ，左ねじを差別する．

27. 接線および曲率

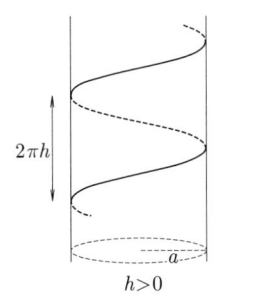

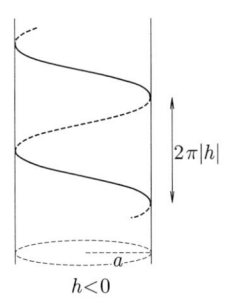

$2\pi h$ $2\pi |h|$

$h>0$ $h<0$

平面曲線に関しては $z=0$ として，Taylor 展開を二次の項まで取って

$$\delta\boldsymbol{v} = \boldsymbol{v}'\delta s + \boldsymbol{v}''\frac{\delta s^2}{2} + \boldsymbol{o}\delta s^2$$

を考察する．この場合にも $|\boldsymbol{v}'|=1$，従って θ を x 軸の正の向きから，接線の正の向きまでの角とすれば(84頁と同様に)，

$$|\boldsymbol{v}''| = \left|\frac{d\theta}{ds}\right|$$

は弧長 s に対する接線の方向の変動率で，それを曲率というのであるが，三次元で捩率の符号を差別したのと同様に，二次元ではすでに接線の方向の変わる向きの符号を差別できるから

$$\frac{1}{\rho} = \frac{d\theta}{ds} \tag{10}$$

を曲率の定義として，ρ を曲率半径という．然らば

$$\boldsymbol{v}' = (x', y') = (\cos\theta, \sin\theta)$$

から，s に関して微分して

$$\boldsymbol{v}'' = (x'', y'') = \left(-\sin\theta\frac{d\theta}{ds}, \cos\theta\frac{d\theta}{ds}\right) = \frac{1}{\rho}(-\sin\theta, \cos\theta) = \frac{1}{\rho}(-y', x').$$

これから

$$\frac{1}{\rho} = \frac{-x''}{y'} = \frac{y''}{x'}. \tag{11}$$

一般の媒介変数に関しては，(7)の初めの二つの方程式を用いて

$$\begin{vmatrix} \dot{x} & \dot{y} \\ \ddot{x} & \ddot{y} \end{vmatrix} = \begin{vmatrix} x' & y' \\ x'' & y'' \end{vmatrix}\left(\frac{ds}{dt}\right)^3 = \begin{vmatrix} x' & y' \\ -\dfrac{y'}{\rho} & \dfrac{x'}{\rho} \end{vmatrix}\left(\frac{ds}{dt}\right)^3 = \frac{1}{\rho}\left(\frac{ds}{dt}\right)^3.$$

従って

$$\frac{1}{\rho} = \frac{\dot{x}\ddot{y} - \ddot{x}\dot{y}}{\dot{s}^3}. \tag{12}$$

81頁(3°)と同様の記号を用いてこれを

$$\frac{1}{\rho} = \frac{(\dot{\boldsymbol{v}}, \ddot{\boldsymbol{v}})}{|\dot{\boldsymbol{v}}|^3}$$

と書けば簡明であろう．(ただし $\dot{s}>0$, すなわち t の増す向きに弧長を計るとしていう．)

要約すれば，独立変数に無関係に微分記号を用いて
$$\frac{1}{\rho} = \frac{dx\,d^2y - d^2x\,dy}{(dx^2 + dy^2)^{\frac{3}{2}}}. \tag{13}$$

特に曲線が
$$y = f(x)$$
の形で与えられているときには，x を独立変数として
$$\frac{1}{\rho} = \frac{\dfrac{d^2y}{dx^2}}{\left(1 + \left(\dfrac{dy}{dx}\right)^2\right)^{\frac{3}{2}}}. \tag{14}$$

点 P において曲線 C に接し，接線に関して C と同じ側にあって $|\rho|$ に等しい半径を有する円を曲率円といい，その中心 (ξ, η) を曲率の中心という．然らば
$$\xi = x - \rho\sin\theta, \quad \eta = y + \rho\cos\theta. \tag{15}$$

(10)によって $\dfrac{d\theta}{ds}$ の符号が ρ の符号であるから，ちょうどこれでよいのである．または(14)によれば，ρ は $\dfrac{d^2y}{dx^2}$ と同符号だから，次の図のように曲率の中心は曲線の凹なる側にある．

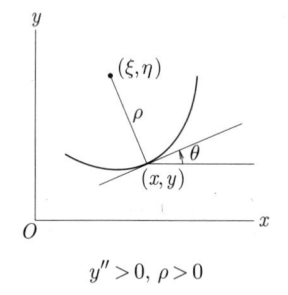

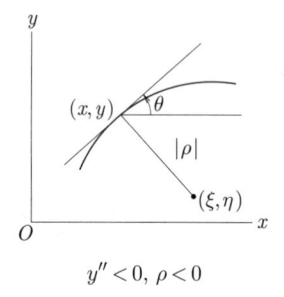

$y'' > 0, \rho > 0$ ／ $y'' < 0, \rho < 0$

曲線 C の曲率の中心 (ξ, η) の軌跡を曲線 E とすれば，(15)は C と同一の媒介変数によって E を表わす．特に C の弧長 s を媒介変数とすれば，E は
$$\xi = x - \rho y', \quad \eta = y + \rho x'$$
で表わされる．s に関してさらに微分すれば，(11)によって
$$\xi' = x' - \rho'y' - \rho y'' = -\rho'y',$$
$$\eta' = y' + \rho'x' + \rho x'' = \rho'x',$$
従って
$$\xi'x' + \eta'y' = 0.$$

すなわち原曲線 C の接線と，それに対応する点における E の接線とは互に垂直である．故に C の法線は曲率の中心において E に接する．すなわち E は原曲線 C の法線の包絡線(§88)

である．

今 E の弧長を σ とすれば
$$\left(\frac{d\sigma}{ds}\right)^2 = \left(\frac{d\xi}{ds}\right)^2 + \left(\frac{d\eta}{ds}\right)^2 = \rho'^2(x'^2+y'^2) = \rho'^2,$$
すなわち $\sigma' = \pm \rho'$．故に E における弧長を適当なる向きに計るならば，$\rho' \neq 0$ なる各範囲内において $\sigma' = \rho'$ で，σ_0 に ρ_0 が対応するとすれば，$\sigma - \sigma_0 = \rho - \rho_0$．その条件の下において，$E$ の二点間の弧長は対応する C の二点における曲率半径の差に等しい．

E に糸を捲いて置いて，その端 P を糸のたるまぬように，かたく引張りつつほぐして行けば，P は C を画くであろう．よって C を E の伸開線(involute)といい，逆に E を C の縮閉線(evolute)という．C が与えられるとき，その縮閉線 E は一定であるが，与えられた E の伸開線 C は無数にある．

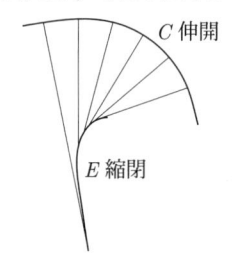

[例1] 一つの円が他の円の周上または直線上を，すべらないで，ころがるとき，その動円に固着する一点の軌道は広義においてサイクロイド(cycloid)と称する曲線で，それは歯車の理論などに応用される．最も簡単な場合は，定直線上をころがる円の周上の一点が画く曲線で，それが通常の(狭義の)サイクロイドである(いわゆる擺線)．動円の半径を a，回転の角を t，定直線を x 軸として，$t=0$ のとき円周上の定点 P が定直線に接する点を座標の原点とするならば，擺線は t を媒介変数として次のように表わされる．
$$x = a(t-\sin t), \quad y = a(1-\cos t).$$
故に
$$dx = a(1-\cos t)dt, \quad dy = a\sin t\,dt,$$
$$ds = \sqrt{dx^2+dy^2} = \sqrt{2a^2(1-\cos t)}\,dt = 2a\left|\sin\frac{t}{2}\right|dt,$$
$$d^2x = a\sin t\,dt^2, \quad d^2y = a\cos t\,dt^2,$$
$$dx\,d^2y - dy\,d^2x = a^2\begin{vmatrix}1-\cos t & \sin t \\ \sin t & \cos t\end{vmatrix}dt^3 = a^2(\cos t -1)dt^3 = -2a^2\sin^2\frac{t}{2}\,dt^3,$$
$$\rho = \frac{ds^3}{dx\,d^2y - dy\,d^2x} = -4a\left|\sin\frac{t}{2}\right|,$$
$$\xi = x - \rho\frac{dy}{ds} = a(t+\sin t),$$
$$\eta = y + \rho\frac{dx}{ds} = a(-1+\cos t).$$

故に縮閉線は原曲線と合同である．詳しくいえば縮閉線の弧 $AB', B'C$ は原曲線の弧 BC, AB とそれぞれ合同である．$t=0, t=\pi$ に対応して $\rho=0, \rho=-4a$ であるから，弧 AB' の長さは $4a$，従って擺線 ABC

の全長は $8a$ である．

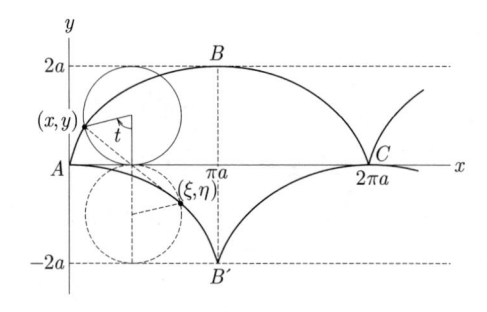

[例 2] **楕円の縮閉線．** 楕円
$$x = a\cos t, \quad y = b\sin t$$
に関して計算すれば
$$\rho = \frac{(a^2\sin^2 t + b^2\cos^2 t)^{\frac{3}{2}}}{ab},$$
$$\xi = \frac{a^2-b^2}{a}\cos^3 t, \quad \eta = -\frac{a^2-b^2}{b}\sin^3 t$$
を得る．t を追い出せば縮閉線の方程式として
$$(a\xi)^{\frac{2}{3}} + (b\eta)^{\frac{2}{3}} = (a^2-b^2)^{\frac{2}{3}}$$
を得る．それは図のような星形 (asteroid) である．ここで，原曲線において曲率の極大極小なる点に縮閉線の尖点 (cusp) (§86, [例 2] 参照) が対応することに注意するとよい．

E の内部の点からは楕円の四つの法線，また外部の点からは二つの法線が引かれる．

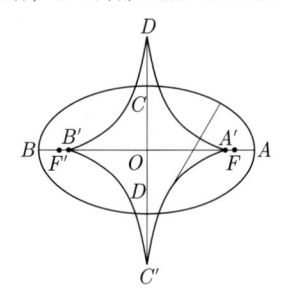

[例 3] 円の伸開線をついでに求めてみよう．半径を 1 として

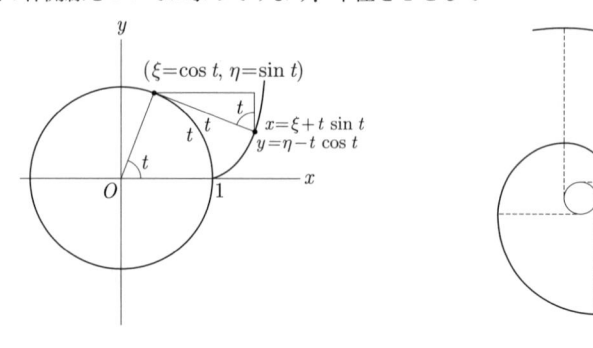

$$\xi = \cos t, \quad \eta = \sin t$$

で円を表わすならば，一つの伸開線として

$$x = \cos t + t \sin t, \quad y = \sin t - t \cos t$$

を得る．（前頁の図，参照）

練 習 問 題 (2)

(1) $[a, \infty)$ において $f(x)$ が微分可能で $\lim_{x \to \infty} f(x) = f(a)$ ならば，$\xi > a, f'(\xi) = 0$ なる ξ がある．（Rolle の定理の拡張）

(2) $a > 0, \dfrac{d^n}{dx^n} \dfrac{1}{(1+x^2)^a} = \dfrac{P_n(x)}{(1+x^2)^{a+n}}$ とすれば，$P_n(x)$ は n 次の多項式で，それは n 個の相異なる実根を有し，それらの根は $P_{n-1}(x)$ の根によって隔離される．

［解］ 問題(1)の応用．

(3) ［1°］ $\dfrac{d^n}{dx^n} e^{-x^2} = (-1)^n H_n(x) e^{-x^2}$ とすれば $H_n(x)$ は n 次の多項式である［**Hermite** の多項式］．$H_n(x)$ の根に関しても，前の問題と同様の関係がある．

［2°］ $e^x \dfrac{d^n}{dx^n} x^n e^{-x} = L_n(x)$ ［**Laguerre** の多項式］に関しても同様．

(4) (a, b) において $f(x)$ は第 n 階まで微分可能で $x \to a+0$ のとき $f(x) \to l, f'(x) \to l_1, \cdots, f^{(n)}(x) \to l_n$ とする．もしも $f(a) = l$ とするならば，右への微分商の意味で $f'(a) = l_1, \cdots, f^{(n)}(a) = l_n$．

［解］ 定理 23 の応用．

(5) 或る領域において f_x, f_y は連続で，点 (a, b) を除いては f_{xy} は連続とする（すなわち点 (a, b) では不連続かも知れないのである）．然らば

$$f_{xy}(a, b) = \lim_{y \to b} f_{xy}(a, y) = \lim_{y \to b} f_{yx}(a, y),$$
$$f_{yx}(a, b) = \lim_{x \to a} f_{xy}(x, b) = \lim_{x \to a} f_{yx}(x, b).$$

ただし，右辺の lim が存在すると仮定するときに，左辺の lim が存在して，等式が成り立つのである．

［解］ 同上．（62 頁, ［注意］）

(6) $f(x, y) = x^2 \operatorname{Arctan} \dfrac{y}{x} - y^2 \operatorname{Arctan} \dfrac{x}{y}$ の $x = y = 0$ における第二階の偏微分商を求めよ．（もちろん $x = 0$ または $y = 0$ のとき $f(x, y)$ の値は $\lim_{x \to 0}$ または $\lim_{y \to 0}$ で補充されたものとするのである．）

［解］ 前の問題の応用．特に $f_{xy}(0, 0) = -1, f_{yx}(0, 0) = 1$．

(7) 合成函数の微分．$F(u)$ において $u = \varphi(x)$ とすれば

$$\frac{1}{n!} \frac{d^n}{dx^n} F(u) = \sum_{k=1}^{n} \sum_{i} \frac{1}{i_1! i_2! \cdots i_n!} F^{(k)}(u) \left(\frac{\varphi'}{1!} \right)^{i_1} \left(\frac{\varphi''}{2!} \right)^{i_2} \cdots \left(\frac{\varphi^{(n)}}{n!} \right)^{i_n}.$$

内の和は $i_1 \geqq 0, i_2 \geqq 0, \cdots, i_n \geqq 0, i_1 + i_2 + \cdots + i_n = k, i_1 + 2i_2 + \cdots + ni_n = n$ なる整数 i のすべての組合せの上にわたる．ただし $0! = 1$ とする．（Fáa di Bruno）

［解］ $F(u)$ を Taylor の公式で展開して，$u - u_0 = \varphi(x) - \varphi(x_0)$ に φ の Taylor 展開を代入して後 $(x - x_0)^n$ の項を集める．

(8) $[a, b]$ において $f''(x) > 0, f(a) > 0, f(b) < 0$ ならば

$$a_1 = a - \frac{f(a)}{f'(a)}, \quad a_2 = a_1 - \frac{f(a_1)}{f'(a_1)}, \ldots$$

とするとき，$a_1 < a_2 < \cdots < a_n < \cdots$ は $[a,b]$ における $f(x)=0$ のただ一つの根に収束する（Newton の近似法）.

$$f(a) < 0, \ f(b) > 0 \quad ならば \quad b_1 = b - \frac{f(b)}{f'(b)}, \ldots$$

を取る．$f''(x) < 0$ ならば $-f(x)$ を $f(x)$ に代用する．

　　［解］ $f'(x)$ が単調に増大することから，根がただ一つあることがわかる．その根を ξ とする．a_i が単調に増大して，しかも ξ よりも小であることは $f(x)$ が凸函数であることからわかる．今かりに $\lim a_n = \lambda$ とすれば，$f'(a_1) < f'(a_2) < \cdots < f'(\lambda) < 0$ だから，

$$a_{n+1} = a_n - \frac{f(a_n)}{f'(a_n)} \quad から \quad \lambda = \lambda - \frac{f(\lambda)}{f'(\lambda)}, \quad すなわち \quad f(\lambda) = 0.$$

従って $\lambda = \xi$ である．

　　［注意］ Taylor の公式，$0 = f(\xi) = f(a_n) + f'(a_n)(\xi - a_n) + \frac{f''(\mu)}{2}(\xi - a_n)^2$ から $f'(a_n)$ で割って $\xi - a_{n+1} = \frac{f''(\mu)}{2|f'(a_n)|}(\xi - a_n)^2 < \frac{f''(\mu)}{2|f'(a_n)|}(b - a_n)^2$. これから ξ の近似値として，a_{n+1} の誤差の程度がわかる（$a_n < \mu < \xi$）.

　　［例］ 一例として $\cos x = x$ の解を求めてみるとよい．ここでは

$$f(x) = x - \cos x, \quad f'(x) = \sin x + 1, \quad f''(x) = \cos x.$$

解はただ一つで，それは区間 $[0, \pi/2]$ にあるが，$f(0) < 0, f(\pi/2) > 0$ だから $b, b_1, \ldots$ を用いる．さて $\cos$ の真数表を繰ってみれば，求める角は $42°20'$ と $42°21'$ との間にあることがわかる．よってラジアンに直して

$$a = 0.7388561, \qquad b = 0.7391469.$$
$$\cos a = 0.7392394, \qquad \cos b = 0.7390435.$$
$$f(a) = -0.0003833, \qquad f(b) = 0.0001034,$$

a も b も根 ξ と小数第三位までしか合わないが，（$\sin b = 0.6736577$）

$$b_1 = b - \frac{0.0001034}{1.6736577} \fallingdotseq 0.7390851$$

はすでに小数第七位まで根 ξ と合う．$b_1 - \xi < \frac{1}{2}(b-a)^2$. （［注意］参照）

　　(**9**)　有理式 $f(x) = P(x)/Q(x)$ の相隣る極値点が，共に極大点ならば，その中間の或る点 a において $\lim_{x \to a} f(x) = -\infty$.

　　(**10**)　$f(x,y) = x^4 + y^4 + 6x^2y^2 - 2y^2$ に関して

　　　［1°］ 極値を求めよ．

　　　［2°］ $f(x,y) < 0$ なる区域の形を研究せよ．

　　(**11**)　三角形 ABC の平面上で，三つの頂点からの距離の和が最小である点を求めること．

　　三角形の内部の点と三つの頂点との距離の和は最も長い二辺の和よりも小である．

　　［解］ （最小の場合）各角が $120°$ よりも小であるときは，求める点は三角形の内部にあって，その点から各辺を見込む角が $120°$ に等しい．一つの角が $120°$ 以上ならば，その角の頂点が求める点である．

　　［注意］ 微分法によって解き，初等幾何学的の解法と比較するとよい．

第3章 積 分 法

28. 古代の求積法

特殊の曲線曲面に関する求積法は，古代から知られていた．Archimedes が球の面積および体積を計算した方法は有名であるが，Archimedes はまた次のような方法を考案して，一つの弦で限られた放物線の截片の面積をみごとに計算した．

AB を放物線の弦，OM をその中点を通る径とすれば，放物線と弦とで囲まれる截片の面積 S は三角形 OAB の面積 T の $\dfrac{4}{3}$ に等しい．すなわち

$$S = \frac{4}{3}T.$$

今現代的に座標法を用いて，径 OM を x 軸，O における接線を y 軸に取れば放物線の方程式は $y^2 = cx$ で $OM = a$ とすれば，AB の極は $N = (-a, 0)$ である．すなわち O は NM の中点で，弦 AB とその両端における接線とが作る三角形 NAB の面積は $\triangle OAB$ の面積の二倍に等しい．

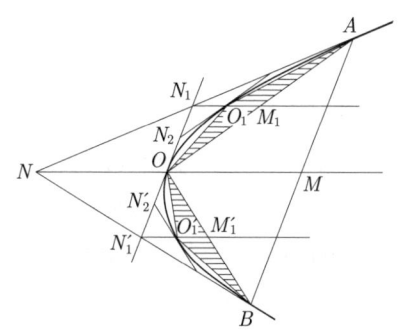

同様の関係はもちろん弦 OA, OB に関して成り立つから，図上の記号でいえば $O_1M_1 = \dfrac{1}{2} N_1 M_1 = \dfrac{1}{4} OM$．故に $\triangle OO_1A = \dfrac{1}{4} \triangle OAM$．同様に $\triangle OO'_1B = \dfrac{1}{4} \triangle OBM$．今 $\triangle OO_1A$, $\triangle OO'_1B$ の面積の和を T_1 とすれば

$$T_1 = \frac{1}{4}T.$$

同じように弦 O_1A, OO_1, OO'_1, O'_1B を底として同様の三角形を作って，それらの面積の和を T_2 とすれば

$$T_2 = \frac{1}{4}T_1 = \frac{1}{4^2}T.$$

このような操作を限りなく継続して，$T, T_1, T_2, \cdots$ によって，求めるところの面積 S を搾り

出してしまおうというのである．古代の求積法の秘訣であって，いわゆる搾出法(method of exhaustion)である．すなわち

$$S = T + \frac{T}{4} + \frac{T}{4^2} + \cdots = T\left(1 + \frac{1}{4} + \frac{1}{4^2} + \cdots\right) = \frac{4}{3}T.$$

ただし，このように放漫に結論を出してしまっては，18世紀式になる．T, T_1, T_2 等をいつまで作って行くとしても，それらは決して面積 S を覆いきらない，という論点に関しては，ギリシァ数学は神経質であった．搾っても搾っても搾りきれないではないか，というのである．Archimedes においても，この論点はもちろん重大であった．彼は次のように考えた．今，図の記号でいえば，面積 $T + T_1$ では S の一部分にすぎないが，もしも $\triangle OAB$ の上にさらに $\triangle OAN_1$ と $\triangle OBN_1'$ とを加えるならば，それは S よりも大きい．これらの二つの三角形はそれぞれ $\triangle OAO_1$, $\triangle OBO_1'$ の二倍だから，その和は $2T_1$ に等しい．すなわち $T + T_1 < S < T + 2T_1$．同様のことが上記操作の各段階において成り立つから，

$$T + T_1 + \cdots + T_{n-1} + T_n < S < T + T_1 + \cdots + T_{n-1} + 2T_n,$$

$$T\left(1 + \frac{1}{4} + \cdots + \frac{1}{4^n}\right) < S < T\left(1 + \frac{1}{4} + \cdots + \frac{1}{4^n} + \frac{1}{4^n}\right),$$

$$\frac{4}{3}T\left(1 - \frac{1}{4^{n+1}}\right) < S < \frac{4}{3}T\left(1 - \frac{1}{4^{n+1}}\right) + \frac{T}{4^n},$$

$$-\frac{1}{3} \cdot \frac{T}{4^n} < S - \frac{4}{3}T < \frac{2}{3} \cdot \frac{T}{4^n}. \tag{1}$$

n は任意だから，S は $\frac{4}{3}T$ より他のどんな数でもありえない．

このような精密論法はギリシァ数学の一つの特徴であったのだが，17, 18 世紀における近世数学の草創期には，そこまで行くいとまがなくて，19世紀も半ばを過ぎた後に至って，ようやく復興されたものである．上記 Archimedes の考察法は解析概論において方法論上重要であるから，少し詳しく述べておこう．上記(1)から

$$\left|S - \frac{4}{3}T\right| < \frac{2T}{3} \cdot \frac{1}{4^n} \tag{2}$$

を得て，それから $\left|S - \frac{4}{3}T\right| = 0$, 従って $S = \frac{4}{3}T$ を得るのであるが，ここでは S も T も定数で，任意の自然数なる n だけが変数である．今左辺の定数 $\left|S - \frac{4}{3}T\right|$ を略して ε と書き，また右辺における定数 $\frac{2}{3}T$ を略して a と書くならば，$\varepsilon \geqq 0$, $a > 0$ だが，$4^n > n$ を用いるならば，(2)から

$$\varepsilon < \frac{a}{n} \tag{3}$$

を得る．これから $\varepsilon = 0$ がでてくるのであるが，それは次の原則による．

ε と a とが与えられた正数ならば，(ε がいかに小さく，a がいかに大きくても) $n\varepsilon > a$ になるような自然数 n が必ず存在する．現今それを **Archimedes** の原則といっている．

この原則を承認するならば，(3) から $\varepsilon = 0$ を得る．なぜなら：今かりに $\varepsilon > 0$ とするならば，すべての自然数 n に関して
$$\varepsilon < \frac{a}{n}, \quad \text{従って} \quad n\varepsilon < a$$
でなければならない．これは Archimedes の原則に矛盾する．故に $\varepsilon > 0$ なる仮定は不合理である．然るに $\varepsilon \geqq 0$．故に $\varepsilon = 0$ である．

Archimedes の原則は実数の連続性 (§2) の中に含まれている．もしもかりに Archimedes の原則が成り立たないとするならば，すべての自然数 n に関して $n \leqq \frac{a}{\varepsilon}$．すなわち，すべての自然数の集合が有界，従ってその集合に上限 s があり (定理 2)，従って $s - 1 < n \leqq s$ なる或る自然数 n があり，従って $s < n + 1$．$n + 1$ も自然数だから，これは不合理である．故に Archimedes の原則を承認せざるを得ない！

29. 微分法以後の求積法

上記の求積法は実に巧妙で，古代にあっては Archimedes をまって初めてできたのであろう．しかしながら，その方法は放物線にのみ適用されうるものである．然るに 18 世紀には，このような求積問題は，次のような一般的な方法によって何人にも容易に解かれたであろう．

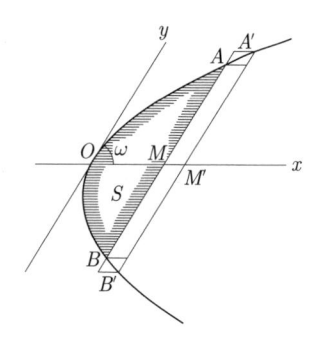

前の通り，放物線の方程式を
$$y^2 = cx$$
として，面積 S を $OM = x$ の函数 $S(x)$ として考察する．然らば例の記号を用いて
$$\Delta S = \text{面積}\,(ABB'A').$$
この面積は $AB, A'B'$ の間に挟まれて，それらを底とする二つの平行四辺形の面積なる $AB \cdot \Delta x \cdot \sin\omega$ と $A'B' \cdot \Delta x \cdot \sin\omega$ との中間にある．すなわち $(AM = y)$
$$2y\sin\omega \cdot \Delta x < \Delta S < 2(y + \Delta y)\sin\omega \cdot \Delta x,$$
$$2y\sin\omega < \frac{\Delta S}{\Delta x} < 2y\sin\omega + 2\sin\omega \cdot \Delta y.$$

ここまでは $\Delta x > 0$ としたが，$\Delta x < 0$ でも同様で，ただ不等号の向きが変わるだけである．さて $\Delta x \to 0$ のとき $\Delta y \to 0$．故に

$$\frac{dS}{dx} = 2y\sin\omega = 2\sin\omega \cdot \sqrt{cx}.$$

然るに

$$\frac{dx^{\frac{3}{2}}}{dx} = \frac{3}{2}\sqrt{x}.$$

故に

$$F(x) = \frac{4}{3}\sqrt{c} \cdot \sin\omega \cdot x^{\frac{3}{2}}$$

と置くならば，

$$\frac{dF}{dx} = \frac{dS}{dx}, \quad \text{すなわち} \quad \frac{d(F-S)}{dx} = 0.$$

故に $F-S$ は定数であるが（定理 22），$x=0$ のとき $F(0)=0$，$S=0$ だから，この定数は 0 で，$S=F$．すなわち

$$S(x) = \frac{4}{3}\sqrt{c} \cdot \sin\omega \cdot x^{\frac{3}{2}}$$

で，それが求める面積である．それは Archimedes の計算と一致する．実際，

$$S(x) = \frac{4}{3}\cdot\sqrt{cx}\cdot x\sin\omega = \frac{4}{3}yx\sin\omega = \frac{4}{3}AM\cdot OM\cdot \sin\omega$$
$$= \frac{4}{3}\cdot\frac{1}{2}AB\cdot OM\cdot \sin\omega = \frac{4}{3}\triangle OAB.$$

このような方法ならば，放物線に限らないで，次の図に示すような曲線 $y=f(x)$ と x 軸との中間において二つの縦線の間に挟まれる面積 S が上記と同様にして求められる．

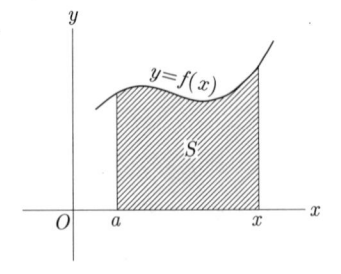

すなわち $f(x)$ が連続函数ならば，$\Delta x \to 0$ のとき，$\Delta y \to 0$ だから，前のように

$$\frac{dS}{dx} = f(x).$$

故に今 $F(x)$ を

$$F'(x) = f(x)$$

なる函数とするならば，
$$\frac{d(S-F)}{dx} = 0,$$
従って
$$S(x) - F(x) = C. \quad (C \text{ は定数})$$
さて $x = a$ のとき $S(a) = 0$ だから，$C = -F(a)$．故に
$$S(x) = F(x) - F(a). \tag{1}$$

初等函数の範囲から $F(x)$ を取れば，$F'(x)$ も初等函数である．それを $f(x)$ とすれば，曲線 $y = f(x)$ に関する面積 S が (1) によって求められる．そのような $F(x)$ は無数にあるから，無数の求積問題が解けてしまう．

これが微分法の発見がもたらした大驚異であった．

$f(x)$ が与えられたとき，それを導函数とする函数 $F(x)$，すなわち $F'(x) = f(x)$ なる $F(x)$ を $f(x)$ の原始函数といい，また後に説明するような意味で，積分記号を用いて，それを
$$F(x) = \int f(x) dx$$
と書く．次の頁に応用上重要な原始函数を掲げる．

原始函数が初等函数として得られる場合，それはこれらの公式を反復応用して求めうるのである．しかし，そのような手段では
$$\int \frac{dx}{\sqrt{1-x^4}}, \quad \int \frac{dx}{\sqrt{\cos x}}$$
のように一見簡単な函数の原始函数が容易には求められない．然らば連続函数の原始函数は必ず存在するであろうか？

さきには面積を使って，むぞうさに原始函数を出してしまったが，原始函数の存在が問題になるならば，面積の可能性も同様でなければならない．我々は無頓着に面積，体積などといっているが，そもそも面積，体積とは何を意味するか？

このような問題が縁起になって，19 世紀以後に，かなり安全なる解析学の建立が成就したのである．

30. 定 積 分

前節に述べた問題を解くことは積分法の任務である．我々は考察の範囲を連続函数以内に止めたいのだけれども，それでは応用上にさしつかえが生ずる．例えば若干の不連続点がある場合を除外することはできない．よって，さしあたり，考察の範囲を少しく拡大して，函数の有界性のみを仮定する．

$f(x) = F'(x)$		$F(x)$
x^α	$(\alpha \neq -1)$	$\dfrac{x^{\alpha+1}}{\alpha+1}$
$\dfrac{1}{x}$	$(x \neq 0)$	$\log |x|$
$\dfrac{1}{1+x^2}$		$\operatorname{Arc tan} x$
$\dfrac{1}{1-x^2}$	$(x \neq \pm 1)$	$\dfrac{1}{2}\log\left|\dfrac{1+x}{1-x}\right|$
$\dfrac{1}{x^2-1}$	$(x \neq \pm 1)$	$\dfrac{1}{2}\log\left|\dfrac{x-1}{x+1}\right|$
$\dfrac{1}{\sqrt{1-x^2}}$	$(|x|<1)$	$\operatorname{Arc sin} x$
$\dfrac{1}{\sqrt{x^2-1}}$	$(|x|>1)$	$\log|x+\sqrt{x^2-1}|$
$\dfrac{1}{\sqrt{x^2+1}}$		$\log(x+\sqrt{x^2+1})$
$\sqrt{1-x^2}$	$(|x|\leqq 1)$	$\dfrac{1}{2}(x\sqrt{1-x^2}+\operatorname{Arc sin} x)$
$\sqrt{x^2-1}$	$(|x|\geqq 1)$	$\dfrac{1}{2}(x\sqrt{x^2-1}-\log|x+\sqrt{x^2-1}|)$
$\sqrt{x^2+1}$		$\dfrac{1}{2}(x\sqrt{x^2+1}+\log(x+\sqrt{x^2+1}))$
e^x		e^x
a^x	$(a>0, a\neq 1)$	$\dfrac{a^x}{\log a}$
$\sin x$		$-\cos x$
$\cos x$		$\sin x$
$\dfrac{1}{\sin^2 x}$		$-\cot x$
$\dfrac{1}{\cos^2 x}$		$\tan x$
$\tan x$		$-\log|\cos x|$
$\cot x$		$\log|\sin x|$

[問題の説明] 区間 $[a,b]$ において $f(x)$ は有界とする．

この区間を $x_1, x_2, \cdots, x_{n-1}$ において n 個の細区間に分割する．

(Δ) $\qquad\qquad\qquad a < x_1 < x_2 < \cdots < x_{n-1} < b.$

この分割法 Δ において，左から第 i 番の細区間の幅を δ_i とする．すなわち

$$\delta_i = x_i - x_{i-1} > 0.$$

もちろん $\delta_1 = x_1 - a, \delta_n = b - x_{n-1}$. また細区間そのものをも便宜上区間 δ_i などと略記する．δ_i など本節で用いる細区間はすべて閉区間とする．

この分割 Δ における δ_i の最大値を δ とする．

細区間 δ_i における $f(x)$ の値の上限，下限を M_i, m_i とする．

全区間 $[a, b]$ における $f(x)$ の上限，下限は添字なしに M, m で表わす．従って
$$M_i \leqq M, \quad m_i \geqq m.$$

さて区間 $[a, b]$ の上記分割 Δ に関して，次のような和を考察する：
$$S_\Delta = \sum_{i=1}^n M_i \delta_i, \quad s_\Delta = \sum_{i=1}^n m_i \delta_i.$$

然らば，$M_i \geqq m_i, \delta_i > 0$ から
$$s_\Delta \leqq S_\Delta.$$

また
$$S_\Delta \leqq M \sum_{i=1}^n \delta_i = M(b-a), \quad s_\Delta \geqq m \sum_{i=1}^n \delta_i = m(b-a),$$

すなわち
$$m(b-a) \leqq s_\Delta \leqq S_\Delta \leqq M(b-a).$$

故にすべての分割法 Δ に関して s_Δ も S_Δ も有界であるが，我々が興味を持つのは S_Δ の下限と s_Δ の上限とである．

S_Δ の下限を S，また s_Δ の上限を s と書く．

区間 $[a, b]$ の分割 Δ における各細区間をさらに細分して分割 Δ' を作るならば，
$$s_\Delta \leqq s_{\Delta'}, \quad S_{\Delta'} \leqq S_\Delta \tag{1}$$

なることは，上記の定義によって明白であろう．実際，Δ における一つの細区間 δ_i の内部に，一つの分点を追加して，δ_i を δ_{i1}, δ_{i2} に再分すれば，s_Δ における一項 $m_i \delta_i$ が $m_{i1} \delta_{i1} + m_{i2} \delta_{i2}$ で置き換えられるが，$m_{i1} \geqq m_i, m_{i2} \geqq m_i, \delta_{i1} + \delta_{i2} = \delta_i$ だから
$$m_{i1} \delta_{i1} + m_{i2} \delta_{i2} \geqq m_i \delta_i.$$

すなわち s_Δ は分点追加のために増大(不減少)する．分点をいくつ追加しても同様だから，上記の通り $s_\Delta \leqq s_{\Delta'}$．$S_\Delta$ に関しても同様であるが，ただ $M_{i1} \leqq M_i, M_{i2} \leqq M_i$ だから，不等号の向きが反対になって，$S_{\Delta'} \leqq S_\Delta$．

さて Δ, Δ' を任意の二つの分割法として，Δ に対応する s_Δ と Δ' に対応する $S_{\Delta'}$ とを比較しよう．Δ および Δ' における分点を合併して生ずる分割を Δ'' とすれば，(1)によって
$$s_\Delta \leqq s_{\Delta''}, \quad S_{\Delta''} \leqq S_{\Delta'},$$

従って
$$s_\Delta \leqq s_{\Delta''} \leqq S_{\Delta''} \leqq S_{\Delta'}.$$

すなわち任意の分割 Δ, Δ' に関して
$$s_\Delta \leqq S_{\Delta'}$$

だから，左辺の上限 s と右辺の下限 S との間の大小関係は
$$s \leqq S.$$

一例として，次の図の曲線 $y=f(x)$ に関していえば，S_Δ は実線で囲まれた多角形の面積で，s_Δ は点線より下にある面積である．

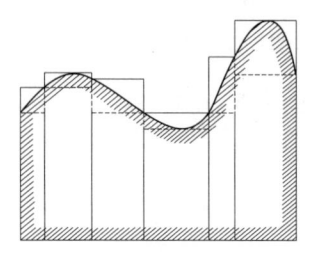

この図において $f(x)$ のグラフの下の面積 I というようなものが確定であるならば $s_\Delta \leqq I \leqq S_\Delta$ で，区間を再分して各細区間の幅を限りなく小さくするに従って，S_Δ は上から，また s_Δ は下から，限りなく I に近づくであろう．従って $s=I=S$．しかし我々の立場においては，面積 I の意味はまだ確定していない．S_Δ または s_Δ の極限として，面積 I の意味を確定することを試みるのが，我々に課せられた問題である．

[挿記] 区間 $[a,b]$ の部分区間 $[a',b']$ に関する和 $\sum M_i \delta_i$ の下限を一般に $S(a',b')$ と書くならば（$x\in[a,b]$ として）
$$S(a,b)=S(a,x)+S(x,b).$$

これは明白であろうけれども，念のために，その証明を述べる．実際，区間 (a,b) の分割 Δ の分点による $(a,x), (x,b)$ の分割を Δ', Δ'' とすれば，それらに対する和 $S_\Delta, S_{\Delta'}, S_{\Delta''}$ に関し
$$S_\Delta \geqq S_{\Delta'}+S_{\Delta''}. \tag{2}$$

さて，任意に $\varepsilon>0$ を取れば，下限の意味から $S_\Delta < S(a,b)+\varepsilon$ になる Δ がある．そのとき $S_{\Delta'} \geqq S(a,x)$, $S_{\Delta''} \geqq S(x,b)$，だから，(2) から
$$S(a,b)+\varepsilon > S(a,x)+S(x,b).$$
ε は任意だから
$$S(a,b) \geqq S(a,x)+S(x,b). \tag{3}$$

一方 $S_{\Delta'} < S(a,x)+\varepsilon, S_{\Delta''} < S(x,b)+\varepsilon$ なる Δ', Δ'' を合併した Δ に対して，$S_\Delta \geqq S(a,b)$．然るに $S_\Delta = S_{\Delta'}+S_{\Delta''}$ だから
$$S(a,b) < S(a,x)+S(x,b)+2\varepsilon.$$
ε は任意だから
$$S(a,b) \leqq S(a,x)+S(x,b). \tag{4}$$
(3) と (4) とから予期の等式を得る．

さて $h>0$ とすれば
$$S(a,x+h)-S(a,x)=S(x,x+h)$$
であるが，$[x,x+h]$ における $f(x)$ の上限，下限を M_0, m_0 とすれば
$$m_0 h \leqq S(x,x+h) \leqq M_0 h.$$

故に $f(x)$ が連続ならば，中間値の定理によって
$$S(x, x+h) = hf(x+\theta h), \qquad 0 \leqq \theta \leqq 1.$$
すなわち
$$\frac{S(a, x+h) - S(a, x)}{h} = f(x+\theta h),$$
従って
$$\lim_{h \to 0} \frac{S(a, x+h) - S(a, x)}{h} = f(x).$$
$h < 0$ としても同様である．

　そこで，$F(x) = S(a, x)$ とすれば，$F'(x) = f(x)$ で，$F(x)$ は $f(x)$ の原始函数である．すなわち連続函数の原始函数が存在することは，これですでに証明されたのである．

　S の代りに s を取っても，同様に $s(a, x)$ は $f(x)$ の原始函数である．従って $S(a, x) - s(a, x) = C$ は定数であるが，$x \to a$ のとき $S(a, x) \to 0, s(a, x) \to 0$ だから $C = 0$．すなわち $f(x)$ が連続ならば $S = s$．

　このように，当初の問題であった連続函数の原始函数の存在は一応解決されたのであるが，原始函数を(上限，下限でなく) S_Δ, s_Δ の極限として考察することが，実際計算上重要である．

　分割 Δ を再分して Δ_1，それを再分して Δ_2，等々とするならば，それらの分割に対応する $s_\Delta, s_{\Delta_1}, s_{\Delta_2}, \cdots$ は上記のように単調増大で，s がその一つの上界だから，極限値が存在する．もしも，その際，細区間の最大幅 δ が限りなく小さくなるとするとき，この極限値が(それは s を超えないことは明白だが) s に等しいであろうか．同様に $S_\Delta, S_{\Delta_1}, S_{\Delta_2}, \cdots$ は単調に減少するが，その極限値は S に等しいであろうか．このような問題が生ずる．区間の分割法は無数にあるが，それにもかかわらず，幸にして次のように簡単な定理が成り立つ．

　[Darboux の定理] 分割 Δ における細区間の最大幅を δ とすれば
$$\delta \to 0 \text{ のとき } \lim s_\Delta = s, \quad \lim S_\Delta = S. \tag{5}$$
今 s に関して証明をする．S に関しても証明は同様である．

　任意に $\varepsilon > 0$ を取る．

　然らば上限としての s の定義によって
$$s - \varepsilon < s_D \leqq s \tag{6}$$
になるような区間の分割 D がある．そのような一つの分割法 D を固定して，それを証明のテコにする．

　分割 D における分点の数を p とする．

　さて Δ を任意の分割法とし，Δ と D とにおける分点を合併して生ずる分割を Δ' とする．よって
$$s_\Delta \leqq s_{\Delta'}, \quad s_D \leqq s_{\Delta'}. \tag{7}$$

分割 Δ において δ がすでに十分小で，Δ における各細区間が，D に属する分点を一つよりも多くは含まないと仮定する．（δ を分割 D における細区間の最小幅よりも小さく取ればよい．）

今分割 Δ における一つの細区間 δ_i が D に属する一つの分点をその内部に含むならば，δ_i は Δ' においては左右二つの区間に再分される．それらを $\delta'_{i1}, \delta'_{i2}$ とすれば，前にも述べたように，s_Δ における一項 $m_i \delta_i$ が $s_{\Delta'}$ においては $m_{i1}\delta'_{i1} + m_{i2}\delta'_{i2}$ で置き換えられるから，その差は

$$m_{i1}\delta'_{i1} + m_{i2}\delta'_{i2} - m_i(\delta'_{i1} + \delta'_{i2})$$
$$= (m_{i1} - m_i)\delta'_{i1} + (m_{i2} - m_i)\delta'_{i2} \leqq (M - m)\delta_i \leqq (M - m)\delta.$$

D に属する分点を含まない小区間 δ_i においては，上記の差はもちろん 0 である．

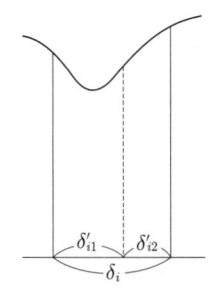

さて D における分点の数を p としたのであったから

$$s_{\Delta'} - s_\Delta \leqq p(M - m)\delta.$$

p も $M - m$ も定数だから，δ を十分小さくすれば

$$s_{\Delta'} - s_\Delta < \varepsilon. \tag{8}$$

これで証明は完成したのである：すなわち (6), (7), (8) から

$$0 \leqq s - s_D < \varepsilon, \quad 0 \leqq s_{\Delta'} - s_\Delta < \varepsilon, \quad 0 \leqq s_{\Delta'} - s_D$$

だから

$$s - s_\Delta = (s - s_D) - (s_{\Delta'} - s_D) + (s_{\Delta'} - s_\Delta) \leqq (s - s_D) + (s_{\Delta'} - s_\Delta) < 2\varepsilon.$$

すなわち任意の ε に対応して，δ を十分小にするとき

$$0 \leqq s - s_\Delta < 2\varepsilon$$

だから，$\delta \to 0$ のとき，$\lim s_\Delta = s$．同様に $0 \leqq S_\Delta - S < 2\varepsilon$ を得るから $\lim S_\Delta = S$．

［積分可能の条件］ 以上で我々は $f(x)$ の有界性のみを仮定したが，我々が興味を持つのは $S = s$ なる場合である．その場合には，分割 Δ に関して各細区間 $[x_{i-1}, x_i]$ において任意の点 ξ_i を取って，和

$$\Sigma_\Delta = \sum_{i=1}^n f(\xi_i)\delta_i$$

を作れば，$s_\Delta \leqq \Sigma_\Delta \leqq S_\Delta$. 然るに，任意の $\varepsilon > 0$ に対応して分割 Δ の細区間の幅の最大値 δ を十分小さく取れば，上記定理の証明のように，$s - s_\Delta < 2\varepsilon$, $S_\Delta - S < 2\varepsilon$ だから，$s = S$ なる条件

の下で，$s=S=I$ と置けば
$$-2\varepsilon < s_\Delta - s \leqq \Sigma_\Delta - I \leqq S_\Delta - S < 2\varepsilon.$$
すなわち，$\delta \to 0$ のとき分割 Δ と ξ_i の選択に無関係に Σ_Δ の極限が存在して，それが I である：
$$I = \lim_{\delta \to 0} \sum f(\xi_i)\delta_i. \tag{9}$$
この極限値 I を区間 $[a,b]$ における $f(x)$ の定積分といい，それを次の記号で表わす：
$$I = \int_a^b f(x)dx. \tag{10}$$

記号 $\int$ はすでに Leibniz が用いた．和の略記 S の変形であろう．$\int$ の下の $f(x)$ と dx とは $f(\xi_i)$ と $\delta_i = x_i - x_{i-1}$ とを代表的に標記するのである．関数 $f(x)$ と区間 $[a,b]$ とが与えられてある以上，I はもちろん定数だから，(10)の右辺に x なる文字があっても，I が x の関数ではない．$\int_a^b f(*)d*$ の $*$ のところへどんな文字を書いても意味は同一で，その値は一定の数 I である．

極限値(9)が存在するとき，$f(x)$ は区間 $[a,b]$ において積分可能という．

上記によれば，$s=S$ は $f(x)$ が積分可能なるための十分条件である．それはまた必要条件でもある．すなわち $s=S$ は積分可能の判定律である．$f(x)$ が連続ならば，各細区間において $f(\xi_i) = M_i$ なる ξ_i があり，また $f(\xi_i) = m_i$ なる ξ_i もあるから，それは明白である．

もしも $f(x)$ の有界性だけを仮定するなら，任意に $\varepsilon > 0$ を取るとき $f(\xi_i) > M_i - \varepsilon$ なる ξ_i が区間 δ_i にあるからそれに対応する Σ_Δ に関し
$$S_\Delta \geqq \Sigma_\Delta > S_\Delta - \varepsilon(b-a).$$
故にもしも $\lim \Sigma_\Delta = I$ が存在するならば，
$$S \geqq I \geqq S - \varepsilon(b-a).$$
ε は任意だから $I=S$，同様に $I=s$，従って $S=s$．

あるいは分割 Δ における細区間 δ_i に関する $f(x)$ の振動量すなわち $M_i - m_i$ を v_i と書くならば，$S_\Delta - s_\Delta = \sum v_i \delta_i$ だから，条件 $S=s$ を
$$\lim_{\delta \to 0} \sum v_i \delta_i = 0 \tag{11}$$
で置き換えてよい．Darboux の定理によって $\delta \to 0$ のとき $\lim \sum v_i \delta_i = \lim(S_\Delta - s_\Delta) = S - s$ だから，これは明白である．

実際は任意の ε に対して $\sum v_i \delta_i < \varepsilon$ なる一つの分割法 Δ があればよい．$\lim \sum v_i \delta_i$ の存在はすでに証明されているから，そのとき $\lim \sum v_i \delta_i = 0$ が得られる．

上記によって，或る区間 $[a,b]$ において $f(x)$ が積分可能ならば，それに含まれる区間 $[c,d]$ においても，$f(x)$ は積分可能であることは見やすい．実際，区間 $[a,b]$ に関する $\sum v_i \delta_i$ から，それを越えない $\sum v_i \delta_i$ が区間 $[c,d]$ に関して得られるから．

我々の目標とする連続関数に関しては $s=S$ であったから次の定理はすでに証明ずみである．

定理 31. 閉区間において，連続函数は積分可能である．

なお一般に $f(x)$ が $[a,b]$ において有限個数の不連続点を持つときにも，$f(x)$ が有界ならば，積分可能である．なぜなら：今，不連続点の数を p とすれば，分割 Δ においてそれらの不連続点を含む細区間からの $\sum v_i\delta_i$ への寄与は，$2p(M-m)\delta$ よりも小だから，δ と共にどれほどでも小さくなる．その他の細区間からの $\sum v_i\delta_i$ への寄与はもちろん全体において δ と共にどれほどでも小さくなるから，$\delta \to 0$ のとき $\sum v_i\delta_i \to 0$．また不連続点が無数にあっても，それらを任意に小なる総幅を有する有限個の細区間の中へ入れてしまうことができるならば，同様である．

定理 32. $f(x)$ が区間 $[a,b]$ において単調(従って有界)ならば，積分可能である．

[証] 単調増大の場合についていえば $M_i = f(x_i), m_i = f(x_{i-1})$．故に
$$S_\Delta = f(x_1)(x_1-a) + f(x_2)(x_2-x_1) + \cdots + f(b)(b-x_{n-1}),$$
$$s_\Delta = f(a)(x_1-a) + f(x_1)(x_2-x_1) + \cdots + f(x_{n-1})(b-x_{n-1}).$$
従って
$$S_\Delta - s_\Delta = \sum (f(x_i)-f(x_{i-1}))(x_i-x_{i-1}) < (f(b)-f(a))\delta.$$
故に $\delta \to 0$ のとき $S_\Delta - s_\Delta \to 0$, $S = s$.

§8, [例7] の函数は $[0,1]$ において有界で単調に増大するが，不連続点 $\dfrac{p}{2^n}$ は無数にあって，しかも区間内に稠密に分布されている (26頁)．すなわち任意の小区間内に不連続点が(無数に)ある．それでも積分可能！

[注意1] もちろん有界だけでは積分可能でない．その一例として，区間 $[0,1]$ において $f(x)$ を §8, [例6] の函数とする．すなわち x が有理数ならば $f(x)=0$ で，x が無理数ならば，$f(x)=1$．この場合には，各細区間において $M_i=1$, $m_i=0$．従って $s=0, S=1$．故に $f(x)$ は積分可能でない．

区間 $[a,b]$ において $f(x)$ の不連続点が稠密に存在しても，$f(x)$ は積分可能でありうることを上記の例で示したが，反対に $f(x)$ が $[a,b]$ において積分可能ならば，区間内に連続点は必ず存在する．然らば $[a,b]$ の代りに，その内の任意の小区間を取っても同様だから連続点は区間内に稠密に分布されている．—— 実際，積分可能の条件から，任意の $\eta > 0$ に対応して $\sum_\Delta v_i\delta_i < \eta$ なる分割 Δ があるが，Δ において v_i の最小のものを v とすれば $\sum_\Delta v_i\delta_i \geqq v(b-a)$．従って $v < \dfrac{\eta}{b-a}$．故に任意の $\varepsilon > 0$ に対応して $\eta < (b-a)\varepsilon$ とすれば，$[a,b]$ 内の或る小区間 δ において $v < \varepsilon$．$[a,b]$ の両端を切捨てて区間 $[a_1,b_1]$ $(a < a_1 < b_1 < b)$ にこの方法を適用すれば，δ は全く $[a,b]$ の内部にある．今 $\varepsilon_1 > \varepsilon_2 > \cdots > \varepsilon_n \to 0$ として，同様の操作を繰り返せば $\delta_1 \supset \delta_2 \supset \cdots \supset \delta_n \supset \cdots$ なる区間を得, δ_n における $f(x)$ の振動量は $v_n < \varepsilon_n$ でかつすべての δ_n に共通の内点がある．それを x_0 とすれば，x_0 において $f(x)$ は連続である．なぜなら：$\varepsilon > 0$ に対応して $\varepsilon_n < \varepsilon$ とすれば，$x \in \delta_n$ なるとき $|f(x)-f(x_0)| \leqq v_n < \varepsilon_n < \varepsilon$.

[注意2] 区間 $[a,b]$ で $f(x), g(x)$ が積分可能で，$[a,b]$ 内に稠密に分布する集合 S の各点 x において $f(x) = g(x)$ ならば，$\int_a^b f(x)dx = \int_a^b g(x)dx$ である．実際，この仮定の下において，(9) の ξ_i はすべて S に属する点としてよい．特に $f(x)$ が $[a,b]$ で積分可能で，f の連続点において常に $f(x)=0$ ならば $\int_a^b f(x)dx = 0$.

31. 定積分の性質

定積分の性質の中で，この後たえず引用されるものを次に掲げる．

(1°) $f(x)$ が積分可能な区間内で
$$\int_a^b f(x)dx = \int_a^c f(x)dx + \int_c^b f(x)dx. \quad (a<c<b)$$
約言すれば，積分は区間に関して<u>加法性を有する</u>(additive)．

区間 $[a,b]$ の分割 Δ において c を一つの分点ときめて，極限へ行ってもよいから．

運用の便宜上，一般に
$$\int_b^a f(x)dx = -\int_a^b f(x)dx, \quad \int_a^a f(x)dx = 0 \tag{1}$$
と規約する．然らば上記公式は a,b,c の大小の順序にかかわらず常に成立する．

例えば $a<b<c$ ならば $\int_a^c f(x)dx = \int_a^b + \int_b^c$, 従って $\int_a^c - \int_a^b = \int_a^c + \int_c^b = \int_a^b$.

(2°) $f(x), g(x)$ が区間 $[a,b]$ において積分可能ならば，$f(x) \pm g(x)$ も同様で
$$\int_a^b (f(x) \pm g(x))dx = \int_a^b f(x)dx \pm \int_a^b g(x)dx.$$

これは
$$\lim \sum (f(\xi_i) \pm g(\xi_i))(x_i - x_{i-1}) = \lim \sum f(\xi_i)(x_i - x_{i-1}) \pm \lim \sum g(\xi_i)(x_i - x_{i-1})$$
にほかならない．

(3°) C が定数ならば，
$$\int_a^b Cf(x)dx = C\int_a^b f(x)dx, \quad \int_a^b C\,dx = C\int_a^b dx = C(b-a).$$

(4°) $[a,b]$ において $f(x), g(x)$ が積分可能で $f(x) \geqq 0$ ならば，$\int_a^b f(x)dx \geqq 0$,
$$f(x) \geqq g(x) \quad \text{ならば}, \quad \int_a^b f(x)dx \geqq \int_a^b g(x)dx.$$
初めの方は明白であろう．次のは (2°) を用いて
$$\int_a^b (f(x) - g(x))dx \geqq 0$$
から出る．

いっそう精密に，上記の条件に適合する函数 $f(x)$ が，区間 $[a,b]$ の一点 x_0 において連続で $f(x_0) > 0$ ならば，$\int_a^b f(x)dx > 0$. ——$f(x_0) = k$ とすれば，$k > 0$ だから，x_0 を含む或る小区間 $[c,d]$, $a \leqq c < d \leqq b$, において $f(x) > \dfrac{k}{2}$ である．そのとき上記によって $\int_a^c \geqq 0$, $\int_c^d \geqq (d-c)\dfrac{k}{2} > 0$, $\int_d^b \geqq 0$ だから，(1°) を用いて $\int_a^b > 0$ を得る．

故にまた，(4°) において，$\geqq$ をすべて $>$ に置き換えても，(4°) は成立する．

(5°) $f(x)$ が $[a,b]$ で積分可能ならば，$|f(x)|$ も同様で，
$$\left|\int_a^b f(x)dx\right| \leqq \int_a^b |f(x)|dx.$$

$f(x)$ が正なるところでも，負なるところでも，0 なるところでも
$$|f(x)| \geqq f(x), \quad |f(x)| \geqq -f(x),$$

従って $\int_a^b |f(x)|dx \geqq \int_a^b f(x)dx$ また $\int_a^b |f(x)|dx \geqq -\int_a^b f(x)dx$. 故に上記の通り．

$|f(x)|$ の積分可能性は $f(x)$ が連続ならば論はないが，一般の場合には
$$||f(x)| - |f(x')|| \leqq |f(x) - f(x')|$$

から出る．すなわち $f(x)$ の振動量を前の通り v で表わし，$|f(x)|$ の振動量を v' で表わすならば，各小区間において $v_i' \leqq v_i$. 故に $\sum v_i \delta_i \to 0$ ならばもちろん $\sum v_i' \delta_i \to 0$. すなわち $f(x)$ が積分可能ならば $|f(x)|$ も同様である．

逆に $|f(x)|$ が積分可能ならば $f(x)$ も同様とは，連続性を仮定しなくてはいいきれない．手近な一例を挙げるならば：x が有理数ならば $f(x) = +1$，x が無理数ならば $f(x) = -1$ とするとき $\int_0^1 |f(x)|dx = 1$ だが $\int_0^1 f(x)dx$ は不可能．（このように $|f(x)|$ は連続でも，$f(x)$ は連続とは限らない.）

与えられた函数 $f(x)$ から，次のようにして二つの正なる（負でない）函数 $f^+(x), f^-(x)$ が作られる．すなわち，$f(x) > 0$ なる x に対しては，$f^+(x) = |f(x)|$ で，その他の x に対しては $f^+(x) = 0$ とする．また $f(x) < 0$ なる x に対しては，$f^-(x) = |f(x)|$ で，その他の x に対しては $f^-(x) = 0$ とする．然らば
$$f(x) = f^+(x) - f^-(x), \quad |f(x)| = f^+(x) + f^-(x),$$
従って
$$f^+(x) = \frac{1}{2}(|f(x)| + f(x)), \quad f^-(x) = \frac{1}{2}(|f(x)| - f(x)).$$

故に，$[a,b]$ において，$f(x)$ が積分可能，従って $|f(x)|$ が積分可能ならば，(2°) によって $f^+(x)$ も $f^-(x)$ も積分可能である．

(6°) $f(x), g(x)$ が積分可能なる区間において，積 $f(x)g(x)$ も積分可能である．

不連続点が有限個ならば，これは当然であるが，一般の場合には $|f(x)g(x) - f(x')g(x')| = |(f(x)-f(x'))g(x) + (g(x)-g(x'))f(x')| \leqq (v+v')C$ から出る．ただし v, v' は $[x, x']$ における $f(x), g(x)$ の振動量で C は $|f(x)|$ と $|g(x)|$ との共通の上界である．

同様に，もしも区間内で $|g(x)| > k > 0$ ならば，商 $f(x)/g(x)$ も積分可能である．

(7°) M, m は前節の通りとすれば，(4°) によって $(a < b)$
$$m(b-a) = \int_a^b m\,dx \leqq \int_a^b f(x)dx \leqq \int_a^b M\,dx = M(b-a). \tag{2}$$

故に積分の値を区間の幅 $b-a$ に関して平均して

$$\frac{1}{b-a}\int_a^b f(x)dx = \mu$$

と置けば
$$m \leqq \mu \leqq M.$$

すなわち積分の平均値は $f(x)$ の上限と下限との間にある．特に $f(x)$ が連続ならば，中間値の定理によって，区間内に $f(\xi)=\mu$ になる ξ があるから

$$\int_a^b f(x)dx = f(\xi)(b-a). \qquad (a<\xi<b)$$

$f(x)$ が連続なる場合*，もしも $[a,b]$ において $f(x)$ が定数でないならば($4°$)の後段により，不等式(2)は等号なしで成立する．従って $m<\mu<M$ で，$[a,b]$ に属する二つの点において $f(x)$ はそれぞれ m,M になり，その中間の点 ξ において $f(\xi)=\mu$ になるから，ξ は $[a,b]$ の内点としてよい．すなわち $a<\xi<b$．$f(x)$ が定数ならば，ξ は $[a,b]$ の任意の点でよいから，$a<\xi<b$ としても，さしつかえない．

$f(x)$ が連続でないならば，上記 $m \leqq \mu \leqq M$ において両所ともに等号($=$)をはぶくことは許されない．（例えば $f(x)$ が区間内の一点だけで正または負の値を取って，その他は 0 なるとき．）

上記の定理を平均値の第一定理という．応用上はそれを次のように拡張して使うことが多い．

定理 33. 区間 $[a,b]$ において $f(x)$ は連続，$\varphi(x)$ は積分可能で，一定の符号を有するならば，$a<\xi<b$ なる或る点 ξ において

$$\int_a^b f(x)\varphi(x)dx = f(\xi)\int_a^b \varphi(x)dx.$$

［証］ $\varphi(x) \geqq 0$ とする．（$\varphi(x) \leqq 0$ なら，$-\varphi$ を φ に代用すればよい．）然らば
$$m\varphi(x) \leqq f(x)\varphi(x) \leqq M\varphi(x) \tag{3}$$

であるが，$\varphi(x)$ が連続なる点 x_1, x_2 があって，x_1 において(3)の前段，x_2 においてその後段の不等式が，等号なしで，それぞれ成立する場合には，($4°$)から

$$m\int_a^b \varphi(x)dx < \int_a^b f(x)\varphi(x)dx < M\int_a^b \varphi(x)dx.$$

然らば $\int_a^b \varphi(x)dx > 0$ だから

$$\int_a^b f(x)\varphi(x)dx = \mu \int_a^b \varphi(x)dx$$

と置けば，$m<\mu<M$，従って $f(\xi)=\mu$ なる ξ が a,b の中間にあって，上記定理の等式が成り立つ．

もしも，(3)の前段の不等式に関し，上記のような点 x_1 がないならば，$\varphi(x)$ が連続な点 x においては $m\varphi(x) = f(x)\varphi(x)$．$\varphi(x)$ が連続なる点は区間内に稠密に分布しているから

$$m\int_a^b \varphi(x)dx = \int_a^b f(x)\varphi(x)dx \tag{4}$$

---

* この場合は微分法の平均値の定理に帰する（定理 35 参照）．

である (104 頁[注意]参照). よって $m=f(\xi)$ なる ξ が区間 $[a,b]$ の内部にある場合には, 定理の等式が成り立つ. そのような ξ がない場合には, $\varphi(x)$ が連続な, 区間内の点で $\varphi(x)=0$. 従って (4) の両辺の積分は 0 に等しいから, 区間内の任意の点を ξ として, 定理の等式が成り立つ.

(3) の後段の不等式に関し, 上記のような点 x_2 がないときも, 同様である. (証終)

32. 積分函数　原始函数

$f(x)$ が積分可能なる区間において, a を一つの定点, x を任意の点として

$$F(x) = \int_a^x f(x)dx$$

と書けば, $F(x)$ はその区間における x の函数である. その意味において $F(x)$ を積分函数という.

ただし, ここで a と x との大小を問わない (前節 (1) 参照). また $F(a)$ すなわち $\int_a^a f(x)dx$ は 0 に等しい.

積分函数に対して $f(x)$ を被積分函数といい, また積分記号内に記した x を積分変数という. 故に $F(x)$ における変数 x と記号 $\int$ の中に記した x とは意味が違う. 積分変数はどのような文字で表わしてもよいことは前に述べた通りで, 例えば

$$F(x) = \int_a^x f(t)dt$$

と書いても同じことであるが, $\int$ の上の限界は必ず x で, それが函数 $F(x)$ における独立変数である.

定理 34. 区間 $[a,b]$ で $f(x)$ が積分可能ならば, その区間内で積分函数

$$\int_a^x f(x)dx$$

は x の連続函数である.

［証］念のために積分変数を t と書いて,

$$F(x) = \int_a^x f(t)dt$$

とする. 然らば証明すべきことは: $h \to 0$ のとき $F(x+h) - F(x) \to 0$. さて

$$F(x+h) - F(x) = \int_a^{x+h} f(t)dt - \int_a^x f(t)dt = \int_x^{x+h} f(t)dt.$$

よって $[a,b]$ における $|f(x)|$ の一つの上界を M とすれば,

$$\left|\int_x^{x+h} f(t)dt\right| \leqq \left|\int_x^{x+h} |f(t)|dt\right| \leqq M|h|.$$

故に $h \to 0$ のとき $F(x+h) - F(x) \to 0$.

積分の下の限界を変数としても同様である. (証終)

$f(x)$ が与えられたとき，$F'(x)=f(x)$ なる $F(x)$ を $f(x)$ の原始函数ということは既に述べた．また連続函数 $f(x)$ の積分函数 $\int_a^x f(x)dx$ が，$f(x)$ の一つの原始函数であることは，既に確定しているが(101 頁，および 103 頁積分可能の条件参照)，これは基本的だから，定理として掲出する．

定理 35. $f(x)$ が積分区間内の一点において連続ならば，その点において積分函数 $F(x)$ は微分可能で，
$$F'(x) = f(x).$$

[証] まず $h>0$ として，前のように
$$F(x+h) - F(x) = \int_x^{x+h} f(t)dt.$$
従って
$$m \leqq \frac{F(x+h)-F(x)}{h} \leqq M, \qquad (\S\,31,\,(7°)),$$
M, m は $[x, x+h]$ における $f(x)$ の値の上限，下限である．従って
$$\left|\frac{F(x+h)-F(x)}{h} - f(x)\right| \leqq M - m.$$
さて $f(x)$ の連続性によって，$\varepsilon > 0$ に対して δ を十分小さく取って，$h < \delta$ のとき $M - f(x) < \varepsilon$, $f(x) - m < \varepsilon$, 従って $M - m < 2\varepsilon$ ならしめることができる．

$h<0$ としても同様であるから $F'(x) = f(x)$.

[注意 1] x において $f(x)$ が右へ，あるいは左へ，連続ならば $D^+F(x)=f(x)$ あるいは $D^-F(x)=f(x)$.

[注意 2] 同じ条件の下において，積分 $\int_x^b f(x)dx$ を下の限界に関して微分すれば $-f(x)$ を得る．それは $\int_x^a = -\int_a^x$ だから，当然である．

逆に $f(x)$ が連続で，その一つの原始函数 $F(x)$ が知られるときは，それを用いて $f(x)$ の積分が計算される．すなわちその場合，かりに
$$F_1(x) = \int_a^x f(x)dx$$
と書けば，$F_1'(x)=f(x)$, $F'(x)-F_1'(x)=0$. 故に $F(x) - F_1(x) = C$ は定数である．すなわち
$$\int_a^x f(x)dx = F(x) + C.$$
ここで $x=a$ とすれば，$0=F(a)+C$, 故に $C=-F(a)$, 従って，$x=b$ とすれば
$$\int_a^b f(x)dx = F(b) - F(a). \tag{1}$$
これを微分積分法の基本公式という．

積分 $\int_a^x f(x)dx$ の上の限界を変数とし，下の限界を任意の定数とすれば，その定数をどうきめても，差

は x に無関係である．すなわち $f(x)$ が積分可能なる区間に属する任意の定数 a, a' に関して $\int_{a'}^{x} = \int_{a}^{x} - \int_{a}^{a'}$ で，$\int_{a}^{a'}$ は x に関係しない．このように積分の下の限界なる定数を指定しない場合に，積分を限界なしに $\int f(x)dx$ と書いて，それを不定積分という．$f(x)$ が連続函数ならば，不定積分は原始函数と同意語である．

基本公式(1)は，要約すれば連続函数に関する限り，微分と積分とが互に逆な算法であることを意味する．もしも連続性を仮定しないならば，この関係は成立しない．すなわち $F'(x) = f(x)$ でも $f(x)$ は必ずしも連続でなく，従って必ずしも積分可能でないが，また積分可能でも積分函数は $F(x)$ と合致するとはいわれない．$\int_{a}^{x} f(x)dx$ は必ず連続であるけれども，それは必ずしも微分可能でなく，微分可能でも微分商は $f(x)$ と合致するとは限らない．連続函数以外では，微分積分法はむずかしい！

次に公式(1)の応用に関する注意を述べる．

［例 1］
$$\frac{d}{dx}\left(\frac{1}{x}\right) = -\frac{1}{x^2}, \quad \int_{a}^{b} \frac{dx}{x^2} = \frac{1}{a} - \frac{1}{b}. \tag{2}$$

もしもここで無分別に $a = -1$, $b = 1$ とするならば，
$$\int_{-1}^{1} \frac{dx}{x^2} = -2 \quad (\text{不合理})$$

がでてくる．左辺は正であるべきはずだから，これはまちがいである．

ここでは $F(x) = \frac{1}{x}$, $f(x) = -\frac{1}{x^2}$ であるが $x = 0$ において $F'(x) = f(x)$ は不合理であり，また $x = 0$ において $f(x)$ は連続でない．0 を含む区間では $\frac{1}{x^2}$ は積分可能でない．(2)は a, b が同符号のときに限って成り立つ．

上記はつまらないまちがいの例であるが，初等函数の範囲内では，逆三角函数を不謹慎に使用してまちがいの生ずる場合がある．

［例 2］
$$\frac{d}{dx} \arctan \frac{1}{2}\left(1 - \frac{1}{x}\right) = \frac{2}{4x^2 + (x-1)^2}. \tag{3}$$

これから*
$$\int_{-1}^{1} \frac{2dx}{4x^2 + (x-1)^2} = \arctan \frac{1}{2}\left(1 - \frac{1}{x}\right)\bigg|_{-1}^{1} = 0 - \frac{\pi}{4} = -\frac{\pi}{4} \quad (\text{不合理})$$

とすれば，これもまちがいである．この場合，被積分函数は区間 $[-1, 1]$ において連続であるから積分可能であるが，積分の値は正でなければならない．まちがいの原因は右辺の計算にある．上記では $\arctan$ を主値の意味に取ったが，それならば $x = 0$ において $\text{Arctan} \frac{1}{2}\left(1 - \frac{1}{x}\right)$ は不連続だから，$x = 0$ において(3)は成り立たない．(3)を得るには $\arctan \frac{1}{2}\left(1 - \frac{1}{x}\right)$ が $x = 0$ において連続になるように $\arctan$ の値を取らねばならない．例えば次のグラフで点線で示したようにすればよい（主値は実線で画いた不連続線）．もしも上の方の連続線を取るならば，

$\arctan \frac{1}{2}\left(1 - \frac{1}{x}\right)$ は $x = 1$ のとき π, $x = -1$ のとき $\frac{\pi}{4}$ で，

---

* $F(x)\big|_{a}^{b}$ または $[F(x)]_{a}^{b}$ は $F(b) - F(a)$ の略記．

$$\int_{-1}^{1} \frac{2dx}{4x^2+(x-1)^2} = \pi - \frac{\pi}{4} = \frac{3}{4}\pi.$$

もしまた下の方の連続線を取るならば

$\arctan \frac{1}{2}\left(1-\frac{1}{x}\right)$ は $x=1$ のとき 0, また $x=-1$ のとき $-\frac{3}{4}\pi$ で,

$$\int_{-1}^{1} \frac{2dx}{4x^2+(x-1)^2} = 0 - \left(-\frac{3}{4}\pi\right) = \frac{3}{4}\pi$$

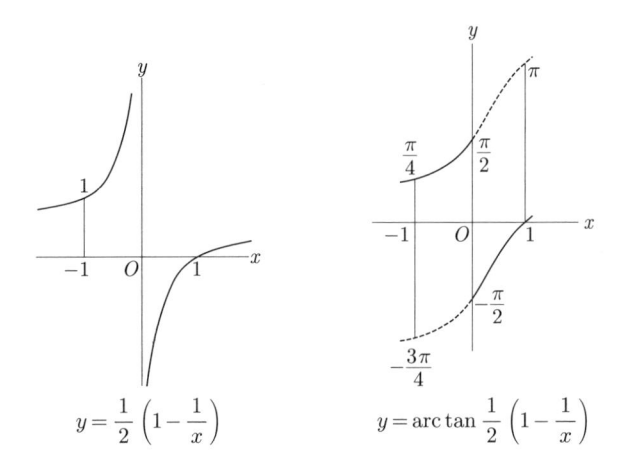

33. 積分の定義の拡張(広義積分*)

　これまでは有限区間において，有界なる函数に関して積分を考察したが，被積分函数または積分区間が有界でない場合にまで，積分の定義を拡張する必要がある．今ここでは簡明のために，被積分函数が有限区間内の有限個の点(かりにそれを特異点という)の近傍においてのみ有界でない場合**を考察する．

　積分の定義の拡張において，我々は積分函数の連続性と区間に関する加法性とを指導原理とする．それは妥当であろう．

　まず区間 $[a,b]$ の下の限界 a だけが特異点で，それを除けば $[a+\varepsilon, b]$ において $f(x)$ は有界かつ積分可能とする．もしも

$$\lim_{\varepsilon \to 0} \int_{a+\varepsilon}^{b} f(x)dx$$

が存在するならば，それを $\int_{a}^{b} f(x)dx$ の定義とする．すなわち

---

*　広義積分=intégrale généralisée, または変格積分=improper integral, uneigentliches Integral ともいう．

**　$f(x)$ が $x=a$ の近傍で有界でないというのは，a にどれほど近いところででも $|f(x)|$ がどれほどでも大なる値を取ることを意味する．すなわち $\overline{\lim_{x \to a}} |f(x)| = \infty$ である．それには必ずしも $\lim_{x \to a} |f(x)| = \infty$ なることを要しないから，'$x=a$ において $f(x)$ が無限大になる' と略言するのは，いささか明確を欠くであろう．例えば $x=0$ における $f(x) = 1 \big/ \sin \frac{1}{x}$.

$$\int_a^b f(x)dx = \lim_{\varepsilon \to 0} \int_{a+\varepsilon}^b f(x)dx. \tag{1}$$

ここで $\varepsilon \to 0$ はもちろん $\varepsilon \to +0$ の意味である．以下同様．b が特異点ならば同様に

$$\int_a^b f(x)dx = \lim_{\varepsilon' \to 0} \int_a^{b-\varepsilon'} f(x)dx \tag{2}$$

a も b も特異点ならば

$$\int_a^b f(x)dx = \lim_{\substack{\varepsilon \to 0 \\ \varepsilon' \to 0}} \int_{a+\varepsilon}^{b-\varepsilon'} f(x)dx \tag{3}$$

とする．

もしまた $[a,b]$ 内にただ一つの特異点 c があるときには

$$\int_a^b f(x)dx = \int_a^c f(x)dx + \int_c^b f(x)dx$$

とする．右辺の二つの積分は(1)および(2)の意味である．すなわち

$$\int_a^b f(x)dx = \lim_{\varepsilon \to 0} \int_a^{c-\varepsilon} f(x)dx + \lim_{\varepsilon' \to 0} \int_{c+\varepsilon'}^b f(x)dx \tag{4}$$

で，右辺の積分 $\int_a^{c-\varepsilon}$ および $\int_{c+\varepsilon'}^b$ は可能で，かつそれらの lim が存在するときに，上記の式によって $\int_a^b$ を定義するのである．

区間内に二個以上の特異点 $c_1 < c_2 < \cdots < c_k$ があるときも同様に

$$\int_a^b f(x)dx = \int_a^{c_1} + \int_{c_1}^{c_2} + \cdots + \int_{c_k}^b \tag{5}$$

とする．右辺の積分はもちろん(1), (2), (3)の意味である．

このような意味で $a<b$ なる任意の b に関して $[a,b]$ における積分が可能であるとき，もしも $\lim_{b \to \infty} \int_a^b f(x)dx$ が確定ならば，それを $\int_a^\infty f(x)dx$ の定義とする．すなわち

$$\int_a^\infty f(x)dx = \lim_{b \to \infty} \int_a^b f(x)dx, \tag{6}$$

同様に

$$\int_{-\infty}^b f(x)dx = \lim_{a \to -\infty} \int_a^b f(x)dx. \tag{7}$$

また

$$\int_{-\infty}^{+\infty} f(x)dx = \lim_{\substack{a \to -\infty \\ b \to +\infty}} \int_a^b f(x)dx. \tag{8}$$

上記の意味で，有限または無限区間において $f(x)$ の広義積分が可能ならば，その区間に含まれる区間 $[\alpha, \beta]$ においても $\int_\alpha^\beta f(x)dx$ は可能である．広義積分に関しても §31, (1) の規約を適

33. 積分の定義の拡張(広義積分)

用する．然らば α, β, γ を区間内の点とすれば

$$\int_\alpha^\beta f(x)dx = \int_\alpha^\gamma f(x)dx + \int_\gamma^\beta f(x)dx$$

は定義によって明白である．これは α, β が $\pm\infty$ でも成り立つ．

また積分の限界 x を変数とすれば，積分函数

$$F(x) = \int_a^x f(x)dx$$

は $[a,b]$ において連続である．x が特異点でないならば，それは定理 34 の通りであるが，$x=c$ が特異点ならば，$\varepsilon>0$ として，区間 $[c,d]$, $d>c+\varepsilon$，には c 以外の特異点がないとすれば

$$\int_a^c f(x)dx = \lim_{\varepsilon\to 0}\int_a^{c-\varepsilon}f(x)dx, \quad \int_a^{c+\varepsilon} = \int_a^c + \int_c^{c+\varepsilon} = \int_a^c + \left(\int_c^d - \int_{c+\varepsilon}^d\right)$$

だから，$\varepsilon\to 0$ のとき

$$F(c-\varepsilon)\to F(c), \quad F(c+\varepsilon)\to F(c).$$

実際，これらの性質を目標として広義積分が定義されたのであった．

[例 1] $0<x<1$ なるとき

$$\int_0^x \frac{dx}{\sqrt{1-x^2}} = \text{Arc}\sin x,$$

$\text{Arc}\sin$ は主値である．さて $x\to 1$ のとき $\text{Arc}\sin x \to \dfrac{\pi}{2}$．故に

$$\int_0^1 \frac{dx}{\sqrt{1-x^2}} = \frac{\pi}{2}.$$

同様に

$$\int_{-1}^1 \frac{dx}{\sqrt{1-x^2}} = \lim_{\varepsilon\to 0,\,\varepsilon'\to 0}\int_{-1+\varepsilon}^{1-\varepsilon'} \frac{dx}{\sqrt{1-x^2}} = \pi.$$

[例 2] $x>0$ のとき

$$\int_0^x \frac{dx}{1+x^2} = \text{Arc}\tan x.$$

故に

$$\int_0^\infty \frac{dx}{1+x^2} = \lim_{x\to\infty}\text{Arc}\tan x = \frac{\pi}{2}.$$

同様に

$$\int_{-\infty}^0 \frac{dx}{1+x^2} = \frac{\pi}{2}, \quad \int_{-\infty}^\infty \frac{dx}{1+x^2} = \pi.$$

[注意] 上記(4)のように，広義の積分が lim の和として定義されるとき，それらの lim はもちろん各別に存在することを要する．すなわち(4)の右辺において変数 $\varepsilon, \varepsilon'$ は互に独立である．例えば $[-1,+1]$ 内で，$x=0$ において $\dfrac{1}{x}$ は不連続で

$$\int_{-1}^{-\varepsilon}\frac{dx}{x} = \log\varepsilon, \quad \int_{\varepsilon'}^1 \frac{dx}{x} = -\log\varepsilon'.$$

ここで $\varepsilon = \varepsilon'$ とすれば
$$\int_{-1}^{-\varepsilon} \frac{dx}{x} + \int_{\varepsilon}^{1} \frac{dx}{x} = 0$$
になるけれども
$$\int_{-1}^{1} \frac{dx}{x}$$
は 0 を意味しない．それは $\lim_{\varepsilon \to 0} \log \varepsilon - \lim_{\varepsilon' \to 0} \log \varepsilon' = \lim_{\varepsilon \to 0, \varepsilon' \to 0} \log \frac{\varepsilon}{\varepsilon'}$ であるべきだが，この極限は存在しない．故に $\int_{-1}^{1} \frac{dx}{x}$ は無意味である．それは収束しない（発散する）．

上記(4)において $\int_a^b$ は収束しなくても，もしも右辺の独立変数 $\varepsilon, \varepsilon'$ の間に特別の関係をつけるならば，上の例のように極限値が存在することもある．特に $\varepsilon = \varepsilon'$ とするときの極限値を Cauchy は $\int_a^b$ の主値 (valeur principale) と名づけた．Cauchy は虚数積分の考察（解析函数論の前身）において，そのような極限値に遭遇したのであった．現今でも，文献において，積分の主値なる語が上記の意味で，おりおり，用いられる．

広義積分の収束に関して Cauchy の判定法が，もちろん，適用される．例えば
$$F(x) = \int_a^x f(x) dx$$
と書くとき，
$$\int_a^\infty f(x) dx = \lim_{x \to \infty} F(x)$$
が存在するための条件は，任意の $\varepsilon > 0$ に対して十分大なる $p, q\ (p < q)$ を取れば
$$|F(q) - F(p)| < \varepsilon,$$
すなわち
$$\left| \int_p^q f(x) dx \right| < \varepsilon.$$

同様に $x = a$ が特異点であるとき広義積分 $\int_a^b f(x) dx$ が収束するための条件は，a に十分近く p, q を取るとき $(a < p < q)$
$$\left| \int_p^q f(x) dx \right| < \varepsilon.$$

広義積分では $\int_a^b f(x) dx$ が収束しても，$\int_a^b |f(x)| dx$ は必ずしも収束しないが，もしも $\int_a^b |f(x)| dx$ も収束すれば，
$$\left| \int_a^b f(x) dx \right| \leqq \int_a^b |f(x)| dx.$$

この場合に $\int_a^b f(x) dx$ は絶対収束をするという．

積分区間が有界でない場合も同様である．

［例］* $\int_0^\infty \frac{\sin x}{x} dx$ は収束する．

$$\int_p^q \frac{\sin x}{x} dx = \left.\frac{-\cos x}{x}\right|_p^q - \int_p^q \frac{\cos x}{x^2} dx.$$

故に

$$\left|\int_p^q \frac{\sin x}{x} dx\right| \leq \frac{1}{p} + \frac{1}{q} + \int_p^q \frac{dx}{x^2} = \frac{1}{p} + \frac{1}{q} + \frac{1}{p} - \frac{1}{q} = \frac{2}{p} \to 0.$$

しかし $\int_0^\infty \frac{|\sin x|}{x} dx$ は収束しない．実際

$$\int_{n\pi}^{(n+1)\pi} \frac{|\sin x|}{x} dx = \int_0^\pi \frac{\sin x}{n\pi + x} dx > \frac{1}{(n+1)\pi} \int_0^\pi \sin x \, dx = \frac{2}{(n+1)\pi} > \frac{2}{\pi} \int_{n+1}^{n+2} \frac{dx}{x}$$

故に

$$\int_0^{n\pi} \frac{|\sin x|}{x} dx > \frac{2}{\pi} \int_1^{n+1} \frac{dx}{x} = \frac{2}{\pi} \log(n+1) \to \infty.$$

次の定理はしばしば応用される．

定理 36．(1°) 区間 $(a,b]$ において $f(x)$ は連続で，$x \to a$ のとき $f(x)$ は限りなく大なる値をも取るが，しかし $0 < \alpha < 1$ なる或る指数 α に関して $(x-a)^\alpha |f(x)|$ が有界ならば $\int_a^b f(x) dx$ は収束する (絶対収束)．

(2°) 区間 $[a,\infty)$ において $f(x)$ は連続で，しかも $\alpha > 1$ なる或る指数に関して $x^\alpha |f(x)|$ が有界ならば $\int_a^\infty f(x) dx$ は収束する (同上)．

［注意］応用上しばしば遭遇するのは

$$\lim_{x \to a}(x-a)^\alpha f(x) = l \quad \text{あるいは} \quad \lim_{x \to \infty} x^\alpha f(x) = l$$

なる極限値 (有限) が存在する場合である．そのとき $(x-a)^\alpha |f(x)|$ あるいは $x^\alpha |f(x)|$ は有界だから，定理は当てはまる．

［証］(1°) 仮定によって a の近傍で $(x > a)$

$$(x-a)^\alpha |f(x)| < M$$

なる定数 M があるが，問題の積分の収束性は a の近傍だけに関するのだから，すでに $(a,b]$ において上の不等式が成り立つとみて証明をすればよい．然らば

$$\int_{a+\varepsilon}^b |f(x)| dx < M \int_{a+\varepsilon}^b \frac{dx}{(x-a)^\alpha} = M \left.\frac{(x-a)^{1-\alpha}}{1-\alpha}\right|_{a+\varepsilon}^b = \frac{M}{1-\alpha}\{(b-a)^{1-\alpha} - \varepsilon^{1-\alpha}\}.$$

仮定によって $1 - \alpha > 0$ だから

$$\int_{a+\varepsilon}^b |f(x)| dx < \frac{M(b-a)^{1-\alpha}}{1-\alpha}.$$

ε が減少すれば積分区間が増大し，被積分函数 $|f(x)| \geq 0$ だから，左辺の積分は単調に増大するが，それが有界だから，$\varepsilon \to 0$ のときに収束する．故に $\int_a^b f(x) dx$ は絶対収束をする．

---

* ここの計算で，部分積分および変数の変換を用いる (§ 34, 35 参照)．

(2°) 仮定によって，十分大なる x に関して
$$x^\alpha |f(x)| < M.$$
故に
$$\int_a^x |f(x)|dx < M \int_a^x \frac{dx}{x^\alpha} = \frac{-M}{\alpha-1} \frac{1}{x^{\alpha-1}} \Big|_a^x < \frac{M}{\alpha-1} \frac{1}{a^{\alpha-1}}.$$
ここで仮定 $\alpha > 1$ を用いた．さて左辺の積分は x と共に単調に増大するが，それが有界だから収束する．

Cauchy の収束条件よりも簡単に，有界なる単調函数の収束性を用いて証明ができたのである．

［注意］ もしも，a に十分近い $x>a$ で，函数 $f(x)$ が一定の符号を有して，かつ，或る指数 $\alpha \geqq 1$ に関して $(x-a)^\alpha |f(x)| > m > 0$ なる一定の m があるならば，$\int_a^b f(x)dx$ は収束しない（$\pm\infty$ に発散する）．$\lim_{x \to a}(x-a)^\alpha f(x) = l \neq 0.\ \alpha \geqq 1$ なる場合が，その一例である．

前のように仮定が $(a,b]$ において成り立つとして証明すればよい．ついでに $0 < \varepsilon < b-a < 1$ とし，かつ $f(x) \geqq 0$ とすれば
$$\int_{a+\varepsilon}^b f(x)dx > m \int_{a+\varepsilon}^b \frac{dx}{(x-a)^\alpha} \geqq m \int_{a+\varepsilon}^b \frac{dx}{x-a} = m \log \frac{b-a}{\varepsilon} \to \infty.$$
同じように，十分大なる x に関して $f(x)$ が一定の符号を有して，かつ指数 $\alpha \leqq 1$ に関して $x^\alpha |f(x)| > m > 0$ ならば，例えば $\lim_{x \to \infty} x^\alpha f(x) = l \neq 0$ ならば，$\int_a^\infty f(x)dx$ は $\pm\infty$ に発散する．

上記の極限値が $l=0$ なるときには，一般的な断言はできない．

［例 1］ $f(x) = P(x)/Q(x)$ は有理函数で，P, Q は共通因子を有しない多項式とする．然らば，$Q(x)$ の根 x_0 を含む（または一端とする）区間において $\int_a^b f(x)dx$ は収束しない．

x_0 を Q の k 重根 $(k \geqq 1)$ とすれば
$$\lim_{x \to x_0}(x-x_0)^k f(x) = l \neq 0.$$
上の注意参照．

もしも P, Q を m 次，n 次とすれば，$m < n-1$ すなわち $m \leqq n-2$ なるときに限って $\int_a^\infty f(x)dx$ は収束する．ただし，$[a,\infty)$ において $Q \neq 0$ とすることはもちろんである．$\int_{-\infty}^a f(x)dx$ も同様．

［例 2］ $f(x) = P(x)/\sqrt{R(x)}$, P, R は前のように，共通因子を有しない多項式で，R は複根を有しないとする．この場合 $\int_a^b f(x)dx$ は $R \geqq 0$ なる任意の有限区間 $[a,b]$ において収束する．

定理 36 の指数 α がここでは $\frac{1}{2}$ である．

P が m 次，R が n 次ならば，$m < \frac{n}{2} - 1$ が無限区間に関する収束条件である．（もちろん $R \geqq 0$ を仮定する．）

［例 3］ $p > 0, q > 0$ とすれば
$$B(p,q) = \int_0^1 x^{p-1}(1-x)^{q-1}dx$$

は絶対収束をする(定理 36(1°))．故に $B(p,q)$ は区域 $p>0, q>0$ において，p,q の函数である．これを Euler のベータ函数という．

[例 4] $s>0$ ならば
$$\Gamma(s) = \int_0^\infty e^{-x} x^{s-1} dx \qquad (s>0)$$
は絶対に収束する．$s<1$ ならば被積分函数 $f(x)=e^{-x}x^{s-1}$ は $x\to 0$ のとき無限大になるが，$s>0$ ならば $x^{1-s}f(x)=e^{-x}\to 1$．また x が十分大なるとき $e^{-x}x^{s-1}<\dfrac{1}{x^2}$ (すなわち $x^{s+1}<e^x$) だから，積分の上の限界 ∞ に関しても収束する．故に $\Gamma(s)$ は区間 $s>0$ において定義される s の函数で，それを Euler のガンマ函数という．

本来の意味での積分に関する諸定理は，そのままでは広義積分に適用されないから，一々検討を要する．例えば §31 で述べた積分の性質のうちで (1°), (2°), (3°), (4°) は広義積分にも当てはまるが，(5°) は違う．すなわち収束する広義積分は必ずしも絶対収束をしない (115 頁 [例]，参照)．

広義積分には (6°) も適用されない．例えば
$$\int_{-1}^1 \frac{dx}{\sqrt[3]{x}}, \quad \int_{-1}^1 \frac{dx}{\sqrt[3]{x^2}}$$
は収束する (定理 36)．しかし被積分函数の積を取れば $\int_{-1}^1 \dfrac{dx}{x}$ は収束しない．

微分積分法の基本公式 (109 頁) は，$f(x)$ の不連続点が有限個なる区間において，次のように，広義積分にまで拡張される．

定理 37. 区間 $[a,b]$ において，$f(x)$ の不連続点が有限個であるとき，$[a,b]$ で連続な函数 $F(x)$ があって，有限個の点を除いては，$F(x)$ は微分可能で，しかも $F'(x)=f(x)$ とする．然らば，区間 $[a,b]$ で $f(x)$ の広義積分が可能で
$$\int_a^b f(x)dx = F(b) - F(a). \tag{9}$$

[証] 仮定により区間 $[a,b]$ を有限個の区間に分割し，各区間の内部において $f(x)$ は連続，$F(x)$ は微分可能で $F'(x)=f(x)$ ならしめることができる．それらの区間を
$$[x_{i-1}, x_i], \quad i=1,2,\cdots,n, \quad \text{ただし} \quad a=x_0, \quad b=x_n,$$
とすれば，任意の十分小なる $\varepsilon > 0, \varepsilon' > 0$ に対し
$$\int_{x_{i-1}+\varepsilon}^{x_i - \varepsilon'} f(x)dx = F(x_i - \varepsilon') - F(x_{i-1}+\varepsilon), \quad i=1,2,\cdots,n.$$

$F(x)$ は $[a,b]$ において連続だから，$\varepsilon \to 0, \varepsilon' \to 0$ のとき右辺，従って左辺の極限が存在する．すなわち $f(x)$ は $[x_{i-1},x_i]$ において広義積分可能で，

$$\int_{x_{i-1}}^{x_i} f(x)dx = F(x_i) - F(x_{i-1}), \qquad i = 1, 2, \cdots, n.$$

これらの等式を加えて(9)を得る．

［例1］ $[-1, +1]$ において $F(x) = \dfrac{1}{x}, f(x) = \dfrac{-1}{x^2}$ とすれば，$x=0$ だけを除いて $F'(x) = f(x)$．しかし

$$\int_{-1}^{1} f(x)dx = -\int_{-1}^{1} \frac{dx}{x^2} \neq F(1) - F(-1) = 2.$$

左辺の積分は収束しない．$F(x)$ は連続でないからである．

［例2］ $[-1, +1]$ において $F(x) = 3\sqrt[3]{x}, f(x) = \dfrac{1}{\sqrt[3]{x^2}}$ とすれば，$x=0$ を除いて $F'(x) = f(x)$．ここでは

$$\int_{-1}^{1} f(x)dx = \int_{-1}^{1} \frac{dx}{\sqrt[3]{x^2}} = F(1) - F(-1) = 6.$$

［附記］ 連続函数の積分を和の極限値として基本的考察を試みたのは Cauchy(1823) であろう[*]．連続性を仮定しないで，積分可能の条件を確定したのは Riemann(1854) である[**]．故に本章で述べた意味においての積分を今は Riemann 積分といっている．

広義積分を定義するに際して，我々は，いわゆる特異点が有限区間内に無数にある場合を放棄した．Riemann の立場において，この場合を取り上げるのは労多く効少いであろうから，それは Lebesgue 積分論に委譲するのが適当であろう．

もしも初めから不連続点が無数にある場合を放棄することに決心するならば，積分の理論は簡明である．その立場において，まず考察を連続函数に限定するならば，すでに 100 頁［挿記］に述べたように，原始函数の存在が証明されて，同時に $S=s$ が得られる．よってまず $S(a,b)$ をもって積分の定義とするならば，S に関して平均値の定理[***]が成り立つから，区間 (a,b) の任意の分割 Δ に関して

$$S(a,b) = \sum_{i=1}^{n} S(x_{i-1}, x_i) = \sum_{i=1}^{n} f(\xi_i^0)(x_i - x_{i-1}),$$

ただし ξ_i^0 は $[x_{i-1}, x_i]$ において<u>適当に</u>選ばれた値である．

よって<u>任意の</u> ξ_i に関する和

$$\Sigma_\Delta = \sum_{i=1}^{n} f(\xi_i)(x_i - x_{i-1})$$

と比較するならば，

$$S(a,b) - \Sigma_\Delta = \sum_{i=1}^{n} (f(\xi_i^0) - f(\xi_i))(x_i - x_{i-1}).$$

---

[*]   Resumé des leçons sur le calcul infinitésimal.
[**] 論文集, 239 頁．
[***] $S(a,x)$ が原始函数であるから，$\dfrac{d}{dx} S(a,x) = f(x)$．従って $S(a,x) = S(a,x) - S(a,a) = (x-a)f(\xi)$．ただし，$a < \xi < x$．これは微分法の平均値の定理そのものである．

従って連続の一様性から
$$\lim_{\delta \to 0} \Sigma_\Delta = S(a, b)$$
が得られて，和の極限として積分の意味が確定する．

さて不連続点がある場合に，積分の意味を拡張するには，本節で広義積分を定義したのと全く同様の方法によるべきである．すなわち，例えば $[a,b]$ の上端 b のみが不連続点ならば
$$\int_a^b f(x)dx = \lim_{\varepsilon \to 0} \int_a^{b-\varepsilon} f(x)dx$$
と置くのであるが，$f(x)$ が有界ならば，この lim は必ず存在する．それは Cauchy の判定法と平均値の第一定理とによって明白である．

もしも $f(x)$ が有限個数の不連続点を有して積分可能であり，そうして有限個の点を除いて $F'(x) = f(x)$ で，かつ $F(x)$ が連続ならば，(9) のように，
$$\int_a^b f(x)dx = F(b) - F(a)$$
だから，その意味において微分法と積分法との相互的の逆関係が成立する．

§30 に述べた一般の Riemann 積分法からの，これより以上の収穫は，$f(x)$ が有界ならば，無数の不連続点があっても積分可能でありうるということの認識であるが，Riemann 積分法は積分論を終結させるのではない．20 世紀に入って，Lebesgue 積分論が出現してからは，Riemann 積分は中間的の存在になってしまった．ここでは，しばらく伝統に従って，Riemann 積分論を比較的に重く取扱ったのである．

以上積分の理論をのべたが，以下 §§ 34-38 において積分の計算法を説明する．

34. 積分変数の変換

変数を適当に変換して，積分の計算を単純化しうる場合が，しばしば生ずる．すなわち被積分函数 $f(x)$ において $x = \varphi(t)$ と置いて，x に関する積分を新変数 t に関する積分に変形するのである．今応用上重要な場合として次の仮定をする．

(1°)　積分区間 $a \leqq x \leqq b$ を含む区間 $c \leqq x \leqq d$ において $f(x)$ は連続．

(2°)　$\varphi(t)$ および $\varphi'(t)$ は $[\alpha, \beta]$ で連続で，t が α から β まで変動するとき $c \leqq \varphi(t) \leqq d$，かつ $\varphi(\alpha) = a$, $\varphi(\beta) = b$.

然らば
$$\int_a^b f(x)dx = \int_\alpha^\beta f[\varphi(t)]\varphi'(t)dt. \tag{1}$$
すなわち左辺における原変数 x を新変数 t で表わし，また微分 dx を $\varphi'(t)dt$ で，また積分の限界 a, b を α, β で置き換えて右辺を得るのである．(1) を置換積分法という．

次に (1) の証明をする．今

$$F(x) = \int_a^x f(x)dx$$

と置けば

$$\frac{d}{dt}F(x) = \frac{d}{dx}F(x) \cdot \frac{dx}{dt} = f(x) \cdot \frac{dx}{dt} = f[\varphi(t)]\varphi'(t).$$

すなわち変数 t に関して $F[\varphi(t)]$ は $f[\varphi(t)]\varphi'(t)$ の原始函数であるが，仮定によって $\alpha \leqq t \leqq \beta$ において $f[\varphi(t)]$ は連続，また $\varphi'(t)$ も連続だから

$$F[\varphi(\beta)] - F[\varphi(\alpha)] = \int_\alpha^\beta f[\varphi(t)]\varphi'(t)dt.$$

左辺は $F(b) - F(a)$ すなわち $\int_a^b f(x)dx$ に等しいから，(1) を得る．

等式 (1) は $f(x)$ および $\varphi'(t)$ の連続性の代りに積分可能性と $\varphi(t)$ の単調性を仮定しても証明されるけれども，それは応用上の興味に乏しいから，ここでは述べない．

それよりも実際の計算において重要なのは仮定 ($2°$) である．すなわち $f(x)$ が連続である x の区間と t に関する区間 $[\alpha, \beta]$ とにおける x と t との対応に注意することが大切である．

$f(x)$ が不連続な場合，また特に広義積分にも，適当な注意をもって公式 (1) を適用することができる．

例えば 116 頁, [例 3] において，変換 $x = \sin^2 t$ を行えば

$$\int_0^1 x^{p-1}(1-x)^{q-1}dx = 2\int_0^{\frac{\pi}{2}} (\sin t)^{2p-1}(\cos t)^{2q-1}dt. \quad (p > 0, q > 0)$$

詳しくいえば

$$\int_\varepsilon^{1-\varepsilon'} x^{p-1}(1-x)^{q-1}dx = 2\int_\eta^{\frac{\pi}{2}-\eta'} (\sin t)^{2p-1}(\cos t)^{2q-1}dt,$$
$$\varepsilon = \sin^2 \eta, \quad 1 - \varepsilon' = \cos^2 \eta'$$

で，$p < \dfrac{1}{2}$ または $q < \dfrac{1}{2}$ ならば，右辺の $\int_0^{\frac{\pi}{2}}$ は広義積分であるが，$p > 0, q > 0$ のときそれは収束する．よって $\eta \to 0, \eta' \to 0$ なる極限へ行って前掲の等式が得られる．

同様に 117 頁, [例 4] において，変換 $x = -\log t$ を行えば

$$\int_0^\infty e^{-x}x^{s-1}dx = \int_0^1 \left(\log \frac{1}{t}\right)^{s-1} dt. \quad (s > 0)$$

ここでは積分区間が左辺の無限区間から右辺の有限区間に変換されている．

また変換 $x = \sqrt{t}$ によって

$$\int_0^x \sin(x^2)dx = \frac{1}{2}\int_0^t \frac{\sin t}{\sqrt{t}}dt.$$

$t \to \infty$ のとき

34. 積分変数の変換

$$\int_0^\infty \sin(x^2)dx = \frac{1}{2}\int_0^\infty \frac{\sin t}{\sqrt{t}}dt.$$

ここでは左辺または右辺の広義積分が収束するとき，他の一辺も収束して，この等式が成り立つのであるが，収束性を見るのに右辺の方が容易であろう．

次に掲げるのは変数変換法の例として，しばしば引用されるものである．

[例 1] $\displaystyle\int_0^\pi \frac{x\sin x\, dx}{1+\cos^2 x} = \frac{\pi^2}{4}$.

[解] この積分を $\displaystyle\int_0^\pi = \int_0^{\frac{\pi}{2}} + \int_{\frac{\pi}{2}}^\pi$ と分割して，変換 $x = \pi - t$ を最後の積分に行えば

$$\int_{\frac{\pi}{2}}^\pi \frac{x\sin x\,dx}{1+\cos^2 x} = -\int_{\frac{\pi}{2}}^0 \frac{(\pi-t)\sin t\,dt}{1+\cos^2 t}$$

$$= -\int_0^{\frac{\pi}{2}} \frac{t\sin t\,dt}{1+\cos^2 t} + \pi\int_0^{\frac{\pi}{2}} \frac{\sin t\,dt}{1+\cos^2 t}.$$

これを上の等式へ入れて

$$\int_0^\pi \frac{x\sin x\,dx}{1+\cos^2 x} = \pi\int_0^{\frac{\pi}{2}} \frac{\sin t\,dt}{1+\cos^2 t} = \pi\Big[-\arctan(\cos t)\Big]_0^{\frac{\pi}{2}} = \frac{\pi^2}{4}.$$

[例 2] $\displaystyle\int_0^1 \frac{\log(1+x)}{1+x^2}dx = \frac{\pi}{8}\log 2$.

[解] $x = \tan\theta$ と置けば $0 \leqq x \leqq 1$ に $0 \leqq \theta \leqq \frac{\pi}{4}$ が対応する．さて

$$\frac{dx}{1+x^2} = d\theta$$

だから

$$\int_0^1 \frac{\log(1+x)dx}{1+x^2} = \int_0^{\frac{\pi}{4}} \log(1+\tan\theta)d\theta$$

$$= \int_0^{\frac{\pi}{4}} \log\frac{\sqrt{2}\cos\left(\frac{\pi}{4}-\theta\right)}{\cos\theta}d\theta$$

$$= \log\sqrt{2}\int_0^{\frac{\pi}{4}} d\theta + \int_0^{\frac{\pi}{4}}\log\cos\left(\frac{\pi}{4}-\theta\right)d\theta - \int_0^{\frac{\pi}{4}}\log\cos\theta\,d\theta.$$

第二の積分において $\frac{\pi}{4}-\theta = \varphi$ とすれば $\displaystyle\int_0^{\frac{\pi}{4}} \log\cos\varphi\,d\varphi$ を得て第三の積分と消しあう．よって標記の結果を得る．

[例 3] $\displaystyle\int_0^{\frac{\pi}{2}} \log\sin\theta\,d\theta = -\frac{\pi}{2}\log 2$. (Euler)

被積分函数は $\theta \to 0$ のとき $-\infty$ になるが，$\theta^\alpha \log\sin\theta = \theta^\alpha\log\theta + \theta^\alpha\log\frac{\sin\theta}{\theta} \to 0\,(\alpha>0)$ だから，積分は収束する(定理 36)．この積分を I とすれば θ を $\pi - \theta$ に，また $\frac{\pi}{2} - \theta$ に変換して

$$I = \int_{\frac{\pi}{2}}^\pi \log\sin\theta\,d\theta, \quad I = \int_0^{\frac{\pi}{2}} \log\cos\theta\,d\theta.$$

故に
$$2I = \int_0^\pi \log\sin\theta\, d\theta.$$

ここで $\theta = 2\varphi$ とすれば
$$I = \int_0^{\frac{\pi}{2}} \log\sin 2\varphi\, d\varphi = \int_0^{\frac{\pi}{2}} \log(2\sin\varphi\cos\varphi) d\varphi$$
$$= \int_0^{\frac{\pi}{2}} \log 2\, d\varphi + \int_0^{\frac{\pi}{2}} \log\sin\varphi\, d\varphi + \int_0^{\frac{\pi}{2}} \log\cos\varphi\, d\varphi,$$

従って
$$I = \frac{\pi}{2}\log 2 + 2I.$$

よって標記の結果を得る．

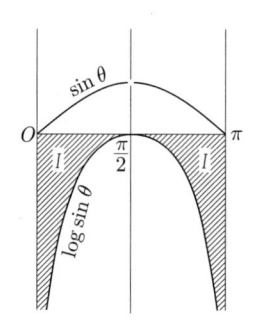

35. 積の積分（部分積分または因子積分）

この方法はしばしば応用される．区間 $[a,b]$ において x の二つの函数 u,v が微分可能で，u',v' が連続ならば
$$\frac{d(uv)}{dx} = uv' + u'v,$$

従って
$$[uv]_a^b = \int_a^b uv'\, dx + \int_a^b u'v\, dx,$$

すなわち
$$\int_a^b uv'\, dx = [uv]_a^b - \int_a^b u'v\, dx. \tag{1}$$

または不定積分として簡明に書けば
$$\int u\, dv = uv - \int v\, du. \tag{2}$$

上記(1)を部分積分法という．

[例 1]　$\int \sqrt{1-x^2}\, dx$.

35. 積の積分(部分積分または因子積分)

(2)において $u = \sqrt{1-x^2}$, $v = x$ とすれば

$$\int \sqrt{1-x^2}\,dx = x\sqrt{1-x^2} + \int \frac{x^2}{\sqrt{1-x^2}}\,dx.$$

今明確のために積分の下の限界を 0 とする．そのとき $|x| \leq 1$ ならば $[0, x]$ において最後の積分は収束する．よって

$$\int_0^x \sqrt{1-x^2}\,dx = x\sqrt{1-x^2}\Big|_0^x - \int_0^x \frac{1-x^2}{\sqrt{1-x^2}}\,dx + \int_0^x \frac{dx}{\sqrt{1-x^2}}$$

$$= x\sqrt{1-x^2} - \int_0^x \sqrt{1-x^2}\,dx + \text{Arc}\sin x.$$

右辺の積分を左辺に移して，2 で割って

$$\int_0^x \sqrt{1-x^2}\,dx = \frac{1}{2}(x\sqrt{1-x^2} + \text{Arc}\sin x).$$

同様の方法で $\int \sqrt{x^2-1}\,dx$, $\int \sqrt{x^2+1}\,dx$ が得られる．（98 頁の表参照．）

一般に

$$\int f(x)dx = xf(x) - \int xf'(x)dx.$$

それを用いて

$$\int \text{Arc}\tan x\,dx = x\,\text{Arc}\tan x - \log\sqrt{1+x^2},$$

$$\int \text{Arc}\sin x\,dx = x\,\text{Arc}\sin x + \sqrt{1-x^2},$$

$$\int \log x\,dx = x\log x - x.$$

[例 2] $\int e^{mx} x^n dx$.

$$u = x^n, \quad v = \frac{1}{m}e^{mx},$$

$$\int e^{mx} x^n dx = \frac{1}{m}e^{mx}x^n - \frac{n}{m}\int e^{mx}x^{n-1}dx.$$

これは，いわゆる，簡約公式である．特に n が自然数ならば，この公式を x の指数が 0 になるまで繰り返して，不定積分ができる．よって $f(x)$ が多項式ならば $\int e^{mx} f(x)dx$ が求められる．例えば $f(x)$ を n 次の多項式とすれば

$$\int e^{-x} f(x)dx = -e^{-x}\{f(x) + f'(x) + \cdots + f^{(n)}(x)\}.$$

また変数の変換 $e^x = t$ によって

$$\int t^m (\log t)^n dt$$

の簡約公式を得る．

[注意] 上記の積分において，m に 1 を，n に $1-n$ を代用すれば

$$\int \frac{e^x dx}{x^n} = \frac{-e^x}{(n-1)x^{n-1}} + \frac{1}{n-1}\int \frac{e^x dx}{x^{n-1}}.$$

n が自然数ならば，これを繰り返して $\int \dfrac{e^x}{x}dx$，または変数を換えて $\int \dfrac{dx}{\log x}$ に達する．
$$\mathrm{Li}(x) = \int \frac{dx}{\log x}$$
は対数積分(logarithmic integral) と称せられる高等函数である．

［例 3］
$$I_1 = \int e^{px}\cos qx\,dx, \quad I_2 = \int e^{px}\sin qx\,dx$$
とすれば，
$$I_1 = \frac{1}{q}\int e^{px}d(\sin qx) = \frac{1}{q}e^{px}\sin qx - \frac{p}{q}I_2,$$
$$I_2 = -\frac{1}{q}\int e^{px}d(\cos qx) = -\frac{1}{q}e^{px}\cos qx + \frac{p}{q}I_1,$$
すなわち
$$qI_1 + pI_2 = e^{px}\sin qx,$$
$$pI_1 - qI_2 = e^{px}\cos qx.$$
故に
$$I_1 = e^{px}\frac{p\cos qx + q\sin qx}{p^2+q^2},$$
$$I_2 = e^{px}\frac{p\sin qx - q\cos qx}{p^2+q^2}.$$

［注意］　上記の不定積分は複素変数を用いて簡単に計算される．すなわち
$$I_1 + iI_2 = \int e^{(p+iq)x}dx = \frac{e^{(p+iq)x}}{p+iq}$$
$$= \frac{(p-iq)e^{(p+iq)x}}{p^2+q^2},$$
実部と虚部とに分ければ，上記の結果を得る（§ 54）.

例 2, 3 の方法によって $\alpha, \beta, \gamma, \cdots$ を任意の定数とするとき
$$x,\ e^{\alpha x},\ \cos\beta x,\ \sin\gamma x,\ e^{\alpha_1 x},\ \cos\beta_1 x,\ \sin\gamma_1 x,\ \cdots$$
の多項式 P の不定積分
$$\int P(x,\ e^{\alpha x},\ \cos\beta x,\ \sin\gamma x,\ \cdots)dx$$
ができる．計算の実行は面倒であるが，不定積分ができることの認識が大切である．

［例 4］　$\Gamma(s+1) = s\Gamma(s)$. また n を自然数とすれば，$\Gamma(n) = (n-1)!$.
$$\Gamma(s) = \int_0^\infty e^{-x}x^{s-1}dx \qquad (s>0)$$
が収束することは前に述べた(117 頁)．さて
$$\frac{d}{dx}(e^{-x}x^s) = -e^{-x}x^s + se^{-x}x^{s-1}$$
から
$$\left[e^{-x}x^s\right]_\varepsilon^l = -\int_\varepsilon^l e^{-x}x^s dx + s\int_\varepsilon^l e^{-x}x^{s-1}dx.$$

$\varepsilon \to 0, l \to \infty$ のとき左辺は 0 になるから
$$\Gamma(s+1) = s\Gamma(s).$$
特に $s=n$ が自然数ならば
$$\Gamma(n) = (n-1)\Gamma(n-1) = (n-1)(n-2)\Gamma(n-2) = \cdots = (n-1)(n-2)\cdots 2 \cdot \Gamma(1).$$
さて
$$\Gamma(1) = \int_0^\infty e^{-x}dx = -e^{-x}\Big|_0^\infty = 1$$
だから，$\Gamma(n) = (n-1)!$.

［注意］ Gauss の記号 $\Pi(s)$ は $\Gamma(s+1)$ を表わす．$\Pi(n) = n!$.

［例 5］ Wallis の公式．n を自然数として
$$S_n = \int_0^{\frac{\pi}{2}} \sin^n x \, dx$$
と置けば
$$S_n = -\sin^{n-1} x \cos x \Big|_0^{\frac{\pi}{2}} + (n-1)\int_0^{\frac{\pi}{2}} \sin^{n-2} x \cos^2 x \, dx$$
$$= (n-1)\int_0^{\frac{\pi}{2}} \sin^{n-2} x \, dx - (n-1)\int_0^{\frac{\pi}{2}} \sin^n x \, dx.$$
故に
$$S_n = \frac{n-1}{n} S_{n-2}, \qquad (n \geqq 2)$$
また
$$S_0 = \frac{\pi}{2}, \quad S_1 = 1.$$
そこで n が偶数と奇数との場合を区別して
$$S_{2n} = \frac{2n-1}{2n} \frac{2n-3}{2n-2} \cdots \frac{1}{2} \frac{\pi}{2}, \tag{1}$$
$$S_{2n+1} = \frac{2n}{2n+1} \frac{2n-2}{2n-1} \cdots \frac{2}{3}. \tag{2}$$
故に
$$\frac{\pi}{2} \frac{S_{2n+1}}{S_{2n}} = \frac{2 \cdot 2}{1 \cdot 3} \frac{4 \cdot 4}{3 \cdot 5} \cdots \frac{2n \cdot 2n}{(2n-1)(2n+1)}. \tag{3}$$
さて $0 < x < \frac{\pi}{2}$ ならば $0 < \sin^{2n+1} x < \sin^{2n} x < \sin^{2n-1} x$，従って
$$0 < S_{2n+1} < S_{2n} < S_{2n-1},$$
$$1 < \frac{S_{2n}}{S_{2n+1}} < \frac{S_{2n-1}}{S_{2n+1}} = \frac{2n+1}{2n},$$
故に
$$\lim_{n \to \infty} \frac{S_{2n+1}}{S_{2n}} = 1. \tag{4}$$
従って (3) から

$$\frac{\pi}{2} = \prod_{n=1}^{\infty} \frac{2n \cdot 2n}{(2n-1)(2n+1)}. \tag{5}$$

あるいは
$$\frac{2}{\pi} = \prod_{n=1}^{\infty} \left(1 - \frac{1}{(2n)^2}\right). \tag{6}$$

これが **Wallis** の公式である．これを次のように変形することができる．(1), (2) から
$$S_{2n} S_{2n+1} = \frac{\pi}{4n+2},$$
$$S_{2n+1} \sqrt{\frac{S_{2n}}{S_{2n+1}}} = \sqrt{\frac{\pi}{4n+2}}.$$

故に (4) によって
$$\frac{\sqrt{\pi}}{2} = \lim_{n \to \infty} \sqrt{n}\, S_{2n+1}. \tag{7}$$

さて (2) から
$$S_{2n+1} = \frac{2^{2n}(n!)^2}{(2n+1)!},$$

故に
$$\sqrt{\pi} = \lim \frac{2^{2n}(n!)^2}{\sqrt{n}\,(2n)!}. \tag{8}$$

二項係数を用いるならば，これは次のようにも書かれる．
$$\binom{2n}{n} \sim \frac{2^{2n}}{\sqrt{n\pi}} \quad \text{または} \quad (-1)^n \binom{-\frac{1}{2}}{n} \sim \frac{1}{\sqrt{n\pi}}.$$

$\sim$ は '漸近する' の略記で，$a_n \sim b_n$ は $\lim_{n \to \infty} \frac{a_n}{b_n} = 1$ を意味する．

[例 6]
$$\int_{-\infty}^{\infty} e^{-x^2} dx = \sqrt{\pi}.$$

これは部分積分の例ではないが，例 5 の応用としてここに掲げる．例 5 の積分 S_n において変数 x を $\cos x$ または $\cot x$ に変換すれば，それぞれ
$$S_{2n+1} = \int_0^1 (1-x^2)^n dx, \quad S_{2n-2} = \int_0^{\infty} \frac{dx}{(1+x^2)^n}$$

を得る．さて $x \neq 0$ ならば
$$1 - x^2 < e^{-x^2} < \frac{1}{1+x^2}{}^*.$$

故に
$$I = \int_0^{\infty} e^{-x^2} dx = \sqrt{n} \int_0^{\infty} e^{-nx^2} dx$$

と置けば

---

* x は正でも負でも $e^x = 1 + x + \frac{x^2}{2} e^{\theta x}$, $(0 < \theta < 1)$. 故に $e^{-x^2} > 1 - x^2$. 後の不等式は $e^{x^2} > 1 + x^2$ から得られる．

$$\sqrt{n}\int_0^1 (1-x^2)^n dx < I < \sqrt{n}\int_0^\infty \frac{dx}{(1+x^2)^n},$$

すなわち

$$\sqrt{n}S_{2n+1} < I < \sqrt{n}S_{2n-2}.$$

(4), (7)によって，$n\to\infty$ のとき両端辺は $\sqrt{\pi}/2$ に収束するから

$$I = \frac{\sqrt{\pi}}{2}.$$

よって標記の結果を得る．

［例7］ u, v の n 階までの導函数が連続ならば，部分積分を反復応用して

$$\int uv^{(n)}dx = uv^{(n-1)} - \int u'v^{(n-1)}dx$$
$$= uv^{(n-1)} - u'v^{(n-2)} + \int u''v^{(n-2)}dx$$
$$= \cdots\cdots$$
$$= uv^{(n-1)} - u'v^{(n-2)} + u''v^{(n-3)} - + \cdots$$
$$+ (-1)^{n-1}u^{(n-1)}v + (-1)^n \int u^{(n)}v\,dx. \tag{9}$$

これを応用して **Taylor** 公式の剰余項を積分として表わすことができる．今区間 $[a,b]$ において $f(x)$ の第 n 階までの導函数が連続であるとして，(9)において $v=f(x)$, $u=(b-x)^{n-1}$ とすれば $u^{(n)}=0$ だから

$$\int_a^b (b-x)^{n-1}f^{(n)}(x)dx = \Big[(b-x)^{n-1}f^{(n-1)}(x) + (n-1)(b-x)^{n-2}f^{(n-2)}(x) +$$
$$\cdots + (n-1)!(b-x)f'(x) + (n-1)!f(x)\Big]_a^b$$

を得る．右辺で $x=b$ のとき 0 になる項を整理して書き直せば

$$f(b) = f(a) + \frac{b-a}{1!}f'(a) + \cdots + \frac{(b-a)^{n-1}}{(n-1)!}f^{(n-1)}(a)$$
$$+ \frac{1}{(n-1)!}\int_a^b f^{(n)}(x)(b-x)^{n-1}dx.$$

これは Taylor の公式であるが，剰余項が

$$R_n = \frac{1}{(n-1)!}\int_a^b (b-x)^{n-1}f^{(n)}(x)dx$$

なる形ででてくる．

$0 \leqq p < n$ として平均値の定理を適用すれば

$$R_n = \frac{(b-\xi)^p f^{(n)}(\xi)}{(n-1)!}\int_a^b (b-x)^{n-p-1}dx$$
$$= \frac{(b-\xi)^p f^{(n)}(\xi)}{(n-1)!}\frac{(b-a)^{n-p}}{n-p}$$

を得る．ξ は a, b の中間の或る値である．それを
$$\xi = a + \theta(b-a) \qquad (0 < \theta < 1)$$
と書けば
$$R_n = \frac{(b-a)^n}{(n-1)!} \frac{(1-\theta)^p f^{(n)}(a+\theta(b-a))}{n-p}, \qquad (0 \leqq p \leqq n-1).$$
これを **Schlömilch** の剰余項という．特に $p = n-1$ とすれば
$$R_n = \frac{(b-a)^n}{(n-1)!} (1-\theta)^{n-1} f^{(n)}(a+\theta(b-a)).$$
これを **Cauchy** の剰余項という．

また $p = 0$ とすれば
$$R_n = \frac{(b-a)^n}{n!} f^{(n)}(\xi).$$
これは 66 頁で述べたものである．それを **Lagrange** の剰余項という．

上記では $f^{(n)}(x)$ が $[a, b]$ で連続であると仮定したが，実際は，Schlömilch の剰余項を持つ Taylor 公式は $f^{(n)}(x)$ の存在だけを仮定して証明される．ここでその証明を述べるほどの興味はあるまい．

36. Legendre の球函数

部分積分法の応用として，次の問題を考察する．$n-1$ 次以下のすべての多項式 $Q(x)$ に関して
$$\int_a^b Q(x) P_n(x) dx = 0$$
になるような n 次の多項式 $P_n(x)$ を求めること．

かりに，このような多項式が実際存在するとして，それは定数因子だけの違いを無視すれば，ただ一つに限る．——実際 $\varphi(x), \psi(x)$ が問題に適合するとすれば，$\varphi(x) - c\psi(x)$ が $n-1$ 次以下になるように定数因子 c を取って $Q(x) = \varphi(x) - c\psi(x)$ と書けば，仮定によって
$$\int_a^b Q(x) \varphi(x) dx = 0, \quad \int_a^b Q(x) \psi(x) dx = 0,$$
従って
$$\int_a^b (\varphi(x) - c\psi(x)) Q(x) dx = 0, \quad \text{すなわち} \quad \int_a^b (Q(x))^2 dx = 0.$$
$Q(x)$ は連続だから，区間 $[a, b]$ において常に $Q(x) = 0$ (§ 31, (4°))．$Q(x)$ は多項式だから，恒等式 $Q(x) = 0$ を得る．すなわち $\varphi(x) = c\psi(x)$ が成り立つ．

さて問題の条件に適する多項式 $P_n(x)$ が実際存在することは，次のようにして証明される．

多項式の原始函数は次数の一つ高い多項式だから，n 次の多項式 $P_n(x)$ は $2n$ 次の或る多項式 $F(x)$ の第 n 階の導函数である．すなわち $F^{(n)}(x) = P_n(x)$ と置いてよい．然らば問題の条件は (127 頁 (9))

36. Legendre の球函数

$$\int_a^b QF^{(n)}dx = \left[QF^{(n-1)} - Q'F^{(n-2)} + \cdots \pm Q^{(n-1)}F\right]_a^b = 0$$

で，それは

$$F(a) = F'(a) = \cdots = F^{(n-1)}(a) = 0,$$
$$F(b) = F'(b) = \cdots = F^{(n-1)}(b) = 0$$

ならば満たされる．然るに $2n$ 次の多項式

$$F(x) = (x-a)^n (x-b)^n$$

はこの条件に適する．故に C を任意の定数として

$$P_n(x) = C\frac{d^n}{dx^n}(x-a)^n(x-b)^n$$

が求める多項式である．

区間が $[-1, +1]$ なるとき，

$$P_n(x) = \frac{1}{2^n \cdot n!}\frac{d^n}{dx^n}(x^2-1)^n \tag{1}$$

が **Legendre** の球函数である．$(x^2-1)^n$ を展開して計算を実行すれば*

$$P_n(x) = \sum_{k=0}^{\left[\frac{n}{2}\right]} \frac{(-1)^k}{2^k}\frac{1\cdot 3\cdot 5\cdots(2n-2k-1)}{k!(n-2k)!}x^{n-2k}. \tag{2}$$

例えば

$$P_0(x) = 1, \quad P_1(x) = x, \quad P_2(x) = \frac{1}{2}(3x^2-1), \quad P_3(x) = \frac{1}{2}(5x^3-3x),$$
$$P_4(x) = \frac{1}{8}(35x^4-30x^2+3), \quad P_5(x) = \frac{1}{8}(63x^5-70x^3+15x).$$

以下 $P_n(x)$ の二，三の性質を述べる．

(1°) $P_n(x)$ は n が奇数ならば奇函数，n が偶数ならば偶函数である．

[証] (1)によって明白．

(2°)
$$P_n(1) = 1. \qquad P_n(-1) = (-1)^n. \tag{3}$$

[証] (1)によって

$$P_n(x) = \frac{1}{2^n n!}\frac{d^n}{dx^n}(x-1)^n(x+1)^n$$
$$= \frac{1}{2^n n!}\left\{\frac{d^n(x-1)^n}{dx^n}(x+1)^n + n\frac{d^{n-1}(x-1)^n}{dx^{n-1}}\frac{d(x+1)^n}{dx} + \cdots + (x-1)^n\frac{d^n(x+1)^n}{dx^n}\right\}.$$

右辺の最初と最後との二項のほかは $(x-1)(x+1)$ で割れるから，

---

* $[n/2]$ は $n/2$ を超えない最大の整数を表わす記号．

$$P_n(x) = \frac{1}{2^n}(x+1)^n + \frac{1}{2^n}(x-1)^n + (x-1)(x+1)G(x),$$

$G(x)$ は多項式である．ここで $x=1$ または $x=-1$ と置けば(3)を得る．

(3°)
$$\int_{-1}^{1} P_n(x)^2 dx = \frac{2}{2n+1}, \tag{4}$$

$$\int_{-1}^{1} P_m(x) P_n(x) dx = 0, \qquad (m \neq n). \tag{5}$$

［証］ $m \neq n$ のときは $P_n(x)$ の定義によって明白．

さて
$$P_n P_{n+1} \Big|_{-1}^{+1} = \int_{-1}^{1} P_n P'_{n+1} dx + \int_{-1}^{1} P'_n P_{n+1} dx.$$

左辺は(2°)によって 2 に等しい．また右辺の第二の積分は P'_n が $n+1$ 次よりも低いから 0 に等しい．故に

$$2 = \int_{-1}^{+1} P_n P'_{n+1} dx. \tag{6}$$

さて(1)から $P_n(x)$ における x^n の係数は $\dfrac{2n(2n-1)\cdots(n+1)}{2^n \cdot n!}$．故に $P'_{n+1}(x)$ における x^n の係数は

$$\frac{(2n+2)(2n+1)\cdots(n+2)}{2^{n+1}(n+1)!} \cdot (n+1).$$

故に
$$P'_{n+1}(x) = (2n+1) P_n(x) + Q(x)$$

と置けば，$Q(x)$ は $n-1$ 次以下の多項式である．よって両辺に $P_n(x)$ を掛けてから積分すれば

$$\int_{-1}^{+1} P_n P'_{n+1} dx = (2n+1) \int_{-1}^{+1} P_n^2 dx.$$

故に(6)から

$$2 = (2n+1) \int_{-1}^{+1} P_n^2 dx,$$

すなわち(4)を得る．

(4°) 循環公式
$$(n+1) P_{n+1}(x) - (2n+1) x P_n(x) + n P_{n-1}(x) = 0. \qquad (n \geqq 1) \tag{7}$$

［証］ P_n, P_{n+1} の最高次の項の係数(上出)を比較すれば

$$P_{n+1} - \frac{2n+1}{n+1} x P_n$$

は，(1°)によって $n-1$ 次以下の多項式であることがわかる．故に

36. Legendre の球函数

$$(n+1)P_{n+1} - (2n+1)xP_n = \alpha P_{n-1} + Q$$

と置いて，係数 α を適当に定めるならば，Q は $n-2$ 次以下の多項式である．そこで Q を両辺に掛けて積分すれば $\int_{-1}^{1} Q^2 dx = 0$，従って $Q = 0$ を得る．係数 α を定めるためには $x = 1$ と置けばよい．そのとき，($2°$)によって

$$n + 1 - (2n+1) = \alpha, \quad \text{すなわち} \quad \alpha = -n.$$

すなわち(7)の通り．

$P_n'(x)$ に関して次の公式がある．

$$(1-x^2)P_n'(x) + nxP_n(x) - nP_{n-1}(x) = 0. \tag{8}$$

その証明は(7)の証明と同様の方法でできる．

($5°$) $P_n(x) = 0$ の根はすべて実根で -1 と $+1$ との間にある．それらは単根で，$P_{n-1}(x) = 0$ の根によって隔離される．すなわち $P_n(x)$ の隣り合せの二つの根の間に $P_{n-1}(x) = 0$ の根が一つずつ配置される．

$P_n(x)$ $(n \geqq 1)$ が -1 と $+1$ との間に n 個の単根を有することは，(1)から Rolle の定理によってわかる．$P_n(x)$ と $P_{n-1}(x)$ との根の配置は($2°$)および(7)からわかる．また(8)を使ってもできる．すなわち，(8)によれば，$P_n(x)$ の根 x_1 に対しては $P_n'(x_1)$ と $P_{n-1}(x_1)$ とは同符号であるが，$P_n(x)$ の隣接する二つの根を x_1, x_2 とすれば，$P_n'(x_1)$ と $P_n'(x_2)$ とは反対の符号を有するから，$P_{n-1}(x_1)$ と $P_{n-1}(x_2)$ とも反対の符号を有する，従って $[x_1, x_2]$ 内に $P_{n-1}(x)$ の根が少くとも一つはあるが，実根の数を考慮すれば，ちょうど一つあることがわかる．

($6°$) 微分方程式および母函数．$u = (x^2 - 1)^n$ と置けば，

$$(x^2 - 1)u' = 2nxu.$$

これを $n+1$ 回微分すれば

$$(x^2-1)u^{(n+2)} + 2(n+1)xu^{(n+1)} + n(n+1)u^{(n)} = 2nxu^{(n+1)} + 2n(n+1)u^{(n)},$$

すなわち

$$(x^2-1)u^{(n+2)} + 2xu^{(n+1)} - n(n+1)u^{(n)} = 0.$$

$u^{(n)} = CP_n(x)$ だから，$P_n(x)$ は微分方程式

$$(x^2-1)y'' + 2xy' - n(n+1)y = 0$$

の解である．

［附記］ ポテンシャル論において

$$\frac{1}{\sqrt{1 - 2r\cos\theta + r^2}}$$

を r の巾級数に展開する必要が生ずる．今 $x = \cos\theta$ と置けば，この展開の係数として球函数 $P_n(x)$ が生ずる．すなわち

$$\frac{1}{\sqrt{1 - 2r\cos\theta + r^2}} = \sum_{n=0}^{\infty} P_n(\cos\theta)r^n.$$

これが函数 P_n の歴史的の出所である．よって $(1-2rx+r^2)^{-\frac{1}{2}}$ を $P_n(x)$ の**母函数**という．上記(4°)の公式(7),(8)はこの展開からも導かれる．（フランス系では $P_n(x)$ を X_n と書く．）

37. 不定積分の計算

通例微積分法で '不定積分ができる' というのは，$f(x)$ が初等函数であるとき，その原始函数が初等函数の範囲内に存在することをいうのであるが，そのような場合には，変数を適当に変換すれば，たいがい有理函数の積分に帰するのである．その意味において，有理函数の積分は初等解析において重要なる問題であるが，複素数を用いないと，見透しよく了解することができない．それは後(第5章)に延ばして，ここでは二，三の例を掲げる．

（I） F を有理函数として
$$\int F(\cos x, \sin x)dx$$
を考察する．媒介変数として
$$t = \tan\frac{x}{2}$$
を取れば
$$\cos x = \frac{1-t^2}{1+t^2}, \quad \sin x = \frac{2t}{1+t^2}.$$
逆に
$$t = \frac{\sin x}{1+\cos x}$$
で x が $-\pi$ から $+\pi$ まで変動するときは，t は $-\infty$ から $+\infty$ まで単調に増大する．さて
$$x = 2\operatorname{Arc\,tan} t, \quad dx = \frac{2dt}{1+t^2}.$$
従って
$$\int F(\cos x, \sin x)dx = \int F\left(\frac{1-t^2}{1+t^2}, \frac{2t}{1+t^2}\right)\frac{2dt}{1+t^2}.$$

定積分の場合には $\cos x, \sin x$ の周期性を利用して，左辺の積分区間を $(-\pi, \pi)$ の内に直して，t に関する積分の限界を定めねばならない．

［例 1］
$$\int \frac{dx}{\sin x} = \int \frac{1+t^2}{2t} \cdot \frac{2dt}{1+t^2} = \int \frac{dt}{t} = \log|t| = \log\left|\tan\frac{x}{2}\right|, \quad (x \neq n\pi, \ n=0,\pm1,\cdots).$$

［注意］ $F(\cos x, \sin x)$ が π を周期とするときには，$t=\tan x$ としてすでに有理化ができる．その場合には $F(u,v) = F(-u,-v)$ で，それは u^2, v^2 および uv の有理函数になり，従って $F(\cos x, \sin x)$ は $\cos 2x$ と $\sin 2x$ との有理函数として表わされるからである．次に一例を掲げる．

[例 2]
$$\int \frac{dx}{a\cos^2 x + b\sin^2 x} = \int \frac{dt/(1+t^2)}{(a+bt^2)/(1+t^2)} = \int \frac{dt}{a+bt^2}, \quad (t = \tan x).$$

$a > 0, b > 0$ ならば $t = \sqrt{\dfrac{a}{b}}\tau$ として

$$\int \frac{dt}{a+bt^2} = \frac{1}{\sqrt{ab}}\int \frac{d\tau}{1+\tau^2} = \frac{1}{\sqrt{ab}}\arctan \tau.$$

$a > 0, b < 0$ ならば，b を $-b$ と書き換えて，

$$\int \frac{dx}{a\cos^2 x - b\sin^2 x} = \int \frac{dt}{a-bt^2} = \frac{1}{\sqrt{ab}}\int \frac{d\tau}{1-\tau^2} = \frac{1}{2\sqrt{ab}}\log\left|\frac{1+\tau}{1-\tau}\right|,$$

$$\left(a > 0, b > 0; t = \tan x, \tau = \sqrt{\frac{b}{a}}\,t.\right)$$

(II) $F(x, y)$ は有理式として

$$\int F(x, \sqrt{ax^2 + bx + c})\,dx$$

を考察する．変数の一次変換によって，二次式から一次の項を消去して，a の正負に従って平方根を $\sqrt{x^2 \pm p^2}$ または $\sqrt{p^2 - x^2}$ の形にすることができる．そこで $x = p\tan\theta$, $x = p\sec\theta$ または $x = p\sin\theta$ とすれば，積分は(I)の場合に帰する，従って有理化される．

しかしながら，三角函数を経由しないで，代数的変換によって直接に有理化することもできる．今上記平方根を y と書けば

$$y^2 = ax^2 + bx + c. \tag{1}$$

さて有理化の理論は幾何学的に考えれば明白である．(1)は二次曲線を表わすから，曲線上の任意の一点 (x_0, y_0) を通る截線

$$y - y_0 = t(x - x_0) \tag{2}$$

は (x_0, y_0) 以外の一点 (x, y) において曲線(1)に交わる．従ってその交点 (x, y) と t とは一対一に対応するが，座標 x, y を計算すれば，$x = \varphi(t), y = \psi(t)$ は t の有理式で

$$\int F(x, \sqrt{ax^2 + 2bx + c})\,dx = \int F(\varphi(t), \psi(t))\varphi'(t)\,dt.$$

すなわち問題の積分は変換(2)によって有理化される．

(1°) 特に二次式が実根を有するとき

$$y^2 = ax^2 + 2bx + c = a(x - \alpha)(x - \beta) \quad (\alpha \neq \beta)$$

とすれば，上記の (x_0, y_0) を $(\alpha, 0)$ としてよいから，(2)は

$$y = t(x - \alpha).$$

すなわち変換

$$t = \sqrt{\frac{a(x - \beta)}{x - \alpha}}$$

で有理化ができる．

　(2°)　二次式が実根を有しないときには，それが正なるためには $a>0$ を要するが，$a>0$ ならば一般に変換
$$y = \pm\sqrt{a}\,x + t \tag{3}$$
すなわち
$$t = \mp\sqrt{a}\,x + \sqrt{ax^2 + 2bx + c}$$
で有理化ができる．

　この場合，(1)は双曲線で，截線(3)は(1)の漸近線に平行だから，(3)と(1)とはただ一つの点 (x,y) で交わり，従ってその交点 (x,y) の座標が媒介変数 t の有理式として表わされるのである．

　基本的なる不定積分(98頁)
$$\int \frac{dx}{\sqrt{x^2 \pm 1}} = \log|x + \sqrt{x^2 \pm 1}|$$
はこの範疇に属する．上記のように
$$t = x + \sqrt{x^2 - 1}$$
とすれば
$$t^{-1} = x - \sqrt{x^2 - 1},$$
従って
$$2x = t + t^{-1}, \quad 2\sqrt{x^2 - 1} = t - t^{-1}, \quad 2dx = (1 - t^{-2})dt.$$
故に
$$\int \frac{dx}{\sqrt{x^2 - 1}} = \int \frac{(1 - t^{-2})dt}{t - t^{-1}} = \int \frac{dt}{t} = \log|t|$$
$$= \log|x + \sqrt{x^2 - 1}|.$$
同様に
$$t = -x + \sqrt{x^2 + 1}$$
として
$$\int \frac{dx}{\sqrt{x^2 + 1}} = \log(x + \sqrt{x^2 + 1})$$
を得る．

　［注意］ $\int F(x, \sqrt{ax+b}, \sqrt{cx+d})dx$ は変換 $ax+b = t^2$ によって上記の場合に帰する．
　なお一般に，F は有理式で，
$$y = \frac{ax+b}{cx+d},$$
$\alpha, \beta, \cdots$ は有理指数なるとき，

$$\int F(x, y^\alpha, y^\beta, \cdots) dx$$

は変換 $t = y^{\frac{1}{n}}$ によって有理化される．ただし，n は $\alpha, \beta, \cdots$ の公分母である．

　上記(I), (II)の積分の有理化の理論を述べた．実際の計算に当っては，上記の一般的方法に拘泥する必要はないが，有理化の可能なる理由の認識なしに盲算することはよろしくない．それでは計算の統制ができないであろう．

　$F(x, \sqrt{P(x)})$ において $P(x)$ が，平方因子を有しない三次または四次の多項式ならば，その積分は初等函数でない．それはいわゆる楕円積分である．$P(x)$ がなお高次ならば超楕円積分である．互に一次独立な一次式の平方根が三つ以上含まれる場合も同様である．

　(III) 　二項微分の積分．これは

$$\int x^m (ax^n + b)^q dx$$

の形の積分で，m, n, q が有理数なるとき，すでに Newton が考察したものである．$x^n = t$ として変形すれば，定数因子を外にして

$$\int t^p (at+b)^q dt, \quad p = \frac{m+1}{n} - 1$$

の形を得る．p, q が有理数でかつ p, q または $p+q$ が整数(正，負または 0)ならば，これは有理函数の積分に帰する．まず q が整数ならば，$p = \frac{h}{k}$ として変換 $t = s^k$ によって

$$k \int s^{h+k-1} (as^k + b)^q ds$$

を得る．ただし q が正の整数ならば，初めから $(at+b)^q$ を展開するがよい．また p が整数ならば $at+b$ を変数とすれば前の場合に帰する．また $p+q$ が整数ならば $1/t$ を変数にすればよい．

　これらの場合のほか，二項微分の不定積分は初等函数ではできないことが証明されている[*]．元の形でいえば，m, n, q が有理数で，q または $\frac{m+1}{n}$ または $\frac{m+1}{n} + q$ が整数であるときに限って '不定積分ができる' のである．

　[例] 　$\sin^\mu x \cos^\nu x\, dx$ は変換 $\sin x = \sqrt{t}$ によって二項微分 $\frac{1}{2} t^{\frac{\mu-1}{2}} (1-t)^{\frac{\nu-1}{2}} dt$ になる．従って，μ, ν が有理数で，μ または ν が正または負の奇数，または $\mu + \nu$ が偶数であるときに，有理化ができる．$\int \frac{dx}{\sqrt{\cos x}}$ においては $\mu = 0, \nu = -\frac{1}{2}$ で有理化ができない(97頁)．

38.　定積分の近似計算

　連続函数の不定積分の存在は証明されたけれども，それが既知の函数で表わされるのは特別の場合に限るから，一般に不定積分から定積分を計算することはできない．しかし Weierstrass

---

[*] 　Tschebyscheff, Journal de Liouville, 18 巻, 1853.

の定理($\S 78$)によれば一つの区間 $[a,b]$ において，連続なる $f(x)$ に一様に近似する多項式 $P(x)$ が存在するから，今もしも $[a,b]$ において
$$|f(x)-P(x)|<\varepsilon$$
とするならば，$\int_a^b f(x)dx$ の近似値として $\int_a^b P(x)dx$ を取るとき，誤差は $\varepsilon(b-a)$ 以内に止まるであろう．実際は，ε を与えて $P(x)$ を求めることは困難であるけれども，多項式による近似法を基調として，実用上相当効果的なる計算法が考案されている．今ここでは，Simpson の方法および Gauss の方法を述べる．次の公式(1)は，それの準備である．

［三次式の積分］ $P(x)$ を三次以下の多項式とすれば，
$$\int_a^b P(x)dx = \frac{b-a}{6}\left\{P(a)+P(b)+4P\left(\frac{a+b}{2}\right)\right\}. \tag{1}$$

これは簡単なる計算の問題であるけれども，一応説明をしておこう．

簡約のために，原点を $\frac{a+b}{2}$ に移し，$b-a=2h$ と置いて書き換えれば，(1)は
$$\int_{-h}^{h} P(x)dx = \frac{h}{3}\{P(h)+P(-h)+4P(0)\} \tag{2}$$
になるが，$P(x)$ は $1, x, x^2, x^3$ の一次結合だから，これらに関して(2)を験証すればよいが，そのとき，それぞれ
$$2h=\frac{h}{3}(1+1+4),\quad 0=\frac{h}{3}(h-h+0),\quad \frac{2}{3}h^3=\frac{h}{3}(h^2+h^2+0),\quad 0=\frac{h}{3}(h^3-h^3+0)$$
でちょうど合う．すなわち(1)は確定したのである．

今最も粗雑な近似値として連続関数 $f(x)$ を $x=a, x=b$ および $x=\frac{a+b}{2}$ においてそれに一致する二次式 $P(x)$ で置き換えて，積分を計算すれば
$$\int_a^b f(x)dx \fallingdotseq \frac{b-a}{6}\left\{f(a)+f(b)+4f\left(\frac{a+b}{2}\right)\right\} \tag{3}$$
を得るが，もしも $f(x)$ が第四階まで連続的微分可能とするならば，剰余項を入れて精密に
$$\int_a^b f(x)dx = \frac{b-a}{6}\left\{f(a)+f(b)+4f\left(\frac{a+b}{2}\right)\right\} - \frac{(b-a)^5}{2^5\cdot 90}f^{(4)}(\xi) \tag{4}$$
$$(a<\xi<b)$$
を得る．証明は簡単である．前のように
$$b-a=2h$$
と置いて，変数を変換して
$$\varphi(h)=\int_{-h}^{h}f(x)dx-\frac{h}{3}(f(h)+f(-h)+4f(0))$$
を h の関数として考察する．然らば簡単な計算によって
$$\varphi(0)=\varphi'(0)=\varphi''(0)=0.$$

$$\varphi'''(h) = -\frac{h}{3}(f'''(h) - f'''(-h)) = -\frac{2h^2}{3} f^{(4)}(\xi), \qquad (-h < \xi < h).$$

そこで区間 $[0, h]$ において $\varphi(h)$ に Taylor の公式を適用すれば（127 頁）

$$\varphi(h) = \frac{1}{2} \int_0^h \frac{\varphi'''(x)}{x^2} x^2(h-x)^2 dx.$$

平均値の定理によって

$$\varphi(h) = \frac{\varphi'''(\eta)}{2\eta^2} \int_0^h x^2(h-x)^2 dx \qquad (0 < \eta < h)$$

$$= -\frac{f^{(4)}(\xi')}{3} \left[\frac{x^5}{5} - \frac{2hx^4}{4} + \frac{h^2 x^3}{3} \right]_0^h \qquad (-\eta < \xi' < \eta)$$

$$= -\frac{f^{(4)}(\xi')}{3} h^5 \left(\frac{1}{5} - \frac{1}{2} + \frac{1}{3} \right)$$

$$= -\frac{h^5}{90} f^{(4)}(\xi').$$

$b - a = 2h$ だから，これは即ち上記(4)である．

Simpson の方法は(3)の応用である．今区間 $[a, b]$ を $2n$ 等分して，各分点に対応する $f(x)$ の値を $y_0, y_1, y_2, \cdots, y_{2n}$ とし，$h = \dfrac{b-a}{2n}$ と置いて，y_{2i-1} に隣る二つの区間に関する積分 $\int f(x) dx$ の近似値として，(3)のように

$$\frac{h}{3}(y_{2i-2} + y_{2i} + 4y_{2i-1})$$

を取って $i = 1, 2, \cdots, n$ の上にわたって総計すれば

$$\int_a^b f(x) dx \fallingdotseq \frac{h}{3}\{y_0 + y_{2n} + 2(y_2 + y_4 + \cdots + y_{2n-2}) + 4(y_1 + y_3 + \cdots + y_{2n-1})\}. \qquad (5)$$

これが Simpson の公式である．

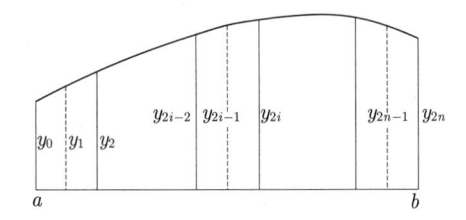

もしも(4)によって剰余項をも取るならば，総計して

$$R = -\frac{h^5}{90} \sum_{i=1}^n f^{(4)}(\xi_i).$$

平均値 $\dfrac{1}{n} \sum f^{(4)}(\xi_i) = f^{(4)}(\xi), (a < \xi < b)$ を用いて，

$$R = -\frac{nh^5}{90} f^{(4)}(\xi),$$

または $nh = \dfrac{b-a}{2}$ を用いて

$$R = -\frac{(b-a)f^{(4)}(\xi)}{180}h^4. \tag{6}$$

n を大きく，従って h を小さく取るとき，これは Simpson の公式の誤差の限界を与える．

一例として $\dfrac{\pi}{4} = \displaystyle\int_0^1 \dfrac{dx}{1+x^2}$ から π の近似値を計算してみよう．$n=5$ とすれば，$h=0.1$．

$$\frac{\pi}{4} = \frac{0.1}{3}\left\{1 + \frac{1}{2} + 2\left(\frac{1}{1.04} + \frac{1}{1.16} + \frac{1}{1.36} + \frac{1}{1.64}\right) + 4\left(\frac{1}{1.01} + \frac{1}{1.09} + \frac{1}{1.25} + \frac{1}{1.49} + \frac{1}{1.81}\right)\right\}.$$

逆数表によって小数七位まで計算すれば，次の結果を得る．

$$\pi \fallingdotseq 3.14159288.$$

Gauss の方法では球函数 $P_n(x)$ を応用する（§36）．まず変数の一次変換によって積分区域を $[-1, 1]$ に直し，また $f(x)$ を $2n-1$ 次以下の多項式として，それを $P_n(x)$ で割って $f(x) = P_n(x)Q(x) + \varphi(x)$ とすれば，商 $Q(x)$ も剰余 $\varphi(x)$ も $n-1$ 次以下であるから（§36）

$$\int_{-1}^1 Q(x)P_n(x)dx = 0,$$

従って

$$\int_{-1}^1 f(x)dx = \int_{-1}^1 \varphi(x)dx.$$

今 $P_n(x)$ の根を x_ν $(\nu=1, 2, \cdots, n)$ とすれば，Lagrange の補間式（263頁）によって（$f(x_\nu) = \varphi(x_\nu)$ に注意して）

$$\varphi(x) = \sum_{\nu=1}^n \frac{\varphi(x_\nu)}{P_n'(x_\nu)}\frac{P_n(x)}{x - x_\nu} = \sum_{\nu=1}^n \frac{f(x_\nu)}{P_n'(x_\nu)}\frac{P_n(x)}{x - x_\nu}.$$

故に

$$\int_{-1}^1 f(x)dx = \sum_{\nu=1}^n \frac{f(x_\nu)}{P_n'(x_\nu)}\int_{-1}^1 \frac{P_n(x)}{x - x_\nu}dx.$$

よって

$$p_\nu = \frac{1}{P_n'(x_\nu)}\int_{-1}^1 \frac{P_n(x)}{x - x_\nu}dx$$

と置けば，

$$\int_{-1}^1 f(x)dx = \sum_{\nu=1}^n p_\nu f(x_\nu). \tag{7}$$

ここで x_ν および p_ν は $P_n(x)$ のみに関する．その値の表ができている．

例えば

$$n = 3, \quad x_1, x_3 = \mp\frac{\sqrt{15}}{5}, \quad p_1 = p_3 = \frac{5}{9},$$

$$x_2 = 0, \quad p_2 = \frac{8}{9}.$$

故に任意の五次式 $f(x)$ に関して

$$\int_{-1}^{1} f(x)dx = \frac{5}{9}\left\{f\left(-\frac{\sqrt{15}}{5}\right) + f\left(\frac{\sqrt{15}}{5}\right)\right\} + \frac{8}{9}f(0).$$

さて任意の連続函数 $F(x)$ があるとき，区間 $[-1,1]$ において x_ν およびそのほか n 個の点，すなわち合せて $\underline{2n}$ 個の点において $F(x)$ と等しい値を有する $2n-1$ 次以下の多項式を $f(x)$ として，それを $F(x)$ に代用して，$\int_{-1}^{1} F(x)dx$ の近似値として $\int_{-1}^{1} f(x)dx$ を取るとすれば，(7) から

$$\int_{-1}^{1} F(x)dx \fallingdotseq \sum_{\nu=1}^{n} p_\nu F(x_\nu)$$

を得る．n 個の値 $\underline{F(x_\nu)}$ だけを用いて，この近似値が計算されるところに Gauss の方法の特色がある．

39. 有界変動の函数

曲線の長さについて述べる前に，その準備として，好機会に，標記の函数を紹介する．

区間 $[a,b]$ において函数 $f(x)$ が与えられたとき，この区間を

$$(\Delta) \qquad a = x_1 < x_2 < \cdots < x_n < x_{n+1} = b$$

なる点 x_i において小区間に分割して，

$$v_\Delta = \sum_{i=1}^{n} |f(x_{i+1}) - f(x_i)| \tag{1}$$

なる和を作る．もしもすべての分割 Δ に関して v_Δ が有界ならば，その上限を V として，それを $[a,b]$ における $f(x)$ の総変動量(変動の純量)といい，$f(x)$ を $[a,b]$ において有界変動の函数*と名づける．

この場合，$f(x)$ は $[a,b]$ において有界である．実際 x を区間内の任意の点とすれば，$|f(x)-f(a)|+|f(b)-f(x)| \leq V$ から $|f(x)-f(a)| \leq V$．

和(1)における $f(x_{i+1})-f(x_i)$ の中で，正なるものと，負なるものとの総和をそれぞれ $p_\Delta, -n_\Delta$ で表わすならば，

$$v_\Delta = p_\Delta + n_\Delta, \quad f(b) - f(a) = p_\Delta - n_\Delta.$$

故に有界変動の場合，p_Δ も n_Δ も有界である．それらの上限を P, N とすれば

$$V = P + N, \quad f(b) - f(a) = P - N.$$

また $[a,b]$ 内の一点 x を取れば，区間 $[a,x]$ において $f(x)$ はもちろん有界変動で，$[a,x]$ に対応する V, P, N は x の函数である．それらを $V(x), P(x), N(x)$ と書けば

---

* fonction à variation bornée (Jordan). ここの variation は変分法の変分(variation)とは違う．ドイツ訳は Funktion beschränkter Schwankung (変分法は Variationsrechnung)．

$$V(x) = P(x) + N(x), \quad f(x) - f(a) = P(x) - N(x). \tag{2}$$

$P(x), N(x), V(x)$ をそれぞれ $[a,b]$ における $f(x)$ の正の変動, 負の変動, 全変動という.

$P(x), N(x)$ は単調増大(不減少)であるから, (2)から次の定理を得る.

定理 38. 有界変動の函数は二つの有界なる増大函数の差に等しい.

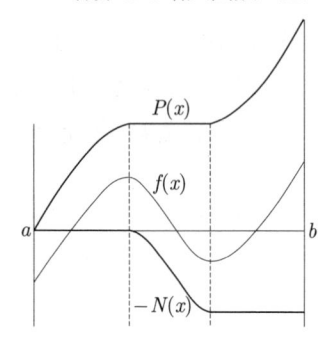

$f(x) = f(a) + P(x) - N(x)$ において, $P(x), N(x)$ は特定の単調函数であるが, 一般に, $\varphi(x), \psi(x)$ が有界なる増大函数ならば, その差 $f(x) = \varphi(x) - \psi(x)$ は有界変動で, f に関する全変動は φ, ψ に関する全変動の和を超えない: $V(x) \leqq (\varphi(x) - \varphi(a)) + (\psi(x) - \psi(a))$.

$\varphi(x), \psi(x)$ の和も積も有界変動である. 商 $\varphi(x)/\psi(x)$ は $[a,b]$ において $|\psi(x)| > m > 0$ ならば, 有界変動である. ―― 和に関しては明白. 積に関しては,

$$|\varphi(x_1)\psi(x_1) - \varphi(x_2)\psi(x_2)| = |\psi(x_1)(\varphi(x_1) - \varphi(x_2)) + \varphi(x_2)(\psi(x_1) - \psi(x_2))|$$
$$\leqq M(|\varphi(x_1) - \varphi(x_2)| + |\psi(x_1) - \psi(x_2)|),$$

$(|\varphi(x)| < M, |\psi(x)| < M)$ から出る. 商に関しても同様である.

従って, 有界変動の函数の和, 差, 積はまた有界変動である.

有界変動の函数 $f(x)$ の全変動 $V(x)$ は区間に関して加法的である. ―― というのは, 区間 $[a,b]$ を c において $[a,c]$ と $[c,b]$ とに分割するとき, 区間を明示して全変動を書き表わせば,

$$V(a,b) = V(a,c) + V(c,b). \tag{3}$$

これは明白である. よって(2)から, P, N に関しても同様に

$$P(a,b) = P(a,c) + P(c,b), \quad N(a,b) = N(a,c) + N(c,b).$$

故に, もしも区間の左端を c として P, N を作るならば,

$$\left.\begin{array}{l} P(c,x) = P(a,x) - P(a,c), \\ N(c,x) = N(a,x) - N(a,c). \end{array}\right\} \tag{4}$$

区間 $[a,b]$ において $f(x)$ が連続でかつ有界変動ならば, $P(x), N(x)$, 従って $V(x)$ も連続である. ―― 今例えば, かりに区間内の一点 x_0 において $P(x)$ が右へ連続でないとしてみる. 然らば(4)によって $x_0 = a$ としてよいから, $P(a) = 0$, $P(a+0) = \omega > 0$. $f(x)$ は連続だから, $N(a+0) = \omega$. よって $x \neq a$ のとき $P_1(x) = P(x) - \omega$, $N_1(x) = N(x) - \omega$, $P_1(a) = N_1(a) = 0$ と置けば, $f(x) = P_1(x) - N_1(x) + f(a)$, 従って $V(x) \leqq P_1(x) + N_1(x)$. 一方 $V(x) = P(x) + N(x)$

$= P_1(x) + N_1(x) + 2\omega$ だから，これは矛盾である．

　$[a,b]$ において $f(x)$ が区分的に単調ならば，有界変動である．しかし，連続函数は必ずしも有界変動でない．例えば $f(x) = x \sin \dfrac{1}{x}$ の区間 $\left[0, \dfrac{1}{\pi}\right]$ における全変動は $\dfrac{4}{\pi}\left(\dfrac{1}{3} + \dfrac{1}{5} + \dfrac{1}{7} + \cdots\right)$ より大で，従って有界変動でない．同時にまた有界変動の函数はもちろん必ずしも連続でない．(例えば連続でない単調函数．)

　区間 $[a,b]$ において，$f(x)$ が積分可能ならば，積分函数
$$F(x) = \int_a^x f(x)dx$$
は連続であるが(定理 34)，それはまた有界変動である*．それをみるには，例のように
$$f(x) = f^+(x) - f^-(x), \quad f^+(x) = \mathrm{Max}(f(x), 0) \geqq 0, \quad f^-(x) = -\mathrm{Min}(f(x), 0) \geqq 0$$
とすればよい．そのとき
$$F(x) = \int_a^x f^+(x)dx - \int_a^x f^-(x)dx$$
で，右辺の二つの積分は単調増大で有界であるから，$F(x)$ は有界変動である．

　もしも $f(x)$ が $[a,b]$ において微分可能で，かつ $f'(x)$ が連続ならば(それを標語的に連続的微分可能というが，むしろ滑らか(glatt)というのが印象的であろう)，$f(x) = \int_a^x f'(x)dx + f(a)$ だから，$f(x)$ は有界変動である．

　[注意] これまで種々の属性によって函数を限定したが，それらの属性に精粗の段階がある．最も粗雑な属性は有界性で，有界なる函数の一部分のみが積分可能であり，積分可能なる函数の中には，連続函数があり，また有界変動の函数がある．連続でかつ有界変動なる函数は，かなり簡単らしいが，それでも必ずしも微分可能でない．微分可能でも，導函数は必ずしも連続でない．連続的微分可能，すなわちいわゆる滑らかな函数でも，第二階以上の微分可能性は保証されない．各階の微分が可能でも，Taylor 級数には展開されないこともある．Taylor 級数に展開されるのは，解析函数で，それこそは相当簡単，従って応用上手頃なものであるが，不幸にして，それは複素数の世界において発生したものである(第 5 章)．

　[附記] **Stieltjes** 積分は有界変動の函数 $\varphi(x)$ を用いて作られる一種の積分である．まず $\varphi(x)$ を単調増大とし，被積分函数 $f(x)$ は $[a,b]$ において有界とする．§30 のように，区間 $[a,b]$ を小区間 $\omega_i = [x_{i-1}, x_i]$ に分割して，ω_i における $f(x)$ の上限 M_i，下限 m_i をもって，和
$$S_\Delta = \sum_{i=1}^n M_i \delta_i \varphi, \quad s_\Delta = \sum_{i=1}^n m_i \delta_i \varphi$$
を作る．ただし，ここでは $\delta_i \varphi = \varphi(x_i) - \varphi(x_{i-1})$ である．さて $\delta = \mathrm{Max}(x_i - x_{i-1})$ を限りなく小さくするとき，小区間 ω_i から任意の値 ξ_i を取って作られる和

---

*　逆は真でないが，ともかくも，任意の連続函数は積分函数でありえない(第 9 章)．

142   第3章 積 分 法

$$\Sigma_\Delta = \sum f(\xi_i)\delta_i\varphi$$

が一定の極限値に収束するならば，その極限値を

$$\int_a^b f(x)d\varphi(x)$$

と書く*．これがいわゆる Stieltjes 積分である．

　今 S_Δ の下限を S，s_Δ の上限を s とするならば，この場合 Darboux の定理(§30)は任意の有界なる $f(x)$ に関して必ずしも成り立たない(同所(8)の不等式が成り立たないから)．しかし，もしも $f(x)$ が連続ならば，Stieltjes 積分は可能である．実際，

$$s_\Delta \leqq s \leqq S \leqq S_\Delta, \quad s_\Delta \leqq \Sigma_\Delta \leqq S_\Delta \tag{5}$$

であるが，$f(x)$ の一様連続性(定理 14)によって，任意の $\varepsilon > 0$ に対して十分小さく δ を取れば $M_i - m_i < \varepsilon$，従って $S_\Delta - s_\Delta < \varepsilon\Sigma\delta_i\varphi = \varepsilon(\varphi(b) - \varphi(a))$．故に (5) の第一式から $S = s$．また (5) の第二式から $|S - \Sigma_\Delta| \leqq \varepsilon(\varphi(b) - \varphi(a))$．故に $\delta \to 0$ のとき $\Sigma_\Delta \to S$．

　一般の有界変動の函数 $\varphi(x)$ に関しては，それを二つの有界なる単調(増大)函数の差として，$\varphi(x) = \varphi_1(x) - \varphi_2(x)$ と置けば

$$\int_a^b f(x)d\varphi(x) = \int_a^b f(x)d\varphi_1(x) - \int_a^b f(x)d\varphi_2(x)$$

を得る．

40. 曲線の長さ

　次に述べることは各次元に通用するけれども，簡明のために平面曲線について説明する．媒介変数 t は区間 $a \leqq t \leqq b$ において変動するとして，曲線

$$x = \varphi(t), \quad y = \psi(t) \tag{1}$$

を考察する．もちろん $\varphi(t), \psi(t)$ は $[a, b]$ において連続とする．t の或る値に対応する曲線上の点 $(x, y) = (\varphi(t), \psi(t))$ を点 t と略称する．

　さて区間 $[a, b]$ の分割

$$(\Delta) \qquad a = t_0 < t_1 < t_2 < \cdots < t_{n-1} < t_n = b$$

に対応して，曲線(1)が n 個の弧 $(t_{i-1}t_i)$ に分たれる．それらの分点を順次に弦 $(t_{i-1}t_i)$ で結んで，内接折線 $(at_1t_2\cdots b)$ の長さを L_Δ とする．すなわち

$$L_\Delta = \sum_{i=1}^n \sqrt{(\varphi(t_i) - \varphi(t_{i-1}))^2 + (\psi(t_i) - \psi(t_{i-1}))^2}$$

と置く．もしもすべての分割 Δ に関して L_Δ が有界ならば，その上限を s として，それを曲線

---

　*　ここで $d\varphi(x)$ は単なる符牒で，もちろん $\varphi(x)$ の微分を示すのではない．しかし，もしも $\varphi(x)$ が微分可能で $\varphi'(x)$ が連続ならば，Stieltjes 積分は Riemann 積分 $\int_a^b f(x)\varphi'(x)dx$ に帰する．

(1) の弧 (ab) の長さの定義としようというのが我々の目標である．

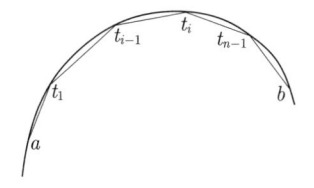

L_Δ を次のように略記する．
$$L_\Delta = \sum_\Delta \sqrt{(\Delta\varphi)^2 + (\Delta\psi)^2}.$$

然らば
$$\sqrt{(\Delta\varphi)^2 + (\Delta\psi)^2} \geqq |\Delta\varphi|, \quad \sqrt{(\Delta\varphi)^2 + (\Delta\psi)^2} \geqq |\Delta\psi|,$$
$$\sqrt{(\Delta\varphi)^2 + (\Delta\psi)^2} \leqq |\Delta\varphi| + |\Delta\psi|$$

だから
$$L_\Delta \geqq \sum |\Delta\varphi|, \quad L_\Delta \geqq \sum |\Delta\psi|, \quad L_\Delta \leqq \sum |\Delta\varphi| + \sum |\Delta\psi|.$$

故に L_Δ が有界なるがためには，$\varphi(t)$ と $\psi(t)$ とが $[a,b]$ において有界変動なることが必要かつ十分なる条件である（§39）．

さて L_Δ が有界ならば，その上限なる s は
$$s = \lim_{\delta \to 0} L_\Delta \tag{2}$$
として求められる．δ は分割 Δ における細区間 $[t_{i-1}, t_i]$ の最大幅，すなわち $\delta = \mathrm{Max}(t_i - t_{i-1})$ である．

これは積分に関する Darboux の定理と同様である．101 頁に述べた Darboux の定理の証明と対照してみれば，まず分割 Δ において細区間 $[t_{i-1}, t_i]$ の内へ一つの分点 t' を挿入すれば，弦 $(t_{i-1}t_i)$ が弦 $(t_{i-1}t')$ + 弦 $(t't_i)$ で置き換えられるから L_Δ は増大するが，φ, ψ の連続性によって，その増加は δ を十分小さく取るとき任意の ε' よりも小さくされる．よって 101 頁と同じ意味に，分割 D, Δ, Δ' を取れば
$$s - L_D < \varepsilon, \quad L_\Delta \leqq L_{\Delta'}, \quad L_D \leqq L_{\Delta'},$$
$$L_{\Delta'} - L_\Delta < p\varepsilon'.$$
$$s - L_\Delta < (s - L_D) + (L_{\Delta'} - L_\Delta) < \varepsilon + p\varepsilon'.$$

p は分割 D における分点の数だから，定数である．故に $p\varepsilon' < \varepsilon$ とされて $L_\Delta \to s$．

さて $a \leqq t \leqq t' \leqq b$ とすれば区間 $[t, t']$ に対応して上記のような極限値 s が確定する．それを曲線(1)の弧 (tt') の長さとする．然らば $t < t' < t''$ なるとき，弧長の加法性：
$$弧 (tt') + 弧 (t't'') = 弧 (tt'') \tag{3}$$
は(2)によって明白であろう．もしも a を起点として，弧 (at) の長さを $s(t)$ で表わすならば，弧 $(tt') = s(t') - s(t)$ である．またもし曲線上の弧に向きを付けて

$$\text{弧}\,(t't) = -\text{弧}\,(tt')$$

とするならば，(3)は t, t', t'' の大小にかかわらず，常に成り立つ．

[注意] 上記のように，弧の長さが内接折線の長さの極限として定義されたから，弧長は曲線の表現法または座標軸の取りようには無関係なる確定の値である．十八世紀式に，弧長を天賦(a priori)と考えるならば格別だが，さもなければ，この論点は重要である．

これまでは，$\varphi(t)$ と $\psi(t)$ との連続性と有界変動性とを仮定したが，それだけでは曲線の範囲があまりに広汎で，興味が乏しいから，これから後は，$\varphi(t)$ と $\psi(t)$ とが微分可能で，かつ $\varphi'(t), \psi'(t)$ が連続で，それらは同時に 0 にならない，$\varphi'(t)^2 + \psi'(t)^2 \neq 0$，と仮定する，すなわち<u>滑らかな曲線</u>を考察する．然らば弧 ab の長さは

$$s = \int_a^b \sqrt{\varphi'(t)^2 + \psi'(t)^2}\, dt. \tag{4}$$

今その証明をする．証明というのは，$\varphi'(t), \psi'(t)$ の連続性の仮定の下において，(2)すなわち

$$s = \lim_{\delta \to 0} \sum_{i=1}^n \text{弦}\,(t_{i-1}t_i)$$

から(4)を導くことである．さて

$$\text{弦}\,(t_{i-1}t_i) = \sqrt{(\varphi(t_i) - \varphi(t_{i-1}))^2 + (\psi(t_i) - \psi(t_{i-1}))^2}$$
$$= (t_i - t_{i-1})\sqrt{\varphi'(\tau_1)^2 + \psi'(\tau_2)^2}.$$

これは微分法の平均値定理による；τ_1, τ_2 は共に t_{i-1} と t_i との中間値である．従って $|t_i - \tau_1| < \delta$, $|t_i - \tau_2| < \delta$．今

$$\sqrt{\varphi'(\tau_1)^2 + \psi'(\tau_2)^2} = \sqrt{\varphi'(t_i)^2 + \psi'(t_i)^2} + \varepsilon_i \tag{5}$$

と置けば，

$$s = \lim_{\delta \to 0}\left(\sum(t_i - t_{i-1})\sqrt{\varphi'(t_i)^2 + \psi'(t_i)^2} + \sum \varepsilon_i(t_i - t_{i-1})\right).$$

初めの $\sum$ の $\lim$ は上掲(4)の定積分であるから，問題は

$$\lim_{\delta \to 0} \sum \varepsilon_i(t_i - t_{i-1}) = 0 \tag{6}$$

を確かめることに帰する．$\varphi'(t), \psi'(t)$ は仮定によって連続だから，$\delta \to 0$ のとき $\varepsilon_i \to 0$ だけれども，それだけでは(6)を確認するには十分でない．さて(5)から

$$|\varepsilon_i| \leqq |\varphi'(t_i) - \varphi'(\tau_1)| + |\psi'(t_i) - \psi'(\tau_2)|^*.$$

連続の一様性によって，任意に ε を与えるとき，上記の δ を十分小さく取って

$$|\varphi'(t_i) - \varphi'(\tau_1)| < \varepsilon, \quad |\psi'(t_i) - \psi'(\tau_2)| < \varepsilon$$

---

* ε_i は(5)において $\sqrt{a^2+b^2} - \sqrt{c^2+d^2}$ のような形の式で表わされているが，
$$|\sqrt{a^2+b^2} - \sqrt{c^2+d^2}| \leqq \sqrt{(a-c)^2 + (b-d)^2} \leqq |a-c| + |b-d|.$$
初めの $\leqq$ は三点 $(0,0)(a,b)(c,d)$ 間の距離の三角関係，後の $\leqq$ は明白．

ならしめることができる．然らばすべての i に関して (6) において $|\varepsilon_i| < 2\varepsilon$, 従って
$$|\sum \varepsilon_i (t_i - t_{i-1})| < 2\varepsilon(b-a).$$
ε は任意に取れるから，(6) が成り立って，(4) の証明が終る．

$\varphi'(t), \psi'(t)$ が連続なる区域内では，(4) における積分の限界は任意であるから，今 t_0 を固定して弧 $(t_0 t)$ の長さを $s = s(t)$ と書けば
$$s(t) = \int_{t_0}^{t} \sqrt{\varphi'(t)^2 + \psi'(t)^2}\, dt. \tag{7}$$

さて (7) から
$$\frac{ds}{dt} = \sqrt{\varphi'(t)^2 + \psi'(t)^2} = \sqrt{\left(\frac{dx}{dt}\right)^2 + \left(\frac{dy}{dt}\right)^2} \tag{8}$$
を得るが，媒介変数に関係なく，微分記号を用いて
$$ds^2 = dx^2 + dy^2.$$

(7) によって，s は t に関して連続かつ単調増大 (狭義) である．(ここで仮定 $\varphi'(t)^2 + \psi'(t)^2 \neq 0$ を用いた．) 従って s と t との間に 1 対 1 対応が成り立つから，s を曲線の媒介変数とすることができる (定理 15 参照)．その場合には
$$\left(\frac{dx}{ds}\right)^2 + \left(\frac{dy}{ds}\right)^2 = 1. \tag{9}$$

また曲線が $y = f(x)$ の形で表わされるときには，x が t の役目をするから，
$$ds = \sqrt{1 + \left(\frac{dy}{dx}\right)^2}\, dx,$$
$$s = \int_{x_0}^{x} \sqrt{1 + \left(\frac{dy}{dx}\right)^2}\, dx.$$

また曲線が極座標で $r = f(\theta)$ の形に表わされるときには，θ を媒介変数として
$$x = r\cos\theta = f(\theta)\cos\theta, \quad y = r\sin\theta = f(\theta)\sin\theta.$$
故に
$$ds^2 = dx^2 + dy^2 = (dr\cos\theta - r\sin\theta\, d\theta)^2 + (dr\sin\theta + r\cos\theta\, d\theta)^2.$$
簡約して
$$ds^2 = dr^2 + r^2 d\theta^2,$$
すなわち
$$ds = \sqrt{f(\theta)^2 + f'(\theta)^2}\, d\theta.$$

[注意] 滑らかな曲線において，弧とそれに対応する弦との比が，極限において 1 に等しいことは，(9) によって明白である：すなわち

$$\frac{弦}{弧} = \frac{\sqrt{\Delta x^2 + \Delta y^2}}{\Delta s} = \sqrt{\left(\frac{\Delta x}{\Delta s}\right)^2 + \left(\frac{\Delta y}{\Delta s}\right)^2} \to \sqrt{\left(\frac{dx}{ds}\right)^2 + \left(\frac{dy}{ds}\right)^2} = 1.$$

［例 1］ 二次曲線の弧長は円と放物線とのほかは楕円積分に帰する．

　(i)　放物線 $y^2 = 4lx$ において，頂点 $(0,0)$ から任意の点 (x,y) までの弧長を s とすれば，$y = \sqrt{4lx}$, $\frac{dy}{dx} = \sqrt{\frac{l}{x}}$ から

$$s = \int_0^x \sqrt{1 + y'^2}\, dx = \int_0^x \sqrt{\frac{x+l}{x}}\, dx = l \int_0^z \sqrt{\frac{z+1}{z}}\, dz \quad \left(z = \frac{x}{l}\right)$$

$$= l\{\sqrt{z(z+1)} - \log(\sqrt{z+1} - \sqrt{z})\} \qquad (\S\, 37, \text{III})$$

$$= \sqrt{x(x+l)} - l \log\left(\sqrt{\frac{x+l}{l}} - \sqrt{\frac{x}{l}}\right).$$

　(ii)　楕円 $\frac{x^2}{a^2} + \frac{y^2}{b^2} = 1$, $a \geqq b$, の弧長 s は，点 $(0,b)$ を起点にすれば：
$$x = a \sin\theta, \quad y = b \cos\theta;$$
$$dx = a \cos\theta\, d\theta, \quad dy = -b \sin\theta\, d\theta$$

から

$$s = \int_0^\theta \sqrt{a^2 \cos^2\theta + b^2 \sin^2\theta}\, d\theta = a \int_0^\theta \sqrt{1 - k^2 \sin^2\theta}\, d\theta = \int_0^x \sqrt{\frac{a^2 - k^2 x^2}{a^2 - x^2}}\, dx.$$

ただし $k = \sqrt{\frac{a^2 - b^2}{a^2}}$ は離心率である．

　(iii)　双曲線 $\frac{x^2}{a^2} - \frac{y^2}{b^2} = 1$ の弧長も $x = a \sec\theta$, $y = b \tan\theta$ と置いて，同様の計算で，楕円積分に帰する．

［例 2］ レムニスケート (lemniscate)．平面上いくつかの定点からの距離の積が一定なる点の軌跡を，広義においてレムニスケートという．特に定点が二つで，その間の距離 $FF' = 2a$，一定の積が a^2 なるときが通常のレムニスケート［Bernoulli のレムニスケート］である．その方程式は極座標で

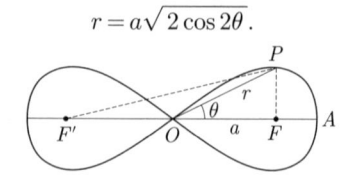

$$r = a\sqrt{2 \cos 2\theta}.$$

$FP^2 \cdot F'P^2 = (r^2 + a^2 - 2ar\cos\theta)(r^2 + a^2 + 2ar\cos\theta) = a^4$ から，簡約して上記の方程式を得る．よって

$$ds^2 = dr^2 + r^2 d\theta^2 = \left(\frac{-\sqrt{2}\, a \sin 2\theta\, d\theta}{\sqrt{\cos 2\theta}}\right)^2 + 2a^2 \cos 2\theta\, d\theta^2 = \frac{2a^2 d\theta^2}{\cos 2\theta}.$$

故に A から測った弧 AP の長さは

$$s = \sqrt{2}\,a \int_0^\theta \frac{d\theta}{\sqrt{\cos 2\theta}} = \sqrt{2}\,a \int_0^\theta \frac{d\theta}{\sqrt{1 - 2\sin^2\theta}}. \qquad \left(0 \leq \theta \leq \frac{\pi}{4}\right) \qquad (10)$$

または $x = \tan\theta$ とすれば

$$s = \sqrt{2}\,a \int_0^x \sqrt{\frac{1+x^2}{1-x^2}} \frac{dx}{1+x^2} = \sqrt{2}\,a \int_0^x \frac{dx}{\sqrt{1-x^4}}.$$

(10)において θ の変動範囲は $0 \leq \theta \leq \dfrac{\pi}{4}$ であるが，今

$$\varphi = \operatorname{Arc\,sin}(\sqrt{2}\sin\theta)$$

とすれば，$0 \leq \varphi \leq \dfrac{\pi}{2}$ で，

$$d\varphi = \frac{\sqrt{2}\cos\theta\,d\theta}{\sqrt{1 - 2\sin^2\theta}},$$

$$\sin\theta = \frac{1}{\sqrt{2}}\sin\varphi, \quad \cos\theta = \sqrt{1 - \frac{1}{2}\sin^2\varphi},$$

故に

$$s = a\int_0^\varphi \frac{d\varphi}{\sqrt{1 - \dfrac{1}{2}\sin^2\varphi}} \qquad \left(0 \leq \varphi \leq \frac{\pi}{2}\right)$$

この場合にも s は楕円積分である．

41. 線 積 分

平面上の或る区域において $P(x,y)$ が連続で，またその区域内において滑らかな曲線

$$C: \quad x = x(t), \quad y = y(t) \qquad (a \leq t \leq b)$$

が与えられているとき

$$\int_C P(x,y)dx = \int_a^b P(x(t), y(t))\frac{dx}{dt}dt$$

を曲線 C の上の線積分という．

$$\int_C Q(x,y)dy = \int_a^b Q(x,y)\frac{dy}{dt}dt$$

も同様である．

曲線 C を細分して，これらを

$$\lim \sum P(x_i, y_i)(x_{i+1} - x_i), \quad \lim \sum Q(x_i, y_i)(y_{i+1} - y_i)$$

として，直接に定義することもできる．故に線積分は媒介変数 t の選択に関係しない一定の値を有する．

C が滑らかでないならば，これらの lim は，有界変動の函数 $x(t), y(t)$ による Stieltjes 積分である．

［例1］ 次の図に示す曲線 AB に関する線積分
$$S = \int_{AB} f(x,y) dx \tag{1}$$
は次の意味を有する．

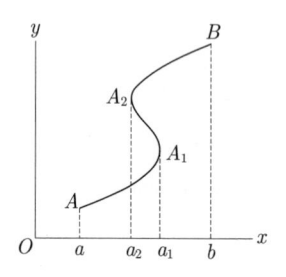

弧 AA_1, A_1A_2, A_2B をそれぞれ $y = \varphi_1(x), y = \varphi_2(x), y = \varphi_3(x)$ とすれば，
$$S = \int_{AA_1} + \int_{A_1A_2} + \int_{A_2B}$$
$$= \int_a^{a_1} f(x, \varphi_1(x)) dx + \int_{a_1}^{a_2} f(x, \varphi_2(x)) dx + \int_{a_2}^b f(x, \varphi_3(x)) dx.$$
右辺の三つの積分は，x を積分変数とする通常の意味の積分であるが，その和を(1)のように略記するのである．

［例2］ C を図のような閉曲線 $AMBNA$ とし，$f(x,y)$ を特に y として C に関して正の向き(xy を常例のように右系とすれば，内部を左手に見る向き)に取った線積分 $\int_C y\, dx$ を考察しよう．

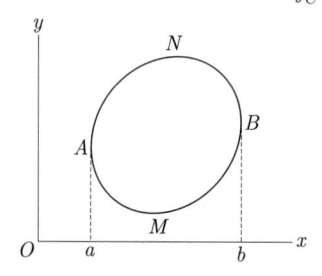

今弧 AMB においては $y = \varphi_1(x)$，また弧 ANB においては $y = \varphi_2(x)$ とすれば
$$\int_C y\, dx = \int_a^b \varphi_1(x) dx + \int_b^a \varphi_2(x) dx$$
$$= \int_a^b \varphi_1(x) dx - \int_a^b \varphi_2(x) dx$$
$$= -\int_a^b [\varphi_2(x) - \varphi_1(x)] dx.$$
すなわち C 内の面積を S とすれば，$S = -\int_C y\, dx$．もしも x と y とを交換すれば，y-x は左系になるから $S = \int_C x\, dy$ になる．よって
$$S = \int_C x\, dy = -\int_C y\, dx = \frac{1}{2} \int_C x\, dy - y\, dx. \tag{2}$$
C 上の隣接した点を $P = (x, y), P' = (x + \Delta x, y + \Delta y)$ とすれば，微小三角形 OPP' の面積は符号を計算

に入れて
$$\frac{1}{2}\begin{vmatrix} x & x+\Delta x \\ y & y+\Delta y \end{vmatrix} = \frac{1}{2}(x\Delta y - y\Delta x)$$
だから，(2) の幾何学上の意味は明白である．

［Amsler の面積計］　定長 l なる線分 AA' の両端 A, A' がそれぞれ閉曲線 C, C' の上を動くとする．その運動の過程において，$A=(x,y)$, $A'=(x',y')$，また $A'A$ と x 軸との間の角を θ とすれば，
$$x = x' + l\cos\theta, \quad y = y' + l\sin\theta.$$
よって
$$dx = dx' - l\sin\theta\,d\theta, \quad dy = dy' + l\cos\theta\,d\theta,$$
$$x\,dy - y\,dx = x'dy' - y'dx' + l(x'\cos\theta + y'\sin\theta)d\theta + l(\cos\theta\,dy' - \sin\theta\,dx') + l^2 d\theta.$$
今 C, C' の面積をそれぞれ S, S' とすれば，(2) によって
$$2S = \int_C (xdy - ydx), \quad 2S' = \int_{C'}(x'dy' - y'dx')$$
だから
$$2S = 2S' + l\int_{C'}(x'\cos\theta + y'\sin\theta)d\theta + l\int_{C'}(\cos\theta\,dy' - \sin\theta\,dx') + l^2\int_{C'} d\theta.$$
さて
$$\int \cos\theta\,dy' = y'\cos\theta + \int y'\sin\theta\,d\theta,$$
$$-\int \sin\theta\,dx' = -x'\sin\theta + \int x'\cos\theta\,d\theta.$$
一周の後 $y'\cos\theta$, $x'\sin\theta$ はもとの値に帰るから
$$\int_{C'}(x'\cos\theta + y'\sin\theta)d\theta = \int_{C'}(\cos\theta\,dy' - \sin\theta\,dx').$$
また n を或る整数として
$$\int_{C'} d\theta = 2n\pi.$$
故に
$$S - S' = l\int_{C'}(\cos\theta\,dy' - \sin\theta\,dx') + n\pi l^2.$$
さて C' の弧長を s'，接線と x 軸との間の角を φ とすれば
$$dx' = ds'\cos\varphi, \quad dy' = ds'\sin\varphi.$$
故に $\varphi - \theta = \psi$ と置けば
$$S - S' = l\int_{C'}\sin\psi\,ds' + n\pi l^2. \tag{3}$$

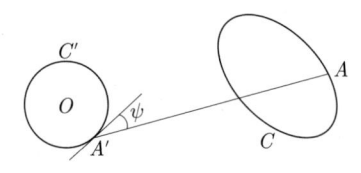

Amsler の面積計 (planimeter) はこの公式を応用したものである．面積計の主要部は A' の関節において自由に屈折する二つの杆 OA', $A'A$ と杆 $A'A$ を軸として回転する小車輪 K である．今閉曲線 C が紙上に画かれているとき，C の外部に O を固定して，O から C 上の点への距離が，$OA' + A'A$ よりも小さいようにして置けば，A が C の上を一周するとき，A' は一つの円周上を動くけれども，それを一周しない．故にこの場合 (3) において $S' = 0$, $n = 0$ で

$$S = l \int_{C'} \sin \psi \, ds'. \tag{4}$$

さて杆 $A'A$ が微小なる変位をして，$A'_1 A_1$ の位置にきたとすれば，

$$\sin \psi \, ds' = dp$$

は A'_1 から $A'A$ への垂線の長さである．

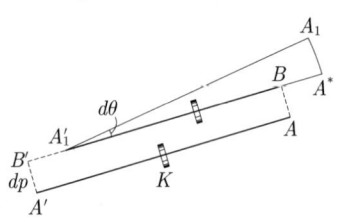

この変位を次のように三つの変位に分解することができる．すなわち (1°) $A'A$ がそれに垂直に dp だけ平行移動をして $B'B$ にくる．(2°) $B'B$ がその直線上を $A'_1 A^*$ まで進む．(3°) $A'_1 A^*$ が $A'_1 A_1$ まで $d\theta$ だけの回転をする．さて (1°) は車輪 K の回転の角度に比例する．(2°) では車輪は回転しない．(3°) では車輪は $A'K \cdot d\theta$ だけ回転するが，$\int d\theta = 0$ だから，結局 $\int \sin \psi \, ds' = \int dp$ は車輪の回転の純量に比例する．実際は車輪に ldp を示すように，目盛りがつけてあるから，面積 S がすぐに読めるのである．

練習問題 (3)

(1) 次の不定積分は 'できる' (§ 37)．ただし a, b, c 等は定数，P, Q は多項式，R は有理式である．

[1°] $\int P(x) e^{ax} \cos bx \, dx$, $\int P(x) e^{ax} \sin bx \, dx$.

[2°] $\int P(\cos a_1 x, \cdots, \cos a_p x, \sin b_1 x, \cdots, \sin b_q x) dx$.

[3°] $\int e^{cx} Q(x) P(\cos a_1 x, \cdots, \cos a_p x, \sin b_1 x, \cdots, \sin b_q x) dx$.

[4°] $\int R'(x)\log x\,dx,\quad \int R'(x)\arctan x\,dx,\quad \int R'(x)\arcsin x\,dx.$

[解] [2°]では $\cos a_1 x,\ \sin b_1 x$ 等の積を和に直して簡約する．

(2)
$$\int \cos^n x\,dx = \frac{1}{2^{n-1}}\sum_{0\leqq k<\frac{n}{2}}\binom{n}{k}\frac{\sin(n-2k)x}{n-2k}+\frac{1}{2^n}\binom{n}{n/2}x.$$

ただし n は自然数であるが，最後の項は n が偶数のときにだけ出る．

[解] $\cos^n x = \left(\dfrac{e^{xi}+e^{-xi}}{2}\right)^n$ を用いれば容易にできる $\int \sin^n x\,dx$ も同様．

(3) $\alpha \neq 0$ とすれば
$$\int \sin^{\alpha-1}x\cos(\alpha+1)x\,dx = \frac{1}{\alpha}\sin^\alpha x\cos\alpha x,$$
$$\int \sin^{\alpha-1}x\sin(\alpha+1)x\,dx = \frac{1}{\alpha}\sin^\alpha x\sin\alpha x,$$
$$\int \cos^{\alpha-1}x\cos(\alpha+1)x\,dx = \frac{1}{\alpha}\cos^\alpha x\sin\alpha x,$$
$$\int \cos^{\alpha-1}x\sin(\alpha+1)x\,dx = -\frac{1}{\alpha}\cos^\alpha x\cos\alpha x.$$

(4)
$$F(\cos x,\sin x) = f(\cos x) + g(\cos x)\sin x,$$
$$f(\cos x) = \varphi(\cos^2 x) + \psi(\cos^2 x)\cos x.$$

右辺の第二項の積分は，それぞれ変換 $t = \cos x$, $t = \sin x$ によって有理化される．$\varphi(\cos^2 x)$ の積分は変換 $t = \tan x$ で有理化される．すなわち $\tan\dfrac{x}{2}$ を用いなくてすむ．ただし F, f, g, φ, ψ は有理式である．

(5) 二項微分の積分 (§ 37)
$$I_{p,q} = \int t^p(at+b)^q\,dt$$
に関して，次の簡約公式が成り立つ．
$$(p+q+1)I_{p,q} = qbI_{p,q-1} + t^{p+1}(at+b)^q,$$
$$a(p+q+1)I_{p,q} = -pbI_{p-1,q} + t^p(at+b)^{q+1}.$$

これを用いて，p または q を区間 $[0,1]$ または $[-1,0]$ に導くことができよう．

[解]
$$t^p(at+b)^q = at^{p+1}(at+b)^{q-1} + bt^p(at+b)^{q-1}$$
と部分積分とを用いて，初めの公式を得る．次のはそれの変形．

(6) [1°] $\displaystyle\int_0^\pi \frac{\sin x\,dx}{\sqrt{1-2a\cos x + a^2}} = \begin{cases} 2, & |a|\leqq 1, \\ 2/|a|, & |a|\geqq 1. \end{cases}$

[2°] $\displaystyle\int_0^1 \frac{x\log x\,dx}{(1+x)^4} = -\frac{1}{6}\left(\log 2 - \frac{1}{4}\right).$

[解] 不定積分ができるが，限界を入れるときに注意を要する．

(7) [1°] $\displaystyle\int_a^b \frac{dx}{\sqrt{(x-a)(b-x)}} = \pi.\quad (a<b).$

[2°] $\displaystyle\int_{-1}^1 \frac{dx}{(a-x)\sqrt{1-x^2}} = \pm\frac{\pi}{\sqrt{a^2-1}}.\quad (|a|>1.\ \pm \text{は } a \text{ の符号}).$

[3°] $\displaystyle\int_0^{\frac{\pi}{2}} \left(\frac{\pi}{2}-x\right)\tan x\,dx = \frac{\pi}{2}\log 2.$

[4°] $\displaystyle\int_0^1 \frac{\log x}{x^\alpha}dx = \frac{-1}{(1-\alpha)^2}.$ $\quad (0<\alpha<1)$

[解] これらの広義積分は収束する．[1°] は x の一次変換によって，積分区域を $[-1,1]$ にするがよい．[2°] は変換 $x=\cos\theta$ による．[3°] は §34, 例 3 に帰する．[4°] は部分積分で(不定積分が)できる．

(8) $\displaystyle\int_0^\infty \frac{\sin x\,dx}{x^\nu}$ $(0<\nu<2)$ は収束する．$1<\nu<2$ なるときは絶対収束で，$0<\nu\leqq 1$ なるときは絶対収束でない．

(9) $\displaystyle\int_0^\infty \frac{x\,dx}{1+x^6\sin^2 x}$ は収束する．

[注意] これは被積分函数が有界でなくても，無限区間の積分が収束する例である．
$$\int_{n\pi}^{(n+1)\pi} < (n+1)\pi \int_0^\pi \frac{dx}{1+(n\pi)^6\sin^2 x} < \frac{1}{n^2}.$$

(10) $\displaystyle J_n = \int_0^1 \frac{x^n\,dx}{\sqrt{1-x^4}}$ $(n=0,1,2,\cdots)$ と置けば，$(n-1)J_n = (n-3)J_{n-4}.$

これから Wallis の公式(§35, 例 5)のように，J_0, J_1, J_2 を表わす無限積を導くことができる．$\left(J_3 = \dfrac{1}{2}\right.$ を用いる．$\left.\right)$

(11) $f(x), g(x)$ が $[a,b]$ で積分可能ならば
$$\left(\int_a^b f(x)g(x)dx\right)^2 \leqq \int_a^b f(x)^2 dx \int_a^b g(x)^2 dx. \quad (\text{Schwarz の不等式})$$

ただし，$f(x), g(x)$ が連続ならば，等号は $f(x), g(x)$ の比が定数であるときに限って成り立つ．($u\neq 0$ または $v\neq 0$ で，$[a,b]$ において常に $uf(x)+vg(x)=0$ になるような定数 u,v が存在するときのほかは成り立たない．)

[解]
$$\int_a^b (uf(x)+vg(x))^2 dx = Au^2 + 2Buv + Cv^2 \geqq 0$$

から $B^2 \leqq AC$ を得る．等号に関しては §31, (4°) 参照．

(12) $f_1(x), f_2(x), \cdots, f_n(x)$ を $[a,b]$ で積分可能として
$$a_{pq} = \int_a^b f_p(x)f_q(x)dx$$

と書けば，Gram の行列式
$$\begin{vmatrix} a_{11} & a_{12} & \cdots & a_{1n} \\ a_{21} & a_{22} & \cdots & a_{2n} \\ \multicolumn{4}{c}{\cdots\cdots\cdots\cdots\cdots\cdots\cdots} \\ a_{n1} & a_{n2} & \cdots & a_{nn} \end{vmatrix} \geqq 0.$$

ただし，等号は $f_1(x), f_2(x), \cdots, f_n(x)$ が $[a,b]$ において連続ならば，それらが一次独立でない(常に $c_1f_1(x)+c_2f_2(x)+\cdots+c_nf_n(x)=0,\ (c_1,c_2,\cdots,c_n)\neq(0,0,\cdots,0)$, なる定数が存在する)ときに限って成り立つ．

[解] $\displaystyle\int_a^b (u_1f_1(x)+\cdots+u_nf_n(x))^2 dx \geqq 0$ を用いる．

(13) Hermite の多項式(練習問題(2)(3))

$$H_n(x) = (-1)^n e^{x^2} \frac{d^n e^{-x^2}}{dx^n}$$

に関して次の関係(直交条件)が成り立つ．

$$\int_{-\infty}^{\infty} H_m(x) H_n(x) e^{-x^2} dx = \begin{cases} 0, & (m \neq n) \\ 2^n n! \sqrt{\pi} & (m = n) \end{cases}$$

［解］ $H_n(x) = (2x)^n + \cdots$ は n 次の多項式だから $\int_{-\infty}^{\infty} x^m H_n(x) e^{-x^2} dx \, (m \leqq n)$ を考察すればよい．部分積分を幾度も行えばできる．

(14) Laguerre の多項式(同上)に関して

$$\int_0^{\infty} L_m(x) L_n(x) e^{-x} dx = \begin{cases} 0, & (m \neq n) \\ (n!)^2. & (m = n) \end{cases}$$

(15) §8, 例 7 の函数を $f(x)$ とすれば，

$$\int_0^1 f(x) dx = \frac{1}{18}.$$

［解］ 区間 $[0, 1]$ を 2^n 等分すれば， $s_\Delta = \frac{1}{2} \times 0.11 \cdots 1$, ($n$ 桁).

第 4 章　無限級数　一様収束

42. 無限級数

数列 $a_1, a_2, \cdots, a_n, \cdots$ の最初の n 項の和を
$$s_n = a_1 + a_2 + \cdots + a_n$$
とする．もしも(有限なる)極限値
$$\lim_{n\to\infty} s_n = s$$
が存在するならば，無限級数
$$\sum_{n=1}^{\infty} a_n = a_1 + a_2 + \cdots + a_n + \cdots$$
は収束するといい，極限 s をこの無限級数の和と略称する．極限値が存在しないとき ($\lim s_n = \pm\infty$ をも含めていう) には無限級数は発散するという．発散する級数は直接には計算の用に立たない．

Cauchy の判定法 (§6) によれば収束の必要かつ十分なる条件は，n を十分に大きくして，任意の $m > n$ に関して
$$|s_n - s_m| = |a_{n+1} + \cdots + a_m|$$
がどんな ε よりも小さくされることである．すなわち
$$R_{n,m} = s_m - s_n = a_{n+1} + \cdots + a_m$$
と置けば，或る番号以上 $|R_{n,m}| < \varepsilon$．

故に収束の場合には部分和 s_n に対応する剰余 R_n，すなわち
$$R_n = s - s_n = \sum_{p=1}^{\infty} a_{n+p}$$
も収束して $\lim_{n\to\infty} R_n = 0$．

特に $a_n = s_n - s_{n-1}$ だから，$\lim_{n\to\infty} a_n = 0$ は収束の必要条件である．しかし，それは十分なる条件ではない．

例えば調和級数 $1 + \dfrac{1}{2} + \dfrac{1}{3} + \cdots$ は
$$R_{n,2n} = \frac{1}{n+1} + \cdots + \frac{1}{2n} > \frac{1}{2n} \times n = \frac{1}{2}$$
だから発散する．

正項級数 ($a_n \geqq 0$) の場合には，s_n は単調増大だから，収束の条件は s_n の有界性である．

級数 $\sum_{n=1}^{\infty} a_n$, $\sum_{n=1}^{\infty} b_n$ がそれぞれ a, b に収束するならば $\sum_{n=1}^{\infty} (a_n + b_n)$ は $a+b$ に収束する．すなわ

ち $\sum_{\nu=1}^{n}(a_\nu+b_\nu)=\sum_{\nu=1}^{n}a_\nu+\sum_{\nu=1}^{n}b_\nu\to a+b$ (定理 5)．

同じ条件の下で，c が定数ならば $\sum_{\nu=1}^{\infty}ca_\nu=ca$．これらは収束の定義によって明白である．

無限級数から有限個の項を取り除き，またはそれに有限個の項を挿入しても，収束性に影響のないことも同様である．

級数 $\sum a_n$ が収束すれば，連続する若干項を括弧でくくって一項としても，やはり同じ和に収束する．それは収束する数列 $\{s_n\}$ の部分数列を取ることに帰するからである（定理 3）．しかし逆はいけない．例えば $(1-1)+(1-1)+\cdots=0$ であるが，括弧をはずしてしまえば，$1-1+1-1+\cdots$ は収束しない．

43. 絶対収束・条件収束

無限級数 $\sum a_n$ の項の絶対値の級数 $\sum |a_n|$ が収束するときは，原級数も収束する．—— 実際
$$|R_{n,m}|=|a_{n+1}+\cdots+a_m|\leqq |a_{n+1}|+\cdots+|a_m|$$
で，仮定によって，右辺は $n\to\infty$ のとき，限りなく小さくなるから，左辺も同様である．この場合に，級数 $\sum a_n$ は絶対収束をするという．

級数が収束して，しかも絶対収束をしないときは，それを条件収束という．

絶対収束の無限級数は，おおむね有限和と同様の性質を有するが，条件収束の場合は，一般に取扱いがやっかいである．

そもそも，無数の正数 $\{a_n\}$ が与えられているとき，番号にかまわず，有限個の項を取って作られる部分和をかりに t と総称するならば，それら t の上限をもって和 $s=\sum a_n$ を定義することは自然的であるが，正項級数の場合，この和は前節の定義における $\lim s_n$ と一致する．—— 実際 s_n は部分和 t の中の一つであり，また任意の部分和 t の項は，十分大なる n に対する s_n の項の中に含まれるから，それは当然である．故に正項級数に関しては，和が項の順序に無関係であることは，有限和の加法の交換律と同様である．

もしも極限として ∞ をも許すならば，正項級数は項の順序に無関係なる一定の和を有することになる．

正項級数 $\sum a_n$ を無数の部分級数に分割するならば，収束の場合，部分級数も収束する．その和を $\sigma_1,\sigma_2,\cdots$ とすれば，$\sigma_1+\sigma_2+\cdots$ も収束して，その和は s に等しい．すなわち
$$s=\sum_{\nu=1}^{\infty}\sigma_\nu. \tag{1}$$

実際，$\sum \sigma_\nu$ の部分和は，前節に述べたように，原級数の部分級数だから，$\sum_{\nu=1}^{p}\sigma_\nu\leqq s$ であるが，p は任意だから $\sum_{\nu=1}^{\infty}\sigma_\nu$ は収束して，その和は s を越えない．一方任意の s_n の項は部分級数の

間に分配されるから，十分大なる p を取れば，$s_n \leqq \sum_{\nu=1}^{p} \sigma_\nu \leqq \sum_{\nu=1}^{\infty} \sigma_\nu$. n は任意だから，上限へ行って $s \leqq \sum_{\nu=1}^{\infty} \sigma_\nu$. 故に (1) が成り立つのである．

$s = \infty$ の場合も同様である．この場合，任意の $M > 0$ に対して，十分大きく n を取れば，$s_n > M$ になるから，上記の $\sum_{\nu=1}^{p} \sigma_\nu > M$, 従って $\sum_{\nu=1}^{\infty} \sigma_\nu = \infty$ である．すなわち (1) は $\infty = \infty$ の意味で成り立つ．

約言すれば，正項級数の和に関して，広い意味で，加法の結合律が成り立つのである．

さて，$\sum a_n$ において項の符号が一定でないときには，正項を $p_1, p_2, \cdots$, 負項を $-q_1, -q_2, \cdots$ と書くとき，$p = \sum p_n$, $q = \sum q_n$ として
$$s = p - q$$
とするならば，p, q が双方共に ∞ なる場合を除いて，s は一定である．p, q がともに有限 $(\neq \infty)$ なるときは，$\sum |a_n| = p + q$ で，$\sum a_n$ は本節の初めに掲げた定義に従って絶対収束であって，$\sum a_n$ の部分和は
$$s_n = \sum_{\nu=1}^{l} p_\nu - \sum_{\nu=1}^{m} q_\nu$$
のように書かれ，$n \to \infty$ のとき，$l \to \infty$, $m \to \infty$ だから，極限において，上記の通り $s = p - q$ になる．

$\sum a_n$ において項の順序を変えても，p, q は変わらないから，s も一定である．また $\sum a_n$ を部分級数に分割することは $\sum p_\nu, \sum q_\nu$ を分割することに帰するから，(1) も成り立つ．

p, q の中一方だけが ∞ なるときには，$s = +\infty$ または $s = -\infty$ で，それはちょうど $\lim s_n$ に等しい．項の順序を変えても，または級数を部分級数に分割しても，この関係は動かない．

以上は絶対収束の場合である．条件収束の場合には，p も q も共に ∞ で，$s = p - q$ は無意味であるが，$s_n = \sum_{\nu=1}^{l} p_\nu - \sum_{\nu=1}^{m} q_\nu$ において，正項と負項との配置のためにかろうじて $\lim s_n$ が確定するのである．従って項の順序が収束性に重大なる関係を有せねばならない．実際，条件収束の級数は，項の順序を適当に変更して，任意の和に収束せしめ，または収束性を失わしめうることを，Dirichlet (1829) が指摘した．例えば，$\sum a_n$ の項の順序を次のように変更して，任意の正数 c に収束せしめることができる．すなわち，まず正項 $p_1, p_2, \cdots$ を順次に加えて，p_α に至って，和が初めて c よりも大きくなるとする．次に負項 $-q_1, -q_2, \cdots$ を加えて，$-q_\beta$ に至って，和が初めて c よりも小さくなるとする．次にはまた和が c よりも大きくなるまで正項 $p_{\alpha+1}, p_{\alpha+2}, \cdots, p_{\alpha+\gamma}$ を加え，次に和が c よりも小さくなるまで，負項 $-q_{\beta+1}, \cdots, -q_{\beta+\delta}$ を加える．$\sum p_\nu$ も $\sum q_\nu$ も ∞ だから，このような操作を限りなく継続することができるが，そのようにして生ずる級数
$$p_1 + p_2 + \cdots + p_\alpha - q_1 - q_2 - \cdots - q_\beta + p_{\alpha+1} + \cdots + p_{\alpha+\gamma} - q_{\beta+1} - \cdots - q_{\beta+\delta} + \cdots - \cdots \quad (2)$$

において $\alpha, \beta, \gamma, \delta$ は少くとも 1 以上だから，$\sum a_n$ のすべての項が，いつかは一度用いられて，(2)は実際 $\sum a_n$ の項の順序の変更である．さてこの級数(2)が c に収束することは，その構成から明らかであろう．実際，今二つの負項 $-q_\lambda$ と $-q_{\lambda+1}$ との間に正項 $p_\mu, p_{\mu+1}, \cdots, p_\nu$ が挟まれているとして，それらの項に対する部分和を考察する．そのとき $-q_\lambda$ までの部分和は c より小さいが，それと c との差は q_λ を超えない．そこへ正項 $p_\mu, p_{\mu+1}, \cdots$ を加えて行けば，部分和は増大するが，p_ν に達せぬうちは，部分和は c より小(大でない)で，c との差は q_λ を超えない．p_ν に至って部分和は初めて c を超えるが，c との差は p_ν を超えない．正項の間に挟まれた負項に対する部分和も同様で，部分和 s_n と c との差は，符号の変わるところにある p_ν, q_λ を超えない．然るに，$\sum a_n$ は収束するから，番号が限りなく大きくなるとき，p_ν も q_λ も限りなく小さくなる．故に(2)は c に収束する．

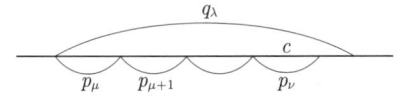

同じようにして，部分和を任意の値 c_1, c_2 に集積せしめ，または絶対値において限りなく大きくすることもできるであろう*．

収束する無限級数において，$\lim s_n = s$ を和といっても，それは単に称呼であって，s は有限個の数の和ではないから，有限個の数の加法に関する法則が，そのまま無限級数の和にも通用することは，もちろん期待されない．然るに絶対収束の場合には，無限級数の和に関しても，交換律が成立することは上記の通りである．Riemann がいったように，"絶対に収束する級数にのみ有限数の和の法則が適用されて，それのみが項の総計とみなしうるのである." 収束性を度外において，無限級数を有限級数のように放漫に取扱って，しばしば不可解の矛盾に逢着したことは，18世紀数学の苦い経験であったのである．

絶対収束をする無限級数に関しては，有限級数と同じように，積が分配律によって求められる．今
$$A = \sum_{n=1}^{\infty} a_n, \quad B = \sum_{n=1}^{\infty} b_n$$
を絶対収束とする．分配律の意味は
$$AB = a_1 b_1 + a_1 b_2 + a_2 b_1 + a_1 b_3 + a_2 b_2 + a_3 b_1 + \cdots \tag{3}$$
で，かつ右辺の級数が絶対収束をするのである．すなわち番号 m, n のすべての組合せを取って $a_m b_n$ を任意の順序に並べるとき，級数 $\sum a_m b_n$ が収束して，その和は常に AB に等しいのである．

---

　* 条件収束とは，項の順序を乱さない条件の下において，一定の和に収束することを指すのである．条件収束をまた短く半収束(semiconvergent)ともいう．また反対に絶対収束を無条件収束ともいう．

今その証明を述べる．$\sum a_m b_n$ の部分和に含まれる番号 m, n の最大のものをそれぞれ μ, ν とすれば，その部分和の項は有限級数の積 $\left(\sum_{p=1}^{\mu} a_p\right)\left(\sum_{q=1}^{\nu} b_q\right)$ を分配律によって展開するときにでてくる項の一部分であるから，この部分和に関して，

$$\sum |a_m b_n| \leqq \sum_{p=1}^{\mu} |a_p| \sum_{q=1}^{\nu} |b_q|.$$

然るに仮定によって，$\sum a_n, \sum b_n$ は絶対収束をするから，部分和 $\sum |a_m b_n|$ は有界，従って無限級数 $\sum a_m b_n$ は絶対収束をする．

級数 $\sum a_m b_n$ が絶対収束だから，その和 S を求めるためには，項の順序を任意に取ってよく，またそれらの項を任意にくくってもよい．よって今 $\sum a_n, \sum b_n$ の第 n 項までの部分和を A_n, B_n として

$$S_n = A_1 B_1 + (A_2 B_2 - A_1 B_1) + \cdots + (A_n B_n - A_{n-1} B_{n-1})$$

で示されるように，$\sum a_m b_n$ の項を排列する．

すなわち

$$S = a_1 b_1 + (a_1 b_2 + a_2 b_1 + a_2 b_2) + (a_1 b_3 + a_2 b_3 + a_3 b_1 + a_3 b_2 + a_3 b_3) + \cdots$$

然らば

$$S_n = A_n B_n,$$

従って

$$S = \lim_{n \to \infty} S_n = \lim_{n \to \infty} A_n B_n = AB.$$

［附記］ 上記の積 $a_m b_n$ において $m+n-1=k$ なるものをまとめて一項として，それを c_k として級数

$$C = \sum_{k=1}^{\infty} c_k, \qquad c_k = a_1 b_k + a_2 b_{k-1} + \cdots + a_k b_1$$

を作る．然らば A, B が収束して，そのうち一方が絶対収束ならば，C も収束して $AB = C$ (Mertens)．この定理は本書で応用の機会がないから，説明を省略する．

またもし A, B が収束しかつ C も収束するならば，$AB = C$（§52 参照）．

数列または級数の収束は複素数にも適用される．複素数の四則および複素数 $z = x + yi$ を平面（z 平面）上の点 (x, y) で表わす方法は既知とする*．今一，二の要項を述べるならば，点 (x, y) の極座標を (r, θ) とすれば，$z = x + yi = r(\cos\theta + i\sin\theta)$ で，r を z の絶対値といい，それを $|z|$ と記す．また θ を z の偏角といい，それを $\arg z$ と書く．然らば

$$|zz'| = |z| \cdot |z'|, \qquad \arg zz' \equiv \arg z + \arg z' \pmod{2\pi}.$$

特に重要なのは不等式 $|z + z'| \leqq |z| + |z'|$，あるいは一般に

$$|z_1 + z_2 + \cdots + z_n| \leqq |z_1| + |z_2| + \cdots + |z_n| \tag{4}$$

である．

---

* 附録 I，参照．

複素数列 $\{z_n\}$ において，$z_n = x_n + y_n i$ とすれば，それは z 平面上の点列 (x_n, y_n) で表わされる．数列 $\{z_n\}$ の極限が $\lambda = a + bi$ であるとは，点列 $P_n = (x_n, y_n)$ の極限が点 $L = (a, b)$ であることを意味する．すなわち $n \to \infty$ のとき $x_n \to a, y_n \to b$ であるが，むしろ実数部と虚数部とに分けないで，距離 $P_n L \to 0$ と考えるがよい．$P_n L = \sqrt{(x_n - a)^2 + (y_n - b)^2}$ は $|z_n - \lambda|$ に等しいから Cauchy の判定律は $n > N, m > n$ のとき $P_n P_m = |z_n - z_m| < \varepsilon$ で，すなわち実数の場合と同じである．

級数 $\sum z_n$ の収束は数列 $s_n = \sum_{\nu=1}^{n} z_\nu$ の収束にほかならないから，その意味は明白である．絶対収束は，むしろ複素数の範囲において，その意味が真に了解されるというべきであろう．すなわち正項級数 $\sum |z_n|$ が収束すれば，
$$|z_{n+1} + \cdots + z_m| \leqq |z_{n+1}| + \cdots + |z_m| < \varepsilon \qquad (n > N)$$
だから，$\sum z_n$ が収束するのであるが，そのとき項の順序が和の値に影響しないことも，実級数の場合と同様である．実際，$z_n = x_n + y_n i$ において $|x_n| \leqq |z_n|, |y_n| \leqq |z_n|$ だから，$\sum |z_n|$ が収束すれば，$\sum_{n=1}^{p} |x_n|, \sum_{n=1}^{p} |y_n|$ は有界，従って収束する．すなわち $\sum x_n, \sum y_n$ は絶対収束をする．

そのほか絶対収束に関して本節で述べたことはすべて複素級数にも通用する．証明の根拠が不等式 (4) にあるからである．条件収束の問題は，それと違って，複素級数の場合，いっそうむずかしい．

44. 収束の判定法（絶対収束）

実際に与えられた級数 $\sum a_n$ の収束性を判定する実用的の方法のうちで，最も普通に用いられるもの二，三を次に述べる．ただし，本節では絶対収束を考察するから，正項級数のみを取扱う．

　　（I）　k は 1 よりも小なる正の定数で，或る番号以上では常に $\sqrt[n]{a_n} < k$ ならば，$\sum a_n$ は収束する．

　［注意］　有限個の項を取り除いても収束性に影響はないから '或る番号以上' ということわりを取り去って証明をすれば十分である．以下同様．

　［証］　仮定によって $a_n < k^n, 0 < k < 1$．故に
$$s_n < k + k^2 + \cdots + k^n < \frac{k}{1-k}.$$
すなわち s_n は有界，従って $\sum a_n$ は収束する．

　　（II）　k は 1 よりも小なる正数で，或る番号以上常に
$$\frac{a_{n+1}}{a_n} < k$$
ならば，$\sum a_n$ は収束する．

[証] 仮定によって
$$a_n < a_1 k^{n-1},$$
故に
$$s_n < a_1(1 + k + \cdots + k^{n-1}) < \frac{a_1}{1-k}.$$
すなわち s_n は有界，従って $\sum a_n$ は収束する．

　[注意] §6 に述べた $\overline{\lim}$ を使えば（I），（II）の判定法を次のように述べることができる．

　$\varlimsup_{n\to\infty} \sqrt[n]{a_n} = l$ と置けば，$l<1$ なるとき $\sum a_n$ は収束，$l>1$ なるとき発散，$l=1$ なるときは疑問である．

　実際 $l<1$ のとき，$l<k<1$ とすれば，$\overline{\lim}$ の定義によって，或る番号以上 $\sqrt[n]{a_n} < k$ であるから，$\sum a_n$ は収束する．また $l>1$ ならば，$\sqrt[n]{a_n} > 1$ なる n が無数にあるから，収束の必要条件 $a_n \to 0$ が満たされない．

　同様に $\overline{\lim} \dfrac{a_{n+1}}{a_n} < 1$ ならば収束，$\varliminf \dfrac{a_{n+1}}{a_n} > 1$ ならば発散，その他の場合は疑問．

　上記（I），（II）では $\sum a_n$ を幾何級数 $\sum k^n$ と比較して収束性を判定したのであるが，級数を無限区間の積分と比較して有効なる場合がある．次にその一例を掲げる．

　　(III)
$$\sum_{n=1}^{\infty} \frac{1}{n^s} \qquad (s>0)$$
は $s>1$ ならば収束し，$s \leqq 1$ ならば発散する．

　[証] $x>1$ とすれば $\dfrac{1}{x^s}$ は単調に減少するから
$$\int_n^{n+1} \frac{dx}{x^s} < \frac{1}{n^s} < \int_{n-1}^n \frac{dx}{x^s}. \tag{1}$$
故に $s>1$ ならば
$$\sum_{n=2}^m \frac{1}{n^s} < \int_1^m \frac{dx}{x^s} < \int_1^{\infty} \frac{dx}{x^s} = \frac{1}{s-1}.$$
従って $\sum \dfrac{1}{n^s}$ は収束する．

　故に $s>1$ なる区間において $\sum_{n=1}^{\infty} \dfrac{1}{n^s}$ の和は s の函数である．それを $\zeta(s)$ と書く．$\zeta(s)$ を Riemann のゼータ函数という．

　次に $s=1$ とすれば，
$$\sum_{n=1}^m \frac{1}{n} > \int_1^{m+1} \frac{dx}{x} = \log(m+1).$$
故に $\sum_{n=1}^{\infty} \dfrac{1}{n}$ は発散する（既述）．$s<1$ ならば，$\sum_{n=1}^{\infty} \dfrac{1}{n^s}$ はなお強い理由で発散する．

　同じように

$$\sum_{n=2}^{m} \frac{1}{n \log n} > \int_{2}^{m+1} \frac{dx}{x \log x} = \log \log x \Big|_{2}^{m+1} \to \infty.$$

故に $\sum_{n=2}^{\infty} \frac{1}{n \log n}$ は発散する．

一般に
$$\sum \frac{1}{n(\log n)^s}, \quad \sum \frac{1}{n \log n (\log \log n)^s}, \quad \cdots$$
は $s>1$ ならば収束，$s \leqq 1$ ならば発散する．

一般に，$a \leqq x$ なるとき $f(x)$ が正で単調減少ならば，$\sum_{n=1}^{\infty} f(a+n)$ は $\int_{a}^{\infty} f(x)dx$ と同時に収束または発散する．

Euler の定数　上記(1)において $s=1$ とすれば
$$\int_{n}^{n+1} \frac{dx}{x} < \frac{1}{n} \quad (n \geqq 1).$$

故に
$$1 + \frac{1}{2} + \cdots + \frac{1}{n} > \int_{1}^{n+1} \frac{dx}{x} = \log(n+1),$$

従って
$$1 + \frac{1}{2} + \cdots + \frac{1}{n} - \log n > \log \frac{n+1}{n} > 0.$$

また
$$\frac{1}{n+1} < \int_{n}^{n+1} \frac{dx}{x} = \log(n+1) - \log n.$$

故に $1 + \frac{1}{2} + \cdots + \frac{1}{n} - \log n$ は n が増すとき単調に減少する．それが正（すなわち下方に有界）だから，
$$\lim_{n \to \infty} \left(1 + \frac{1}{2} + \cdots + \frac{1}{n} - \log n \right) = C$$

が存在する．この極限値 C を Euler の定数という．C の値は $0.5772156\cdots$ である*．e や π とは違って，C の数論的の性質は未知である．例えば C が無理数であるかどうかも知れていない．

［附記］　上記の比較法は，なお若干拡張して利用することができる．まず次の例は最も簡単である．

（IV）　正項級数 $\sum u_n, \sum v_n$ において，十分大なる n に関して常に
$$0 < A < \frac{u_n}{v_n} < B$$

ならば（例えば $\lim_{n \to \infty} \frac{u_n}{v_n} > 0$ のとき），二つの級数は共に収束または共に発散する．

---

* Gauss 全集 3, 154 頁に C の数字 40 桁が載っている．$C = 0.57721\ 56649\ 01532\ 86060\ 65120\ 90082\ 40243\ 10421$．

［証］ $\sum_{n=1}^{m} u_n < B \sum_{n=1}^{m} v_n$. 故に $\sum v_n$ が収束すれば $\sum u_n$ も収束する．また $\sum_{n=1}^{m} u_n > A \sum_{n=1}^{m} v_n$. 故に $\sum v_n$ が発散すれば，$\sum u_n$ も発散する．

［例］ $f(x)$ を p 次の多項式として $f(x) = ax^p + bx^{p-1} + \cdots + l \ (a \neq 0)$ とすれば

$$\sum \frac{1}{|f(n)|^s} は \begin{cases} s > \dfrac{1}{p} なるとき収束. \\ s \leq \dfrac{1}{p} なるとき発散. \end{cases}$$

$x \to \infty$ のとき $\dfrac{f(x)}{x^p} \to a$ だから，この級数を既知の級数 $\sum \dfrac{1}{n^{ps}}$ と比較すればよい．

（V） 正項級数 $\sum u_n, \sum v_n$ において，十分大なる n に関して常に

$$\frac{u_n}{u_{n+1}} \geqq \frac{v_n}{v_{n+1}}. \tag{2}$$

とする．然らば

(1°) $\sum v_n$ が収束すれば，$\sum u_n$ も収束する．

(2°) $\sum u_n$ が発散すれば，$\sum v_n$ も発散する．

［証］ 例の通り，不等式(2)はすべての n に関して成り立つと仮定してさしつかえない．然らば(2)から

$$\frac{u_1}{v_1} \geqq \frac{u_2}{v_2} \geqq \cdots \geqq \frac{u_n}{v_n} \geqq \cdots$$

故に $\dfrac{u_1}{v_1} = A$ と置けば，$u_n \leqq A v_n$, $\sum_{n=1}^{m} u_n \leqq A \sum_{n=1}^{m} v_n$. 故に $\sum v_n$ が収束すれば，$\sum u_n$ も収束する．(2°) は (1°) の対偶である．

正項級数 $\sum u_n$ において $\lim_{n \to \infty} u_{n+1}/u_n = l$ が存在する場合には，(II)によって $l < 1$ ならば級数は収束し，$l > 1$ ならば発散するが，$l = 1$ なる場合には，次の判定法がしばしば適用される．

（VI） 正項級数 $\sum u_n$ において

$$\frac{u_n}{u_{n+1}} = 1 + \frac{k}{n} + O\frac{1}{n^{1+\delta}} \qquad (\delta > 0) \tag{3}$$

とする*．然らば

(1°) $k > 1$ なるとき，$\sum u_n$ は収束，

(2°) $k \leqq 1$ なるとき，$\sum u_n$ は発散．

［証］ (1°) 仮定によって $k > 1$. そこで，$k > s > 1$ なる s を取って，$\sum u_n$ を収束する級数 $\sum 1/n^s$ と比較する．(V)を応用するために $v_n = 1/n^s$ と置けば，Taylor の公式によって

$$\frac{v_n}{v_{n+1}} = \left(\frac{n+1}{n}\right)^s = \left(1 + \frac{1}{n}\right)^s = 1 + \frac{s}{n} + O\frac{1}{n^2}. \tag{4}$$

さて(3), (4)から

---

* 記号 O, o は前出 (§15)．

$$\frac{u_n}{u_{n+1}} - \frac{v_n}{v_{n+1}} = \frac{k-s}{n} + O\frac{1}{n^{1+\delta}} - O\frac{1}{n^2}.$$

$h-s>0$ だから，n が十分大なるとき

$$\frac{u_n}{u_{n+1}} > \frac{v_n}{v_{n+1}}.$$

故に(V)によって $\sum u_n$ は収束する．

(2°) $k<1$ なるときは，$\sum u_n$ を発散する級数 $\sum v_n = \sum \dfrac{1}{n}$ と比較する．このとき $n\left(\dfrac{v_n}{v_{n+1}}-1\right) = n\left(\dfrac{n+1}{n}-1\right)=1$, $n\left(\dfrac{u_n}{u_{n+1}}-1\right) \to k$ だから，ついには $\dfrac{v_n}{v_{n+1}} > \dfrac{u_n}{u_{n+1}}$ になってしまう．故に $\sum u_n$ は発散する．

これは簡単であるが，$k=1$ なるときには，通用しない．この場合には $\sum u_n$ を発散級数 $\sum v_n = \sum \dfrac{1}{n\log n}$ と比較する．然らば

$$\frac{v_n}{v_{n+1}} = \frac{(n+1)\log(n+1)}{n\log n} = 1 + \frac{(n+1)\log(n+1) - n\log n}{n\log n}.$$

さて微分法の平均値の定理を函数 $x\log x$ と区間 $[n, n+1]$ とに適用すれば，

$$(n+1)\log(n+1) - n\log n > \log n + 1.$$

よって

$$\frac{v_n}{v_{n+1}} > 1 + \frac{1}{n} + \frac{1}{n\log n},$$

$$\frac{v_n}{v_{n+1}} - \frac{u_n}{u_{n+1}} > \frac{1}{n\log n} - O\frac{1}{n^{1+\delta}} = \frac{1}{n}\left(\frac{1}{\log n} - O\frac{1}{n^\delta}\right).$$

$\dfrac{\log n}{n^\delta} \to 0$ だから，ついには

$$\frac{v_n}{v_{n+1}} > \frac{u_n}{u_{n+1}}.$$

故に $\sum u_n$ は発散する．

[例] $\dfrac{u_n}{u_{n+1}}$ が n の有理函数として

$$\frac{u_n}{u_{n+1}} = \frac{n^p + an^{p-1} + a'n^{p-2} + \cdots}{n^p + bn^{p-1} + b'n^{p-2} + \cdots}$$

のように表わされるときには，

$$\frac{u_n}{u_{n+1}} = 1 + \frac{a-b}{n} + O\frac{1}{n^2}.$$

すなわちここでは $k=a-b$ だから，収束の必要かつ十分なる条件は $a-b>1$ である(Gauss)．

Gauss は，つとに(1812)，このように有力な判定法を持っていて，超幾何級数の収束性を考察したのである．

［注意］ 応用上，たいがい(VI)によって収束性は判定される．それでいけない場合には，問題はむずかしい．

45. 収束の判定法（条件収束）

絶対収束をしない級数の収束性を判定することは，一般にむずかしい．次のは最も簡単な場合である．

　　（VII）交代級数(alternating series)　項が交互に正負なる級数を交代級数という．交代級数 $a_1-a_2+a_3-a_4+\cdots$ において，$a_n>a_{n+1}$，$\lim_{n\to\infty}a_n=0$ ならば，この級数は収束する．

［証］ $\sum(-1)^{n-1}a_n$ の部分和を s_n とすれば
$$s_{2m}=(a_1-a_2)+(a_3-a_4)+\cdots+(a_{2m-1}-a_{2m}),$$
$$s_{2m+1}=a_1-(a_2-a_3)-(a_4-a_5)-\cdots-(a_{2m}-a_{2m+1})=s_{2m}+a_{2m+1}.$$
故に仮定 $a_n>a_{n+1}$ によって
$$s_1>s_3>\cdots>s_{2m+1}>\cdots\cdots>s_{2m}>\cdots>s_4>s_2.$$
また仮定 $a_n\to 0$ によって $s_{2m+1}-s_{2m}=a_{2m+1}\to 0$．故に $\lim_{n\to\infty}s_n$ は存在して，級数は収束する．

［注意］ 剰余 $R_n=\pm(a_{n+1}-a_{n+2}+\cdots)$ に関しては $|R_n|<a_{n+1}$．故に和 s の近似値として部分和 s_n を取れば，誤差は絶対値において省略された最初の項（すなわち a_{n+1}）よりも小である．

［例］ 上記級数の例として，著名な
$$1-\frac{1}{3}+\frac{1}{5}-\frac{1}{7}+\cdots=\frac{\pi}{4},$$
$$1-\frac{1}{2}+\frac{1}{3}-\frac{1}{4}+\cdots=\log 2$$
を挙げる．（その和が $\dfrac{\pi}{4}$ または $\log 2$ であることは後に述べる．）

この第二の級数に関して次の考察を試みる．今
$$a_n=1+\frac{1}{3}+\frac{1}{5}+\cdots+\frac{1}{2n-1},$$
$$b_n=\frac{1}{2}+\frac{1}{4}+\frac{1}{6}+\cdots+\frac{1}{2n}$$
と置けば，C を Euler の定数として（§44）
$$a_n+b_n=\log 2n+C+o,$$
$$2b_n=\log n+C+o,$$
ただし，o は一般的に $n\to\infty$ のとき 0 に収束する微小数を表わすのである*．よって
$$a_n=\log 2+\frac{1}{2}\log n+\frac{C}{2}+o,$$
$$b_n=\phantom{\log 2+{}}\frac{1}{2}\log n+\frac{C}{2}+o.$$

---

*　§15 の用例によれば o を $o(1)$ と書くべきであるが，それは，ここでは無益の煩雑であろう．

さて p, q を任意の自然数とすれば

$$a_{pn} = \log 2 + \frac{1}{2}\log pn + \frac{C}{2} + o.$$
$$b_{qn} = \frac{1}{2}\log qn + \frac{C}{2} + o.$$

故に

$$a_{pn} - b_{qn} = \log 2 + \frac{1}{2}\log \frac{p}{q} + o.$$

左辺は $1+\frac{1}{3}+\frac{1}{5}+\cdots$ から p 項，$-\frac{1}{2}-\frac{1}{4}-\frac{1}{6}-\cdots$ から q 項ずつ交互に取って作られる級数(それをかりに $L(p,q)$ と記す)の $(p+q)n$ 項までの部分和で，それが $n\to\infty$ のとき $\log 2+\frac{1}{2}\log\frac{p}{q}$ なる極限値を有する．さて $L(p,q)$ において $(p+q)n$ 項から $(p+q)(n+1)$ 項までの間の若干項の和は絶対値において $\frac{p+q}{2n}$ よりも小であるから，級数 $L(p,q)$ は収束して，その和は $\log 2+\frac{1}{2}\log\frac{p}{q}$ に等しい．特に $p=q=1$ とすれば，上記の通り

$$1-\frac{1}{2}+\frac{1}{3}-\frac{1}{4}+-\cdots = \log 2,$$

また $p=2, q=1$ とすれば

$$1+\frac{1}{3}-\frac{1}{2}+\frac{1}{5}+\frac{1}{7}-\frac{1}{4}+\cdots = \frac{3}{2}\log 2,\quad 等々.$$

これは §43 に述べた条件収束の一例である．

(VIII) **Abel** の級数変形法　　級数 $\sum a_n$ (複素級数でもよい)の部分和を

$$s_n = a_1 + a_2 + \cdots + a_n$$

と置いて，それは有界とする．すなわち

$$|s_n| \leqq \sigma \qquad (n=1,2,\cdots) \tag{1}$$

とする．また正なる単調減少の数列

$$\varepsilon_1 \geqq \varepsilon_2 \geqq \cdots \geqq \varepsilon_n \geqq \cdots > 0 \tag{2}$$

を取って，級数

$$S = \sum a_n \varepsilon_n$$

を考察する．さて

$$S_{n,m} = a_n\varepsilon_n + a_{n+1}\varepsilon_{n+1} + \cdots + a_m\varepsilon_m$$

と置けば($m\geqq n\geqq 1, s_0=0$)，

$$S_{n,m} = (s_n - s_{n-1})\varepsilon_n + (s_{n+1} - s_n)\varepsilon_{n+1} + \cdots + (s_m - s_{m-1})\varepsilon_m$$
$$= s_n(\varepsilon_n - \varepsilon_{n+1}) + s_{n+1}(\varepsilon_{n+1} - \varepsilon_{n+2}) + \cdots + s_{m-1}(\varepsilon_{m-1} - \varepsilon_m) - s_{n-1}\varepsilon_n + s_m\varepsilon_m.$$

故に (1), (2) から

$$|S_{n,m}| \leqq \sigma\{(\varepsilon_n - \varepsilon_{n+1}) + (\varepsilon_{n+1} - \varepsilon_{n+2}) + \cdots + (\varepsilon_{m-1} - \varepsilon_m) + \varepsilon_n + \varepsilon_m\}.$$

すなわち

$$|S_{n,m}| \leqq 2\sigma\varepsilon_n. \tag{3}$$

特に $n=1$ から始めると，$a_1 = s_1$ で，上記の $-s_{n-1}\varepsilon_n$ なる項がなくなるから，S の部分和 $S_m = S_{1,m}$ に関しては

$$|S_m| \leqq \sigma\varepsilon_1. \tag{4}$$

これが Abel の級数変形の公式である．さて

（1°）上記のように $|s_n| \leqq \sigma$ として，かつ $\varepsilon_n \to 0$ とする．然らば(3)によって級数 $S = \sum a_n\varepsilon_n$ は収束し，従って(4)によって

$$|S| \leqq \sigma\varepsilon_1.$$

（2°）今度は $s = \sum a_n$ が収束するとする．然らば（$\varepsilon_n \to 0$ でなくても）$S = \sum a_n\varepsilon_n$ は収束するが，今度も

$$|S| \leqq \sigma\varepsilon_1.$$

実際，数列 ε_n は単調減少だから，$\varepsilon_n \to l \geqq 0$．よって $\varepsilon_n - l$ を ε_n に代用して考えるならば，部分和に関して

$$\sum a_n\varepsilon_n = \sum a_n(\varepsilon_n - l) + l\sum a_n$$

で，右辺の二つの級数は収束するから，$S = \sum_{n=1}^{\infty} a_n\varepsilon_n$ も収束する．従って(4)から $|S| \leqq \sigma\varepsilon_1$ を得る．

46. 一様収束

或る区間に属する各点 x において，函数の一列

$$f_1(x), f_2(x), \cdots, f_n(x), \cdots$$

が収束するときは，極限値はその区間における x の函数である．それを $f(x)$ とする．この場合，$\varepsilon > 0$ を任意に与えるとき，それに応じて或る自然数 N が存在して，$n > N$ なるとき $|f(x) - f_n(x)| < \varepsilon$ になる．しかし N の値は一般には x の値に従って変動するであろう．もしも N が ε にのみ関係して，区間における x の位置に関係しない一定の値を有しうるならば，すなわち

$$n > N, \quad a \leqq x \leqq b \quad \text{なるとき，常に} \quad |f(x) - f_n(x)| < \varepsilon$$

ならば，函数列 $\{f_n(x)\}$ は $[a,b]$ において一様に（または平等に）$f(x)$ に収束するという．

無限級数の項 $a_n = a_n(x)$ が x の函数である場合に，或る区間において $s_n(x) = \sum_{\nu=1}^{n} a_\nu(x)$ が一様に収束するとき，この級数を一様に収束するという．この場合 $s_n(x) \to s(x)$ として

$$s(x) - s_n(x) = \sum_{\nu=n+1}^{\infty} a_\nu(x) = R_n(x)$$

と置けば，任意の ε に対応して，x に関係しない一つの定数 N があって，$n > N$ のとき常に $|R_n(x)| < \varepsilon$ になる．換言すれば $R_n(x)$ が一様に 0 に収束する．

級数の一様収束は，しばしば，次の定理によって確かめられる．

46. 一様収束

定理 39. 或る区間において常に $|a_n(x)| \leqq c_n$, $(n=1,2,\cdots)$, c_n は正の定数で, $\sum_{n=1}^{\infty} c_n$ が収束すれば, 級数 $\sum_{n=1}^{\infty} a_n(x)$ はその区間において一様に収束する(絶対収束).

［証］
$$|R_{n,m}| = \left|\sum_{\nu=n+1}^{m} a_\nu(x)\right| \leqq \sum_{\nu=n+1}^{m} c_\nu \leqq \sum_{\nu=n+1}^{\infty} c_\nu = r_n,$$

r_n は級数 $\sum c_n$ に関する剰余である．

故に $\sum a_n(x)$ は収束する．そうして
$$|R_n(x)| = \lim_{m\to\infty} |R_{n,m}| \leqq r_n.$$
故に, $n>N$ のとき $r_n<\varepsilon$ とすれば x に関係なく $|R_n(x)|<\varepsilon$. （証終）

一様収束の意味は, 反面から一様でない収束の場合を考察すれば, よくわかるであろう. 次に一, 二の簡単な例を掲げる.

［例 1］ 区域 $0 \leqq x \leqq 1$ において $f_n(x)=x^n$ とすれば, 函数列 $\{f_n(x)\}$ は収束する. 極限は
$$f(x) = \begin{cases} 0 & (0 \leqq x < 1), \\ 1 & (x=1). \end{cases}$$

この場合, 収束は一様でない. $x^n<\varepsilon$ であるためには $n\log x<\log\varepsilon$, $\log x<0$ だから $n>\dfrac{\log\varepsilon}{\log x}$ なることを要するから, x が 1 に近づくに従って N を限りなく大きく取ることを要する. 曲線 $y=x^n$ は $n\to\infty$ のとき直角に折れた折線 OAB に近づくけれども, OAB は一つの函数のグラフでありえないから, 函数 x^n の極限は, やむをえず $x=1$ において不連続になるのである.

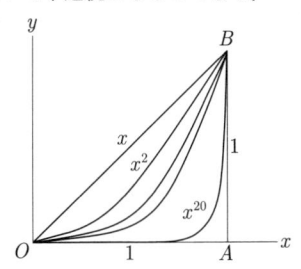

［例 2］
$$s(x) = \sum_{n=0}^{\infty} \frac{x^2}{(1+x^2)^n}.$$

この無限級数は任意の x に関して収束する. $x=0$ ならばもちろん $s(x)=0$ で, $x\neq 0$ ならば, 公比が $1/(1+x^2)<1$ なる幾何級数で,
$$s(x) = \frac{x^2}{1-\dfrac{1}{1+x^2}} = 1+x^2.$$

この場合, $x=0$ を含む区間において, 収束が一様でない. 実際
$$R_n(x) = \sum_{\nu=n+1}^{\infty} \frac{x^2}{(1+x^2)^\nu} = \frac{1}{(1+x^2)^n}$$

で，これが ε よりも小なるためには，$n > -\log\varepsilon/\log(1+x^2)$ なることを要するから，x が 0 に近づくに従って，N を限りなく大きく取らねばならない．この例でも，連続函数 $s_n(x)$ の極限なる $s(x)$ が不連続である．曲線 $y = s_n(x)$ は $n \to \infty$ のとき，次の図のような二股の線に近づくが，$s(x)$ は $x = 0$ において不連続になるのである．

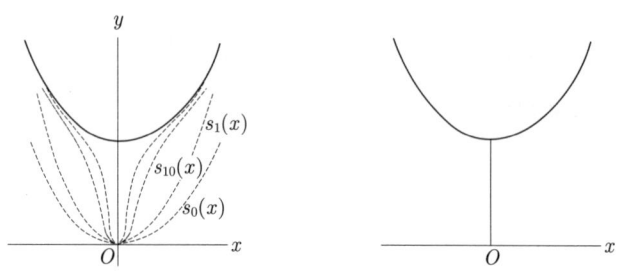

上記の例のように，連続函数の極限（または連続函数を項とする無限級数の和）が必ずしも連続でないことを Abel が初めて指摘した．Abel の書簡(1826)に次の一節がある．

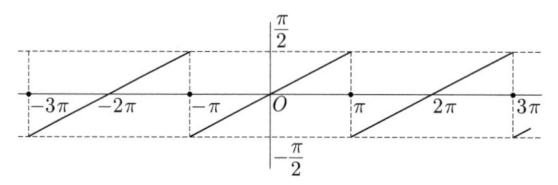

"x が π よりも小なるときには
$$\frac{x}{2} = \sin x - \frac{\sin 2x}{2} + \frac{\sin 3x}{3} - \cdots \qquad [*]$$
であることは，確に証明される．そこで，$x = \pi$ でも，この等式が成り立つように思われるだろう．然るにそのとき
$$\frac{\pi}{2} = \sin\pi - \frac{\sin 2\pi}{2} + \frac{\sin 3\pi}{3} - \cdots = 0. \qquad (不合理)$$
このような例はいくらでも挙げられる…．"

上記 [*] の右辺の級数は x の任意の値に関して収束する．その和 $s(x)$ のグラフは上の図のようである．その証明は後に述べるが，それは技術的に簡単でない．Abel が指摘した上記 18 世紀数学の迷信を簡便に見せるために，例 1, 2 などを練習用として出したのである．

次の節に述べるように，連続函数の極限は収束が一様なる区間においては連続であるが，それは必要なる条件ではない．今その一例をここに掲げておく．

[例 3] $f_n(x)$ を次のグラフで示す連続函数とする ($x \geqq 0$)．これは収束して極限は $f(x) = 0$．（実際，$x = 0$ では $f_n(x) = 0$ で，もちろん $f(x) = 0$，また $x > 0$ ならば，十分大なる n ($n > \frac{2}{x}$) に関しては $f_n(x) = 0$ だから，$f(x) = 0$）しかし収束は 0 の近傍で一様でない．$|f_n(x) - f(x)| = f_n(x) < \varepsilon$ は 0 を含む区間では不可能である．これは一様収束でなくても，連続函数の極限が連続でありうることを示す一例である．もしも上記の代りに $f_n(x) = n^2 x e^{-nx}$ とすれば，同様の例が滑らかなグラフで作られるであろう．

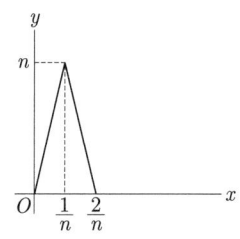

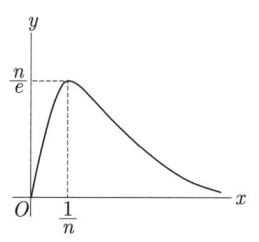

一様収束は二次元以上にも適用される．すなわち或る区域 K の各点 P において函数列 $\{f_n(P)\}$ が収束するとき，その極限を $f(P)$ とすれば，区域 K における P の位置に関係しない番号 N があって，例の通り $n > N$ なるとき $|f(P) - f_n(P)| < \varepsilon$ ならば，$\{f_n(P)\}$ は K において(P に関して)一様に収束するというのである．この後，本章で一様収束に関して述べることはすべて二次元以上にも通用する．

二次元の一例として複素変数 $z = x + yi$ を挙げておこう．複素変数 z の函数 $w = f(z)$ の意味は実変数の場合と同様で，z の各々の値に w の確定の値が対応するのである．また $f(z)$ が連続であるとは $|z - z'|$ を十分小さくして $|f(z) - f(z')|$ をどれほどでも小ならしめうることをいう．すなわち $z' \to z$ のとき $f(z') \to f(z)$. ただし $f(z)$ の微分，積分に関しては後に述べるであろう(第 5 章).

47. 無限級数の微分積分

函数項の無限級数の微分積分は一様収束の仮定の下においては簡明で，従って実用的である．次の定理は最も基本的である．

定理 40. (**A**) 或る区域において，$a_n(x)$ が連続で，$\sum a_n(x)$ が一様に収束するならば，和 $s(x)$ は連続である．

(**B**) 同じ条件の下において，$\sum a_n(x)$ を項別に積分することができる．そうしたときに生ずる級数も一様収束をするから，項別積分は幾回でも繰り返される．

(**C**) $\sum a_n(x) = s(x)$ が収束し，$a_n(x)$ が微分可能，$a'_n(x)$ が連続で，$\sum a'_n(x) = t(x)$ が一様に収束するならば
$$s'(x) = t(x).$$
すなわち $s(x) = \sum a_n(x)$ が項別に微分される：
$$\frac{d}{dx} \sum a_n(x) = \sum \frac{d}{dx} a_n(x).$$

[証(**A**)] ε に対応して n が十分大なるとき，区間において一様に $|R_n(x)| < \varepsilon$. さて
$$s(x) = s_n(x) + R_n(x)$$
で，$s_n(x)$ は n 個の連続函数の和だから連続である．よって $x, x+h$ が区間に属するとき，
$$s(x+h) - s(x) = s_n(x+h) - s_n(x) + R_n(x+h) - R_n(x)$$
において，h を十分小さく取れば，

$$|s_n(x+h) - s_n(x)| < \varepsilon.$$
然るに一様収束の仮定によって x, h に関係なく
$$|R_n(x+h)| < \varepsilon, \quad |R_n(x)| < \varepsilon,$$
故に
$$|R_n(x+h) - R_n(x)| < 2\varepsilon,$$
従って
$$|s(x+h) - s(x)| < 3\varepsilon.$$
すなわち $s(x)$ は連続である．

［証(**B**)］　(**A**)によって $s(x)$ は連続，従って積分可能である．さて仮定によって，ε に対応して十分大なる n に関して，区間 $[a,b]$ において*
$$|s(x) - s_n(x)| < \varepsilon.$$
従って
$$\left| \int_a^b \{s(x) - s_n(x)\} dx \right| < \varepsilon(b-a).$$
有限項の和に関しては，もちろん項別積分が許されるから($\S\,31, (2°)$)，
$$\int_a^b s_n(x) dx = \sum_{\nu=1}^n \int_a^b a_\nu(x) dx.$$
故に
$$\left| \int_a^b s(x) dx - \sum_{\nu=1}^n \int_a^b a_\nu(x) dx \right| < \varepsilon(b-a), \tag{1}$$
すなわち
$$\int_a^b s(x) dx = \sum_{\nu=1}^\infty \int_a^b a_\nu(x) dx.$$

積分区間の上の限界を $[a,b]$ の内の任意の点 x としても同様であるが，その際(1)は右辺が $\varepsilon(b-a)$ のままで成り立つから，
$$\sum_{\nu=1}^\infty \int_a^x a_\nu(x) dx = \int_a^x s(x) dx$$
は一様収束である．よってさらに項別積分を行ってもよい．

上の証明からわかるように，$a_n(x)$ が積分可能で，かつ $s(x)$ も積分可能ならば，(**B**)は成り立つ．同じ条件の下において $\sum a_n(x)$ の一様収束性の代りに部分和 $s_n(x)$ の一様有界性(n に無関係なる M をもって $|s_n(x)| < M$)を仮定するだけでも十分である［Arzelà の定理］．その証明はむずかしいから，ここでは述べない．

［証(**C**)］　仮定を再記すれば，

---
*　一様収束区域内の任意の閉区間を $[a,b]$ とする．

(1°)　　　$\sum_{n=1}^{\infty} a_n(x) = s(x)$,　　　（収束）

(2°)　　　$\sum_{n=1}^{\infty} a'_n(x) = t(x)$,　　　（一様収束）

(3°)　　　$a'_n(x)$ は連続函数.

結論は $s'(x) = t(x)$ である.

さて (2°), (3°) から (**A**) によって $t(x)$ は連続，また (**B**) によって
$$\int_{x_0}^{x} t(x)dx = \sum_{n=1}^{\infty} \int_{x_0}^{x} a'_n(x)dx,$$
ただし $a \leqq x_0 < x \leqq b$. (3°) から
$$\int_{x_0}^{x} a'_n(x)dx = a_n(x) - a_n(x_0).$$
故に
$$\int_{x_0}^{x} t(x)dx = \sum_{n=1}^{\infty} (a_n(x) - a_n(x_0)). \tag{2}$$
さて (1°) から
$$\sum_{n=1}^{\infty} a_n(x) = s(x),\quad \sum_{n=1}^{\infty} a_n(x_0) = s(x_0),$$
従って
$$\sum_{n=1}^{\infty} (a_n(x) - a_n(x_0)) = s(x) - s(x_0),$$
故に (2) から
$$\int_{x_0}^{x} t(x)dx = s(x) - s(x_0).$$
$t(x)$ が連続であるから（上述），微分して
$$t(x) = s'(x).$$
　　　　　　　　　　　　　　　　　　　　　　　　　　　　　　　　　（証終）

上記証明において仮定 1°, 2°, 3° がすべて用いられている. 仮定はずいぶん多い. しかし仮定 1° は，区域内の一点 x_0 において成り立てば十分である. そのとき (2) によって $s(x) = \sum a_n(x)$ が区間内で収束することがわかる. また 3° に関しては $a_n(x)$ の微分可能性だけを仮定すれば十分で，$a'_n(x)$ の連続性を仮定しなくてもよいのである. これらは微細な論点だけれども，次にそれを証明する. まず (**A**) を次のように若干精密化する.

(**A**′)　区間 $a < x < b$ において $u_n(x)$ は連続で，$\sum u_n(x)$ は一様に収束し，$x \to a$ のとき $u_n(x) \to u_n$ とすれば，$\sum u_n$ は収束して，$x \to a$ のとき
$$\sum u_n(x) \to \sum u_n.$$

[証]　$x=a$ において $u_n(x)$ の定義を（必要に応じて変更または拡張して）$u_n(a) = u_n$ とすれば，仮定によって $u_n(x)$ は $a \leq x < b$ において連続になる．さて $\sum u_n(x)$ は一様収束だから $a < x < b$ なるとき，
$$\left|\sum_{\nu=n}^{m} u_\nu(x)\right| < \varepsilon.$$
よって $x \to a$ の極限へ行けば
$$\left|\sum_{\nu=n}^{m} u_\nu(a)\right| \leq \varepsilon.$$
故に $\sum u_n(x)$ は $a \leq x < b$ において一様収束，従って(**A**)によって $\sum u_n(x)$ は $a \leq x < b$ において連続，特に $\lim_{x \to a} \sum u_n(x) = \sum u_n(a) = \sum u_n$.　　　　　（証終）

　(**C′**)　区間 K, $a \leq x < b$, において，$u_n(x)$ は微分可能で，
$$t(x) = \sum u_n'(x)$$
は一様収束とする．また区間内の一点 x_0 において $\sum u_n(x_0)$ は収束すると仮定する．然らば $s(x) = \sum u_n(x)$ は区間 K において一様収束で，
$$s'(x) = t(x).$$

　[証]　仮定によって，n を十分大きく取って，区間 K において
$$\left|\sum_n^m u_\nu'(x)\right| < \varepsilon \quad \text{また} \quad \left|\sum_n^m u_\nu(x_0)\right| < \varepsilon$$
とする．さて微分法の平均値定理を $\sum_n^m u_\nu(x)$ に適用して
$$\sum_n^m u_\nu(x) - \sum_n^m u_\nu(x_0) = (x - x_0) \sum_n^m u_\nu'(x'). \quad (x_0 \lessgtr x' \lessgtr x)$$
故に
$$\left|\sum_n^m u_\nu(x) - \sum_n^m u_\nu(x_0)\right| < (b-a)\varepsilon,$$
従って
$$\left|\sum_n^m u_\nu(x)\right| < \left|\sum_n^m u_\nu(x_0)\right| + (b-a)\varepsilon < (b-a+1)\varepsilon.$$
故に $\sum u_\nu(x)$ は K において一様に収束する．その和を $s(x)$ とする．

　さて $x, x+h$ を区間内の二点，x' をその中間値とすれば
$$\left|\sum_{\nu=n}^m \frac{u_\nu(x+h) - u_\nu(x)}{h}\right| = \left|\sum_{\nu=n}^m u_\nu'(x')\right| < \varepsilon.$$
故に
$$v_n(h) = \frac{u_n(x+h) - u_n(x)}{h}$$

と置けば，$\sum v_n(h)$ は $0<h<c\,(c<b-x)$ において一様収束で，$h\to 0$ のとき $v_n(h)\to u_n'(x)$. 故に $(\mathbf{A}')$ によって $(u_n(x)$ に $v_n(h)$ を代用する$)$

$$s'(x)=\lim_{h\to 0}\frac{\sum_1^\infty u_n(x+h)-\sum_1^\infty u_n(x)}{h}=\sum u_n'(x).$$

(証終)

無限級数の部分和 $s_n(x)$ の代りに函数列 $\{f_n(x)\}$ を取っていえば，定理 40 の核心が，むしろ明瞭であろう．すなわち

区間 $a\leqq x\leqq b$ において

(**A**)　$f_n(x)$ が連続で，それが一様に $f(x)$ に収束すれば，$f(x)$ は連続．

(**B**)　同じ仮定の下で，

$$\int_a^x f_n(x)dx\to\int_a^x f(x)dx.$$

両辺ともに連続で，収束は一様．

(**C**)　$f_n(x)\to f(x)$ で，かつ $f_n(x)$ が微分可能，$f_n'(x)\to t(x)$ が一様収束ならば，

$$f'(x)=t(x).$$

［証］定理 40 と同様，s_n に f_n を代用すればよい．

［注意］上記 (**B**), (**C**) は，或る条件の下においては，

$$f(x)=\lim f_n(x)$$

を $\lim$ の記号の下で積分または微分して

$$\int_a^x\lim f_n(x)dx=\lim\int_a^x f_n(x)dx.$$

$$\frac{d}{dx}\lim f_n(x)=\lim\frac{d}{dx}f_n(x)$$

を得ることをいったのである．これは無条件では許されない．例えば，§46, [例 3]のグラフの函数 $f_n(x)$ に関しては $\int_0^1 f_n(x)dx=1$. それは突起する三角形の面積である．この場合 $f(x)=0$. $\int_0^1 f(x)dx=0$. また同所に掲げた Abel の例[*]において，'乱暴に' 微分すれば

$$\frac{1}{2}=\cos x-\cos 2x+\cos 3x-\cdots\qquad\text{(不合理，右辺は発散).}$$

48. 連続的変数に関する一様収束　積分記号下での微分積分

函数列 $\{f_n(x)\}$ においては $f_n(x)$ は x と n とに関係し，$n\to\infty$ に対する収束において，収束の速度が x に関係しないことを，x に関する一様収束というのであった．しかし自然数なる変数 n の代りに連続的なる媒介変数 α が登場する場合にも，同様の立場から収束の一様性を考察することができる．

今 $f(x,\alpha)$ は x の或る区域 K における各 x に関して $\alpha\to\alpha_0$ (または $\alpha\to\infty$) のときに，或る

極限値に収束するとする．その極限値は x の函数であるから，それを $g(x)$ と略記する．然らば例の通り ε-δ 式でいえば

$$|\alpha - \alpha_0| < \delta, \quad \alpha \neq \alpha_0, \quad \text{なるとき} \quad |f(x, \alpha) - g(x)| < \varepsilon. \tag{1}$$

ε がまず任意に与えられて，それに応じて δ が定められるのであるが，その δ は一般には x にも関係するであろう．もしも K における x の位置に関係なく，ただ ε のみに関係する δ があって，その δ に関して (1) が成り立つならば，$f(x, \alpha)$ は $\alpha \to \alpha_0$ のとき，K における x に関して一様に $g(x)$ に収束するという．

もしも α_0 に収束する任意の点列 $\{\alpha_n\}$, $\alpha_n \neq \alpha_0$, を取るならば，(1) において条件 $|\alpha - \alpha_0| < \delta$ を $n > N$ で置き換えて

$$n > N \quad \text{なるとき} \quad |f(x, \alpha_n) - g(x)| < \varepsilon \tag{2}$$

を得る．δ が x に無関係ならば，N も同様である*．このように考えるならば，α_0 に収束する連続的変数 α を無限に増大する自然数 n に変えることができる．ただしその場合 (2) が収束するすべての数列 $\{\alpha_n\}$, $\alpha_n \neq \alpha_0$, に関して成り立つことを要する ($\S\,9$, 23 頁参照)．

$\alpha \to \infty$ なる場合には，(1) においては $|\alpha - \alpha_0| < \delta$ を $\alpha > R$ に換え，また (2) においては $\{\alpha_n\}$ を $\alpha_n \to \infty$ なるすべての数列とすべきである．

$\alpha \to \alpha_0$ または $\alpha \to \infty$ なるとき，一様収束の仮定の下において，前節と全く同様に，定理 (**A**), (**B**), (**C**) が成り立つ．

それは上記のように函数列 $f(x, \alpha_n)$ を考察すれば，定理 40 から導かれるが，あるいはまた定理 40 と全く同様の方法によって，直接に証明することも容易であろう．

点 (x, α) が或る閉矩形 K ($a \leqq x \leqq b$, $\alpha_1 \leqq \alpha \leqq \alpha_2$) に属するとき，$f(x, \alpha)$ が二変数 x, α の函数として連続ならば，$\alpha_1 \leqq \alpha \leqq \alpha_2$ なる α に関し

$$F(\alpha) = \int_a^b f(x, \alpha) dx \tag{3}$$

は α の函数である．

定理 41． この仮定の下において，

(**A**) $F(\alpha)$ は $\alpha_1 \leqq \alpha \leqq \alpha_2$ で連続．

(**B**) $\displaystyle\int_{\alpha_1}^{\alpha_2} F(\alpha) d\alpha = \int_a^b dx \int_{\alpha_1}^{\alpha_2} f(x, \alpha) d\alpha$**．

(**C**) 偏微分商 $f_\alpha(x, \alpha)$ が区域内で連続ならば，

$$F'(\alpha) = \int_a^b f_\alpha(x, \alpha) dx.$$

[注意] (**A**), (**B**) は二次元積分に関係して後にも述べるが ($\S\,93$)，さし当ってこの定理を引

---

* N は点列 $\{\alpha_n\}$ の取り方には関係してよい．

** 右辺は $\displaystyle\int_a^b \left\{ \int_{\alpha_1}^{\alpha_2} f(x, \alpha) d\alpha \right\} dx$ の略記．

用する必要があるから，ここで一様収束の思想圏内において証明をしておこう．

［証（**A**）］ 積分区間 $[a,b]$ を分点 x_i において n 等分して
$$\sum_{i=0}^{n-1} f(x_i, \alpha) \cdot \frac{b-a}{n} = F_n(\alpha) \tag{4}$$
と置けば，$n \to \infty$ のとき，$F_n(\alpha)$ は積分 $F(\alpha)$ に収束する．しかも一様に収束する．なぜなら：仮定によって $f(x, \alpha)$ は連続だから，連続の一様性によって，n を十分大きく取って
$$|x - x'| < \frac{b-a}{n}$$
なるとき，区間 $[\alpha_1, \alpha_2]$ のすべての α に関して
$$|f(x, \alpha) - f(x', \alpha)| < \varepsilon$$
ならしめることができる．さて積分の平均値の定理を用いて
$$F(\alpha) = \sum_{i=0}^{n-1} \int_{x_i}^{x_{i+1}} f(x, \alpha) dx = \sum_{i=0}^{n-1} f(\xi_i, \alpha) \frac{b-a}{n}, \qquad x_i \leqq \xi_i \leqq x_{i+1},$$
$$|F(\alpha) - F_n(\alpha)| \leqq \sum_{i=0}^{n-1} |f(\xi_i, \alpha) - f(x_i, \alpha)| \frac{b-a}{n} < \varepsilon(b-a).$$

すなわち $F_n(\alpha) \to F(\alpha)$ が α に関する一様収束である．さて(4)によって有限和 $F_n(\alpha)$ は α に関して連続である．その連続性が一様収束のために極限なる $F(\alpha)$ にまで伝わるのである（定理 40）．それがすなわち（**A**）である．

［証（**B**）］ $F_n(\alpha) \to F(\alpha)$ が一様収束だから，定理 40（**B**）によって
$$\lim_{n \to \infty} \int_{\alpha_1}^{\alpha_2} F_n(\alpha) d\alpha = \int_{\alpha_1}^{\alpha_2} F(\alpha) d\alpha. \tag{5}$$
さて(4)から
$$\int_{\alpha_1}^{\alpha_2} F_n(\alpha) d\alpha = \sum_{i=0}^{n-1} \frac{b-a}{n} \int_{\alpha_1}^{\alpha_2} f(x_i, \alpha) d\alpha.$$
今かりに
$$\int_{\alpha_1}^{\alpha_2} f(x, \alpha) d\alpha = \varphi(x)$$
と書けば
$$\int_{\alpha_1}^{\alpha_2} F_n(\alpha) d\alpha = \sum_{i=0}^{n-1} \frac{b-a}{n} \varphi(x_i),$$
すなわち
$$\lim_{n \to \infty} \int_{\alpha_1}^{\alpha_2} F_n(\alpha) d\alpha = \lim_{n \to \infty} \sum_{i=0}^{n-1} \frac{b-a}{n} \varphi(x_i).$$
（**A**）と同様にして $\varphi(x)$ は $a \leqq x \leqq b$ で連続．従って右辺は（積分の定義）
$$\int_a^b \varphi(x) dx = \int_a^b dx \int_{\alpha_1}^{\alpha_2} f(x, \alpha) d\alpha$$

に等しい．故に(5)から
$$\int_{\alpha_1}^{\alpha_2} F(\alpha)d\alpha = \int_a^b dx \int_{\alpha_1}^{\alpha_2} f(x,\alpha)d\alpha.$$
それがすなわち(**B**)である．

　[証(**C**)]　仮定によって $f_\alpha(x,\alpha)$ は連続だから，今
$$G(\alpha) = \int_a^b f_\alpha(x,\alpha)dx$$
と書けば，(**B**)によって，
$$\int_{\alpha_0}^{\alpha} G(\alpha)d\alpha = \int_a^b dx \int_{\alpha_0}^{\alpha} f_\alpha(x,\alpha)d\alpha,$$
$$\int_{\alpha_0}^{\alpha} f_\alpha(x,\alpha)d\alpha = f(x,\alpha) - f(x,\alpha_0).$$
故に
$$\int_{\alpha_0}^{\alpha} G(\alpha)d\alpha = \int_a^b f(x,\alpha)dx - \int_a^b f(x,\alpha_0)dx$$
$$= F(\alpha) - F(\alpha_0).$$
α に関して微分すれば，$G(\alpha)$ は連続であったから，
$$G(\alpha) = F'(\alpha),$$
すなわち
$$F'(\alpha) = \int_a^b f_\alpha(x,\alpha)dx.$$
(証終)

　積分 $F(\alpha)$ の限界が α に関係する場合にも，上記の微分法が適用される．今
$$\Phi(\alpha,u,v) = \int_v^u f(x,\alpha)dx$$
において，u,v が α の函数ならば
$$F(\alpha) = \Phi(\alpha,u,v).$$
前のように，$f(x,\alpha), f_\alpha(x,\alpha)$ は $a \leqq x \leqq b, \alpha_1 \leqq \alpha \leqq \alpha_2$ において連続，また u,v は α に関して $\alpha_1 \leqq \alpha \leqq \alpha_2$ において微分可能とすれば，$a \leqq u \leqq b, a \leqq v \leqq b$ なるとき，
$$\frac{dF(\alpha)}{d\alpha} = \frac{\partial \Phi}{\partial \alpha} + \frac{\partial \Phi}{\partial u}\frac{du}{d\alpha} + \frac{\partial \Phi}{\partial v}\frac{dv}{d\alpha}.$$
さて
$$\frac{\partial \Phi}{\partial u} = f(u,\alpha), \quad \frac{\partial \Phi}{\partial v} = -f(v,\alpha), \quad (定理 35).$$
故に

$$\frac{dF(\alpha)}{d\alpha} = \int_v^u f_\alpha(x,\alpha)dx + f(u,\alpha)\frac{du}{d\alpha} - f(v,\alpha)\frac{dv}{d\alpha}.$$

［例 1］
$$\int_0^1 x^\alpha dx = \frac{1}{\alpha+1}. \qquad (\alpha > 0)$$

この場合，定理 41 の仮定が成り立つから，積分記号の下で α に関して微分して
$$\int_0^1 x^\alpha \log x\, dx = \frac{-1}{(\alpha+1)^2}.$$

この積分に関しても同様に
$$\int_0^1 x^\alpha (\log x)^2 dx = \frac{2}{(\alpha+1)^3}.$$

同じようにして，一般に
$$\int_0^1 x^\alpha (\log x)^n dx = \frac{(-1)^n n!}{(\alpha+1)^{n+1}},$$

($\S 35$,［例 2］参照)．

［例 2］ $0 \leqq x \leqq a$ において $f(x)$ は連続として
$$F_n(x) = \int_0^x \frac{(x-y)^n}{n!} f(y) dy$$

を考察する．n は自然数であるが，$n=0$ のときには
$$F_0(x) = \int_0^x f(y) dy$$

とする．（ここでは積分変数は y で，定理 41 の媒介変数 α が x と書かれている．）

然らば(定理 41)
$$F_n'(x) = \int_0^x \frac{(x-y)^{n-1}}{(n-1)!} f(y) dy + \frac{(x-x)^n}{n!} f(x)$$
$$= F_{n-1}(x).$$

特に $F_0(x)$ に関しては $F_0'(x) = f(x)$．

すなわち上記 $F_n(x)$ は次の性質を有する函数である：
$$\left.\begin{array}{r}\dfrac{d^{n+1}}{dx^{n+1}} F_n(x) = f(x), \\ F_n(0) = F_n'(0) = \cdots = F_n^{(n)}(0) = 0.\end{array}\right\}$$

換言すれば，連続函数 $f(x)$ に関して，微分方程式
$$\frac{d^n z}{dx^n} = f(x)$$

の一般解は
$$z = G_{n-1}(x) + \int_0^x \frac{(x-y)^{n-1}}{(n-1)!} f(y) dy$$

である．ただし $G_{n-1}(x)$ は x に関する $n-1$ 次以下の任意の多項式である．

［例 3］ 積分記号下における積分の一例として

$$\int_0^1 \frac{x^b - x^a}{\log x} dx \qquad (b > a > 0)$$

を計算する．関数 x^α と区域 $0 \leqq x \leqq 1$, $a \leqq \alpha \leqq b$ とに定理 41(**B**) を適用して

$$\int_0^1 dx \int_a^b x^\alpha d\alpha = \int_a^b d\alpha \int_0^1 x^\alpha dx,$$

従って

$$\int_0^1 \frac{x^b - x^a}{\log x} dx = \int_a^b \frac{d\alpha}{\alpha + 1} = \log \frac{b+1}{a+1}.$$

積分記号の下での微分積分は，一様収束の仮定の下において，無限積分にも拡張される．

今区域 K, $x \geqq c$, $\alpha_1 \leqq \alpha \leqq \alpha_2$, において，$f(x, \alpha)$ は連続で

$$F(\alpha) = \int_c^\infty f(x, \alpha) dx$$

が一様に収束するとする．その意味は

$$F(\alpha, t) = \int_c^t f(x, \alpha) dx$$

が，$t \to \infty$ のとき，α に関して一様に $F(\alpha)$ に収束することをいう．すなわち ε に対して α に無関係なる R があって

$$t > R \text{ なるとき, } |F(\alpha) - F(\alpha, t)| = \left|\int_t^\infty f(x, \alpha) dx\right| < \varepsilon.$$

この場合にも，上記と同様に，次の定理が成り立つ．

定理 42．上記条件の下において

(**A**) $F(\alpha) = \int_c^\infty f(x, \alpha) dx$ は $\alpha_1 \leqq \alpha \leqq \alpha_2$ において α の連続関数である．

(**B**) $\int_{\alpha_1}^{\alpha_2} d\alpha \int_c^\infty f(x, \alpha) dx = \int_c^\infty dx \int_{\alpha_1}^{\alpha_2} f(x, \alpha) d\alpha.$

(**C**) もしも $\int_c^\infty f(x, \alpha) dx$ が収束し，$f_\alpha(x, \alpha)$ は K において連続で，かつ $\int_c^\infty f_\alpha(x, \alpha) dx$ が一様に収束するならば

$$\frac{d}{d\alpha} \int_c^\infty f(x, \alpha) dx = \int_c^\infty f_\alpha(x, \alpha) dx.$$

［証］ (**A**) は既述の通りである (174/175 頁)．(**B**) に関しては

$$F(\alpha) = \lim_{t \to \infty} F(\alpha, t)$$

が一様に収束することから，lim の下での積分が許されて

$$\int_{\alpha_1}^{\alpha_2} F(\alpha) d\alpha = \lim_{t \to \infty} \int_{\alpha_1}^{\alpha_2} F(\alpha, t) d\alpha$$

$$= \lim_{t \to \infty} \int_{\alpha_1}^{\alpha_2} d\alpha \int_c^t f(x, \alpha) dx.$$

さて右辺では (定理 41(**B**))，積分の順序を変換してよいから

$$\int_{\alpha_1}^{\alpha_2} F(\alpha)d\alpha = \lim_{t\to\infty}\int_c^t dx\int_{\alpha_1}^{\alpha_2} f(x,\alpha)d\alpha$$

$$= \int_c^\infty dx \int_{\alpha_1}^{\alpha_2} f(x,\alpha)d\alpha.$$

(**C**)は(**B**)のいい換えにすぎないが，今一度繰り返しておこう．

$$G(\alpha) = \int_c^\infty f_\alpha(x,\alpha)dx$$

とおけば，この無限積分は仮定によって一様に収束する．故に(**B**)によって

$$\int_{\alpha_0}^{\alpha} G(\alpha)d\alpha = \int_c^\infty dx \int_{\alpha_0}^{\alpha} f_\alpha(x,\alpha)d\alpha$$

$$= \int_c^\infty [f(x,\alpha) - f(x,\alpha_0)]dx$$

$$= F(\alpha) - F(\alpha_0).$$

仮定によって積分 $F(\alpha)$, $F(\alpha_0)$ が収束するから，最後の行のように書かれるのである．さて α に関して微分すれば $F'(\alpha) = G(\alpha)$．　　　　　　　　　　　　　　　　　（証終）

有限区間の広義積分に関しても，一様収束を上記のように定義することができる．今 α が区間 $\alpha_1 \leqq \alpha \leqq \alpha_2$ にあるとき，$f(x,\alpha)$ は積分区間の下の限界 $x=a$ においてのみ不連続で，

$$F(\alpha) = \int_a^b f(x,\alpha)dx = \lim_{x\to a}\int_x^b f(x,\alpha)dx$$

は収束するとする．もしも α に無関係なる δ に関して，

$$|x-a| < \delta \quad \text{なるとき} \quad \left|\int_a^x f(x,\alpha)dx\right| < \varepsilon$$

ならば，上記積分は（α に関して）一様に収束するのである．この場合にも，定理 42 と同様の(**A**), (**B**), (**C**)が成り立つ．

［注意］　広義積分に関しても，定理 39 と同様な一様収束の判定法が適用される．今無限区間 (a,∞) に関していえば，区間内で常に $|f(x,\alpha)| \leqq \varphi(x)$ で $\int_a^\infty \varphi(x)dx$ が収束すれば，$\int_a^\infty f(x,\alpha)dx$ は α に関して一様に収束する．実際任意の $\varepsilon > 0$ に対して，t を十分大きく取れば $\int_t^\infty \varphi(x)dx < \varepsilon$，従って $\left|\int_t^\infty f(x,\alpha)dx\right| < \varepsilon$．$t$ は α に関係しないから，これは一様収束である．有限区間に関しても同様である．

一例として，上記の考察を

$$\varGamma(s) = \int_0^\infty e^{-x}x^{s-1}dx \quad (s>0) \qquad (\S\,33, [\text{例 }4])$$

に適用してみよう．

積分区間を $x=1$ において両分して，まず

$$g_1(s) = \int_1^\infty e^{-x} x^{s-1} dx$$

とする．これは区間 $0 \leqq s \leqq s_0$ において一様収束をする．—— $e^{-x} x^{s-1} \leqq e^{-x} x^{s_0-1}$ で $\int_1^\infty e^{-x} x^{s_0-1} dx$ は収束するからよい（上記[注意]）．故に $s \leqq s_0$ のとき $g_1(s)$ は s に関して連続である．$s_0 > 0$ は任意だから，$g_1(s)$ は $s > 0$ なるとき連続である．

また
$$g_2(s) = \int_0^1 e^{-x} x^{s-1} dx = \lim_{x \to 0} \int_x^1 e^{-x} x^{s-1} dx$$

は，$0 < s < 1$ ならば広義積分であるが，
$$0 < s_0 \leqq s$$

なる s に関して一様に収束する．—— 今度は $0 < x < 1$ から $e^{-x} x^{s-1} \leqq e^{-x} x^{s_0-1}$ で $\int_0^1 e^{-x} x^{s_0-1} dx$ が収束するからよい．故に $g_2(s)$ は $s_0 \leqq s$ なる s に関して連続であるが，$s_0 > 0$ は任意だから，$s > 0$ なるとき連続である．

故に
$$\Gamma(s) = g_1(s) + g_2(s)$$

は $s > 0$ なるとき連続である．

次に $\Gamma(s) = \int_0^\infty e^{-x} x^{s-1} dx$ を積分記号下で（s に関して）微分して，かりに
$$\Gamma'(s) = \int_0^\infty e^{-x} x^{s-1} \log x \, dx \tag{6}$$

と書いてみる．もしも右辺の積分が一様に収束するならば，これは合法である．

まず限界 ∞ に関しては，$s < s_0$ とすれば x が十分大きいとき
$$\int_x^\infty e^{-x} x^{s-1} \log x \, dx < \int_x^\infty e^{-x} x^{s_0} \frac{\log x}{x} dx < \int_x^\infty e^{-x} x^{s_0} dx$$

だからよろしい．

また限界 0 に関しては，$0 < s_0 < s_1 \leqq s$ とすれば，x が十分小なるとき
$$\left| \int_0^x e^{-x} x^{s-1} \log x \, dx \right| \leqq \left| \int_0^x e^{-x} x^{s_0-1} (x^{s_1-s_0} \log x) dx \right| < \int_0^x e^{-x} x^{s_0-1} dx$$

だから，これもよろしい．故に (6) は正しい．

同様に
$$\Gamma^{(n)}(s) = \int_0^\infty e^{-x} x^{s-1} (\log x)^n dx. \qquad (n = 1, 2, \cdots)$$

［注意］積分の形から $\Gamma(s) > 0$．また $\Gamma''(s) > 0$ であるから，$\Gamma(s)$ は凸函数である．

［例 4］$p > 0$，q は任意として（§ 35, ［例 3］）
$$\int_0^\infty e^{-px} \cos qx \, dx = \frac{p}{p^2 + q^2}. \tag{7}$$

これは q に関して一様に収束する ($|e^{-px}\cos qx| \leqq e^{-px}$, 179 頁[注意]参照). よって q に関して 0 から q まで二回積分して

$$\int_0^\infty e^{-px}\frac{1-\cos qx}{x^2}dx = \int_0^q \mathrm{Arc\,tan}\,\frac{q}{p}dq = q\,\mathrm{Arc\,tan}\,\frac{q}{p} - \frac{p}{2}\log(p^2+q^2) + p\log p.$$

ここで $q=1$ として

$$\int_0^\infty e^{-px}\frac{1-\cos x}{x^2}dx = \mathrm{Arc\,tan}\,\frac{1}{p} - \frac{p}{2}\log(p^2+1) + p\log p. \tag{8}$$

これは $p>0$ なる仮定の下において証明されたのである.しかし $p=0$ とすれば $\int_0^\infty \frac{1-\cos x}{x^2}dx$ は収束し(定理 36),また $p \geqq 0$ のとき $e^{-px} \leqq 1$ だから,(8)の左辺は $p \geqq 0$ において一様収束,従って連続である.よって $p \to 0$ のとき,(8)から

$$\int_0^\infty \frac{1-\cos x}{x^2}dx = \frac{\pi}{2}.$$

これから部分積分によって

$$\int_0^\infty \frac{\sin x}{x}dx = \frac{\pi}{2} \tag{9}$$

を得る*.また $1-\cos x = 2\sin^2\frac{x}{2}$ を用いて

$$\int_0^\infty \left(\frac{\sin x}{x}\right)^2 dx = \frac{\pi}{2}. \tag{10}$$

[注意] (9)において変数 x を αx に変えるならば,$\alpha > 0$ のとき

$$\int_0^\infty \frac{\sin \alpha x}{x}dx = \frac{\pi}{2}, \qquad (\alpha > 0).$$

もしも α の符号を変えるならば,積分の符号が変わる.すなわち $\alpha < 0$ ならば

$$\int_0^\infty \frac{\sin \alpha x}{x}dx = -\frac{\pi}{2}, \qquad (\alpha < 0).$$

$\alpha = 0$ ならば積分は,もちろん,0 である.故に

$$\int_0^\infty \frac{\sin \alpha x}{x}dx = \frac{\pi}{2}\,\mathrm{sign}\,\alpha.$$

α の函数として,これは $\alpha = 0$ において不連続である.この積分は積分記号の下で無頓着に微分することが危険な実例を提供する.'乱暴に'微分すれば,結果は次の通り:

$$\int_0^\infty \cos \alpha x\,dx = 0, \qquad (不合理).$$

[例 5] $\int_0^\infty e^{-x^2}dx = \frac{\sqrt{\pi}}{2}$ (§ 35,[例 6])において x を $\sqrt{\alpha}\,x$ に変換して

$$\int_0^\infty e^{-\alpha x^2}dx = \frac{1}{2}\sqrt{\frac{\pi}{\alpha}}, \qquad (\alpha > 0).$$

α に関して n 回微分すれば

---

* 古典的な積分(9)の上記計算法は,はなはだ,技巧的である.複素変数を用いる見通しのよい計算法を後に述べるであろう(第 5 章).すでに計算の基礎にした(7)が,複素数を用いるとき,簡明に求められるのであった(§ 35, 124 頁[注意]).

$$\int_0^\infty e^{-\alpha x^2} x^{2n} dx = \frac{1\cdot 3\cdots(2n-1)}{2^{n+1}} \frac{\sqrt{\pi}}{\alpha^{n+\frac{1}{2}}}, \qquad (n=1,2,\cdots).$$

これらの無限積分が $\alpha \geqq \alpha_0\,(\alpha_0>0)$ に関して一様に収束するから($\int_0^\infty e^{-\alpha_0 x^2} x^{2n} dx$ が収束して $e^{-\alpha x^2} \leqq e^{-\alpha_0 x^2}$ だから．179 頁[注意]参照)，このような微分法が許されるのである．

$\alpha=1$ として

$$\int_0^\infty e^{-x^2} x^{2n} dx = \frac{1\cdot 3\cdots(2n-1)}{2^{n+1}} \sqrt{\pi}.$$

x の指数が奇数ならば，不定積分ができるが，また上記の方法で

$$\int_0^\infty e^{-\alpha x^2} x\, dx = \frac{1}{2\alpha}$$

から，α に関して微分してから，$\alpha=1$ として

$$\int_0^\infty e^{-x^2} x^{2n+1} dx = \frac{n!}{2}.$$

[例 6]

$$J(\alpha) = \int_0^\infty e^{-x^2} \cos \alpha x\, dx = \frac{\sqrt{\pi}}{2} e^{-\frac{\alpha^2}{4}}.$$

この積分 $J(\alpha)$ は(α に関して一様に)収束するが，積分記号下で，α に関して微分して

$$J'(\alpha) = -\int_0^\infty e^{-x^2} x \sin \alpha x\, dx.$$

$|\sin \alpha x| \leqq 1$ で，これも一様に収束するから，この微分が許される．さて

$$J'(\alpha) = \frac{1}{2} e^{-x^2} \sin \alpha x \Big|_0^\infty - \frac{\alpha}{2} \int_0^\infty e^{-x^2} \cos \alpha x\, dx.$$

故に

$$J'(\alpha) = -\frac{\alpha}{2} J(\alpha).$$

すなわち

$$\frac{d}{d\alpha} \log J(\alpha) = -\frac{\alpha}{2}, \quad \text{従って} \quad \log J(\alpha) = -\frac{\alpha^2}{4} + C,$$

または

$$J(\alpha) = c e^{-\frac{\alpha^2}{4}}.$$

定数 c を求めるために，$\alpha=0$ と置けば

$$c = J(0) = \int_0^\infty e^{-x^2} dx = \frac{\sqrt{\pi}}{2}.$$

故に標記の結果を得る．

[注意] 上記の積分において，積分記号の下で

$$\cos \alpha x = 1 - \frac{(\alpha x)^2}{2!} + \frac{(\alpha x)^4}{4!} - \cdots$$

として，機械的に項別積分をすれば，[例 5]によって

$$J(\alpha) = \sum_{n=0}^\infty \int_0^\infty (-1)^n e^{-x^2} \frac{(\alpha x)^{2n}}{(2n)!} dx = \sum_{n=0}^\infty (-1)^n \frac{\alpha^{2n}}{(2n)!} \int_0^\infty e^{-x^2} x^{2n} dx$$

$$= \sum_{n=0}^{\infty} (-1)^n \frac{\alpha^{2n}}{(2n)!} \frac{1\cdot 3\cdots(2n-1)}{2^{n+1}} \sqrt{\pi}$$

$$= \frac{\sqrt{\pi}}{2} \sum_{n=0}^{\infty} (-1)^n \frac{\alpha^{2n}}{2^n \cdot n!} \frac{1}{2^n} = \frac{\sqrt{\pi}}{2} \sum_{n=0}^{\infty} (-1)^n \frac{(\alpha^2/4)^n}{n!} = \frac{\sqrt{\pi}}{2} e^{-\frac{\alpha^2}{4}}.$$

すなわち結果は正しいが，定理 40(**B**)において，無限級数の項別積分は有限なる積分区間に関してのみ述べたのであるから，それをここへ引用することは許されない．今上記計算の合理化を試みる．

Taylor の公式によれば

$$\cos \alpha x = 1 - \frac{(\alpha x)^2}{2!} + \cdots \pm \frac{(\alpha x)^{2n}}{(2n)!} + R_n, \quad |R_n| \leq \frac{(\alpha x)^{2n+2}}{(2n+2)!}. \tag{11}$$

積分 $J(\alpha)$ は可能であるから

$$J(\alpha) = \frac{\sqrt{\pi}}{2} \sum_{n=0}^{m} (-1)^n \frac{(\alpha^2/4)^n}{n!} + \int_0^\infty e^{-x^2} R_m(x) dx \tag{12}$$

と書く分にはさしつかえない．さて(11)から

$$\left| \int_0^\infty e^{-x^2} R_m(x) dx \right| \leq \int_0^\infty e^{-x^2} \frac{(\alpha x)^{2m+2}}{(2m+2)!} dx = \frac{\sqrt{\pi}}{2} \frac{(\alpha^2/4)^{m+1}}{(m+1)!}.$$

$m \to \infty$ のとき，右辺 $\to 0$. 故に(12)から，正当に

$$J(\alpha) = \frac{\sqrt{\pi}}{2} \sum_{n=0}^{\infty} (-1)^n \frac{(\alpha^2/4)^n}{n!} = \frac{\sqrt{\pi}}{2} e^{-\frac{\alpha^2}{4}}$$

が得られるのである．

49．二 重 数 列

ここに掲げる

$$\begin{array}{cccc} a_{11} & a_{12} & \cdots & a_{1n} & \cdots \\ a_{21} & a_{22} & \cdots & a_{2n} & \cdots \\ \cdots & \cdots & \cdots & \cdots \\ a_{m1} & a_{m2} & \cdots & a_{mn} & \cdots \\ \cdots & \cdots & \cdots & \cdots \end{array}$$

のように，二つの番号 m, n を有する数列を二重数列という．その項 $a_{m,n}$ は，つまり第一象限内の格子点 $(x,y) = (m,n)$（m, n は自然数）において定義された函数 $a_{m,n} = a(m,n)$ である．m および n が限りなく大きくなるとき，$a_{m,n}$ が極限値 l を有するとは，任意に与えられた $\varepsilon > 0$ に対応して，或る限界 N があって，$m > N, n > N$ なるとき常に $|a_{m,n} - l| < \varepsilon$ であることをいう．それを次のように略記する：

$$\lim_{\substack{m \to \infty \\ n \to \infty}} a_{m,n} = l. \tag{1}$$

この記号で $m \to \infty, n \to \infty$ と書くけれども，それは初めに $m \to \infty$ に対する極限を求めて，次にその極限について $n \to \infty$ に対する極限を求める意味でない．すなわち $\lim_{n \to \infty}(\lim_{m \to \infty} a_{m,n})$ あるいは $\lim_{m \to \infty}(\lim_{n \to \infty} a_{m,n})$ とは意味が違う．

［例 1］ $a_{m,n} = \dfrac{n}{m+n}$.

$$\lim_{n\to\infty} a_{m,n} = 1. \quad \text{故に} \quad \lim_{m\to\infty}(\lim_{n\to\infty} a_{m,n}) = 1.$$
$$\lim_{m\to\infty} a_{m,n} = 0. \quad \text{故に} \quad \lim_{n\to\infty}(\lim_{m\to\infty} a_{m,n}) = 0.$$

この場合
$$\lim_{\substack{m\to\infty\\n\to\infty}} a_{m,n}$$
は存在しない．なぜならば，どんな N を取っても $m > N, n > N$ なる範囲内で $m = n$ になりえて，そのとき $a_{m,n} = \dfrac{1}{2}$，また同じ範囲内で $m = 2n$ とすれば $a_{m,n} = \dfrac{1}{3}$．故に上記定義にいうような一定の極限値 l はありえない．

［例 2］ $a_{m,n} = \dfrac{\sin m\alpha}{n}$，（ただし α は π の倍数でないとする．）
この場合には
$$\lim_{\substack{m\to\infty\\n\to\infty}} a_{m,n} = 0, \quad \lim_{m\to\infty}(\lim_{n\to\infty} a_{m,n}) = 0.$$
$\lim_{m\to\infty} a_{m,n}$ は存在しないから，$\lim_{n\to\infty}(\lim_{m\to\infty} a_{m,n})$ は無意味である．

定理 43. $\lim_{\substack{m\to\infty\\n\to\infty}} a_{m,n} = l$ が存在するとき，もしも $\lim_{m\to\infty} a_{m,n} = \mu_n$ がすべての n に関して存在するならば，$\lim_{n\to\infty} \mu_n = \lim_{n\to\infty}(\lim_{m\to\infty} a_{m,n}) = l$.
同様に，もしも $\lim_{n\to\infty} a_{m,n} = \nu_m$ が存在するならば $\lim_{m\to\infty} \nu_m = \lim_{m\to\infty}(\lim_{n\to\infty} a_{m,n}) = l$.

［証］ 仮定によって，ε に N が対応して
$$m > N, \quad n > N \quad \text{ならば} \quad |a_{m,n} - l| < \varepsilon.$$
ここで $n > N$ なる n を固定して，$m \to \infty$ とする．さて仮定によって $\lim_{m\to\infty} a_{m,n} = \mu_n$ は存在するから，$|\mu_n - l| \leqq \varepsilon$．これは $n > N$ なる n に関して常に成り立つ．ε は任意だから，それは $\lim_{n\to\infty} \mu_n = l$ を意味する．すなわち $\lim_{n\to\infty}(\lim_{m\to\infty} a_{m,n}) = l$. (証終)

定理 43 では，初めから二重数列の収束を仮定したのであるが，次の定理は二重数列の収束性の一つの判定法(十分条件)を与える．

定理 44. もしも $\lim_{m\to\infty} a_{m,n} = \alpha_n$ が存在して，しかも $a_{m,n}$ が n に関して一様に α_n に収束し，かつ $\lim_{n\to\infty} \alpha_n = l$ が存在するならば，$\lim_{\substack{m\to\infty\\n\to\infty}} a_{m,n}$ が存在して，それは l に等しい．従って，もしも $\lim_{n\to\infty} a_{m,n} = \beta_m$ が存在すれば $\lim_{m\to\infty} \beta_m$ も存在して，それは l に等しい(定理 43)．

［注意］ $\lim_{m\to\infty} a_{m,n} = \alpha_n$ が一様収束であることの意味は明らかであろう．すなわち任意の ε に対して，n に関係のない一定の M があって，$m > M$ なるとき $|a_{m,n} - \alpha_n| < \varepsilon$.

［証］
$$|a_{m,n} - l| \leqq |a_{m,n} - \alpha_n| + |\alpha_n - l|.$$
さて $m > M$ ならば，すべての n に関して $|a_{m,n} - \alpha_n| < \varepsilon$．また仮定によって，$n > N$ ならば，$|\alpha_n - l| < \varepsilon$．故に $m > M, n > N$ ならば，$|a_{m,n} - l| < 2\varepsilon$．任意の ε に対して，このような M, N が定められるから，
$$m > \text{Max}(M, N),\ n > \text{Max}(M, N) \quad \text{ならば} \quad |a_{m,n} - l| < 2\varepsilon,$$

すなわち
$$\lim_{\substack{m\to\infty\\n\to\infty}} a_{m,n} = l.$$

［注意］ 連続的変数に関する二重極限には，すでにしばしば遭遇した．いつでも無条件では $\lim_{(x,y)\to(a,b)} f(x,y)$ $= \lim_{x\to a}(\lim_{y\to b} f(x,y))$ は成り立たない．$\lim_{x\to a}(\lim_{y\to b} f(x,y)) = \lim_{y\to b}(\lim_{x\to a} f(x,y))$ も同様．

例えば x のみ，および，y のみに関して連続なる $f(x,y)$ は x,y に関しては必ずしも連続でない（すなわち $x\to a$ のとき，$f(x,y)\to f(a,y)$，また $y\to b$ のとき $f(a,y)\to f(a,b)$ であっても，$x\to a, y\to b$ のとき $f(x,y)\to f(a,b)$ とはいわれない（§10））．

また第二階以上の偏微分において，微分の順序は無条件では交換されない（§23）．

微分すること，積分すること，および無限級数の総和をすることは，いずれも極限を求めることで，それらの極限を二つ以上引き続いて求める場合に，或る条件の下において，その順序を変更してさしつかえないことを確かめるのは第 47, 48 節の論点であったのである．'乱暴' な順序変更は危険である．

50. 二重級数

二重数列 $a_{m,n}$ から二重級数が生ずる．形式的に単級数 $\sum a_n$ の場合をまねて

$$s_{m,n} = \sum_{\mu=1}^{m} \sum_{\nu=1}^{n} a_{\mu,\nu}$$

と置いて，$\lim_{m\to\infty, n\to\infty} s_{m,n} = s$ が存在するとき，暫定的に二重級数は和 s に収束するともいうが，二重級数の総和法としては $\sum_{m=1}^{\infty}\left(\sum_{n=1}^{\infty} a_{m,n}\right), \sum_{n=1}^{\infty}\left(\sum_{m=1}^{\infty} a_{m,n}\right)$ なども考えに浮ぶであろう．これらはすべて形式的で，二重級数総和の特別なる方法にすぎない．応用上重要なのは，収束性が項の順序に無関係なる場合，すなわち絶対収束の場合である．

第一象限の格子点 (m,n) 全体の集合を K と名づけるならば，K の各点に一つの番号をつけて，それを一つの無限点列にすることができる．すなわち K はいわゆる可算(countable, denumerable, abzählbar)集合である．

次の図は，このような番号づけの例を示すものである．

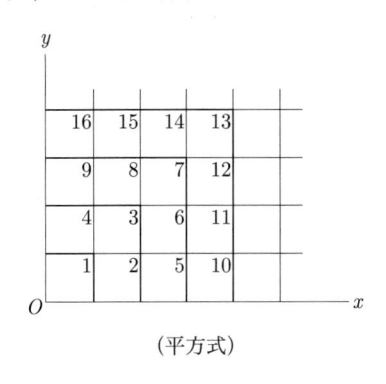

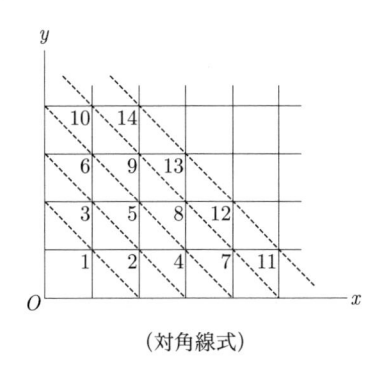

（平方式）　　　　　　　　（対角線式）

一般に，しだいに拡大する K の有限部分集合の一列

$$K_1 \subset K_2 \subset \cdots \subset K_p \subset \cdots$$

があって，K の各点 (m,n) はついには或る K_p 従って $q>p$ なる各 K_q に含まれるとする．このような状態を K_p は<u>単調に K に収束する</u>といえば印象的であろう．そのとき K_p に含まれる格子点の数を k_p として，まず K_1 に含まれる点に 1 から k_1 までの番号をつけ，次には K_2 に含まれ，K_1 に含まれない点に k_1+1 から k_2 までの番号をつけるというようにして，K の点が一列化される．上記第一の例では，$\mathrm{Max}(m,n) \leqq p$ なる点が K_p を組成し，また第二の例では，$m+n \leqq p+1$ なる点が K_p を組成する．このような K の一列化は無数の仕方で可能である．——実際，一つの一列化ができる以上，それの順序の任意の変換によって他の一列化が生ずるから，それは当然である．

さて K の一列化において (m,n) の番号が p であるとして
$$a_{m,n} = b_p$$
と書けば，二重級数 $\sum a_{m,n}$ が単級数 $\sum b_p$ になる．

このようにして生ずる一つの級数 $\sum b_p$ が絶対収束をするとして，その和を s とするならば，$\sum b_p$ の項の順序を変えても和は変わらないから，$\sum a_{m,n}$ の任意の一列化において s は一定である．この場合に，二重級数 $\sum a_{m,n}$ は和 s に絶対収束をするという．この意味において，絶対収束の判別条件は $|a_{m,n}|$ の有限部分和が一様に有界であることで，それはつまり
$$\sum_{\mu,\nu=1}^{n} |a_{\mu,\nu}| < M$$
が n に無関係なる定数 M に関して成り立つことにほかならない．

絶対収束の場合，前に述べたように集合列 K_p を単調に K に収束するものとして，K_p に属する (m,n) に関する $a_{m,n}$ の和を
$$s_p = \sum_{K_p} a_{m,n}$$
とするならば，
$$\lim_{p \to \infty} s_p = s.$$
上記のように，集合列 K_p に従って K を一列化して $\sum a_{m,n}$ を $\sum b_p$ にするならば，s_p は $\sum b_p$ の部分和であることを考えれば，これは明白であろう．$\sum a_{m,n}$ を対角線式に
$$s = a_{11} + (a_{12} + a_{21}) + (a_{13} + a_{22} + a_{31}) + \cdots$$
として総和するのは，これの一例である．

それにも増して興味のあるのは，K を無数の無限集合に分割して $\sum a_{m,n}$ を総和する方法である．今そのような分割を(略記式に)
$$K = H_1 + H_2 + \cdots + H_p + \cdots$$
と書く：すなわち H_p は無数の格子点を含んでもよいが，各点 (m,n) は H_p のうちのいずれか

に，しかもただ一つにのみ属するのである．

絶対収束の場合，H_p に対応する部分級数はもちろん絶対に収束する．その和を
$$\sigma_p = \sum_{H_p} a_{m,n}$$
とする．この和は H_p に属する格子点 (m,n) の上にわたるのである．然らば
$$\sum_{p=1}^{\infty} \sigma_p = \sigma_1 + \sigma_2 + \cdots = s. \tag{1}$$

例えば，行列 $a_{m,n}$ の行による総和法 $\sum_{m=1}^{\infty}\left(\sum_{n=1}^{\infty} a_{m,n}\right)$ または列による総和法 $\sum_{n=1}^{\infty}\left(\sum_{m=1}^{\infty} a_{m,n}\right)$ は (1) の特別の場合である．これはすでに述べた通りである (§ 43)．

上記の考察は三重以上の級数 $\sum a_{m,n,p,\cdots}$ にも通用する．また添字 $m, n, p, \cdots$ は区間 $(-\infty, \infty)$ の整数でもよい．一般的に n 次元空間 K に属する格子点 $P = (x_1, x_2, \cdots, x_n)$ —— すなわち x_i は任意の整数 —— に対応する級数 $\sum_P a_P$ の絶対収束に関して，同様の考察を行うことができる．議論の根拠は K の格子点の一列化 $(P_1, P_2, \cdots)$ にある．

一列化の方法は前に述べた通りである．一例として
$$\mathrm{Max}(|x_1|, |x_2|, \cdots, |x_n|) \leqq p$$
なる点 $P = (x_1, x_2, \cdots, x_n)$ をもって部分集合 K_p を組立ててもよい（立方式）．または
$$|x_1| + |x_2| + \cdots + |x_n| \leqq p$$
によってもよい（対角式）．

［注意］ 一次元においては，両方に無限なる級数
$$\sum_{\nu=-\infty}^{\infty} a_\nu \tag{2}$$
が収束するというのは，（定義として）
$$\lim_{n\to\infty, m\to\infty} \sum_{\nu=-m}^{n} a_\nu$$
の存在を意味する．すなわちそれは各別に収束する二つの単級数 $\sum_{\nu=0}^{\infty} a_\nu$, $\sum_{\nu=1}^{\infty} a_{-\nu}$ の和である．故に収束の場合には和は
$$a_0 + (a_1 + a_{-1}) + (a_2 + a_{-2}) + \cdots$$
に等しいが，逆は真でない．（例えば $\cdots + 1 - 1 + a_0 + 1 - 1 \cdots$ は収束しない．）

［例 1］ (Eisenstein の級数)
$$\sum \frac{1}{(x_1^2 + x_2^2 + \cdots + x_n^2)^s}. \tag{3}$$
ここで x_i は $-\infty$ から $+\infty$ までの整数で，$(0,0,\cdots,0)$ なる組合せだけは除く．すなわち $(x_1, x_2, \cdots, x_n)$ は n 次元空間において，原点以外のすべての格子点の上にわたるのである．

この級数は $s > \dfrac{n}{2}$ なるとき収束し，$s \leqq \dfrac{n}{2}$ なるとき発散する．

［証］ k を自然数とすれば，各座標が $|x_i| \leqq k$ なる格子点の総数は $(2k+1)^n$ であるから，そのうち少く

とも一つの座標が $|x_i|=k$ なる格子点, 換言すれば $\mathrm{Max}(|x_1|,|x_2|,\cdots,|x_n|)=k$ なる格子点の数は
$$T(k) = (2k+1)^n - (2k-1)^n \tag{4}$$
である. 故に今
$$S_m = \sum_{|x_i|\leqq m} \frac{1}{(x_1^2+x_2^2+\cdots+x_n^2)^s}$$
と置けば
$$\sum_{k=1}^m \frac{T(k)}{(nk^2)^s} < S_m < \sum_{k=1}^m \frac{T(k)}{k^{2s}}. \tag{5}$$

さて $T(k)$ は, (4)からみえるように, k に関する $n-1$ 次の正係数の多項式である. すなわち
$$T(k) = a_0 k^{n-1} + a_1 k^{n-2} + \cdots + a_{n-1}, \qquad (a_i \geqq 0). \tag{6}$$
故に(5)から
$$S_m < a_0 \sum_{k=1}^m \frac{1}{k^{2s-n+1}} + a_1 \sum_{k=1}^m \frac{1}{k^{2s-n+2}} + \cdots + a_{n-1} \sum_{k=1}^m \frac{1}{k^{2s}}.$$
故に $2s-n+1>1$ すなわち $s>\dfrac{n}{2}$ なるとき S_m は有界, 従って(3)は収束する.

$s\leqq\dfrac{n}{2}$ なるときは, (5), (6)から
$$S_m > \frac{a_0}{n^s} \sum_{k=1}^m \frac{1}{k}.$$
故に(3)は発散する. (証終)

上記定理は $x_1^2+x_2^2+\cdots+x_n^2$ の代りに正値二次形式*
$$Q(x_1,x_2,\cdots,x_n) = \sum_{p,q=1}^n a_{p,q} x_p x_q \quad (a_{pq}=a_{qp})$$
を取る場合にも成り立つ. すなわち
$$\sum \frac{1}{Q(x_1,x_2,\cdots,x_n)^s}$$
は $s>\dfrac{n}{2}$ なるとき収束し, $s\leqq\dfrac{n}{2}$ なるとき発散する.

この場合 Q の固有方程式**
$$\begin{vmatrix} a_{11}-\lambda & a_{12} & \cdots & a_{1n} \\ a_{21} & a_{22}-\lambda & \cdots & a_{2n} \\ \cdots\cdots\cdots\cdots\cdots\cdots\cdots\cdots\cdots\cdots\cdots\cdots \\ a_{n1} & a_{n2} & \cdots & a_{nn}-\lambda \end{vmatrix} = 0$$
の根(Q の固有値)はすべて正であるが, そのうち最小のものを λ_1, 最大のものを λ_2 とすれば
$$\lambda_1 \leqq \frac{Q(x_1,x_2,\cdots,x_n)}{x_1^2+x_2^2+\cdots+x_n^2} \leqq \lambda_2.$$
故に $\sum Q^{-s}$ は $\sum(x_1^2+x_2^2+\cdots+x_n^2)^{-s}$ と同時に収束または発散するのである.

例えば $ax^2+2bxy+cy^2$ が正値二次形式ならば($a>0, c>0, ac-b^2>0$), 格子点 $(x,y)\neq(0,0)$ にわたる級数

---

* 高木: 代数学講義改訂新版 304 頁参照.
** 同 310 頁.

50. 二 重 級 数

$$\sum \frac{1}{(ax^2+2bxy+cy^2)^s} \quad \text{は} \quad \begin{cases} s>1 \text{ のとき収束}, \\ s\leqq 1 \text{ のとき発散}. \end{cases}$$

[例 2] 絶対収束をしない級数の一例として，Kelvin が取扱った級数

$$\sum \frac{(-1)^{m+n}mn}{(m+n)^2} \qquad (m,n=1,2,3,\cdots)$$

を取ってみる．$1=\Gamma(2)=\int_0^\infty e^{-x}x\,dx$ において，積分変数を mx に変換すれば，

$$\frac{1}{m^2}=\int_0^\infty e^{-mx}x\,dx.$$

故に上記級数の一般項は

$$a_{m,n}=(-1)^{m+n}\int_0^\infty mne^{-(m+n)x}x\,dx.$$

従って

$$s_{m,n}=\int_0^\infty \sum_{\mu,\nu}(-1)^{\mu+\nu}\mu\nu e^{-(\mu+\nu)x}x\,dx \qquad \begin{pmatrix} \mu=1,2,\cdots,m \\ \nu=1,2,\cdots,n \end{pmatrix}$$

$$=\int_0^\infty \left(\sum_\mu (-1)^\mu \mu e^{-\mu x}\right)\left(\sum_\nu (-1)^\nu \nu e^{-\nu x}\right)x\,dx$$

$$=\int_0^\infty \varphi(m,x)\varphi(n,x)\frac{xe^{-2x}dx}{(1+e^{-x})^4},$$

ただし

$$\varphi(m,x)=1+(-1)^{m-1}\{(m+1)e^{-mx}+me^{-(m+1)x}\}.^*$$

$\varphi(m,x)\cdot\varphi(n,x)$ を展開すれば，$s_{m,n}$ は九つの積分の和になる．そのうち一つは

$$\int_0^\infty \frac{e^{-2x}x\,dx}{(1+e^{-x})^4}=\frac{1}{6}\left(\log 2-\frac{1}{4}\right)^{**} \tag{7}$$

である．これを l と書く．他の八つは

$$\pm(m+h)\int_0^\infty \frac{e^{-(m+r)x}x\,dx}{(1+e^{-x})^4}, \quad \pm(n+k)\int_0^\infty \frac{e^{-(n+r)x}x\,dx}{(1+e^{-x})^4},$$

$$\pm(m+h)(n+k)\int_0^\infty \frac{e^{-(m+n+r)x}x\,dx}{(1+e^{-x})^4}$$

の形で h,k は 0 または 1，また r は $2,3,4$ である．さて

$$\int_0^\infty \frac{e^{-\mu x}x\,dx}{(1+e^{-x})^4}<\int_0^\infty e^{-\mu x}x\,dx=\frac{1}{\mu^2}$$

だから，$s_{m,n}$ における (7) 以外の八つの項は絶対値において

---

* これは

$$1+x+x^2+\cdots+x^n=\frac{1-x^{n+1}}{1-x}$$

から，微分して得られる．すなわち

$$1+2x+3x^2+\cdots+nx^{n-1}=\frac{1-(n+1)x^n+nx^{n+1}}{(1-x)^2}.$$

そこで x に $-e^{-x}$ を代用すれば $\sum_{\nu=1}^n (-1)^\nu \nu e^{-\nu x}=\dfrac{-e^{-x}\varphi(n,x)}{(1+e^{-x})^2}$ を得る．

** 不定積分ができる．$e^{-x}=t$ として計算するがよい．練習問題 (3) (6) 参照．

$$\frac{m+h}{(m+r)^2}, \frac{n+k}{(n+r)^2} \quad \text{または} \quad \frac{(m+h)(n+k)}{(m+n+r)^2}$$

よりも小である．従って

$$\lim_{m\to\infty}(\lim_{n\to\infty} s_{m,n}) = \lim_{n\to\infty}(\lim_{m\to\infty} s_{m,n}) = \int_0^\infty \frac{e^{-2x}x\,dx}{(1+e^{-x})^4} = l.$$

すなわち行列 $a_{m,n}$ の横列の和を総和しても，また縦列の和を総和しても，同一の極限値 l を得る．しかし級数は絶対収束しない．

たとえば $\lim_{m\to\infty} s_{m,m} = l + \dfrac{1}{16}$．$s_{m,m}$ においては $\varphi(m,x)^2$ から

$$(m+h)(m+k)\int_0^\infty \frac{e^{-(2m+r)x}x\,dx}{(1+e^{-x})^4}$$

のような積分がでてくる．この積分は変数を $x/(2m+r)$ に変換すれば

$$\frac{(m+h)(m+k)}{(2m+r)^2}\int_0^\infty \frac{e^{-x}x\,dx}{\left(1+e^{-\frac{x}{2m+r}}\right)^4}$$

になり，$m\to\infty$ のとき極限値は $\dfrac{1}{4}\displaystyle\int_0^\infty \dfrac{e^{-x}x\,dx}{16} = \dfrac{1}{64}$ になる(定理 42)．$s_{m,m}$ においては，このような積分が符号 + を持って四つ出るから $s_{m,m} \to l + \dfrac{1}{16}$．

同様にして $s_{m,m+1} \to l - \dfrac{1}{16}$ を得る．

［附記］ 本節の初めに述べた純規約的なる $s_{m,n}$ の極限としての $\sum a_{m,n}$ の定義によれば，任意の b_n（例えば $b_n = n$，または $b_n = (-1)^n$ 等)をもって級数

$$\begin{aligned}
&b_1 + b_2 + \cdots + b_n + \cdots \\
-&b_1 - b_2 - \cdots - b_n - \cdots \\
+&a_{11} + a_{12} + \cdots + a_{1n} + \cdots \\
+&a_{21} + a_{22} + \cdots + a_{2n} + \cdots
\end{aligned}$$

を作っても，収束性にも和にも影響しない．$(b_n), (-b_n)$ のような二行(または二列)をどこへいくつ(有限個)入れても同様である．形式的定義の不実用性をみるべきである．

51. 無 限 積

無限数列 a_n から無限積 $\displaystyle\prod_{n=1}^\infty a_n$ が生ずるが，乗法における 0 の特異性を考慮して，収束の定義を適当に緊縮することが大切である．まず因子の中に 0 があって，その 0 を除いたあとの無限積が収束しない場合は無用である．また因子が一つも 0 でなくて，しかも積の極限が 0 に等しい場合(例：$a_n = \dfrac{1}{n}$)を一般論に取り入れることは，不便である．これらを除けば，収束の場合には $\lim_{n\to\infty} a_n = 1$ なることが必要である．よって初めから

$$a_n = 1 + u_n, \quad u_n \to 0$$

と仮定して，無限積

$$p = (1+u_1)(1+u_2)\cdots(1+u_n)\cdots \quad (u_n \to 0) \tag{1}$$

を考察する．最も簡明なのは次の場合である：

定理 45. 無限積 (1) は

$$|u_1| + |u_2| + \cdots + |u_n| + \cdots \qquad (2)$$

が収束するとき収束する (従って無限積 $\prod(1+|u_n|)$ も収束する). これを絶対収束という.

絶対収束の無限積は，多くの点において，有限積と同様に取扱うことができる．すなわち因子の順序は積に関係なく，また分配法則によって無限積を無限級数に展開することができる．また因子の中に 0 がなければ，積は 0 にならない．

[証] 今

$$p_n = (1+u_1)\cdots(1+u_n),$$
$$v_1 = p_1, \quad v_n = p_n - p_{n-1} = (1+u_1)\cdots(1+u_{n-1})u_n \qquad (3)$$

と置く．然らば

$$p_n = v_1 + v_2 + \cdots + v_n$$

で，p_n の収束は $\sum v_n$ の収束に帰する．さて，仮定によって，(2) は収束するから，

$$\sigma = \sum_{\nu=1}^{\infty} |u_\nu|$$

と置けば

$$|p_n| \leqq \prod_{\nu=1}^{n}(1+|u_\nu|) \leqq \prod_{\nu=1}^{n} e^{|u_\nu|} = e^{\sum_{\nu=1}^{n}|u_\nu|} \leqq e^\sigma.$$

故に (3) から

$$|v_n| = |p_{n-1} u_n| \leqq e^\sigma |u_n|.$$

(2) は収束するから，$\sum |v_n|$，従って $\sum v_n$，従って p_n が収束する．

今 u_n を $|u_n|$ で置き換えて，v_n と同じような積 V_n を作れば $\sum V_n$ も収束する．その項 V_n は (3) のような形の積だけれども，それをほぐして $\sum V_n$ を $|u_\alpha||u_\beta|\cdots|u_\lambda|$ のような項の級数にしても，それは収束する．(V_n は正項の和であるから，V_n をほぐしても収束に妨げないのである．) よって $\sum v_n$ を $u_\alpha u_\beta \cdots u_\lambda$ のような項の無限級数としても，それは絶対に収束して，その和はもちろん p に等しい．この無限級数はすなわち $\prod(1+u_n)$ を分配法則によって展開したものである．

このように $p = \prod(1+u_n)$ が分配法則によって絶対収束の級数に展開されるから，p において因子の順序を変えても，積には影響しない．

さて仮定によって，或る番号以上 $(n \geqq N)$ は $|u_n| < \dfrac{1}{2}$, $1+|u_n| \neq 0$ であるが，$|u| < \dfrac{1}{2}$ とすれば，下に示すように

$$|1+u| \geqq e^{-2|u|}. \qquad (4)$$

従って

$$\left|\prod_{n=N}^{m}(1+u_n)\right| \geqq e^{-2\sum_{n=N}^{m}|u_n|} > 0.$$

$m\to\infty$ として極限へ行っても

$$\left|\prod_{n=N}^{\infty}(1+u_n)\right| \geqq e^{-2\sum_{n=N}^{\infty}|u_n|} > 0.$$

故に N 番までも，$1+u_n\neq 0$ ならば

$$p = \prod_{n=1}^{\infty}(1+u_n) \neq 0.$$

(証終)

不等式(4)は証明の手段であるが，それは次のようにして得られる．$-\log(1-x)$ は $0\leqq x<1$ なるとき凸函数である．故に $0<c<1$ とすれば $(0,c)$ において

$$-\log(1-x) < kx, \quad k = \frac{-\log(1-c)}{c}.$$

すなわち

$$1-x > e^{-kx}.$$

$$c = \frac{1}{2} \text{ とすれば，} \quad k = 2\log 2 < 2.$$

故に

$$0 < x < \frac{1}{2} \text{ なるとき} \quad 1-x > e^{-2x}.$$

よって

$$0 \leqq |u| < \frac{1}{2} \text{ ならば，} \quad |1+u| \geqq 1-|u| \geqq e^{-2|u|}.$$

［注意］ 最後の不等式は u が複素数であっても成り立つから，定理 45 において u_n を複素数としてもよい．

［例 1］ 一例として Riemann の ζ 函数($\S 44$)

$$\zeta(s) = \sum_{n=1}^{\infty}\frac{1}{n^s} \qquad (s>1)$$

を無限積に直してみよう．今すべての素数 p を大きさの順序に $p_1=2, p_2=3, \cdots$ と名づけて無限積

$$\prod_{\nu=1}^{\infty}\frac{1}{1-p_\nu^{-s}} = \prod_{\nu=1}^{\infty}(1+p_\nu^{-s}+p_\nu^{-2s}+\cdots) \tag{5}$$

を考察する．ここでは

$$u_\nu = \frac{1}{1-p_\nu^{-s}} - 1 = \frac{1}{p_\nu^s-1} < \frac{2}{p_\nu^s}.$$

で，$\sum\dfrac{1}{p_\nu^s}$ は $\sum\dfrac{1}{n^s}$ の一部分だから収束する．故に(5)の無限積は絶対に収束する．もしも(5)の右辺に機械的に分配法則を適用するならば $\sum(p_\alpha^a p_\beta^b\cdots p_\lambda^l)^{-s}$（ただし $\alpha\neq\beta\neq\cdots\neq\lambda$，また $a,b,\cdots,l=0,1,2,\cdots$）を得るが，すべての自然数 n は一意的に素数巾の積に分解されるから，これは形の上では $\sum\dfrac{1}{n^s}$ に等しい．それが実際に相等しいことを示すために，(5)の左辺で最初の m 個の因子だけを取れば

$$\prod_{\nu=1}^{m}\frac{1}{1-p_\nu^{-s}} = \prod_{\nu=1}^{m}(1+p_\nu^{-s}+p_\nu^{-2s}+\cdots) = \sum{}'\frac{1}{n^s}$$

で，$\sum'$ における n は p_m 以下の素数因子のみを含む自然数の全部である．それらの中には p_m までの自然数は全部含まれているから

$$\prod_{\nu=1}^{m}\frac{1}{1-p_\nu^{-s}} = \sum_{n=1}^{p_m}\frac{1}{n^s} + \sum{}''\frac{1}{n^s}$$

と置けば，$\sum'' \frac{1}{n^s}$ は $\sum \frac{1}{n^s}\,(n>p_m)$ の部分級数であるから，m を十分大きく取れば，どれほどでも小さくされる．故に実際

$$\zeta(s) = \prod_{\nu=1}^{\infty}\frac{1}{1-p_\nu^{-s}}.$$

[例 2] 無限積 $\prod(1+u_n)$ は $\sum u_n, \sum u_n^2$ が収束すれば，収束する．

これは絶対収束をしない無限積の例を与える．

[証] Taylor の公式によって

$$\log(1+x) = x - \frac{1}{2}x^2 + ox^2.$$

故に

$$\log(1+x) = x - \vartheta x^2 \quad \text{すなわち} \quad 1+x = e^{x-\vartheta x^2}$$

と置けば，$x\to 0$ のとき $\vartheta \to \frac{1}{2}$．

そこで

$$1+u_n = e^{u_n - \vartheta_n u_n^2}$$

とすれば，$\sum u_n$ が収束するのだから，$u_n \to 0$，従って ϑ_n は有界である．故に $-\sum \vartheta_n u_n^2$ は（絶対）収束する．今 $s = \sum u_n,\ t = -\sum \vartheta_n u_n^2$ とすれば

$$\prod_{1}^{m}(1+u_n) = e^{\sum_{1}^{m}u_n}\,e^{-\sum_{1}^{m}\vartheta_n u_n^2}$$

から，極限 $m\to\infty$ へ行って

$$p = \prod_{1}^{\infty}(1+u_n) = e^s \cdot e^t.$$

$s = \sum u_n$ が絶対収束をしないならば，因子の順序を変更するとき，s 従って p が変じ，または収束性を失うこともある．

u_n が或る区域における変数の函数である場合には，無限積 $\prod(1+u_n)$ に関して一様収束の問題を考察することができる．簡単のために，ここでは応用上重要な次の場合について述べる．

定理 46．閉区域 K において u_n は連続，$\sum |u_n|$ は一様収束とする．然らば無限積 $p = \prod(1+u_n)$ は K において一様に収束し，従って連続である．

[証] 仮定によって $\sum |u_n|$ は K において連続（定理 40, (**A**)）だから，その最大値を σ とすれば，任意の n に関して，前のように

$$|p_n| \leqq \prod_{\nu=1}^{n}(1+|u_\nu|) \leqq \prod_{\nu=1}^{n}e^{|u_\nu|} = e^{\sum_{\nu=1}^{n}|u_\nu|} \leqq e^\sigma.$$

$$|p_n - p_{n-1}| = |p_{n-1} u_n| \leqq e^\sigma |u_n|.$$

さて $\sum |u_n|$ は一様に収束するから，変数に関係なく，

$$n > N \quad \text{なるとき} \quad \sum_{n > N} |u_n| < \varepsilon.$$

然らば

$$\sum_{\nu > N} |p_\nu - p_{\nu-1}| < e^\sigma \varepsilon.$$

e^σ は確定の定数で，ε は任意だから

$$p = p_1 + (p_2 - p_1) + \cdots + (p_n - p_{n-1}) + \cdots$$

は一様に収束する，従って連続である．

52. 巾級数

巾級数とは $\sum\limits_{n=0}^{\infty} a_n (x-\alpha)^n$ の形の級数であるが，$x-\alpha$ に x を代用して

$$\sum a_n x^n \tag{1}$$

に関して述べる．これを x の巾級数といい，一般的に $P(x)$ と略記する．巾級数は解析学で最も重要な級数である．

巾級数の収束に関しては，次に掲げる Abel の定理(1826)が基本的である．

定理 47．もしも巾級数(1)が $x = x_0$ なるとき収束するならば，$|x| < |x_0|$ なる x のすべての値に関して絶対収束し，また領域 $|x| < |x_0|$ に含まれる任意の閉区域において一様に収束する．

［証］仮定によって $\sum a_n x_0^n$ は収束するから，$\lim\limits_{n \to \infty} a_n x_0^n = 0$．故に M を任意の正数とするとき，十分大なる n に関して常に $|a_n x_0^n| < M$ になる．

今 $0 < \theta < 1$ として $|x| \leqq \theta |x_0|$ とすれば，

$$|a_n x^n| \leqq |a_n x_0^n| \theta^n < M \theta^n.$$

従って

$$\sum_{\nu=n}^{m} |a_\nu x^\nu| < \frac{M \theta^n}{1 - \theta} \to 0.$$

故に(1)は閉区域 $|x| \leqq \theta |x_0|$ において，絶対にかつ一様に収束する． （証終）

［注意 1］上記証明からみえるように，$x = x_0$ のとき(1)が収束しなくても，$|a_n x_0^n| < M$ なるとき，すなわち $a_n x_0^n$ が有界ならば，定理は成り立つ．

定理 47 は巾級数 $P(x)$ の係数 a_n および変数 x が複素数である場合にも通用する．

x のすべての値に関して収束する巾級数もあり，また $x = 0$ の外では発散する巾級数もあるが，それらを除けば，もしも巾級数が x の或る値に対して発散すれば，絶対値においてそれよりも大なる x に対して発散する（上記定理の対偶）．故にこの巾級数を収束せしめる $|x|$ の値に

上限がある．それを r とすれば，巾級数は x が原点を中心とする半径 r の円内にある ($|x|<r$) とき収束し，x がその円の外にある ($|x|>r$) とき発散する．この円を巾級数の収束円といい，その半径 r を収束半径という．巾級数が任意の x に対して収束すれば，$r=\infty$ とし，$x=0$ 以外では収束しないときには，$r=0$ とする．

定理 48． 巾級数 $\sum a_n x^n$ の収束半径 r は次の値を有する：
$$\frac{1}{r} = \varlimsup_{n\to\infty} \sqrt[n]{|a_n|}.$$

[Cauchy-Hadamard の定理]

［証］ $l = \varlimsup\limits_{n\to\infty} \sqrt[n]{|a_n|}$ と置けば
$$\varlimsup_{n\to\infty} \sqrt[n]{|a_n x^n|} = l|x|.$$

故に $l|x|<1$ ならば $\sum |a_n x^n|$ は収束し，$l|x|>1$ ならば発散する (§44)．故に収束半径を r とすれば，$r=\dfrac{1}{l}$．特に $l=0$ ならば，任意の x に関して $\sum a_n x^n$ は収束するから，$r=\infty$．また $l=\infty$ ならば，$x\neq 0$ なるとき $\sum a_n x^n$ は発散するから，$r=0$．　　　　　　（証終）

［注意 2］ $\lim\limits_{n\to\infty}\dfrac{|a_{n+1}|}{|a_n|}=l$ が存在するときは，$r=\dfrac{1}{l}$；$l=0$ ならば $r=\infty$，$l=\infty$ ならば $r=0$ (§44)．この判定法は応用上しばしば便利である．

巾級数 $f(x)=\sum\limits_{n=0}^{\infty}a_n x^n$ を項別に微分すれば，
$$f'(x)=\sum_{n=1}^{\infty} n a_n x^{n-1} \tag{2}$$

を得る．これは，巾級数 (1) が収束し，かつ，(2) の右辺の巾級数が一様収束をする区域において正当である (定理 40)．然るに級数 (2) は原級数 (1) と同一の収束半径を有する．実際，収束に関しては (2) の各項に x を掛けても影響はないから
$$\varlimsup_{n\to\infty} \sqrt[n]{n|a_n|}$$

を考察すればよいのだが，$\sqrt[n]{n}\to 1$ だから，これは $\varlimsup \sqrt[n]{|a_n|}$ に等しいこと明白であろう．

故に巾級数は，その収束円の内部において，何回でも項別に微分積分することができて，そのとき生ずる巾級数はすべて原級数と同一の収束半径を有する．

上記を要約しての次の定理を得る．

定理 49． 巾級数 $\sum a_n x^n$ は収束円の内部において x の連続函数である．それを $f(x)$ とすれば，$f(x)$ は各階の微分可能で
$$f^{(k)}(x)=\sum_{n=k}^{\infty} n(n-1)\cdots(n-k+1)a_n x^{n-k} = k!a_k + \cdots,$$
従って
$$a_k = \frac{f^{(k)}(0)}{k!}.$$

故に
$$f(x) = \sum a_n x^n$$
は $f(x)$ の Taylor 展開である．

　故に $f(x)$ が巾級数に展開されるならば，その展開は唯一である．すなわち $f(x) = \sum a_n x^n = \sum b_n x^n$ ならば，$a_n = b_n = \dfrac{f^{(n)}(0)}{n!}$.

　これを巾級数の一意性の定理という．

　[注意 1]　定理 49 は次のように初等的に証明される．

　　(1°)　$\sum a_n x^n$ の収束円内の一点を $x\,(x \neq 0)$ とし，同じく収束円内に $|x_0| > |x|$ なる x_0 を取って $|x_0|/|x| = k > 1$ とする．然らば，$n \to \infty$ のとき，$a_n \neq 0$ なる項に関しては，
$$\frac{|n a_n x^{n-1}|}{|a_n x_0^n|} = \frac{n}{k^n} \frac{1}{|x|} \to 0.$$
すなわち左辺の比は有界である．さて $\sum |a_n x_0^n|$ は収束するから，$\sum |n a_n x^{n-1}|$ も収束する ($\S\,44$, (IV))．逆に，$\sum |n a_n x^n|$ の収束する点において，$\sum |a_n x^n|$ の収束することは明らかである．

　　(2°)　定理 40 では (**C**) を (**B**) から導いたが，巾級数に関しては，項別微分の可能性は，直接に簡単に証明される．今 $f(x) = \sum a_n x^n$ の収束半径を r，収束円内の二点を $x, x+h$ とする．すなわち $|x| < \rho < r$, $|x+h| \leqq \rho < r$ とする．然らば
$$\begin{aligned}\frac{f(x+h) - f(x)}{h} &= \sum_{n=0}^{\infty} a_n \frac{(x+h)^n - x^n}{h} \\ &= \sum_{n=1}^{\infty} a_n \{(x+h)^{n-1} + (x+h)^{n-2} x + \cdots + x^{n-1}\}. \end{aligned} \tag{3}$$
この一般項は絶対値において，$n |a_n| \rho^{n-1}$ を越えない．然るに $\rho < r$ だから $\sum n |a_n| \rho^{n-1}$ は収束する．故に (3) は $|h| \leqq \rho - |x|$ なる h に関して一様に収束する，従って h に関して連続である．故に $h \to 0$ の極限へ行って
$$f'(x) = \lim_{h \to 0} \frac{f(x+h) - f(x)}{h} = \sum_{n=1}^{\infty} n a_n x^{n-1}.$$

　[注意 2]　上記，収束する巾級数で表わされる函数を $f(x)$ と置いたが，もしも反対にまず函数 $f(x)$ が与えられて，それが或る点（簡明のため $x = 0$ とする）において，各階微分可能として Maclaurin 級数
$$a_0 + a_1 x + a_2 x^2 + \cdots, \quad a_n = \frac{f^{(n)}(0)}{n!},$$
を書いてみる．それが収束する場合に，この巾級数が表わす函数は $f(x)$ に等しいであろうか？　それは保証されない！　一例として
$$f(x) = e^{-\frac{1}{x^2}} \quad (x \neq 0), \qquad f(0) = 0$$
とする．然らば $x \neq 0$ のとき
$$f'(x) = \frac{2}{x^3} e^{-\frac{1}{x^2}}, \quad \text{一般に} \quad f^{(n)}(x) = \frac{G_n(x)}{x^{3n}} e^{-\frac{1}{x^2}},$$

ただし, $G_n(x)$ は $2(n-1)$ 次の多項式である. 従って $\lim_{x\to 0} f^{(n)}(x)=0$ であるが, 実は $f(x)$ の定義によって $f^{(n)}(0)=0$ である(定理 23). この場合 $f(x)$ から生ずる巾級数 $\sum a_n x^n$ は常に 0 に等しい. それは $f(x)$ すなわち $e^{-\frac{1}{x^2}}$ を $x=0$ 以外では表わさない. Taylor の公式から, 剰余項の考察なしに, Taylor 級数は出せないから, これはふしぎでない.

巾級数 $P(z)$ は収束円の内部では z の連続函数であるが, 収束円の周上における巾級数の動作に関しては一般的の断言をすることができない. それは収束円の周上の各点において発散することもあり, 各点において収束することもあるが, また或る点では発散し, 或る点では収束することもある.

例えば

$$1+z+z^2+\cdots+z^n+\cdots \tag{4}$$

$$1+\frac{z}{1}+\frac{z^2}{2}+\cdots+\frac{z^n}{n}+\cdots \tag{5}$$

$$1+\frac{z}{1^2}+\frac{z^2}{2^2}+\cdots+\frac{z^n}{n^2}+\cdots \tag{6}$$

の収束半径はいずれも 1 であるが, 収束円の周上($|z|=1$)で, (4)は常に発散, (5)は $z=1$ の他は収束(条件収束), (6)は常に収束(絶対収束)する.

さて収束の場合に関して, Abel が次の有名なる定理を証明した.

定理 50. [Abel の定理] 巾級数 $f(z)=\sum a_n z^n$ が収束円の周上の点 $z=\zeta$ において収束すれば, z が半径に沿って ζ に近づくとき,

$$\lim_{z\to\zeta} f(z) = \sum_{n=0}^{\infty} a_n \zeta^n.$$

[注意] これは自明ではない. 上記等式は詳しく書けば

$$\lim_{z\to\zeta}\left(\lim_{n\to\infty}\sum_{\nu=0}^{n} a_\nu z^\nu\right) = \lim_{n\to\infty}\left(\lim_{z\to\zeta}\sum_{\nu=0}^{n} a_\nu z^\nu\right)$$

であるが, 二つの lim の順序を無頓着に変えてはならないことは, すでにしばしば述べた通りである. 定理 50 の意味は, 右辺の極限値が確定ならば, 左辺の極限値も確定で, かつ, それが右辺の極限値に等しいことをいうのである. その逆は真でない, すなわち左辺の極限値が確定でも, 等式は必ずしも成り立たない. 例えば

$$\frac{1}{1+z}=1-z+z^2-\cdots \qquad (|z|<1)$$

において $\lim_{z\to 1}\frac{1}{1+z}=\frac{1}{2}$ であるけれども, $z=1$ のとき右辺は収束しない.

[証] $z=\zeta x$ と置いて級数 $\sum a_n z^n = \sum a_n \zeta^n x^n$ を x の巾級数にすれば, その収束半径は 1 で $z=\zeta$ には $x=1$ が対応する. よって問題を単純化して, 初めから

$$f(x)=\sum a_n x^n$$

の収束半径を 1 として

$$A = a_0 + a_1 + a_2 + \cdots$$

が収束すると仮定して，$\lim_{x \to 1} f(x) = A$ を証明しよう．

Abel の級数変形法を引用する($\S 45$, (VIII))．$\sum a_n$ が収束するから，$\delta > 0$ に n が対応して

$$\sigma_m = \sum_{\nu=n}^{n+m} a_\nu, \quad |\sigma_m| < \delta, \qquad (m = 0, 1, 2, \cdots).$$

よって $0 \leqq x \leqq 1$ とすれば，$x^n \geqq x^{n+1}$ から

$$\left| \sum_{\nu=n}^{n+m} a_\nu x^\nu \right| = |\sigma_0(x^n - x^{n+1}) + \cdots + \sigma_{m-1}(x^{n+m-1} - x^{n+m}) + \sigma_m x^{n+m}|$$

$$\leqq \delta x^n \leqq \delta.$$

故に $f(x) = \sum_{n=0}^{\infty} a_n x^n$ は $0 \leqq x \leqq 1$ において一様収束，従って連続であるから，$\lim_{x \to 1} f(x) = f(1) = \sum a_n = A$. (証終)

[附記] 級数 $A = \sum a_n$, $B = \sum b_n$ ($n = 0, 1, \cdots$) が収束するとき，$C = \sum c_n$, $c_n = \sum a_p b_q$ ($p + q = n$) とする．然らば巾級数 $A(x) = \sum a_n x^n$, $B(x) = \sum b_n x^n$ は $|x| < 1$ なるとき絶対収束をするから，$C(x) = \sum c_n x^n = A(x) B(x)$. さて Abel の定理によって，$x \to 1$ のとき $A(x) \to A$, $B(x) \to B$ でまた C が収束すれば，$C(x) \to C$. すなわち A, B, C が収束すれば，$AB = C$. a_n, b_n は複素数でもよい．

次に巾級数の二，三の例を掲げる．

[例1] 最も簡単なのは幾何級数

$$\frac{1}{1-x} = 1 + x + x^2 + \cdots + x^n + \cdots$$

で，収束半径は

$$r = 1.$$

0 から x ($|x| < 1$) まで積分すれば

$$-\log(1-x) = x + \frac{x^2}{2} + \frac{x^3}{3} + \cdots + \frac{x^n}{n} + \cdots, \tag{7}$$

x を $-x$ に変換すれば

$$\log(1+x) = x - \frac{x^2}{2} + \frac{x^3}{3} - \cdots + (-1)^{n-1} \frac{x^n}{n} + \cdots, \tag{8}$$

(7) と (8) とを加えて

$$\frac{1}{2} \log \frac{1+x}{1-x} = x + \frac{x^3}{3} + \frac{x^5}{5} + \cdots + \frac{x^{2n+1}}{2n+1} + \cdots. \tag{9}$$

この級数の収束半径も 1 である(195 頁, [注意 2])．また

$$\frac{1}{1+x^2} = 1 - x^2 + x^4 - \cdots, \qquad (|x| < 1)$$

から積分して

$$\operatorname{Arc\,tan} x = x - \frac{x^3}{3} + \frac{x^5}{5} - \cdots, \qquad (|x| < 1). \tag{10}$$

52. 巾 級 数

[附記] π の計算 級数(10)は $x=1$ のときに収束する．故に定理 50 によって

$$\frac{\pi}{4} = 1 - \frac{1}{3} + \frac{1}{5} - \frac{1}{7} + \cdots, \qquad \text{[Leibniz の級数]}$$

この級数は収束緩慢で，π の計算には不適当である．さて $\tan\alpha = \frac{1}{5}$ とすれば，4α は $\frac{\pi}{4}$ に近い（六十分法でいえば，α は約 $11°19'$）．実際計算すれば，

$$\tan 2\alpha = \frac{5}{12}, \quad \tan 4\alpha = 1 + \frac{1}{119}, \quad \tan\left(4\alpha - \frac{\pi}{4}\right) = \frac{\tan 4\alpha - 1}{\tan 4\alpha + 1} = \frac{1}{239},$$

従って

$$\frac{\pi}{4} = 4\operatorname{Arc tan}\frac{1}{5} - \operatorname{Arc tan}\frac{1}{239}, \qquad \text{[Machin, 1706]}.$$

故に

$$\pi = 16\left(\frac{1}{5} - \frac{1}{3\cdot 5^3} + \frac{1}{5\cdot 5^5} - \cdots\right) - 4\left(\frac{1}{239} - \frac{1}{3\cdot 239^3} + \cdots\right). \tag{11}$$

これは急速に収束する．今(11)を用いて，π を小数第 5 位まで求めるつもりで，次の計算を試みる．

$$\frac{16}{5} = 3.200\ 000 \qquad\qquad\qquad\qquad [1]$$

$$\frac{16}{5^3} = 0.128\ 000 \quad \div 3 = 0.042\ 666 \quad [2] \qquad \begin{array}{r} 0.042\ 666 \\ 0.000\ 029 \\ 0.016\ 736 \\ \hline 0.059\ 431 \end{array} \quad [2]+[4]+[6]$$

$$\frac{16}{5^5} = 0.005\ 120 \quad \div 5 = 0.001\ 024 \quad [3]$$

$$\frac{16}{5^7} = 0.000\ 204 \quad \div 7 = 0.000\ 029 \quad [4] \qquad \begin{array}{r} 3.201\ 024 \\ -0.059\ 431 \\ \hline 3.141\ 593 \end{array} \quad \begin{array}{l} [1]+[3] \\ -([2]+[4]+[6]) \end{array}$$

$$\frac{16}{5^9} = 0.000\ 008 \quad \div 9 = 0.000\ 000 \quad [5]$$

$$\frac{4}{239} = 0.016\ 736 \qquad\qquad\qquad\qquad [6]$$

$$\frac{4}{239^3} = 0.000\ 000 \qquad\qquad\qquad\qquad [7]$$

上記(11)の級数は二つとも交代級数であるから，或る項以下を省略するときに生ずる絶対誤差は省略されたる最初の項以内である（§45）．上記の計算では [5], [7] からみえるように，誤差は末位の $+2$ 以内である．また [1], [3] は正確で，[2], [4], [6] から末位の -3 以内の誤差が生ずる．故に $\pi = 3.141\ 593$ とすれば誤差は末位において $+2$ ないし -3 である．

William Shanks は，上記 Machin の式を用いて，π の値を小数 707 位まで計算した (1873) が，その後，D. F. Ferguson が Shanks の計算は小数 527 桁を超える処で誤算があったことを発見した (1947)．1949 年に，J. von Neumann が，電子計算機 ENIAC で，π および e の値を十分先まで計算して，数字分布の乱率の統計的尺度を知る可能性に興味があることを表明した．それが機縁となって，1950 年 6 月に ENIAC は e および π の値を小数 2000 位以上計算し，当時計算されていた π の小数 808 位までは，一致することを確認した．MTAC (Mathematical Tables and other Aids of Computations*) vol. 4, 1950, pp. 14—15 に，

---

* この雑誌は 1960 年 14 巻から Mathematics of Computation と改題された．

ENIAC の計算した π の値の小数 2035 位まで，e の値の小数 2010 位までが載っている．その後電子計算機の急速な進歩に伴なって，π のみならず，対数などの数値の計算は，欲するならば検算を伴いつつ小数一万桁をも超えて計算できるようになった．π の初めの 30 桁は $\pi = 3.14159\ 26535\ 89793\ 23846\ 26433\ 83279.$

対数の計算には (9) が用いられる．(9) において $x = \dfrac{1}{2n+1}$ $(n \geqq 1)$ とすれば

$$\log(n+1) - \log n = 2\left\{\frac{1}{2n+1} + \frac{1}{3(2n+1)^3} + \frac{1}{5(2n+1)^5} + \cdots\right\}. \tag{12}$$

この級数は急速に (特に n が大きいとき) 収束する．

$n = 1$ としても (13 項を取れば)

$$\log 2 = \frac{2}{3}\left(1 + \frac{1}{3 \cdot 9} + \frac{1}{5 \cdot 9^2} + \cdots\right) = 0.69314\ 71805\ 599$$

を得る．また (12) において $n = 4$ とすれば

$$\log 5 = 2\log 2 + \frac{2}{9}\left(1 + \frac{1}{3 \cdot 81} + \frac{1}{5 \cdot 81^2} + \cdots\right).$$

今度は 6 項を取って

$$\log 5 = 1.60943\ 79124\ 340$$

を得る．よって

$$\log 10 = \log 2 + \log 5 = 2.30258\ 50929\ 939,$$

$$M = \frac{1}{\log 10} = 0.43429\ 44819\ 033$$

を得る．M は常用対数の率 (modulus) である．すなわち

$$\log_{10} x = M \log x.$$

常用対数に関しては (12) から

$$\log_{10}(n+1) - \log_{10} n = 2M\left\{\frac{1}{2n+1} + \frac{1}{3(2n+1)^3} + \frac{1}{5(2n+1)^5} + \cdots\right\}. \tag{13}$$

今 1 から 10^5 までの整数の常用対数を求めるには，5 位の整数の対数を計算すればよい (例えば $\log_{10} 123 = -2 + \log_{10} 12300$)．その場合，(13) において右辺の初項だけを取って

$$\log_{10}(n+1) - \log_{10} n = \frac{2M}{2n+1} + \varepsilon_n$$

としても，誤差は ($2M < 1$, $n \geqq 10000$ だから)

$$\varepsilon_n < \frac{1}{3(2n+1)^3}\left\{1 + \frac{1}{(2n+1)^2} + \cdots\right\} = \frac{1}{12n(n+1)(2n+1)} < \frac{1}{24n^3} < \frac{1}{2 \cdot 10^{13}}.$$

よって $n = 10000$ から始めて，次々に $\log_{10} n$ に $\dfrac{2M}{2n+1}$ を加えて $\log_{10}(n+1)$ の近似値を求めて行けば，$n = 10^5$ までに誤差はかさむけれども，最悪の場合 $\dfrac{1}{2 \cdot 10^8}$ を超えないであろう (七桁対数表製作の理論)．

対数を計算する他の方法は，整数の対数を素数の対数から導くことである．

今公式 (9) において $x = \dfrac{1}{2p^2 - 1}$ $(p > 1)$ とすれば

$$\frac{1+x}{1-x} = \frac{p^2}{p^2 - 1}.$$

故に

$$\log p = \frac{1}{2}\log(p-1) + \frac{1}{2}\log(p+1) + \frac{1}{2p^2-1} + \frac{1}{3(2p^2-1)^3} + \cdots. \tag{14}$$

p が整数で，$p+1$ が因数に分解されるならば，(14) から $\log p$ を p よりも小なる整数の $\log$ と，急速に収束する級数との和として求めることができる．故に $\log 2$ を求めておけば，順次にすべての素数 p の $\log$ が得られ，従って，たし算によってすべての整数の $\log$(自然対数)が得られる*.

Adams は $\log 2, \log 3, \log 5, \log 7$ を 262 桁まで計算した**.

[例 2] 超幾何級数

$$F(\alpha,\beta,\gamma,x) = 1 + \frac{\alpha\cdot\beta}{1\cdot\gamma}x + \frac{\alpha(\alpha+1)\cdot\beta(\beta+1)}{1\cdot 2\cdot\gamma(\gamma+1)}x^2 + \cdots$$
$$+ \frac{\alpha(\alpha+1)\cdots(\alpha+n-1)\cdot\beta(\beta+1)\cdots(\beta+n-1)}{n!\gamma(\gamma+1)\cdots(\gamma+n-1)}x^n + \cdots.$$

α,β は任意(実数または複素数)であるが，γ は 0 または負の整数であってはならない．また α あるいは β が負の整数ならば有限級数になる．その他の場合，収束半径は 1 である．—— 第 $n+1$ 項と第 n 項との係数の比

$$\frac{(\alpha+n-1)(\beta+n-1)}{n(\gamma+n-1)} \to 1.$$

α,β,γ に種々の値を与えるとき，超幾何級数の特別の場合として，多くのよく知られた級数が生ずる．例えば

$$F(1,1,2;x) = 1 + \frac{x}{2} + \frac{x^2}{3} + \cdots + \frac{x^n}{n+1} + \cdots = \frac{-1}{x}\log(1-x),$$

$$F(-\mu,\mu,\mu,x) = 1 - \frac{\mu}{1}x + \frac{\mu(\mu-1)}{2!}x^2 - \cdots + (-1)^n\frac{\mu(\mu-1)\cdots(\mu-n+1)}{n!}x^n + -\cdots.$$

これは，いわゆる二項級数で，$|x|<1$ のとき $(1-x)^\mu$ を表わす(後述, §65).

例えば $\mu = -\frac{1}{2}$ とすれば，x に x^2 を代用して

$$\frac{1}{\sqrt{1-x^2}} = 1 + \frac{1}{2}x^2 + \frac{1\cdot 3}{2^2\cdot 2!}x^4 + \cdots + \frac{1\cdot 3\cdots(2n-1)}{2^n\cdot n!}x^{2n} + \cdots,$$

積分して

$$\operatorname{Arcsin} x = x + \frac{1}{2}\frac{x^3}{3} + \frac{1\cdot 3}{2\cdot 4}\frac{x^5}{5} + \frac{1\cdot 3\cdot 5}{2\cdot 4\cdot 6}\frac{x^7}{7} + \cdots ***.$$

[例 3] x のすべての値に対して収束する巾級数としては，指数級数

$$e^x = \sum \frac{x^n}{n!} \quad (r = \infty)$$

が最もよく知られている一例である．よって定理 48 から

$$\lim \sqrt[n]{n!} = \infty.$$

従って $x=0$ のほか発散する級数 $(r=0)$ の一例として

$$\sum n!x^n$$

を得る．

---

* Wolfram の表には 10000 以下の素数の自然対数の 50 桁の表が掲げられている．この表はすでに少年 Gauss が愛用したものである．

** J. C. Adams, Proc. Roy. Soc. London, **27**(1878).

*** この公式は実質上和算家に知られていた．ここで $x=1/2$ とすれば，$\pi/6$ が得られる．

53. 指数函数および三角函数

初等数学では，指数函数 a^x は任意指数 x に関する巾として定義せられ，その逆函数として対数 $\log_a x$ が導かれる．特に e^x の底 e は $\lim_{n\to\infty}\left(1+\dfrac{1}{n}\right)^n$ として定義された．これは指数函数の歴史的の発生で，その理論はかなり複雑といわねばならない．

今もし伝統を離れて，ひとまず有理式のみを既知の函数と考えて，その積分函数として生ずる新函数を考察するならば，自然に対数函数が得られ，その逆函数として指数函数が得られるであろう．

今その理論の概要を述べるが，虚心で考えるならば，それはすこぶる簡単である．積分

$$y=\int_1^x \frac{dx}{x} \tag{1}$$

によって x の連続函数 y が区間 $0<x<\infty$ において定義される．それは単調に($-\infty$ から $+\infty$ まで)増大するから，逆函数

$$x=f(y) \qquad (-\infty<y<\infty)$$

が確定する．さて(1)から

$$\frac{dy}{dx}=\frac{1}{x}.$$

故に

$$f'(y)=\frac{dx}{dy}=x=f(y).$$

従って

$$f(y)=f'(y)=f''(y)=f'''(y)=\cdots.$$

(1)において $x=1$ とすれば $y=0$，従って

$$f(0)=f'(0)=f''(0)=\cdots=1.$$

よって，Maclaurin の展開

$$f(y)=1+\frac{y}{1!}+\frac{y^2}{2!}+\cdots \tag{2}$$

を得る*．これは y のすべての値に関して収束する ($\S\,25$)．

このようにして指数函数が導かれるが，変数の記号を換えて

$$f(x)=1+\frac{x}{1!}+\frac{x^2}{2!}+\cdots$$

と書く．指数函数の性質はこの巾級数から得られる．まず Taylor 展開**

---

* Taylor の公式の剰余項 $\dfrac{f^{(n)}(\xi)}{n!}y^n=\dfrac{f(\xi)}{n!}y^n$ は y を固定すれば，$n\to\infty$ のとき 0 に収束するから(2)が成り立つ．

** 上の脚註と同様．

$$f(x+y) = f(x) + \frac{y}{1!}f'(x) + \frac{y^2}{2!}f''(x) + \cdots + \frac{y^n}{n!}f^{(n)}(x) + \cdots$$

において，すべての n に関して $f^{(n)} = f$ だから

$$f(x+y) = f(x)\left(1 + \frac{y}{1!} + \frac{y^2}{2!} + \cdots + \frac{y^n}{n!} + \cdots\right).$$

故に

$$f(x+y) = f(x) \cdot f(y).$$

これを繰り返して

$$f(x_1 + x_2 + \cdots + x_n) = f(x_1) \cdot f(x_2) \cdots f(x_n). \tag{3}$$

$x_1 = x_2 = \cdots = x_n = 1$, $f(1) = e$ と置けば*

$$f(n) = e^n.$$

これは自然数 n を指数とする巾（乗法 $e \cdot e \cdots e$）であるが，任意の x に関しても同様の記号を用いて $f(x)$ を

$$e^x \quad \text{または} \quad \exp(x)$$

と書く．このようにして定義される函数を，底 e の任意指数 x に関する巾という．然らば(3)から

$$e^{x_1 + x_2} = e^{x_1} e^{x_2}.$$

もしも $c > 0$ として

$$g(x) = f(cx) = e^{cx}$$

と置くならば，(3)から

$$g(x_1 + x_2) = g(x_1)g(x_2).$$

今度は

$$g(1) = e^c = a$$

と書いて，前のように

$$a^x = g(x)$$

によって巾 a^x を定義する．

e^x の逆函数を $\log x$ と書けば，$c = \log a$ であるから

$$a^x = g(x) = f(cx) = e^{x \log a}.$$

このようにして任意指数の巾の意味が確定する．

三角函数は歴史的には幾何学の見地から定義されたのであるが，これも解析的に積分から導かれる．今度は

$$\theta = \int_0^x \frac{dx}{\sqrt{1-x^2}} \tag{4}$$

---

* すなわち e を $\sum \frac{1}{n!}$ として定義するのである．複雑な $e = \lim\limits_{n \to \infty}\left(1 + \frac{1}{n}\right)^n$ は不用である．

を取る．この積分は $-1 \leqq x \leqq 1$ において単調に $-\varpi$ から ϖ まで増大する．ただし
$$\varpi = \int_0^1 \frac{dx}{\sqrt{1-x^2}}.$$
よって x が θ の函数として区間 $-\varpi \leqq \theta \leqq \varpi$ において確定する．それを
$$x = \varphi(\theta) \qquad (-\varpi \leqq \theta \leqq \varpi)$$
と書く．然らば
$$\frac{d\theta}{dx} = \frac{1}{\sqrt{1-x^2}},$$
従って
$$\varphi'(\theta) = \frac{dx}{d\theta} = \sqrt{1-x^2}.$$
今便宜上
$$\sqrt{1-x^2} = \psi(\theta)$$
と書けば
$$\psi'(\theta) = \frac{d}{d\theta}\sqrt{1-x^2} = \frac{d}{dx}\sqrt{1-x^2} \cdot \frac{dx}{d\theta} = \frac{-x}{\sqrt{1-x^2}}\sqrt{1-x^2} = -x = -\varphi(\theta).$$
故に
$$\varphi''(\theta) = \psi'(\theta) = -\varphi(\theta),$$
$$\psi''(\theta) = -\varphi'(\theta) = -\psi(\theta).$$
これから
$$\left.\begin{array}{l} \varphi^{(2n)}(\theta) = (-1)^n \varphi(\theta), \quad \psi^{(2n)}(\theta) = (-1)^n \psi(\theta). \\ \varphi^{(2n+1)}(\theta) = (-1)^n \psi(\theta), \quad \psi^{(2n+1)}(\theta) = (-1)^{n+1} \varphi(\theta). \end{array}\right\} \quad (5)$$
(4)において $x=0$ とすれば，$\theta=0$，従って
$$\varphi(0) = 0, \quad \psi(0) = 1.$$
よって(5)を用いて Maclaurin の展開
$$\left.\begin{array}{l} \varphi(\theta) = \theta - \dfrac{\theta^3}{3!} + \dfrac{\theta^5}{5!} - \cdots, \\ \psi(\theta) = 1 - \dfrac{\theta^2}{2!} + \dfrac{\theta^4}{4!} - \cdots \end{array}\right\} \quad (6)$$
を得る (§25)．すなわち実際 $\varphi(\theta) = \sin\theta$, $\psi(\theta) = \cos\theta$ であるが，その幾何学的の意味を上記の定義から導くことができる．

　積分 (4) は半径 1 なる円 $x^2+y^2=1$ の弧長の計算 (§40) から生ずるものである．すなわち $x>0$ とすれば，円弧 AP の長さは

53. 指数函数および三角函数

$$\int_0^x \sqrt{1+y'^2}\,dx,$$

ただし
$$y = \sqrt{1-x^2},$$

従って
$$y' = \frac{-x}{\sqrt{1-x^2}}, \quad 1+y'^2 = \frac{1}{1-x^2}.$$

故に積分 (4):
$$\theta = \int_0^x \frac{dx}{\sqrt{1-x^2}}$$

は AP の弧長である．従って
$$x = \varphi(\theta) = \frac{PN}{OP}, \quad y = \psi(\theta) = \sqrt{1-x^2} = \frac{ON}{OP}.$$

$x=1$ のとき $\theta = \varpi$ と置いたが，それは弧長 AB である．故に円周の長さを 2π と書くならば
$$\varpi = \frac{\pi}{2}.$$

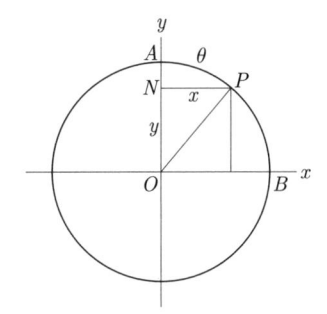

これで $0 \leqq \theta \leqq \dfrac{\pi}{2}$ において $\varphi(\theta), \psi(\theta)$ が $\sin\theta, \cos\theta$ と一致することが示された．$\sin\theta, \cos\theta$ の加法定理および周期性は級数 (6) から解析的に (計算によって) 導かれる．それは単なる計算であるが，その計算を見透しよく実行するには，複素数を用いねばならない (次節参照)．

［附記］ 上文 $\varphi(\theta), \psi(\theta)$ は区間 $[-\varpi, \varpi]$ に属する θ に関してのみ定義されたけれども，Maclaurin の展開 (6) は，θ のすべての値に関して収束する．よってこの展開 (6) によって $\varphi(\theta), \psi(\theta)$ を定義することにすれば，まず Taylor 展開*

$$\varphi(\alpha+\theta) = \varphi(\alpha) + \frac{\theta}{1!}\varphi'(\alpha) + \frac{\theta^2}{2!}\varphi''(\alpha) + \frac{\theta^3}{3!}\varphi'''(\alpha) + \cdots$$
$$= \varphi(\alpha) + \frac{\theta}{1!}\psi(\alpha) - \frac{\theta^2}{2!}\varphi(\alpha) - \frac{\theta^3}{3!}\psi(\alpha) + \cdots.$$

右辺の偶数番号の項と奇数番号の項とを別々にまとめて書けば，

---

* 202 頁脚註と同様．

$$\varphi(\alpha+\theta) = \varphi(\alpha)\left(1-\frac{\theta^2}{2!}+\frac{\theta^4}{4!}-\cdots\right)+\psi(\alpha)\left(\theta-\frac{\theta^3}{3!}+\frac{\theta^5}{5!}-\cdots\right)$$
$$= \varphi(\alpha)\psi(\theta)+\psi(\alpha)\varphi(\theta).$$

$\psi(\alpha+\theta)$ についても同様に，あるいは α に関して微分して，
$$\psi(\alpha+\theta) = \psi(\alpha)\psi(\theta)-\varphi(\alpha)\varphi(\theta).$$
すなわち加法公式が得られる．この後の式で $\theta=-\alpha$ と置けば，
$$1 = \psi(\alpha)^2 + \varphi(\alpha)^2$$
を得る．これは φ と ψ との関係が定義の拡張の後にも成り立つことを示すのである．

三角函数の周期性も，上の式で $\theta=\varpi=\dfrac{\pi}{2}$ と置いて得られる．すなわち
$$\varphi\left(\alpha+\frac{\pi}{2}\right)=\psi(\alpha), \quad \psi\left(\alpha+\frac{\pi}{2}\right)=-\varphi(\alpha).$$
よって
$$\varphi(\alpha+\pi)=\psi\left(\alpha+\frac{\pi}{2}\right)=-\varphi(\alpha),$$
$$\varphi(\alpha+2\pi)=-\varphi(\alpha+\pi)=\varphi(\alpha).$$
微分して
$$\psi(\alpha+2\pi)=\psi(\alpha).$$
このようにして，三角函数の諸性質が，幾何学の助けなしに得られるのである．

［注意］ もしも有理函数の積分から三角函数を導くという立場を固執するならば，
$$\theta=\int_0^x\frac{dx}{1+x^2}, \qquad (-\infty<x<\infty)$$
(すなわち $x=\tan\theta$) から出発するのが適当であるが，その過程は上記のように単純でない．今かりに微積分法の発見以前に，三角函数が知られていなかったと想像するならば，円弧の計算の必要上，自然に積分(4)に遭遇したであろう．青年 Gauss(1797) はレムニスケートの弧長に基づいて(4)の拡張として $\int\dfrac{dx}{\sqrt{1-x^4}}$ を考察して，楕円函数発見の糸口を得たのである．

54. 指数函数と三角函数との関係　対数と逆三角函数

上文巾級数 $\sum a_n x^n$ の収束に関して述べたことは，係数 a_n および変数 x が複素数である場合にも通用することは前に述べた．特に指数級数
$$e^x = \sum \frac{x^n}{n!} = 1+\frac{x}{1!}+\frac{x^2}{2!}+\cdots$$
は収束半径が ∞ だから，x が任意の複素数であるときにも絶対に収束する．よってその和として指数函数 e^x の定義を x が複素数なる場合にも延長することができる．

拡張された指数函数に関しても，加法定理
$$e^{z_1+z_2} = e^{z_1}e^{z_2}$$
が成り立つ．実際，任意の複素数 z_1, z_2 に関し，

$$e^{z_1} \cdot e^{z_2} = \sum_{m=0}^{\infty} \frac{z_1^m}{m!} \sum_{n=0}^{\infty} \frac{z_2^n}{n!} = \sum_{m,n=0}^{\infty} \frac{z_1^m z_2^n}{m!n!}.$$

$m+n=k$ なる項をまとめて，

$$e^{z_1} \cdot e^{z_2} = \sum_{k=0}^{\infty} \frac{1}{k!} \sum_{n=0}^{k} \binom{k}{n} z_1^{k-n} z_2^n$$

$$= \sum_{k=0}^{\infty} \frac{(z_1+z_2)^k}{k!} = e^{z_1+z_2}$$

を得る．これらの計算は，級数が絶対収束をするから合法である($\S\, 43, \S\, 52$)．

特に複素数 $z=x+yi$ に関して

$$e^{x+yi} = e^x e^{yi}.$$

さて

$$e^{yi} = 1 + \frac{yi}{1!} - \frac{y^2}{2!} - \frac{y^3 i}{3!} + \cdots$$

$$= \left(1 - \frac{y^2}{2!} + \frac{y^4}{4!} - \cdots\right) + i\left(\frac{y}{1!} - \frac{y^3}{3!} + \frac{y^5}{5!} - \cdots\right).$$

故に

$$e^{yi} = \cos y + i \sin y, \tag{1}$$

すなわち

$$e^z = e^{x+yi} = e^x(\cos y + i \sin y).$$

x は実数，従って $e^x > 0$ だから，e^z の絶対値は e^x で，偏角は y である．$\cos y$ と $\sin y$ とは同時に 0 にならないから，e^z は z の有限の値に対して，決して 0 に等しくない．

特に n を整数とすれば，(1)から

$$e^{2n\pi i} = 1,$$

故に

$$e^{z+2n\pi i} = e^z.$$

すなわち e^z は周期函数で，$2n\pi i$ がその周期である．

逆に ω を e^z の周期とすれば，$e^{z+\omega}=e^z$ すなわち $e^z e^\omega = e^z$．$e^z \neq 0$ だから $e^\omega=1$．よって $\omega = x+yi$ と置けば $e^\omega = e^x(\cos y + i \sin y)=1$．$e^x>0$ だから，それが e^ω の絶対値である．すなわち $e^x=1$，従って $x=0, \cos y + i \sin y = 1$，すなわち $y=2n\pi$．故に $\omega=2n\pi i$．すなわち e^z の周期は $2\pi i$ の整数倍だけである．すなわち，$2\pi i$ が基本周期である．

(1)において y を $-y$ に変えて

$$e^{-yi} = \cos y - i \sin y.$$

それを(1)と組合わせて

$$\cos y = \frac{e^{yi}+e^{-yi}}{2}, \quad \sin y = \frac{e^{yi}-e^{-yi}}{2i}. \tag{2}$$

以上，y を実数としたけれども，(2)において y を任意の複素数として $\cos, \sin$ を複素変数にまで拡張することができる．その場合 $\cos, \sin$ の加法定理およびそれから派生する無数の恒等式はそのまま通用する．例えば

$$\begin{aligned}\cos(x+y) &= \frac{e^{i(x+y)}+e^{-i(x+y)}}{2} = \frac{e^{ix}e^{iy}+e^{-ix}e^{-iy}}{2} \\ &= \frac{(e^{ix}+e^{-ix})(e^{iy}+e^{-iy})}{4} + \frac{(e^{ix}-e^{-ix})(e^{iy}-e^{-iy})}{4} \\ &= \cos x \cos y - \sin x \sin y.\end{aligned}$$

$\sin(x+y)$ も同様である．

しかし複素変数まで行けば，三角函数は(2)のように単なる略記法としてのみ存在理由を有するのである．

応用数学で使われる双曲線函数は次のような指数函数の組合わせである．

$$\cos\mathrm{hyp}\, x = \frac{e^x+e^{-x}}{2}, \quad \sin\mathrm{hyp}\, x = \frac{e^x-e^{-x}}{2}. \tag{3}$$

函数記号 $\sin\mathrm{hyp}, \cos\mathrm{hyp}$ を $\sinh, \cosh$；または sh, ch；またはドイツ式では $\mathfrak{sin}, \mathfrak{cos}$ などとも略記する．

$$\tan\mathrm{hyp}\, x = \tanh x = \frac{\sinh x}{\cosh x}, \quad \cot\mathrm{hyp}\, x = \coth x = \frac{\cosh x}{\sinh x}$$

なども同様である．これらの函数は虚変数の三角函数として，次のように表わされる．

$$\cosh x = \cos(ix), \quad \sinh x = -i\sin(ix).$$

加法定理もこれから導かれる．すなわち

$$\begin{aligned}\cosh(x+y) &= \cos(ix+iy) = \cos ix \cos iy - \sin ix \sin iy \\ &= \cosh x \cosh y + \sinh x \sinh y.\end{aligned}$$

第二項の前の符号は i^2 のために $+$ になる．同様に

$$\begin{aligned}\sinh(x+y) &= -i\sin(ix+iy) = -i\sin ix \cos iy - i\sin iy \cos ix \\ &= \sinh x \cosh y + \sinh y \cosh x.\end{aligned}$$

次に $\cosh x$ と $\sinh x$ とのグラフを掲げる．$\cosh x$ のグラフは懸垂線(catenary)である．

$\sinh, \cosh$ の逆函数は $\log$ で表わされる．今

$$x = \sinh y = \frac{e^y-e^{-y}}{2}$$

と置けば，e^y に関して解いて

$$e^y = x \pm \sqrt{x^2+1}.$$

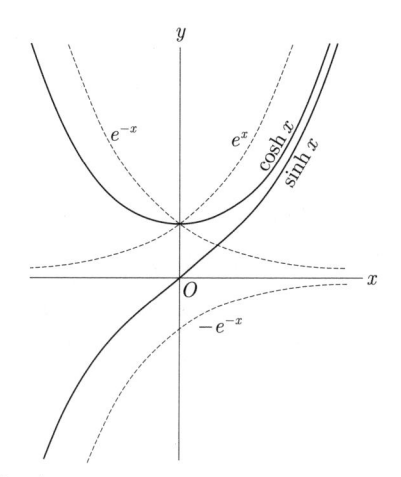

y を実数とすれば，$e^y > 0$ だから，
$$y = \log(x + \sqrt{x^2+1}\,). \tag{4}$$
また
$$x = \cosh y = \frac{e^y + e^{-y}}{2}$$
と置けば
$$e^y = x \pm \sqrt{x^2-1}\,,$$
$(x+\sqrt{x^2-1}\,)(x-\sqrt{x^2-1}\,) = 1$ だから，
$$y = \pm \log(x + \sqrt{x^2-1}\,). \tag{5}$$
(4), (5) が sinh, cosh の逆函数である．

cosh, sinh の逆函数を area cos hyp, area sin hyp, または略して ar cosh, ar sinh などで表わす．変数を x と書けば
$$\operatorname{ar\,sinh} x = \log(x + \sqrt{x^2+1}\,),$$
$$\operatorname{ar\,cosh} x = \pm \log(x + \sqrt{x^2-1}\,).$$

等辺双曲線 $x^2 - y^2 = 1$ の上の点 P の座標を (x, y)，扇形 (sector) OAP の面積を $\sigma/2$ とすれば，

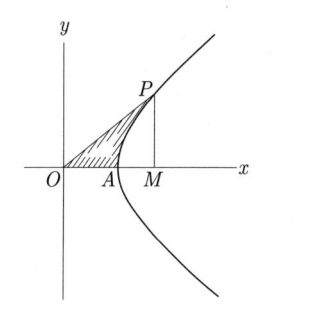

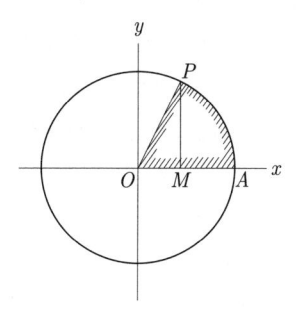

簡単な積分の後，
$$\sigma = \log(x + \sqrt{x^2-1}) = \log(y + \sqrt{y^2+1})$$
を得る．すなわち
$$x = OM = \cosh\sigma, \quad y = PM = \sinh\sigma,$$
$$\sigma = 2 \times 扇形\ OAP = \operatorname{ar sinh} y = \operatorname{ar cosh} x.$$

これによって三角函数と双曲線函数との類似が明瞭である．三角函数の場合には円 $x^2 + y^2 = 1$ において，扇形 OAP の面積が $\dfrac{\theta}{2}$ で，$OM = \cos\theta,\ PM = \sin\theta$．

複素変数に関する指数函数の逆函数として log の定義が複素数にまで拡張される．

今 $z = r(\cos\theta + i\sin\theta),\ |z| = r,\ \arg z = \theta$ とおいて
$$\log z = u + vi$$
は
$$z = e^{u+vi} = r(\cos\theta + i\sin\theta)$$
を意味するものとすれば，
$$e^{u+vi} = e^u(\cos v + i\sin v)$$
から
$$e^u = r, \quad v = \theta + 2n\pi, \qquad (n = 0, \pm 1, \pm 2, \cdots).$$

$r > 0$ だから，実数なる $u = \log r$ は確定であるが，n は任意の整数としてもよいから，v は確定しない．故に
$$\log z = u + vi = \log r + i(\theta + 2n\pi) = \log |z| + i\arg z \tag{6}$$
で，虚数部は一意的には定まらなくて，$2\pi i$ の整数倍だけ異なる無数の値を有する．それは e^z の周期性から考えて当然である．今 $-\pi < \arg z \leqq \pi$ とすれば，$\log z$ の虚数部は $-i\pi$ と $+i\pi$ との間に限られる．引用上の便利のために，それを $\log z$ の主値といい，それをかりに $\operatorname{Log} z$ と書く．特に z が実数ならば，$z > 0$ なるとき $\log z$ の主値は実数，また $z < 0$ なるとき，主値の虚数部は πi である．例えば $\operatorname{Log}(-1) = \pi i$．同じように $\operatorname{Log} i = \dfrac{\pi i}{2}$，$\operatorname{Log}(-i) = -\dfrac{\pi i}{2}$，等々．

(6) からみえるように，$\log z$ の多意性は虚数部における $\arg z$ の多意性に基づく．故に今定点 $z_0\ (z_0 \neq 0)$ において $\log z_0$ の一つの値をきめて，z_0 と z_1 とを 0 を通らない曲線 C で結んで，z がその曲線上を連続的に動くとすれば，$\arg z$ も連続的に変わるから z_1 における $\log z_1$ の値も確定する．例えば次の図で，$\log 1 = 0$（すなわち $\arg 1 = 0$）とするならば，z が曲線 C を通って z_1 に達するときには，$\log z_1$ は主値 ($0 < \arg z_1 < \pi$) になるが，もしも曲線 C' を通るならば $\log z_1 = \operatorname{Log} z_1 - 2\pi i$ になる．

［注意］　一般に $\arg z$ を $\alpha < \arg z \leqq \alpha + 2\pi$ のような区間に限れば $\log z$ は確定する．それを $\log z$ の一つの枝という．等式 $\log z_1 z_2 = \log z_1 + \log z_2$ は三つの log を任意の枝にしては成り立たない．そのとき両辺は $2\pi i$ の整数倍だけ違うことがある．すなわち

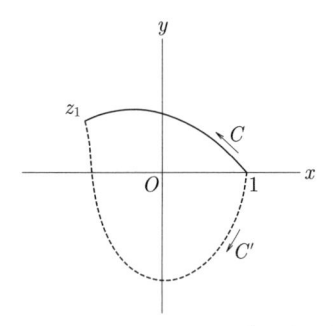

$$\log z_1 z_2 \equiv \log z_1 + \log z_2 \quad (\mathrm{mod.}\, 2\pi i).$$

例えば $z_1 = z_2 = -1$, $z_1 z_2 = +1$ のとき右辺の log を主値とすれば $\mathrm{Log}(-1) = \pi i$ だから $\log 1 = 2\pi i$ を得る．それはまちがいではないが，log は主値でない．

　双曲線函数の場合と同様に，逆三角函数を log で表わすことができる．すなわち
$$x = \sin u = \frac{e^{iu} - e^{-iu}}{2i}, \quad x = \cos u = \frac{e^{iu} + e^{-iu}}{2}, \quad \text{または} \quad x = \tan u = \frac{1}{i}\frac{e^{iu} - e^{-iu}}{e^{iu} + e^{-iu}}$$
を，それぞれ e^{iu} に関して解いて log に移れば
$$\arcsin x = -i \log(ix \pm \sqrt{1-x^2}),$$
$$\arccos x = -i \log(x \pm i\sqrt{1-x^2}),$$
$$\arctan x = \frac{-i}{2} \log \frac{1+ix}{1-ix}.$$
これは一般に通用するが，特に arcsin を主値として
$$x = \sin\theta, \quad -\frac{\pi}{2} \leqq \theta \leqq \frac{\pi}{2}, \quad -1 \leqq x \leqq 1$$
と置けば
$$\cos\theta = \sqrt{1-x^2} \geqq 0,$$
$$\log(\sqrt{1-x^2} + ix) = \log(\cos\theta + i\sin\theta) = i\theta.$$
これは log の主値である．故に
$$\theta = \mathrm{Arc}\sin x = -i\,\mathrm{Log}(ix + \sqrt{1-x^2}).$$
　もしも $\sqrt{1-x^2}$ の負の値を取るならば
$$\cos(\pi - \theta) = -\sqrt{1-x^2}, \quad \sin(\pi - \theta) = x$$
だから
$$\arcsin x = \pi - \mathrm{Arc}\sin x = -i\,\mathrm{Log}(ix - \sqrt{1-x^2}).$$
　もしも log の他の枝を取るならば $\log = \mathrm{Log} + 2n\pi i$ だから，arcsin は $2n\pi$ だけ変わる．すなわち二重符号 $\pm\sqrt{1-x^2}$ は $\sin\theta$ と $\sin(\pi-\theta)$ とに対応する arcsin の二組の枝を与えるのである．

　同様に
$$x = \cos\theta, \quad 0 \leqq \theta \leqq \pi, \quad 1 \geqq x \geqq -1$$

として，その θ を $\arccos x$ の主値とするならば，今度は
$$\sin\theta = \sqrt{1-x^2} \geqq 0$$
だから
$$\log(x+i\sqrt{1-x^2}) = \log(\cos\theta + i\sin\theta) = i\theta.$$
故に
$$\mathrm{Arc}\cos x = -i\,\mathrm{Log}(x+i\sqrt{1-x^2}),$$
$$-\mathrm{Arc}\cos x = -i\,\mathrm{Log}(x-i\sqrt{1-x^2}).$$
log の他の枝からは，それぞれ arccos の他の枝 $2n\pi+\mathrm{Arc}\cos x$ および $2n\pi-\mathrm{Arc}\cos x$ が生ずる.

arctan の場合は少しく様子が違うが，かえって簡明である．今
$$x = \tan\theta, \quad -\frac{\pi}{2} < \theta < \frac{\pi}{2}, \quad -\infty < x < +\infty$$
と置けば
$$1+ix = \frac{\cos\theta + i\sin\theta}{\cos\theta}, \quad 1-ix = \frac{\cos\theta - i\sin\theta}{\cos\theta},$$
$$\frac{1+ix}{1-ix} = \frac{\cos\theta + i\sin\theta}{\cos\theta - i\sin\theta} = \cos 2\theta + i\sin 2\theta.$$
$$\mathrm{Log}\frac{1+ix}{1-ix} = 2\theta i.$$
故に
$$\theta = \mathrm{Arc}\tan x = \frac{-i}{2}\mathrm{Log}\frac{1+ix}{1-ix}.$$

今度は係数 $\dfrac{-i}{2}$ のために log の他の枝からは $\theta + n\pi$ が生ずる．

変数を実数に限っても arcsin, arccos, arctan の多意性が log の多意性の下に統一される．

実変数に関する三角函数，双曲線函数は複素変数に関する指数函数の一断面にほかならないから，それらの逆函数がすべて対数函数に包括されるのである．この認識は大切である．

上記の関係は形式上はすでに十八世紀 (Euler) において知られていたのであるが，その根本的な意味は十九世紀以後，複素変数が徹底的に考察された後に初めて明らかになって，そこから驚嘆すべき単純化が可能になったのである．初等函数といえども，複素変数にまで次元の拡張をしなくては完全に統制されないのである．その間の消息は第 5 章で述べるであろう．

練習問題 (4)

(1) $\sum u_n$ を正項級数とする．$\{a_n\}$ を任意の正数列とするとき，十分大なる n に関して常に
$$a_n \frac{u_n}{u_{n+1}} - a_{n+1} > k \quad (k > 0)$$

ならば，$\sum u_n$ は収束する；また，
$$a_n \frac{u_n}{u_{n+1}} - a_{n+1} \leqq 0$$
で，かつ $\sum_{n=1}^{\infty} \dfrac{1}{a_n}$ が発散すれば，$\sum u_n$ も発散する（Kummer）．

特別の場合として $a_n = 1, a_n = n, a_n = n \log n$ とすれば，既知の判定法を得る．

(2) 次の巾級数の収束半径を求めよ．

[1°] $\quad \sum \dfrac{(n!)^2}{(2n)!} x^n$．

[2°] $\quad \sum a^{n^2} x^n$．

[解] [1°] $r = 4$． [2°] $|a| \gtreqless 1$ によって結果が違う．

(3) $a_0 > a_1 > \cdots > a_n > \cdots \to 0$ ならば
$$\sum_{n=0}^{\infty} a_n \cos nx, \quad \sum_{n=0}^{\infty} a_n \sin nx$$
は収束する．ただし，第一の級数に関して，$x = 2k\pi$ のときは疑問である．

[解] Abel の変形法の応用．

(4) $a_n > 0$ で $a_n \to 0$ とする．もしも $\sum a_n$ が発散すれば
$$\lim_{m \to \infty} \prod_{n=1}^{m} (1 - a_n) = 0.$$

(5) $|q| < 1, \quad Q_1 = \prod_{n=1}^{\infty}(1+q^{2n}), \quad Q_2 = \prod_{n=1}^{\infty}(1+q^{2n-1}), \quad Q_3 = \prod_{n=1}^{\infty}(1-q^{2n-1})$
とすれば
$$Q_1 Q_2 Q_3 = 1.$$

(6) $|q| < 1$ ならば
$$\frac{q}{1-q} + \frac{q^3}{1-q^3} + \frac{q^5}{1-q^5} + \cdots = \frac{q}{1-q^2} + \frac{q^2}{1-q^4} + \cdots.$$

[解] 両辺ともに絶対収束の或る二重級数の和に等しい．

(7) 原始函数が巾級数によって与えられる例．

[1°] $\quad \displaystyle\int \frac{\sin x}{x} dx = x - \frac{x^3}{3 \cdot 3!} + \frac{x^5}{5 \cdot 5!} - \cdots$．

[2°] $\quad \displaystyle\int e^{-x^2} dx = x - \frac{x^3}{3 \cdot 1!} + \frac{x^5}{5 \cdot 2!} - \cdots$．

[3°] $\quad \displaystyle\int \frac{e^x}{x} dx = \log x + \frac{x}{1 \cdot 1!} + \frac{x^2}{2 \cdot 2!} + \cdots$．

(8) 積分記号の下での微分によって
$$\int_{-\infty}^{\infty} \frac{dx}{1+x^2} = \pi$$
から
$$\int_{-\infty}^{\infty} \frac{dx}{(1+x^2)^{n+1}} = \pi \frac{1 \cdot 3 \cdot 5 \cdot \cdots \cdot (2n-1)}{2 \cdot 4 \cdot 6 \cdot \cdots \cdot 2n}$$
が得られる．

[解] 変数 x を $\dfrac{x}{\sqrt{a}}$ に換えて，初めの積分を $\displaystyle\int_0^{\infty} \frac{dx}{a+x^2}$ の形に変換して後，a に関して微分するの

である．最後に $a=1$ とする．変数を $\dfrac{x}{a}$ に換えてもできる．

(9)　　　$\displaystyle\int_0^\infty \left(e^{-\frac{a^2}{x^2}} - e^{-\frac{b^2}{x^2}}\right) dx = (b-a)\sqrt{\pi},$　　　$(a>0,\ b>0)$.

［解］　$2\alpha\displaystyle\int_0^\infty e^{-\alpha^2 x^2} dx = \sqrt{\pi}$ を α に関して $[a,b]$ で積分して，変数 x を $\dfrac{1}{x}$ に換える．

(10)　　$[1^\circ]$　　$\displaystyle\int_0^\infty e^{-\left(x^2 + \frac{a^2}{x^2}\right)} dx = \dfrac{\sqrt{\pi}}{2} e^{-2a},$　　$(a>0)$.

　　　　　　$[2^\circ]$　　$\displaystyle\int_0^\infty e^{-\left(x - \frac{a}{x}\right)^2} dx = \dfrac{\sqrt{\pi}}{2},$　　$(a>0)$.

［解］　$[1^\circ]$は$[2^\circ]$から出る．$[2^\circ]$の積分を $J(a)$ とすれば $\dfrac{dJ}{da} = 0$, 故に J は a に関して定数である．$a=0$ と置いて J を得る．

(11)　　　$\displaystyle\int_0^1 \dfrac{\log x}{1-x} dx = -\sum_{n=1}^\infty \dfrac{1}{n^2} = -\dfrac{\pi^2}{6}$．　　$\displaystyle\int_0^1 \dfrac{\log x}{1+x} dx = -\dfrac{\pi^2}{12}$．

［解］　$\displaystyle\lim_{n\to\infty} \int_0^1 \dfrac{x^n \log x}{1-x} dx = 0$ から上記の展開を得る（級数の値は §64 参照）．第二の積分も同様．

(12)　　$a>0, b>0$ とすれば
$$\int_0^1 \dfrac{x^{a-1}}{1+x^b} dx = \dfrac{1}{a} - \dfrac{1}{a+b} + \dfrac{1}{a+2b} - \cdots.$$

［注意］　a,b が自然数なるとき，左辺を直接に計算すれば，右辺の級数の和が求められる．例えば
$$a=1,\quad b=1 \quad \text{とすれば} \quad 1 - \dfrac{1}{2} + \dfrac{1}{3} - \cdots = \log 2,$$
$$a=1,\quad b=2 \quad \text{とすれば} \quad 1 - \dfrac{1}{3} + \dfrac{1}{5} - \cdots = \dfrac{\pi}{4}.$$

第 5 章　解析函数，とくに初等函数

　変数を複素数にまで拡張することは，19 世紀以後の解析学の特色で，それによって古来専ら取扱われていたいわゆる初等函数の本性が初めて明らかになって，微分積分法に魂が入ったのである．複素数なしでは，初等函数でも統制されない．解析函数とは Weierstrass の命名であるが，それは複素変数の函数が解析学における中心的の位置を占有することを宣言したのであろう．

　解析函数の理論を，かつては函数論とも略称したが，それの一般的の部分が，現代的の初等函数において，欠くべからざる最も重要なる部分であることは現今，数学的常識である．

　今本書の一章として解析函数について述べるのは，いわゆる '函数論' からの任意の切り抜きではなくて，初等函数の統制に必要と認められる一般的原則だけを迅速に通観することを目標とするのである．

　解析学の創業時代に，18 世紀には Euler，19 世紀には Cauchy の権威の下に構成されたいわゆる '代数解析' なるものは，微分積分が常識になってしまった今日においては，原形のままでは存在理由を有しないであろう．現代において，それに代って解析入門の役をするものは，一般的の解析函数論でなければなるまい．

　複素数はもちろん実数を含む．本章では，むしろ複素変数の立場から，実変数を統制することを目標とする．

55.　解析函数

　§8 に述べたのは函数の Dirichlet 式定義である．それをそのまま複素数にまで拡張するならば，或る区域に属する各々の複素数 $z=x+yi$ に，それぞれ確定の複素数 $w=u+vi$ を対応せしめる或る法則が与えられるとき，w を z の函数ということになるであろう．しかし，それだけでは，二つの実変数 x,y の二つの実函数 u,v が組合わせられるに過ぎなくて，特に複素数を用いるには及ばない．複素変数を考察するに当って，我々は，函数の連続性はもちろんであるが，なおそれの微分可能性を要求する．

　微分可能の意味は形式上実数の場合と全く同様である．すなわち $f(z)$ が z において微分可能であるとは
$$\lim_{h\to 0}\frac{f(z+h)-f(z)}{h}=f'(z)$$
が確定であることをいう．換言すれば
$$f(z+h)=f(z)+hf'(z)+o(h) \tag{1}$$
で，$f'(z)$ は z のみに関係して h には関係しない定数，また $o(h)$ は z にも h にも関係するが，$h\to 0$ のとき，h よりも高度に微小なる数である．すなわち $o(h)=\varepsilon h$ と置けば $h\to 0$ のとき

$\varepsilon \to 0$, それはすなわち $|h| \to 0$ のとき $|\varepsilon| \to 0$ を意味する.

上記微分可能の定義は, 形式上実数の場合と同様であるけれども, 複素数の範囲においては, $h \to 0$ というのは, h の絶対値 $|h|$ が限りなく小さくなることであって, 偏角 $\arg h$ は任意である, すなわち h がどの方面から, どのような過程を経て 0 に近づくとしても, それには無関係に

$$\frac{f(z+h) - f(z)}{h}$$

が一定の極限 $f'(z)$ に近づくのである.

複素数平面上の或る<u>領域</u> K の各点において微分可能な函数を K において正則な<u>解析函数</u>という. あるいは略して単に正則ともいう.

形容詞 '解析'(analytic) は, むしろ全局的の意味において用いられる. 局所的には簡便に正則(regular) という. フランス系では<u>整型</u>(holomorphe) ともいう.

この後, 函数が或る点において正則というのは, <u>その点の近傍</u>(その点を含む或る領域)において正則(微分可能)なることを意味する.

微分法に関する定理 15 および合成函数の微分に関して §15 に述べたことは, 複素変数に関しても, もちろん, 通用する. 微分可能なる函数は, もちろん, 連続で, また閉区域において連続は一様である, 等々.

微分可能な函数の最も簡単なものは

$$f(z) = z^n \qquad (n \text{ は自然数})$$

である. 実際, 実変数の場合と同様に

$$h \to 0 \text{ のとき } \frac{(z+h)^n - z^n}{h} = nz^{n-1} + \frac{n(n-1)}{2} hz^{n-2} + \cdots + h^{n-1} \to nz^{n-1},$$

すなわち

$$f'(z) = nz^{n-1}.$$

このように z^n が微分可能だから, 有理函数は微分可能である. ただし, 分母が 0 になる点 z は除いていう(定理 15).

なお重要な場合は, 巾級数

$$P(z) = \sum_{n=0}^{\infty} a_n z^n$$

で表わされる函数で, それは微分可能である. 前章(定理 49, [注意 1]) に述べた証明法は複素数にも通用する. 故に巾級数は収束円内で正則で, かつその逐次の導函数がすべて同一円内で正則である.

上記の意味で, $f(z) = u + vi$ が $z = x + yi$ に関して微分可能であることを, 実数の関係に引き直してみるために, $f'(z) = p + qi$ とし, また $h = \Delta z = \Delta x + i \Delta y$ と置けば, (1) から

55. 解析函数

$$\Delta u + i\Delta v = (p+qi)(\Delta x + i\Delta y) + o(|h|), \quad (|h| = \sqrt{\Delta x^2 + \Delta y^2}).$$

故に実部と虚部とを分けて

$$\Delta u = p\Delta x - q\Delta y + o(|h|),$$
$$\Delta v = q\Delta x + p\Delta y + o(|h|).$$

すなわち,u,v は実変数 x,y の函数として §22 の意味で微分可能で

$$u_x = v_y = p, \quad -u_y = v_x = q,$$

従って

$$f'(z) = u_x + iv_x = -i(u_y + iv_y).$$

すなわち $f(z)$ が正則ならば,その実部 u および虚部 v の間に

$$u_x = v_y, \quad u_y = -v_x \tag{2}$$

なる関係が成り立つ.これは微分可能の必要条件である.(2)を **Cauchy-Riemann** の微分方程式という.

逆に u,v が x,y の実函数として,§22 に述べた意味で微分可能で,かつ(2)が成り立つならば,$h = \Delta x + i\Delta y$ として

$$\Delta u = u_x \Delta x + u_y \Delta y + o(|h|),$$
$$\Delta v = v_x \Delta x + v_y \Delta y + o(|h|),$$

従って(2)を用いて

$$\Delta u + i\Delta v = (u_x + iv_x)(\Delta x + i\Delta y) + o(|h|).$$

故に

$$\frac{\Delta u + i\Delta v}{\Delta x + i\Delta y} \to u_x + iv_x.$$

すなわち $u + vi$ は複素変数 $z = x + yi$ に関して微分可能である.

これは明白である.さて,後にわかるように,$f(z)$ が正則ならば,導函数 $f'(z)$ も正則である.従って何階までも導函数が正則だから u,v は何階までも連続的微分可能である.

今しばらくそれを仮定すれば,(2)から $u_{xx} = v_{yx}, u_{yy} = -v_{xy}$.従って(定理 27)

$$\frac{\partial^2 u}{\partial x^2} + \frac{\partial^2 u}{\partial y^2} = 0, \quad \frac{\partial^2 v}{\partial x^2} + \frac{\partial^2 v}{\partial y^2} = 0.$$

すなわち u,v は **Laplace** の微分方程式 $\dfrac{\partial^2 w}{\partial x^2} + \dfrac{\partial^2 w}{\partial y^2} = 0$ を満足せしめねばならない.故に解析函数 $f(z)$ の実部および虚部 $u(x,y), v(x,y)$ は実変数 x,y の函数としては非常に特別なる函数(いわゆる調和函数)である.

[例 1] $z = x + yi$ と共役な $\bar{z} = x - yi$ は,§8 の意味では z の函数であるけれども,それは解析的でない.この場合,$u = x, v = -y$ で,(2)が成り立たない.

$|z|, \Re(z) = x$ (z の実部), $\Im(z) = y$ (z の虚部) なども z の函数であるが,それらも解析的でない.一般に,或る領域で常に実数値を有する $f(z)$ は(それが定数である場合を除けば)解析的でない.—— $v = 0$ ならば,(2)から $u_x = 0, u_y = 0$ を得る.

[例 2] 或る領域で $f(z)$ が正則で $f'(z)$ が常に 0 ならば,$f(z)$ は定数である.—— $f'(z) = u_x + iv_x$ だから,$u_x = 0, v_x = 0$.故に(2)から $u_y = 0, v_y = 0$.

[例 3] 或る領域で $f(z)$ が正則で,かつ $|f(z)| = c$ が定数ならば,$f(z)$ それ自身が定数である.—— $c = 0$

ならばもちろん $f(z)=0$. よって $c>0$ とする. 然らば領域内で, $u^2+v^2=c^2$. 従って $uu_x+vv_x=0$, $uu_y+vv_y=0$. それから v または u を逐い出せば, (2) から $u(u_x^2+v_x^2)=0$, $v(u_x^2+v_x^2)=0$. すなわち $u|f'(z)|^2=0$, $v|f'(z)|^2=0$. 領域内で $u=v=0$ でないのだから, $f'(z)=0$. 故に $f(z)$ は定数である [例 2].

[附記] $z=x+yi$, $w=f(z)=u+vi$ とすれば, (2) から

$$\frac{D(u,v)}{D(x,y)} = \begin{vmatrix} u_x & v_x \\ u_y & v_y \end{vmatrix} = u_x^2+v_x^2 = |f'(z)|^2.$$

これは $f'(z)=0$ なるときのほかは常に正である. 故に $f'(z) \neq 0$ なる点 z の近傍では, $f(z)$ の逆函数が一意的に可能である (§ 83, § 84 参照). すなわち局所的に z と $w=f(z)$ との間に 1 対 1 対応が成り立つ.

この対応を写像と見れば, $f'(z)=p+qi=\kappa=ke^{i\alpha} \neq 0$ とするとき
$$du = pdx - qdy,$$
$$dv = qdx + pdy.$$

複素数で書けば, 簡明に
$$dw = \kappa dz = dz \times k \times e^{i\alpha}.$$

すなわち微分 (微小部分) に関しては, z 系から w 系に移るには, k 倍に拡大して, 角 α だけ正の向きに回転すればよい. 約言すれば, この写像は極限において相似になる.

微分可能といえば, 一語簡単であるが, 含蓄は多大である. だから有理函数や巾級数やに関しても, その '解析性' を伏せておいては, 真相がわかるものではあるまい !

56. 積　　分

本節では領域 K において $f(z)$ の連続性のみを仮定する. K 内で点 z_0 を点 z に結ぶ曲線 C が与えられているとする*.

C の上で z_0 と z との間に順次に分点 $z_1, z_2, \cdots, z_{n-1}$ を取って i 番目の弧 $z_{i-1}z_i$ (それを C_i と名づける) の上の任意の点を ζ_i として, 例の通り

$$\Sigma_\Delta = \sum_{i=1}^{n} f(\zeta_i)(z_i - z_{i-1}) \tag{1}$$

を考察する. 弧 C_i の長さを σ_i として, σ_i の最大値を σ とするならば, $\sigma \to 0$ のとき Σ_Δ は曲線 C の分割法 Δ および ζ_i のとり方に無関係なる一定の極限を有する. それを曲線 C に関する $f(z)$ の積分

$$I = \int_C f(z) dz \tag{2}$$

という. $z=x+yi$, $f(z)=u(x,y)+iv(x,y)$ とすれば, I は線積分

$$I = \int_C (udx - vdy) + i\int_C (udy + vdx) \tag{3}$$

にほかならない (§ 41).

---

* 本章では一々ことわらないで, C は滑らかな曲線またはそれの有限個の接合とする.

積分 I に関しては実変数に関して述べたのと同様の定理がもちろん成り立つが，それらを一々説明する必要はあるまい．今我々の目的のために重要なのは次の事項である．

(1°) 曲線 C の上で常に $|f(z)| \leqq M$ ならば
$$\left|\int_C f(z)dz\right| \leqq ML,$$
L は C の長さを表わすのである．

［証］ この場合(1)において，$|\Sigma_\Delta| \leqq M \sum_{i=1}^n |z_i - z_{i-1}|$，また $\sum_{i=1}^n |z_i - z_{i-1}| \leqq L$．従って $|\Sigma_\Delta| \leqq ML$．故に極限へ行っても
$$\lim_{\sigma \to 0} \left| \sum f(\zeta_i)(z_i - z_{i-1}) \right| \leqq ML.$$
すなわち
$$|I| \leqq ML.$$

(2°) 上記よりは，いっそう精密に，s を C 上の弧長とすれば，
$$\left|\int_C f(z)dz\right| \leqq \int_C |f(z)|ds.$$

［証］ (1)から
$$\left|\sum_{i=1}^n f(z_i)(z_i - z_{i-1})\right| \leqq \sum_{i=1}^n |f(z_i)||z_i - z_{i-1}|$$
$$\leqq \sum_{i=1}^n |f(z_i)|(s_i - s_{i-1}),$$
$|z_i - z_{i-1}|$ は部分弧 C_i の弦の長さで，$s_i - s_{i-1}$ は C_i の弧長である．さて極限へ行けば上記の関係を得る．

(3°) K において連続なる $f(z)$, $g(z)$ に関して，K において，あるいは単に C の上で，$|f(z) - g(z)| < \varepsilon$ ならば
$$\left|\int_C f(z)dz - \int_C g(z)dz\right| < \varepsilon L.$$

［証］ $\int_C f(z)dz - \int_C g(z)dz = \int_C \{f(z) - g(z)\}dz$．これは明白であろう．然らば $f(z) - g(z)$ に関して，(1°)において $M < \varepsilon$ としてよい．

(4°) C の上で $f_n(z)$ が一様に $f(z)$ に収束すれば
$$\int_C f(z)dz = \lim_{n \to \infty} \int_C f_n(z)dz.$$

［証］ n を十分大きく取れば，C 上で常に $|f(z) - f_n(z)| < \varepsilon$．故に(3°)によって
$$\left|\int_C f(z)dz - \int_C f_n(z)dz\right| < \varepsilon L.$$

［注意］ C 上で $\sum_{n=0}^{\infty} f_n(z)$ が一様に $f(z)$ に収束すれば，項別積分が許される．部分和 $\sum_{\nu=0}^{n} f_\nu(z)$ を ($4°$) の $f_n(z)$ に代用するのである．

　($5°$)　C の上の分点 z_i を順次に結ぶ折線 ($z_0 z_1 z_2 \cdots z_{n-1} z$) を Γ と名づける．然らば分点を十分密に取れば，$\int_\Gamma f(z)dz$ はどれほどでも $\int_C f(z)dz$ に近似する．

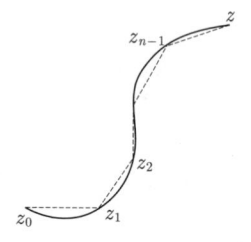

ε-δ 式でいえば，部分弧 C_i の長さの最大値を σ として，$\sigma < \delta$ のとき

$$\left| \int_C f(z)dz - \int_\Gamma f(z)dz \right| < \varepsilon.$$

もちろん，折線 Γ が領域 K の外へ出てはならないが，σ を十分小さく取れば，Γ は K 内に止まるであろう*．

［証］ 連続の一様性(定理 14)を証明の根拠にする．K 内で C（および Γ）を包む閉域を K_0 とするとき，与えられた ε に対応して，十分小さく δ を取って，K_0 において常に，$|z-z'|<\delta$ なるとき $|f(z)-f(z')|<\varepsilon$ ならしめることができる．曲線 C の上に分点を十分密に取って，部分弧の長さをすべて δ よりも小にする．すなわち前記の $\sigma<\delta$．然らば部分弧 C_i に対応する弦を Γ_i とするとき $|z_i-z_{i-1}|$ は Γ_i の長さで，それも，もちろん，δ よりも小である．

さて C_i の上の任意の点 z に関して $|z-z_i|<\delta$．故に C_i の上では $|f(z)-f(z_i)|<\varepsilon$．故に ($3°$) によって

$$\left| \int_{C_i} f(z)dz - \int_{C_i} f(z_i)dz \right| < \varepsilon \sigma_i,$$

σ_i は弧 C_i の長さである．さて積分の定義によって

$$\int_{C_i} f(z_i)dz = f(z_i) \int_{C_i} dz = f(z_i)(z_i - z_{i-1}),$$

従って

$$\left| \int_{C_i} f(z)dz - f(z_i)(z_i - z_{i-1}) \right| < \varepsilon \sigma_i.$$

故に

---

　* 曲線 C とそれを含む領域 K の境界とは，共通点を有しない二つの閉集合だから，その間の距離 $\rho>0$．故に $\sigma<\rho$ とすればよい(§ 12)．

$$\int_C f(z)dz = \sum_{i=1}^{n} \int_{C_i} f(z)dz$$

を用いて,

$$\left|\int_C f(z)dz - \sum_{i=1}^{n} f(z_i)(z_i - z_{i-1})\right| \leqq \sum_{i=1}^{n} \left|\int_{C_i} f(z)dz - f(z_i)(z_i - z_{i-1})\right|$$

$$< \varepsilon \sum_{i=1}^{n} \sigma_i = \varepsilon L, \tag{4}$$

L は C の長さである.

C の代りに折線 Γ を取っても同様に

$$\left|\int_\Gamma f(z)dz - \sum_{i=1}^{n} f(z_i)(z_i - z_{i-1})\right| < \varepsilon L', \tag{5}$$

L' は Γ の長さである. 従って $L' \leqq L$.

(4)と(5)とから

$$\left|\int_C - \int_\Gamma\right| < 2\varepsilon L.$$

L は定数, ε は任意だから証終る.

(6°) z_0 と z とを結ぶ曲線 C に関する積分 $\int_C f(z)dz$ が確定の値を有するといっても, その値は曲線 C の取りようによって変動するであろう. もしも $\int_C f(z)dz$ が z_0 と z とのみに関係して, K 内でそれらを結ぶ曲線 C には無関係なる一定の値を有するならば, $\int_C f(z)dz$ を $\int_{z_0}^{z} f(z)dz$ と記してさしつかえない. その場合, z_0 を固定すれば $\int_{z_0}^{z} f(z)dz$ は z の函数である. それを

$$F(z) = \int_{z_0}^{z} f(z)dz$$

と置けば, $F(z)$ は微分可能で,

$$F'(z) = f(z).$$

もちろん $f(z)$ は連続と仮定している.

［証］ $F(z_1+h) = \int_{z_0}^{z_1+h} f(z)dz$ において積分路は z_1 を通るとしてよいから,

$$F(z_1 + h) - F(z_1) = \int_{z_1}^{z_1+h} f(z)dz.$$

今 $|h| < \delta$ なるとき, $|f(z_1+h) - f(z_1)| < \varepsilon$ とすれば

$$\left|\int_{z_1}^{z_1+h} \{f(z) - f(z_1)\}dz\right| < \varepsilon|h|. \tag{6}$$

これは $\int_{z_1}^{z_1+h}$ が z_1 と z_1+h とを結ぶ路に無関係, 従って積分路を z_1 と z_1+h とを結ぶ線分と

してもよいからである．もちろん $|h|$ を十分小さく取って，その線分が考察中の領域 K の内部にあるとしていうのである．さて

$$\int_{z_1}^{z_1+h}\{f(z)-f(z_1)\}dz = \int_{z_1}^{z_1+h}f(z)dz - f(z_1)\int_{z_1}^{z_1+h}dz$$
$$= \int_{z_1}^{z_1+h}f(z)dz - hf(z_1) \tag{7}$$

だから，(6) と (7) とから

$$\left|\int_{z_1}^{z_1+h}f(z)dz - hf(z_1)\right| < \varepsilon|h|,$$

すなわち

$$|F(z_1+h) - F(z_1) - hf(z_1)| < \varepsilon|h|.$$

故に

$$\left|\frac{F(z_1+h) - F(z_1)}{h} - f(z_1)\right| < \varepsilon.$$

ε は任意だから

$$\lim_{h\to 0}\frac{F(z_1+h) - F(z_1)}{h} = f(z_1),$$

すなわち

$$F'(z_1) = f(z_1).$$

［例］ $f(z) = a + bz$ を z の一次式とする．然らば $\int_{z_0}^{z}f(z)dz$ は z_0, z を結ぶ路 C に無関係な確定の値を有する．

$$\int_C (a+bz)dz = a\int_C dz + b\int_C zdz$$

だから，$\int dz$ および $\int zdz$ に関して証明をすればよい．さて

$$\int_C dz = \lim\sum(z_i - z_{i-1}) = z - z_0.$$

また各小弧の両端における z の値を取って

$$\int_C zdz = \lim\sum z_{i-1}(z_i - z_{i-1}) = \lim\sum z_i(z_i - z_{i-1})$$
$$= \frac{1}{2}\lim\sum(z_i + z_{i-1})(z_i - z_{i-1}) = \frac{1}{2}\lim\sum(z_i^2 + z_{i-1}^2)$$
$$= \frac{1}{2}(z^2 - z_0^2).$$

故に $\int_C dz$ も $\int_C zdz$ も積分路 C には無関係である．

これらの場合，$f(z) = 1, F(z) = z - z_0$，または $f(z) = z, F(z) = \frac{1}{2}(z^2 - z_0^2)$ で，どちらも $F'(z) = f(z)$．

［注意］ z_0 から z に行く曲線 C_1, C_2 があるとき，z_0 から C_1 に沿って z に行き，z から C_2 に沿って反対に z_0 に返ることができる．これを一つの通路 C とするならば，$\int_{C_1} - \int_{C_2} = \int_C$. 故に $\int_{C_1} = \int_{C_2}$ は $\int_C = 0$ に同じである．ただし $\int_C$ においては z_0, z に起点，終点というような特別の意味はない．

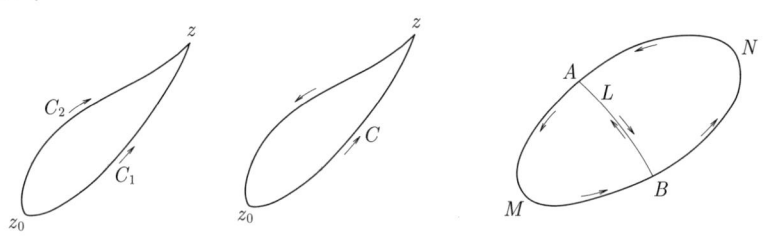

C が一つの閉曲線であるとき，その上に点 A, B を取れば C は AMB, BNA の二つの部分に分たれる．今 A, B を曲線 L で結べば

$$\int_C = \int_{AMB} + \int_{BNA} = \int_{AMB} + \int_{BLA} + \int_{ALB} + \int_{BNA} = \int_{AMBLA} + \int_{ALBNA}.$$

このようにして $\int_C$ を二つの閉曲線に関する積分の和に分けることができる．この後しばしばこの方法を適用する．

57. Cauchy の積分定理

Cauchy の積分定理は解析学において最も重要な定理の一つである．最も簡単な場合として，まずそれを次の形にいい表わそう．

定理 51. 解析函数 $f(z)$ は領域 K において正則で，単純な閉曲線 C も，その内部も，すべて K に属するとする*．然らば

$$\int_C f(z) dz = 0. \tag{1}$$

［証］ 証明をする前に，まず問題を単純化する．

前節 (5°) によれば，C の代りに，それに内接する閉折線 Γ に関して証明すれば十分である：$\left| \int_C - \int_\Gamma \right|$ はどれほどでも小ならしめることができるから $\int_\Gamma = 0$ ならば $\int_C = 0$ でなければならない．

ただし Γ は領域 K 内になければならないが，接点を十分密に取れば，その条件は満たされる．また閉折線 Γ には重複点が生ずることもあろうが，折線ならば，重複点の数は有限だから，$\int_\Gamma$ は単純な閉折線に関する有限個の積分の和に分解される．故に C を (単純なる) 多角形の周として証明すればよい．

---

* 単純とは重複点を有しないことをいう．すなわち C は Jordan の閉曲線 (§ 12) である．ただし 218 頁脚註参照．本節では一々ことわらないで単に閉曲線と略称することもある．閉曲線 C と同時に C に包まれる区域が考察される．今 C の内部の領域を (C) と書き，それに C 上の点をつけ加えた閉域を $[C]$ と書くならば，定理の仮定は $[C] \subset K$ である．

多角形は三角形に分割されるから，前頁[注意]によって，C が三角形の周であるとして証明をすれば十分である．

よって C を三角形 Δ として $\int_\Delta f(z)dz = 0$ を証明する．ただし，Δ の内部および Δ の周上の各点において $f(z)$ は正則．

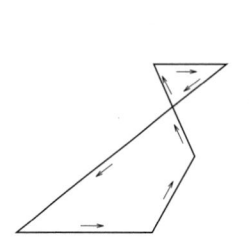

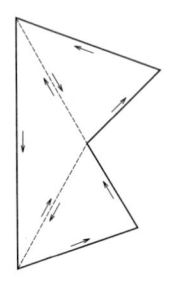

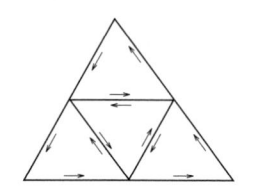

今 $\left|\int_\Delta f(z)dz\right| = M$ と置いて，$M = 0$ を証明する．それには若干技巧を要するが，今 Pringsheim の考案を紹介する：区域縮小法を巧みに活用するのである．

Δ の各辺の中点を結んで，それを四つの合同なる三角形 $\Delta_1, \Delta_1', \Delta_1'', \Delta_1'''$ に分ける．然らば $\int_\Delta = \int_{\Delta_1} + \int_{\Delta_1'} + \int_{\Delta_1''} + \int_{\Delta_1'''}$. 右辺の四つの積分のうちで絶対値の最大なるもの(の一つ)を $\int_{\Delta_1}$ とすれば

$$M = \left|\int_\Delta\right| \leqq 4\left|\int_{\Delta_1}\right|, \quad \text{すなわち} \quad \left|\int_{\Delta_1}\right| \geqq \frac{M}{4}.$$

同じように Δ_1 を四等分して $\left|\int_{\Delta_2}\right| \geqq \dfrac{M}{4^2}$ なる三角形 Δ_2 を得る．このような操作を限りなく継続すれば

$$\left|\int_{\Delta_n}\right| \geqq \frac{M}{4^n}$$

なる三角形 Δ_n を得るが，$\Delta \supset \Delta_1 \supset \Delta_2 \supset \cdots$ だから，Δ_n は一点 z_0 に収束する(定理10)．z_0 は三角形 Δ に属し，従って K の内点である．

さて，仮定によって z_0 において $f(z)$ は微分可能であるから，
$$f(z) = f(z_0) + f'(z_0)(z - z_0) + o(z - z_0),$$
すなわち任意の $\varepsilon > 0$ に対して
$$|z - z_0| < \delta \quad \text{なるとき} \quad |f(z) - \{f(z_0) + f'(z_0)(z - z_0)\}| < \varepsilon|z - z_0|$$
であるように δ が取られる．然るに n を十分大きく取れば Δ_n は全く $|z - z_0| < \delta$ なる円の中に入る．故に($\S 56, (2°)$)
$$\left|\int_{\Delta_n}[f(z) - \{f(z_0) + f'(z_0)(z - z_0)\}]dz\right| < \varepsilon\int_{\Delta_n}|z - z_0|ds.$$

左辺の積分記号の下で括弧 $\{\ \}$ の中は z の一次式だから，それに関する $\int_{\Delta_n}$ は 0 である(222

頁,[例]).また右辺では,z は Δ_n の周上にあって,z_0 は Δ_n の内部または周上にあるから,$|z-z_0|<L_n$.ただし L_n は Δ_n の周の長さである.すなわち $L/2^n$ に等しい.故に右辺は

$$\varepsilon\int_{\Delta_n}|z-z_0|ds < \varepsilon L_n\int_{\Delta_n}ds = \varepsilon L_n^2 = \varepsilon\frac{L^2}{4^n}.$$

故に

$$\left|\int_{\Delta_n}f(z)dz\right| < \varepsilon\frac{L^2}{4^n}.$$

然るに,上記のように,

$$\left|\int_{\Delta_n}f(z)dz\right| \geqq \frac{M}{4^n}.$$

故に

$$M < \varepsilon L^2.$$

ε は任意であったから $M=0$.　　　　　　　　　　　　　　　　　　(証終)

　上記の証明では,点 z_0 において $f(z)$ が正則であることが絶対に必要であった.故に定理の仮定において,C の内部が $f(z)$ の正則なる領域 K に属することを特記したのである.もしも C の内部の一点においてでも $f(z)$ が正則でないならば,証明は拘束力を失うから,定理は必ずしも成立しない.

　[例]　$f(z)=\dfrac{1}{(z-a)^n}$,a は定数,n は自然数とする.$z=a$ 以外では $f(z)$ は正則である.今 C を a を中心とする半径 r の円周とすれば,C の上では(すなわち z が C 上にあるとき)

$$z-a = r(\cos\theta + i\sin\theta), \quad dz = r(-\sin\theta + i\cos\theta)d\theta,$$

従って

$$\frac{dz}{z-a} = id\theta.$$

(1°)　$n=1$ ならば

$$\int_C \frac{dz}{z-a} = i\int_0^{2\pi}d\theta = 2\pi i.$$

それは 0 でない.C の内部の点 $z=a$ において $f(z)=\dfrac{1}{z-a}$ が正則でないからである.

(2°)　$n>1$ ならば

$$\int_C \frac{dz}{(z-a)^n} = \int_C \frac{1}{(z-a)^{n-1}}\frac{dz}{z-a} = i\int_0^{2\pi}\frac{d\theta}{r^{n-1}(\cos(n-1)\theta + i\sin(n-1)\theta)}$$

$$= \frac{i}{r^{n-1}}\int_0^{2\pi}(\cos(n-1)\theta - i\sin(n-1)\theta)d\theta = 0.$$

$f(z)=\dfrac{1}{(z-a)^n}$ が $z=a$ において正則でないにもかかわらず,(偶然にも)$\int_C = 0$ である.それは定理に抵触するのではない.

閉曲線の内部に $f(z)$ の正則でない点(特異点)がある場合にも，Cauchy の定理を拡張することができる．

閉曲線 C の内部に閉曲線 C' があって，C と C' との間に挟まれる環状の閉域 K_0 (境界線 C, C' をも入れていう)において，$f(z)$ が正則ならば，
$$\int_C f(z)dz = \int_{C'} f(z)dz. \tag{2}$$
ただし，積分路 C, C' は同意の向き(例えば共に正の向き)を取るのである．

[証] K_0 内で C と C' とを二つの互に交わらない曲線 L_1, L_2 で結べば，K_0 が二つの区域 K_1, K_2 に分たれるであろう．

K_1, K_2 に関しては定理 51 が適用されるから，K_1, K_2 の周を正の向きに取った積分は 0 に等しい，すなわち図において

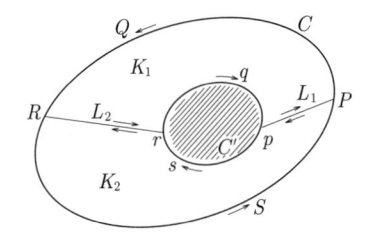

$$(K_1) \qquad \int_{PQR} + \int_{Rr} + \int_{rqp} + \int_{pP} = 0,$$

$$(K_2) \qquad \int_{RSP} + \int_{Pp} + \int_{psr} + \int_{rR} = 0.$$

加えて

$$\left(\int_{PQR} + \int_{RSP}\right) + \left(\int_{psr} + \int_{rqp}\right) + \left(\int_{Rr} + \int_{rR}\right) + \left(\int_{Pp} + \int_{pP}\right) = 0.$$

第一の括弧内は $\int_C$，第二の括弧内は $-\int_{C'}$，第三，第四の括弧内は 0 に等しいから，結局
$$\int_C f(z)dz = \int_{C'} f(z)dz.$$

同じように考えて，次の定理を得る．

定理 52. 閉曲線 C の内部に，互に交わらない閉曲線 $C_1, C_2, \cdots, C_n$ があって，それらに挟まれた閉域(C の内部で，C_i の外部にある部分，および C, C_i)が $f(z)$ の正則なる領域に属するならば，
$$\int_C f(z)dz = \int_{C_1} f(z)dz + \int_{C_2} f(z)dz + \cdots + \int_{C_n} f(z)dz,$$
ただし積分はすべて正の向きに取るのである．

Cauchy の定理から，正則な函数に関して不定積分の定理を得る．今一つの閉曲線の内部の

57. Cauchy の積分定理

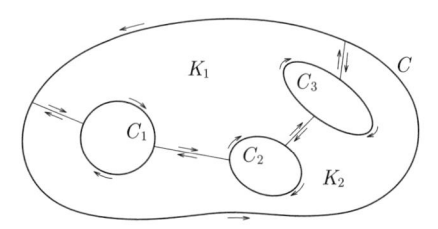

領域 K において $f(z)$ は正則とする．然らば Cauchy の定理によって K 内において $\int_a^z f(z)dz$ は積分路に無関係である ($\S\,56$ 参照)．故に $F(z) = \int_a^z f(z)dz$ と置けば，$F'(z)=f(z)$，従って $F(z)$ は K において正則であるが，もしも逆に $\Phi'(z) = f(z)$ ならば，$\dfrac{d}{dz}(F(z) - \Phi(z)) = 0$．従って $F(z) - \Phi(z) = C$ は定数である ($\S\,55$, [例 2])．

すなわち $\Phi'(z) = f(z)$ ならば，$\int_a^z f(z)dz = \Phi(z) + C$．そこで $z = a$ とすれば，$\Phi(a) = -C$．従って，上記仮定のもとでは，$f(z)$ の原始函数 $\Phi(z)$ は確かに存在して
$$\int_a^z f(z)dz = \Phi(z) - \Phi(a). \tag{3}$$

すなわち領域 K において微分積分法の基本公式(3)が成り立つのであるが，ここでは領域 K に条件がつく．上文では K は一つの閉曲線の内部としたが，一般に K が単連結 (simply connected, einfach zusammenhängend) であればよい．領域 K はもちろん連結されているが ($\S\,12$)，それが単連結であるとは，K 内に引かれるすべての閉曲線 C の内部の各点が K に属することをいう．例えば，(1) 円の内部，(2) 矩形の内部，または一般に一つの閉曲線の内部などは単連結である．これらは有界なる領域であるが，有界でなくても，例えば，(3) 半平面，あるいは一つの角の内部，(4) 一つの半直線で截られた平面，(5) 平行帯 (二つの平行線の中間) なども単連結である．単連結でない領域を複連結 (multiply connected, mehrfach zusammenhängend) の領域という．例えば，(6) 一つの円の内部から一つ以上の互に交わらない円を除いた環状の領域は複連結である．円の代りに閉曲線を取っても同様である．(7) 円の内部からただ一つの点を除いても複連結になる．また，(8) 円の外部は複連結である．これは全平面から一つの円を除いたのであるが，(9) 全平面からただ一つの点を除いても，すでに複連結になる．

この後，複連結の領域を横截線 (cross cut, Querschnitt, coupure) で截って，それを単連結の領域に化することがある．例えば(6)では各内円の周上の一点を外円の周上の一点を結ぶ互に交わらない線分を引いて，それらの線分を境界に編入すれば，単連結の領域が生ずる．(7)では円内の除外点から円周上の一点へ横截線を引けばよい．(8)では円周上の一点から円外へ一つの半直線を引く，(9)では除外点から一つの半直線を引く，等々．

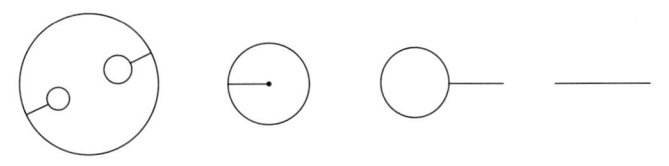

連結の理論を展開することは我々の目的でないが，陳述の便宜上単連結なる名称を説明したのである．

さて公式(3)であるが，K が複連結ならば，K 内の閉曲線で，その内部に K の外点，または K の境界

点を含むものに関しては積分定理 $\int_C f(z)dz = 0$ は必ずしも成立しないから，それから導かれた公式(3)も，成立が保証されない．

ただし z を K の一点とすれば，z は内点だから，z の近傍，例えば z を中心とする或る円 K_0 の内部は K に属し，K_0 は単連結だから，K_0 においては(3)は成り立つ．すなわち局所的には(3)は成り立つが，ただ K の全局にわたって一つの原始函数 $\Phi(z)$ の存在が保証されないのである．それは複連結に起因する制限であるから，単連結の場合においては不安はない．

要約すれば：単連結の領域 K において $f(z)$ が正則ならば，K 内の閉曲線 C に関して積分定理 $\int_C f(z)dz = 0$ が成り立ち，従って K の全局において原始函数 $F(z)$ が存在する．そのとき，K において $F'(z) = f(z)$ で，$F(z)$ は微分可能だから，$F(z)$ は K において正則である．

58. Cauchy の積分公式　解析函数の Taylor 展開

Cauchy の定理から解析函数の著しい性質が容易に導かれる．

定理 53. 閉曲線 C の内部および周上で $f(z)$ が正則で，a が C の内部の任意の点ならば

$$f(a) = \frac{1}{2\pi i}\int_C \frac{f(z)}{z-a}dz. \tag{1}$$

これを **Cauchy の積分公式** という．

［証］ 被積分函数 $f(z)/(z-a)$ は C の内部の点 a において不連続であるが，a を中心として半径 ρ の円周 Γ を C の内部に画くならば(定理 52)，

$$I = \int_C \frac{f(z)}{z-a}dz = \int_\Gamma \frac{f(z)}{z-a}dz.$$

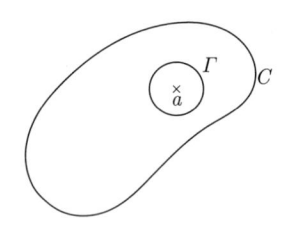

故に右辺の積分 $\int_\Gamma$ は ρ に関係のない一定の値（すなわち I）を有する．今 ρ を十分小さく取って Γ の上で

$$|f(z) - f(a)| < \varepsilon$$

とする．さて

$$I = \int_\Gamma \frac{f(z)}{z-a}dz = f(a)\int_\Gamma \frac{dz}{z-a} + \int_\Gamma \frac{f(z)-f(a)}{z-a}dz,$$

右辺の第一の積分は $2\pi i f(a)$ に等しい（§57，［例］）．第二の積分に関しては

$$\left|\int_\Gamma \frac{f(z)-f(a)}{z-a}dz\right| < \frac{\varepsilon}{\rho}\int_\Gamma ds = \frac{\varepsilon}{\rho}2\pi\rho = 2\pi\varepsilon,$$

すなわち
$$|I - 2\pi i f(a)| < 2\pi\varepsilon,$$
ε は任意だから
$$I = 2\pi i f(a).$$
（証終）

定理 54. 解析函数は，それが正則なる領域内の任意の点において Taylor 級数に展開される．

[証] $f(z)$ は領域 K において正則とする．a を K 内の任意の点，a を中心として a に最も近い K の境界点を通る円を K_0，その半径を r_0 とし，K_0 内の任意の点を ζ, $|\zeta - a| = \rho$, $\rho < r < r_0$ なる半径 r をもって a を中心として画いた円を c とする．

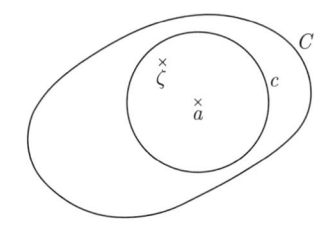

さて z が c の上にあるとき，
$$\frac{1}{z-\zeta} = \frac{1}{(z-a)-(\zeta-a)} = \frac{1}{z-a} \cdot \frac{1}{1-\dfrac{\zeta-a}{z-a}}$$
$$= \frac{1}{z-a} + \frac{\zeta-a}{(z-a)^2} + \frac{(\zeta-a)^2}{(z-a)^3} + \cdots$$

において $\left|\dfrac{\zeta-a}{z-a}\right| = \dfrac{\rho}{r} < 1$ だから，この幾何級数は収束するが，
$$\frac{f(z)}{z-\zeta} = \frac{f(z)}{z-a} + \frac{(\zeta-a)f(z)}{(z-a)^2} + \frac{(\zeta-a)^2 f(z)}{(z-a)^3} + \cdots$$

は c の上の z に関して一様に収束する．——実際 c の上で $|f(z)| < M$ とすれば
$$\left|\sum_{\nu=n}^{\infty} \frac{(\zeta-a)^\nu f(z)}{(z-a)^{\nu+1}}\right| \leq \frac{M}{r} \sum_{\nu=n}^{\infty} \left(\frac{\rho}{r}\right)^\nu = \frac{M}{r-\rho}\left(\frac{\rho}{r}\right)^n.$$

故に項別積分(§ 56, (4°))をして $2\pi i$ で割れば
$$\frac{1}{2\pi i} \int_c \frac{f(z)}{z-\zeta} dz = \sum_{n=0}^{\infty} \frac{(\zeta-a)^n}{2\pi i} \int_c \frac{f(z) dz}{(z-a)^{n+1}}.$$

左辺は $f(\zeta)$ に等しい（定理 53）から
$$f(\zeta) = \sum_{n=0}^{\infty} A_n (\zeta-a)^n, \tag{2}$$

ただし

$$A_n = \frac{1}{2\pi i} \int_c \frac{f(z)dz}{(z-a)^{n+1}}. \tag{3}$$

(2)において a は K 内の任意の点で，ζ は a を中心とする円 c 内の任意の点であった．今 a を固定して ζ を変数とみれば，(2)はすなわち $f(\zeta)$ の a における Taylor 展開である(定理49)．

このように，$f(z)$ は a の近傍で巾級数に展開されるから，何階までも微分可能で，導函数 $f^{(n)}(z)$ は a において正則であるが，a は領域 K の任意の点であったから次の定理が成り立つ．

定理 55． 領域 K において $f(z)$ が正則ならば，K において各階の導函数 $f^{(n)}(z)$ が存在して，それらは K において正則である．

換言すれば，領域 K において §55 の意味で $f(z)$ が一回微分可能ならば，各階の微分が可能である[Goursat, 1900]．

第2章で述べたような実函数では，このように簡明な事態は思いも及ばぬことである．

さて(2)を n 回微分して $\zeta=a$ と置けば

$$f^{(n)}(a) = n! A_n,$$

故に(3)によって

$$f^{(n)}(a) = \frac{n!}{2\pi i} \int_c \frac{f(z)dz}{(z-a)^{n+1}}.$$

ここで c は a を中心とする任意に小なる半径の円周であったが，一般に K 内に引かれた a を包む閉曲線を C とすれば*(定理52)

$$\int_c \frac{f(z)dz}{(z-a)^{n+1}} = \int_C \frac{f(z)dz}{(z-a)^{n+1}},$$

従って

$$f^{(n)}(a) = \frac{n!}{2\pi i} \int_C \frac{f(z)dz}{(z-a)^{n+1}}. \tag{4}$$

これは導函数 $f^{(n)}(z)$ への Cauchy の積分公式の拡張である．

定理 56． ［Moreraの定理］領域 K において $f(z)$ は連続で，$\int_{z_0}^{z} f(z)dz$ が積分路に関係しない値を有するならば，$f(z)$ は K において正則なる解析函数である．

［証］この仮定の下において，$F(z) = \int_{z_0}^{z} f(z)dz$ と置けば，$F'(z) = f(z)$ なることはすでにいった(§56, (6°))．すなわち $F(z)$ は K において正則であるが，定理55によって $F'(z)$ すなわち $f(z)$ も K において正則である．　　　　　　　　　　　　　　　　　　(証終)

§47に述べた一様収束に関する定理は，解析函数の場合には，はなはだ簡明である．

定理 57． 領域 K において正則なる函数列 $f_n(z)$ が K において一様に収束するとき，その極限を $f(z)$ とすれば，

---

* もちろん C の内部はすべて K に属するとするのである．$[C] \subset K$．

(A) $f(z)$ は K において正則である.

(B) K における任意の曲線 C に関して
$$\int_C f(z)dz = \lim_{n\to\infty} \int_C f_n(z)dz.$$

(C)
$$f'(z) = \lim_{n\to\infty} f'_n(z).$$

［証］ **(B)** は §56(4°)ですでに述べた.

今 K_0 を K 内の任意の単連結の領域とし,C を K_0 内の任意の閉曲線とする.然らば Cauchy によって $\int_C f_n(z)dz = 0$.従って極限へ行っても,$\int_C f(z)dz = 0$.故に Morera によって $f(z)$ は K_0 において正則である.K_0 は任意であったから **(A)** が証明されたのである.

(C) が無条件で成り立つことが最も著しい.K 内において a を任意の点とし,C を a を含む閉曲線,例えば a を中心とする円周とする.然らば $f_n(z)/(z-a)^2$ は C 上において一様に収束する.故に
$$\int_C \frac{f(z)}{(z-a)^2}dz = \lim_{n\to\infty} \int_C \frac{f_n(z)}{(z-a)^2}dz.$$
故に (4) によって
$$f'(a) = \lim_{n\to\infty} f'_n(a).$$
a は K 内の任意の点だから **(C)** が成り立つ. (証終)

$(z-a)^2$ の代りに $(z-a)^k$ を取っても同様だから,逐次の導函数に関しても **(C)** が成り立つ.特に $k=1$ とすれば **(A)** を得る.

［注意］ n の代りに連続的補助変数 t を取っても同様である.すなわち $f(z,t)$ が $z \in K$ なるとき正則で,$t \to t_0$ のとき一様に $f(z)$ に収束すれば,$f(z)$ は K において正則で **(B)**,**(C)** は $n \to \infty$ の代りに $t \to t_0$ としても成り立つ.

実変数の場合にも,(実用上,ほとんど常に,そうであるように)解析函数の実数値に関しては,鈍重な定理 40 **(C)** の代りに定理 57 **(C)** を用いるがよい.偉大なる簡約!

定理 58. ［Weierstrass の二重級数定理］ $|z-z_0| < r$ なるとき
$$f_n(z) = \sum_{k=0}^{\infty} a_k^{(n)}(z-z_0)^k \qquad (n=0,1,2,\cdots)$$
は正則で,また
$$F(z) = \sum_{n=0}^{\infty} f_n(z)$$
は $|z-z_0| \leqq \rho$ (ρ は $\rho < r$ なる任意の正数)なるとき,一様に収束するとする.然らば
$$a_k^{(0)} + a_k^{(1)} + \cdots + a_k^{(n)} + \cdots = \sum_{n=0}^{\infty} a_k^{(n)} = A_k$$

は収束して，$|z-z_0|<r$ なるとき

$$F(z) = \sum_{k=0}^{\infty} A_k(z-z_0)^k.$$

要約すれば，巾級数 $f_n(z)$ を項別に加えてさしつかえないのであるが，それには $\sum f_n(z)$ の一様収束を(十分)条件とする．

［証］ 定理57(**A**)によって $F(z)$ は $|z-z_0|<r$ において正則で，また(**C**)によって $F(z) = \sum f_n(z)$ を項別に微分してよい．故に

$$F^{(k)}(z_0) = \sum_{n=0}^{\infty} f_n^{(k)}(z_0) = k! \sum_{n=0}^{\infty} a_k^{(n)} = k! A_k.$$

(証終)

実変数の函数においては，微分がとかくめんどうで，積分は一般に簡単であった．これは標語的だけれども，我々がしばしば経験したところである．例えば連続性は導函数に遺伝しない(§18)が，積分函数は自然に連続性を獲得する(§32)．それが一般的実函数の世界である．解析函数の世界では，正則性は微分しても積分しても動揺しない．そこに解析函数の実用性がある．18世紀には，その根拠を認識しないで，解析函数を実数の断面において考察していたのであった．

我々は微分可能性によって解析函数を定義した．微分可能性は，約言すれば，z が z_0 に近づく経路に関係なく $\dfrac{f(z)-f(z_0)}{z-z_0}$ の極限が一定であることを意味する．今同様に z_0 と z とを結ぶ通路に関係なく，$\int_{z_0}^{z} f(z)dz$ が一定であることを(この場限り)かりに積分可能ということにしてみよう．然らばCauchy の定理(定理51)は，複素変数の函数 $f(z)$ が微分可能ならば，積分可能であることを示し，またMoreraの定理(定理56)は，$f(z)$ が積分可能ならば，微分可能なることを示すものである．この意味において，複素数の世界では，微分可能も積分可能も同意語である．驚嘆すべき朗らかさ！ Cauchy およびそれに先立って Gauss が虚数積分に触れてから約百年を経て，我々はこの玲瓏なる境地に達しえたのである．

59．解析函数の孤立特異点

点 a の近傍で，a だけは別として，$f(z)$ は正則とする．その領域内に，a を中心とする同心円 C_1, C_2 を画けば，$f(z)$ は C_1, C_2 の間に挟まれる円環および C_1, C_2 の周上の各点で正則である．今この円環内に点 ζ を取って

$$\frac{f(z)}{z-\zeta}$$

を考察する．然らば定理52によって

$$\int_{\Gamma} \frac{f(z)}{z-\zeta} dz = \int_{C_1} \frac{f(z)}{z-\zeta} dz - \int_{C_2} \frac{f(z)}{z-\zeta} dz. \tag{1}$$

ただし Γ は ζ を中心とする円環内の円で，積分は三つともに各円周上を正の向きに取るのである．

59. 解析函数の孤立特異点

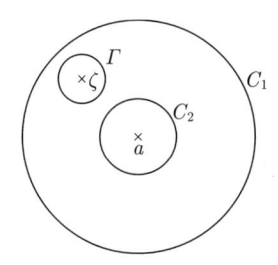

さて左辺の積分に関しては（定理 53）
$$\frac{1}{2\pi i}\int_\Gamma \frac{f(z)}{z-\zeta}dz = f(\zeta).$$

また右辺で C_1 に関する積分は $\zeta-a$ の巾級数に展開される（229 頁参照）．すなわち
$$\frac{1}{2\pi i}\int_{C_1}\frac{f(z)}{z-\zeta}dz = \sum_{n=0}^\infty a_n(\zeta-a)^n,$$
$$a_n = \frac{1}{2\pi i}\int_{C_1}\frac{f(z)}{(z-a)^{n+1}}dz \tag{2}$$

で，これは ζ が円 C_1 の内部にあるときには確かに収束する．

右辺の C_2 に関する積分では，ζ が C_2 の外部にあるから，少し違う．この場合 C_2 の上の z に関しては
$$\left|\frac{z-a}{\zeta-a}\right|<1$$

で，幾何級数
$$\frac{1}{z-\zeta} = \frac{1}{(z-a)-(\zeta-a)} = \frac{-1}{\zeta-a}\left(1+\frac{z-a}{\zeta-a}+\left(\frac{z-a}{\zeta-a}\right)^2+\cdots\right)$$

は C_2 の上で z に関して一様に収束するから，（229 頁と同様に）
$$-\int_{C_2}\frac{f(z)}{z-\zeta}dz = \frac{1}{\zeta-a}\int_{C_2}f(z)dz + \frac{1}{(\zeta-a)^2}\int_{C_2}f(z)(z-a)dz$$
$$+\frac{1}{(\zeta-a)^3}\int_{C_2}f(z)(z-a)^2 dz+\cdots,$$

すなわち
$$-\frac{1}{2\pi i}\int_{C_2}\frac{f(z)}{z-\zeta}dz = \sum_{n=1}^\infty a_{-n}(\zeta-a)^{-n},$$

ただし
$$a_{-n} = \frac{1}{2\pi i}\int_{C_2}f(z)(z-a)^{n-1}dz \tag{3}$$

で，この $\dfrac{1}{\zeta-a}$ の巾級数は ζ が C_2 の外にあるとき，確かに収束する．

よって (1) から，円環内の ζ に関して

$$f(\zeta) = \sum_{n=-\infty}^{\infty} a_n (\zeta-a)^n. \tag{4}$$

ここで係数 a_n は n の正負に従って(2)または(3)で与えられる．しかし C_1 の内部にあって，全く C_2 を含む任意の閉曲線を C とすれば，(2)でも(3)でも積分路を C に換えてもよい(定理52)．すなわち(2), (3)の代りに

$$a_n = \frac{1}{2\pi i} \int_C \frac{f(z)dz}{(z-a)^{n+1}}, \qquad (n=0, \pm 1, \pm 2, \cdots). \tag{5}$$

(4)において ζ を z と書き換えて

$$f(z) = \sum_{n=-\infty}^{\infty} a_n (z-a)^n, \tag{6}$$

z は円環内の任意の点である．右辺の級数で正巾項の部分

$$a_0 + a_1(z-a) + a_2(z-a)^2 + \cdots \tag{7}$$

は通常の巾級数で，それは C_1 の内部では収束する．また負巾項の部分

$$\frac{a_{-1}}{z-a} + \frac{a_{-2}}{(z-a)^2} + \cdots + \frac{a_{-n}}{(z-a)^n} + \cdots \tag{8}$$

は $\dfrac{1}{z-a}$ の巾級数で，それは C_2 の外部では確かに収束する．よって(6)が円環内において収束するのである．

展開(6)を点 a に関する $f(z)$ の **Laurent** 展開という．

(6)の両辺に $(z-a)^k$ を掛けて，a を中心とする円環内の円周 C 上で積分すれば

$$\begin{aligned}\int_C f(z)(z-a)^k dz &= \sum_{n=-\infty}^{\infty} a_n \int_C (z-a)^{n+k} dz \\ &= 2\pi i a_{-k-1}, \qquad (k=0, \pm 1, \pm 2, \cdots).\end{aligned} \tag{9}$$

右辺における積分は $n+k=-1$ なるとき $2\pi i$ に等しく，その他は 0 に等しい(§57, [例]参照)．故に Laurent 展開の各係数は一意的に確定する．

[附記] 上記証明からわかるように，$f(z)$ が円周 C_1, C_2 の間に挟まれる円環内で正則ならば，円環内の任意の点 z に関し(6)は成り立つ．

さて本節の初めに述べたように，或る領域 K 内で，点 a を除けば $f(z)$ は正則であるとする．然らば(5)における積分路 C は K 内にあって a を含む任意の閉曲線でよい．また展開(6)の正巾項の部分は a を中心として K の境界に触れる最大な円の内部で収束する．それは a においても正則である．さてこの場合，内円 C_2 はどれほど小さくも取れるから，負巾項の部分

$$\frac{a_{-1}}{z-a} + \frac{a_{-2}}{(z-a)^2} + \cdots + \frac{a_{-n}}{(z-a)^n} + \cdots$$

は $z=a$ 以外，すべての z に対して収束するが，それが $z=a$ における特異性を誘起する原因なのだから，それを特異点 $z=a$ に関する $f(z)$ の主要部と名づける．

さて，ここで次のように三つの場合を区別する．

(1°) 主要部なし：すなわち
$$f(z) = a_0 + a_1(z-a) + a_2(z-a)^2 + \cdots, \qquad (z \neq a).$$
$z=a$ は初めから除いてあったのであるけれども，もしも $f(a)=a_0$ ならば，$f(z)$ は $z=a$ においても正則である．もしも $f(z)$ が $z=a$ だけで不正則であるならば $f(a) \neq a_0$ であるが，しかし $f(z)$ の $z=a$ における値だけを a_0 になおすならば，$z=a$ における $f(z)$ の不正則を除き去ることができる．このような不正則点を Riemann は除きうる特異点と名づけた．

このような特異点はなんらの重大性をも有しない．今 $f(z)$ が正則なる領域内の一点 a において，故意に $f(a)$ の値を変更するならば，そこに特異点が生ずる．それが除きうる特異点である．

(2°) 主要部は有限級数，すなわち
$$f(z) = \frac{a_{-k}}{(z-a)^k} + \cdots + \frac{a_{-1}}{z-a} + P(z-a), \qquad (a_{-k} \neq 0).$$
この場合，a を $f(z)$ の k 次の極という．ここで $(z-a)^k f(z)$ は a において正則で，0 と異なる値 a_{-k} を有する．故に $z \to a$ のとき $f(z) \to \infty$．それは，z がどのようにして a に切迫するとしても $|f(z)| \to \infty$ なることを意味する．

［注意］ $f(z)$ が $z=a$ において正則で $f(a)=0$ とする．$f(z)$ が常に 0 に等しい場合を除けば，その Taylor 展開は
$$f(z) = (z-a)^k \{a_k + a_{k+1}(z-a) + \cdots\}, \qquad (a_k \neq 0, \ k \geq 1).$$
このとき a を $f(z)$ の k 次の零点という．仮定 $a_k \neq 0$ によって，$z=a$ の近傍では右辺 $\{\ \}$ の中の巾級数は 0 にならないから，$f(z)$ は a 以外では零にならない．すなわち $f(z)$ の零点は a において孤立する．この場合 $a_k + a_{k+1}(z-a) + \cdots$ の逆数は a の近傍で正則であるから，$\dfrac{1}{f(z)}$ は a において k 次の極を有する．

(3°) 主要部は無限級数，すなわち
$$f(z) = \sum_{n=-\infty}^{\infty} a_n(z-a)^n$$
において $a_{-n} \neq 0 \, (n>0)$ なる負巾項が無数にあるとする．この場合，$z=a$ の近傍における $f(z)$ の行動は，はなはだ複雑である．よって Weierstrass は a を $f(z)$ の真性特異点（それに対して (2°) で述べた極を仮性特異点）と名づけた．

a が真性特異点ならば，$z \to a$ のとき $f(z)$ は一定の極限を有しない，また $f(z) \to \infty$ でもない．しかし a に収束する数列 $\{z_n\}$ を適当に取れば $f(z_n) \to \infty$ にもなり，また任意の c に対して $f(z_n) \to c$ にもなる (Weierstrass の定理)．

次にその証明を述べる．

(A) $f(z_n) \to \infty$ なる数列 $\{z_n\}$ が存在すること．

間接証明をするために，或る正数 r_0, M_0 に対して
$$0 < |z-a| < r_0 \quad \text{なるとき} \quad |f(z)| < M_0 \tag{10}$$
と仮定してみる．然らば(9)によって
$$a_{-n} = \frac{1}{2\pi i} \int_C f(z)(z-a)^{n-1} dz.$$
この場合，C の半径はどんなに小さくてもよいから，それを $\rho < r_0$ とすれば，(10)から
$$|a_{-n}| < \frac{M_0 \rho^{n-1}}{2\pi} \int_C ds = M_0 \rho^n.$$
ρ はどのようにも小さく取れるから $a_{-n} = 0 \, (n=1, 2, 3, \cdots)$．それは仮定に反する．

(B) $f(z_n) \to c$ なる数列 $\{z_n\}$ が存在すること．

任意の正数 r, ε に対して $0 < |z-a| < r$，かつ $|f(z) - c| < \varepsilon$ なる z が存在すればよいのだが，間接証明をするために，或る r_0, ε_0 に対して
$$0 < |z-a| < r_0 \quad \text{なるとき} \quad |f(z) - c| \geqq \varepsilon_0 \tag{11}$$
と仮定してみる．然らば $0 < |z-a| < r_0$ なる z に対して
$$\varphi(z) = \frac{1}{f(z) - c}$$
と置くとき，
$$0 < |z-a| < r_0 \quad \text{ならば} \quad |\varphi(z)| \leqq \frac{1}{\varepsilon_0}. \tag{12}$$

さて $z=a$ の近傍で a を除けば(11)によって $\varphi(z)$ は正則である．然るに(12)によれば，a は $\varphi(z)$ の極ではなく，また(A)によって $\varphi(z)$ の真性特異点でもない．故に $z=a$ において $\varphi(z)$ は正則，あるいは a は $\varphi(z)$ に関しては除きうる特異点である．すなわち $\lim_{z\to a} \varphi(z) = \lambda$ は確定である．よって $\varphi(a) = \lambda$ とすれば，$\varphi(z)$ は $z=a$ で正則である．もしも $\lambda \neq 0$ ならば，$\lambda = \frac{1}{f(a) - c}$ 従って $f(a) = c + \frac{1}{\lambda}$ とすれば，$f(z)$ は a において正則である．またもし $\lambda = 0$ ならば $f(z) - c = \frac{1}{\varphi(z)}$ において，$z=a$ は $\varphi(z)$ の零点，従って $f(z) - c$ の極である(前頁，[注意])．いずれにしても，それは仮定に反する(Laurent 展開の一意性)．

上記を綜合すれば，逆に次のようにいわれる*．

$f(z)$ が $z=a$ の附近で a 以外では正則とする．そのとき

(1°) もしも $f(z)$ が $z=a$ において連続なら $z=a$ においても正則である(Riemann の定理)．

(2°) もしも $z \to a$ のとき $f(z) \to \infty$ ならば a は極である．

(3°) もしも $\lim_{z\to a} f(z)$ が不確定ならば，a は真性特異点である(Weierstrass の定理の逆)．

---

* 転換法．すなわち上記(1°), (2°), (3°)の逆がすべて成り立つのである．

上記 Weierstrass の定理は通常次のようにいい表わされる．

解析函数 $f(z)$ は孤立した真性特異点 $z=a$ にどれほど近いところでも，任意の値 c に限りなく近づく．

実際は a の近傍において $f(z)=c$ は一般に無数の根を有する．ただし c のただ一つの値だけが例外であることもある（Picard）．

［例 1］
$$e^{\frac{1}{z}} = 1 + \frac{1}{z} + \frac{1}{2z^2} + \cdots + \frac{1}{n!z^n} + \cdots.$$

故に $z=0$ は真性特異点である．実数軸上，z が正の方面から 0 に近づけば，$e^{\frac{1}{z}} \to \infty$．また負の方面から 0 に近づけば $e^{\frac{1}{z}} \to 0$ で，極限が不確定である．

$c \neq 0$ として $\log c = \alpha$ とすれば，$e^{\frac{1}{z}} = c$ の解は $z = \dfrac{1}{\alpha + 2n\pi i}$ で，それらは $n \to \infty$ のとき 0 に集積する．この場合 $c=0$ が上記 Picard の例外値である．

［例 2］ $\sin \dfrac{1}{z}$ に関しても同様に $z=0$ が真性特異点である．この場合には例外値はない．c が -1 と $+1$ との間の実数であるとき，$\sin \dfrac{1}{z} = c$ の根の配置はしばしば引用した．

60. $z = \infty$ における解析函数

領域 $|z| > R$ において $f(z)$ は正則とする．然らば $z=0$ に関する Laurent 展開（前節(6)）は，原点を中心とする円環において内円 C_2 の半径を R よりも大きく，また外円 C_1 を任意に大きく取って成立する（234 頁，［附記］参照）．すなわち

$$f(z) = \sum_{n=-\infty}^{\infty} a_n z^n, \qquad (|z| > R) \tag{1}$$

$$a_n = \frac{1}{2\pi i} \int_C \frac{f(z)dz}{z^{n+1}}, \qquad (n = 0, \pm 1, \pm 2, \cdots) \tag{2}$$

ただし，C は原点を中心として半径が R よりも大なる任意の円周，または内円 C_2 を内部に含む任意の閉曲線である．

この場合には Laurent 展開(1)の負巾項の部分

$$\frac{a_{-1}}{z} + \frac{a_{-2}}{z^2} + \cdots + \frac{a_{-n}}{z^n} + \cdots \tag{3}$$

は C_2 の外部では収束するが，それは $z \to \infty$ のとき 0 に収束する．さて正巾項の部分

$$a_1 z + a_2 z^2 + \cdots + a_n z^n + \cdots \tag{4}$$

は（C_1 の内部，しかし C_1 は任意に大きくてよいから）すべての z に対して収束する．$z \to \infty$ のとき $f(z)$ の行動は主としてこの部分によって支配されるのだから，それを $z=\infty$ における $f(z)$ の主要部という．(1)は前節の(6)と形式上同様であるが，正巾項と負巾項との役目は転換されている．そこに注意して，前節と同様に次の三つの場合を区別する．

（1°）　主要部なし，すなわち

$$f(z) = a_0 + \frac{a_{-1}}{z} + \frac{a_{-2}}{z^2} + \cdots = P\left(\frac{1}{z}\right).$$

$z \to \infty$ のとき $f(z) \to a_0$. この場合, $f(z)$ は '$z=\infty$ において正則である' と略言する.

(2°) 主要部は有限級数, すなわち

$$f(z) = a_k z^k + \cdots + a_1 z + P\left(\frac{1}{z}\right), \qquad (a_k \neq 0).$$

$z \to \infty$ のとき $f(z) \to \infty$, $\dfrac{f(z)}{z^k}$ は $z=\infty$ において正則である. この場合 '$z=\infty$ は $f(z)$ の k 次の極である' という.

(3°) 主要部は無限級数, すなわち

$$f(z) = \sum_{n=-\infty}^{\infty} a_n z^n$$

において, $a_n \neq 0\,(n=1,2,3,\cdots)$ なる係数が無数にある. この場合には '$z=\infty$ は $f(z)$ の真性特異点である' という. $z \to \infty$ のとき $f(z)$ は一定の極限(∞ をも入れていう)を有しない. しかし $z_n \to \infty$ なる数列 $\{z_n\}$ を適当に取れば $f(z_n) \to \infty$ にも, また $f(z_n) \to c$ にもなる(c は任意の定数).

61. 整 函 数

z 平面の各点において正則なる解析函数を総称して整函数という.

z 平面の各点といっても, $z=\infty$ は含まない. $z=\infty$ は標語として使用するのである. $z=\infty$ をも含めていうときには特にそれをことわらねばならない.

$f(z)$ が整函数ならば, $z=0$ における Taylor 展開 $f(z) = \sum_{n=0}^{\infty} a_n z^n$ がすべての z に関して収束する. この場合にも, 前節と同様に三つの場合を区別することができる.

(1°) $f(z) = a_0$ (定数).

(2°) $f(z) = a_0 + a_1 z + \cdots + a_n z^n$, $(a_n \neq 0, n \geqq 1)$. この場合には $\lim\limits_{z \to \infty} f(z) = \infty$.

(3°) $f(z) = \sum_{n=0}^{\infty} a_n z^n$ は無限級数, 収束半径は ∞. 今度は $\lim\limits_{z \to \infty} f(z)$ は不確定.

上記(1°), (2°)では $f(z)$ は多項式である. (3°)の場合には $f(z)$ を超越整函数という. e^z (または $\sin z, \cos z$)がその一例である. 超越整函数においては, $z=\infty$ は真性特異点で, 前節で述べた Weierstrass の定理が適用される.

定理 59. 整函数 $f(z)$ が有界(すべての z に関して $|f(z)| < M$)ならば, $f(z)$ は定数である[Liouville の定理].

[証] この場合 $f(z)$ は上記(2°), (3°)ではありえない.

[注意] Liouville の定理は, 次のようにいうことができる. すなわち, ∞ をも込めて, $f(z)$ が z 平面の各点で正則ならば, $f(z)$ は定数である.

定理 60. 一次以上の多項式 $f(z)$ は根を有する(代数学の基本定理).

[証] かりに $f(z)$ が根を有しないとするならば,$1/f(z)$ は整函数でなければならない.然るに$(2°)$によって $z\to\infty$ のとき $f(z)\to\infty$,従って $1/f(z)\to 0$.故に $1/f(z)$ は定数(定理 59).それは不合理である.

根の存在が確定する以上,n 次の多項式が n 個の一次因数に分解されること,および分解の一意性は周知であろう.

62. 定積分の計算(実変数)

定積分の計算(実変数)に Cauchy の定理を応用することができる.実際 Cauchy(1825)が初めて虚数積分を考察したのは,当時知られていた多数の定積分を統一的の方法によって計算することを目的としたのであった.そこから解析函数の理論が生まれて,それが近世数学史上の一つの転回点になったのである.次に一,二の例を掲げる.

[例 1]
$$\int_0^\infty \frac{\sin x}{x}dx.$$

被積分函数は $\dfrac{e^{ix}-e^{-ix}}{2ix}$ に等しいが,まず $\dfrac{e^{iz}}{z}$ を考察する.これは $z=0$ を除けば常に正則であるから,次の図のように z 平面の上半において原点を中心とする半径 R,ε の半円周 C,c および実軸上の線分 $AB,A'B'$ から成り立つ閉曲線 $ABCB'A'cA$ に関する積分

$$\int \frac{e^{iz}}{z}dz = 0.$$

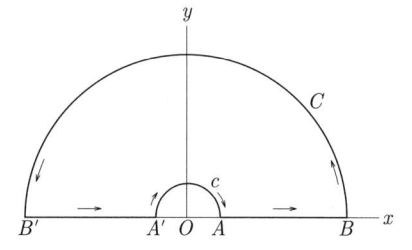

すなわち
$$\int_{AB}+\int_{BCB'}+\int_{B'A'}+\int_{A'cA}=0. \tag{1}$$

さて
$$\int_{AB}=\int_\varepsilon^R \frac{e^{ix}}{x}dx,\quad \int_{B'A'}=\int_{-R}^{-\varepsilon}\frac{e^{ix}}{x}dx=-\int_\varepsilon^R \frac{e^{-ix}}{x}dx,$$

故に

$$\int_{AB} + \int_{B'A'} = 2i \int_\varepsilon^R \frac{\sin x}{x} dx.$$

さて $\varepsilon \to 0, R \to \infty$ のとき

$$\int_{A'cA} \to -\pi i, \tag{2}$$

$$\int_{BCB'} \to 0 \tag{3}$$

であることを示そう．然らば(1)から

$$\int_0^\infty \frac{\sin x}{x} dx = \frac{\pi}{2}$$

を得る．

(2)の証．

$$\frac{e^{iz}}{z} = \frac{1}{z} + P(z)$$

で，$P(z)$ は z の巾級数，それは全平面において収束するから，正則従って連続である．故に半円周 c 上において $|P(z)| < M$ とすれば

$$\left| \int_c P(z) dz \right| < M\pi\varepsilon \to 0,$$

また

$$\int_c \frac{dz}{z} = i \int_\pi^0 d\theta = -\pi i.$$

(3)の証．半円周 C の上では $z = R(\cos\theta + i\sin\theta)$ で，

$$\int_{BCB'} \frac{e^{iz}}{z} dz = i \int_0^\pi e^{-R\sin\theta + iR\cos\theta} d\theta$$

故に

$$\left| \int_{BCB'} \right| \leqq \int_0^\pi e^{-R\sin\theta} d\theta = 2 \int_0^{\frac{\pi}{2}} e^{-R\sin\theta} d\theta.$$

さて閉区間 $\left[0, \frac{\pi}{2}\right]$ において $\frac{\sin\theta}{\theta}$ は連続でかつ常に正，従ってその最小値 $m > 0$，すなわち $\sin\theta \geqq m\theta$（実際は $m = \frac{2}{\pi}$）．故に

$$\int_0^{\frac{\pi}{2}} e^{-R\sin\theta} d\theta \leqq \int_0^{\frac{\pi}{2}} e^{-Rm\theta} d\theta \leqq \int_0^\infty e^{-Rm\theta} d\theta = \frac{1}{Rm} \to 0.$$

［例 2］

$$\int_0^\infty \cos(x^2) dx = \int_0^\infty \sin(x^2) dx = \frac{1}{2}\sqrt{\frac{\pi}{2}} \qquad \text{[Fresnel の積分]}.$$

$\cos x^2 - i\sin x^2 = e^{-ix^2}$, $\int_0^\infty e^{-x^2} dx = \frac{\sqrt{\pi}}{2}$ (§ 35, ［例 6］)を用いて，［例 1］と同様の方法を試みる．e^{-z^2} は z 平面の全部で正則だから，次の図に示す円の扇形の周 $OABO$ に関するそれの積分は 0 に等しい．すなわち

$$\int_0^R e^{-x^2}dx + \int_C e^{-z^2}dz - \int_{OB} e^{-z^2}dz = 0. \tag{4}$$

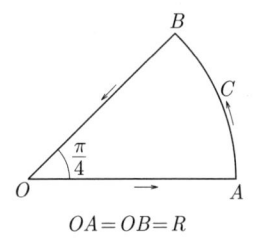

$$OA = OB = R$$

さて OB の上では $z = re^{i\frac{\pi}{4}} = r\dfrac{1+i}{\sqrt{2}}$, $0 \leqq r \leqq R$, 従って $e^{-z^2} = e^{-ir^2}$, $dz = \dfrac{1+i}{\sqrt{2}}dr$. 故に

$$\int_{OB} e^{-z^2}dz = \frac{1+i}{\sqrt{2}} \int_0^R (\cos r^2 - i\sin r^2)dr. \tag{5}$$

また C の上では $z = R(\cos\theta + i\sin\theta)$, $0 \leqq \theta \leqq \dfrac{\pi}{4}$; $\dfrac{dz}{z} = i\,d\theta$. 故に

$$\left|\int_C e^{-z^2}dz\right| \leqq \int_0^{\frac{\pi}{4}} e^{-R^2\cos 2\theta} R\,d\theta = \frac{R}{2}\int_0^{\frac{\pi}{2}} e^{-R^2\cos\varphi}d\varphi = \frac{R}{2}\int_0^{\frac{\pi}{2}} e^{-R^2\sin\varphi}d\varphi$$

$$\leqq \frac{R}{2}\cdot\frac{1}{R^2 m} = \frac{1}{2Rm},$$

ただし, m は [例1] と同様. 故に $R \to \infty$ のとき $\displaystyle\int_C \to 0$. 故に (4), (5) から

$$\frac{1+i}{\sqrt{2}}\int_0^\infty (\cos r^2 - i\sin r^2)dr = \frac{\sqrt{\pi}}{2}.$$

$\dfrac{1-i}{\sqrt{2}}$ を掛けて

$$\int_0^\infty (\cos(r^2) - i\sin(r^2))dr = \frac{1-i}{2}\sqrt{\frac{\pi}{2}}.$$

故に

$$\int_0^\infty \cos(r^2)dr = \int_0^\infty \sin(r^2)dr = \frac{1}{2}\sqrt{\frac{\pi}{2}}.$$

[例 3]
$$\int_0^\pi \log(1 - 2r\cos\theta + r^2)d\theta.$$

$|z| \leqq r < 1$ とすれば

$$\frac{\log(1-z)}{z} = -1 - \frac{z}{2} - \frac{z^2}{3} - \cdots$$

は正則であるから, C を円周 $|z| = r$ とすれば

$$\int_C \log(1-z)\frac{dz}{z} = i\int_0^{2\pi} \log(1-z)d\theta = 0. \tag{6}$$

さて C の上では

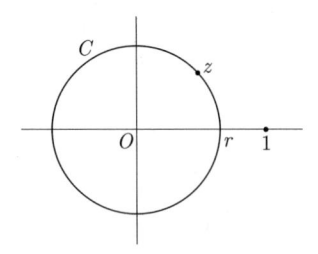

$$|1-z|^2 = (1-r\cos\theta)^2 + (r\sin\theta)^2 = 1 - 2r\cos\theta + r^2.$$

故に(6)から log の実部だけを取って

$$\frac{1}{2}\int_0^{2\pi}\log(1-2r\cos\theta+r^2)d\theta = 0, \quad \int_0^{\pi}\log(1-2r\cos\theta+r^2)d\theta = 0, \quad (r<1).$$

$r>1$ ならば, $r' = \dfrac{1}{r} < 1$ で

$$0 = \int_0^{\pi}\log(1-2r'\cos\theta+r'^2)d\theta = \int_0^{\pi}\log\left(1-\frac{2}{r}\cos\theta+\frac{1}{r^2}\right)d\theta$$

$$= \int_0^{\pi}[\log(1-2r\cos\theta+r^2) - \log r^2]d\theta.$$

故に

$$\int_0^{\pi}\log(1-2r\cos\theta+r^2)d\theta = 2\pi\log r, \quad (r>1).$$

［注意］ $r=1$ ならば積分は r に関する連続性によって 0 になる．このとき積分は

$$\int_0^{\pi}\log 2(1-\cos\theta)d\theta = \int_0^{\pi}\log\left(4\sin^2\frac{\theta}{2}\right)d\theta = 4\int_0^{\frac{\pi}{2}}\log(2\sin\theta)d\theta.$$

これが 0 に等しいから $\int_0^{\frac{\pi}{2}}\log\sin\theta\,d\theta = -\dfrac{\pi}{2}\log 2$ を得る (§34, [例 3]の統制である)．

留数　領域 K において $z=a$ だけが $f(z)$ の特異点であるとき，Laurent 展開

$$f(z) = \sum_{n=-\infty}^{\infty} a_n(z-a)^n$$

は $z=a$ を中心とする K 内の小円周 c の上で一様に収束するから，c に関して項別に積分して

$$\int_c f(z)dz = \sum_{n=-\infty}^{\infty} a_n \int_c (z-a)^n dz.$$

右辺で $n=-1$ のほかは $\int_c(z-a)^n dz = 0$. また $\int_c \dfrac{dz}{z-a} = 2\pi i$. 故に

$$\int_c f(z)dz = 2\pi i a_{-1}.$$

a_{-1} を $z=a$ における $f(z)$ の留数という．

特に $z=a$ が n 次の極ならば，$(z-a)^n f(z)$ は $z=a$ において正則で

$$(z-a)^n f(z) = a_{-n} + a_{-(n-1)}(z-a) + \cdots + a_{-1}(z-a)^{n-1} + \cdots.$$

故に留数は

$$a_{-1} = \frac{1}{(n-1)!} \lim_{z \to a} \frac{d^{n-1}}{dz^{n-1}}(z-a)^n f(z).$$

特に $n=1$ ならば

$$a_{-1} = \lim_{z \to a}(z-a)f(z).$$

定理 61. K 内の閉曲線 C の内部で，$f(z)$ が，有限個の孤立する特異点以外で，正則ならば

$$\int_C f(z)dz = 2\pi i \sum a_{-1},$$

ただし右辺の $\sum$ は C 内の $f(z)$ の特異点における留数の和である．

［証］ 特異点を小円周 $c, c', \cdots$ で包んで，積分定理を適用すれば（定理 52）

$$\int_C f(z)dz = \sum \int_c f(z)dz = 2\pi i \sum a_{-1}.$$

［例 4］

$$\int_{-\infty}^{\infty} \frac{dx}{(1+x^2)^{n+1}} = \frac{\pi}{2^{2n}} \frac{(2n)!}{(n!)^2} = \pi \frac{1 \cdot 3 \cdot 5 \cdots (2n-1)}{2 \cdot 4 \cdot 6 \cdots 2n}.$$

$f(z) = \dfrac{1}{(1+z^2)^{n+1}}$ は図の半円内においてただ一つの特異点 $z=i$ を有する．それは $n+1$ 次の極で，留数は

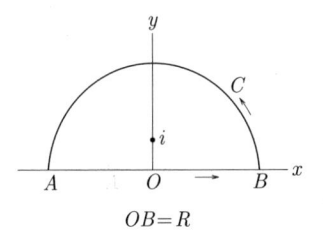

$OB = R$

$$\frac{1}{n!}\left(\frac{d^n}{dz^n} \frac{(z-i)^{n+1}}{(1+z^2)^{n+1}}\right)_{z=i} = \frac{1}{n!}\left(\frac{d^n}{dz^n}(z+i)^{-(n+1)}\right)_{z=i}$$
$$= \frac{(-1)^n(n+1)(n+2)\cdots 2n}{n!}(2i)^{-(2n+1)} = \frac{(2n)!}{2^{2n}(n!)^2}\frac{1}{2i}.$$

故に

$$\int_{ABCA} \frac{dz}{(1+z^2)^{n+1}} = \frac{\pi(2n)!}{2^{2n}(n!)^2}.$$

左辺の積分は

$$\int_{-R}^{R} \frac{dx}{(1+x^2)^{n+1}} + \int_C \frac{dz}{(1+z^2)^{n+1}}.$$

さて $R \to \infty$ のとき，C の上では $|1+z^2| \geq R^2 - 1$ だから

$$\left|\int_C\right| \leq \frac{1}{(R^2-1)^{n+1}} \cdot \pi R \to 0.$$

よって標記の結果を得る．

［例 5］

$$\int_0^\pi \frac{\cos n\theta\, d\theta}{1-2a\cos\theta+a^2} = \frac{\pi a^n}{1-a^2}, \quad (-1<a<1,\ n=0,1,2,\cdots).$$

積分記号の中で，分母は $(e^{i\theta}-a)(e^{-i\theta}-a)$ に等しいことに注意して，単位円 C に関する積分

$$\frac{1}{2\pi i}\int_C \frac{dz}{(tz-1)(z-a)(az-1)}$$

を考察する．$|t|<1$ とすれば単位円内で $z=a$ のみが極であるから，これは留数

$$\frac{1}{(at-1)(a^2-1)}$$

に等しい．$z=e^{i\theta}$ と置いて積分変数を θ に換えれば

$$\frac{1}{2\pi i}\int_0^{2\pi}\frac{ie^{i\theta}d\theta}{(te^{i\theta}-1)(e^{i\theta}-a)(ae^{i\theta}-1)} = \frac{1}{2\pi}\int_0^{2\pi}\frac{d\theta}{(1-te^{i\theta})(1-2a\cos\theta+a^2)}.$$

故に t の昇巾に展開して

$$\int_0^{2\pi}\frac{\sum t^n e^{in\theta}d\theta}{1-2a\cos\theta+a^2} = \frac{2\pi\sum a^n t^n}{1-a^2}.$$

t^n の係数を比較して

$$\int_0^{2\pi}\frac{e^{in\theta}d\theta}{1-2a\cos\theta+a^2} = \frac{2\pi a^n}{1-a^2}.$$

実部を比較して標記の結果を得る．

$a>1$ なるときは，$0<\dfrac{1}{a}<1$．故に

$$\int_0^\pi \frac{\cos n\theta\, d\theta}{1-\dfrac{2}{a}\cos\theta+\dfrac{1}{a^2}} = \frac{\pi}{a^n\left(1-\dfrac{1}{a^2}\right)}.$$

分母に a^2 を掛けて

$$\int_0^\pi \frac{\cos n\theta\, d\theta}{1-2a\cos\theta+a^2} = \frac{\pi}{a^n(a^2-1)}.$$

63. 解析的延長[*]

定理 62. 領域 K において $f(z), g(z)$ は正則で，K 内の小領域 K_0 においては $f(z)=g(z)$ とする．然らば K において常に $f(z)=g(z)$．

［証］ $f(z)-g(z)=\varphi(z)$ と置けば，仮定によって，$\varphi(z)$ は K において正則で，K_0 においては $\varphi(z)=0$ である．故に今 K 内の一点 z_1 において $\varphi(z_1)\ne 0$ とするならば，そこから矛盾が生ずることを示せばよい．

K_0 内の一点を z_0 とし，K 内で z_0 と z_1 とを曲線 L で結ぶ．明白のために L を折線としてもよい．さて L の起点 z_0 の近傍では $\varphi(z)=0$ で，終点 z_1 では $\varphi(z_1)\ne 0$，従って $\varphi(z)$ の連続性によって z_1 の近傍では $\varphi(z)\ne 0$．今 z が L の上を z_0 から z_1 の方へ進むとき，z_0 から z まで

---

[*] 解析接続ともいう．

は $\varphi(z)=0$ であるような点 z の上端を z' とする*．然らば $z'\neq z_1$ で，z' は z_0 と z_1 との中間にあるが，$\varphi(z)$ の連続性によって $\varphi(z')=0$ である．z' より手前ではもちろん $\varphi(z)=0$．そうして L の上で z' の任意の近傍に，$\varphi(z)\neq 0$ なる z が，z' より先にある．(さもなければ，z' はもっと先にあるはずであるから．) すなわち z' において正則なる $\varphi(z)$ が z' の近傍で常に 0 でなくて，しかも $\varphi(z)$ の零点 z' が孤立しない．それが矛盾である(235 頁，[注意])．　　　　(証終)

[注意]　定理 62 において，$f(z)$ と $g(z)$ とが K 内の小領域 K_0 において一致すると仮定したが，K 内の一つの線の上で，あるいはなお一般に，K 内の一点 a に集積する集合 M の点だけで，$f(z)$ と $g(z)$ とが一致することを仮定すれば十分である．そのとき，$\varphi(z)$ は a の近傍で無数の零点を有するから，a を中心とする或る円内で常に $\varphi(z)=0$．その円を K_0 とすればよい．

今領域 K_0 で正則なる函数 $f(z)$ が与えられているとする．そのとき K_0 においては $f(z)$ と一致して K_0 を含む領域 K において正則なる函数があるとするならば，定理 62 によって，それはただ一つに限る．このようにして K_0 を含む領域 K において確定する正則なる函数を領域 K への $f(z)$ の解析的延長という．

このような延長が可能ならば，それは一意的に可能なのだから，それを $f(z)$ の定義の K_0 から K への拡張とみて，やはり $f(z)$ で表わすことにする．今 K_0 を含む領域 K_1, K_2 へ $f(z)$ が延長されるとする．そのとき K_1 と K_2 との共通部分 D が<u>一つの領域</u>**を成すならば，$f(z)$ は K_1 と K_2 とを合併した領域 K へ一意的に延長される．—— 実際 K_1, K_2 への延長をひとまず $f_1(z), f_2(z)$ とすれば，共通部分 D においては定理 62 によって $f_1(z)=f_2(z)$ であるが，今 K において，K_1 に属して K_2 に属しないところ K_1-D では $f(z)=f_1(z)$ とし，また K_2 に属して K_1 に属しないところ K_2-D では $f(z)=f_2(z)$ とし，また K_1 にも K_2 にも属するところ D では $f(z)=f_1(z)=f_2(z)$ とすれば，$f(z)$ は K において正則である．それが K_0 における $f(z)$ の K への一意的なる延長である．

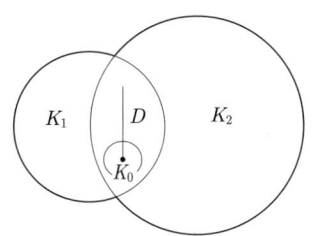

例えば巾級数 $\sum a_n z^n$ の収束円を C とすれば，それは C 内で正則なる函数 $f(z)$ を表わす．この函数の

---

*　これは切断法である．z_0 から計った L の弧長を s として，L 上の点 z を s の函数とみて，$0\leq s\leq \sigma$ に対応する z に関して，常に $\varphi(z)=0$ であるような σ に上限がある．その上限を s' とすれば，z' はすなわち s' に対応する L 上の点である．

**　互に隔離された部分に分かれない(連絡されている)のである．従って K_0 内の点 z_0 と D 内の点 z_1 とが D 内の曲線 L で結ばれる．

解析的延長を試みるために a を C 内の一点とすれば，$f(z)$ は a において巾級数 $P(z-a)$ に展開され，それは少くとも a を中心として C に内接する円内では収束するが，その収束円 C_a はそれよりも大きいこともあろう．その場合には $f(z)$ は C と C_a とを合併した領域 K_1 に延長される．さらに K_1 内に点 b を取って b における $f(z)$ の Taylor 展開 $P(z-b)$ を作るとき，もしもそれの収束円 C_b が K_1 外へも出るならば，$f(z)$ は K_1 と C_b を合併した領域 K_2 へ延長される．$f(z)$ の延長が可能なるときには，このような方法を繰返して(理論的には)その延長が求められる．しかし一つの巾級数によって表わされる函数 $f(z)$ を，その級数の収束円を全く内部に含む領域 K に延長することはできない(それができれば収束円はもっと大きいはずであるから)．この意味において巾級数 $f(z)=\sum a_n(z-\alpha)^n$ の収束円の周上には $f(z)$ の特異点がある．

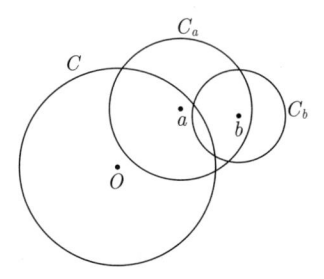

局所的に与えられた $f(z)$ のすべての可能なる解析的延長を総括して，それによって<u>一つの函数</u>が定められるとみて，Weierstrass がそれを<u>単性解析函数</u>(monogene analytische Funktion) と名づけた．このような拡張は任意の規約による形式的の拡張とは全く違う．すなわち拡張された広範囲の各部局において，函数が種々の様式によって表わされることがあっても，それらの間に本質的の関係があって，一部局における函数の一つの破片から，全局における函数が自然に確定するのである．それを強調するために単性といったのであろうが，しかし解析函数はすべて単性だから，形容詞 '単性' は実は不用である．

解析函数の上記の性質を Dirichlet 式の実変数の函数(§8)と比較するならば，そこに根本的の差別が見出される．或る区域において定義された実変数の函数は微分可能性を要求しても自由に区域外に拡張される*から，原区域における函数を律する法則は拡張された区域外に及ばない．これに反して，或る一点の近傍において与えられた解析函数は，それの解析的延長が可能なる全領域において一定であるから，拡張の及ぶ限り一定の法則によって支配されるというべきである．

18 世紀には函数は天賦であるかのように考えられていたのであろう，従って各函数はそれぞれ天賦の法則に支配されるものと信ぜられた．それを <u>Euler 式の連続性</u>という．それは数量的の連続以上，いわば法則上の連続である．18 世紀の数学で無意識的に夢想されていた法則上の連続性が解析函数によって，最初の一例として，実現されたのである．

我々は局所的に正則性(微分可能性)をもって解析函数を定義した．その場合に函数の一意性は当然の仮定であったが，もし上記のような解析的延長を遂行するならば，全局においては函

---

* 例えば，滑らかな曲線を滑らかに延長することは自由である．

数の一意性が失われることが可能である．例えば $f(z)$ が a の近傍から b の近傍にまで（曲線 L および L' に沿って）領域 K および K' に延長されるとき，K, K' の共通部分に連結性がない場合，b において相異なる函数値が生ずることが可能である．その一例は 0 を含む領域における $\log z$ である（後述）．

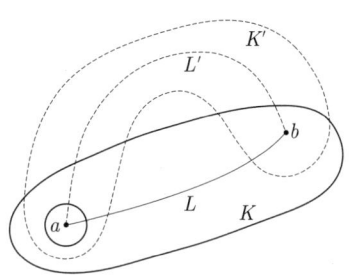

このような意味での解析函数の多意性は本質的である．多意であっても，各々の枝は解析的延長の連鎖によって不可分的に連結されている．多意なる函数の意味は，このようにして初めて明確となることを得るのである．

実変数の場合に $y^2 = x$ によって $y = +\sqrt{x}$ と $y = -\sqrt{x}$ なる二つの函数が定められるといい，あるいはまた $y^2 = x^4$ によって二意なる函数 $y = \pm x^2$ が定義されるというのは純規約的である．我々の立場においては，$y^2 = x$ は x 平面上において，ただ一つの二意的なる解析函数 $y = \sqrt{x}$ を定義するが，$y^2 = x^4$ は別々の一意的解析函数（x^2 および $-x^2$）を定義するのである．

前に述べる機会を得なかった一つの定理を，解析的延長に連繋して，ここにつけ加える．

定理 63．$f(z)$ が正則（一意的）なる領域内の任意の閉域 $[K]$ において，$|f(z)|$ はその最大値を $[K]$ の境界上において取る．またもし $[K]$ において $f(z) \neq 0$ ならば $|f(z)|$ はその最小値を境界上において取る．

［証］ $[K]$ における $|f(z)|$ の最大値（定理 13）を M とする．もしも $[K]$ の内点 a において $|f(a)| = M$ ならば，a を中心として $[K]$ 内に画かれる任意の円を C とするとき，Cauchy の積分公式によって

$$|f(a)| = \frac{1}{2\pi} \left| \int_C \frac{f(z)}{z-a} dz \right| \leq \frac{M}{2\pi} \int_0^{2\pi} d\theta = M.$$

$|f(a)| = M$ ならば，ここで等号が成立しなければならないから，C の周上において常に $|f(z)| = M$．C は任意だから a の近傍で常に $|f(z)| = M$，従って $f(z) = c$（定数）（§55，[例 3]）．故に解析的延長の原則によって K において $f(z) = c$．要約すれば，$f(z)$ が定数である場合のほかは，$[K]$ の内部においては $|f(z)| < M$ で，$|f(z)| = M$ なる点は境界上にある．

もしも $[K]$ において $f(z) \neq 0$ ならば，$\dfrac{1}{f(z)}$ が $[K]$ において正則だから，$|f(z)|$ は境界上において最小値を取る．

定理の終の部分を応用して代数学の基本定理が証明される：$f(z) = a + bz + \cdots$ を一次以上の多項式として，

かりに $f(z)$ が根を有しないとすれば，$f(0) = a \neq 0$. さて $|z| = R$ を十分大きく取れば $|f(z)| > |a|$. $|f(z)|$ は閉域 $|z| \leqq R$ の境界線 $|z| = R$ の上で最小値を取るから，これは不合理である．

64. 指数函数　三角函数

§54 で実数に関する展開

$$e^z = \sum \frac{z^n}{n!}$$

において z を複素数として，e^z の定義を拡張したが，このような拡張は全く規約的 (conventional) で，拘束力が薄弱である．然るに前節に述べた解析的延長の原則によれば，e^z を拡張して解析函数を得るには，上記が唯一無二の方法であることが確定したのである (245 頁, [注意])．$\sin z$, $\cos z$ 等に関しても同様である．

本節では，このような立場から指数函数，三角函数を再考する．（いわゆる代数解析の現代化！）

この拡張の実質上の意味を示すために次の考察をつけ加える．§54 で，拡張された $e^z = \exp(z)$ に関しても加法定理 $\exp(z_1 + z_2) = \exp(z_1) \cdot \exp(z_2)$ が成り立つことを計算によって証明したが，解析的延長の原則によれば，それは当然で，計算を用いないでも明白である．今まず z_2 を一つの実数とする．然らば左辺の $\exp(z_1 + z_2)$ もまた右辺の $\exp(z_1) \cdot \exp(z_2)$ も z_1 に関しては正則で，それらが実数軸上の z_1 に関しては一致することが既知だから，任意の z_1 に関しても一致する．さて今度は z_1 を任意の複素数として，上記の両辺を z_2 の函数とみて，同様に解析的延長の方法を適用すれば，任意の複素数 z_1, z_2 に関して指数函数の加法定理が成り立つことがわかる．約言すれば函数 $\exp(z)$ は解析的延長に際して，その解析的性質を保有する．これは重要な論点である．

(1°)　$\tan z$, $\cot z$, $\sec z$, $\operatorname{cosec} z$ の展開

$$\cot z = \frac{\cos z}{\sin z} = i \frac{e^{iz} + e^{-iz}}{e^{iz} - e^{-iz}} = i \frac{e^{2iz} + 1}{e^{2iz} - 1}$$

において，便宜上 z を $\frac{z}{2}$ に換えて

$$\cot \frac{z}{2} = i \frac{e^{iz} + 1}{e^{iz} - 1}.$$

分母は $z = 0$ のとき 0 になる．それは $\cot \frac{z}{2}$ の一次の極である．さて

$$\frac{z}{2} \cot \frac{z}{2} = \frac{iz}{2} \cdot \frac{e^{iz} + 1}{e^{iz} - 1} = \frac{iz}{e^{iz} - 1} + \frac{iz}{2}. \tag{1}$$

よって iz を z に換えて，まず $\dfrac{z}{e^z - 1}$ を考察する．この函数は $z = 0$ の近傍で正則で，0 に最も近い特異点は $z = \pm 2\pi i$ であるから，$|z| < 2\pi$ において Taylor 級数に展開される．それを次のように書く．

$$\frac{z}{e^z - 1} = \sum_{n=0}^{\infty} b_n \frac{z^n}{n!}, \qquad (|z| < 2\pi) \tag{2}$$

係数 b_n は

$$\sum_{n=0}^{\infty} \frac{z^n}{(n+1)!} \sum_{n=0}^{\infty} \frac{b_n z^n}{n!} = 1$$

から求められる．すなわち $b_0 = 1$，また z^n の係数を比較して

$$\frac{b_n}{n!} + \frac{b_{n-1}}{(n-1)!2!} + \cdots + \frac{b_1}{1!n!} + \frac{b_0}{(n+1)!} = 0,$$

$(n+1)!$ を掛けて

$$\binom{n+1}{1} b_n + \binom{n+1}{2} b_{n-1} + \cdots + \binom{n+1}{n} b_1 + \binom{n+1}{n+1} b_0 = 0.$$

また $n+1$ のところを n と書けば

$$\sum_{k=0}^{n-1} \binom{n}{k} b_k = 0.$$

これを記号的に

$$(b+1)^n - b^n = 0 \tag{3}$$

と書けばわかりよい：すなわち展開の後，b の指数を下へおろして添字にするのである．例えば

$$n = 2: \quad 2b_1 + 1 = 0, \qquad b_1 = -\frac{1}{2},$$

$$n = 3: \quad 3b_2 + 3b_1 + 1 = 0, \qquad b_2 = \frac{1}{6},$$

$$n = 4: \quad 4b_3 + 6b_2 + 4b_1 + 1 = 0, \quad b_3 = 0, \quad \text{等々}.$$

すなわち

$$\frac{z}{e^z - 1} = 1 - \frac{z}{2} + \sum_{n=2}^{\infty} \frac{b_n z^n}{n!}$$

であるが，

$$\frac{z}{e^z - 1} + \frac{z}{2} = \frac{z}{2} \cdot \frac{e^z + 1}{e^z - 1} = \frac{-z}{2} \cdot \frac{e^{-z} + 1}{e^{-z} - 1}$$

は偶函数だから，b_1 以外，奇数番号の $b_3, b_5, \cdots$ は 0 である．また後にわかるように（255 頁），

$$b_{2n} = (-1)^{n-1} B_n$$

とすれば，B_n は正である．B_n を **Bernoulli** の数という[*]．よって

$$\frac{z}{e^z - 1} = 1 - \frac{z}{2} - \sum_{n=1}^{\infty} \frac{(-1)^n B_n z^{2n}}{(2n)!} \tag{4}$$

で，B_n は循環式

$$\binom{2n+1}{2} B_1 - \binom{2n+1}{4} B_2 + \cdots + (-1)^{n-1} \binom{2n+1}{2n} B_n = n - \frac{1}{2} \tag{5}$$

---

[*] 本文の係数 b_n をそのまま B_n と書いて，それを Bernoulli の数ということもある．Bernoulli の数は B_{110} まで計算されている（D. H. Lehmer, Duke Math. J. vol. **2**, 1936）．B_{110} の分母は 7590，分子は 250 桁の整数である．

から求められる．これは $b_1 = -\dfrac{1}{2}$ を用いて上記の
$$(b+1)^{2n+1} - b^{2n+1} = 0$$
を書き換えたものである．

この公式から $n = 1, 2, \cdots$ と置いて
$$B_1 = \frac{1}{6}, \quad B_2 = \frac{1}{30}, \quad B_3 = \frac{1}{42}, \quad B_4 = \frac{1}{30}, \quad B_5 = \frac{5}{66}, \quad B_6 = \frac{691}{2730},$$
$$B_7 = \frac{7}{6}, \quad B_8 = \frac{3617}{510}, \quad B_9 = \frac{43867}{798}, \quad B_{10} = \frac{174611}{330}, \quad \cdots$$

[附記] B_n は有理数で，分母は $p-1$ が $2n$ の約数であるような素数 p の積である．

さて $\cot z$ の展開であるが，(1), (4) から
$$z \cot z = 1 - \sum_{n=1}^{\infty} \frac{2^{2n} B_n z^{2n}}{(2n)!} \qquad (|z| < \pi)$$
$$= 1 - \frac{z^2}{3} - \frac{z^4}{45} - \cdots. \tag{6}$$

また $\tan z = \cot z - 2 \cot 2z$ から
$$\tan z = \sum_{n=1}^{\infty} \frac{2^{2n}(2^{2n} - 1) B_n z^{2n-1}}{(2n)!} \qquad \left(|z| < \frac{\pi}{2}\right)$$
$$= z + \frac{1}{3} z^3 + \frac{2}{15} z^5 + \cdots. \tag{7}$$

また $\operatorname{cosec} z = \cot \dfrac{z}{2} - \cot z$ から，(6) によって
$$\frac{z}{\sin z} = 1 + 2 \sum_{n=1}^{\infty} \frac{(2^{2n-1} - 1) B_n z^{2n}}{(2n)!} \qquad (|z| < \pi)$$
$$= 1 + \frac{1}{6} z^2 + \frac{7}{360} z^4 + \cdots. \tag{8}$$

$\sec z$ の展開は $\sec z = \tan z \cdot \operatorname{cosec} z$ からも得られるが，直接に
$$\sec z = \sum_{n=0}^{\infty} \frac{E_n z^{2n}}{(2n)!} \qquad \left(|z| < \frac{\pi}{2}\right) \tag{9}$$

と置いて
$$\cos z \cdot \sec z = \sum_{n=0}^{\infty} \frac{(-1)^n z^{2n}}{(2n)!} \sum_{n=0}^{\infty} \frac{E_n z^{2n}}{(2n)!} = 1$$

から
$$E_0 = 1, \quad E_n - \binom{2n}{2} E_{n-1} + \binom{2n}{4} E_{n-2} - \cdots + (-1)^n E_0 = 0. \tag{10}$$

これから次々に
$$E_0 = 1, \ E_1 = 1, \ E_2 = 5, \ E_3 = 61, \ E_4 = 1385, \ E_5 = 50521, \ E_6 = 2702765, \cdots$$

を得る．E_n を **Euler** の数または正割係数という．

［附記］ E_n は正の奇数であるが，奇数番号の E_n は末位が 1 で，偶数番号の E_n は（E_0 を除いて）末位が 5 である．

(2°) 自然数の巾和　Bernoulli の多項式
$$S_n(k) = 1^n + 2^n + \cdots + k^n \tag{11}$$
は Bernoulli の数によって表わされる．今その方法を述べる．
$$\varphi(x,z) = \frac{ze^{xz}}{e^z - 1} = \sum_{n=0}^{\infty} \frac{B_n(x)}{n!} z^n \tag{12}$$
と置けば，(2)の記号を用いて
$$\sum_{n=0}^{\infty} \frac{b_n z^n}{n!} \sum_{n=0}^{\infty} \frac{x^n z^n}{n!} = \sum_{n=0}^{\infty} \frac{B_n(x)}{n!} z^n$$
から
$$B_n(x) = b_0 x^n + \binom{n}{1} b_1 x^{n-1} + \binom{n}{2} b_2 x^{n-2} + \cdots + b_n. \tag{13}$$
よって
$$B_0(x) = 1, \quad B_1(x) = x - \frac{1}{2},$$
その他は
$$B_n(x) = x^n - \frac{n}{2} x^{n-1} + \binom{n}{2} B_1 x^{n-2} - \binom{n}{4} B_2 x^{n-4} + \cdots,$$
最終項は
$$\begin{cases} n \text{ が偶数ならば} & -(-1)^{\frac{n}{2}} B_{\frac{n}{2}}, \\ n \text{ が奇数ならば} & -(-1)^{\frac{n-1}{2}} n B_{\frac{n-1}{2}} x. \end{cases}$$
$B_n(x)$ を **Bernoulli の多項式**という．

さて(12)から
$$\varphi(x+1, z) = \varphi(x, z) + z e^{xz}.$$
故に z^n の係数を比較して
$$B_n(x+1) - B_n(x) = n x^{n-1}. \tag{14}$$
n を $n+1$ に換えて
$$B_{n+1}(x+1) - B_{n+1}(x) = (n+1) x^n.$$
$x = 0, 1, 2, \cdots, k-1$ として，加えて
$$S_n(k) = \frac{1}{n+1} \{ B_{n+1}(k) - B_{n+1}(0) \} + k^n$$

$$= \frac{k^{n+1}}{n+1} + \frac{k^n}{2} + \binom{n}{1}\frac{B_1}{2}k^{n-1} - \binom{n}{3}\frac{B_2}{4}k^{n-3} + \cdots$$

$$+ \begin{cases} (-1)^{\frac{n}{2}+1} B_{\frac{n}{2}} k, & (n \text{ は偶数}) \\ (-1)^{\frac{n+1}{2}} \frac{n}{2} B_{\frac{n-1}{2}} k^2. & (n \text{ は奇数}) \end{cases}$$

［附記］ このように，Bernoulli の多項式は級数の総和法に用いられる．今 $f(x) = \sum_{\nu=0}^{n} a_\nu x^\nu$ を与えられた多項式とするとき

$$F(x) = \sum_{\nu=0}^{n} \frac{a_\nu}{\nu+1} B_{\nu+1}(x)$$

と置けば，(14)によって

$$F(x+1) - F(x) = f(x).$$

故に

$$f(1) + f(2) + \cdots + f(n) = F(n+1) - F(1).$$

上記 S_n はこれの特別の場合である．

(13)から微分公式

$$B'_n(x) = nB_{n-1}(x) \tag{15}$$

を得る．また(12)から $\varphi(1-x, z) = \varphi(x, -z)$，従って

$$B_n(1-x) = (-1)^n B_n(x). \tag{16}$$

(14), (15), (16)は Bernoulli 多項式の基本的性質である．

(3°) $\cot z$ を部分分数に分割すること

$$\cot z = \frac{1}{z} + \sum_{n=1}^{\infty} \left(\frac{1}{z-n\pi} + \frac{1}{z+n\pi} \right) = \frac{1}{z} + 2z \sum_{n=1}^{\infty} \frac{1}{z^2 - n^2\pi^2}. \tag{17}$$

［証］ $\cot z$ は $z = n\pi \, (n = 0, \pm 1, \pm 2, \cdots)$ において一次の極を有して，その留数は

$$(-1)^n \cos n\pi \cdot \lim_{z \to n\pi} \frac{z - n\pi}{\sin(z - n\pi)} = 1.$$

今 $x = \pm R, y = \pm R \left(R = n\pi + \frac{\pi}{2} \right)$ で囲まれた正方形の周 C に関して積分すれば

$$\frac{1}{2\pi i} \int_C \frac{\cot z}{z - \zeta} dz = \cot \zeta + \sum_{k=-n}^{n} \frac{1}{k\pi - \zeta}. \tag{18}$$

ただし，$\zeta \neq k\pi, |\zeta| < R$ とする(定理61)．

さて正方形の縦辺上では

$$z = \pm R + yi, \quad \cot z = \cot\left(\pm n\pi \pm \frac{\pi}{2} + yi\right) = -\tan yi,$$

$$|\cot z| = \left| \frac{e^y - e^{-y}}{e^y + e^{-y}} \right| < 1.$$

また横辺上では $z = x \pm Ri$ で

$$|\cot z| = \left| \frac{e^{ix}e^{-R} + e^{-ix}e^{R}}{e^{ix}e^{-R} - e^{-ix}e^{R}} \right| \leq \frac{e^{R} + e^{-R}}{e^{R} - e^{-R}}.$$

故に R を十分大きくとれば $|\cot z| < 2$.

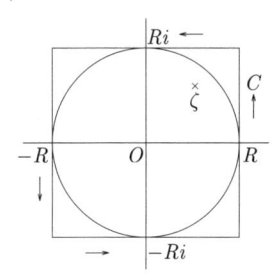

$R \to \infty$ のとき，(18) の左辺で $\int_C \to 0$. それを示すために積分を変形して

$$\int_C \frac{\cot z}{z - \zeta} dz = \int_C \frac{\cot z}{z} dz + \zeta \int_C \frac{\cot z}{z(z - \zeta)} dz$$

とする．$\dfrac{\cot z}{z}$ は偶函数だから，右辺の第一の積分は 0 に等しい．また $R \to \infty$ のとき

$$\left| \int_C \frac{\cot z}{z(z-\zeta)} dz \right| < \frac{2}{R(R - |\zeta|)} \int_C ds = \frac{16}{R - |\zeta|} \to 0. \tag{19}$$

すなわち (18) の左辺で $\int_C \to 0$. 故に (18) から，ζ を z と書き換えて

$$\cot z = \lim_{n \to \infty} \sum_{k=-n}^{n} \frac{1}{z - k\pi}$$
$$= \frac{1}{z} + \sum_{n=1}^{\infty} \left[\frac{1}{z - n\pi} + \frac{1}{z + n\pi} \right]$$
$$= \frac{1}{z} + 2z \sum_{n=1}^{\infty} \frac{1}{z^2 - n^2\pi^2}.$$

すなわち (17) が証明されたのである．

この級数は，その形からみえるように，$z = n\pi$ $(n = \pm 1, \pm 2, \cdots)$ を含まない閉区域において一様に収束する．よって

$$\frac{d}{dz} \log \frac{\sin z}{z} = \cot z - \frac{1}{z}$$

を用いて，実数軸上 0 から z $(0 \leq z < \pi)$ まで項別に積分して

$$\log \frac{\sin z}{z} = \sum_{n=1}^{\infty} \left\{ \log \left(1 - \frac{z}{n\pi}\right) + \log \left(1 + \frac{z}{n\pi}\right) \right\},$$

従って

$$\sin z = z \prod_{n=1}^{\infty} \left(1 - \frac{z^2}{n^2\pi^2}\right). \tag{20}$$

これは $0 \leqq z < \pi$ が実数なるときに証明されたのであるが，$\sin z$ は超越整函数であり，また右辺の無限積は z 平面上任意の閉区域で一様に収束する（定理 46）から，右辺も整函数である（定理 57）．故に解析的延長の原則によって (20) は任意の z に関して成り立つ．

［注意］ (17) で $\sum \dfrac{1}{z-n\pi}$ と $\sum \dfrac{1}{z+n\pi}$ と，また (20) で $\prod \left(1-\dfrac{z}{n\pi}\right)$ と $\prod \left(1+\dfrac{z}{n\pi}\right)$ とは，別々には収束しない．

(4°)　$\dfrac{1}{\sin z}, \dfrac{1}{\cos z}$ を部分分数に分割すること

$\cot z$ と同様の方法によって $1/\sin z$ を部分分数に分割することができる．極は $\cot z$ と同じく $z = n\pi$ であるが，留数は $(-1)^n$ になる．結果は次の通り：

$$\frac{1}{\sin z} = \lim_{\nu \to \infty} \sum_{n=-\nu}^{\nu} \frac{(-1)^n}{z - n\pi} = \frac{1}{z} + 2z \sum_{n=1}^{\infty} \frac{(-1)^n}{z^2 - n^2\pi^2}. \tag{21}$$

同じ方法によって（または (21), (17) において z を $z + \dfrac{\pi}{2}$ に換えて）次の公式を得る：

$$\begin{aligned}
\frac{1}{\cos z} &= \sum_{n=0}^{\infty} (-1)^n \left(\frac{1}{z + \left(n + \frac{1}{2}\right)\pi} - \frac{1}{z - \left(n + \frac{1}{2}\right)\pi} \right) \\
&= 2\pi \sum_{n=0}^{\infty} \frac{(-1)^n \left(n + \frac{1}{2}\right)}{\left(n + \frac{1}{2}\right)^2 \pi^2 - z^2},
\end{aligned} \tag{22}$$

$$\begin{aligned}
\tan z &= -\sum_{n=0}^{\infty} \left(\frac{1}{z - \left(n + \frac{1}{2}\right)\pi} + \frac{1}{z + \left(n + \frac{1}{2}\right)\pi} \right) \\
&= 2z \sum_{n=0}^{\infty} \frac{1}{\left(n + \frac{1}{2}\right)^2 \pi^2 - z^2}.
\end{aligned} \tag{23}$$

(5°)　級数 $\sum n^{-2k}, \sum (-1)^{n-1} n^{-2k}$

(17) から

$$z \cot z = 1 + 2z^2 \sum_{n=1}^{\infty} \frac{1}{z^2 - n^2 \pi^2}.$$

さて $|z| < \pi$ とすれば

$$\frac{z^2}{n^2 \pi^2 - z^2} = \left(\frac{z}{n\pi}\right)^2 + \left(\frac{z}{n\pi}\right)^4 + \cdots + \left(\frac{z}{n\pi}\right)^{2k} + \cdots.$$

故に（定理 58）

$$z \cot z = 1 - 2 \sum_{k=1}^{\infty} s_{2k} \left(\frac{z}{\pi}\right)^{2k}, \tag{24}$$

ただし

$$s_{2k} = \sum_{n=1}^{\infty} \frac{1}{n^{2k}}, \tag{25}$$

これを級数(6)と比較して

$$s_{2k} = \frac{2^{2k-1} B_k}{(2k)!} \pi^{2k} \tag{26}$$

を得る．例えば $k = 1, 2$ とすれば

$$s_2 = 1 + \frac{1}{2^2} + \frac{1}{3^2} + \cdots = \frac{\pi^2}{6},$$

$$s_4 = 1 + \frac{1}{2^4} + \frac{1}{3^4} + \cdots = \frac{\pi^4}{90}.$$

[注意] (26)によって $B_n > 0$ がわかる(249 頁 参照)．また $B_n \to \infty$．

同じように(21)から

$$\frac{z}{\sin z} = 1 + 2 \sum_{k=1}^{\infty} s'_{2k} \left(\frac{z}{\pi} \right)^{2k},$$

ただし

$$s'_{2k} = 1 - \frac{1}{2^{2k}} + \frac{1}{3^{2k}} - \cdots \tag{27}$$

s'_{2k} の値は s_{2k} の値から容易に得られる．すなわち

$$s_{2k} - s'_{2k} = 2 \left(\frac{1}{2^{2k}} + \frac{1}{4^{2k}} + \cdots \right) = \frac{1}{2^{2k-1}} s_{2k},$$

従って

$$s'_{2k} = \left(1 - \frac{1}{2^{2k-1}} \right) s_{2k},$$

故に(26)から

$$s'_{2k} = \frac{2^{2k-1} - 1}{(2k)!} B_k \pi^{2k}. \tag{28}$$

同様に(22)から

$$\frac{1}{\cos z} = \sigma_1 \frac{2^2}{\pi} + \sigma_3 \frac{2^4}{\pi^3} z^2 + \sigma_5 \frac{2^6}{\pi^5} z^4 + \cdots, \tag{29}$$

ただし

$$\sigma_k = 1 - \frac{1}{3^k} + \frac{1}{5^k} - \cdots. \tag{30}$$

これを(9)，すなわち

$$\frac{1}{\cos z} = E_0 + \frac{E_1}{2!} z^2 + \frac{E_2}{4!} z^4 +$$

と比較して

$$\sigma_{2k+1} = \frac{E_k}{2^{2k+2}(2k!)} \pi^{2k+1}. \tag{31}$$

最初の二, 三は

$$1 - \frac{1}{3} + \frac{1}{5} - \cdots = \frac{\pi}{4},$$

$$1 - \frac{1}{3^3} + \frac{1}{5^3} - \cdots = \frac{\pi^3}{32},$$

$$1 - \frac{1}{3^5} + \frac{1}{5^5} - \cdots = \frac{5\pi^5}{3 \cdot 2^9}.$$

65. 対数 $\log z$ 一般の巾 z^a

指数函数の逆函数として $\log z$ を複素変数にまで拡張することは §54 で述べた．それは実函数 $\log x$ の解析的延長であるが，それを簡明に示すべき算式が幸に存在する．それが定積分

$$\log z = \int_1^z \frac{dz}{z} \tag{1}$$

である*．z が正の実数なるとき(1)は古典的である．然るに右辺の積分において $\frac{1}{z}$ は $z = 0$ 以外では正則だから，この積分は 1 を含んで 0 を含まない単連結の領域 K において正則である．そのようにして K 内で定義される $\int_1^z \frac{dz}{z}$ は実数に関する $\log z$ の K 内への唯一に可能なる解析的延長である．

例えば z 平面を実数軸の負の部分に沿って截断して，それを境界とする領域を K とするならば，(1) によって K 内に延長される $\log z$ は主値である．実際，K 内で 1 と $z = re^{\theta i}$ $(-\pi < \theta \leqq \pi)$ とを結ぶ任意の曲線 C に関する積分(1)は実数軸上を 1 から r へ，それから 0 を中心とする円周上を z まで行く積分路に関する積分に等しい（定理 51）．すなわち

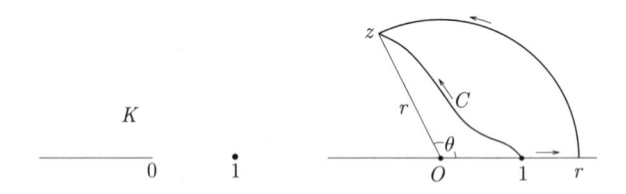

$$\int_C \frac{dz}{z} = \int_1^r \frac{dx}{x} + i \int_0^\theta d\theta = \log r + i\theta.$$

もちろん上記のような截断線を超えて(1)を延長することも可能である．例えば，次の図のように，$\theta > \pi$ なる扇形内でも

---

* 積分(1)によって $\log z$ を複素数にまで延長することは，すでに Gauss(1811) が指摘した．

$$\log z = \int_C \frac{dz}{z} = \int_1^r \frac{dx}{x} + i\int_0^\theta d\theta = \log r + i\theta$$

であるが，$\theta > \pi$ だから，これは $\log z$ の主値ではない．主値の虚部は $-i(2\pi-\theta)$ だから，$\log z = \text{Log}\, z + 2\pi i$.

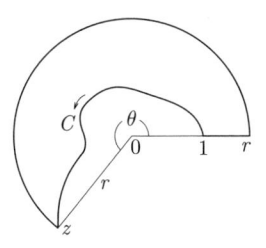

もしもこの扇形において θ がたえず増大してついに 2π を超えるならば，$\log z$ の虚数部 $\theta > 2\pi$ であるが，動径 $(0z)$ が回転を続けて θ が $(2n-1)\pi$ を超えるならば，$\log z$ は $\text{Log}\, z + 2n\pi i$ になる．動径が負の向きに回転するとしても同様で，上記截断線を n 回越せば $\log z$ は $\text{Log}\, z - 2n\pi i$ になる．このようにして，積分 (1) によって $\log z$ の多意性が活動的に説明される．

一般に $z=0$ を含まない単連結の領域 K 内の一点 z_0 における $\log z_0$ の値をきめておけば，K 内において $\log z$ が正則なる解析函数として一意的に確定する．それを (K における) $\log z$ の一つの枝という．もしも K が $z=0$ を含むならば，K 内で z が正または負の向きに点 0 を一周して出発点に帰るごとに $\log z$ の値は $\pm 2\pi i$ だけ変わる．$\log z$ は $z=0$ の近傍で一意的でない．$z=0$ は $\log z$ の分岐点である．

Log$(1+z)$ の展開　　幾何級数

$$\frac{1}{1+z} = 1 - z + z^2 - \cdots = \sum_{n=0}^{\infty} (-1)^n z^n$$

は $|z|<1$ なる円内で収束する．この円内で 0 から z まで項別に積分すれば

$$\int_0^z \frac{dz}{1+z} = \frac{z}{1} - \frac{z^2}{2} + \frac{z^3}{3} - \cdots.$$

右辺は $|z|<1$ において収束するが，左辺は $\int_1^{1+z} \frac{d\zeta}{\zeta}$ に等しく，その積分変数 $\zeta=1+z$ は $\zeta=1$ を中心とする半径 1 の円内にあるから，左辺は $\log(1+z)$ の主値である．すなわち

$$\text{Log}(1+z) = \frac{z}{1} - \frac{z^2}{2} + \frac{z^3}{3} - \cdots, \qquad (|z|<1). \tag{2}$$

実数に引直していえば，これは次のような意味を有する．$z=re^{i\theta}, 0 \leqq r < 1, -\pi \leqq \theta \leqq \pi$ とすれば

$$\frac{1}{2}\log(1+2r\cos\theta+r^2) = r\cos\theta - \frac{r^2\cos 2\theta}{2} + \frac{r^3\cos 3\theta}{3} - \cdots,$$

$$\varphi = r\sin\theta - \frac{r^2\sin 2\theta}{2} + \frac{r^3\sin 3\theta}{3} - \cdots,$$

ただし φ は次の図に示す角 (の弧度) である．

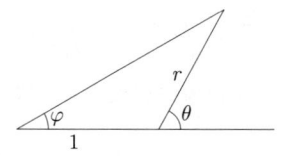

収束円の周上において上記展開を考察すれば興味ある結果を得る．級数(2)は収束円の周上 $z=-1$ を除けば収束する．実際 $\zeta = e^{\theta i}$, $|\theta|<\pi$ として

$$\frac{1}{1+z} = 1 - z + z^2 - \cdots \pm z^{n-1} \mp \frac{z^n}{1+z}$$

を 0 から ζ まで直線に沿って積分すれば

$$\mathrm{Log}(1+\zeta) = \zeta - \frac{\zeta^2}{2} + \frac{\zeta^3}{3} - \cdots \pm \frac{\zeta^n}{n} \mp \int_0^\zeta \frac{z^n}{1+z} dz.$$

積分路上において $z = re^{\theta i}$, $0 \leqq r \leqq 1$, $|1+z| \geqq |\sin\theta|$, 特に $|\theta| \leqq \frac{\pi}{2}$ ならば $|1+z| \geqq 1$ だから

$$\left| \int_0^\zeta \frac{z^n}{1+z} dz \right| \leqq \int_0^1 \frac{r^n}{|\sin\theta|} dr = \frac{1}{(n+1)|\sin\theta|}, \qquad \left(\frac{\pi}{2} < |\theta| < \pi\right) \qquad (3)$$

$$\leqq \int_0^1 r^n dr = \frac{1}{n+1}. \qquad \left(|\theta| \leqq \frac{\pi}{2}\right)$$

故に

$$\mathrm{Log}(1+\zeta) = \zeta - \frac{\zeta^2}{2} + \frac{\zeta^3}{3} - \cdots. \qquad (4)$$

両辺の虚数部を比較すれば，この場合，上図において $r=1$, 従って $\varphi = \frac{\theta}{2}$ だから，

$$\frac{\theta}{2} = \sin\theta - \frac{\sin 2\theta}{2} + \frac{\sin 3\theta}{3} - \cdots, \qquad (5)$$

$$(-\pi < \theta < \pi).$$

もしも $|\theta| \leqq \alpha < \pi$ とすれば，(3)からみえるように，この級数は θ に関して一様に収束する(168頁[*]参照).

(5)は $-\pi < \theta < \pi$ なる仮定の下において証明されたのであるが，$\theta = \pm\pi$ ならば級数の和はもちろん 0 に等しい．$\sin$ の周期性によって(5)の右辺の級数のグラフは次のようになる(実線).

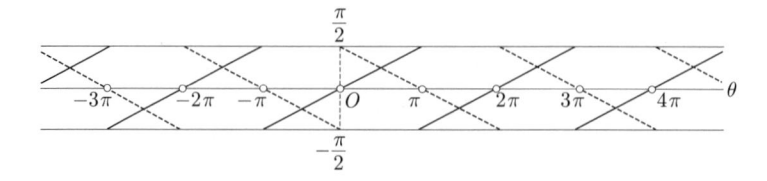

θ に $\pi - \theta$ を代入すれば

$$\frac{\pi - \theta}{2} = \sin\theta + \frac{\sin 2\theta}{2} + \frac{\sin 3\theta}{3} + \cdots. \qquad (6)$$

これは $0<\theta<2\pi$ なるときに限って成り立つ．右辺の級数のグラフは上の図の破線で示される．

(5), (6) から和の半分を取れば
$$\frac{\pi}{4} = \sin\theta + \frac{\sin 3\theta}{3} + \frac{\sin 5\theta}{5} + \cdots. \tag{7}$$

これは $0<\theta<\pi$ において成り立つ．級数のグラフは次の通りである．

ついでに(4)の両辺の実数部を比較しよう．$\mathrm{Log}(1+\zeta)$ の実数部は
$$\log|1+\zeta| = \log\{(1+\cos\theta)^2 + \sin^2\theta\}^{\frac{1}{2}} = \log(2+2\cos\theta)^{\frac{1}{2}}$$
$$= \log\left(2\cos\frac{\theta}{2}\right) = \log 2 + \log\cos\frac{\theta}{2}.$$

故に(4)から
$$\log\cos\frac{\theta}{2} = -\log 2 + \cos\theta - \frac{\cos 2\theta}{2} + \frac{\cos 3\theta}{3} - \cdots, \tag{8}$$
$$(-\pi<\theta<\pi).$$

すなわち $z=-1$ なるとき, $z - \dfrac{z^2}{2} + \dfrac{z^3}{3} - \cdots$ が収束しないのは，実数部の責任であったのである．

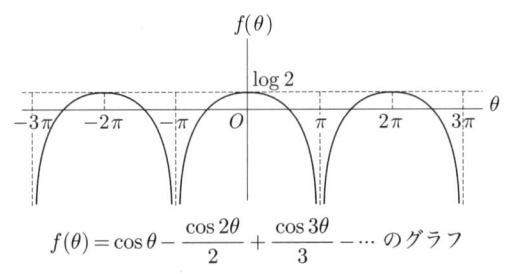

$f(\theta) = \cos\theta - \dfrac{\cos 2\theta}{2} + \dfrac{\cos 3\theta}{3} - \cdots$ のグラフ

一般の巾 z^a ($z\neq 0$, a は任意の複素数)　　これは
$$z^a = e^{a\log z} \tag{9}$$
によって定義される．それは(一般には)多意なる解析函数であるが，もしも $\log z$ を主値とすれば，一意的なる一つの枝が定まる．それを z^a の主値という．

指数 a が実数ならば，それは正なる実変数 x の巾函数 x^a の解析的延長である．

主値に限らないならば，$\log z = \mathrm{Log}\, z + 2n\pi i$ だから
$$z^a = e^{a\,\mathrm{Log}\,z} \cdot e^{2na\pi i}$$
$$= e^{a\,\mathrm{Log}\,z} \cdot (e^{2a\pi i})^n.$$

ここで因子 $(e^{2a\pi i})^n$ が z^a の多意性を示す．z が 0 を正の向きに一周して出発点に帰れば，z^a には因子 $e^{2a\pi i}$ が掛かる．$z=0$ は z^a の分岐点である．ただし，a が整数ならば，この因子は 1 に

等しいから，z^a はもちろん一意的である．

一例として，$i^i = e^{i\log i}$ の主値は $i^i = e^{i\cdot\frac{\pi i}{2}} = e^{-\frac{\pi}{2}}$．一般の値は
$$i^i = e^{-\frac{\pi}{2}}(e^{2i\pi i})^n = e^{-\frac{\pi}{2}(1+4n)}.$$

$z(\neq 0)$ の近傍で，z^a の各々の枝は正則である．その微分商は
$$\frac{dz^a}{dz} = \frac{d}{dz}e^{a\log z} = e^{a\log z}\cdot\frac{a}{z} = az^{a-1}.$$

ただし，右辺の $z^{a-1} = e^{(a-1)\log z}$ で，肩の $\log z$ は $z^a = e^{a\log z}$ におけると同一である．例えば z^a が主値ならば，z^{a-1} も主値．

高階微分商
$$\frac{d^n z^a}{dz^n} = a(a-1)\cdots(a-n+1)z^{a-n}$$

も同様である．

二項定理 指数 m が任意の(実数または)複素数なるとき，$(1+z)^m$ は $|z|<1$ なる円内で正則である(そこでは $1+z \neq 0$ だから)．故に $(1+z)^m$ は $|z|<1$ において収束する Taylor 展開を有する．

さて $(1+z)^m$ の主値は $z=0$ のとき 1 である．今それの展開 $\sum a_n z^n$ の係数を求めるために，$(1+z)^m$ を逐次微分して $z=0$ と置けば
$$a_n = \frac{m(m-1)\cdots(m-n+1)}{n!} = \binom{m}{n}, \quad a_0 = 1 = \binom{m}{0}$$

を得る．故に $(1+z)^m$ の主値は
$$(1+z)^m = \sum_{n=0}^\infty \binom{m}{n} z^n. \tag{10}$$

これが一般の二項定理である．m が自然数でないならば，右辺は無限級数である．それは $|z|<1$ なるとき収束するが，$z=-1$ において $(1+z)^m$ は正則でないから，収束半径は 1 である．

［例］
$$\frac{1}{1+x} = 1 - x + x^2 - x^3 + \cdots,$$
$$\frac{1}{(1+x)^2} = 1 - 2x + 3x^2 - 4x^3 + \cdots,$$
$$\sqrt{1+x} = 1 + \frac{x}{2} - \frac{1}{2}\frac{x^2}{4} + \frac{1\cdot 3}{2\cdot 4}\frac{x^3}{6} - \frac{1\cdot 3\cdot 5}{2\cdot 4\cdot 6}\frac{x^4}{8} + \cdots,$$
$$\frac{1}{\sqrt{1+x}} = 1 - \frac{1}{2}x + \frac{1\cdot 3}{2\cdot 4}x^2 - \frac{1\cdot 3\cdot 5}{2\cdot 4\cdot 6}x^3 + \frac{1\cdot 3\cdot 5\cdot 7}{2\cdot 4\cdot 6\cdot 8}x^4 - \cdots.$$

［附記］ 多意函数に関しても，その一意的なる枝には，Cauchy の積分公式が適用される．今その一例として次の積分を計算する．

[例]
$$\int_0^\infty \frac{x^{a-1}}{1+x}dx = \frac{\pi}{\sin a\pi}, \qquad (0<a<1).$$

$z^{a-1} = e^{(a-1)\log z}$ は $z=0$ において分岐点を有するが，図に示すように実軸上の線分 AB と円 C, c とで囲まれた閉域では一意的で，$\dfrac{z^{a-1}}{1+z}$ は $z=-1$ において一次の極を有する．その境界に沿って積分すれば

$$\frac{1}{2\pi i}\int \frac{z^{a-1}}{1+z}dz = e^{(a-1)\pi i} = -e^{a\pi i}.$$

右辺は $z=-1$ における $z^{a-1}/1+z$ の留数である．（すなわち $(-1)^{a-1}$ の主値.）

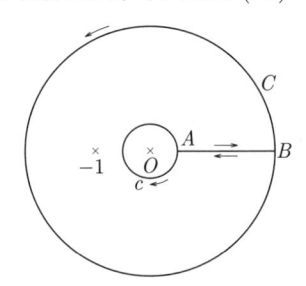

さて $OA=\varepsilon, OB=R$ とすれば，左辺の積分は

$$\int_{AB}+\int_C+\int_{BA}+\int_c$$

で，$R\to\infty, \varepsilon\to 0$ のとき

$$\left|\int_C\right| < \frac{R^{a-1}}{R-1}\cdot 2\pi R \to 0, \quad \left|\int_c\right| < \frac{\varepsilon^{a-1}}{1-\varepsilon}2\pi\varepsilon \to 0.$$

また $\int_{BA}$ においては $x^{a-1} = e^{(a-1)(\log x + 2\pi i)}$．故に

$$\int_{AB}+\int_{BA} = \int_\varepsilon^R \frac{x^{a-1}}{1+x}dx\cdot(1-e^{(a-1)2\pi i}).$$

よって結局

$$\int_0^\infty \frac{x^{a-1}}{1+x}dx = \frac{-2\pi i e^{a\pi i}}{1-e^{2a\pi i}} = \frac{\pi}{\sin a\pi}.$$

（上記計算の理論は 226 頁と同様であるが，AB と BA とに関する積分が相殺しない.）

上記積分は $B(a, 1-a)$ に等しい（§ 33, [例 3]）.

66. 有理函数の積分の理論

有理函数

$$f(z) = \frac{\varphi(z)}{\psi(z)}$$

において φ, ψ は共通根を有しない多項式とする．然らば $\psi(z)$ の根 α は $f(z)$ の極である．もしも α が $\psi(z)$ の k 重の根ならば，

$$\psi(z) = (z-\alpha)^k \psi_0(z)$$

と置くとき，$\psi_0(\alpha) \neq 0$ で $(z-\alpha)^k f(z)$ は α において正則で，α は $f(z)$ の k 次の極である．α における $f(z)$ の主要部を

$$P(\alpha, z) = \frac{a_k}{(z-\alpha)^k} + \cdots + \frac{a_1}{z-\alpha} \tag{1}$$

とすれば，それは $(z-\alpha)^k f(z)$ の α における Taylor 展開の最初の k 項

$$a_k + a_{k-1}(z-\alpha) + \cdots + a_1(z-\alpha)^{k-1}$$

を $(z-\alpha)^k$ で割って求められる．

$\psi(z)$ の根の最大絶対値を R とすれば，$|z| > R$ なるとき $f(z)$ は正則であるが，もしも分子 $\varphi(z)$ が分母 $\psi(z)$ よりも低い次数を有するならば，$z \to \infty$ のとき $f(z) \to 0$ だから，$f(z)$ は $z = \infty$ においても正則である（§60）．この場合，$f(z)$ のすべての極に関する主要部 $P(\alpha, z)$ を $f(z)$ から引けば，

$$f(z) - \sum_\alpha P(\alpha, z)$$

は z のすべての値に関して正則，また $z = \infty$ においても正則だから，それは定数であるが，$z \to \infty$ のとき $f(z) \to 0$, $P(\alpha, z) \to 0$ だから，それは 0 に等しい．すなわち

$$f(z) = \sum_\alpha P(\alpha, z). \tag{2}$$

またもし $\varphi(z)$ が $\psi(z)$ と同次以上ならば，$\varphi(z)$ を $\psi(z)$ で割った商を $Q(z)$, 剰余を $\varphi_0(z)$ とすれば

$$f(z) = Q(z) + \frac{\varphi_0(z)}{\psi(z)}$$

で，極 α に関する主要部は $f(z)$ においても φ_0/ψ においても同一だから（$Q(z)$ は α において正則だから）

$$f(z) = Q(z) + \sum_\alpha P(\alpha, z). \tag{3}$$

（この場合，$Q(z)$ が一次以上ならば，$z = \infty$ が $f(z)$ の極で，$z = \infty$ における $f(z)$ の主要部は $Q(z)$ から定数項だけを除いた残部である．）

α における主要部 $P(\alpha, z)$ は(1)の通りだから，(2)または(3)によって $f(z)$ が部分分数に分解されるのである．

さて $P(\alpha, z)$ の計算法だが，それは前に述べたように $(z-\alpha)^k f(z) = \dfrac{\varphi(z)}{\psi_0(z)}$ の Taylor 展開の最初の k 項から得られる．

特に $z = \alpha$ が分母の単根ならば，主要部

$$\frac{a}{z-\alpha}$$

において，a は $z=\alpha$ における留数で（§62）
$$a = \lim_{z\to\alpha} \frac{(z-\alpha)\varphi(z)}{\psi(z)} = \frac{\varphi(\alpha)}{\psi'(\alpha)}.$$
よって $\psi(z)$ が単根のみを有して，$\varphi(z)$ が $\psi(z)$ よりも低次ならば，
$$\frac{\varphi(z)}{\psi(z)} = \sum_\alpha \frac{\varphi(\alpha)}{\psi'(\alpha)} \cdot \frac{1}{z-\alpha}. \tag{4}$$
和 $\sum_\alpha$ は $\psi(z)$ のすべての根 α にわたる．これが Lagrange の補間式である．

有理函数の不定積分は有理函数 $f(z)$ を (3) のように分解すればすぐにできる．まず多項式 $Q(z)$ の不定積分には論はない．さて
$$P(\alpha, z) = \frac{a_k}{(z-\alpha)^k} + \cdots + \frac{a_1}{z-\alpha}$$
だから
$$\int P(\alpha,z)dz = -\frac{a_k}{k-1}\frac{1}{(z-\alpha)^{k-1}} - \cdots - \frac{a_2}{z-\alpha} + a_1 \log(z-\alpha).$$
故に次の定理を得る．

定理 64．有理函数 $f(z)$ の不定積分は，有理函数と対数函数との和である．その対数的の部分は
$$\sum_\alpha a_1 \log(z-\alpha).$$
ここで $\sum_\alpha$ は $f(z)$ の極 α に関する和で，a_1 は α における $f(z)$ の留数である．

$f(x)$ が実係数を有する有理函数なる場合は，実変数 x に関する不定積分を実数だけで表わすことはもちろんできる．その場合，$f(x)$ の分母の実根 α からは実数なる $a_1 \log(x-\alpha)$ が生ずるが，互に共役なる $\alpha, \bar{\alpha}$ からは log のほかに arc tan を含む項が生ずる．今
$$\alpha = a+bi, \quad \bar{\alpha} = a-bi; \quad a_1 = p+qi, \quad \bar{a}_1 = p-qi$$
と置けば，
$$\log(x-\alpha) = \log(x-a-bi) = \frac{1}{2}\log[(x-a)^2+b^2] - i \arctan \frac{b}{x-a}.$$
故に
$$a_1 \log(x-\alpha) + \bar{a}_1 \log(x-\bar{\alpha}) = p\log[(x-a)^2+b^2] + 2q \arctan \frac{b}{x-a}. \tag{5}$$

有理函数の不定積分における有理の部分は，有理的計算によって（根を用いないで）求められることを，Hermite が指摘した．

まず分母 ψ が複根を有するときには
$$\psi = X_1 X_2^2 X_3^3 \cdots X_m^m$$
と置いて，k 重の一次因子の全部をまとめて X_k^k と書く（k 重因子がなければ $X_k = 1$ とする）．

然らば X_k は単根のみを有し，かつ $X_1, X_2, \cdots$ は二つずつ互に素なる多項式である．さて ψ と ψ' との最大公約数を $\psi_1 = (\psi, \psi')$ と書けば
$$\psi_1 = X_2 X_3^2 \cdots X_m^{m-1}.$$
同じように
$$\psi_2 = (\psi_1, \psi_1') = X_3 X_4^2 \cdots X_m^{m-2},$$
等々．故に
$$\psi/\psi_1 = X_1 X_2 X_3 \cdots X_m, \quad \psi_1/\psi_2 = X_2 X_3 \cdots X_m, \quad \psi_2/\psi_3 = X_3 \cdots X_m,$$
等々で，これから割り算によって $X_1, X_2, X_3, \cdots, X_m$ が得られる．すなわち ψ におけるこれらの因子は有理的の計算によって分離されるのである．

然らば $X_1, X_2, \cdots, X_m$ は互に素だから
$$\frac{\varphi}{\psi} = \frac{\Phi_1}{X_1} + \frac{\Phi_2}{X_2^2} + \cdots + \frac{\Phi_m}{X_m^m}$$
のような分解が有理的にできる．

今これら部分分数の一つを
$$\frac{\Phi}{X^n}$$
と書いて，それの積分を単純化しよう．

仮定によって X と X' とは共通因子を有しないから
$$PX + QX' = 1$$
なる多項式 P, Q が有理的に求められる．然らば
$$\int \frac{\Phi dz}{X^n} = \int \frac{(PX + QX')\Phi}{X^n} dz = \int \frac{P\Phi}{X^{n-1}} dz + \int \frac{X'}{X^n} Q\Phi \, dz.$$
$\dfrac{X'}{X^n} = -\dfrac{d}{dz} \dfrac{1}{(n-1)X^{n-1}}$ を用いて，第二の積分に部分積分を行えば，
$$\int \frac{\Phi dz}{X^n} = \frac{-Q\Phi}{(n-1)X^{n-1}} + \int \frac{(n-1)P\Phi + (Q\Phi)'}{(n-1)X^{n-1}} dz$$
を得る．すなわち分母において X の指数が $n-1$ なる積分に帰する．この方法を続行すれば，結局
$$\int \frac{\Phi dz}{X^n} = \frac{F}{X^{n-1}} + \int \frac{G dz}{X},$$
$$\int \frac{G dz}{X} = \sum_\alpha a_1 \log(z - \alpha), \quad a_1 = \frac{G(\alpha)}{X'(\alpha)} \tag{6}$$
を得る：ただし F, G は多項式で，G は X よりも低次である（さもなければ，G を X で割って，その整商だけを分離すればよい）．和は X の根 α の上にわたる．a_1 は α における留数である（X の根はすべて単根のはず）．

[例]
$$\int \frac{dz}{(z^4+1)^3}.$$

$X = z^4+1$, $X' = 4z^3$, $4X - zX' = 4$.

$$\int \frac{dz}{X^3} = \int \frac{dz}{X^2} - \frac{1}{4}\int \frac{zX'}{X^3}dz = \frac{1}{8}\frac{z}{X^2} + \frac{7}{8}\int \frac{dz}{X^2},$$

$$\int \frac{dz}{X^2} = \int \frac{dz}{X} - \frac{1}{4}\int \frac{zX'}{X^2}dz = \frac{z}{4X} + \frac{3}{4}\int \frac{dz}{X},$$

故に

$$\int \frac{dz}{(z^4+1)^3} = \frac{1}{8}\frac{z}{(z^4+1)^2} + \frac{7}{32}\frac{z}{(z^4+1)} + \frac{21}{32}\int \frac{dz}{z^4+1}. \tag{7}$$

さて $z^4+1=0$ の根を α とすれば,$\alpha^4 = -1$ に注意して(4)から

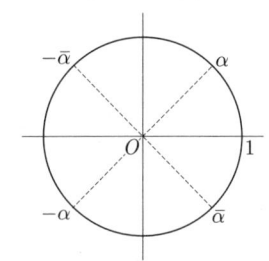

$$\frac{1}{z^4+1} = \sum_\alpha \frac{1}{4\alpha^3}\frac{1}{z-\alpha} = -\frac{1}{4}\sum_\alpha \frac{\alpha}{z-\alpha},$$

$$\int \frac{dz}{z^4+1} = -\frac{1}{4}\sum \alpha \log(z-\alpha).$$

根は $\alpha = \dfrac{1+i}{\sqrt{2}}$, $\bar\alpha = \dfrac{1-i}{\sqrt{2}}$ および $-\alpha, -\bar\alpha$ である.よって実数で表わせば,(5)によって

$$\alpha \log(z-\alpha) + \bar\alpha \log(z-\bar\alpha) = \frac{1}{\sqrt{2}}\log\left\{\left(z-\frac{1}{\sqrt{2}}\right)^2 + \frac{1}{2}\right\} + \sqrt{2}\arctan\frac{1}{\sqrt{2}z-1},$$

$$-\alpha \log(z+\alpha) - \bar\alpha \log(z+\bar\alpha) = -\frac{1}{\sqrt{2}}\log\left\{\left(z+\frac{1}{\sqrt{2}}\right)^2 + \frac{1}{2}\right\} + \sqrt{2}\arctan\frac{1}{\sqrt{2}z+1}.$$

加えて簡約すれば

$$\int \frac{dz}{z^4+1} = \frac{1}{4\sqrt{2}}\log\frac{z^2+\sqrt{2}z+1}{z^2-\sqrt{2}z+1} - \frac{1}{2\sqrt{2}}\arctan\frac{\sqrt{2}z}{z^2-1},$$

これを(7)の右辺に入れるのである.

67. 二次式の平方根に関する不定積分*

z の二次式の平方根を

---

* 本書では多意なる解析函数の積分論を述べない.それには Riemann 面が必要で,解析概論としては,あまりに深入りであろう.本節では実変数への応用を統一的に説明することを目標にするが,複素変数でも,函数が一意なる領域には通用する.

$$w = \sqrt{az^2 + bz + c} = \sqrt{R} \tag{1}$$

と書いて，F を有理式とすれば $F(z,w)$ は z に関して一意的ではないが，それを有理的に一意化(uniformization)することができる．——というのは，z も w も媒介変数 t の有理函数で，その t が逆にまた z と w との有理函数として表わされることを意味する．すなわち

$$z = \varphi(t), \quad w = \psi(t) \tag{2}$$

で，また

$$t = \theta(z, w); \tag{3}$$

しかも φ, ψ, θ は有理函数である．このように z と w とを一意的に表わす媒介変数 t を一意化変数という．

然らば(2)を $F(z, w)$ へ持ち込めば

$$\int F(z, w) dz = \int F(\varphi, \psi) \varphi'(t) dt.$$

それは t に関する有理函数の積分である．故に不定積分は(3)によって，z と w との有理函数および対数函数で表わされる．

上記の一意化は実変数の場合には§37, (II)に述べたように無数にできるが，同様の方法が複素変数に関しても適用される．次にその一例を述べる．

まず変数 z の一次変換によって平方根を

$$\sqrt{R} = \sqrt{z^2 - 1}$$

にすることができる．複素数の範囲で考察すれば，それは常に可能である．然らば(§37のように)

$$z + \sqrt{R} = t \tag{4}$$

と置くとき

$$z - \sqrt{R} = \frac{1}{t}.$$

従って

$$z = \frac{1}{2}\left(t + \frac{1}{t}\right), \quad \sqrt{R} = \frac{1}{2}\left(t - \frac{1}{t}\right),$$

$$dz = \frac{1}{2}\left(1 - \frac{1}{t^2}\right)dt,$$

$$\frac{dz}{\sqrt{R}} = \frac{dt}{t}. \tag{5}$$

これが計算的に最も見透しのよい有理化の方法であろう．

さて $F(z, w)$ を有理式とすれば，一意化変数 t を用いて

$$\int F(z, \sqrt{R}) dz = \int \Phi(t) dt.$$

ただし $\Phi(t)$ は有理式である．それを多項式と部分分数とに分割して
$$\Phi(t) = P(t) + \sum_{\lambda,n} \frac{c_n}{(t-\lambda)^n}$$
とする．λ は $\Phi(t)$ の極である．従って
$$\int \Phi(t)dt = \Psi(t) + \sum_\lambda c_1 \log(t-\lambda), \tag{6}$$
$\Psi(t)$ は有理式である．故に (4) から
$$\int F(z,\sqrt{R})dz = \Psi(z+\sqrt{R}) + \sum_\lambda c_1 \log(z+\sqrt{R}-\lambda). \tag{7}$$
すなわち $F(z,\sqrt{R})$ の不定積分は $z,\sqrt{R}$ の有理式と $z,\sqrt{R}$ の<u>一次式</u>の対数との一次結合として表わされる．

　以上は $F(z,\sqrt{R})$ の不定積分を行うときに期待されるべき結果の概括論である．

　F および R における係数が実数であるとき，変数も実数として，結果を実数のみで表わすには，三つの場合を区別することを要する．すなわち
$$R = ax^2 + bx + c, \quad D = b^2 - 4ac$$
として

　　（I）$a > 0, D > 0$,　　（II）$a > 0, D < 0$,　　（III）$a < 0, D > 0$.

$a < 0, D < 0$ ならば，R は常に負だから，実数の範囲内では問題にならない．さて，これらの場合において，実係数の一次変換によって $\sqrt{R}$ を次のような形に変形することができる．

　　（I）$\sqrt{x^2-1}$,　　（II）$\sqrt{x^2+1}$,　　（III）$\sqrt{1-x^2}$.

（I）の場合には，(4) の変換で有理化ができるが，そのとき (7) における log の下で，$\lambda = p + qi$ が複素数ならば，その log を実数に引直さねばならない．さて
$$\log(t-\lambda) = \log(t-p-qi) = \frac{1}{2}\log((t-p)^2 + q^2) - i\arctan\frac{q}{t-p}.$$
右辺の log の下は t の二次式だが，それを
$$\log t + \log\left(t + \frac{p^2+q^2}{t} - 2p\right)$$
と書けば，$\dfrac{1}{t} = x - \sqrt{R}$ であったから，第二の log の下は
$$x + \sqrt{R} + (p^2+q^2)(x-\sqrt{R}) - 2p,$$
すなわち $hx + k\sqrt{R} + l$ のような x と $\sqrt{R}$ との実係数の一次式である．λ が複素数ならば，(7) における係数 c_1（留数）も複素数だが，共役複素数が対をなして出てきて，結局は $x,\sqrt{R}$ の一次式の log と $x,\sqrt{R}$ の一次有理式の arctan とで不定積分が得られるのである．（II），（III）でも，結果は同様であるが，いずれの場合にも，実際の計算は相当にめんどうである．

上記，一般的の理論では，結果の見通しをつけて，手数を厭わなければ，計算が必ずできることを述べたのである．もっとも，計算ができるといっても，部分分数への分解には，方程式の根を求めなければならないから，実際は(極めて特別な場合のほか)近似計算に終わるのである．

68. ガンマ函数

$\Gamma(s)$ をこれまでしばしば引合いに出したが，本節で $\Gamma(s)$ を主題にして総括をする．

$s>0$ なる区間内の任意の閉区間において，
$$\Gamma(s) = \int_0^\infty e^{-x} x^{s-1} dx \tag{E}$$
は一様に収束し，従って実変数 s に関して連続函数である($\S 48, 179/180$ 頁)．

$\Gamma(s)$ に関して次の関係式は既知である($\S 35$, [例 4])．
$$\Gamma(s+1) = s\Gamma(s). \quad (s>0) \tag{1}$$

(1°) 今 s を複素変数として，慣例に従って $s=\sigma+ti$ と書いて，$\sigma>0$ なる領域(s 平面上虚数軸の右側)において，上記の積分(E)を考察する．積分の路は実数軸の正の部分で，$x^{s-1}=e^{(s-1)\log x}$ において，$\log x$ は主値を表わすものとする．

然らば $|x^{s-1}|=x^{\sigma-1}$ だから，積分(E)は変数 s が $\sigma>0$ なる領域内の任意の有界なる閉域にあるとき，$x\to 0$ のときにも，$x\to\infty$ のときにも，一様に収束する．従って $\Gamma(s)$ は領域 $\sigma>0$ において連続である．

(2°) $\Gamma(s)$ は $\sigma>0$ において連続であるのみでなく，s の函数として正則である．上記一様収束のおかげで，s が半平面 $\sigma>0$ において閉曲線 C を画くとき，$\int_C \Gamma(s)ds$ が積分記号下において積分される，すなわち
$$\int_C \Gamma(s)ds = \int_0^\infty e^{-x}dx \int_C x^{s-1}ds.$$
さて x^{s-1} は s の(超越)整函数だから，Cauchy の積分定理によって $\int_C x^{s-1}ds=0$，従って $\int_C \Gamma(s)ds=0$．故に Morera の定理によって，$\Gamma(s)$ は $\sigma>0$ において正則である．

(3°) $s>0$ なるとき，(1)によって $\Gamma(s+1)=s\Gamma(s)$．然るに $\Gamma(s)$，従って $\Gamma(s+1)$ も $s\Gamma(s)$ も，$\sigma>0$ のとき正則であることが確定して，それらが実数軸上において一致するから領域 $\sigma>0$ においても一致する．すなわち $\sigma>0$ なるとき，常に*
$$\Gamma(s+1) = s\Gamma(s). \quad (\sigma>0) \tag{2}$$

(4°) この関係を用いて，$\Gamma(s)$ を $\sigma>-1$ なる領域にまで解析的に延長することができる．すなわち $\sigma>-1$ なるとき

---

* これが解析的延長に際して，函数の解析的性質が保持される一例である．$\S 63$ 参照．

$$\varGamma(s) = \frac{\varGamma(s+1)}{s} \tag{3}$$

と置くのである．$\sigma > -1$ ならば $s+1$ の実数部は正だから，右辺は $s=0$ だけを除けば正則で，$\sigma > 0$ ならば，もとの $\varGamma(s)$ と一致する．このようにして $\sigma > -1$ にまで拡張された $\varGamma(s)$ は $s=0$ 以外では正則であるが，$s \to 0$ のとき $\varGamma(s+1) \to \varGamma(1) = 1$ だから，$s = 0$ は $\varGamma(s)$ の一次の極で，主要部は $\dfrac{1}{s}$ である．

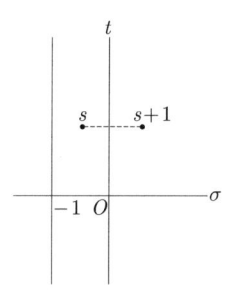

よって (1) は $\sigma > -1$ においても成り立つ．それは (3°) におけると同様である．

等式 (1) が $\sigma > -1$ において成り立つから，それによって上記と同様に (3) によって $\varGamma(s)$ を $\sigma > -2$ なる領域にまで解析的に延長することができる．そのとき $\varGamma(s)$ は $s=0$ のほか $s=-1$ においても一次の極を有する．主要部は $-\dfrac{1}{s+1}$ である．

この方法を繰り返せば，$\varGamma(s)$ を s 平面の全部に延長することができる．それは $s=0,-1,-2,\cdots$ において一次の極を有するほかは，常に正則なる解析函数である．

(5°) このように $\varGamma(s)$ を s 平面全部において解析函数として定義することができたけれども，Euler の積分 (E) は $\sigma > 0$ なる領域においてのみ収束するから，$\sigma \leqq 0$ において $\varGamma(s)$ を表わす能力がない．然るに s が実数なるときには，$\varGamma(s)$ は次の **Gauss** の公式によって表わされる：

$$\varGamma(s) = \lim_{n \to \infty} \frac{n! n^s}{s(s+1)\cdots(s+n)}. \tag{G}$$

もちろん $s = 0, -1, -2, \cdots$ は除く．

これは s が複素数でも成り立つのだが，現代的に書き直せば

$$\frac{s(s+1)\cdots(s+n)}{n! n^s} = e^{\left(1 + \frac{1}{2} + \cdots + \frac{1}{n} - \log n\right)s} s \left(1 + \frac{s}{1}\right) e^{-s} \left(1 + \frac{s}{2}\right) e^{-\frac{s}{2}} \cdots \left(1 + \frac{s}{n}\right) e^{-\frac{s}{n}}$$

で，すなわち (G) は次の **Weierstrass** の公式に変形される：

$$\frac{1}{\varGamma(s)} = e^{Cs} s \prod_{n=1}^{\infty} \left(1 + \frac{s}{n}\right) e^{-\frac{s}{n}}. \tag{W}$$

ここで $C = \lim\limits_{n \to \infty} \left(1 + \dfrac{1}{2} + \cdots + \dfrac{1}{n} - \log n\right)$ は Euler の定数 (161 頁) である．

(W) は (G) を書き直しただけで，また右辺の無限積は収束すると仮定したのである．さて

(W)を証明しよう．

(6°) まず(W)の右辺の無限積を

$$P(s) = \prod_{n=1}^{\infty}\left(1+\frac{s}{n}\right)e^{-\frac{s}{n}}$$

と略記して，それが s 平面上の任意の有界なる閉域において絶対にかつ一様に収束することを証明する．それができれば，$P(s)$ は s 平面上において正則，すなわち整函数であることがわかる(定理57)．

そのために

$$\left(1+\frac{s}{n}\right)e^{-\frac{s}{n}} = 1+u_n$$

とおいて，$|s| \leqq R$ なるとき，n を十分に大きく取れば，或る定数 k に関して

$$|u_n| < k\frac{|s|^2}{n^2} \tag{4}$$

なることを示そう．そうすれば

$$|u_n| < \frac{kR^2}{n^2}$$

で，$\sum \dfrac{1}{n^2}$ 従って $\sum |u_n|$ は収束するから，目的は達せられる(定理46)．まず

$$n > R$$

とすれば $\dfrac{|s|}{n} < 1$ であるが，今 $\dfrac{s}{n} = z$ と書いて

$$|z| \leqq 1 \quad \text{なるとき} \quad |(1+z)e^{-z}-1| < 7|z|^2 \tag{5}$$

になることを示そう．すなわち(4)における k は7でよい．―― 実際，今

$$\frac{(1+z)e^{-z}-1}{z^2}$$

を考察するに，$z=0$ は分子においても二次の零点だから，これは整函数である．故に閉域 $|z| \leqq 1$ におけるそれの絶対値は境界線 $|z|=1$ の上で最大値を取る(定理63)．その最大値を k にしてもよいのだが，$|z|=1$ のとき

$$\left|\frac{(1+z)e^{-z}-1}{z^2}\right| = |(1+z)e^{-z}-1| \leqq |1+z||e^{-z}|+1 < 2e+1 < 7.$$

故に $k=7$ とすれば十分である(7に特別の意味はない)．

さて，公式(W)の右辺が整函数であることが確定したから，(W)を証明するには，それが実数軸の一部分において正しいことを示せばよい．そうすれば解析的延長の原則によって，それは全複素数平面において成り立つことがわかる．

(7°) そこで実変数に返って，$s>0$ として(G)を証明する．証明の方法はいろいろあるが，

68. ガンマ函数

次に掲げるのは簡明である[*]．

まず $\log \Gamma(s)$ は凸函数（§20）である．すなわち

$$\frac{d^2}{ds^2}\log \Gamma(s) = \frac{\Gamma\Gamma'' - \Gamma'^2}{\Gamma^2} \geqq 0. \tag{6}$$

実際，
$$\Gamma(s) = \int_0^\infty e^{-x} x^{s-1} dx,$$

$$\Gamma'(s) = \int_0^\infty e^{-x} x^{s-1} \log x \, dx,$$

$$\Gamma''(s) = \int_0^\infty e^{-x} x^{s-1} (\log x)^2 dx$$

から（180頁），任意の u に関して

$$u^2 \Gamma + 2u\Gamma' + \Gamma'' = \int_0^\infty e^{-x} x^{s-1} (u^2 + 2u \log x + (\log x)^2) dx$$
$$= \int_0^\infty e^{-x} x^{s-1} (u + \log x)^2 dx \geqq 0.$$

故に左辺に書いた u の二次式の判別式 $\Gamma'^2 - \Gamma\Gamma''$ は正でない．従って(6)の通り．

そこで $n>1$ を自然数とし，また $0<s<1$ として，§20(1″)で $y = \log\Gamma(s)$ として，$x_1 < x < x_2$ にまず $n < n+s < n+1$ を代用し，次にまた $n-1 < n < n+s$ を代用すれば

$$\log\Gamma(n) - \log\Gamma(n-1) \leqq \frac{\log\Gamma(n+s) - \log\Gamma(n)}{s} \leqq \log\Gamma(n+1) - \log\Gamma(n)$$

を得る．(1)を用いて書き直せば

$$\log(n-1) \leqq \frac{\log\Gamma(n+s) - \log\Gamma(n)}{s} \leqq \log n,$$

従って
$$(n-1)^s \Gamma(n) \leqq \Gamma(n+s) \leqq n^s \Gamma(n).$$

(1)から
$$\Gamma(n+s) = (s+n-1)(s+n-2)\cdots(s+1)s\Gamma(s)$$

を得るから，
$$\frac{(n-1)^s \Gamma(n)}{s(s+1)\cdots(s+n-1)} \leqq \Gamma(s) \leqq \frac{n^s \Gamma(n)}{s(s+1)\cdots(s+n-1)}$$
$$= \frac{n^s \Gamma(n+1)}{s(s+1)\cdots(s+n)} \cdot \frac{s+n}{n}.$$

$n>1$ は任意だから左辺で n を $n+1$ に換えて

---

[*] Artin, Einführung in die Theorie der Gammafunktion (Hamburg, 1931) による．この小冊子の初等的で巧妙なる方法を，本節および次の節で所々に引用する．

$$\frac{n^s \Gamma(n+1)}{s(s+1)\cdots(s+n)} \leqq \Gamma(s) \leqq \frac{n^s \Gamma(n+1)}{s(s+1)\cdots(s+n)} \frac{s+n}{n},$$

すなわち

$$\Gamma(s)\frac{n}{s+n} \leqq \frac{n^s \Gamma(n+1)}{s(s+1)\cdots(s+n)} \leqq \Gamma(s).$$

$\Gamma(n+1) = n!$ を入れて $n \to \infty$ とすれば Gauss の公式 (G) を得る．(W) はそれの変形であることは前に述べた．

よってすべての複素数 s に関して (W) が成り立つ．

［注意］　上記の証明では，$s > 0$ のとき，$\log \Gamma(s)$ が凸函数であることと，函数方程式 (1) とが根拠であった．今 $\Gamma(s)$ の代りに一般に $f(s)$ を取って，$s > 0$ なるとき $f(s) > 0$ で，$\log f(s)$ は凸函数，また函数方程式 $f(s+1) = sf(s)$ が成り立つとするならば，$f(s)$ に関しても上記 (G) の証明は通用するが，ただ最後に $\Gamma(n+1) = n!$ のところへ $f(n+1) = n! \cdot f(1)$ がくる．従って $f(s)$ に関する上記仮定から $f(s) = a\Gamma(s)$ を得る．$a = f(1)$ は定数である．後にこれを応用するであろう．

(8°)　公式 (W) で s を $-s$ に換えて $\Gamma(1-s) = -s\Gamma(-s)$ を用いるならば，

$$\frac{1}{\Gamma(s)\Gamma(1-s)} = s \prod_{n=1}^{\infty}\left(1 - \frac{s^2}{n^2}\right)$$

を得る．よって §64, (20) から

$$\Gamma(s)\Gamma(1-s) = \frac{\pi}{\sin \pi s}. \tag{7}$$

(7) において $s = \dfrac{1}{2}$ とすれば

$$\Gamma\left(\frac{1}{2}\right) = \sqrt{\pi}. \tag{8}$$

(E) において積分変数 x を x^2 に換えるならば，(8) から既知の積分

$$\int_0^{\infty} e^{-x^2} dx = \frac{\sqrt{\pi}}{2}$$

を得る．また (8) において $\Gamma\left(\dfrac{1}{2}\right)$ を (G) で表わせば Wallis の公式 (§35, [例 5]) を得る．すなわち

$$\sqrt{\pi} = \lim_{n\to\infty} \frac{n!\sqrt{n}}{\dfrac{1}{2}\cdot\dfrac{3}{2}\cdots\dfrac{2n+1}{2}} = \lim_{n\to\infty}\frac{2^{2n+1}(n!)^2}{(2n)!}\frac{\sqrt{n}}{2n+1} = \lim_{n\to\infty}\frac{2^{2n}(n!)^2}{(2n)!\sqrt{n}}. \tag{9}$$

(9°)　Γ 函数に関しては，なお重要な公式

$$B(p,q) = \frac{\Gamma(p)\Gamma(q)}{\Gamma(p+q)} \tag{10}$$

を挙げねばならない．これは後(§96)にも述べるが，すでにここで既知の材料から導くことができる．$B(p,q)$ の意味は(§33, [例3])

$$B(p,q) = \int_0^1 x^{p-1}(1-x)^{q-1}dx \qquad (p>0,\ q>0) \tag{11}$$

であった．今

$$f(p) = B(p,q)\Gamma(p+q) \tag{12}$$

と置いて，まず

$$f(p+1) = pf(p) \tag{13}$$

を証明する．(11)から

$$B(p+1,q) = \frac{p}{p+q}B(p,q).$$

これは二項微分の積分の簡約式(151頁)による．または直接に部分積分によっても出る．また

$$\Gamma(p+q+1) = (p+q)\Gamma(p+q)$$

だから(13)を得る．

さて $p>0$ のとき $\log f(p) = \log B(p,q) + \log \Gamma(p+q)$ が凸函数であることは271頁と同様にして確かめられる．よって(前頁, [注意])

$$f(p) = a\Gamma(p), \quad a = f(1).$$

さて(12)から

$$f(1) = B(1,q)\Gamma(q+1).$$

$$B(1,q) = \int_0^1 (1-x)^{q-1}dx = \frac{1}{q}$$

だから

$$a = \Gamma(q).$$

すなわち

$$f(p) = \Gamma(p)\Gamma(q).$$

故に(12)から問題の公式(10)を得る．

(10°) 公式(W)の両辺を s で割って $s\Gamma(s) = \Gamma(1+s)$ を用いて $\log$ を取れば，$s>0$ として

$$\log \Gamma(1+s) = -Cs + \sum_{n=1}^{\infty}\left(\frac{s}{n} - \log\left(1+\frac{s}{n}\right)\right). \tag{14}$$

右辺の $\log$ を s の巾級数に展開して($|s|<1$)

$$\log \Gamma(1+s) = -Cs + \frac{S_2}{2}s^2 - \frac{S_3}{3}s^3 + \cdots + \frac{(-1)^n S_n}{n}s^n + \cdots, \tag{15}$$

ただし

$$S_n = \sum_{\nu=1}^{\infty} \frac{1}{\nu^n}, \qquad (\S\,64\,\mathcal{O}\,s_n).$$

また(14), (15)から右辺を項別に微分して

$$\frac{\Gamma'(s)}{\Gamma(s)} = -\frac{1}{s} - C + \sum_{n=1}^{\infty} \left(\frac{1}{n} - \frac{1}{n+s} \right) \tag{16}$$

$$= -\frac{1}{s} - C + S_2 s - S_3 s^2 + \cdots, \qquad (|s|<1). \tag{17}$$

上記(14)は(W)から得られるが，右辺の級数は，

$$0 < s - \log(1+s) < \frac{s^2}{2}, \qquad (s>0),$$

からわかるように，$s>0$ なる任意の有限区間内で一様に収束する．故に $\Gamma(s)$ の解析性を用いて，定理 57 (**C**)によって(16)が得られる．同様に定理 58 によって(15), (17)が得られるが，虚数軸の右側で $\Gamma(s)$ は正則で，$s=0$ は極だから，(15), (17)の右辺の級数の収束半径は 1 である．s が複素数ならば(14), (15)は log の適当な枝を取らねば成り立たないであろうが，(16)は $s \neq 0, -1, -2, \cdots$ のとき，また(17)は $|s|<1$ ならば成り立つ．

(15)によって区間 $1 \leqq s < 2$ において $\Gamma(s)$ が計算されるはずであるが，次に掲げる S_n の表からみえるように，(15)の収束は不良だから計算に適しない(計算法は後述, 283 頁)．

級数 $S_n = 1 + \frac{1}{2^n} + \frac{1}{3^n} + \cdots$ は，n が偶数なるとき，Bernoulli の数と関係して三角函数の展開に現われたのであったが，奇数番号の S_n は Γ 函数に関する展開において出てきた．$n=70$ まで，S_n の値が小数 32 位まで計算されてある[*]．次にその初めの部分を簡約して掲げる．容易にわかるように

$$S_{n+1} - 1 < \frac{1}{2}(S_n - 1)$$

で $S_n - 1$ は相当緩慢に 0 に収束する．$n \geqq 16$ に関しては小数 8 位までは $S_{n+1} - 1 \fallingdotseq \frac{1}{2}(S_n - 1)$．

n	S_n-1	n	S_n-1	n	S_n-1
2	0.64493 407	7	0.00834 928	12	0.00024 609
3	0.20205 690	8	0.00407 736	13	0.00012 271
4	0.08232 323	9	0.00200 839	14	0.00006 125
5	0.03692 776	10	0.00099 458	15	0.00003 059
6	0.01734 306	11	0.00049 419	16	0.00001 528

次の頁に $\Gamma(s)$ のグラフと，$1 \leqq s \leqq 2$ における $\Gamma(s)$ の表を掲げる．

$\log \Gamma(s)$ の欄に掲げたのはもちろん常用対数である．

$s>0$ のとき $\Gamma(s)$ が凸函数であることは前に述べた (271 頁)．さて $\Gamma(1) = \Gamma(2) = 1$ だから，$\Gamma(s)$ は 1 と 2 との間で極小になる．極値点 s_0 および極小値 $\Gamma(s_0)$ は計算されている．すなわち

$$s_0 = 1.4616\cdots, \quad \Gamma(s_0) = 0.8856\cdots.$$

詳しくは述べないが，s_0 および $\Gamma(s_0)$ の概略の値は次頁の表から比例挿入法によって計算される．

(11°) 終りに一，二の定積分を計算する．

---

[*] Stieltjes, Acta Mathematica, 10 (1887).

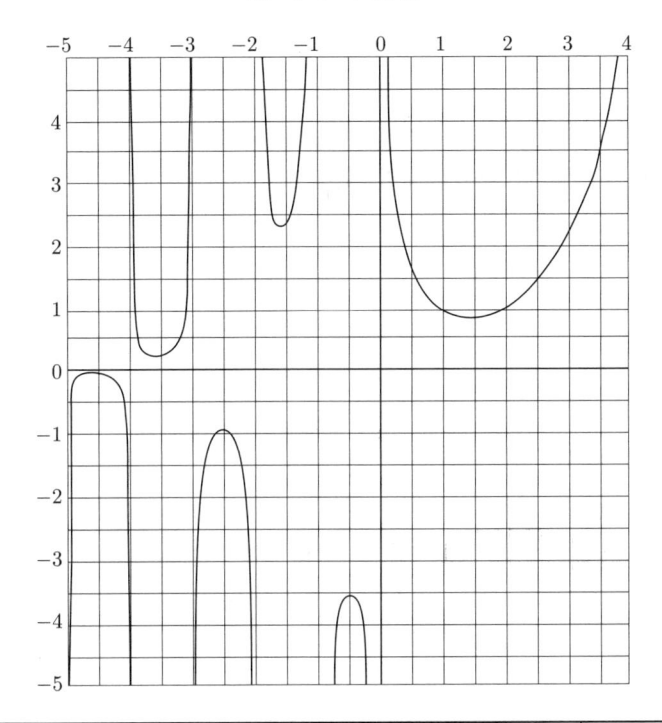

s	$\log \Gamma(s)$	$\Gamma(s)$	$\Gamma'(s)/\Gamma(s)$	s	$\log \Gamma(s)$	$\Gamma(s)$	$\Gamma'(s)/\Gamma(s)$
1.00	0.00000	1.0000	-0.5772	1.50	$\bar{1}.94754$	0.8862	0.0365
1.05	$\bar{1}.98834$	0.9735	-0.4978	1.55	$\bar{1}.94884$	0.8889	0.0822
1.10	$\bar{1}.97834$	0.9514	-0.4238	1.60	$\bar{1}.95110$	0.8935	0.1260
1.15	$\bar{1}.96990$	0.9330	-0.3543	1.65	$\bar{1}.95430$	0.9001	0.1681
1.20	$\bar{1}.96292$	0.9182	-0.2890	1.70	$\bar{1}.95839$	0.9086	0.2085
1.25	$\bar{1}.95732$	0.9064	-0.2275	1.75	$\bar{1}.96335$	0.9191	0.2475
1.30	$\bar{1}.95302$	0.8975	-0.1692	1.80	$\bar{1}.96913$	0.9314	0.2850
1.35	$\bar{1}.94995$	0.8912	-0.1139	1.85	$\bar{1}.97571$	0.9456	0.3212
1.40	$\bar{1}.94805$	0.8873	-0.0614	1.90	$\bar{1}.98307$	0.9618	0.3562
1.45	$\bar{1}.94727$	0.8857	-0.0113	1.95	$\bar{1}.99117$	0.9799	0.3900
1.50	$\bar{1}.94754$	0.8862	$+0.0365$	2.00	0.00000	1.0000	0.4228

［例 1］ $s > 0,\ p > 0$.

$$\int_0^\infty e^{-px} x^{s-1} \begin{matrix}\cos\\ \sin\end{matrix} qx\, dx = \frac{\Gamma(s)}{(p^2+q^2)^{s/2}} \begin{matrix}\cos\\ \sin\end{matrix} s\varphi, \tag{18}$$

$$\left(\varphi = \operatorname{Arc\,tan} \frac{q}{p},\quad -\frac{\pi}{2} < \varphi < \frac{\pi}{2}.\right)$$

この古典的積分(Euler)の計算においても，複素積分が有効に応用される．

上記(18)の両辺で cos, sin は対応するのであるが，sin に $-i$ を掛けて加えて一括すれば

$$\int_0^\infty e^{-(p+qi)x} x^{s-1} dx = \frac{\Gamma(s)}{(p^2+q^2)^{s/2}} e^{-s\varphi i}. \tag{19}$$

今
$$\alpha = p + qi = re^{\varphi i}, \quad r = \sqrt{p^2 + q^2}, \quad \tan\varphi = \frac{q}{p}$$
とすれば，条件 $p>0$ によって α の実部 $\Re(\alpha)>0$ だから，$-\frac{\pi}{2}<\varphi<\frac{\pi}{2}$．よって α^s の主値を取れば
$$\alpha^{-s} = r^{-s}e^{-s\varphi i}.$$
故に (19) は次のように書かれる．
$$\int_0^\infty e^{-\alpha x}x^{s-1}dx = \frac{\Gamma(s)}{\alpha^s}. \tag{20}$$
これを証明すればよいのである．$\alpha = r > 0$ が実数ならば，これは
$$\Gamma(s) = \int_0^\infty e^{-x}x^{s-1}dx \tag{21}$$
から，積分変数 x を rx に変換して得られる．すなわち
$$\int_0^\infty e^{-rx}x^{s-1}dx = \frac{\Gamma(s)}{r^s}. \tag{22}$$
α が複素数の場合にも，(21) において変数 x を αx に変換すれば (22) が得られようけれども，積分が広義積分だから，極限の考察が煩わしいであろう．さて Cauchy の積分定理を応用すれば，その考察が見透しよくできるのである．

次の図に示す積分路に関して

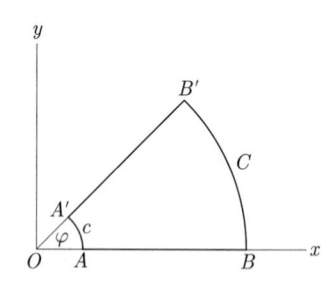

$$\int_{ABB'A'A} e^{-rz}z^{s-1}dz = 0,$$

ただし
$$OA = OA' = \varepsilon,$$
$$OB = OB' = R.$$
すなわち
$$\int_{AB} - \int_{A'B'} + \int_C - \int_c = 0. \tag{23}$$
ここで，例の通り $\varepsilon \to 0$, $R \to \infty$ のときの極限を考察するのである．

まず
$$\left|\int_C\right| \leq \int_0^\varphi e^{-rR\cos\theta}R^s d\theta < e^{-rR\cos\varphi}R^s\varphi.$$

$r>0$, $|\varphi|<\dfrac{\pi}{2}$, $\cos\varphi>0$ だから
$$\lim_{R\to\infty}\int_C = 0.$$

同様に $\varepsilon\to 0$ のとき
$$\lim_{\varepsilon\to 0}\left|\int_C\right| < e^{-r\varepsilon\cos\varphi}\varepsilon^s\varphi \to 0.$$

さて(22)によって
$$\int_{AB} = \int_\varepsilon^R e^{-rx}x^{s-1}dx \to \frac{\Gamma(s)}{r^s}.$$

故に(23)から
$$\lim_{\varepsilon\to 0,\,R\to\infty}\int_{A'B'} = \int_0^\infty e^{-re^{\varphi i}x}x^{s-1}e^{s\varphi i}dx = \frac{\Gamma(s)}{r^s},$$

すなわち
$$e^{s\varphi i}\int_0^\infty e^{-\alpha x}x^{s-1}dx = \frac{\Gamma(s)}{r^s},$$

すなわち
$$\int_0^\infty e^{-\alpha x}x^{s-1}dx = \frac{\Gamma(s)}{\alpha^s}.$$

これが(20)で，従って(18)が証明されたのである．

［例2］ $1>s>0$ とすれば
$$\int_0^\infty x^{s-1}\cos x\,dx = \Gamma(s)\cos\frac{s\pi}{2}, \quad \int_0^\infty x^{s-1}\sin x\,dx = \Gamma(s)\sin\frac{s\pi}{2}.$$

あるいは一括して ($i^s = \exp\dfrac{s\pi i}{2}$ を用いて)
$$\int_0^\infty e^{-xi}x^{s-1}dx = \frac{\Gamma(s)}{i^s}. \tag{24}$$

上記(20)において $\alpha=i$ と置けば，この等式のようになるが，［例1］では $\Re(\alpha)>0$ として計算したのであるから，$\alpha=i$ の場合には通用しない．しかし［例1］の仮定 $s>0$ を緊縮して，上記のように $1>s>0$ とすれば，［例1］と同様の方法によって(24)が得られるのである．

［例1］の積分路において $\varphi=\dfrac{\pi}{2}$ とすれば(次の図)，例の通り
$$\int_{ABB'A'A} e^{-z}z^{s-1}dz = 0,$$

すなわち

$$\int_{AB} - \int_{A'B'} + \int_C - \int_c = 0.$$

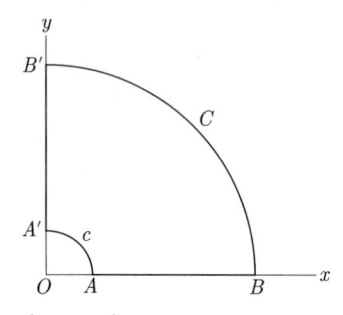

今度も $\varepsilon \to 0$, $R \to \infty$ のとき $\int_C \to 0$, $\int_c \to 0$ を確かめればよい．さて

$$\left|\int_C\right| \leqq R^s \int_0^{\frac{\pi}{2}} e^{-R\sin\theta} d\theta < R^s \int_0^{\frac{\pi}{2}} e^{-Rm\theta} d\theta < \frac{1}{R^{1-s}m} \to 0.$$

m は §62,［例1］の通りである．ここで仮定 $1 > s$ を用いた．次に

$$\left|\int_c\right| \leqq \varepsilon^s \int_0^{\frac{\pi}{2}} e^{-\varepsilon\sin\theta} d\theta < \varepsilon^s \frac{\pi}{2} \to 0.$$

ここで仮定 $s > 0$ を用いた．

さて $\varepsilon \to 0$, $R \to \infty$ のとき

$$\lim \int_{AB} = \varGamma(s)$$

だから (24), 従って標記の等式を得る．

［注意］ 広義積分 $\int_0^\infty x^{s-1} \sin x\, dx$ は $1 > s > -1$ なるとき収束する．［例2］では

$$\int_0^\infty x^{s-1} \sin x\, dx = \varGamma(s) \sin \frac{s\pi}{2}$$

は $1 > s > 0$ として証明されたけれども，この等式は $1 > s > -1$ としても成り立つ．それをみるには (1°), (2°) に述べたのと同様の考察をするがよい．$s = \sigma + it$ と書けば，この広義積分は $1 > s_1 \geqq \sigma \geqq s_0 > -1$ のとき $x \to 0$ でも，$x \to \infty$ でも s に関して一様に収束するから，$-1 < \sigma < 1$ で正則なる s の解析函数である．よって解析的延長の原則によって上記等式は $1 > \sigma > -1$ なるとき成り立つ．（右辺は $s = 0$ のとき正則．）

69. Stirling の公式

自然数 n の大なる値に対する $n!$ を概略評価するために，$\log n$ に $\int_{n-\frac{1}{2}}^{n+\frac{1}{2}} \log x\, dx$ を代用すれば，次のグラフの示すように

69. Stirling の公式

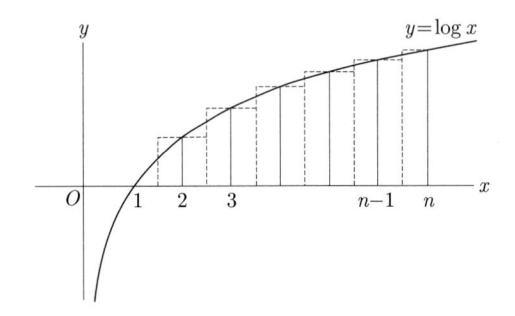

$$\log 2 + \log 3 + \cdots + \log(n-1) + \frac{1}{2}\log n + \delta_n = \int_1^n \log x\, dx = n\log n - n + 1,$$

すなわち

$$\log(n-1)! = \left(n - \frac{1}{2}\right)\log n - n + 1 - \delta_n,$$

従って

$$\Gamma(n) = (n-1)! = n^{n-\frac{1}{2}} e^{-n} e^{1-\delta_n}.$$

誤差 $\delta_n = \alpha_1 - \beta_2 + \alpha_2 - \beta_3 + \cdots - \beta_n$ は，次の図からみえるように，項が単調に減少する交代級数で，$n \to \infty$ のとき，それは収束する．

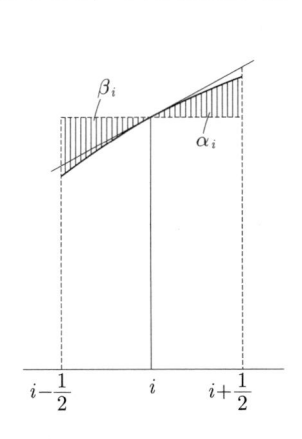

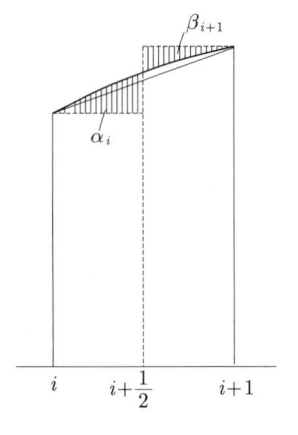

実際 $\log x$ のグラフは上方に凸だから，接線の下側，弦の上側にある．従って $\beta_i > \alpha_i$, $\alpha_i > \beta_{i+1}$. また $n \to \infty$ のとき $\alpha_n \to 0$, $\beta_n \to 0$ は明白．

よって $n \to \infty$ のとき $\delta_n \to \delta$, そこで $\delta = \delta_n + \mu(n)$, $e^{1-\delta} = a$ と置けば

$$\Gamma(n) = a n^{n-\frac{1}{2}} e^{-n} e^{\mu(n)}, \tag{1}$$

$$\lim_{n \to \infty} \mu(n) = 0. \tag{2}$$

定数 a は Wallis の公式 (272 頁, (9))

$$\sqrt{\pi} = \lim_{n \to \infty} \frac{(n!)^2 2^{2n}}{(2n)!\sqrt{n}}$$

から簡単に求められる．すなわち(1)から代入して，(2)を用いれば，
$$\sqrt{\pi} = \lim_{n\to\infty} \frac{n^2 a^2 n^{2n-1} e^{-2n} 2^{2n}}{2na(2n)^{2n-\frac{1}{2}} e^{-2n}\sqrt{n}} = \frac{a}{\sqrt{2}}.$$
故に
$$a = \sqrt{2\pi}.$$
よって(1)から，n を掛けて
$$n! \sim \sqrt{2\pi}\, n^{n+\frac{1}{2}} e^{-n}.$$
これが Stirling の公式である*．

Stirling の公式は簡単に得られたが，(1)は任意の実数に関して成り立つ．すなわち
$$\left.\begin{array}{l} \Gamma(s) = \sqrt{2\pi}\, s^{s-\frac{1}{2}} e^{-s} e^{\mu(s)}, \qquad (s>0) \\[2mm] \mu(s) = \dfrac{\theta}{12s}, \qquad (0<\theta<1), \quad \text{従って} \quad \lim_{s\to\infty}\mu(s) = 0. \end{array}\right\} \qquad (3)$$
ただし

今これを検証する．(3)が成り立つとするならば，$\Gamma(s+1) = s\Gamma(s)$ に代入して
$$\mu(s) - \mu(s+1) = \left(s+\frac{1}{2}\right)\log\left(1+\frac{1}{s}\right) - 1.$$
右辺を $\lambda(s)$ と書いて，s に $s+1, s+2, \cdots$ を代入して加え
$$\mu(s) - \mu(s+n+1) = \sum_{\nu=0}^{n} \lambda(s+\nu). \tag{4}$$
さて，公式(198 頁(9))において $x = 1/(2s+1)$ とする）
$$\frac{1}{2}\log\left(1+\frac{1}{s}\right) = \frac{1}{2s+1} + \frac{1}{3(2s+1)^3} + \frac{1}{5(2s+1)^5} + \cdots$$
から，両辺に $2s+1$ を掛けて 1 を引けば，
$$\lambda(s) = \left(s+\frac{1}{2}\right)\log\left(1+\frac{1}{s}\right) - 1 = \frac{1}{3(2s+1)^2} + \frac{1}{5(2s+1)^4} + \cdots, \tag{5}$$
従って
$$0 < \lambda(s) < \frac{1}{3(2s+1)^2}\left(1 + \frac{1}{(2s+1)^2} + \cdots\right)$$
$$= \frac{1}{12s(s+1)} = \frac{1}{12s} - \frac{1}{12(s+1)}. \tag{6}$$
故に $n \to \infty$ のとき，(4)の右辺の級数は収束する．従って $\mu(s) \to 0$ とする以上
$$\mu(s) = \sum_{n=0}^{\infty} \lambda(s+n). \tag{7}$$

---
* 記号 $\sim$ は既述(126 頁)．

従って(6)から
$$\mu(s) = \frac{\theta}{12s}, \qquad (0 < \theta < 1)$$
でなければならない．しかし，(7)によって $\mu(s)$ を定めたところで，はたして(3)が成り立つであろうか．それが験証を要する論点である．そこで，かりに(7)の $\mu(s)$ を用いて
$$f(s) = s^{s-\frac{1}{2}} e^{-s} e^{\mu(s)}$$
と置くならば，前にした計算から
$$f(s+1) = sf(s)$$
を得る．一方
$$\log f(s) = \left(s - \frac{1}{2}\right)\log s - s + \mu(s)$$
から
$$\frac{d^2}{ds^2}\log f(s) = \frac{1}{s} + \frac{1}{2s^2} + \mu''(s).$$
(5), (7)から $\mu''(s) > 0$．すなわち $\log f(s)$ は凸函数である．故に(272頁, [注意])或る定数因子 a をもって
$$\Gamma(s) = af(s),$$
すなわち
$$\Gamma(s) = as^{s-\frac{1}{2}} e^{-s} e^{\mu(s)}.$$
定数 $a = \sqrt{2\pi}$ はすでに $s = n$ が自然数であるとき計算されている．すなわち(3)が確定した．

[附記] Stirlingの公式
$$\Gamma(s) = \sqrt{2\pi}\, s^{s-\frac{1}{2}} e^{-s} e^{\mu(s)}$$
において
$$\mu(s) = \sum_{n=0}^{\infty}\left\{\left(s+n+\frac{1}{2}\right)\log\left(1+\frac{1}{s+n}\right) - 1\right\} \tag{8}$$
であったが，$\mu(s)$ を計算するために，次の公式が用いられる：
$$\mu(s) = \frac{B_1}{1\cdot 2}\frac{1}{s} - \frac{B_2}{3\cdot 4}\frac{1}{s^3} + \cdots + \frac{(-1)^{n-1}B_n}{(2n-1)2n}\frac{\theta}{s^{2n-1}}. \qquad (0 < \theta < 1) \tag{9}$$
B_n はBernoulliの数である．また最後の剰余項においてのみ，1より小なる係数 θ が乗ぜられるのである．これを継続して無限級数にすれば，収束しないが*，s に対応して n を適当に定めて，剰余項を小さくすれば，計算に利用することができる．

次に(9)の証明を述べる．

---

* 一般項の係数 $B_n/(2n-1)2n$ は限りなく増大する．255頁(26)参照．

$$\lambda(s) = \left(s + \frac{1}{2}\right)\log\left(1 + \frac{1}{s}\right) - 1 = \int_0^1 \frac{\frac{1}{2} - x}{x + s}dx$$

を用いて，(8)から

$$\mu(s) = \sum_{n=0}^{\infty} \int_0^1 \frac{\frac{1}{2} - x}{x + n + s}dx.$$

そこで

$$\begin{cases} \varphi(x) = \dfrac{1}{2} - x & (0 < x < 1) \\ \varphi(0) = 0 \\ \varphi(x+1) = \varphi(x) & (x \leqq 0,\ 1 \leqq x) \end{cases}$$

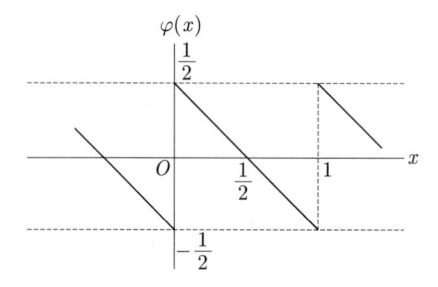

と置いて，$\varphi(x)$ を周期 1 なる函数として定義すれば

$$\mu(s) = \sum_{n=0}^{\infty} \int_0^1 \frac{\varphi(x)dx}{x + n + s} = \sum_{n=0}^{\infty} \int_0^{n+1} \frac{\varphi(x)dx}{x + s} = \int_0^{\infty} \frac{\varphi(x)dx}{x + s}. \tag{10}$$

$\varphi(x)$ は三角級数に展開される(258 頁)．すなわち

$$\varphi(x) = 2 \sum_{\nu=1}^{\infty} \frac{\sin 2\nu\pi x}{2\nu\pi}.$$

今

$$\left.\begin{array}{l} \varphi_{2n}(x) = (-1)^{n-1} 2 \displaystyle\sum_{\nu=1}^{\infty} \dfrac{\cos 2\nu\pi x}{(2\nu\pi)^{2n}}, \\[2mm] \varphi_{2n+1}(x) = (-1)^{n+1} 2 \displaystyle\sum_{\nu=1}^{\infty} \dfrac{\sin 2\nu\pi x}{(2\nu\pi)^{2n+1}} \end{array}\right\} \tag{11}$$

と置けば

$$\varphi_1(x) = -\varphi(x). \tag{12}$$

$n > 1$ ならば，$\varphi_n(x)$ は一様に収束して

$$\varphi'_{n+1}(x) = \varphi_n(x). \tag{13}$$

また $n = 1$ ならば，$\varphi_1(x)$ の不連続点 ($x = 0, \pm 1, \pm 2, \cdots$) を含まない閉区間において(13)が成り立つ．また(11)から

$$\left.\begin{array}{l}\varphi_{2n+1}(0)=0,\\ \varphi_{2n}(0)=\dfrac{(-1)^{n-1}2}{(2\pi)^{2n}}\sum_{\nu=1}^{\infty}\dfrac{1}{\nu^{2n}}=\dfrac{(-1)^{n-1}B_n}{(2n)!}.\end{array}\right\} \quad (14)$$

さて(13)を用いて,部分積分を繰り返し行えば

$$\int\frac{\varphi_1(x)dx}{x+s}=\frac{\varphi_2(x)}{x+s}+\frac{\varphi_3(x)}{(x+s)^2}+\frac{2\varphi_4(x)}{(x+s)^3}+\cdots+(2n-2)!\int\frac{\varphi_{2n-1}(x)dx}{(x+s)^{2n-1}}.$$

(12)を用いて

$$\mu(s)=\int_0^\infty\frac{\varphi(x)dx}{x+s}=-\int_0^\infty\frac{\varphi_1(x)dx}{x+s}$$
$$=\frac{\varphi_2(0)}{s}+\frac{\varphi_3(0)}{s^2}+\frac{2\varphi_4(0)}{s^3}+\cdots-(2n-2)!\int_0^\infty\frac{\varphi_{2n-1}(x)dx}{(x+s)^{2n-1}}.$$

(14)から代入すれば,剰余項以外は(9)と合う.すなわち

$$\mu(s)=\frac{B_1}{1\cdot 2}\frac{1}{s}-\frac{B_2}{3\cdot 4}\frac{1}{s^3}+\cdots+\frac{(-1)^{n-2}B_{n-1}}{(2n-3)(2n-2)}\frac{1}{s^{2n-3}}+R_{2n-2}, \quad (15)$$

ただし

$$R_{2n-2}=-(2n-2)!\int_0^\infty\frac{\varphi_{2n-1}(x)dx}{(x+s)^{2n-1}}.$$

剰余項を(9)の形にするために,R_{2n-2} の右辺の積分に再び部分積分を行えば,

$$\int_0^\infty\frac{\varphi_{2n-1}(x)dx}{(x+s)^{2n-1}}=\frac{-\varphi_{2n}(0)}{s^{2n-1}}+(2n-1)\int_0^\infty\frac{\varphi_{2n}(x)dx}{(x+s)^{2n}}$$
$$=(2n-1)\int_0^\infty\frac{\varphi_{2n}(x)-\varphi_{2n}(0)}{(x+s)^{2n}}dx.$$

(11)によって,この積分の符号は $(-1)^n$ である.すなわち R_{2n-2} の符号は $(-1)^{n-1}$ に等しい.
さて(15)において n に $n+1$ を代用すれば

$$R_{2n-2}=\frac{(-1)^{n-1}B_n}{(2n-1)\cdot 2n}\frac{1}{s^{2n-1}}+R_{2n}. \quad (16)$$

上に述べたように,R_{2n-2} と R_{2n} とは反対の符号を有するから

$$R_{2n-2}=\frac{(-1)^{n-1}B_n}{(2n-1)\cdot 2n}\frac{\theta}{s^{2n-1}}, \qquad 0<\theta<1. \quad (17)$$

これを(15)へ代入すれば(9)を得る.

(16)から(17)を導くところが味噌である.$a=b+c$ において,a と c とが反対の符号を有するならば,$0<\dfrac{a}{b}<1$.

手近な一例として,$B_4=\dfrac{1}{30}$ が小さいことに着眼して,(9)において試みに $n=4$ とすれば

$$\mu(s)=\frac{1}{12s}-\frac{1}{360s^3}+\frac{1}{1260s^5}-\frac{\theta}{1680s^7}.$$

故に $s \geqq 4$ とすれば $(4^7 = 16384)$，剰余項の絶対値は $\frac{1}{2} \cdot 10^{-7}$ よりも小さい．よって，この式の最初の三項を取って，区間 $4 \leqq s < 5$ における $\mu(s)$，従って (3) から $\log \Gamma(s)$ が，小数 6 位まで計算される．それから $\Gamma(s)$ の函数方程式によって，区間 $1 \leqq s < 2$ における $\Gamma(s)$ が同じ精密度をもって計算される．

［注意］　(11) は Bernoulli の多項式（§64）の Fourier 級数（第 6 章参照）への展開を与える．すなわち
$$B_n(x) = n!\varphi_n(x), \qquad (0 < x < 1).$$
$n = 1$ のときは $B_1(x) = x - \frac{1}{2} = \varphi_1(x)$ であった（251 頁）．その他は 252 頁 (15) を用いて上記 (13) から帰納法で得られる．

練 習 問 題 （5）

(1)[*]　$(1+x)^{\frac{1}{x}}$ は Maclaurin の級数に展開される．その収束半径は 1 である．最初の二，三の項は
$$(1+x)^{\frac{1}{x}} = e\left(1 - \frac{x}{2} + \frac{11}{24}x^2 - \frac{7}{16}x^3 + \cdots\right).$$

［解］　$f(x) = (1+x)^{\frac{1}{x}} = e^{\frac{1}{x}\log(1+x)}$ は $|x| < 1$ において正則であるが，$x = -1$ は分岐点であるから，Maclaurin 級数の収束半径は 1 である．展開は
$$\frac{f(x)}{e} = e^{\frac{1}{x}\log(1+x)-1} = e^{-\frac{x}{2}+\frac{x^2}{3}-\cdots}$$
$$= 1 - x\left(\frac{1}{2} - \frac{x}{3} + \frac{x^2}{4} - \cdots\right) + \frac{x^2}{2!}\left(\frac{1}{2} - \frac{x}{3} + \cdots\right)^2 - \frac{x^3}{3!}\left(\frac{1}{2} - \frac{x}{3} + \cdots\right)^3 + \cdots$$
から求められる（定理 58）．

このような問題は別段重要性を有しない．ただ解析性の応用の一例として挙げたのである．§ 25 の方法では，計算が冗長になる．

(2)　（不定形）$x = a$ が解析函数 $f(x), g(x)$ の零点ならば，
$$\lim_{x \to a}\frac{f(x)}{g(x)} = \lim_{x \to a}\frac{f'(x)}{g'(x)} = \lim_{x \to a}\frac{f''(x)}{g''(x)} = \cdots = \lim_{x \to a}\frac{f^{(n)}(x)}{g^{(n)}(x)},$$
ただし lim として ∞ をも許容する．また，n は，$f^{(n)}(a) = g^{(n)}(a) = 0$ でない最初の番号．例えば

[1°]　$\displaystyle\lim_{x \to 0}\frac{\tan x - x}{x - \sin x} = 2.$

[2°]　$\displaystyle\lim_{x \to 0}\frac{\log(1+x+x^2) + \log(1-x+x^2)}{x \sin x} = 1.$

［解］　[1°] では $\dfrac{f'(x)}{g'(x)}$ を変形してから lim へ行く．[2°] ではむしろ分母分子の Taylor 展開を用いるがよい．

(3)　　[1°]　$\displaystyle\lim_{x \to 0}(1+ax)^{\frac{1}{x}} = e^a.$

[2°]　$\displaystyle\lim_{x \to 0}\left(\frac{\tan x}{x}\right)^{\frac{1}{x^2}} = e^{\frac{1}{3}}.$

[3°]　$\displaystyle\lim_{x \to +\infty}\left(\frac{2}{\pi}\operatorname{Arc tan} x\right)^x = e^{-\frac{2}{\pi}}.$

---

[*]　問題 (1)-(19) は実数への応用である．

(4)
$$\int_0^\infty \frac{\cos ax - \cos bx}{x^2} dx = \frac{\pi}{2}(b-a). \quad (a>0, b>0)$$

[解] 簡単のために e^{iaz}/z^2 に関して計算すれば
$$\int_\varepsilon^\infty \frac{\cos ax}{x^2} dx = \frac{1}{\varepsilon} - \frac{a\pi}{2} + O\varepsilon$$
を得る．その後 a に b を代入して引くとよい．

(5)
$$\int_0^\infty e^{-x^2} \cos 2ax \, dx = \frac{\sqrt{\pi}}{2} e^{-a^2}.$$

[解] これは既知である（§ 48,[例 6]）が虚数積分を使って e^{-z^2} を $x=0, x=R, y=0, y=a$ で囲まれた矩形の周に沿って積分すれば簡単に求められる．

(6)
$$\int_0^\infty \frac{dx}{ax^4+bx^2+c} = \frac{\pi}{2\sqrt{c}\sqrt{b+2\sqrt{ac}}}. \quad (a>0, b>0, c>0)$$

[解] $at^2+bt+c=0$ が実根を有しないか，または二つの相異なる負根または相等しい負根を有するかに従って三つの場合が生ずるが，結果は上記の通り．

(7)
$$\int_0^\infty \frac{dx}{(1+x^4)^{n+1}} = \frac{\pi}{2\sqrt{2}} \frac{3 \cdot 7 \cdots (4n-1)}{n! 4^n}.$$

[解] $n=0$ のときは半円の代りに図のような第一象限の積分路を用いて $\int_0^\infty \frac{dx}{1+x^4} = \frac{\pi}{2\sqrt{2}}$．それを
$$\int_0^\infty \frac{dx}{a+x^4} \quad (a>0)$$
の形にして a に関して微分するがよい．

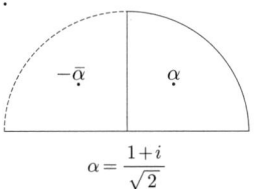

(8)
$$\int_0^\infty \frac{x^{m-1}dx}{1+x^n} = \frac{\pi}{n \sin \frac{m\pi}{n}}.$$

ただし m, n は正の整数で $m<n$．

[解] $\alpha = e^{\frac{\pi i}{n}}$ は被積分函数の極点である．図のように角が $\frac{2\pi}{n}$ なる扇形の周に沿って積分するとよい．

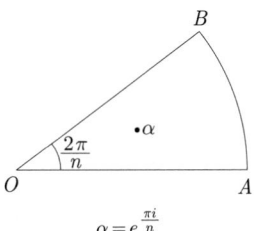

[注意] これから極限へ行って(261 頁, [例])

$$\int_0^\infty \frac{x^{a-1}}{1+x}dx = \frac{\pi}{\sin a\pi}. \quad (0 < a < 1)$$

(**9**)
$$\int_0^\infty \frac{\cos ax \, dx}{1+x^2} = \frac{1}{2}\pi e^{-a}. \quad (a > 0) \quad \text{(Laplace)}$$

(**10**) $n \geq 3$ が奇数なるとき,Bernoulli の多項式 $B_n(x)$ は区間 $[0,1]$ において,$x=0, \frac{1}{2}, 1$ においてのみ 0 になる.$n \geq 2$ が偶数のとき,$B_n(x)$ は $[0,1]$ において,ちょうど二つの根 $x_0, 1-x_0$ を有する.また,$n > 0$ のとき,$B_{2n+1}(x)$ は $\left(0, \frac{1}{2}\right)$ において $B_{2n}(0)$ と同じ符号,$\left(\frac{1}{2}, 1\right)$ において反対の符号を有する.

[解] $n \geq 3$ を奇数とする.$B_n(0) = 0$ は $B_n(x)$ の式(251 頁)から,$B_n(1) = B_n\left(\frac{1}{2}\right) = 0$ は 252 頁 (16)からわかる.さて,もしも $B_n(x)$ が $[0,1]$ において,その他に根を有するならば,252 頁(15)によって,$B_{n-1}(x)$ は $[0,1]$ の内部において少くとも三つ,従って $B_{n-2}(x)$ は少くとも二つ,すなわち $x = \frac{1}{2}$ 以外の根を有しなければならない.従って $B_{n-4}, B_{n-6}, \cdots$ も同様であるが,$B_3(x)$ は三次だから,これは不可能である.問題の後段は上記からわかる(252 頁, (16)参照).

(**11**)
$$\Gamma\left(\frac{s}{n}\right)\Gamma\left(\frac{s+1}{n}\right)\cdots\Gamma\left(\frac{s+n-1}{n}\right) = \frac{(2\pi)^{\frac{n-1}{2}}}{n^{s-\frac{1}{2}}}\Gamma(s). \quad \text{(Gauss)}$$

[解]
$$f(s) = n^s \Gamma\left(\frac{s}{n}\right)\Gamma\left(\frac{s+1}{n}\right)\cdots\Gamma\left(\frac{s+n-1}{n}\right)$$

と置いて $f(s+1) = sf(s)$ から(272 頁, [注意]) $f(s) = a\Gamma(s)$. $s = 1$ として定数 a が求められる.272 頁(7)を用いるのである.

(**12**)
$$\int_0^1 \frac{x^{m-1}dx}{\sqrt{1-x^n}} = \frac{\sqrt{\pi}}{n}\Gamma\left(\frac{m}{n}\right)\bigg/\Gamma\left(\frac{m}{n} + \frac{1}{2}\right). \quad (m, n \text{ は正の整数.})$$

特に(練習問題(**3**)(10)参照)

$$\int_0^1 \frac{dx}{\sqrt{1-x^4}} = \frac{\Gamma\left(\frac{1}{4}\right)^2}{\sqrt{32\pi}}, \quad \int_0^1 \frac{xdx}{\sqrt{1-x^4}} = \frac{\pi}{4},$$

$$\int_0^1 \frac{x^2 dx}{\sqrt{1-x^4}} = \frac{\pi\sqrt{2\pi}}{\Gamma\left(\frac{1}{4}\right)^2}, \quad \int_0^1 \frac{x^3 dx}{\sqrt{1-x^4}} = \frac{1}{2}.$$

[解] $B\left(\frac{m}{n}, \frac{1}{2}\right)$ に変換 $x = t^n$ を行うとよい.

(**13**)
$$\Gamma'(1) + C = 0. \tag{1}$$

$$\frac{\Gamma'(n)}{\Gamma(n)} + C = 1 + \frac{1}{2} + \cdots + \frac{1}{n-1}. \quad (n = 2, 3, \cdots) \tag{2}$$

C は Euler の定数である.

[解] (1)は 274 頁(16)から得られる.(2)も同様.しかし Γ の函数方程式を用いて(1)からも得られる.

(14) $\mu(s)$ は §69 の通りとすれば

$$\begin{cases} \dfrac{\Gamma'(s)}{\Gamma(s)} = \log s - \dfrac{1}{2s} + \mu'(s), \\ \mu'(s) = -\dfrac{B_1}{2s^2} + \dfrac{B_2}{4s^4} - \cdots + \theta\dfrac{(-1)^m B_m}{2ms^{2m}}, \qquad (0 < \theta < 1) \end{cases}$$

［解］ 第二の等式は 283 頁(15)から(剰余項は積分記号下で微分して)あそこと同様の方法で得られる．

［注意］ C の計算　問題(13)において $\Gamma'(n)/\Gamma(n)$ を問題(14)によって計算すれば，C が計算される．今 $n=10$ とすれば，$B_2 = \dfrac{1}{30}$ だから，$\mu'(s)$ の最初の一項だけを取って，

$$C = 1 + \frac{1}{2} + \cdots + \frac{1}{9} - \log 10 + \frac{1}{20} + \frac{1}{1200} = 0.577216$$

としても，小数第 6 位まで正しい結果が得られる．

(15) 実数軸上の区間 $[a,b]$ において $\varphi(x)$ が連続ならば，ζ を線分 ab 外の任意の複素数とするとき

$$f(\zeta) = \int_a^b \frac{\varphi(x)}{x-\zeta} dx$$

は正則なる解析函数である（ζ に関する微分可能性！）．線分 ab の代りに任意の曲線 C を取ってもよい．特に C が閉曲線ならば

$$f(\zeta) = \int_C \frac{\varphi(z)dz}{z-\zeta}$$

は C 内および C 外において正則なる解析函数である．

［注意］ それらは一般に別々の解析函数である．$\varphi(z)$ は C 上で連続であるだけで，解析函数であるのではないから，これは Cauchy の積分公式とは違う．

(16) 原点 0 を中心とする半径 R の円周 C に関する Cauchy の積分公式

$$f(a) = \frac{1}{2\pi i}\int_C \frac{f(z)dz}{z-a}$$

を実数に引き直すために，$f(z) = u+vi$ と置いて，極座標を用いる．すなわち C 上では $z = Re^{\theta i}$，また C 内の $a = re^{\varphi i}$ $(r<R)$ とすれば

$$u(r,\varphi) = \frac{1}{2\pi}\int_0^{2\pi} u(R,\theta)\frac{R^2-r^2}{R^2-2Rr\cos(\theta-\varphi)+r^2}d\theta, \tag{1}$$

$$v(r,\varphi) = v_0 + \frac{1}{\pi}\int_0^{2\pi} u(R,\theta)\frac{Rr\sin(\varphi-\theta)}{R^2-2Rr\cos(\theta-\varphi)+r^2}d\theta. \tag{2}$$

ただし v_0 は原点における v の値である (Poisson)．

［解］ a' を C 外の点とすれば，積分定理によって

$$\int_C \frac{f(z)dz}{z-a'} = 0.$$

故に，

$$f(a) = \frac{1}{2\pi i}\int_C f(z)\left(\frac{1}{z-a} \pm \frac{1}{z-a'}\right)dz. \tag{3}$$

これを用いて計算が短縮される．さて問題を簡約して，C を単位円 $(R=1)$，また a を実数，$0 \leqq a < 1$ とすることができる．そのとき $a' = \dfrac{1}{a}$ として(3)の $\pm$ を $-$ とすれば(1)を得る．(2)を手際よく出すには

$$f(a) - f(0) = \frac{1}{2\pi i} \int_C f(z) \left(\frac{1}{z-a} + \frac{1}{z-\frac{1}{a}} - \frac{1}{z} \right) dz$$

を用いるがよい．

(17)
$$\frac{1}{\sqrt{1-2xz+z^2}} = \sum_{n=0}^{\infty} P_n(x) z^n, \tag{1}$$

係数 $P_n(x)$ は Legendre の球函数(§ 36)である．収束半径は $|x| \leqq 1$ ならば 1 で，$|x| > 1$ ならば 1 よりも小さい．ただし平方根は $z=0$ なるとき 1 なる枝を取るのである．また x は実数である．

　[解]　収束半径は $1-2xz+z^2=0$ の根によってきまる．z に関して微分して(1)と比較すれば 130 頁公式(7)が得られるから，$P_n(x)$ が Legendre の球函数であることがわかる．

(18)　$P_n(x) = \dfrac{1}{n! 2^n} \dfrac{d^n (x^2-1)^n}{dx^n}$ （129 頁(1)）から Cauchy の積分公式(230 頁(4))によって

$$P_n(x) = \frac{1}{2\pi i} \int_C \frac{(z^2-1)^n dz}{2^n (z-x)^{n+1}}.$$

C は点 x を含む閉曲線である．今 $-1 < x < 1$ として，x を中心とする半径 $\sqrt{1-x^2}$ の円を C とすれば

$$P_n(x) = \frac{1}{\pi} \int_0^\pi (x + i\sqrt{1-x^2} \cos\varphi)^n d\varphi. \qquad \text{(Legendre)}$$

　[解]　C の周上で $z = x + \sqrt{1-x^2}\, e^{\theta i}$，$\dfrac{z^2-1}{z-x} = z + x - \dfrac{1-x^2}{z-x}$ なることを用いる．

(19)
$$P_n(x) = \pm \frac{1}{\pi} \int_0^\pi \frac{d\varphi}{(x + i\sqrt{1-x^2} \cos\varphi)^{n+1}}, \quad 0 < |x| < 1, \quad \text{複号は } x \text{ の正負に従う．} \qquad \text{(Laplace)}$$

　[解]　z 平面上 $1-2xz+z^2=0$ の二つの根 α, β を結ぶ線分 $\overline{\alpha\beta}$ を z 平面から除けば

$$\frac{1}{z^{n+1}\sqrt{1-2xz+z^2}}$$

は $z=0$ における極のほか，全平面で($z=\infty$ でも)正則であるから，$\overline{\alpha\beta}$ を包む閉曲線を C とすれば

$$-\frac{1}{2\pi i} \int_C \frac{dz}{z^{n+1}\sqrt{1-2xz+z^2}}$$

は $z=0$ における留数に等しい．それは問題(17)の(1)によって $P_n(x)$ に等しい．一方 C は極限において $\alpha\beta$ 間を往復する二重線分としてよい．そのとき $\int_C$ から標記の積分を得る．$\overline{\alpha\beta}$ 上では $z = x + i\sqrt{1-x^2} \cos\varphi$．$(0 \leqq \varphi \leqq \pi)$

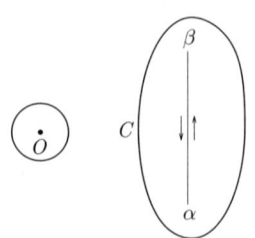

(20)　$z=a$ が $f(z)$ の k 次の零点ならば，$z=a$ は $\dfrac{f'(z)}{f(z)}$ の一次の極で，留数は k に等しい．$z=a$ が $f(z)$ の k 次の極でも，$z=a$ は $\dfrac{f'(z)}{f(z)}$ の一次の極であるが，留数は $-k$ に等しい．

(21) 領域 K において $f(z)$ は一意的で，極よりほかの特異点(真性特異点)を持たないとき，$f(z)$ は K において有理型(meromorphic)であるという．そのとき K 内の閉域において $f(z)$ の極の数は有限である．$f(z)$ が一定の値 c を取る点も同様である．

［解］ 問題の条件の下において，$f(z)$ の極も，$f(z)-c$ の零点も，孤立するのである．235 頁，［注意］と同様．

(22) 単連結な領域 K において $f(z)$ は有理型で，C は K 内で $f(z)$ の零点および極を通らない閉曲線とする．然らば C の内部に含まれる $f(z)$ の零点および極の数(次数を計算に入れて)を n および p とすれば

$$n - p = \frac{1}{2\pi i} \int_C \frac{f'(z)}{f(z)} dz$$

に等しい．すなわち z が C 上を正の向きに一周するとき，$\log f(z)$ (任意の枝)の増加は $2(n-p)\pi i$ に等しい．

［解］ 問題(20)の応用．

(23) $f(z), \varphi(z)$ は K において正則，C は前の問題と同様として，なお C 上で常に $|\varphi(z)| < |f(z)|$ とするならば，C の内部において

$$f(z) + \varphi(z) = 0$$

は $f(z) = 0$ と同数の根を有する．［Rouché の定理］

［解］ 前の問題の応用である．z が C を一周するときの

$$\log(f(z) + \varphi(z)) = \log f(z) + \log\left(1 + \frac{\varphi(z)}{f(z)}\right)$$

の増加をみればよい．C 上で $\left|\dfrac{\varphi(z)}{f(z)}\right| < 1$ であることによる．

第 6 章　Fourier 式展開

70. Fourier 級数

区間 $[-\pi, \pi]$ において与えられた函数 $f(x)$ は，或る条件の下において，次のように三角級数に展開される：

$$f(x) = \frac{a_0}{2} + a_1 \cos x + b_1 \sin x + \cdots + a_n \cos nx + b_n \sin nx + \cdots. \tag{1}$$

もしもこのような展開が可能であると仮定して，なお $f(x)$ は積分可能，また級数に項別積分を許すと仮定するならば，係数 a_n, b_n は確定である．

すなわち(1)の両辺から，積分して

$$\int_{-\pi}^{\pi} f(x)dx = \pi a_0,$$

また両辺に $\cos nx, \sin nx$ を掛けてから積分して

$$\int_{-\pi}^{\pi} f(x) \cos nx \, dx = \pi a_n, \quad \int_{-\pi}^{\pi} f(x) \sin nx \, dx = \pi b_n.$$

これは

$$\int_{-\pi}^{\pi} \cos^2 nx \, dx = \int_{-\pi}^{\pi} \sin^2 nx \, dx = \pi,$$

$$\int_{-\pi}^{\pi} \cos mx \cos nx \, dx = 0, \quad \int_{-\pi}^{\pi} \sin mx \sin nx \, dx = 0, \quad (m \neq n)$$

$$\int_{-\pi}^{\pi} \cos mx \sin nx \, dx = 0$$

による．

すなわち係数は次の通りである．

$$\left.\begin{array}{l} a_n = \dfrac{1}{\pi} \displaystyle\int_{-\pi}^{\pi} f(x) \cos nx \, dx, \quad (n = 0, 1, 2, \cdots) \\ b_n = \dfrac{1}{\pi} \displaystyle\int_{-\pi}^{\pi} f(x) \sin nx \, dx. \quad (n = 1, 2, \cdots) \end{array}\right\} \tag{2}$$

今もし $f(x)$ の積分可能性だけを仮定するならば，(2)によって a_n, b_n を定めて，それを係数とする三角級数を作ることができる．それを $f(x)$ から生ずる **Fourier 級数** と呼んで，かりに次のように書く：

$$f(x) \sim \frac{a_0}{2} + a_1 \cos x + b_1 \sin x + \cdots + a_n \cos nx + b_n \sin nx + \cdots.$$

積分可能なる $f(x)$ から，このような Fourier 級数が作られるが，それは収束するであろう

か，また収束するとしても，その和が，はたして $f(x)$ に等しいであろうか？

まず第一に最も興味のあるのは，Fourier 級数が一様に収束して，それが $f(x)$ に等しい場合である．よって三角函数の周期性を考慮して，さしあたり $f(x)$ を 2π を周期とする連続函数に限定する．

71. 直交函数系

区間 $[a,b]$ において $f(x), g(x)$ が積分可能で，
$$\int_a^b f(x)g(x)dx = 0$$
なるとき，$f(x), g(x)$ を互に直交(orthogonal)という．

直交というのは幾何学との類似による．直角座標に関して，ベクトル $(a_1, a_2, a_3), (b_1, b_2, b_3)$ は $a_1b_1 + a_2b_2 + a_3b_3 = 0$ なるとき互に直交する．上記直交の定義はそれの拡張である．

区間が指定されているとき，上記のような積分を (f, g) と略記する．すなわち
$$(f, g) = \int_a^b f(x)g(x)dx.$$
特に
$$(f, f) = \int_a^b f(x)^2 dx \geqq 0.^*$$
さて $f(x)$ を連続とすれば，$(f,f)=0$ は $f(x)=0$ なるときに限る．従って $f(x) \neq 0$ とすれば，$(f,f)>0$．そのとき $f(x)$ を定数 $\sqrt{(f,f)}$ で割って
$$f_0(x) = \frac{f(x)}{\sqrt{(f,f)}}$$
と置けば
$$(f_0, f_0) = \frac{1}{(f,f)} \int_a^b f(x)^2 dx = 1.$$
このとき $f_0(x)$ は正規化(または標準化)されている(normalized)という．

区間 $[a,b]$ において与えられた函数
$$\varphi_1(x), \varphi_2(x), \cdots, \varphi_n(x), \cdots$$
が二つずつ互に直交で，かつ各 $\varphi_i(x)$ が正規化されているとき，その全体を正規直交函数系という．すなわち
$$(\varphi_i, \varphi_i) = 1, \quad (\varphi_i, \varphi_j) = 0. \qquad (i \neq j)$$
例えば

---

* (f,f) を Nf，また $\sqrt{(f,f)}$ を $\|f\|$ と略記することもある(296 頁，[附記]参照)．

は区間 $[-\pi, \pi]$ において直交系であるが，それは正規化されてはいない．正規系を得るためには

$$\frac{1}{\sqrt{2\pi}}, \cdots, \frac{\cos nx}{\sqrt{\pi}}, \frac{\sin nx}{\sqrt{\pi}}, \cdots$$

を取ればよい．

直交函数系の他の一例は，区間 $[-1, +1]$ における Legendre の多項式

$$P_0(x), P_1(x), \cdots, P_n(x), \cdots$$

である．これも正規化されてはいない．正規系を得るためには $\sqrt{\dfrac{2n+1}{2}} P_n(x)$ を取ればよい（§36, (3°)参照）．

重要なのは直交性で，正規化は一般論において記述の簡約のためである．

72. 任意函数系の直交化

区間 $[a, b]$ において与えられた函数系（簡単のために連続性を仮定する）

$$u_1(x), u_2(x), \cdots, u_n(x), \cdots \tag{1}$$

から，一次結合によって直交系が作られる．

今(1)を一次独立とする．その意味は任意に n を取るとき，

$$a_1 u_1(x) + a_2 u_2(x) + \cdots + a_n u_n(x) = 0 \tag{2}$$

なる関係式が，定数なる係数 a_i をもって区間 $[a, b]$ において常に成り立つことは，$a_1 = a_2 = \cdots = a_n = 0$ なる場合以外にはないことをいう．

従って特に $[a, b]$ において常に $u_n(x) = 0$ ではありえない．—— もしも $u_n(x) = 0$ ならば，$a_1 = a_2 = \cdots = a_{n-1} = 0, a_n = 1$ として(2)が成り立つ．

正規直交函数系 $\varphi_n(x)$ は一次独立である．—— もしも

$$\sum_{i=1}^{n} a_i \varphi_i(x) = 0$$

ならば，$\varphi_i(x)$ を掛けて $[a, b]$ において積分して $a_i = 0$ を得る．

さて函数列(1)から，次のような一次結合

$$\varphi_n(x) = c_{n,1} u_1(x) + c_{n,2} u_2(x) + \cdots + c_{n,n} u_n(x) \quad (n = 1, 2, \cdots) \tag{3}$$

によって正規直交列 $\varphi_n(x)$ が作られる．問題の要点はまずすべての n に関して φ_n を $\varphi_1, \varphi_2, \cdots, \varphi_{n-1}$ と直交ならしめることにあるが，それには φ_n を $u_1, u_2, \cdots, u_{n-1}$ と直交ならしめればよい．今

$$(u_i, u_j) = a_{ij}, \tag{4}$$

$$\Phi_n(x) = \begin{vmatrix} a_{11} & a_{12} & \cdots & a_{1n} \\ a_{21} & a_{22} & \cdots & a_{2n} \\ \cdots\cdots\cdots\cdots\cdots\cdots\cdots\cdots\cdots \\ a_{n-1,1} & a_{n-1,2} & \cdots & a_{n-1,n} \\ u_1(x) & u_2(x) & \cdots & u_n(x) \end{vmatrix} \quad (5)$$

と置く.然らば,$\Phi_n(x)$ は $u_1(x), u_2(x), \cdots, u_n(x)$ の一次結合で,(u_i, Φ_n) は上記行列式の最終行を $(u_i, u_1), \cdots, (u_i, u_n)$,すなわち $a_{i1}, \cdots, a_{in}$ で置き換えたものであるから $(u_i, \Phi_n) = 0$ $(i = 1, 2, \cdots, n-1)$.すなわち Φ_n は $\Phi_1, \cdots, \Phi_{n-1}$ と直交する.残るところは Φ_n の正規化である.さて一般に $a_{ij} = (u_i, u_j)$ の行列式を

$$A_0 = 1, \quad A_n = |a_{ij}| \quad (i, j = 1, 2, \cdots, n) \quad (6)$$

と書けば,$(u_i, \Phi_n) = 0$ $(i = 1, 2, \cdots, n-1)$ を用いて,(5)から

$$(\Phi_n, \Phi_n) = \begin{vmatrix} a_{11} & a_{12} & \cdots & a_{1n} \\ \cdots\cdots\cdots\cdots\cdots\cdots\cdots \\ \cdots\cdots\cdots\cdots\cdots\cdots\cdots \\ a_{n-1,1} & \cdots & a_{n-1,n} \\ 0 & 0 & \cdots & (u_n, \Phi_n) \end{vmatrix} = (u_n, \Phi_n) A_{n-1}.$$

さてまた(5),(6)から

$$(u_n, \Phi_n) = \begin{vmatrix} a_{11} & a_{12} & \cdots & a_{1n} \\ \cdots\cdots\cdots\cdots\cdots\cdots\cdots\cdots \\ a_{n-1,1} & a_{n-1,2} & \cdots & a_{n-1,n} \\ (u_n, u_1) & (u_n, u_2) & \cdots & (u_n, u_n) \end{vmatrix} = A_n.$$

従って
$$(\Phi_n, \Phi_n) = A_{n-1} A_n,$$

故に
$$\varphi_n = \frac{\Phi_n}{\sqrt{A_{n-1} A_n}} \quad (n = 1, 2, \cdots)$$

は正規直交列である.

上記において $A_{n-1} A_n > 0$ を仮定したが,実際それは正当である.まず $A_1 = (u_1, u_1) > 0$.よって帰納法を用いて $A_1, \cdots, A_{n-1} > 0$ とする.然らば Φ_n は $u_1, u_2, \cdots, u_n$ の一次結合で,u_n の係数は A_{n-1} であるが,$u_1, u_2, \cdots, u_n$ は一次独立だから $\Phi_n \neq 0$,従って $(\Phi_n, \Phi_n) = A_{n-1} A_n > 0$,故に $A_n > 0$.

上記行列式 $A_n = |(u_i, u_j)|$ は区間 $[a, b]$ における函数列 $u_1(x), \cdots, u_n(x)$ の **Gram** の行列式というものである.$A_n > 0$ は $u_1, u_2, \cdots, u_n$ が一次独立であることの判定条件である[*].

$u_1, u_2, \cdots, u_n$ が一次独立でないならば $A_n = 0$ なることは見やすい.すなわち一般に $A_n \geqq 0$.

［附記］ Gram の行列式は次のように表わされる:

---

[*] 高木:代数学講義改訂新版 324 頁参照.

$$A_n = \frac{1}{n!}\int_a^b\cdots\int_a^b \begin{vmatrix} u_1(x_1) & u_2(x_1) & \cdots & u_n(x_1) \\ \hdotsfor{4} \\ u_1(x_n) & u_2(x_n) & \cdots & u_n(x_n) \end{vmatrix}^2 dx_1\cdots dx_n.$$

それによれば $A_n \geqq 0$ は明白である．

73. 直交函数列による Fourier 式展開

区間 $[a,b]$ において正規直交函数列が与えられているとする：
$$\varphi_1(x), \varphi_2(x), \cdots, \varphi_n(x), \cdots. \tag{1}$$
もしも $[a,b]$ において
$$f(x) = \sum_{n=1}^{\infty} c_n \varphi_n(x) \tag{2}$$
なる展開が可能で，級数の項別積分が許されるならば，§70 と同様に
$$(f, \varphi_n) = \sum_{\nu=1}^{\infty} c_\nu (\varphi_\nu, \varphi_n) = c_n$$
によって係数 c_n が確定する．逆に与えられた $f(x)$ から
$$c_n = (f, \varphi_n) \tag{3}$$
と置いて，級数
$$\sum c_n \varphi_n(x)$$
を $f(x)$ から生ずる **Fourier 式級数**といい，$c_n = (f, \varphi_n)$ を $f(x)$ の **Fourier 式係数**という．さて $f(x)$ から生ずる Fourier 式級数は，はたして $f(x)$ に収束するであろうか？

これは難問題であるが，その解決の糸口を得るために次の考察を試みる．

(1°) まず任意の係数 γ_i をもって，有限級数 $\sum_{i=1}^{n} \gamma_i \varphi_i(x)$ を作って，
$$J = \int_a^b \left\{ f(x) - \sum_{i=1}^{n} \gamma_i \varphi_i(x) \right\}^2 dx \tag{4}$$
を計算する．§71 の略記法によれば，
$$J = (f,f) - 2\sum_{i=1}^{n} \gamma_i (f, \varphi_i) + \sum_{i=1}^{n} \gamma_i^2 (\varphi_i, \varphi_i) + \sum_{i \neq j} \gamma_i \gamma_j (\varphi_i, \varphi_j).$$
仮定によって $(f, \varphi_i) = c_i$, $(\varphi_i, \varphi_i) = 1$, $(\varphi_i, \varphi_j) = 0$ $(i \neq j)$ だから，
$$J = (f,f) - 2\sum_{i=1}^{n} c_i \gamma_i + \sum_{i=1}^{n} \gamma_i^2$$
$$= (f,f) - \sum_{i=1}^{n} c_i^2 + \sum_{i=1}^{n} (c_i - \gamma_i)^2. \tag{5}$$
故に J は $\gamma_i = c_i$ なるとき最小である．また $J \geqq 0$ だから，

$$(f,f) \geqq \sum_{i=1}^{n} c_i^2. \tag{6}$$

故に無限級数 $\sum_{i=1}^{\infty} c_i^2$ は収束して，

$$\sum_{i=1}^{\infty} c_i^2 \leqq (f,f). \tag{7}$$

これを **Bessel** の不等式という．

特に
$$\lim_{n \to \infty} c_n = 0. \tag{8}$$

例えば
$$\pi a_n = \int_{-\pi}^{\pi} f(x) \cos nx \, dx \to 0,$$
$$\pi b_n = \int_{-\pi}^{\pi} f(x) \sin nx \, dx \to 0.$$

(2°)　もしも任意の $f(x)$ に関して

$$\sum_{i=1}^{\infty} c_i^2 = (f,f) \tag{9}$$

ならば，正規直交列 $\varphi_n(x)$ は完備(または完全)(complete, vollständig)であるといい，(9)を完備条件(または **Parseval** の等式)という．

　完備というのは，直交列 φ_n に他の函数を追加して，それを直交列にする余地がないことを意味する．実際 $(f, \varphi_i) = c_i = 0, (i = 1, 2, \cdots)$ ならば，(9)から $(f, f) = 0$，従って $f(x) = 0$ である．

　精密にいえば，考察する函数を或る特定の種類 C に限定して，$\varphi_n(x), f(x)$ が C に属して(9)が成り立つとき，$\varphi_n(x)$ は C に関して完備条件を満たすというべきである．我々は今区間 $[a, b]$ において連続なる函数のみを C に入れている．

　(4)において $\gamma_i = c_i$ とすれば，(5)によって $J = (f,f) - \sum_{i=1}^{n} c_i^2$．故に上記(9)は，詳しく書けば，

$$\lim_{n \to \infty} \int_a^b \Bigl\{ f(x) - \sum_{i=1}^{n} c_i \varphi_i(x) \Bigr\}^2 dx = 0 \tag{10}$$

である．しかし，連続函数の範囲内でも，(10)だけからは

$$f(x) = \lim_{n \to \infty} \sum_{i=1}^{n} c_i \varphi_i(x),$$

すなわち

$$f(x) = \sum_{i=1}^{\infty} c_i \varphi_i(x) \tag{11}$$

は出て来ないが，もしも $f(x)$ から生ずる Fourier 式級数

$$\sum_{i=1}^{\infty} c_i \varphi_i(x)$$

が，$[a,b]$ において一様に収束するならば，完備条件(10)から(11)が得られる．—— 実際，一様収束の仮定の下において，項別積分が許されるから

$$\left(\sum_{i=1}^{\infty}c_i\varphi_i,\varphi_n\right)=\int_a^b\left(\sum_{i=1}^{\infty}c_i\varphi_i(x)\right)\varphi_n(x)dx=\sum_{i=1}^{\infty}\int_a^b c_i\varphi_i(x)\varphi_n(x)dx$$

$$=\sum_{i=1}^{\infty}c_i(\varphi_i,\varphi_n)=c_n.$$

そこで $r(x)=f(x)-\sum_{i=1}^{\infty}c_i\varphi_i(x)$ と置けば，

$$(r,\varphi_n)=(f,\varphi_n)-\sum_{i=1}^{\infty}c_i(\varphi_i,\varphi_n)=c_n-c_n=0.$$

故に完備条件(9)を $r(x)$ に適用すれば $(r,r)=0$，すなわち

$$\int_a^b r(x)^2 dx=0.$$

$r(x)$ は連続だから $r(x)=0$，従って(11)を得る．

［附記］ §§71-73 において展開した計算は，Euclid 幾何学との類似を念頭に置いて考えれば，わかりよい．一定区間 $[a,b]$ において連続なる函数の集合 C を無限次元の空間とみて，C に属する個々の函数 $f(x),g(x),\cdots$ を空間 C の点またはベクトルとする．そうして $\|f\|=\sqrt{(f,f)}$ をベクトル $f(x)$ の長さ，従ってまた，$\|f-g\|$ を点 $f(x),g(x)$ の距離とする．然らば正規直交函数列 $\varphi_1(x),\varphi_2(x),\cdots$ は二つずつ互に直交する単位ベクトルであるが，$\|\varphi\|=1,(f,\varphi)=c$ として $f(x)=\{f(x)-c\varphi(x)\}+c\varphi(x)$ によってベクトル f を二つの成分 $f-c\varphi$ と $c\varphi$ とに分解すれば

$$(f-c\varphi,\varphi)=(f,\varphi)-c(\varphi,\varphi)=0$$

だから，それらの成分は互に直交する．すなわち $c\varphi(x)$ は $f(x)$ の $\varphi(x)$ 軸上への正射影というべきものである．

正規直交列 $\varphi_1(x),\varphi_2(x),\cdots$ が完備条件(9)を満たすことは，$\varphi_i(x)$ が，あたかも函数空間 C の一つの座標系の各軸上の単位ベクトルであるかのようであって，(9)はすなわち空間 C における Pythagoras の定理である．三次元空間に関して§27で述べた記号を用いて，座標軸上の単位ベクトルを $\boldsymbol{i},\boldsymbol{j},\boldsymbol{k}$，任意のベクトルを $\boldsymbol{v}=a\boldsymbol{i}+b\boldsymbol{j}+c\boldsymbol{k}$ とすれば，$|\boldsymbol{v}|^2=a^2+b^2+c^2$ であるが，$|\boldsymbol{v}|$ は $\|f\|$ に当り，'スカラー積' $a=\boldsymbol{v}\boldsymbol{i}$ は $c_1=(f,\varphi_1)$ に当る．もしも Fourier 式展開 $f(x)=\sum_{i=1}^{\infty}c_i\varphi_i(x)$ が可能ならば，それはすなわち上記の $\boldsymbol{v}=a\boldsymbol{i}+b\boldsymbol{j}+c\boldsymbol{k}$ に相当するのだが，C の場合，この展開が無条件では行かないところにおいて，有限次元の幾何学との類似が中絶する．このような函数空間の系統的な考察は，Hilbert 空間論の研究目標である．

上記一般的の考察を三角函数系

$$1,\cos x,\sin x,\cdots,\cos nx,\sin nx,\cdots \qquad (12)$$

に適用するために，次の二つの問題を目標にする．

　　（Ⅰ）三角函数系(12)はすべての連続函数 $f(x)$ に関して完備条件を満たす．

　　（Ⅱ）もしも $f(x)$ が 2π を周期とする滑らかな函数ならば，$f(x)$ から生ずる Fourier 級数は一様に収束する．

滑らか(glatt)とは $f'(x)$ が連続なることをいう．

もしも(I), (II)が証明されるならば，上記一般的の考察によって，滑らかな周期函数 $f(x)$ は Fourier 級数に展開されることが確定するであろう．

74. Fourier 級数の相加平均総和法［Fejér の定理］

無限級数の部分和を $s_n \, (n=1,2,\cdots)$ として
$$S_n = \frac{1}{n}(s_1 + s_2 + \cdots + s_n)$$
と置く．もしも級数が収束すれば $s = \lim_{n\to\infty} s_n$ は存在し，従って $\lim_{n\to\infty} S_n = s$ である (§4, [例 4])．しかし s_n は収束しなくても，S_n は収束することがある．そのとき $S_n \to S$ として，級数は相加平均法によって S に総和されるという．またこれを Cesàro の一次総和法という．記号では $(C,1)$ 総和法と書く．

[例]　級数 $1-1+1-1+\cdots$ では，$s_{2n}=0, s_{2n+1}=1$. 故に
$$S_{2n} = \frac{n}{2n} = \frac{1}{2}, \quad S_{2n+1} = \frac{n+1}{2n+1}.$$
故に $S_n \to \frac{1}{2}$. すなわち $(C,1)$ 総和法による上記級数の和は $\frac{1}{2}$ である．

この総和法を $f(x)$ の Fourier 級数に応用するために，§70 の級数を
$$\frac{a_0}{2} + (a_1 \cos x + b_1 \sin x) + \cdots + (a_n \cos nx + b_n \sin nx) + \cdots$$
の形に取って，その部分和 $s_n(x)$ を計算する．係数 a_n, b_n の値から
$$s_n(x) = \frac{a_0}{2} + \sum_{\nu=1}^{n-1}(a_\nu \cos \nu x + b_\nu \sin \nu x)$$
$$= \frac{1}{\pi} \int_{-\pi}^{\pi} f(t) \left(\frac{1}{2} + \sum_{\nu=1}^{n-1}(\cos \nu t \cos \nu x + \sin \nu t \sin \nu x) \right) dt$$
$$= \frac{1}{\pi} \int_{-\pi}^{\pi} f(t) \left(\frac{1}{2} + \sum_{\nu=1}^{n-1} \cos \nu(t-x) \right) dt.$$
故に $f(x)$ の周期性を用いて
$$s_n(x) = \frac{1}{\pi} \int_{-\pi}^{\pi} f(x+t) \left(\frac{1}{2} + \sum_{\nu=1}^{n-1} \cos \nu t \right) dt. \tag{1}$$
さて
$$\frac{1}{2} + \sum_{\nu=1}^{n-1} \cos \nu t = \frac{1}{2} \frac{\sin\left(n - \frac{1}{2}\right)t}{\sin \frac{t}{2}} = \frac{1}{2} \frac{\cos(n-1)t - \cos nt}{1 - \cos t}.$$

これを(1)へ持ち込めば

$$s_n(x) = \frac{1}{2\pi}\int_{-\pi}^{\pi} f(x+t)\frac{\sin\left(n-\frac{1}{2}\right)t}{\sin\frac{1}{2}t}dt \tag{2}$$

$$= \frac{1}{2\pi}\int_{-\pi}^{\pi} f(x+t)\frac{\cos(n-1)t - \cos nt}{1-\cos t}dt. \tag{3}$$

従って

$$S_n(x) = \frac{1}{n}\{s_1(x) + \cdots + s_n(x)\} = \frac{1}{2\pi n}\int_{-\pi}^{\pi} f(x+t)\frac{1-\cos nt}{1-\cos t}dt,$$

$$S_n(x) = \frac{1}{2\pi n}\int_{-\pi}^{\pi} f(x+t)\left(\frac{\sin\frac{nt}{2}}{\sin\frac{t}{2}}\right)^2 dt. \tag{4}$$

特に $f(x)=1$ とすれば，$a_0 = 2$ で，その他 a_n, b_n はみな 0 だから，$s_n(x) = 1, S_n(x) = 1$. 故に次の等式を得る：

$$1 = \frac{1}{2\pi n}\int_{-\pi}^{\pi}\left(\frac{\sin\frac{nt}{2}}{\sin\frac{t}{2}}\right)^2 dt. \tag{5}$$

これに $f(x)$ を掛けて (4) から引けば

$$S_n(x) - f(x) = \frac{1}{2\pi n}\int_{-\pi}^{\pi}\{f(x+t) - f(x)\}\left(\frac{\sin\frac{nt}{2}}{\sin\frac{t}{2}}\right)^2 dt. \tag{6}$$

これは巧妙な計算技術である．この結果を用いて，$f(x)$ の連続性だけを仮定して，

$$S_n(x) \to f(x)$$

を証明することができる．

$f(x)$ の連続性から，任意の ε に対して $[-\pi, \pi]$ において x に無関係に

$$|t| < \delta \text{ なるとき } |f(x+t) - f(x)| < \varepsilon \tag{7}$$

なる δ が定められる (連続の一様性). そのように δ を定めたところで，(6) の積分を三つに分ける：

$$\int_{-\pi}^{\pi} = \int_{-\pi}^{-\delta} + \int_{-\delta}^{\delta} + \int_{\delta}^{\pi}.$$

然らば (7) を用いて，(5), (6) から

$$\frac{1}{2\pi n}\left|\int_{-\delta}^{\delta}\right| < \frac{\varepsilon}{2\pi n}\int_{-\delta}^{\delta}\left(\frac{\sin\frac{nt}{2}}{\sin\frac{t}{2}}\right)^2 dt < \varepsilon.$$

また $[-\pi, \pi]$ における $|f(x)|$ の上界を M とすれば

$$\frac{1}{2\pi n}\left|\int_{-\pi}^{-\delta}+\int_{\delta}^{\pi}\right| < \frac{2M}{2\pi n}\left\{\int_{-\pi}^{-\delta}\left(\frac{\sin\frac{nt}{2}}{\sin\frac{t}{2}}\right)^2 dt+\int_{\delta}^{\pi}\right\} < \frac{2M}{n\sin^2\frac{\delta}{2}}.$$

故に
$$|S_n(x)-f(x)| < \varepsilon + \frac{2M}{n\sin^2\frac{\delta}{2}},$$

そこで n を十分大きく取れば，右辺の第二項 $< \varepsilon$．

すなわち，次の結果が得られたのである：

$f(x)$ が区間 $[-\pi,\pi]$ において連続で，$f(\pi)=f(-\pi)$ ならば x に関して一様に
$$S_n(x)\to f(x).$$

これが **Fejér** の定理である．

上記 Fejér の定理は我々の目標ではなかったけれども，この定理から三角函数系の完備性が得られるところに興味がある．

$S_n(x)$ は三角多項式だから，§73, (4) の $\sum\gamma_i\varphi_i(x)$ に当る．$s_n(x)$ はもちろん $\sum c_i\varphi_i(x)$ である．従って
$$\int_{-\pi}^{\pi}(f(x)-S_n(x))^2 dx \geqq \int_{-\pi}^{\pi}(f(x)-s_n(x))^2 dx.$$

故に $f(x)$ が連続なる場合には Fejér の定理によって
$$\lim_{n\to\infty}\int_{-\pi}^{\pi}(f(x)-s_n(x))^2 dx = 0.$$

それが完備条件であった．すなわち §73 に述べた問題（I）は解けたのである．

75. 滑らかな周期函数の Fourier 展開

さて §73 の問題(II)は簡単にかたづく．同所の通り，$f(x)$ は 2π を周期とする滑らかな函数と仮定する．すなわち区間 $[-\pi,\pi]$ において $f'(x)$ は連続でかつ
$$f(-\pi)=f(\pi) \tag{1}$$
とする．然らば部分積分によって $(n>0)$
$$a_n = \frac{1}{\pi}\int_{-\pi}^{\pi} f(t)\cos nt\, dt$$
$$= \frac{1}{\pi}f(t)\frac{\sin nt}{n}\Big|_{-\pi}^{\pi} - \frac{1}{\pi n}\int_{-\pi}^{\pi} f'(t)\sin nt\, dt,$$
すなわち
$$a_n = -\frac{1}{\pi n}\int_{-\pi}^{\pi} f'(t)\sin nt\, dt. \tag{2}$$

また
$$b_n = \frac{1}{\pi} \int_{-\pi}^{\pi} f(t) \sin nt \, dt$$
$$= -\frac{1}{\pi} f(t) \frac{\cos nt}{n} \Big|_{-\pi}^{\pi} + \frac{1}{\pi n} \int_{-\pi}^{\pi} f'(t) \cos nt \, dt,$$

すなわち
$$b_n = \frac{1}{n\pi} \int_{-\pi}^{\pi} f'(t) \cos nt \, dt. \tag{3}$$

ここで仮定(1)を用いた．さて $f'(x)$ の Fourier 係数を a'_n, b'_n とすれば，(2), (3) から
$$a_n = -\frac{b'_n}{n}, \quad b_n = \frac{a'_n}{n}. \tag{4}$$

さて $\sum a'^2_n, \sum b'^2_n$ は収束する(295 頁, (7))．故に
$$\left|\frac{2a'_n}{n}\right| \leqq a'^2_n + \frac{1}{n^2}$$

を用いて，(4) によって $\sum b_n$ が絶対に収束することがわかる．$\sum a_n$ も同様である．従って
$$\sum(a_n \cos nx + b_n \sin nx)$$

は $[-\pi, \pi]$ において一様(かつ絶対)に収束する．

すなわち我々は次の結論を得たのである．

定理 65．　区間 $[-\pi, \pi]$ において $f(x)$ は連続，かつ(区分的に)滑らかで，$f(-\pi) = f(\pi)$ ならば，$f(x)$ は Fourier 級数に展開される：
$$f(x) = \frac{a_0}{2} + \sum_{n=1}^{\infty}(a_n \cos nx + b_n \sin nx).$$

この級数は一様(かつ絶対)に収束する．

［注意］　区間 $[-\pi, \pi]$ の代りに任意の区間 $[a, a+2\pi]$ を取ってもよいが，その場合には，$f(a) = f(a+2\pi)$ とする．

上記証明において，$f'(x)$ の連続性を(2), (3) の部分積分において用いた．$f'(x)$ は全区間 $[a, a+2\pi]$ において連続でなくても，区間が有限数の小区間に分れて，その各小区間において $f'(x)$ が連続ならば，部分積分 (2), (3) が可能で (4) が得られる．標語的に，それを $f(x)$ は区分的に滑らか (stückweise glatt) と略記して，定理に書いて置いた．

76. 不連続函数の場合

Fourier 展開の目的は区間 $[a, b]$ (かりに $b - a = 2\pi$ とする)においてのみ与えられた函数 $f(x)$ を，その区間において三角級数に展開することであった．しかし三角級数が区間 $[a, b]$ で収束すれば，x のすべての値に関して収束する周期函数を表わすから，$f(x)$ を与えられた区間の外にまで周期的に延長するつもりで，$f(x)$ を周期函数としたのであった．その際 $f(x)$ が連続で

あるためには，与えられた区間 $[a,b]$ の両端における $f(x)$ の値が相等しいことが必要である．

例えば $[-\pi,\pi]$ において $f(x)=x$ とする．それを区間外へ周期的に延長すれば $f(x)$ のグラフは次のようになって $x=\pm\pi,\pm 3\pi,\cdots$ において不連続点が生ずる．

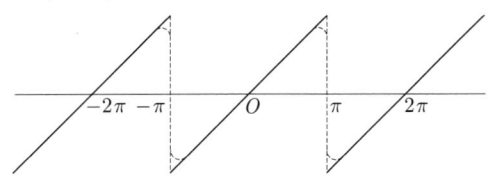

不連続を除くために，任意に小なる δ を取って，不連続点の両側において幅 δ の小区間だけにおいて $f(x)$ を変改して，それを滑らかにすれば，改造された $f(x)$ に関しては Fourier 展開が可能になるが，係数 a_n, b_n を与える積分も変わる．しかし変改区間は任意に小さくされるのだから，$\delta \to 0$ のとき Fourier 係数は元の通りの a_n, b_n になる．しからば前節の定理において，$f(a)=f(a+2\pi)$ なる仮定を撤回しても，区間 $(a, a+2\pi)$ において Fourier 展開は成り立つのではなかろうか？　またそのとき，区間の両端 $x=a, x=a+2\pi$ において，Fourier 級数はどうなるのであろうか？　これは重大なる問題であろう．

この問題を，まず上記の場合：
$$[-\pi,\pi] \quad \text{において} \quad f(x)=x$$
に関して解いてみよう．

この函数はすでに §65 (258頁) において取扱った．すなわち区間 $-\pi < x < \pi$ において，次の展開が成り立つのであった：
$$x = 2\left(\sin x - \frac{\sin 2x}{2} + \frac{\sin 3x}{3} - \cdots\right) \tag{1}$$

さて一方 $f(x)=x$ の Fourier 係数を計算してみれば：
$$\frac{1}{\pi}\int_{-\pi}^{\pi} x\cos nx\,dx = 0, \quad \frac{1}{\pi}\int_{-\pi}^{\pi} x\sin nx\,dx = (-1)^{n-1}\frac{2}{n}.$$

すなわち (1) の右辺はちょうど $[-\pi,\pi]$ において $f(x)=x$ から生ずる Fourier 級数で，区間 $[-\pi,\pi]$ の内部では，その級数は x に等しい．しかし区間の両端では違う．$x=\pm\pi$ において，級数の値は 0 だけれども，函数の値は $\pm\pi$ であるから，両端においては (1) は成り立たない．級数の値 0 は函数の両端の値 $\pm\pi$ の相加平均に等しい．もしも $f(x)$ を上記グラフのように区間外まで周期的に延長されたものとすれば，不連続点 $x=\pi$ に関しては
$$f(\pi-0) = \pi, \quad f(\pi+0) = -\pi.$$
$f(\pi)$ それ自身は意味不確定であったが，もしも
$$f(\pi) = \frac{f(\pi-0)+f(\pi+0)}{2},$$

すなわち $f(\pi)=0$ とするならば，$x=\pi$ においても (1) が成り立つことになる．$x=-\pi$ においても同様である．

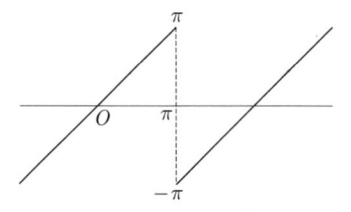

(1) において x に $x-a-\pi$ を代用して
$$f(x) = -2\sum \frac{1}{n}\sin n(x-a)$$
$$= 2\sum \left(\frac{\sin na}{n}\cos nx - \frac{\cos na}{n}\sin nx\right) \tag{2}$$

とすれば，$f(x)$ は $a\pm 2k\pi\,(k=0,1,2,\cdots)$ において不連続点を有し，連続区間においては一次式で表わされる周期函数で，右辺はそれの Fourier 級数である．そうして不連続点において $f(x)$ は -2π だけ飛ぶが，級数の値は前のように $\frac{1}{2}[f(a-0)+f(a+0)]=0$ に等しい．

このような特別な函数の展開を用いて，前節の定理を区分的に連続なる函数にまで拡張することができる．まず簡明のために $f(x)$ は区間 $[-\pi,\pi]$ の一点 $x=a$ においてのみ不連続で $[-\pi,a]$ および $[a,\pi]$ においては (区分的に) 滑らかで，かつ $a\neq\pm\pi$ のときは $f(\pi)=f(-\pi)$ であるとする．すなわち $f(x)$ は $x=a$ においていわゆる第一種の不連続点を有し，その点における $f(x)$ の跳躍は
$$h = f(a+0) - f(a-0) \tag{3}$$
に等しい．

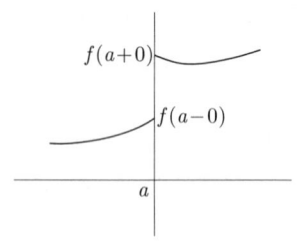

然らば (2) の函数を $f_a(x)$ と書いて
$$F(x) = f(x) + \frac{h}{2\pi}f_a(x)$$
と置けば $F(x)$ は $x=a$ において連続になる．

実際
$$F(a-0) = f(a-0) + \frac{h}{2\pi}\pi,$$

$$F(a+0) = f(a+0) - \frac{h}{2\pi}\pi$$

から，(3)によって $F(a-0) = F(a+0)$．故に $x = a$ において

$$F(a) = \frac{f(a-0) + f(a+0)}{2}$$

とすれば，$F(x)$ は $x = a$ において連続である．

故に前節の定理によって，$F(x)$ は Fourier 式に展開される．従って

$$f(x) = F(x) - \frac{h}{2\pi}f_a(x)$$

は Fourier 式に展開される函数の和として，それ自身 Fourier 式に展開される．ただし $x = a$ においては級数の値は $\dfrac{f(a-0) + f(a+0)}{2}$ に等しい．

$x = a$ のような不連続点が区間内に一つよりも多くあっても，その数が有限で，各連続区間において，$f(x)$ が（区分的に）滑らかであれば，$f(x)$ は上記のように Fourier 級数に展開される．

［注意］ 級数(1)は $-\pi+\delta \leq x \leq \pi-\delta$ において一様に収束する(258頁)．従って上記 $f(x)$ の Fourier 展開は不連続点を含まない閉区間では一様に収束する．

上文，簡単のために区間 $[a, b]$ の幅を 2π としたけれども，$b - a = 2l$ ならば，x に $\dfrac{\pi}{l}x$ を代用して

$$\left.\begin{aligned}
f(x) &= \frac{a_0}{2} + \sum_{n=1}^{\infty}\left(a_n \cos\frac{n\pi x}{l} + b_n \sin\frac{n\pi x}{l}\right), \\
a_n &= \frac{1}{l}\int_{-l}^{l} f(x)\cos\frac{n\pi x}{l}dx, \quad b_n = \frac{1}{l}\int_{-l}^{l} f(x)\sin\frac{n\pi x}{l}dx. \\
l &= \frac{b-a}{2}.
\end{aligned}\right\} \quad (4)$$

とすればよい．綜合していえば：

定理 66．区間 $[a, b]$ において区分的に滑らかな函数 $f(x)$ は Fourier 級数(4)に展開される．それは不連続点を含まない閉区間では一様に収束する．ただし，不連続点 x_0 においては級数は

$$\frac{f(x_0 - 0) + f(x_0 + 0)}{2}$$

に収束する*．

77. Fourier 級数の例

Fourier 級数の例二，三を次に掲げるが，その前に，まず一つの注意を述べておく．

$f(x)$ が偶函数，すなわち $f(-x) = f(x)$ ならば，$[-\pi, \pi]$ において $f(x)$ は cos のみの級数に

---

* 上記の説明において，展開(1)を第 5 章から引用したことは，三角級数論の立場からは，方法上不純であるが，一方三角級数論は解析概論において，はなはだ特殊な問題である．我々はむしろ数学の連帯性を重視した．

展開される．この場合
$$a_n = \frac{2}{\pi}\int_0^\pi f(x)\cos nx\,dx, \qquad (b_n = 0).$$

$f(x)$ が奇函数，すなわち $f(-x)=-f(x)$ ならば，$[-\pi,\pi]$ において $f(x)$ は sin のみの級数に展開される．この場合
$$b_n = \frac{2}{\pi}\int_0^\pi f(x)\sin nx\,dx, \qquad (a_n = 0).$$

これは明白である．さて $f(x)$ が区間 $[0,\pi]$ においてのみ与えられたとき，それを $f(-x)=f(x)$ または $f(-x)=-f(x)$ によって区間 $[-\pi,0]$ に延長するならば，$[-\pi,\pi]$ における延長された $f(x)$ の展開から，区間 $[0,\pi]$ において $f(x)$ の cos のみまたは sin のみの級数が得られるであろう．もちろんここでは定理 66 の仮定の下においていう．

［例 1］ $f(x)=x$．これは奇函数だから
$$b_n = \frac{2}{\pi}\int_0^\pi x\sin nx\,dx = (-1)^{n-1}\frac{2}{n}$$
から，次の展開を得る：
$$\frac{x}{2} = \sin x - \frac{\sin 2x}{2} + \frac{\sin 3x}{3} - \cdots, \qquad (-\pi < x < \pi).$$
ただし，この展開は前節で用いたものである．

特に，$x=\dfrac{\pi}{2}$ において $f(x)$ は連続だから
$$\frac{\pi}{4} = 1 - \frac{1}{3} + \frac{1}{5} - \cdots, \qquad [\text{Leibniz の級数}].$$
これは既出である(199 頁)．

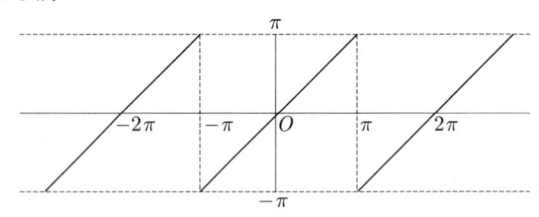

［例 2］ $f(x)=|x|$．（偶函数）
$$a_0 = \frac{2}{\pi}\int_0^\pi x\,dx = \pi.$$
$$a_n = \frac{2}{\pi}\int_0^\pi x\cos nx\,dx = \frac{2}{\pi}\left[\frac{x\sin nx}{n} + \frac{\cos nx}{n^2}\right]_0^\pi$$
$$= \begin{cases} 0, & n \text{ は偶数}, \\ \dfrac{-4}{n^2\pi}, & n \text{ は奇数}. \end{cases}$$
故に $(-\pi \leqq x \leqq \pi)$
$$|x| = \frac{\pi}{2} - \frac{4}{\pi}\left(\cos x + \frac{\cos 3x}{3^2} + \frac{\cos 5x}{5^2} + \cdots\right).$$

$x=0$ において $|x|$ は連続だから,
$$\frac{\pi^2}{8} = 1 + \frac{1}{3^2} + \frac{1}{5^2} + \cdots, \qquad (\S\,64\ 参照).$$

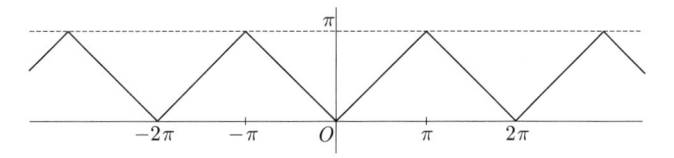

[注意] 区間を $[0,\pi)$ に限れば[例1], [例2]から
$$x = 2\left(\sin x - \frac{\sin 2x}{2} + \frac{\sin 3x}{3} - \cdots\right)$$
$$= \frac{\pi}{2} - \frac{4}{\pi}\left(\cos x + \frac{\cos 3x}{3^2} + \frac{\cos 5x}{5^2} + \cdots\right).$$

ただし, $x=\pi$ のとき sin の級数は 0 になるが, cos の級数は, なお π に等しい. 実際 $x=\pi$ とすれば, 上記 $\pi^2/8$ の級数を得る.

[例3] $f(x) = \cos\mu x$ (μ は整数でない実数).
$$\int_0^\pi \cos\mu x \cos nx\, dx = \frac{1}{2}\left[\frac{\sin(\mu-n)x}{\mu-n} + \frac{\sin(\mu+n)x}{\mu+n}\right]_0^\pi = \frac{(-1)^n \mu \sin\mu\pi}{\mu^2 - n^2},$$
故に
$$\cos\mu x = \frac{2\mu\sin\mu\pi}{\pi}\left(\frac{1}{2\mu^2} - \frac{\cos x}{\mu^2 - 1} + \frac{\cos 2x}{\mu^2 - 2^2} - \cdots\right). \tag{1}$$
特に $x=\pi$ として, また μ を z と書けば
$$\pi\cot\pi z = \frac{1}{z} + \sum_{n=1}^\infty \frac{2z}{z^2 - n^2}. \qquad (254\ 頁\ 参照)$$
また $x=0$ として, μ の代りに z と書けば
$$\frac{\pi z}{\sin\pi z} = 1 + 2z^2 \sum_{n=1}^\infty \frac{(-1)^n}{z^2 - n^2}. \qquad (254\ 頁,\ (21)参照)$$

[例4] $f(x) = \sin\mu x$. (μ 同上)
$$\int_0^\pi \sin\mu x \sin nx\, dx = \frac{1}{2}\left[\frac{\sin(\mu-n)x}{\mu-n} - \frac{\sin(\mu+n)x}{\mu+n}\right]_0^\pi = \frac{(-1)^n n \sin\mu\pi}{\mu^2 - n^2},$$
$$\sin\mu x = -\frac{2\sin\mu\pi}{\pi}\left(\frac{\sin x}{\mu^2 - 1} - \frac{2\sin 2x}{\mu^2 - 2^2} + \frac{3\sin 3x}{\mu^2 - 3^2} - \cdots\right), \quad (-\pi < x < \pi). \tag{2}$$
$x = \dfrac{\pi}{2}$ として ($\mu = 2z$ と書けば)
$$\pi\sec\pi z = 4\sum_{n=1}^\infty \frac{(-1)^n(2n-1)}{4z^2 - (2n-1)^2}. \qquad (254\ 頁\ 参照)$$

[注意] 項別微分をすれば(2)は(1)から出る(定理57).

[例5]
$$f(x) = \frac{1}{1 - 2a\cos x + a^2} \qquad (|a| < 1)$$
は $[-\pi,\pi]$ において正則なる解析函数. 従って滑らかで, かつまた周期的だから, Fourier 級数に展開され

る．しかしその展開は直接に求められる．すなわち

$$\frac{1-a^2}{1-2a\cos x+a^2} = \frac{1}{1-ae^{ix}} + \frac{ae^{-ix}}{1-ae^{-ix}}$$

$$= 1 + \sum_{n=1}^{\infty} a^n e^{inx} + \sum_{n=1}^{\infty} a^n e^{-inx}$$

$$= 1 + 2\sum_{n=1}^{\infty} a^n \cos nx.$$

これは一様に収束するから，Fourier 級数である (§ 70)．よって

$$\int_0^{\pi} \frac{\cos nx\, dx}{1-2a\cos x+a^2} = \frac{\pi a^n}{1-a^2}. \quad (243\,\text{頁，[例 5]参照})$$

［注意］　複素変数 z の函数 $f(z)$ が単位円周 C $(z=e^{i\theta})$ を含む領域で正則ならば $f(z)$ の Laurent 展開

$$f(z) = \sum_{n=-\infty}^{\infty} c_n z^n, \quad c_n = \frac{1}{2\pi i} \int_C \frac{f(z)dz}{z^{n+1}}$$

において $z=e^{i\theta}$ とすれば，(θ を変数としての) $f(e^{i\theta})$ の Fourier 展開を得る．すなわち

$$f(e^{i\theta}) = \frac{a_0}{2} + \sum(a_n \cos n\theta + b_n \sin n\theta),$$

$$a_0 = 2c_0,\ a_n = (c_n+c_{-n}),\ b_n = i(c_n-c_{-n}).$$

特に $f(z) = \dfrac{z+a}{z-a}$ $(-1<a<1)$ とすれば，

$$\frac{z+a}{z-a} = 1 + 2\left(\frac{a}{z} + \frac{a^2}{z^2} + \cdots\right).$$

ここで $z=e^{\theta i}$ と置いて実部を比較すれば，上記 [例 5] の展開を得るが，虚部から

$$\frac{\sin\theta}{1-2a\cos\theta+a^2} = \sin\theta + a\sin 2\theta + a^2\sin 3\theta + \cdots.$$

78. Weierstrass の定理

連続函数に関する次の定理は重要である．

定理 67.　閉区間 $[a,b]$ において $f(x)$ は連続とする．然らば任意に $\varepsilon>0$ を取るとき，$[a,b]$ において常に

$$|f(x)-P(x)|<\varepsilon$$

なる多項式 $P(x)$ が存在する．［Weierstrass］

約言すれば，閉区間において，連続なる函数に一様に近似する多項式が存在するのである．

この意味では，上記定理は任意次元に関して成り立つ．むずかしかったこの定理の証明は，一次元に関しては，§ 74 の Fejér の定理から，簡単に導かれる．

［証］　変数 x に一次変換を行なえば，$[a,b]$ は全く $[-\pi,\pi]$ の内部にあるとみてよい．そうし

て $[a,b]$ 以外では与えられた $f(x)$ を $[-\pi,\pi]$ に連続的に延長して $f(-\pi)=f(\pi)$ とすることができる．然らば Fejér の定理によって $[a,b]$ において

$$n>n_0 \quad \text{なるとき} \quad |f(x)-S_n(x)|<\frac{\varepsilon}{2}.$$

$S_n(x)$ は整函数であるから，それの Taylor 展開の第 m 項までの部分和を $P_{m,n}(x)$ とすれば，巾級数の一様収束性を用いて

$$m>m_0 \quad \text{なるとき} \quad |S_n(x)-P_{m,n}(x)|<\frac{\varepsilon}{2}.$$

故に十分大なる n に関して，m を十分大きく取れば，多項式 $P_{m,n}(x)=P(x)$ に関し，

$$|f(x)-P(x)|<\varepsilon.$$

(証終)

Fejér の定理から出発すれば，Weierstrass の定理の証明は上記の通り簡単であるが，次に掲げる直接の証明法 [Serge Bernstein] は初等的である．

二項定理

$$(x+y)^n=\sum_{\nu=0}^{n}\binom{n}{\nu}x^\nu y^{n-\nu}$$

から，x に関して一回，二回微分して，x, x^2 を掛ければ

$$nx(x+y)^{n-1}=\sum_{\nu=0}^{n}\nu\binom{n}{\nu}x^\nu y^{n-\nu},$$

$$n(n-1)x^2(x+y)^{n-2}=\sum_{\nu=0}^{n}\nu(\nu-1)\binom{n}{\nu}x^\nu y^{n-\nu}.$$

ここで $y=1-x$ として

$$\varphi_\nu(x)=\binom{n}{\nu}x^\nu(1-x)^{n-\nu} \qquad (\nu=0,1,\cdots,n) \tag{1}$$

と置けば

$$\sum_{\nu=0}^{n}\varphi_\nu(x)=1, \tag{2}$$

$$\sum_{\nu=0}^{n}\nu\varphi_\nu(x)=nx, \tag{3}$$

$$\sum_{\nu=0}^{n}\nu(\nu-1)\varphi_\nu(x)=n(n-1)x^2 \tag{4}$$

これらから

$$\sum_{\nu=0}^{n}(\nu-nx)^2\varphi_\nu(x)=n^2x^2\sum\varphi_\nu(x)-2nx\sum\nu\varphi_\nu(x)+\sum\nu^2\varphi_\nu(x)$$

$$=n^2x^2\cdot 1-2nx\cdot nx+(nx+n(n-1)x^2)$$

$$= nx(1-x). \tag{5}$$

次の証明で，これを使うのである．

さて変数の一次変換によって区域を $[0,1]$ にする．また与えられた連続函数に或る定数を掛けて

$$[0,1] \quad \text{において} \quad |f(x)| < 1 \tag{6}$$

としてよい．

連続の一様性によって，$\varepsilon > 0$ に対応して δ を定めて，$[0,1]$ において

$$|x - x'| < \delta \quad \text{なるとき} \quad |f(x) - f(x')| < \varepsilon \tag{7}$$

とする．然らば n を十分大きく取れば

$$\left| f(x) - \sum_{\nu=0}^{n} f\left(\frac{\nu}{n}\right) \varphi_\nu(x) \right| < 2\varepsilon \tag{8}$$

になって，定理が証明されるのである．── まず(2)によって

$$(8) \text{の左辺} = \left| \sum_{\nu=0}^{n} \left(f(x) - f\left(\frac{\nu}{n}\right) \right) \varphi_\nu(x) \right|.$$

この和を $\left|\dfrac{\nu'}{n} - x\right| < \delta$，および $\left|\dfrac{\nu''}{n} - x\right| \geqq \delta$ なる ν', ν'' に関する二つに分ける．

ν' に関しては，(1)によって $[0,1]$ において $\varphi_\nu(x) \geqq 0$ であることを用いて，(7)から，n に無関係に，

$$\left| \sum_{\nu'} \right| < \varepsilon \sum_{\nu'} \varphi_\nu(x) \leqq \varepsilon \sum_{\nu=0}^{n} \varphi_\nu(x) = \varepsilon.$$

また ν'' に関しては，まず(6)から

$$\left| \sum_{\nu''} \right| < 2 \sum_{\nu''} \varphi_\nu(x).$$

$\dfrac{(\nu'' - nx)^2}{\delta^2 n^2} \geqq 1$ だから

$$\left| \sum_{\nu''} \right| < 2 \sum_{\nu''} \frac{(\nu - nx)^2}{\delta^2 n^2} \varphi_\nu(x) \leqq \frac{2}{\delta^2 n^2} \sum_{\nu=0}^{n} (\nu - nx)^2 \varphi_\nu(x).$$

そこで(5)を用いて

$$\left| \sum_{\nu''} \right| < \frac{2x(1-x)}{\delta^2 n} \leqq \frac{1}{2\delta^2 n},$$

それを $< \varepsilon$ にするには $n > 1/2\delta^2 \varepsilon$ とすればよい．すなわち(8)が成り立つ．

［附記］ 上記 Weierstrass の定理によれば，区間 $[-1,1]$ において，Legendre の球函数 $P_n(x)$ が，連続函数に関して §73 の完備条件を満すことが分る．── 任意の多項式は $\sum \gamma_i P_i(x)$ の形に表わされるから，§73, (1°)によって，それは明白であろう(§74 の終りを参照).

直交函数系 $P_n(x)$ によって，任意の函数 $f(x)$ を区間 $[-1, +1]$ で Fourier 式に展開することは，古典数

学で応用上重要であった．

$f(x)$ から生ずる Fourier 式級数 $\sum c_n P_n(x)$ における係数は

$$c_n = \frac{2n+1}{2} \int_{-1}^{+1} f(x) P_n(x) dx,$$

そうして

$$f(x) = \sum_{n=0}^{\infty} c_n P_n(x)$$

は右辺の級数が $[-1, +1]$ において一様に収束する場合には確かに成り立つ（§73）．

すなわち $P_n(x)$ に関して §73（I）の問題は解けたが，（II）の問題は $f(x)$ を滑らかとしても，三角函数の場合（§75）のように，簡単には解けない．事実は，$f(x)$ が三角級数に展開されるのと同様の条件の下で，$P_n(x)$ の級数に展開されるけれども，不幸にしてその証明が手軽にできないのである．

79. 積分法の第二平均値定理

積分法の第二平均値定理は，本書ではこれまで応用の機会に出会わなかったから，それを述べなかったが，定理は重要だから，ここに附記する．

すでに §45 に述べた Abel の級数変形法で用いた初等的の不等式が，ここでも証明の根拠になる．すなわち

$$\varepsilon_0 \geqq \varepsilon_1 \geqq \cdots \geqq \varepsilon_{n-1} \geqq 0,$$
$$a_0, a_1, \cdots, a_{n-1}$$

から，和

$$s_\nu = a_0 + a_1 + \cdots + a_\nu, \qquad (\nu = 0, 1, \cdots, n-1)$$
$$S = \varepsilon_0 a_0 + \varepsilon_1 a_1 + \cdots + \varepsilon_{n-1} a_{n-1}$$

を作るとき，もしも

$$A \leqq s_\nu \leqq B \qquad (\nu = 0, 1, \cdots, n-1)$$

ならば

$$A\varepsilon_0 \leqq S \leqq B\varepsilon_0. \tag{1}$$

次の証明でこれを用いる．

定理 68. ［積分法の第二平均値定理］ 区間 $[a, b]$ において $f(x)$ は積分可能，また $\varphi(x)$ は有限で単調とする．然らば

$$\int_a^b f(x)\varphi(x)dx = \varphi(a) \int_a^\xi f(x)dx + \varphi(b) \int_\xi^b f(x)dx, \qquad a \leqq \xi \leqq b,$$

なる ξ が存在する．

［証］ 仮定によって，$[a, b]$ において $f(x)$ も $\varphi(x)$ も積分可能だから，従って $f(x)\varphi(x)$ も積分可能である（§31, (6°)）．

$f(x)$ が積分可能だから，§30 の記号によれば，区間 $[a,b]$ の分割 Δ において，細区間 δ_i の最大幅を δ とすれば

$$\int_a^b f(x)dx = \lim_{\delta \to 0} \sum_{i=0}^{n-1} f(x_i)\delta_i,$$

そうして $\int_a^b$ と $\sum$ との間の誤差は，絶対値において，$\sum_{i=0}^{n-1} v_i \delta_i$ 以内に止まる．積分可能は，すなわち $\delta \to 0$ のとき $\sum v_i \delta_i \to 0$ を意味する．

今任意に $\varepsilon > 0$ を取る．その ε に対応して δ を十分小さく取って，分割 Δ に関して $\sum v_i \delta_i < \varepsilon$ とする．

この誤差の限界は $[a,b]$ に含まれる部分区間 $[a, x_\nu]$ に関して通用する．すなわち $v_i \geqq 0$ に注意すれば

$$\left| \int_a^{x_\nu} f(x)dx - \sum_{i=0}^{\nu-1} f(x_i)\delta_i \right| \leqq \sum_{i=0}^{\nu-1} v_i \delta_i \leqq \sum_{i=0}^{n-1} v_i \delta_i < \varepsilon. \tag{2}$$

さて $[a,b]$ において $\int_a^x f(x)dx$ は x に関して連続である(定理 34)．それの最小値，最大値をそれぞれ A, B とする．

然らば(2)から

$$A - \varepsilon \leqq \sum_{i=0}^{\nu-1} f(x_i)\delta_i \leqq B + \varepsilon. \tag{3}$$

さてまず $\varphi(x)$ を単調減少(不増大)，かつ $\varphi(x) \geqq 0$ と仮定して，上記不等式(1)の ε_i と a_i とに $\varphi(x_i)$ と $f(x_i)\delta_i$ とをあてる．然らば(3)から

$$(A - \varepsilon)\varphi(a) \leqq \sum_{i=0}^{n-1} f(x_i)\varphi(x_i)\delta_i \leqq (B + \varepsilon)\varphi(a).$$

故に ε をきめておいて，$\delta \to 0$ とすれば

$$(A - \varepsilon)\varphi(a) \leqq \int_a^b f(x)\varphi(x)dx \leqq (B + \varepsilon)\varphi(a),$$

ε は任意であったから

$$A\varphi(a) \leqq \int_a^b f(x)\varphi(x)dx \leqq B\varphi(a),$$

すなわち

$$\int_a^b f(x)\varphi(x)dx = C\varphi(a), \qquad A \leqq C \leqq B.$$

C は A, B の中間値である．A, B は $[a,b]$ において連続なる函数 $\int_a^x f(x)dx$ の最小，最大の値であったから，$a \leqq \xi \leqq b$ なる或る値 ξ に関して(中間値の定理)

$$\int_a^\xi f(x)dx = C.$$

従って
$$\int_a^b f(x)\varphi(x)dx = \varphi(a)\int_a^\xi f(x)dx^*. \qquad (4)$$

上記，$\varphi(x)$ は単調減少で $\varphi(x) \geqq 0$ としたが，後の条件 $\varphi(x) \geqq 0$ を撤回して $\varphi(x)$ を単に単調減少とすれば，$\varphi(x) - \varphi(b) \geqq 0$ だから，$\varphi(x)$ に $\varphi(x) - \varphi(b)$ を代用して (4) から
$$\int_a^b f(x)(\varphi(x) - \varphi(b))dx = (\varphi(a) - \varphi(b))\int_a^\xi f(x)dx.$$

すなわち
$$\int_a^b f(x)\varphi(x)dx = \varphi(b)\int_a^b f(x)dx + (\varphi(a) - \varphi(b))\int_a^\xi f(x)dx.$$

右辺の第一項で $\int_a^b = \int_a^\xi + \int_\xi^b$ だから
$$\int_a^b f(x)\varphi(x)dx = \varphi(a)\int_a^\xi f(x)dx + \varphi(b)\int_\xi^b f(x)dx, \qquad a \leqq \xi \leqq b.$$

$\varphi(x)$ に $-\varphi(x)$ を代用すれば，この公式は $\varphi(x)$ が有界で単調増大なるときにも成り立つ．

a または b において $\varphi(x)$ が連続でないとき，$\varphi(a), \varphi(b)$ を $\varphi(a+0), \varphi(b-0)$ に換えても定理は成り立つ．すなわち
$$\int_a^b f(x)\varphi(x)dx = \varphi(a+0)\int_a^\xi f(x)dx + \varphi(b-0)\int_\xi^b f(x)dx.$$

80. Fourier 級数に関する Dirichlet-Jordan の条件

これは本章の予定外であるけれども，上記第二平均値定理の応用の一例として附記するのである．

定理 69.　[Dirichlet-Jordan]　区間 $[-\pi, \pi]$ において有界変動の函数 $f(x)$ は Fourier 式に三角級数に展開される．ただし，$f(x)$ の不連続点においては，級数は
$$\frac{f(x+0) + f(x-0)}{2}$$
に収束する．

連続点では，これは $f(x)$ に等しいから，Fourier 級数の部分和を $s_n(x)$ とすれば
$$s_n(x) \to \frac{f(x+0) + f(x-0)}{2}.$$

まず次の予備定理から始める．

---

* 同様に，$\varphi(x) \geqq 0$ が単調増大ならば
$$\int_a^b f(x)\varphi(x)dx = \varphi(b)\int_\xi^b f(x)dx.$$

［Dirichlet の積分］ 区間 $[0, a]$ で $f(x)$ が有界変動ならば
$$\lim_{u\to\infty}\int_0^a f(x)\frac{\sin ux}{x}dx = \frac{\pi}{2}f(+0), \qquad (a > 0). \tag{1}$$

定理 38 によって $f(x)$ を単調増大と仮定してよい．

さて
$$\lim_{u\to\infty}\int_0^a \frac{\sin ux}{x}dx = \lim_{u\to\infty}\int_0^{ua}\frac{\sin x}{x}dx = \frac{\pi}{2}.$$

故に (1) は次のようになる．
$$\lim_{u\to\infty}\int_0^a (f(x) - f(+0))\frac{\sin ux}{x}dx = 0.$$

$f(x) - f(+0)$ に $f(x)$ を代用すれば，$f(x)$ は $[0, a]$ において単調増大で
$$f(x) \geqq 0, \quad f(+0) = 0. \tag{2}$$

故に，この仮定の下において
$$\lim_{u\to\infty}\int_0^a \frac{f(x)\sin ux\, dx}{x} = 0 \tag{3}$$

を証明すればよい．

任意に $\varepsilon > 0$ を取って，仮定 (2) によって
$$0 < c < a, \quad 0 \leqq f(c) < \varepsilon$$

とする．然らば第二平均値の定理*を区間 $[0, c]$ に適用して
$$\int_0^c f(x)\frac{\sin ux}{x}dx = f(c)\int_\xi^c \frac{\sin ux}{x}dx = f(c)\int_{u\xi}^{uc}\frac{\sin x}{x}dx.$$

$\int_0^\infty \frac{\sin x}{x}dx$ は収束するから $\int_0^x \frac{\sin x}{x}dx$ は x の函数として $[0, \infty)$ において有界である，従って上の等式の最後の積分は，絶対値において一定の限界以内にある．その限界を A とすれば
$$\left|\int_0^c f(x)\frac{\sin ux}{x}dx\right| < Af(c) < A\varepsilon. \tag{4}$$

さて，このように c をきめたところで
$$\int_c^a f(x)\frac{\sin ux}{x}dx$$

に第二平均値の定理を適用すれば（仮定 (2) を用いて）
$$\int_c^a f(x)\frac{\sin ux}{x}dx = f(a)\int_{u\xi}^{ua}\frac{\sin x}{x}dx$$

を得るが，今度は $\xi \geqq c$ だから u を十分大きく取れば
$$\int_{u\xi}^{ua}\frac{\sin x}{x}dx < \varepsilon,$$

---

* 前頁脚註参照．

従って今 $[0,a]$ において $|f(x)| < M$ とすれば
$$\left| \int_c^a f(x) \frac{\sin ux}{x} dx \right| < M\varepsilon. \tag{5}$$
(4), (5) から
$$\left| \int_0^a f(x) \frac{\sin ux}{x} dx \right| < (A+M)\varepsilon$$
で，ε は任意であったから，(3) 従って (1) が証明されたのである．

さて定理 69 であるが，$f(x)$ から生ずる Fourier 級数の部分和を $s_n(x)$ とすれば，§74, (2) のように，
$$2\pi s_n(x) = \int_0^\pi f(x+t) \frac{\sin\left(n-\frac{1}{2}\right)t}{\sin\frac{1}{2}t} dt + \int_0^\pi f(x-t) \frac{\sin\left(n-\frac{1}{2}\right)t}{\sin\frac{1}{2}t} dt. \tag{6}$$

これから $\lim_{n\to\infty} s_n(x)$ を求めるのであるが，右辺の積分記号の下で分母の $\sin\frac{1}{2}t$ を $\frac{t}{2}$ で置き換えてよい．実際 ($u = n - \frac{1}{2}$ と略記して)
$$\int_0^\pi f(x+t) \frac{\sin ut}{\sin\frac{1}{2}t} dt - \int_0^\pi f(x+t) \frac{\sin ut}{t/2} dt = \int_0^\pi f(x+t) \left(\frac{t}{\sin\frac{1}{2}t} - 2 \right) \frac{\sin ut}{t} dt \to 0. \tag{7}$$

これは変数 t に関して (3) を応用したのであるが，$\frac{t}{\sin(t/2)} - 2$ は $t \to 0$ のとき 0 になり，また $0 \leqq t \leqq \pi$ において単調増大であるから，(3) の $f(x)$ のところへ $f(x+t)\left(\frac{t}{\sin(t/2)} - 2\right)$ を当てれば，極限は 0 になるのである．

さて (1) によって
$$\int_0^\pi f(x+t) \frac{\sin\left(n-\frac{1}{2}\right)t}{t} dt \to \frac{\pi}{2} f(x+0), \tag{8}$$
故に (7) から
$$\int_0^\pi f(x+t) \frac{\sin\left(n-\frac{1}{2}\right)t}{\sin\frac{t}{2}} dt \to \pi f(x+0). \tag{9}$$

同様に
$$\int_0^\pi f(x-t) \frac{\sin\left(n-\frac{1}{2}\right)t}{\sin\frac{t}{2}} dt \to \pi f(x-0). \tag{10}$$

故に (6) において

$$s_n(x) \to \frac{f(x+0)+f(x-0)}{2}.$$

すなわち定理 69 が証明されたのである．

　混雑を避けるために述べなかったけれども，上記証明を読み返してみると，$f(x)$ が連続なる部分区間においては (7), (8), (9), (10) における収束が，x に関して一様であることがわかるであろう．然らば定理 66 は特別の場合として定理 69 に含まれる．しかし我々は §73 に述べた一般的な考察法を紹介することが解析概論としてはむしろ適切と考えたのである．

81. Fourier の積分公式

　前節で証明したことは，つまり区間 $[-\pi, \pi]$ において有界変動の函数 $f(x)$ に関して

$$\frac{\pi}{2}(f(x+0)+f(x-0)) = \lim_{u \to \infty} \int_{-\pi}^{\pi} f(x+t)\frac{\sin ut}{t}dt$$

が成り立つことである．証明の根拠は Dirichlet の積分 (312 頁, (1)) であったから，今もし $f(x)$ を $(-\infty, \infty)$ において (すなわち，任意の閉区間において) 有界変動とするならば，右辺の積分区間は $a < 0 < b$ なる任意の $[a, b]$ でよい．そのとき lim は a, b に無関係だから，もしも積分が可能ならば，区間を $(-\infty, \infty)$ としてもよい．そのためには

$$\int_{-\infty}^{\infty} |f(x)|dx = k \tag{1}$$

が存在すれば十分である．すなわち，この条件の下において，

$$\frac{\pi}{2}(f(x+0)+f(x-0)) = \lim_{u \to \infty} \int_{-\infty}^{\infty} f(x+t)\frac{\sin ut}{t}dt. \tag{2}$$

さて

$$\frac{\sin ut}{t} = \int_0^u \cos ut\, du$$

だから，上記 lim の下は

$$\int_{-\infty}^{\infty} dt \int_0^u f(x+t)\cos ut\, du \tag{3}$$

になる．もしも，ここで積分の順序を換えてよいならば，(2) の右辺は

$$\int_0^{\infty} du \int_{-\infty}^{\infty} f(x+t)\cos ut\, dt$$

になる，あるいは積分変数 t を $t - x$ にかえて，次の公式が得られる．

　定理 70．　$f(x)$ は $(-\infty, \infty)$ において有界変動で，かつ (1) が成り立つとすれば，

$$\frac{f(x+0)+f(x-0)}{2} = \frac{1}{\pi}\int_0^{\infty} du \int_{-\infty}^{\infty} f(t)\cos u(t-x)dt. \tag{4}$$

これを Fourier の積分公式という．

[証] まず $f(x)$ は任意の閉区間で滑らか，または区分的に滑らかであるとする*．然らば（定理41）

$$\int_a^b dt \int_0^u f(x+t)\cos ut\, du = \int_0^u du \int_a^b f(x+t)\cos ut\, dt. \tag{5}$$

$a \to -\infty, b \to \infty$ のとき左辺は積分(3)に収束するから，

$$(3) = \lim_{\substack{a\to-\infty\\b\to\infty}} \int_0^u du \int_a^b f(x+t)\cos ut\, dt. \tag{6}$$

さて，条件(1)によって $\int_{-\infty}^{\infty} f(x+t)\cos ut\, dt$ は収束するから，

$$\int_a^b f(x+t)\cos ut\, dt = \int_{-\infty}^{\infty} f(x+t)\cos ut\, dt - \int_{-\infty}^a - \int_b^{\infty}.$$

これを(6)へ持ち込めば，

$$(3) = \int_0^u du \int_{-\infty}^{\infty} f(x+t)\cos ut\, dt$$
$$- \lim_{a\to-\infty} \int_0^u du \int_{-\infty}^a f(x+t)\cos ut\, dt - \lim_{b\to\infty} \int_0^u du \int_b^{\infty} f(x+t)\cos ut\, dt.$$

この最後の二つの lim は 0 に等しい．実際，条件(1)によって任意の $\varepsilon > 0$ に対して $|a|, b$ が十分大きいとき

$$\left|\int_{-\infty}^a f(x+t)\cos ut\, dt\right| < \varepsilon, \quad \left|\int_b^{\infty}\right| < \varepsilon.$$

従って，lim の下はどちらも絶対値において εu よりも小さい．ε は任意であったから，lim は 0 である．すなわち

$$(3) = \int_0^u du \int_{-\infty}^{\infty} f(x+t)\cos ut\, dt.$$

これを(2)の右辺の lim の下へ入れれば，よかったのである．

[注意] 上記証明では，既知の定理41から(5)を得るために，特に $f(x)$ を滑らかと仮定したのであるが，実際は一般に $f(x)$ が有界変動なるとき，(5)における積分順序の変更は許されて(§93参照)，(4)は成り立つ．それを見越して，定理70を上記のように述べたのである．

積分公式(4)の右辺は

$$\frac{1}{\pi}\int_0^{\infty} du \int_{-\infty}^{\infty} f(t)\cos ut \cos ux\, dt + \frac{1}{\pi}\int_0^{\infty} du \int_{-\infty}^{\infty} f(t)\sin ut \sin ux\, dt$$

であるから，$f(x)$ が偶函数または奇函数ならば，どちらか一項が 0 になって，公式(4)の右辺が次のようになる．

---

* そうすれば $f(x)$ は有界変動である(§39)．

偶函数：$\quad\dfrac{2}{\pi}\displaystyle\int_0^\infty \cos ux\,du \int_0^\infty f(t)\cos ut\,dt.$

奇函数：$\quad\dfrac{2}{\pi}\displaystyle\int_0^\infty \sin ux\,du \int_0^\infty f(t)\sin ut\,dt.$

[例]
$$f(x)=\begin{cases}1, & |x|<1,\\ 1/2, & |x|=1,\\ 0, & |x|>1\end{cases}$$

とすれば, $f(x)$ は偶函数だから
$$f(x)=\dfrac{2}{\pi}\int_0^\infty \cos ux\,du\int_0^1 \cos ut\,dt=\dfrac{2}{\pi}\int_0^\infty \dfrac{\sin u\cos ux}{u}du,$$

すなわち
$$\int_0^\infty \dfrac{\sin u\cos ux}{u}du=\begin{cases}\pi/2, & |x|<1,\\ \pi/4, & |x|=1,\\ 0, & |x|>1.\end{cases}$$

これを Dirichlet の不連続因子(Diskontinuitätsfaktor)という．

練 習 問 題 (6)

(1) 区間 $[0,1]$ において Bernoulli の多項式を Fourier 級数に展開すれば
$$B_{2n}(x)=(-1)^{n+1}2(2n)!\sum_{\nu=1}^\infty \dfrac{\cos 2\pi\nu x}{(2\pi\nu)^{2n}},$$
$$B_{2n+1}(x)=(-1)^{n+1}2(2n+1)!\sum_{\nu=1}^\infty \dfrac{\sin 2\pi\nu x}{(2\pi\nu)^{2n+1}}.$$

[解] これは既出である(284頁,[注意])が，直接に計算するならば
$$\dfrac{te^{xt}}{e^t-1}=\sum_{n=0}^\infty \dfrac{B_n(x)}{n!}t^n \qquad (\S\,64,\,(12)\text{参照})$$

の左辺を $\sum_{n=-\infty}^\infty c_n e^{2n\pi xi}$ の形に展開してから, t^n の係数を比較するがよい．

(2) $f(x)$ は連続で, $\displaystyle\int_a^b x^n f(x)dx=0\,(n=0,1,2,\cdots)$ ならば, $[a,b]$ において $f(x)=0$.

(3) $f(x)=e^{-|x|}$ に Fourier の積分公式を適用すれば
$$\int_0^\infty \dfrac{\cos\alpha x}{1+x^2}dx=\dfrac{\pi}{2}e^{-|\alpha|}$$

を得る(286頁,問題(9)参照)．

第7章 微分法の続き（陰伏函数）

本章では，実変数に関する陰伏函数を基調として，微分法の解説を続ける．与えられた函数はすべて連続で，かつ何回でも連続的微分可能と仮定する．あるいはむしろ，各変数に関して解析的（正則）と仮定する．特別に必要のない限り，一々ことわらないこともあろう．

82. 陰伏函数（陰函数）

二つの変数 x, y の間に関係式 $F(x, y) = 0$ が与えられるときは，x と y とが各別に任意の値を取ることはできない．もしも x の函数 $y = f(x)$ を y に代入するとき，上記の関係が或る区間において常に成り立つならば，$f(x)$ は $F(x, y) = 0$ によって陰伏的に定められるという．もしもこのような函数 $f(x)$ が二つ以上あるならば，それらを陰伏函数の枝という．その場合，それらの枝を総括して y を x の多意函数（または多価函数）という．

簡単な一例として $x^2 + y^2 = a^2$ を取る．このとき $y = \pm\sqrt{a^2 - x^2}$ が区間 $[-a, a]$ における陰伏函数 y の二つの枝である．符号 $\pm$ によって二つの枝を区別するのは連続性の要求に基づく（もしも連続性を要求しないならば，x の各々の値に対して任意に符号をきめても，さしつかえないはずである）．

他の一例として $y^2 = x^2(x+1)$ を取る．然らば $y = \pm\sqrt{x^2(x+1)}$ であるが，今 $x > 0$ なるときは平方根の正の値，また $x < 0$ なるときは平方根の負の値を取ることにするならば，それは区間 $[-1, \infty)$ において滑らかな一つの枝である．もしも符号を反対にすれば，他の滑らかな一つの枝を得る（図(1)）．

もしも $y = \pm\sqrt{x^2(x+1)}$ において平方根を常に正，または常に負とするならば，y は $x = 0$ において連続ではあるが，微分可能性を失うであろう（図(2)）．

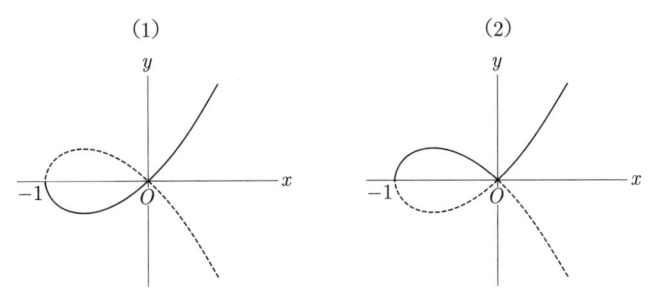

平方根は常に正の値を取るというようなことは安価な規約であるけれども，必ずしも幸福をもたらさない！

定理71. 或る領域において $F(x, y)$ および導函数 F_x, F_y は連続であるとする．領域内の一点 $P_0 = (x_0, y_0)$ において $F(x_0, y_0) = 0$ で，かつ $F_x(x_0, y_0)$ と $F_y(x_0, y_0)$ とのうち少なくとも一つは 0 でないとする．例えば y に関する偏微分商 $F_y(x_0, y_0) \neq 0$ とする．然らば方程式

$$F(x,y) = 0$$

によって，y が次のように x の一つの陰伏函数 $y = f(x)$ として一意的に定められる：

1) $y = f(x)$ は x_0 を含む或る区間 $x_1 \leqq x \leqq x_2$ における x の連続函数で，その区間において常に $F(x, f(x)) = 0$．

2) $y_0 = f(x_0)$．

3) $\dfrac{dy}{dx} = -\dfrac{F_x(x,y)}{F_y(x,y)}$．

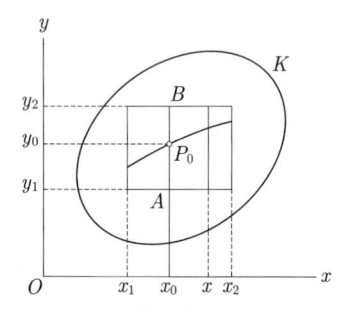

［証］仮定によって $F_y(x_0, y_0) \neq 0$ であるが，今 $F_y(x_0, y_0) > 0$ とする．（反対の場合も同様である．あるいは F に $-F$ を代用すればよい．）

仮定によって $F_y(x,y)$ は連続だから，(x_0, y_0) を含む或る領域 K において $F_y(x,y) > 0$．

その領域内において $x = x_0$ として，y のみを変動せしめるならば，仮定によって $F_y(x_0, y) > 0$ だから $F(x_0, y)$ は y に関して単調に増大し，しかも $y = y_0$ のとき 0 になるから，K 内の或る点 $A = (x_0, y_1)$, $y_1 < y_0$ において $F(x_0, y_1) < 0$，また $B = (x_0, y_2)$, $y_2 > y_0$ において $F(x_0, y_2) > 0$．

仮定によって $F(x,y)$ は連続で，A において負だから，A を通る横線上において，A を含む或る区間内において常に負である．また B において正だから，B を通る横線上，B を含む或る区間内において常に正である．故に x_0 を含む或る区間 $x_1 \leqq x \leqq x_2$ において

$$F(x, y_1) < 0, \quad F(x, y_2) > 0.$$

よってこの区間 $[x_1, x_2]$ において，x の値を固定して，y を y_1 から y_2 まで変動させるならば，その際 $F_y > 0$ だから，$F(x,y)$ は y に関して単調増大で，しかも $F(x, y_1) < 0$, $F(x, y_2) > 0$ だから $y_1 < y < y_2$ なる区間において $F(x,y) = 0$ になるような y の値がただ一つある．

このようにして，区間 $x_1 \leqq x \leqq x_2$ における x の任意の値に対応して，区間 $y_1 < y < y_2$, における y の一つの値が $F(x,y) = 0$ なる条件によって確定される．すなわちその y の値は x の函数である．それを $y = f(x)$ とする．

この函数が連続であることはほとんど明白であろうが，一般的な証明法を述べておこう．今，上記区間において x に収束する任意の数列 $\{x_n\}$, $x_n \neq x$, を取って，それに対応する y の値を $\{y_n\}$ とする．然らば点列 $\{x_n, y_n\}$ は有界だから集積点を有する．今 (x, η) を一つの集積点と

すれば，$\{x_n, y_n\}$ の部分点列 $\{x_{a_n}, y_{a_n}\}$ で (x, η) に収束するものがある．然らば $F(x_{a_n}, y_{a_n}) = 0$ で，F は連続だから，$F(x, \eta) = 0$．故に η は x に対応する y の値で，それは一定である．故に集積点は (x, y) ただ一つ，従ってそれは $\{x_n, y_n\}$ の極限である(15頁, [注意])．すなわち $x_n \to x$ のとき $y_n \to y$，従って y は連続である．

これまでは少しも $F_x(x, y)$ を用いなかったが，今仮定のように $F_x(x, y)$ が連続であるとすれば，平均値の定理によって領域 K において

$$F(x + \Delta x, y + \Delta y) - F(x, y) = \Delta x F_x(x + \theta \Delta x, y + \theta \Delta y) + \Delta y F_y(x + \theta \Delta x, y + \theta \Delta y), \quad (1)$$

ただし $0 < \theta < 1$．特に (x, y) および $(x + \Delta x, y + \Delta y)$ が $F(x, y) = 0$ を満足せしめるならば，左辺は 0 だから

$$\frac{\Delta y}{\Delta x} = -\frac{F_x(x + \theta \Delta x, y + \theta \Delta y)}{F_y(x + \theta \Delta x, y + \theta \Delta y)},$$

仮定によって $F_y \neq 0$，またもちろん $\Delta x \neq 0$ だから，このように書かれるのである．F_x, F_y は連続だから，$\Delta x \to 0$ のとき

$$\frac{dy}{dx} = -\frac{F_x(x, y)}{F_y(x, y)}. \tag{2}$$

すなわち定理のすべての部分が証明された．――

[注意] (1)で左辺を 0 とおけば，F_x, F_y は連続だから，

$$\Delta x F_x(x, y) + \Delta y F_y(x, y) + o(\rho) = 0, \quad \rho = \sqrt{(\Delta x)^2 + (\Delta y)^2}.$$

従って，仮定 $F_y \neq 0$ により，y は微分可能で

$$F_x dx + F_y dy = 0.$$

これからも(2)が得られる．

もしも F_x, F_y が微分可能ならば，独立変数 x に関して(2)の右辺を微分して $\dfrac{d^2 y}{dx^2}$ を得る．それを計算するには，(2)を

$$F_x(x, y) + F_y(x, y) y' = 0$$

なる形に書いて，x に関して微分して

$$F_{xx} + F_{xy} y' + (F_{yx} + F_{yy} y') y' + F_y y'' = 0.$$

よって

$$y'' = -\frac{F_{xx} + 2 F_{xy} y' + F_{yy} y'^2}{F_y}.$$

ここへ(2)から y' の値を持ち込めば，y'' が F の第二階までの偏微分商で表わされる(第三階以上も同様である)．

定理 71 は三次元以上にも拡張される．例えば三次元においては次の定理を得る．

定理 72. 点 (x_0, y_0, z_0) の近傍において $F(x, y, z)$ が連続的微分可能で

$$F(x_0, y_0, z_0) = 0,$$

$$F_z(x_0, y_0, z_0) \neq 0$$

とすれば，xy 平面上，(x_0, y_0) の近傍において，次の条件に適する陰伏函数

$$z = f(x, y)$$

が確定する，すなわち

1) $F(x, y, f(x, y)) = 0$,
2) $z_0 = f(x_0, y_0)$,
3) $\dfrac{\partial z}{\partial x} = -\dfrac{F_x}{F_z}, \dfrac{\partial z}{\partial y} = -\dfrac{F_y}{F_z}$.

すなわち F_x, F_y が存在すれば，z は x, y の函数として微分可能で，全微分 dz は

$$F_x dx + F_y dy + F_z dz = 0$$

から求められる(前頁，[注意])．従って上記のように

$$\frac{\partial z}{\partial x} = -\frac{F_x}{F_z}, \quad \frac{\partial z}{\partial y} = -\frac{F_y}{F_z}. \tag{3}$$

もしも F の高階微分が可能ならば，x, y に関して z の同階までの微分も可能で，それは(3)を微分して求められる．

上記の考察を一般化して次の定理を得る．

定理 73. $n+p$ 個の変数 $x_1, x_2, \cdots, x_{n+p}$ の間の n 個の関係式

$$F_i(x_1, x_2, \cdots, x_{n+p}) = 0 \qquad (i = 1, 2, \cdots, n) \tag{4}$$

が，点 $P_0 = (x_1^0, x_2^0, \cdots, x_{n+p}^0)$ において満足せしめられ，F_i は点 P_0 の近傍で連続的微分可能とする．また，P_0 において函数行列式

$$\frac{D(F_1, F_2, \cdots, F_n)}{D(x_\alpha, x_\beta, \cdots, x_\lambda)} = \begin{vmatrix} \dfrac{\partial F_1}{\partial x_\alpha}, & \dfrac{\partial F_1}{\partial x_\beta}, & \cdots, & \dfrac{\partial F_1}{\partial x_\lambda} \\ \dfrac{\partial F_2}{\partial x_\alpha}, & \dfrac{\partial F_2}{\partial x_\beta}, & \cdots, & \dfrac{\partial F_2}{\partial x_\lambda} \\ \cdots\cdots\cdots\cdots\cdots\cdots\cdots\cdots\cdots \\ \dfrac{\partial F_n}{\partial x_\alpha}, & \dfrac{\partial F_n}{\partial x_\beta}, & \cdots, & \dfrac{\partial F_n}{\partial x_\lambda} \end{vmatrix}$$

($\alpha, \beta, \cdots, \lambda$ は $1, 2, \cdots, n+p$ の中の n 個の互に異なる番号)が，少くとも一つは 0 に等しくないとする．―― 例えば $x_1, x_2, \cdots, x_n$ に関する函数行列式が P_0 において

$$\frac{D(F_1, F_2, \cdots, F_n)}{D(x_1, x_2, \cdots, x_n)} = \begin{vmatrix} \dfrac{\partial F_1}{\partial x_1}, & \dfrac{\partial F_1}{\partial x_2}, & \cdots, & \dfrac{\partial F_1}{\partial x_n} \\ \dfrac{\partial F_2}{\partial x_1}, & \dfrac{\partial F_2}{\partial x_2}, & \cdots, & \dfrac{\partial F_2}{\partial x_n} \\ \cdots\cdots\cdots\cdots\cdots\cdots\cdots\cdots\cdots \\ \dfrac{\partial F_n}{\partial x_1}, & \dfrac{\partial F_n}{\partial x_2}, & \cdots, & \dfrac{\partial F_n}{\partial x_n} \end{vmatrix} \neq 0 \tag{5}$$

とする．然らば上記関係式(4)によって $x_1, x_2, \cdots, x_n$ がその他の変数 $x_{n+1}, \cdots, x_{n+p}$ の函数として，次のように確定される．今簡明のために記号を換えて $x_{n+1}, x_{n+2}, \cdots, x_{n+p}$ の代りに $u, v, \cdots, w$ と

書けば，点 $(u^0, v^0, \cdots, w^0)$ の近傍で，p 個の変数 $u, v, \cdots, w$ の n 個の関数
$$x_i = \varphi_i(u, v, \cdots, w) \quad (i = 1, 2, \cdots, n)$$
が確定して

1) $F_i(\varphi_1, \varphi_2, \cdots, \varphi_n, u, v, \cdots, w) = 0$,
2) $x_i^0 = \varphi_i(u^0, v^0, \cdots, w^0)$,
3) $u, v, \cdots, w$ に関する全微分 dx_i は次の連立一次方程式から求められる，すなわち
$$\frac{\partial F_i}{\partial x_1} dx_1 + \frac{\partial F_i}{\partial x_2} dx_2 + \cdots + \frac{\partial F_i}{\partial x_n} dx_n + \left(\frac{\partial F_i}{\partial u} du + \frac{\partial F_i}{\partial v} dv + \cdots + \frac{\partial F_i}{\partial w} dw \right) = 0.$$
$$(i = 1, 2, \cdots, n)$$

［証］　まず簡明のために，二つの方程式
$$F(x, y, u) = 0, \tag{6}$$
$$G(x, y, u) = 0 \tag{7}$$
において，独立変数 u の関数として x, y を考察する．(x_0, y_0, u_0) がこれらの方程式を満足せしめ，かつ (x_0, y_0, u_0) において
$$\frac{D(F, G)}{D(x, y)} = \begin{vmatrix} \dfrac{\partial F}{\partial x} & \dfrac{\partial F}{\partial y} \\ \dfrac{\partial G}{\partial x} & \dfrac{\partial G}{\partial y} \end{vmatrix} \neq 0 \tag{8}$$
とする．然らばこの点 (x_0, y_0, u_0) において $\dfrac{\partial F}{\partial x}, \dfrac{\partial F}{\partial y}$ が共に 0 に等しくはないから，例えば $\dfrac{\partial F}{\partial x} \neq 0$ とする：すなわち
$$F_x(x_0, y_0, u_0) \neq 0$$
とする．然らば定理 72 によって，点 (y_0, u_0) の近傍で (6) から
$$x = f(y, u) \tag{9}$$
なる函数が定まる．これを G に代入すれば，y, u の函数
$$G(f(y, u), y, u) = H(y, u)$$
が生ずる．さて
$$H_y = G_x \frac{\partial f}{\partial y} + G_y, \quad \frac{\partial f}{\partial y} = -\frac{F_y}{F_x},$$
故に
$$H_y = -\frac{G_x F_y}{F_x} + G_y = \frac{1}{F_x} \begin{vmatrix} F_x & F_y \\ G_x & G_y \end{vmatrix}$$
で，(8) によって，それは (x_0, y_0, u_0) において 0 に等しくない．

よって $u = u_0$ を含む或る区間内において，$H(y, u) = 0$ を満足せしめる函数 $y = \psi(u)$ が定ま

る．それを(9)に持ち込んで $x = \varphi(u)$ とすれば $x = \varphi(u), y = \psi(u)$ は(6), (7)を満足せしめる．もちろん
$$x_0 = \varphi(u_0), \quad y_0 = \psi(u_0).$$
$\dfrac{dx}{du}, \dfrac{dy}{du}$ の存在証明も計算法も前記(319頁)と同様である．すなわち
$$\left.\begin{array}{l} F_x dx + F_y dy + F_u du = 0, \\ G_x dx + G_y dy + G_u du = 0 \end{array}\right\} \tag{10}$$
から
$$dx : dy : du = \begin{vmatrix} F_y & F_u \\ G_y & G_u \end{vmatrix} : \begin{vmatrix} F_u & F_x \\ G_u & G_x \end{vmatrix} : \begin{vmatrix} F_x & F_y \\ G_x & G_y \end{vmatrix}.$$

F, G の高階微分が可能ならば，同じ階数まで x, y の u に関する微分商を得る．例えば
$$\left(\frac{dx}{du}\frac{\partial}{\partial x} + \frac{dy}{du}\frac{\partial}{\partial y} + \frac{\partial}{\partial u}\right)^2 F + \frac{\partial F}{\partial x}\frac{d^2 x}{du^2} + \frac{\partial F}{\partial y}\frac{d^2 y}{du^2} = 0,$$
$$\left(\frac{dx}{du}\frac{\partial}{\partial x} + \frac{dy}{du}\frac{\partial}{\partial y} + \frac{\partial}{\partial u}\right)^2 G + \frac{\partial G}{\partial x}\frac{d^2 x}{du^2} + \frac{\partial G}{\partial y}\frac{d^2 y}{du^2} = 0.$$

これを解いて $\dfrac{d^2 x}{du^2}, \dfrac{d^2 y}{du^2}$ を得る．なお逐次微分して，$\dfrac{d^n x}{du^n}, \dfrac{d^n y}{du^n}$ を求めるための連立二元一次方程式を得る．それを解けば分子は恐しく長い式になるが，分母はいつも $F_x G_y - F_y G_x$ で，仮定によってそれが 0 に等しくない．それ故 $x^{(n)}, y^{(n)}$ が得られるのである．

上記関係式(6), (7)が x, y 以外にいくつの変数を含むとしても，同様である．例えば変数 u, v の場合(10)は
$$\left.\begin{array}{l} F_x dx + F_y dy + (F_u du + F_v dv) = 0, \\ G_x dx + G_y dy + (G_u du + G_v dv) = 0 \end{array}\right\}$$
になる．dx, dy に関して，それを解けば
$$\begin{vmatrix} F_x & F_y \\ G_x & G_y \end{vmatrix} dx = \begin{vmatrix} F_y & F_u \\ G_y & G_u \end{vmatrix} du + \begin{vmatrix} F_y & F_v \\ G_y & G_v \end{vmatrix} dv,$$
$$\begin{vmatrix} F_x & F_y \\ G_x & G_y \end{vmatrix} dy = \begin{vmatrix} F_u & F_x \\ G_u & G_x \end{vmatrix} du + \begin{vmatrix} F_v & F_x \\ G_v & G_x \end{vmatrix} dv$$
を得る．すなわち
$$\frac{\partial x}{\partial u} = \frac{D(F,G)}{D(y,u)} \Big/ \Delta, \quad \frac{\partial x}{\partial v} = \frac{D(F,G)}{D(y,v)} \Big/ \Delta,$$
$$\frac{\partial y}{\partial u} = \frac{D(G,F)}{D(x,u)} \Big/ \Delta, \quad \frac{\partial y}{\partial v} = \frac{D(G,F)}{D(x,v)} \Big/ \Delta.$$

分母は $\Delta = \dfrac{D(F,G)}{D(x,y)} = \dfrac{D(G,F)}{D(y,x)}$ で，仮定によって $\Delta \neq 0$.

一般の場合における定理 73 は，数学的帰納法によって証明される．その方法は，上記 $n=1$ の場合から $n=2$ の場合を導き出したのと同様である．

83. 逆　函　数

定理 74. n 個の独立変数 $x_1, x_2, \cdots, x_n$ の n 個の函数
$$u_i = f_i(x_1, x_2, \cdots, x_n) \qquad (i = 1, 2, \cdots, n) \tag{1}$$
が点 $P_0 = (x_1^0, x_2^0, \cdots, x_n^0)$ の近傍で連続的微分可能であるとして，函数行列式を

$$J(x_1, x_2, \cdots, x_n) = \frac{D(u_1, u_2, \cdots, u_n)}{D(x_1, x_2, \cdots, x_n)} = \begin{vmatrix} \dfrac{\partial u_1}{\partial x_1}, & \cdots, & \dfrac{\partial u_1}{\partial x_n} \\ \cdots & \cdots & \cdots \\ \dfrac{\partial u_n}{\partial x_1}, & \cdots, & \dfrac{\partial u_n}{\partial x_n} \end{vmatrix}$$

とする．今変数 x に関する点 $P_0 = (x_1^0, x_2^0, \cdots, x_n^0)$ に u に関する点 $Q_0 = (u_1^0, u_2^0, \cdots, u_n^0)$ が対応し，かつ $J(x_1^0, x_2^0, \cdots, x_n^0) \neq 0$ とするならば，Q_0 を含む或る領域内において点 $Q = (u_1, u_2, \cdots, u_n)$ の函数として，(1)を満足せしめる $x_1, x_2, \cdots, x_n$ が一意的に確定して，それらは連続的微分可能である．

［証］ (1)を変数 $x_1, x_2, \cdots, x_n; u_1, u_2, \cdots, u_n$ の間の n 個の関係式とみて，それによって $u_1, u_2, \cdots, u_n$ の陰伏函数として $x_1, x_2, \cdots, x_n$ を考察するならば，定理 73 が適用される．すなわち
$$F_i = f_i(x_1, x_2, \cdots, x_n) - u_i, \qquad (i = 1, 2, \cdots, n)$$
と置けば

$$\frac{D(F_1, F_2, \cdots, F_n)}{D(x_1, x_2, \cdots, x_n)} = \begin{vmatrix} \dfrac{\partial f_1}{\partial x_1}, & \dfrac{\partial f_1}{\partial x_2}, & \cdots, & \dfrac{\partial f_1}{\partial x_n} \\ \cdots & \cdots & \cdots & \cdots \\ \cdots & \cdots & \cdots & \cdots \\ \dfrac{\partial f_n}{\partial x_1}, & \dfrac{\partial f_n}{\partial x_2}, & \cdots, & \dfrac{\partial f_n}{\partial x_n} \end{vmatrix} = J.$$

さて仮定によって，$J(x_1^0, x_2^0, \cdots, x_n^0) \neq 0$．故に関係式
$$F_i = 0, \qquad (i = 1, 2, \cdots, n),$$
すなわち(1)を満足せしめる $(u_1, u_2, \cdots, u_n)$ の函数
$$x_i = \varphi_i(u_1, u_2, \cdots, u_n) \qquad (i = 1, 2, \cdots, n)$$
が $Q_0 = (u_1^0, u_2^0, \cdots, u_n^0)$ の近傍で確定する．これらの函数が微分可能であること，およびその全微分を求める方法は，前節で述べた通りである．　　　　　　　　　　　　　　（証終）

函数の間の関係 定理 74 を一般化して次の定理を得る．

定理 75. n 個の変数 $x_1, x_2, \cdots, x_n$ の m 個の函数

$$u_i = f_i(x_1, x_2, \cdots, x_n), \qquad (i = 1, 2, \cdots, m) \tag{2}$$

が点 $P_0 = (x_1^0, x_2^0, \cdots, x_n^0)$ の近傍で連続的微分可能とする．また偏微分商の行列

$$\begin{matrix} \dfrac{\partial u_1}{\partial x_1}, & \dfrac{\partial u_1}{\partial x_2}, & \cdots, & \dfrac{\partial u_1}{\partial x_n} \\ \dfrac{\partial u_2}{\partial x_1}, & \dfrac{\partial u_2}{\partial x_2}, & \cdots, & \dfrac{\partial u_2}{\partial x_n} \\ \multicolumn{4}{c}{\cdots\cdots\cdots\cdots\cdots\cdots\cdots\cdots} \\ \dfrac{\partial u_m}{\partial x_1}, & \dfrac{\partial u_m}{\partial x_2}, & \cdots, & \dfrac{\partial u_m}{\partial x_n} \end{matrix} \tag{3}$$

において，一つの r 次 $(r < m,\ r \leqq n)$ の行列式は P_0 において 0 に等しくなく，例えば

$$\left(\frac{D(u_1, u_2, \cdots, u_r)}{D(x_1, x_2, \cdots, x_r)} \right)_0 \neq 0^* \tag{4}$$

であるが，それを含む $r+1$ 次のすべての行列式は P_0 の近傍で常に 0 に等しい．すなわち

$$\frac{D(u_1, \cdots, u_r, u_\rho)}{D(x_1, \cdots, x_r, x_\sigma)} = 0 \qquad \begin{pmatrix} r < \rho \leqq m \\ r < \sigma \leqq n \end{pmatrix} \tag{5}$$

とする．然らば，P_0 の近傍で $u_1, u_2, \cdots, u_r$ は独立であるが，$u_{r+1}, \cdots, u_m$ は $u_1, u_2, \cdots, u_r$ だけの函数である．

すなわち x 系の点 $P_0 = (x_1^0, x_2^0, \cdots, x_n^0)$ に u 系の点 $Q_0 = (u_1^0, u_2^0, \cdots, u_m^0)$ が対応するとき，P_0 の近傍で $(u_1, u_2, \cdots, u_r)$ は $(u_1^0, u_2^0, \cdots, u_r^0)$ に十分近い任意の値を取りうるので，その意味において $u_1, u_2, \cdots, u_r$ は独立というのであるが，そのとき $u_{r+1}, \cdots, u_m$ の取る値は自然に確定してしまうのである．換言すれば，$P = (x_1, x_2, \cdots, x_n)$ が P_0 の近傍で自由に変動するとき，それに対応して $Q = (u_1, u_2, \cdots, u_m)$ は Q_0 の近傍で変動するけれども，Q は m 次元空間のどれほど小さい一つの領域をも満たしえないのである．それを略称して $u_1, u_2, \cdots, u_m$ は独立でないという**（早わかりに約言すれば，例えば $m = 3$ で，$r = 2$ ならば Q は或る曲面上に限局され，$r = 1$ ならば Q は或る曲線上に限局される）．

 ［注意］ 上記の仮定において，(4) は点 P_0 においてのみの仮定だけれども，それは不等式であるから，連続性のために P_0 の近傍で成り立つが，(5) は等式だから P_0 において成り立つだけでは不足で，P_0 の近傍で常に成立するとせねばならないのである．要するに，P_0 の近傍で r 次の一つの行列式は常に一定の符号を有し，それを含む $r+1$ 次のすべての行列式は常に 0 に等しいことを仮定するのである．

 ［証］ この定理では $x_1^0, \cdots, x_n^0, u_1^0, \cdots, u_m^0$ に十分近い所でのみ各変数 x, u を考察するのだから，一々それをことわらない．仮定 (4) によって $u_1, u_2, \cdots, u_r; x_{r+1}, \cdots, x_n$ を独立変数とみるとき $x_1, x_2, \cdots, x_r$ がそれらの陰伏函数として確定する（定理 73）．故に $u_1, u_2, \cdots, u_r$ および $x_{r+1}, \cdots, x_n$ に任意の値を与えて，それに対応する $x_1, x_2, \cdots, x_r$ の値を定めるならば，それらの値は

$$u_i = f_i(x_1, x_2, \cdots, x_n) \qquad (i = 1, 2, \cdots, r) \tag{6}$$

を満足せしめる．すなわち $u_1, u_2, \cdots, u_r$ は任意の値を取りうるのだから互に独立である．

---

* P_0 における値を示すために，左辺のような記号を用いる．
** これは仮定 $r < m$ からの帰結である．$r = m$ ならば，定理 75 は定理 73 の特別の場合にすぎない．

このようにして定められる $x_1, x_2, \cdots, x_r$ を
$$u_\rho = f_\rho(x_1, x_2, \cdots, x_r; x_{r+1}, \cdots, x_n) \qquad (\rho = r+1, \cdots, m) \tag{7}$$
に持ち込めば u_ρ は $u_1, \cdots, u_r$ と $x_{r+1}, \cdots, x_n$ との函数になるが，それは仮定(5)のために $x_{r+1}, \cdots, x_m$ に無関係で，従って u_ρ は $u_1, \cdots, u_r$ のみの函数になるのである．それを示すために u_ρ を $u_1, \cdots, u_r$, $x_{r+1}, \cdots, x_n$ の函数とするとき $\dfrac{\partial u_\rho}{\partial x_{r+1}} = 0, \cdots, \dfrac{\partial u_\rho}{\partial x_n} = 0$ であることを確かめよう．

さて $r < \sigma \leqq m$ として，(7)から
$$\frac{\partial u_\rho}{\partial x_\sigma} = \frac{\partial f_\rho}{\partial x_1}\frac{\partial x_1}{\partial x_\sigma} + \frac{\partial f_\rho}{\partial x_2}\frac{\partial x_2}{\partial x_\sigma} + \cdots + \frac{\partial f_\rho}{\partial x_r}\frac{\partial x_r}{\partial x_\sigma} + \frac{\partial f_\rho}{\partial x_\sigma}. \tag{8}$$
右辺の $\dfrac{\partial x_i}{\partial x_\sigma}$ は $x_1, x_2, \cdots, x_r$ を $x_{r+1}, \cdots, x_n$ (および $u_1, \cdots, u_r$) の陰伏函数とみての微分商で，それらは(6)を微分して得られる次の等式
$$0 = \frac{\partial f_i}{\partial x_1}\frac{\partial x_1}{\partial x_\sigma} + \cdots + \frac{\partial f_i}{\partial x_r}\frac{\partial x_r}{\partial x_\sigma} + \frac{\partial f_i}{\partial x_\sigma}, \qquad (i = 1, 2, \cdots, r) \tag{9}$$
から求められる．さて(8)と(9)とから $\dfrac{\partial x_i}{\partial x_\sigma}$ をおい出せば，
$$\begin{vmatrix} \dfrac{\partial f_1}{\partial x_1}, & \cdots, & \dfrac{\partial f_1}{\partial x_r}, & \dfrac{\partial f_1}{\partial x_\sigma} \\ \cdots & \cdots & \cdots & \cdots \\ \dfrac{\partial f_r}{\partial x_1}, & \cdots, & \dfrac{\partial f_r}{\partial x_r}, & \dfrac{\partial f_r}{\partial x_\sigma} \\ \dfrac{\partial f_\rho}{\partial x_1}, & \cdots, & \dfrac{\partial f_\rho}{\partial x_r}, & \dfrac{\partial f_\rho}{\partial x_\sigma} - \dfrac{\partial u_\rho}{\partial x_\sigma} \end{vmatrix} = 0,$$
すなわち
$$\frac{D(f_1, \cdots, f_r, f_\rho)}{D(x_1, \cdots, x_r, x_\sigma)} - \frac{\partial u_\rho}{\partial x_\sigma}\frac{D(f_1, \cdots, f_r)}{D(x_1, \cdots, x_r)} = 0.$$
仮定によって第一の函数行列式は 0 に等しいが，第二のは 0 に等しくないから
$$\frac{\partial u_\rho}{\partial x_\sigma} = 0. \qquad (\sigma = r+1, \cdots, m)$$
故に u_ρ は $u_1, u_2, \cdots, u_r$ のみの函数である．

[注意] 定理 75 は局所的で，r すなわち行列(3)の位(rank)は所によって違いうる．函数 u_i の数を上記のように m とすれば，r は 0 から m までの値を取る可能性がある．$r = 0$ は $P_0 = (x_1^0, x_2^0, \cdots, x_n^0)$ の近傍で $\dfrac{\partial u_\mu}{\partial x_\nu}$ がすべて 0，従って u_μ がすべて定数であることを意味する．また $r = m$ は P_0 の近傍で，行列(3)の或る m 次の行列式が 0 に等しくない場合(従って $m \leqq n$ で)，このとき $u_1, u_2, \cdots, u_m$ は P_0 の近傍で独立である．

84. 写 像

前節(1)のように x 系 n 次元空間の或る領域 K において連続的微分可能なる n 個の函数

$$u_i = f_i(x_1, x_2, \cdots, x_n), \quad (i = 1, 2, \cdots, n) \tag{1}$$

が与えられているとすれば，K の点 $P = (x_1, x_2, \cdots, x_n)$ に u 系空間の点 $Q = (u_1, u_2, \cdots, u_n)$ が対応する．約言すれば，点 Q が点 P の'函数'である．よって(1)を

$$Q = f(P) \tag{2}$$

と略記すればわかりよいであろう．このような対応関係を写像といい，Q を P の像，逆に P を Q の原像という．上記のように函数 f_i が連続ならば，P が連続的に変動するとき，点 P の像なる点 Q も連続的に変動するから，写像(2)を連続的の写像という．

写像(2)において，各点 P の像 Q は確定であるが，逆に一点 Q が相異なる点 P に対応することが可能である．すなわち Q の原像 P は必ずしも一意でない．もしも Q の原像 P が一意に確定するならば，すなわち P と Q とが一対一に対応する(1-1 対応をする)ならば，(2)の逆写像

$$P = \varphi(Q) \tag{3}$$

が可能である．さて函数行列式 $J(P) = \dfrac{D(u_1, u_2, \cdots, u_n)}{D(x_1, x_2, \cdots, x_n)}$ が P_0 において 0 でない($J(P_0) \neq 0$)ならば，P_0 の近傍で(2)が一対一対応の写像である．それを見るために，簡単のため $n = 2$ として，写像

$$u = f(x, y), \quad v = g(x, y) \tag{4}$$

を考察する．上記のように，一般的に $P = (x, y)$，$Q = (u, v)$ と書いて，xy 平面から uv 平面への写像(4)を

$$Q = F(P) \tag{5}$$

と略記する．さて $P_0 = (x_0, y_0)$ に $Q_0 = (u_0, v_0)$ が対応して，かつ $J(P_0) \neq 0$ とする．そのとき xy 平面で P_0 を含む十分小さい領域 K_0 と，uv 平面で Q_0 を含む領域 K_0' とを取って，K_0' の任意の点の原像は K_0 内では一つより多くはないようにする．それは可能である．

実際，さもなければ，uv 平面において，Q_0 に収束する点列 $\{Q_i\}$ を適当に取れば，Q_i の相異なる原像 $P_i = (x_i, y_i)$，$P_i' = (x_i', y_i')$，$(P_i \neq P_i')$，があって，$P_i \to P_0$，$P_i' \to P_0$ となる．然らば，平均値の定理によって，線分 $P_i P_i'$ 上の点 R_i, S_i を適当に取れば，

$$0 = f(P_i) - f(P_i') = (x_i - x_i')f_x(R_i) + (y_i - y_i')f_y(R_i),$$
$$0 = g(P_i) - g(P_i') = (x_i - x_i')g_x(S_i) + (y_i - y_i')g_y(S_i).$$

然るに $P_i \neq P_i'$ であるから，$x_i - x_i'$，$y_i - y_i'$ が共に 0 であることはない．故に

$$\begin{vmatrix} f_x(R_i) & f_y(R_i) \\ g_x(S_i) & g_y(S_i) \end{vmatrix} = 0, \quad (i = 1, 2, \cdots).$$

ここで，極限 $i \to \infty$ へ行けば，$R_i \to P_0$，$S_i \to P_0$ だから $J(P_0) = 0$．これは仮定に反する．

さて定理 74 によれば，K_0' 内で Q_0 を含む十分小なる領域 G' を取れば，G' の点 Q の原像は

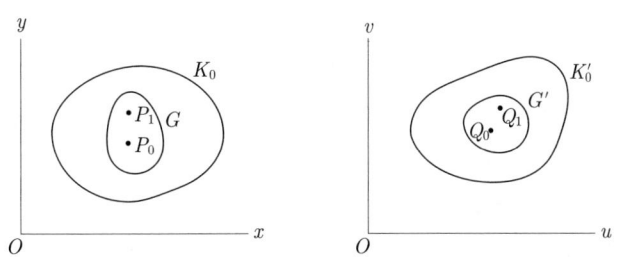

K_0 内では一意に確定するから，(5) の逆写像 $P = \varphi(Q)$ が G' において確定する．今 uv 平面の領域 G' の点 Q の K_0 内にある原像 P の集合を G とすれば，G は xy 平面において P_0 を含む領域である．――実際，G の任意の点 P_1 が Q_1 に対応するならば，K_0 において P_1 に十分近く任意の点 P を取れば，写像 $F(P)$ の連続性によって P の像 Q は G' に属するから，P は集合 G に属する．これは G の各点 P_1 が内点であることを意味するから，G は開集合である．G が連結されていることは，G の任意の二点 P_1, P_2 に対応する Q_1, Q_2 を領域 G' 内で連結する曲線 (Jordan 曲線，例えば折線) に，G において P_1, P_2 を結ぶ曲線が対応することからわかる．故に G は連結された開集合すなわち領域である．

さて G' 内に Q_0 を含みその閉包が G' に含まれる領域を任意に取って，それを G' に代用すれば，上記と同様に，その G' に対応する領域 G の点と領域 G' の点とが一対一連続に対応するが，今度は G, G' の閉包は，いずれも一対一連続に写像される領域内にある．このとき，G の境界点には G' の境界点が一対一連続に対応することは写像 F, φ の連続性からの簡単なる帰結である．故に境界をも入れていえば K_0 内の閉域 $[G]$ と K_0' 内の閉域 $[G']$ との間に一対一の連続的写像ができて，内点には内点が，境界点には境界点が対応する．特に $[G]$ の境界が Jordan 閉曲線ならば，$[G']$ の境界も同様である．

上記考察は局所的であるから，K において常に $J(P) \neq 0$ であっても，K の全局において写像が一対一であることは保証されない．例えば
$$u = x^2 - y^2, \quad v = 2xy$$
とする (その出所は $u + iv = (x + iy)^2$ である)．然らば
$$J = \frac{D(u, v)}{D(x, y)} = \begin{vmatrix} 2x & -2y \\ 2y & 2x \end{vmatrix} = 4(x^2 + y^2)$$
で，$(x, y) \neq (0, 0)$ ならば $J \neq 0$ であるが，(x, y) と $(-x, -y)$ とには同じ (u, v) が対応するから，K が (x, y) と同時に $(-x, -y)$ を含むときには一対一対応はない．一般に K において正則な解析函数 $f(z) = f(x + yi) = u + iv$ の実部と虚部とを $u(x, y), v(x, y)$ とすれば，Cauchy-Riemann の微分方程式 (217 頁) によって
$$\frac{D(u, v)}{D(x, y)} = \begin{vmatrix} u_x & u_y \\ v_x & v_y \end{vmatrix} = u_x^2 + u_y^2 = |f'(z)|^2$$
で $f'(z) \neq 0$ なるところでは，これは 0 でないけれども，$f(z)$ の逆函数は必ずしも一意でない．

上記考察は局所的 (local, im Kleinen) であったけれども，それを応用して若干大局的 (global,

im Grossen)の結論を導くことができる．

(1°) まず写像 $Q=f(P)$ によって xy 平面の領域 K と uv 平面の領域 K' との間に一対一対応が成り立つと仮定する．然らば逆写像 $P=\varphi(Q)$ が確定するが，f が連続ならば φ も連続である（下記［注意］および 318 頁参照）．この場合にも，K 内の閉域と K' 内の閉域とは対応して，内点は内点に，境界点は境界点に対応することが，上記と同様にして証明される．

［注意］ 一対一対応の連続的な写像では，n 次元の領域が n 次元の領域に対応する (Brouwer)．それは明白のようでも，証明は意外にむずかしい．今 (1°) ではそれを仮定した．特に，K が領域ならば，K' が領域であることの証明を省略したのである．

(2°) 写像 (2) に関して函数行列式 J が 0 にならないとする．然らば有界なる閉域 K を有限個の小閉域に分割して，各小区域において一対一対応を成立せしめることができる．── 実際 K 内の任意の点 P において $J(P)\neq 0$ だから，P の近傍で局所的には一対一対応が成り立つ．今 P を中心とする半径 ρ の円内では一対一対応が成り立つとして，その半径の最大値を $\rho(P)$ とすれば，$\rho(P)$ は P に関して連続であることは定理 14 のようにして証明される：すなわち $|\rho(P)-\rho(P')|\leqq PP'$．よって閉区域 K における $\rho(P)$ の最小値を ρ_0 とすれば $\rho_0>0$．然らば K を辺長が $\sqrt{2}\rho_0$ より小なる方眼に分割するとき，各方眼において一対一対応が成り立つであろう．

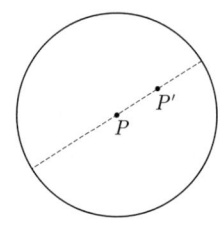

(3°) 写像 (2) によって K において一対一対応が成り立つときには（上記［注意］参照），K 内のいかなる小領域においても常に $J(P)=0$ なることはありえない（定理 75）．しかし，例えば K 内の孤立する点または或る線上において $J=0$ なることは可能である．

［例 1］ $u=x, v=y^3$ とすれば，全平面において一対一対応が成り立つが，

$$J=\begin{vmatrix} 1 & 0 \\ 0 & 3y^2 \end{vmatrix}=3y^2$$

で，x 軸上では $J=0$．

［例 2］ 原点からの半直線上に $P=(x,y), Q=(u,v)$ を取って $OQ=OP^2$ とすれば，全平面で一対一対応が成り立つが，

$$u=x\sqrt{x^2+y^2}, \quad v=y\sqrt{x^2+y^2}, \qquad J=2(x^2+y^2)$$

で，$(x,y)=(0,0)$ において $J=0$．

(4°) K と K' との間の全局的一対一対応の場合，K において J は 0 になりえても，K が

連結されている限り，J が K 内で反対の符号を取ることはできない（上記の例参照）．それをみるために，函数行列式 J の符号の幾何学的の意味を考察する．K 内の一点 P から出る曲線 l と，それに対応して K' の点 Q から出る曲線 λ との接線上において

$$\left.\begin{array}{l}du = \varphi_x dx + \varphi_y dy \\ dv = \psi_x dx + \psi_y dy\end{array}\right\} \quad 従って \quad \frac{dv}{du} = \frac{\psi_x + \psi_y \dfrac{dy}{dx}}{\varphi_x + \varphi_y \dfrac{dy}{dx}}.$$

$\dfrac{dy}{dx}, \dfrac{dv}{du}$ は P および Q における l, λ の勾配である．l が変動して $\dfrac{dy}{dx}$ が増大するとき，$J(P) = \varphi_x \psi_y - \varphi_y \psi_x \gtreqless 0$ に従って $\dfrac{dv}{du}$ は増大または減少する．

これは一次変換の性質である．すなわち $\eta = \dfrac{r+s\xi}{p+q\xi}$ から $\dfrac{d\eta}{d\xi} = \dfrac{ps-qr}{(p+q\xi)^2}$，従って $\dfrac{d\eta}{d\xi}$ の符号は行列式 $ps-qr$ の符号と同じである．ここで ξ, η にそれぞれ $\dfrac{dy}{dx}, \dfrac{dv}{du}$ を当てはめるのである．

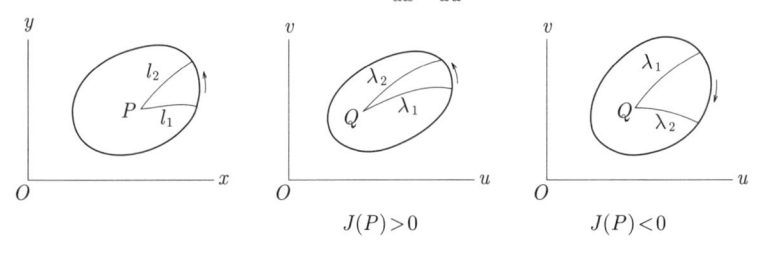

故に P および Q において互に対応する回転の向きは $J(P) \gtreqless 0$ に従って，同意または反対である．

さてかりに K において J が反対の符号の値を取るとするならば，中間値の定理によって J は K において 0 にもなるが，$J(P) = 0$ なる点 P は K において，いかなる小領域をも満たしえないのだから，任意の ε に関して $P_1 P_2 < \varepsilon$, $J(P_1) > 0$, $J(P_2) < 0$ なる点 P_1, P_2 が存在する．今 $P_1 P_2$ 上の点 M において $P_1 P_2$ に垂直に MN を引いて，K' において，それらに対応する点 Q_1, Q_2 および曲線 $M'N'$ が，次の図のように配置されるとする．然らば P が MN の上を動くとき，仮定 $J(P_1) > 0$ によれば，P に対応する Q は $M'N'$ の上を M' から N' への向きに動かねばならないが，一方 $J(P_2) < 0$ によれば Q は反対に N' から M' への向きに動かねばならない．そこに矛盾があって $J(P_1) > 0, J(P_2) < 0$ は不合理である．要約すれば一対一対応の場合 K, K' において互に対応する回転の向きは，各所同意または各所反対で，従って常に $J(P) \geqq 0$

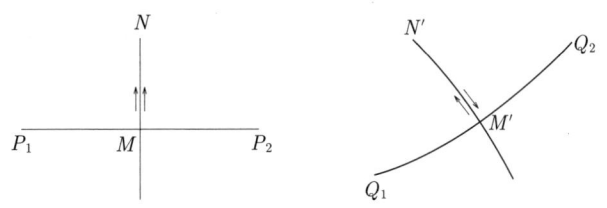

または常に $J(P) \leqq 0$.

上記の説明は直観的(粗雑)であるが，問題の要点は明瞭であろう．また適当なる補足によって三次元以上にも拡張されるであろう．

85. 解析函数への応用

陰伏函数の解析性を考察することはもちろん重要であるが，ここでは最も簡単な場合において，しかも §82 の定理との連絡を主眼として，若干の解説を試みる．

定理 76．複素数平面 (z 平面) の或る領域 K において
$$w = f(z) \tag{1}$$
は正則で，K 内の一点 $z = z_0$ において $w = w_0$ とする．もしも z_0 において $f'(z_0) \neq 0$ ならば，$w = w_0$ の近傍で正則なる逆函数 $z = g(w)$ が確定する．

[証] 複素変数 z, w の実部と虚部とを分けて
$$z = x + yi, \quad w = u + vi$$
として，(1) を
$$u = \varphi(x,y), \quad v = \psi(x,y) \tag{2}$$
と書く．然らば
$$\varphi_x = \psi_y, \quad \varphi_y = -\psi_x,$$
$$f'(z) = \varphi_x + i\psi_x = \psi_y - i\varphi_y,$$
$$\frac{D(u,v)}{D(x,y)} = \begin{vmatrix} \varphi_x & \psi_x \\ \varphi_y & \psi_y \end{vmatrix} = \varphi_x^2 + \psi_x^2 = |f'(z)|^2.$$

仮定によって $f'(z_0) \neq 0$ だから，(x_0, y_0) において
$$\frac{D(u,v)}{D(x,y)} \neq 0.$$

故に定理 74 の意味で，(2) の逆函数(逆写像)が (u_0, v_0) の近傍で確定する．すなわち複素変数 $z = x + yi$ が $w = u + vi$ の函数 $z = g(w)$ として与えられる．それが解析的(正則)であることをみるには，$g(w)$ の微分可能性を示せばよいが，それは明白である．すなわち
$$f'(z) = \lim_{z_1 \to z} \frac{w_1 - w}{z_1 - z} \neq 0$$
が，$z = z_0$ の近傍では確定であるのだから，
$$g'(w) = \lim_{w_1 \to w} \frac{z_1 - z}{w_1 - w} = \frac{1}{f'(z)}$$
も確定である． (証終)

なお一般に $F(w, z)$ を複素変数 z, w の函数として，その実部と虚部とを分けて

$$F(w,z) = \Phi(u,v,x,y) + i\Psi(u,v,x,y)$$

とする．今 $F(w_0, z_0)=0$ として，$F(w,z)$ は z が z_0 の近傍にあるとき w に関して正則，また w が w_0 の近傍にあるとき z に関して正則とする．然らば

$$\left.\begin{array}{ll} \Phi_u = \Psi_v, & \Phi_v = -\Psi_u, \\ \Phi_x = \Psi_y, & \Phi_y = -\Psi_x, \end{array}\right\} \tag{3}$$

$$F_w = \frac{\partial F}{\partial w} = \Phi_u + i\Psi_u, \quad F_z = \frac{\partial F}{\partial z} = \Phi_x + i\Psi_x. \tag{4}$$

これが F_w, F_z の意味である．

さて上記のように

$$F(w_0, z_0) = 0$$

とするとき，もしも $F_w(w_0, z_0) \neq 0$ ならば，z_0 の近傍で，方程式 $F(w,z)=0$ によって，$w=f(z)$ が z の陰伏函数として定義されて，しかも w は $z=z_0$ の近傍で正則な解析函数である．すなわち言葉の上では定理 71 と同じようだが，実数に引き直していえば，条件はまず $F(w,z)=0$ から

$$\left.\begin{array}{l} \Phi(u,v,x,y) = 0, \\ \Psi(u,v,x,y) = 0. \end{array}\right\} \tag{5}$$

次に $F_w(w_0, z_0) \neq 0$ から，(u_0, v_0, x_0, y_0) において

$$\frac{D(\Phi, \Psi)}{D(u,v)} = \begin{vmatrix} \Phi_u & \Psi_u \\ \Phi_v & \Psi_v \end{vmatrix} = \Phi_u^2 + \Psi_u^2 = |F_w|^2 \neq 0.$$

故に定理 73 によって (x_0, y_0) の近傍で (5) を満足せしめる x, y の函数として u, v が確定する．

従って w が z の函数として確定するのであるが，それの解析性すなわち微分可能性を考察するために 322 頁の計算を引用する．すなわち

$$\Phi_u du + \Phi_v dv + \Phi_x dx + \Phi_y dy = 0,$$
$$\Psi_u du + \Psi_v dv + \Psi_x dx + \Psi_y dy = 0.$$

(3) を用いて書き直せば

$$\Phi_u du - \Psi_u dv + \Phi_x dx - \Psi_x dy = 0, \tag{6}$$
$$\Psi_u du + \Phi_u dv + \Psi_x dx + \Phi_x dy = 0. \tag{7}$$

(7) に i を掛けて (6) に加えて

$$(\Phi_u + i\Psi_u)(du + idv) + (\Phi_x + i\Psi_x)(dx + idy) = 0,$$

すなわち

$$\frac{du + idv}{dx + idy} = -\frac{\Phi_x + i\Psi_x}{\Phi_u + i\Psi_u}.$$

従って

$$\frac{dw}{dz} = -\frac{F_z}{F_w}.$$

故に w は z の函数として解析的(正則)である.

§82 の定理から導かれた上記の結果は局所的であるが,解析性を利用すれば,いくぶん精密な結論が得られる.

(1°) 定理 76 において簡単のために $z-z_0, w-w_0$ に z,w を代用すれば,$f'(0) \neq 0$ を用いて,$z=0$ の近傍で

$$w = f(z) = a_1 z + a_2 z^2 + \cdots, \qquad (a_1 \neq 0) \tag{8}$$

さて $w=0$ の近傍で逆函数が正則であることが知られているから,

$$z = b_1 w + b_2 w^2 + \cdots \tag{9}$$

と置いてよい.これを(8)に代入すれば,定理 58 によって(8)の右辺が w の巾級数になるから,巾級数の一意性によって係数 $b_1, b_2, \cdots$ が逐次に計算される(未定係数法).そのようにして得られる巾級数(9)は $w=0$ の近傍で収束することはもちろん既知であるが,少くとも(9)が収束する限り,逆函数が一意的である(解析的延長の原則).

(2°) 上記逆函数が確定である z 平面の領域内において,原点を中心とする円を C とすれば,(9)における係数 b_n が見やすい形に書き表わされる.今 z_1 を C 内の点とし,また $w_1 = f(z_1)$ として

$$I = \frac{1}{2\pi i} \int_C \frac{zf'(z)dz}{f(z) - w_1} \tag{10}$$

と置けば,被積分函数は C 内で $z=z_1$ において一次の極を有するだけだから,I は $z=z_1$ における留数に等しく,従って

$$I = \lim_{z \to z_1} \frac{z(z-z_1)f'(z)}{f(z) - w_1} = z_1.$$

さて(10)において

$$\frac{zf'(z)}{f(z) - w_1} = \frac{zf'(z)}{f(z)} \left\{ 1 + \frac{w_1}{f(z)} + \frac{w_1^2}{f(z)^2} + \cdots \right\}$$

の一様収束性*を用いて項別積分をすれば,I すなわち z_1 が w_1 の巾級数に展開される.すなわち(9)において

$$b_n = \frac{1}{2\pi i} \int_C \frac{zf'(z)dz}{f(z)^{n+1}}, \tag{11}$$

または

---

* 円 C において z と w とは一対一対応で,$z=0$ は $w=0$ に対応するから,C の周上では,$f(z) \neq 0$,従って $|f(z)|$ の最小値 $m > 0$.故に $|w_1| < m$ とすれば,$\left|\frac{w_1}{f(z)}\right| \leq \frac{|w_1|}{m} < 1$.これから一様収束性が得られる.ただし,仮定 $|w_1| < m$ は証明の手段で,(9)を拘束するのではない.

85. 解析函数への応用

$$\frac{d}{dz}\frac{z}{f(z)^n} = \frac{1}{f(z)^n} - \frac{nzf'(z)}{f(z)^{n+1}}$$

を用いて

$$nb_n = \frac{1}{2\pi i}\int_C \frac{dz}{f(z)^n}.$$

右辺は $z=0$ における $f(z)^{-n}$ の留数である．従って

$$b_n = \frac{1}{n!}\left[\frac{d^{n-1}}{dz^{n-1}}\left(\frac{z}{f(z)}\right)^n\right]_{z=0}. \tag{12}$$

これが(9)における係数 b_n の値である[Lagrange の展開]．

応用上しばしば遭遇するように，z と w との関係が

$$z = a + w\varphi(z) \tag{13}$$

の形で与えられる場合に順応するために，書き換えるならば，

$$z_0 = a, \quad w_0 = 0, \quad \varphi(a) \neq 0$$

として（もちろん $\varphi(z)$ は $z=a$ の近傍で正則とする）

$$\left.\begin{array}{l} z = a + b_1 w + b_2 w^2 + \cdots \\[4pt] b_n = \dfrac{1}{n!}\dfrac{d^{n-1}}{da^{n-1}}\varphi(a)^n. \end{array}\right\} \tag{14}$$

[附記] 展開(9)の収束半径の一つの限界が，次のようにして得られる．今 z 平面において，原点を中心として原点以外 $f(z)$ の零点を含まない円 C の周上で $|f(z)|$ の最小値を $m>0$ とすれば，$|w|<m$ なるとき，$w=f(z)$ は C 内にただ一つの根を有する[*]．すなわち w 平面の円 $\Gamma(|w|<m)$ の内では，逆函数 $z=g(w)$ が確定だから，(9)の収束半径は少くとも m である．

一例として天文学で出てくる Kepler の方程式

$$z = a + w\sin z$$

を取る．$a \neq n\pi$ ならば(14)によって

$$z = a + w\sin a + \frac{w^2}{2!}\frac{d\sin a}{da} + \cdots + \frac{w^n}{n!}\frac{d^{n-1}(\sin a)^n}{da^{n-1}} + \cdots. \tag{15}$$

今 a は実数，$0 < a < \pi$ とすれば，

$$w = \frac{z-a}{\sin z}$$

は $z=a$ を中心として半径 r は a および $\pi-a$ を超えない円 C において正則であるが，その円周上で

$$|w| = \left|\frac{z-a}{\sin z}\right| \geq \frac{2r}{e^r + e^{-r}}.$$

さて $\dfrac{2r}{e^r+e^{-r}}$ の最大値を求めるならば，それは

$$r > 0, \quad e^{2r} = \frac{r+1}{r-1} \quad \text{なるときの} \quad \sqrt{r^2-1} \tag{16}$$

である．Stieltjes の計算によれば，その値は

---

[*] Rouché の定理(289 頁)．

$$r_0 = 1.1996\cdots, \quad \sqrt{r_0^2 - 1} = 0.66274\cdots.$$

これから (15) の収束半径の限界が得られる．

　　(3°)　なお一般に $z=0$ において $f'(z)=0$ なるとき，
$$w = f(z) = az^k(1 + a_1 z + \cdots).$$
$$k > 1, \quad a \neq 0$$
とする．然らば
$$W^k = \frac{w}{a}$$
と置けば
$$W = z(1 + a_1 z + \cdots)^{\frac{1}{k}}.$$
から，二項定理によって $z=0$ の近傍で
$$W = z(1 + c_1 z + \cdots).$$
従って (1°) によって $W=0$ の近傍で
$$z = W + b_1 W^2 + \cdots.$$
故に，この場合には逆函数 z は $w^{\frac{1}{k}}$ の巾級数として表わされる．すなわち z は w の函数として $w=0$ の近傍で多意 (k 意) である．

86. 曲線の方程式

x, y を平面上の直角座標とすれば，方程式
$$F(x, y) = 0$$
は一般に一つの曲線を表わす．今 $P_0 = (x_0, y_0)$ において $F(x_0, y_0) = 0$ とすれば，P_0 は曲線上の一点であるが，もしも $F_y(x_0, y_0) \neq 0$ ならば，定理 71 によって P_0 を通る曲線のただ一つの枝線 $y = f(x)$ がある．もしまた $F_x(x_0, y_0) \neq 0$ ならば，この枝線は $x = g(y)$ なる形にも表わされる．

　点 P_0 における $y = f(x)$ への接線の方程式は
$$y - y_0 = f'(x_0)(x - x_0)$$
であるが，
$$\frac{dy}{dx} = -\frac{F_x}{F_y}$$
だから，接線の方程式を
$$(x - x_0) F_x(x_0, y_0) + (y - y_0) F_y(x_0, y_0) = 0$$
のように x, y に関して対称なる形に書くことができる．

　曲線 $F(x, y) = 0$ の一点において $F_x \neq 0$ または $F_y \neq 0$ ならば，その点を曲線上の正則点という．正則点においては曲線はただ一つの接線を有する．$F_x = 0$ ならば接線は x 軸に平行，$F_y =$

0 ならば, y 軸に平行である. もしも反対に $F_x = 0$ かつ $F_y = 0$ ならば, その点を**特異点**という.

定理 71 によって, 曲線 $F(x, y) = 0$ を正則点の近傍で, 局所的に $y = f(x)$ または $x = g(y)$ のような形に表わすことができるが, 或る場合にはそれを適当に応用して, 曲線の全体の形を知ることができる. すなわち曲線を追跡することができる. 次にその一例を掲げる.

[例 1]
$$F(x, y) = x^3 + y^3 - 3axy = 0, \qquad (a \neq 0). \tag{1}$$
この曲線を Descartes の**葉線**(folium cartesii)という.

(1)において $a > 0$ とする. (さもなければ, x 軸と y 軸との向きを反対にすればよい.) ここでは
$$F_x = 3(x^2 - ay), \quad F_y = 3(y^2 - ax).$$
故に放物線
$$y^2 = ax \tag{2}$$
の外部では $F_y > 0$, 内部では $F_y < 0$.

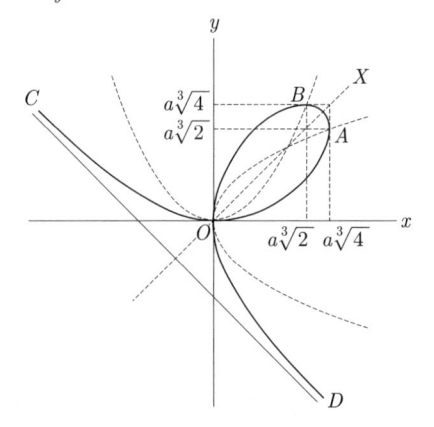

まず第一象限内で, 放物線(2)の外部において枝線を求めよう. 放物線(2)の上で $F(x, y)$ が取る値は x に y^2/a を代入して求められる, すなわち
$$y^3 \left(\frac{y^3}{a^3} - 2 \right)$$
で, 第一象限では
$$0 < y < a\sqrt[3]{2} \quad \text{従って} \quad 0 < x < a\sqrt[3]{4}$$
なる間(O と A との間)で $F(x, y) < 0$. 然るに各縦線上において y が十分大きくなれば $F(x, y)$ はついには正になるのだから, 放物線(2)の上側に O から A に至る一つの枝線(OBA)がある.

同様に放物線(2)の内部において O から A に至る一つの枝線があるが, (1)は x, y に関して対称であるから, この枝線は角 xOy の二等分線を軸として OB と対称である.

y 軸の左側では $F_y > 0$ で, 各縦線上で $F(x, y)$ は $-\infty$ から $+\infty$ まで単調に増大するから,

一つの枝線があるが，x 軸上で $F(x,y)<0$，また放物線 $F_x = x^2 - ay = 0$ の上では $F(x,y) = x^3\left(\dfrac{x^3}{a^3}-2\right) > 0$ だから，この枝線 OC は第二象限において x 軸と放物線 $x^2 = ay$ との間にある．また第四象限においてこれと対称なる枝線 OD がある．

以上で x の陰伏函数としての y のすべての枝が求められたのであるが，それらは原点 O を二重点とする連結された一つの曲線を形作る．

さて曲線上で
$$\frac{dy}{dx} = -\frac{F_x}{F_y} = -\frac{x^2-ay}{y^2-ax}$$
だから，それの符号は点 (x,y) が放物線 $x^2 = ay$ と $y^2 = ax$ との内にあるか外にあるかによって決定される．例えば枝線 OBA では，O と B との間では $\dfrac{dy}{dx} > 0$，また B と A との間では $\dfrac{dy}{dx} < 0$．その他も同様である．よって曲線上で x, y の相伴って増減する有様は図に書いたようであることがわかる．（ただし，曲線の凸凹性を $\dfrac{d^2y}{dx^2}$ の符号によって，計算で決定することは煩雑である．それを強行するにしても，曲線(1)が三次曲線であることを利用せねばなるまい．）

特異点 O の近傍は特別の注意を要する．O の近傍における曲線の行跡をみるために，極座標に変換すれば(1)は
$$r = \frac{3a\cos\theta\sin\theta}{\cos^3\theta + \sin^3\theta}$$
になるが，あるいは $t = \tan\theta$ とすれば，
$$\left.\begin{array}{c} x = r\cos\theta = \dfrac{3at}{1+t^3}, \quad y = r\sin\theta = \dfrac{3at^2}{1+t^3}, \\ t = \dfrac{y}{x}. \end{array}\right\} \quad (3)$$

よって t が $-\infty$ から $+\infty$ まで変動するとき，曲線(1)は t を媒介変数として(3)によって表わされる．しかも曲線上の点と t の値とは一対一に対応する．

このように，曲線上の点 (x,y) の座標が或る媒介変数の有理式として表わされるとき，その曲線を有理曲線という．例えば二次曲線または特異点を有する三次曲線は有理曲線である．

点 t における接線の方程式は
$$(X-x)\frac{dy}{dt} = (Y-y)\frac{dx}{dt}$$
であるが，(3)によって計算すれば，簡約の後
$$Xt(2-t^3) - Y(1-2t^3) = 3at^2$$
になる．

特に $t = 0$ に対応して接線は $Y = 0$ になる．すなわち枝線 COA は O において x 軸に接する．x と y を交換して考えれば枝線 BOD が O において y 軸に接することがわかる．これは $|t| \to$

∞ なる極限の場合とも考えられる．また $t \to -1$ のとき，接線の極限の位置として $X+Y=-a$ を得る．それは漸近線(asymptote)である．

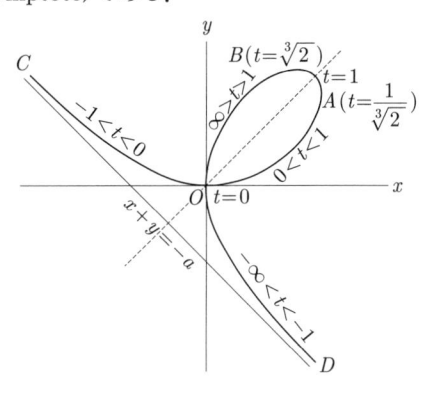

実際，点 t から $X+Y+a=0$ への距離は
$$\frac{3at+3at^2+a(1+t^3)}{\sqrt{2}(1+t^3)} = \frac{a(1+t)^2}{\sqrt{2}(1-t+t^2)}$$
で，$t \to -1$ のとき限りなく小さくなる．

ついでに $\dfrac{d^2y}{dx^2}$ を t の函数として計算してみよう．
$$\frac{dx}{dt} = \frac{3a(1-2t^3)}{(1+t^3)^2}, \quad \frac{dy}{dt} = \frac{3a(2t-t^4)}{(1+t^3)^2}, \quad \frac{dy}{dx} = \frac{2t-t^4}{1-2t^3}$$

から，簡約の後
$$\frac{d}{dt}\left(\frac{dy}{dx}\right) = \frac{2(1+t^3)^2}{(1-2t^3)^2},$$

従って
$$\frac{d^2y}{dx^2} = \frac{d}{dt}\left(\frac{dy}{dx}\right) \cdot \frac{dt}{dx} = \frac{2(1+t^3)^4}{3a(1-2t^3)^3}.$$

故に $\dfrac{d^2y}{dx^2}$ は $t < \dfrac{1}{\sqrt[3]{2}}$ のとき正，$t > \dfrac{1}{\sqrt[3]{2}}$ のとき負である．よって凸凹に関して曲線の形が大体図のようであることがわかる．

一般に曲線 $F(x,y)=0$ の上の一点 (x_0, y_0) において $F_x(x_0, y_0) = 0$, $F_y(x_0, y_0) = 0$ なるとき，その点 (x_0, y_0) を特異点ということは前に述べた．このような特異点の近傍における曲線の行跡には種々の場合がある．これは曲線論の問題であるから，ここでは二，三の簡単なる標準的な例を掲げるに止める．

[例 2] $F(x,y) = y^2 - x^2(x+a) = 0$，すなわち $y = \pm x\sqrt{x+a}$．$F_x = -3x^2 - 2ax$, $F_y = 2y$．故に $(0,0)$ は特異点であるが，a の符号によって三つの場合が生ずる．

 (1°) $a > 0$．$x = 0$ の近傍では $x+a > 0$ で，x 軸に関して対称なる二つの滑らかな枝線が $(0,0)$ を通る．この場合 $(0,0)$ はいわゆる結節点(node)である．

[例 1]における特異点も結節点である．

(2°) $a<0$ ならば，$x=0$ の近傍で $x+a<0$ だから，それに対応する y の実数値は存在しない．$(0,0)$ は曲線上の孤立点 (isolated point) である．

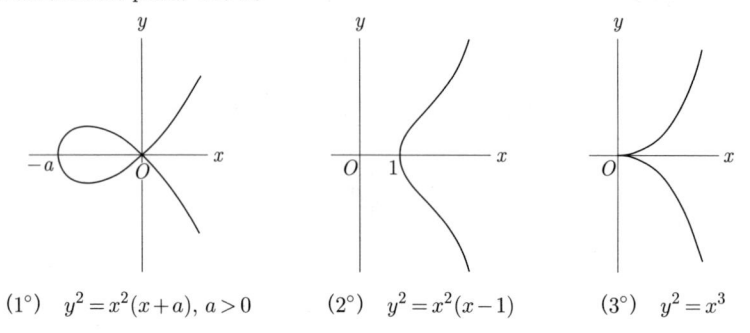

(1°) $y^2=x^2(x+a), a>0$　　(2°) $y^2=x^2(x-1)$　　(3°) $y^2=x^3$

(3°) $a=0$，すなわち $y=\pm x^{\frac{3}{2}}$．$x>0$ なるとき x 軸に関して対称なる二つの放物線の片割れのような枝線がある．この曲線を指数 $\frac{3}{2}$ にちなんで半立方放物線 (semi-cubical parabola) という．二つの枝線は $(0,0)$ において共通の接線 ($y=0$) を有する．このような特異点を尖点 (cusp) という．

［例 3］ $y^3-x^4=0$，すなわち $y=\sqrt[3]{x^4}$．$(0,0)$ は特異点だけれども，曲線は放物線状で，一見特異なところはないが，ただ接線 $y=0$ と一次以下の接触をするために，曲率半径が無限小である．($y'=\frac{4}{3}x^{\frac{1}{3}}$, $y''=\frac{4}{9}x^{-\frac{2}{3}}$，原点では $\rho=0$．)

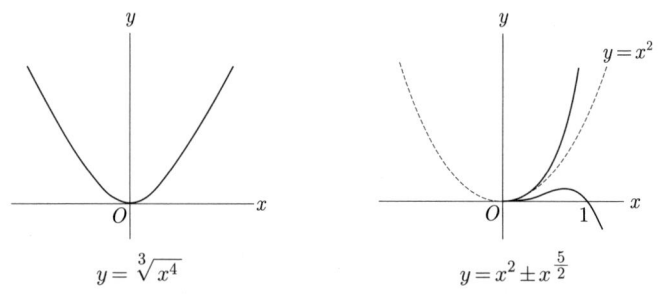

$y=\sqrt[3]{x^4}$　　　　$y=x^2\pm x^{\frac{5}{2}}$

［例 4］ $y^2-2x^2y+x^4-x^5=0$，すなわち $y=x^2\pm x^{\frac{5}{2}}$．原点において曲線の二つの枝が x 軸の同じ側においてそれに接する．このような特異点を嘴点という．

［例 5］
$$x^4+x^2y^2-6x^2y+y^2=0.$$
すなわち
$$y=\frac{3x^2\pm x^2\sqrt{8-x^2}}{1+x^2}$$
または
$$x^2=\frac{1}{2}(6y-y^2\pm y\sqrt{(y-4)(y-8)})$$
原点で二つの枝線が x 軸に接する．

曲線 $F(x,y)=0$ の特異点を函数 $z=F(x,y)$ の極値との関係において考察してみよう．曲線 $F(x,y)=0$ は函数 $z=F(x,y)$ を表わす曲面と xy 平面との交わりである．特異点の条件 $F_x=$

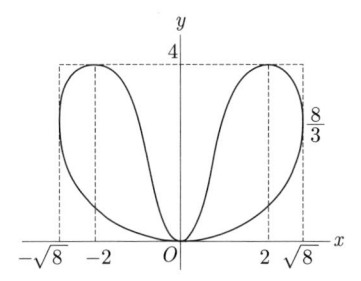

0, $F_y = 0$ は点 (x_0, y_0) において $z = 0$ が極値であるための必要条件にほかならない．

さて，もしも (x_0, y_0) において $F_{xx}F_{yy} - F_{xy}^2 > 0$ ならば，(x_0, y_0) において $z = F(x, y)$ は極値を取る（§26）が，その極値は，この場合 $F(x_0, y_0) = 0$ であるから，面 $z = F(x, y)$ は (x_0, y_0) において xy 平面に接するけれども，(x_0, y_0) の近傍で xy 平面に交わらない．すなわち (x_0, y_0) は曲線 $F(x, y) = 0$ の上では孤立点である．上記［例 2］の $(2°)$ がその一例である．

それよりも興味のあるのは $P_0 = (x_0, y_0)$ において
$$F_{xx}F_{yy} - F_{xy}^2 < 0$$
なる場合である．そのとき $z = F(x, y)$ は (x_0, y_0) において極値を取らない，すなわち (x_0, y_0) の近傍で $F(x, y)$ は正にもなり，また負にもなる．すなわち
$$(F_{xx})_0 \cos^2 \theta + 2(F_{xy})_0 \cos \theta \sin \theta + (F_{yy})_0 \sin^2 \theta = 0 \tag{4}$$
によって定められる $\tan \theta$ の二つの値によって限られる二組の対頂角の内部において，$F(x, y)$ は P_0 の近傍で正または負の値を取るのであった．

この場合，曲線 $F(x, y) = 0$ の二つの滑らかな枝線が P_0 において交叉する．P_0 における接線 $y - y_0 = (x - x_0) \tan \theta$ において，$\tan \theta$ は (4) から求められる．（335 頁［例 1］では $\tan \theta = 0$ および ∞．また 337 頁［例 2］, $(1°)$ では $\tan \theta = \pm \sqrt{a}$．）

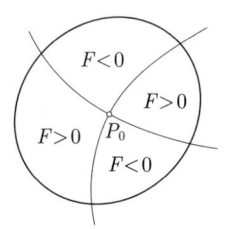

87. 曲面の方程式

x, y, z を三次元空間における直角座標とすれば，方程式
$$F(x, y, z) = 0 \tag{1}$$
は，一般に一つの曲面を表わす．曲面上の点 $P_0 = (x_0, y_0, z_0)$ において $F_z \neq 0$ ならば，P_0 の近傍において (1) が

$$z = f(x, y)$$

なる形に表わされる(定理 72).

この部分において，曲面上の点 (x, y, z) における接平面の方程式は

$$Z - z = (X - x)\frac{\partial f}{\partial x} + (Y - y)\frac{\partial f}{\partial y}$$

で，$\dfrac{\partial f}{\partial x} = -\dfrac{F_x}{F_z}, \dfrac{\partial f}{\partial y} = -\dfrac{F_y}{F_z}$ だから，この方程式が

$$(X - x)F_x + (Y - y)F_y + (Z - z)F_z = 0 \tag{2}$$

になって，それは x, y, z に関して対称なる形である．曲面上の点 (x, y, z) において F_x, F_y, F_z の中の一つが 0 にならないならば，それに対応して x, y, z の中の一つが他の二つの函数として表わされるから，接平面の方程式(2)は $F_x^2 + F_y^2 + F_z^2 \neq 0$ なるとき常に有効である．その条件の下において，法線の方向余弦は

$$\cos \alpha = \frac{F_x}{\sqrt{F_x^2 + F_y^2 + F_z^2}}, \quad \cos \beta = \frac{F_y}{\sqrt{F_x^2 + F_y^2 + F_z^2}}, \quad \cos \gamma = \frac{F_z}{\sqrt{F_x^2 + F_y^2 + F_z^2}} \tag{3}$$

である．ただし，この方向は $F > 0$ なる向きを示すのである．すなわち

$$\begin{aligned}
F(x + \rho \cos \alpha, y + \rho \cos \beta, z + \rho \cos \gamma) \\
= F(x, y, z) + \rho(F_x \cos \alpha + F_y \cos \beta + F_z \cos \gamma) + o(\rho) \\
= \rho \sqrt{F_x^2 + F_y^2 + F_z^2} + o(\rho)
\end{aligned}$$

だから，$\rho \gtreqless 0$ に従って左辺が $\gtreqless 0$.

曲面 $F = 0$ の上の一点で F_x, F_y, F_z が同時に 0 になるならば，その点は曲面の特異点で，そこでは一般に確定の接平面が存在しない．

数量の場と等位面　函数 $u = F(P)$ が与えられたとき，空間の各点 $P = (x, y, z)$ に数値 u が配置されているとみて，その空間の一区域を**スカラー場**(scalar field)または**数量の場**という．もしもその区域において $F_x^2 + F_y^2 + F_z^2 \neq 0$ ならば，$F(P_0) = c_0$ とするとき P_0 を通る一つの面 $F(x, y, z) = c_0$ がある．それを数量の場における**等位面**(niveau surface)という．上記仮定によって c_0 は $F(P)$ の極大または極小値でない(§26)から，c_0 に近い或る範囲内の c の値に対応する等位面 $F(P) = c$ の一つの系列が生じて，それらが空間の一区域を満たすであろう．曲面 $F = 0$ は $c = 0$ に対応する等位面にほかならない．

さてこの区域内の各点 P を起点として

$$F_x(P), \quad F_y(P), \quad F_z(P)$$

を成分とするベクトルをその点における数量の場の**勾配**(gradient)といい，それを

$$\operatorname{grad} F$$

で表わす．

このように，空間の各点 P に或るベクトルが配置されているとき，それを**ベクトルの場**(vector

field) という.

上記のベクトル $\operatorname{grad} F$ は，(3)からみえるように，P において等位面に垂直で，その大きさは
$$|\operatorname{grad} F| = \sqrt{F_x^2 + F_y^2 + F_z^2}$$
である．今点 P において方向余弦が $\cos\lambda, \cos\mu, \cos\nu$ なる向きに F を微分すれば，その微分商は ($\S\,22$)
$$\lim_{PP'\to 0}\frac{F(P')-F(P)}{PP'} = F_x\cos\lambda + F_y\cos\mu + F_z\cos\nu$$
である．

またはベクトル PP' の成分を dx, dy, dz とし，その長さを ds とすれば，$\cos\lambda = \dfrac{dx}{ds}$, $\cos\mu = \dfrac{dy}{ds}$, $\cos\nu = \dfrac{dz}{ds}$ だから，上記 PP' の向きへの微分商は
$$\frac{dF}{ds} = \frac{\partial F}{\partial x}\frac{dx}{ds} + \frac{\partial F}{\partial y}\frac{dy}{ds} + \frac{\partial F}{\partial z}\frac{dz}{ds}$$
である．すなわち
$$\frac{dF}{ds} = \sqrt{F_x^2 + F_y^2 + F_z^2}\,(\cos\alpha\cos\lambda + \cos\beta\cos\mu + \cos\gamma\cos\nu)$$
$$= |\operatorname{grad} F|\cos\theta,$$
ただし，θ は $\operatorname{grad} F$ と $\overline{PP'}$ との間の角である．故に，P におけるベクトル $\operatorname{grad} F$ の方向は，$F(P)$ の増加率の最大なる向きで，$\operatorname{grad} F$ の大きさは，その最大増加率に等しい．

$\dfrac{dF}{ds}$ は PP' の上への $\operatorname{grad} F$ の正射影，すなわち PP' に関するベクトル $\operatorname{grad} F$ の成分である．

二つの曲面の交わり　　点 $P_0 = (x_0, y_0, z_0)$ が二つの曲面
$$F(x, y, z) = 0, \quad G(x, y, z) = 0 \tag{4}$$
に共通で，その点において行列式
$$\frac{D(F, G)}{D(y, z)}, \quad \frac{D(F, G)}{D(z, x)}, \quad \frac{D(F, G)}{D(x, y)} \tag{5}$$
のうち少くとも一つが 0 でないとする．例えば P_0 において，
$$\left[\frac{D(F, G)}{D(y, z)}\right]_0 \neq 0$$
とする．然らば P_0 の近傍で，(4)から
$$y = \varphi(x), \quad z = \psi(x) \tag{6}$$
を得る (定理73)．φ, ψ は微分可能で，$x = x_0$ のとき y_0, z_0 になる．すなわち P_0 の近傍では，(4)の二つの曲面の交わりは曲線(6)である．換言すれば，P_0 の近傍で，曲線(6)が二つの方程

式(4)で表わされる．

P_0 における曲線(6)の接線の方程式は
$$\frac{x-x_0}{1} = \frac{y-y_0}{\varphi'(x_0)} = \frac{z-z_0}{\psi'(x_0)}$$
であるが，$\varphi'(x_0), \psi'(x_0)$ は
$$\left.\begin{array}{l} F_x + F_y\varphi'(x) + F_z\psi'(x) = 0, \\ G_x + G_y\varphi'(x) + G_z\psi'(x) = 0 \end{array}\right\}$$
から求められるから，接線の方程式は次のように書かれる：
$$\frac{x-x_0}{\left[\dfrac{D(F,G)}{D(y,z)}\right]_0} = \frac{y-y_0}{\left[\dfrac{D(F,G)}{D(z,x)}\right]_0} = \frac{z-z_0}{\left[\dfrac{D(F,G)}{D(x,y)}\right]_0}.$$

これは P_0 における二つの曲面(4)の接平面
$$(F_x)_0(x-x_0) + (F_y)_0(y-y_0) + (F_z)_0(y-y_0) = 0,$$
$$(G_x)_0(x-x_0) + (G_y)_0(y-y_0) + (G_z)_0(z-z_0) = 0$$
の交わりである．

もしも P_0 において(5)の三つの行列式が同時に 0 になるならば，P_0 において二つの曲面は互に接して，P_0 は一般に曲線上の特異点である．

媒介変数によって曲面を表わすこと　一つの媒介変数によって曲線を定義する($\S\,12$)のと同様に，二つの媒介変数によって曲面を表わすことが，本来は合理的である．すなわち媒介変数 u,v の函数
$$x = f(u,v), \quad y = g(u,v), \quad z = h(u,v) \tag{7}$$
を点の直角座標とすれば，u,v が uv 平面上の或る区域内において変動するとき，点 (x,y,z) が一つの曲面を画くとするのである．$z = f(x,y)$ は $x=u$, $y=v$ なる特別の場合にほかならない．実際(7)の三つの方程式のうちの二つによって u,v が x,y,z の中の二つの陰伏函数として与えられるから，それを他の一つの方程式に持ち込めば x,y,z のうちの一つが他の二つの函数として表わされるであろう．詳しくいえば行列式
$$\frac{D(f,g)}{D(u,v)}, \quad \frac{D(f,h)}{D(u,v)}, \quad \frac{D(g,h)}{D(u,v)} \tag{8}$$
のうちの一つ，例えば $\dfrac{D(f,g)}{D(u,v)}$ が (u_0,v_0) において 0 に等しくないとすれば，(u_0,v_0) に (x_0,y_0,z_0) が対応するとするとき，(7)の初めの二つの方程式から，(x_0,y_0) の近傍において
$$u = \varphi(x,y), \quad v = \psi(x,y)$$
を得る．従って(7)の最後の方程式から
$$z = h(\varphi,\psi) = F(x,y) \tag{9}$$

を得る．(7)から得られる (x,y,z) は，(x_0,y_0,z_0) の近傍では，(9)によって与えられるものと全体において同一である．

［注意］ uv 平面上の或る閉域において (u,v) と(7)の (x,y,z) との間の対応が一対一であるとき，曲面(7)を Jordan 曲面という．上記のように，(8)の行列式の中の一つが (u_0,v_0) で 0 にならないならば，(u_0,v_0) の近傍では (u,v) と (x,y,z) との間に一対一の対応が成り立つのである．

88. 包 絡 線

xy 平面上において媒介変数 α を含む方程式
$$f(x,y,\alpha)=0 \tag{1}$$
によって曲線の一つの族(family)が表わされる．α の値を固定すれば，(1)は一つの曲線を表わすが，α の値を連続的に変えるならば，その曲線は形および位置において連続的に変わるであろう．さて一つの曲線 E が(1)の各曲線に接して，しかもその接点の軌跡であるとき，E を曲線族(1)の包絡線という．

例えば，一つの曲線 C のすべての法線の包絡線は C の縮閉線 E である($\S 27$)．また曲線 C のすべての接線の包絡線はすなわち曲線 C 自身である．

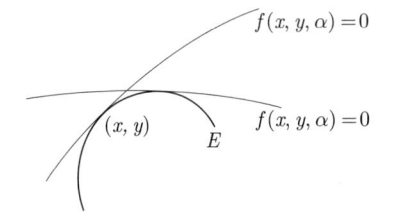

曲線族(1)が包絡線 E を有するとすれば，(1)と E との接点を (x,y) とするとき，x,y は α の函数である．それを
$$x=\varphi(\alpha),\quad y=\psi(\alpha) \tag{2}$$
とすれば，これが α を媒介変数としての E の方程式である．(2)は (x,y) において(1)に接するから
$$f_x\varphi'(\alpha)+f_y\psi'(\alpha)=0.$$
然るに $\varphi(\alpha),\psi(\alpha)$ は(1)の上の点だから
$$f(\varphi(\alpha),\,\psi(\alpha),\alpha)=0,$$
α に関して微分して
$$f_x\varphi'(\alpha)+f_y\psi'(\alpha)+f_\alpha=0,$$
従って
$$f_\alpha=0.$$
故に包絡線の各点(2)は，曲線

$$f(x, y, \alpha) = 0, \quad f_\alpha(x, y, \alpha) = 0 \tag{3}$$

の交わりである．

逆に，(3) の二つの方程式から，定理 73 の条件の下において，

$$x = \Phi(\alpha), \quad y = \Psi(\alpha) \tag{4}$$

なる α の函数が生ずる．或は α をおい出して

$$R(x, y) = 0. \tag{5}$$

さて

$$f(\Phi(\alpha), \Psi(\alpha), \alpha) = 0, \quad f_\alpha(\Phi(\alpha), \Psi(\alpha), \alpha) = 0$$

から，

$$f_x \Phi'(\alpha) + f_y \Psi'(\alpha) + f_\alpha = 0,$$

従って

$$f_x \Phi'(\alpha) + f_y \Psi'(\alpha) = 0.$$

故に $f_x = f_y = 0$ でないならば，曲線 (5) は (1) に接する，すなわち $\Phi(\alpha), \Psi(\alpha)$ は包絡線上の点である．故に (5) は曲線族 (1) の特異点の軌跡と (1) の包絡線とから成り立つものである．方程式論の用語を転用して (5) を (1) の判別式という．

[例 1]　$y^4 - y^2 + (x - \alpha)^2 = 0$. この場合には $f_\alpha = 0$ は $x - \alpha = 0$. よって (5) は $y^4 - y^2 = 0$. これは三つの直線 $y = 0, y = \pm 1$ を表わす．$y = 0$ は特異点 $(x = \alpha, y = 0)$ の軌跡で，$y = \pm 1$ が包絡線である．

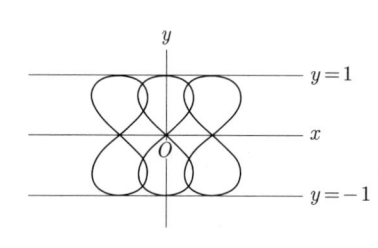

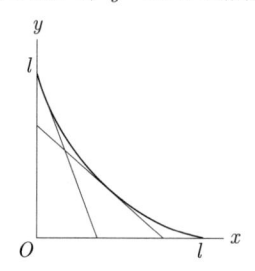

[例 2]　定長 l なる直線の両端が直交軸上を動くとき，その方程式は

$$x \cos \alpha + y \sin \alpha = l \sin \alpha \cos \alpha.$$

α に関して微分すれば

$$-x \sin \alpha + y \cos \alpha = l \cos 2\alpha.$$

ここでは (4) は

$$x = l \sin^3 \alpha, \quad y = l \cos^3 \alpha.$$

故に包絡線として

$$x^{\frac{2}{3}} + y^{\frac{2}{3}} = l^{\frac{2}{3}}$$

を得る (アステロイド, asteroid, 90 頁).

(1) の一つの曲線 $f(x, y, \alpha) = 0$ と，それに接近する $f(x, y, \alpha + \Delta \alpha) = 0$ とが交わって，$\Delta \alpha$ が限りなく小さくなるとき，その交点が極限において $f(x, y, \alpha)$ の上の点 (x_1, y_1) に近づくとすれ

ば，(x_1, y_1) は判別式 $R(x,y) = 0$ の上の点である．実際
$$f(x, y, \alpha + \Delta\alpha) - f(x, y, \alpha) = \Delta\alpha \cdot f_\alpha(x, y, \alpha + \theta\Delta\alpha)$$
から
$$f_\alpha(x, y, \alpha + \theta\Delta\alpha) = 0,$$
従って $\Delta\alpha \to 0$ のとき，
$$f_\alpha(x_1, y_1, \alpha) = 0.$$
ただし，(1)における接近する曲線が交わらないでも，包絡線の生ずる場合はある．例えば三次放物線の族
$$y = (x - \alpha)^3$$
は交点を有しないけれども，$y = 0$ が包絡線である．

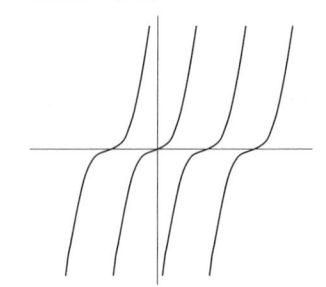

同様にして，一つまたは二つの媒介変数を有する曲面族の包絡面を考察することができる．包絡は幾何学または微分方程式論において重要であるが，ここではその基本的概念を述べるに止める．

89. 陰伏函数の極値

陰伏函数の極値の最も簡単な一例として，次の問題を考察する：

[問題] 変数 x, y が
$$\varphi(x, y) = 0 \tag{1}$$
なる関係式で縛られているとき，$f(x, y)$ の極値の必要条件を求めること．

今点 $P_0 = (x_0, y_0)$ において $f(x_0, y_0) = c_0$ が極値であると仮定する．もしも P_0 が曲線(1)の特異点でないならば，P_0 において φ_x または φ_y が 0 でない．例えば $\varphi_y(P_0) \neq 0$ とすれば，P_0 の近傍で，(1)は
$$y = \varPhi(x)$$
のような形で表わされる．それを $f(x, y)$ へ持ち込んで
$$f(x, y) = f(x, \varPhi(x)) = F(x) \tag{2}$$
とすれば，問題は $F(x)$ の極値を求めることに帰する．その必要条件として
$$\frac{dF}{dx} = 0$$

を得るが，与えられた函数 f, φ をもってそれを書き表わすことができる．すなわち(2)から
$$\frac{dF}{dx} = f_x + f_y \frac{dy}{dx} = 0. \tag{3}$$
然るに(1)から
$$\varphi_x + \varphi_y \frac{dy}{dx} = 0. \tag{4}$$
従って(3), (4)から
$$\frac{f_x}{\varphi_x} = \frac{f_y}{\varphi_y} \tag{5}$$
を得る．(x_0, y_0) は(1)と(5)とを満足せしめねばならない．これが極値の必要条件である．

今 $f(x, y)$ の等位線の族 $f(x, y) = c$ で xy 平面の一部分が覆われているとして，点 P が曲線 $\varphi(x, y) = 0$ の上を動くと考える．然らば P の一つの位置における $f(P)$ の値はすなわち P を通る等位線 $f(x, y) = c$ の位を示す数 c である．さて，もしも $\varphi = 0$ の上の点 P_0 において $f(x, y)$ が極値を取るならば，(5)によって，$\varphi = 0$ は P_0 において等位線 $f(x, y) = c_0$ に接する（ただし P_0 は $\varphi = 0$ の特異点でないと仮定してある．特異点においては $\varphi_x = \varphi_y = 0$ だから，(5)は当然成り立つ）．そうしてその等位線 $f(x, y) = c_0$ の位を示す数 c_0 がすなわち $f(x, y)$ の極値である．

しかし，(5)は極値の必要条件に過ぎないから，$f = c_0$ と $\varphi = 0$ とが接しても，c_0 が f の極値であると断言することはできない．

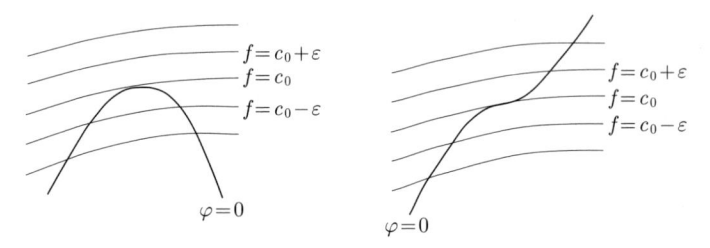

［例］ 定点 $A = (a, b)$ から曲線 $\varphi(x, y) = 0$ への距離の極大極小を求めること．

距離の代りに，その平方を取って
$$f(x, y) = (x - a)^2 + (y - b)^2$$
とすれば，極値の必要条件として
$$\frac{\varphi_x}{x - a} = \frac{\varphi_y}{y - b}$$
を得る．曲線上の点 P がこの方程式を満足せしめるならば，P は曲線上の特異点 ($\varphi_x = \varphi_y = 0$) であるか，または AP が曲線への法線である．よって極大または極小距離の候補者として，A からの法線と，A と特異点とを結ぶ線分を取るべきである．

しかし，実際極値を決定するには，めんどうな計算を要する（例えば点 $(0, 1)$ から曲線 $y^2 = x^3$ への最短距離を求めてみるとよい）．

89. 陰伏函数の極値

一般に n 個の変数 $x_1, x_2, \cdots, x_n$ の函数
$$f(x_1, x_2, \cdots, x_n)$$
が
$$\varphi^{(i)}(x_1, x_2, \cdots, x_n) = 0 \tag{6}$$
$$(i = 1, 2, \cdots, p;\ p < n)$$
なる条件の下で，点 $P^0 = (x_1^0, x_2^0, \cdots, x_n^0)$ において極値を取るとする．

もしも P^0 の近傍で，$\varphi^{(1)}, \varphi^{(2)}, \cdots, \varphi^{(p)}$ が互に独立で，例えば
$$\frac{D(\varphi^{(1)}, \varphi^{(2)}, \cdots, \varphi^{(p)})}{D(x_1, x_2, \cdots, x_p)} \neq 0 \tag{7}$$
ならば，$x_1, x_2, \cdots, x_p$ はその他の $x_\rho\,(\rho = p+1, \cdots, n)$ の函数になり，従って f は x_ρ のみの函数になる．よって
$$f(x_1, x_2, \cdots, x_n) = F(x_{p+1}, \cdots, x_n)$$
と書くならば，極値の必要条件は
$$\frac{\partial F}{\partial x_\rho} = 0 \qquad (\rho = p+1, \cdots, n) \tag{8}$$
であるが，これらを f および $\varphi^{(i)}$ の偏微分商 $f_\nu = \dfrac{\partial f}{\partial x_\nu},\ \varphi_\nu^{(i)} = \dfrac{\partial \varphi^{(i)}}{\partial x_\nu}$ を用いて書き表わすことができる．まず(8)から
$$f_\rho + \sum_{\nu=1}^{p} f_\nu \frac{\partial x_\nu}{\partial x_\rho} = 0, \qquad (p < \rho \leqq n). \tag{9}$$
さて $\dfrac{\partial x_\nu}{\partial x_\rho}$ は(6)から求められる(定理73)．すなわち
$$\varphi_\rho^{(i)} + \sum_{\nu=1}^{p} \varphi_\nu^{(i)} \frac{\partial x_\nu}{\partial x_\rho} = 0. \tag{10}$$
(9), (10)から $\dfrac{\partial x_\nu}{\partial x_\rho}$ を消去すれば
$$\frac{D(f, \varphi^{(1)}, \varphi^{(2)}, \cdots, \varphi^{(p)})}{D(x_1, x_2, \cdots, x_p, x_\rho)} = 0, \tag{11}$$
$$(\rho = p+1, \cdots, n).$$
すなわち $P^0 = (x_1^0, x_2^0, \cdots, x_n^0)$ は条件(7)の下において，(6)と(11)と合せて n 個の方程式を満足せしめねばならない．これが極値の必要条件である．

上記の考察においては陰伏函数の理論を応用したが，それよりも直截的に，かつすべての変数に関して対称的に，次のように考えることができる．

前のように P^0 を極値点とするならば，P^0 において
$$d\varphi^{(1)} = 0,\ d\varphi^{(2)} = 0,\ \cdots,\ d\varphi^{(p)} = 0$$

なるとき，
$$df = 0$$
でなければならない．すなわち (x_i に関する微分を添字 i で示して)
$$f_1 dx_1 + f_2 dx_2 + \cdots + f_n dx_n = 0 \tag{12}$$
が
$$\varphi_1^{(i)} dx_1 + \varphi_2^{(i)} dx_2 + \cdots + \varphi_n^{(i)} dx_n = 0 \qquad (i = 1, 2, \cdots, p) \tag{13}$$
からの帰結である．従って一次方程式の理論によって (12) は (13) の一次結合である．故に
$$f_\nu = \lambda_1 \varphi_\nu^{(1)} + \lambda_2 \varphi_\nu^{(2)} + \cdots + \lambda_p \varphi_\nu^{(p)}, \qquad (\nu = 1, 2, \cdots, n) \tag{14}$$
なる乗数 $\lambda_1, \lambda_2, \cdots, \lambda_p$ が存在する．すなわち $x_1^0, x_2^0, \cdots, x_n^0$ と $\lambda_1, \lambda_2, \cdots, \lambda_p$ とが (6) と (14) と合せて $n+p$ 個の方程式を満足せしめねばならない．ここでは乗数 (λ_i) は (x_ν^0) を求めるための補助の未知数である (Lagrange の乗数法)．すなわち (14) から λ_i を消去すれば仮定 (7) の下において (11) を得る．

本節の初めに述べた場合には，$n=2, p=1$ で，(14) は
$$f_x = \lambda \varphi_x, \quad f_y = \lambda \varphi_y$$
である．すなわち λ は (5) の両辺における相等しい比の値である．

練習問題 (7)

(1) 定理 72 (319 頁) の場合において $\dfrac{\partial^2 z}{\partial x^2}, \dfrac{\partial^2 z}{\partial x \partial y}, \dfrac{\partial^2 z}{\partial y^2}$ を求めること．

[解]
$$\frac{\partial^2 z}{\partial x^2} = -\frac{F_{xx}}{F_z} + \frac{2 F_x F_{xz}}{F_z^2} - \frac{F_x^2 F_{zz}}{F_z^3},$$
$$\frac{\partial^2 z}{\partial x \partial y} = -\frac{F_{xy}}{F_z} + \frac{F_x F_{yz} + F_y F_{xz}}{F_z^2} - \frac{F_x F_y F_{zz}}{F_z^3},$$
$$\frac{\partial^2 z}{\partial y^2} = -\frac{F_{yy}}{F_z} + \frac{2 F_y F_{yz}}{F_z^2} - \frac{F_y^2 F_{zz}}{F_z^3}.$$

(2) $x, y; u, v$ の間に二つの関係式が与えられて，x, y が u, v の函数として，また u, v が x, y の函数として定められるときは
$$\frac{\partial u}{\partial x} \frac{\partial x}{\partial u} + \frac{\partial v}{\partial x} \frac{\partial x}{\partial v} = 1, \quad \frac{\partial u}{\partial x} \frac{\partial y}{\partial u} + \frac{\partial v}{\partial x} \frac{\partial y}{\partial v} = 0,$$
$$\frac{\partial u}{\partial y} \frac{\partial x}{\partial u} + \frac{\partial v}{\partial y} \frac{\partial x}{\partial v} = 0, \quad \frac{\partial u}{\partial y} \frac{\partial y}{\partial u} + \frac{\partial v}{\partial y} \frac{\partial y}{\partial v} = 1.$$

[解] $du = \dfrac{\partial u}{\partial x} dx + \dfrac{\partial u}{\partial y} dy, dv = \dfrac{\partial v}{\partial x} dx + \dfrac{\partial v}{\partial y} dy$ を dx, dy に関して解けば
$$dx = \frac{\partial x}{\partial u} du + \frac{\partial x}{\partial v} dv, \quad dy = \frac{\partial y}{\partial u} du + \frac{\partial y}{\partial v} dv$$
が得られるはずだから．

(3) $\varphi(x_1, x_2, \cdots, x_n; u_1, u_2, \cdots, u_m)$ が $x_1, x_2, \cdots, x_n$ に関しては同次二次式なるとき
$$\frac{\partial \varphi}{\partial x_i} = p_i, \quad (i = 1, 2, \cdots, n)$$
として，$x_1, x_2, \cdots, x_n$ の代りに $p_1, p_2, \cdots, p_n$ を独立変数として
$$\varphi(x, u) = \psi(p, u)$$
とすれば
$$\frac{\partial \psi}{\partial p_i} = x_i, \quad \frac{\partial \psi}{\partial u_i} = -\frac{\partial \varphi}{\partial u_i}.$$

(4) z が x, y の函数なるとき
$$\frac{\partial z}{\partial x} = p, \quad \frac{\partial z}{\partial y} = q; \quad \frac{\partial^2 z}{\partial x^2} = r, \quad \frac{\partial^2 z}{\partial x \partial y} = s, \quad \frac{\partial^2 z}{\partial y^2} = t$$
と書く．今独立変数として p, q を取り
$$Z = px + qy - z$$
を p, q の函数とみて $\dfrac{\partial^2 Z}{\partial p^2} = R, \dfrac{\partial^2 Z}{\partial p \partial q} = S, \dfrac{\partial^2 Z}{\partial q^2} = T$ と書くならば
$$dZ = x\, dp + y\, dq,$$
(すなわち $\dfrac{\partial Z}{\partial p} = x, \dfrac{\partial Z}{\partial q} = y$). また
$$\frac{R}{t} = \frac{S}{-s} = \frac{T}{r} = \frac{1}{h}, \quad (h = rt - s^2). \quad \text{(Legendre の変換)}$$

(5) V を x, y, z の函数として
$$\Delta_1 = \left(\frac{\partial V}{\partial x}\right)^2 + \left(\frac{\partial V}{\partial y}\right)^2 + \left(\frac{\partial V}{\partial z}\right)^2, \quad \Delta_2 = \frac{\partial^2 V}{\partial x^2} + \frac{\partial^2 V}{\partial y^2} + \frac{\partial^2 V}{\partial z^2}$$
と置く．今直角座標を (x, y, z) から (X, Y, Z) に変換すれば
$$\Delta_1 = \left(\frac{\partial V}{\partial X}\right)^2 + \left(\frac{\partial V}{\partial Y}\right)^2 + \left(\frac{\partial V}{\partial Z}\right)^2, \quad \Delta_2 = \frac{\partial^2 V}{\partial X^2} + \frac{\partial^2 V}{\partial Y^2} + \frac{\partial^2 V}{\partial Z^2}.$$

(6) 領域 K において連続的微分可能なる函数 $f(x, y)$ が，$x + ay$ のみの函数なるために必要かつ十分なる条件は $f_y = af_x$ である (a は定数).

[解] $u = f(x, y), v = x + ay$ と置けば，条件は $\dfrac{D(u, v)}{D(x, y)} = 0$ である．この場合定理 75 の $r = 1$.

(7) 楕円体の中心の通る截面の主軸を極値として求めること．

[解] 楕円体と截面とを (直角座標)
$$\frac{x^2}{a^2} + \frac{y^2}{b^2} + \frac{z^2}{c^2} = 1,$$
$$lx + my + nz = 0, \quad (l^2 + m^2 + n^2 = 1)$$
として，$r^2 = x^2 + y^2 + z^2$ の極値を求めるのである．

極値は
$$\frac{a^2 l^2}{r^2 - a^2} + \frac{b^2 m^2}{r^2 - b^2} + \frac{c^2 n^2}{r^2 - c^2} = 0$$
の根である．

第8章 積分法(多変数)

90. 二次元以上の定積分

二つ以上の独立変数の函数に関しても定積分を§30と同様の立場において考察することができる．以下述べることは各次元に適用されるが，簡明のために二次元について説明する．

xy 平面の閉矩形
$$[K] \qquad a \leqq x \leqq b, \quad c \leqq y \leqq d$$
において $f(x,y)$ が有界であるとする．

区間 $[a,b], [c,d]$ を分点
$$\Delta \qquad \begin{cases} a = x_0 < x_1 < \cdots < x_{m-1} < x_m = b, \\ c = y_0 < y_1 < \cdots < y_{n-1} < y_n = d \end{cases}$$
において m 分, n 分して，それらの分点を通る両軸への平行線によって矩形 $[K]$ を mn 個の小矩形に分割する．この矩形網 Δ の一つの小矩形
$$[\omega_{ij}] \qquad x_{i-1} \leqq x \leqq x_i, \quad y_{j-1} \leqq y \leqq y_j$$
における $f(x,y)$ の上限，下限を M_{ij}, m_{ij} として，すべての小矩形に関する和
$$S_\Delta = \sum M_{ij}(x_i - x_{i-1})(y_j - y_{j-1}), \qquad \begin{pmatrix} i = 1, 2, \cdots, m \\ j = 1, 2, \cdots, n \end{pmatrix}$$
$$s_\Delta = \sum m_{ij}(x_i - x_{i-1})(y_j - y_{j-1})$$
を考察する．あるいは小矩形 $[\omega_{ij}]$ の面積をも ω_{ij} で表わせば
$$S_\Delta = \sum M_{ij}\omega_{ij}, \quad s_\Delta = \sum m_{ij}\omega_{ij}.$$
また小矩形 $[\omega_{ij}]$ における $f(x,y)$ の振動量を
$$v_{ij} = M_{ij} - m_{ij}$$
と書けば
$$S_\Delta - s_\Delta = \sum v_{ij}\omega_{ij}.$$
これらの記号は§30と同様である．

さてすべての矩形網 Δ に関して S_Δ も s_Δ も有界である．よって前のように S_Δ の下限を S，また s_Δ の上限を s とする．こんどは矩形網 Δ におけるすべての小矩形の最長辺を δ とする．然らば Darboux の定理：
$$\delta \to 0 \quad \text{のとき} \quad S_\Delta \to S, \quad s_\Delta \to s, \quad \sum_\Delta v_{ij}\omega_{ij} \to S - s$$
が成り立つことは§30と同様にして証明される．

今各小矩形 $[\omega_{ij}]$ において任意に点 $P_{ij} = (\xi_i, \eta_j)$ を取って, 和

$$\Sigma_\Delta = \sum f(P_{ij})\omega_{ij} \qquad (1 \leqq i \leqq m, \; 1 \leqq j \leqq n)$$
$$= \sum f(\xi_i, \eta_j)(x_i - x_{i-1})(y_j - y_{j-1})$$

を作るとき
$$\lim_{\delta \to 0} \Sigma_\Delta = I$$

が存在するならば，I を矩形 $[K]$ における $f(x,y)$ の積分といい，それを次のように書く，

$$I = \int_K f(P) d\omega$$
$$= \int_a^b \int_c^d f(x,y) dx\, dy.$$

最後の記法の意味は §93 で述べる．

積分可能の条件も §30 と同様である．すなわち

(1°) K において $f(x,y)$ が積分可能であるために必要かつ十分なる条件は
$$S = s \quad \text{すなわち} \quad \lim_{\delta \to 0} \sum v_{ij}\omega_{ij} = 0.$$

(2°) $f(x,y)$ が K において連続ならば，積分可能である．

(3°) $f(x,y)$ が連続でなくても，それが有界ならば，矩形網 Δ において不連続点を含むすべての小矩形の面積の総和を Ω_Δ とするとき，$\lim_{\delta \to 0} \Omega_\Delta = 0$ ならば，$f(x,y)$ は $[K]$ において積分可能である(十分条件)．

約言すれば，すべての不連続点を総面積がどのようにも小さい矩形群に入れてしまえるならば，よいのである．

91. 面積・体積の定義

前節では積分区域を矩形としたが，二次元では任意の区域における積分を考察しなければならない．そのためには，まず任意区域の面積の意味を明確にしておくことが必要である．

我々はまだ面積の定義を確定していなかったが，今ここで前節を引用して，それを簡単に片づけることができる．

今 K を有界なる任意の区域(あるいは点集合)として，次のような函数 $\varphi(P)$ を考察する：すなわち点 $P = (x,y)$ が K に属するときは $\varphi(P) = 1$ で，また点 P が K に属しないときは $\varphi(P) = 0$ とする．この函数 $\varphi(P)$ を点集合 K の定義函数という．

さて K を包む矩形 K^*

$$[K^*] \qquad a \leqq x \leqq b, \quad c \leqq y \leqq d$$

における $\varphi(P)$ の積分を考察する．任意の矩形網 Δ に関して $s_\Delta = \sum m_{ij}\omega_{ij}$ を作れば，$\varphi(P)$ の定義によって m_{ij} は小矩形 ω_{ij} の点が(周をも入れて)すべて K に属するときにだけ $m_{ij} = 1$ で，その他は $m_{ij} = 0$ であるから，s_Δ はすなわち矩形網 Δ において全く K に含まれる小矩形群の

総面積である．それの上限 $s = \lim_{\delta \to 0} s_\Delta$ は確定である．それを区域 K の内面積という．

また $S_\Delta = \sum M_{ij} \omega_{ij}$ においては，$\varphi(P)$ の定義によって小矩形 ω_{ij} が K に属する点を(一つでも)含むときにだけ $M_{ij} = 1$ で，その他は $M_{ij} = 0$ である．故に S_Δ は矩形網 Δ において K に属する点を含む小矩形群の総面積である．それの下限 $S = \lim_{\delta \to 0} S_\Delta$ を K の外面積という．

K が有界ならば，K を包む矩形 K^* の選択に無関係に，K の内面積 s も外面積 S も確定である．(もちろん $S \geqq s \geqq 0$.) それらが一致する ($S = s$) とき，その共通の値をもって K の面積とする．これが面積の定義である．要約すれば：

有界なる区域 K の面積とは，K を定義する函数 $\varphi(P)$ の K を包む矩形 K^* における積分の値である．$\varphi(P)$ が積分可能でないならば，K の面積は確定しない．

さて，$S_\Delta - s_\Delta$ は矩形網 Δ の各小矩形における $\varphi(P)$ の振動量の総和であるから，K の面積確定の条件は $\varphi(P)$ に関して
$$\lim_{\delta \to 0}(S_\Delta - s_\Delta) = S - s = 0 \tag{1}$$
である．

今，矩形網 Δ において K の境界点を含む小矩形群(臨界矩形群)の総面積を Ω_Δ とすれば，$\lim_{\delta \to 0} \Omega_\Delta$ は K の境界 F の外面積である．それに関して
$$\lim_{\delta \to 0} \Omega_\Delta = S - s \tag{2}$$
が成立する．今 (2) を承認すれば，K の境界 F の外面積が 0 (従って F の内面積も 0，従って F の面積が 0) であるとき，K が面積確定である．(故に皮肉ながら，次のようにいうことができる：K が面積確定なるために必要かつ十分なる条件は K の境界の面積が 0 なることである！)

さて (2) は明白であろうが，念のため，それを証明する．K の内点のみを含む小矩形群の総面積を $s_\Delta(K)$ と書き，K の内点または境界点を(一つでも)含む小矩形群の総面積を $S_\Delta[K]$ と書けば
$$\Omega_\Delta = S_\Delta[K] - s_\Delta(K) \tag{3}$$
である．然るに，別々に
$$\lim_{\delta \to 0} S_\Delta[K] = S, \tag{4}$$
$$\lim_{\delta \to 0} s_\Delta(K) = s \tag{5}$$
が成り立って，それから (2) が得られる．((4), (5) は，K の閉包の外面積は K の外面積に等しく，K の開核の内面積は K の内面積に等しいことを表わす．)

上記 (4) は (5) と同様に証明せられるから，(5) を証明する．K の開核 (K) は K に含まれるから $s_\Delta(K) \leqq s_\Delta$ は明白である．故に，K の開核の内面積を $s(K)$ と書けば，$s(K) \leqq s$．よって $s \leqq s(K)$ を証明する．

面積 s_Δ に関与する各小矩形の内部に，その各辺を δ だけひっ込めた矩形を作り，それら矩

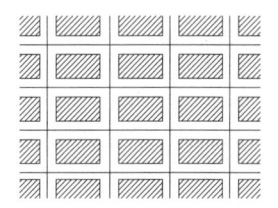

形の全体を σ とし，その面積も同じ文字 σ で表わす．このとき，任意の $\varepsilon(>0)$ に対して，δ を十分小さく取って，$s_\Delta - \sigma < \varepsilon$ なるようにする．然らば σ は K の開核 (K) に含まれ，K の境界と σ との距離は δ 以上であるから，小矩形の辺長の最大値が δ よりも小なる Δ の再分割 Δ' を作れば，(K) に含まれる Δ' の小矩形群が σ を含む．従って面積において $\sigma \leqq s_\Delta(K)$，故に
$$s_\Delta - \varepsilon < \sigma \leqq s_{\Delta'}(K) \leqq s(K).$$
ε は任意だから $s_\Delta \leqq s(K)$．よって s_Δ の上限を取って $s \leqq s(K)$ を得る．

$s \geqq s(K)$ であったから $s = s(K)$．それが (5) である．

面積の定義を会得するには，面積不確定なる区域(点集合)の実例を挙げるのが適切であろう．今例えば矩形 $Q (0 \leqq x \leqq 1, 0 \leqq y \leqq 2)$ を取れば，その面積は上記定義に従って 2 である．もしも Q の上半 $(0 \leqq x \leqq 1, 1 \leqq y \leqq 2)$ に稠密に分布される点，例えば有理点 $(x, y$ が有理数なる点$)$ をすべて Q から除いて，その残りを K とすれば，K の外面積は 2 であるが，内面積は 1 で，K は面積不確定である．Q の上半が全部 K の境界で，境界がすでに面積 1 の区域を占有して，K の内面積と外面積との接近を妨げる．

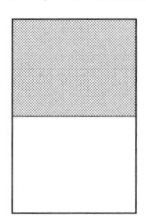

面積不確定なる区域の実例として，上記 K などは，あまりに平凡であるが，しかし面積不確定なる区域の存在を無視することは，論理上許されない．緊要なのは，面積は天賦でなくて，我々が自ら定義して，自ら始末せねばならないことの認識である．

取扱いがたやすくて，従って応用上常に遭遇するものは，もちろん面積確定なる区域であるが，その中でも標準的な場合を次に述べる．

［例1］ 領域 K の境界が滑らかな曲線またはそれの有限個の接合であるときは，K は面積確定である．

［証］
$$x = \varphi(t), \quad y = \psi(t) \qquad (0 \leqq t \leqq 1)$$
を滑らかな曲線とする．すなわち $\varphi'(t), \psi'(t)$ は連続（でかつ $\varphi'(t)^2 + \psi'(t)^2 \neq 0$) とする．然らば微分法の平均値の定理によって
$$x_1 - x = (t_1 - t)\varphi'(\tau_1), \quad y_1 - y = (t_1 - t)\psi'(\tau_2),$$

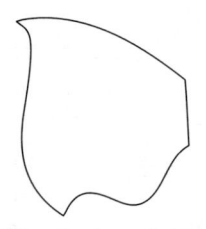

τ_1, τ_2 は t, t_1 の中間値である．今閉区間 $0 \leqq t \leqq 1$ における $|\varphi'(t)|, |\psi'(t)|$ の最大値を M とすれば ($t_1 > t$ として)
$$|x_1 - x| \leqq M(t_1 - t), \quad |y_1 - y| \leqq M(t_1 - t).$$
故に区間 $0 \leqq t \leqq 1$ を n 等分すれば，各小区間 $\left[t, t + \dfrac{1}{n}\right]$ における t に対応する曲線上の点 (x, y) は辺長 $\dfrac{2M}{n}$ なる正方形に含まれ，従って，曲線全部は総面積が
$$n\left(\frac{2M}{n}\right)^2 = \frac{4M^2}{n}$$
以下なる矩形群で覆われる．n を十分大きく取れば，この総面積はどれほどでも小さくなるから，面積確定の条件は満たされている．

上記証明で $\varphi'(t), \psi'(t)$ の連続性は，ただ最大値 M の存在の論拠としてのみ用いた．故に $\varphi'(t), \psi'(t)$ が有界であれば（連続でなくても）たくさんである．

なお一般に $\varphi(t), \psi(t)$ が有界変動，従って K の境界が有限長の閉曲線であればよい．実際その曲線の長さを l として，それを等長なる n 部分に分って $\dfrac{l}{n} = \delta$ とすれば，各小弧はその中点を中心とする辺長 δ なる正方形内に含まれるから，曲線全体が面積 $n\delta^2 = \dfrac{l^2}{n}$ を超えない矩形群で覆われる．

［例 2］　次の図に示すように，$x = a, x = b$ なる二つの縦線と $y = \varphi(x), y = \psi(x)$ なる二つの連続曲線とで囲まれた区域 K は面積確定である．

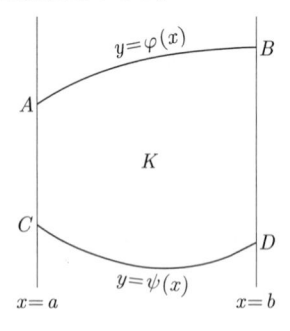

詳しくいえば，区間 $a \leqq x \leqq b$ において $\varphi(x), \psi(x)$ は連続で，かつ $\varphi(x) > \psi(x)$ とする（ただし $x = a$，または $x = b$ においては $\varphi(x) = \psi(x)$ でもよい）．然らば $a < x < b, \psi(x) < y < \varphi(x)$ なる点 (x, y) が K の内点の全部である．

K の境界の四つの部分 AC, BD, AB, CD に関して各別に条件 (1) が成り立つことをみればよ

いが，まず AC, BD に関しては論はない．また AB に関しては，$\varphi(x)$ の一様連続性によって，n を十分大きく取って区間 $[a,b]$ を n 等分すれば，各小区間における $\varphi(x)$ の振動量は任意の ε よりも小さくなる．故に AB は総面積 $\varepsilon \cdot \dfrac{b-a}{n} \cdot n = \varepsilon(b-a)$ よりも小なる矩形群で覆われる．ε は任意に小さく取れるから，それでよろしい．CD に関しても同様．

もちろん x と y とを交換して，K が二つの横線 $y=c, y=d$ と二つの連続曲線 $x=\varphi(y), x=\psi(y)$ とで囲まれるとしても同様である．

［注意］ 上記 K の境界線($ACDBA$)は一つの Jordan 閉曲線である．これは Jordan 閉曲線が平面を内外両部に分割することが明白なる一例である(34 頁参照)．

応用上我々の使用に適する区域は［例 1］，［例 2］の区域またはそれの有限個の接合である．

上記の例で，我々は有限の曲線が面積を有しないことを或る条件の下において確認したのである．それは無条件ではいけない．例えば 34 頁に述べた Peano 曲線などはもちろんいけないが，また Jordan 曲線といえども，外面積が 0 でない実例が作られている(附録 II 参照)．

面積 I なる区域 K が曲線 L によって二つの区域 K_1, K_2 に分割されて，しかも分割線 L に関して条件(1)が成り立つとする．然らば K_1, K_2 も面積確定であるが，それらの面積を I_1, I_2 とすれば，$I = I_1 + I_2$ である．これも明白であろう．—— 実際，矩形網 Δ において，K に関する s_Δ を全く K_1, K_2 に含まれる矩形群 s_1, s_2 と分割線 L の点を含む s' との三種に分けるならば，$s_\Delta = s_1 + s_2 + s'$．然らば面積の定義によって $\delta \to 0$ のとき $s_\Delta \to I, s_1 \to I_1, s_2 \to I_2$，また仮定によって $s' \to 0$．故に $I = I_1 + I_2$．

一般に K に含まれる面積確定の区域を K_1，その面積を I_1 とすれば，$I \geqq I_1$．

K_1, K_2 が面積確定ならば，K_1, K_2 の共通部分 D (K_1 および K_2 に属する点の全部の集合)および K_1, K_2 の合併 S (K_1 または K_2 に属する点の全部の集合)は面積確定である．集合と同じ文字で面積を表わすならば $K_1 + K_2 = S + D$．これも同様にして証明される．

面積に関してなお一つの重大なる論点が残っている．互に合同なる区域の面積が相等しいか，という問題がそれである．我々は座標軸に平行なる直線によって生ずる矩形網を基礎にして面積を定義したから，そのような問題が生ずるのである．あるいは区域を固定しておいて座標軸を変換する(直交変換)とき，面積は変わらないことを証明すればよい．

まず或る区域 K が，或る座標軸に関して面積確定とする．然らば，平面を座標軸に平行なる，辺長 δ の正方形格子に分けて，K の臨界正方形の総面積を Ω とすれば，$\delta \to 0$ のとき，Ω は 0 に収束する．然るに，辺長 δ なる正方形は，直径 $\sqrt{2}\delta$ なる円で包まれ，その円は，辺が新座標軸に平行で，辺長 $\sqrt{2}\delta$ なる正方形に内接する．故に，最初の臨界正方形群は，各辺の長さの最大値が $\sqrt{2}\delta$ を超えない臨界矩形群(新座標軸に関する)で包まれ，それら臨界矩形群の総面積は 2Ω を超えない．故に座標軸を変えた後にも臨界矩形群の総面積は 0 に収束する．故に旧座標に関して，K の面積 I が確定ならば，新座標に関しても K の面積は確定であるが，

それを I' とするとき, $I = I'$ であろうか? これが問題の残部である.

K が矩形である場合には, これは明白である. 実際, 矩形 K の旧座標に関する面積を s とし, K を新座標軸に平行な直線で適当に分割して, そこに生ずる図形を適当に平行移動すれば, 新座標軸に平行な辺を有するいくつかの矩形が生ずる. それら矩形の面積を新座標に関して計算して合計した値を s' とすれば, $s' = s$ となる(或る区域(点集合)の面積と, それの平行移動によって生ずる区域の面積とは, 同じ座標軸に関して, 相等しいことは明白であろう). 一般の K に関しては, 新座標に関する矩形網で K の内部に含まれる矩形群の新旧両座標に関する総面積を, それぞれ s', s で表わすならば, s は K の内部に含まれる矩形群の面積だから, 上記のように $s' = s \leqq I$. 然るに I' は s' の上限だから $I' \leqq I$. 旧と新との座標軸を交換して考えるならば $I \leqq I'$. 故に $I = I'$.

三次元における区域 K の体積は, 矩形の代りに直方体を基礎として, 面積と同様に定義される. 体積確定の条件も同様で, K の境界を総体積が任意に小なる小直方体群で包みうるとき, K の体積は確定である. 次の例は面積に関して前に掲げた例1, 例2に該当するものである.

[例3] 領域 K が有限個の滑らかな曲面で界されるとき, K は体積確定である. 曲面
$$x = \varphi(u, v), \quad y = \psi(u, v), \quad z = \chi(u, v), \ (0 \leqq u \leqq 1, \ 0 \leqq v \leqq 1)$$
が滑らかであるとは φ, ψ, χ が連続的微分可能であることをいう.

体積確定の証明は[例1]と同様に平均値の定理による.

[例4] k は xy 平面上で面積確定なる区域, $\varphi_1(x, y), \varphi_2(x, y)$ は k を含む閉区域において連続で, かつ $\varphi_1(x, y) \leqq \varphi_2(x, y)$ とする. 然らば
$$(x, y) \in k, \qquad \varphi_1(x, y) \leqq z \leqq \varphi_2(x, y)$$
なる点 (x, y, z) の集合 K は体積確定である.

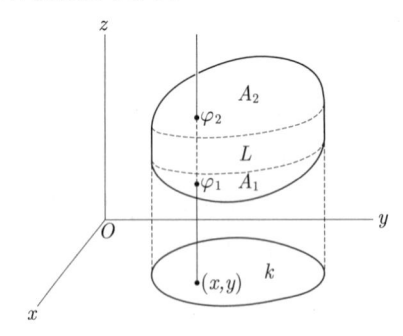

K の境界の中で, 上下の両端 A_1, A_2 はそれぞれ曲面 $z = \varphi_1(x, y), z = \varphi_2(x, y)$ に属する. それらが体積 0 なることは φ_1, φ_2 の連続性によって例2のように証明される. また K の '側面' L は k の臨界矩形を底とし, 或る一定の高さ h (例えば $\varphi_2 - \varphi_1$ の上界)を有する直方体群に包まれる. 仮定によって k は面積確定だから, これらの直方体群の総体積は 0 に収束する.

92. 一般区域上の積分

一般区域上の積分に関しては，まず xy 平面上の積分区域 K を有界とし，それを面積確定のものに限定する．また函数 $f(P)$ は少くとも K において定義され，しかも K において有界とする．

さて矩形網 Δ において K の点を含む小矩形 ω_i において K の任意の点 P_i を取って，和
$$\Sigma_\Delta = \sum f(P_i)\omega_i \tag{1}$$
を作る．もしも
$$I = \lim_{\delta \to 0} \Sigma_\Delta \tag{2}$$
が存在するならば，それを区域 K 上の $f(P)$ の積分とする．

和(1)において K の境界点を含む小矩形 ω_i（いわゆる臨界矩形）に関する部分は絶対値において $M\Omega_\Delta$ を超えない．ここで M は区域 K における $|f(P)|$ の上限で，Ω_Δ は臨界矩形の総面積である．仮定（K の面積確定）によって $\delta \to 0$ のとき $\Omega_\Delta \to 0$ だから，和(1)において小矩形 ω_i は全く K の内部にあるもののみを取ればよろしい．

今 K に属しない点に関して函数 $f(P)$ を変更または拡張して
$$f^*(P) = \begin{cases} f(P), & (P \text{ が } K \text{ に属するとき}) \\ 0, & (P \text{ が } K \text{ に属しないとき}) \end{cases}$$
とし，K を含む矩形（辺は座標軸に平行）K^* を取って，K^* における $f^*(P)$ の積分を考察する．それは
$$\sum_i f^*(P_i)\omega_i \tag{3}$$
の極限であるが，ここでは，K 外にある小矩形 ω_i に関しては $f^*(P_i) = 0$ であり，また臨界矩形に関する部分は $\Omega_\Delta \to 0$ のために考慮を要しない．従って(3)においても，ω_i を全く K の内部にある小矩形に限ってよいが，それらに関しては $f^*(P_i) = f(P_i)$ としてよいから，K 上 $f(P)$ の積分は K^* 上 $f^*(P)$ の積分に帰する．K の境界点は $f^*(P)$ の不連続点になる（なりうる）が，それらは総面積が，どれほどでも小なる小矩形群で覆われてしまうのである．よって次の定理を得る（§90）．

定理 77．面積確定なる区域 K において $f(P)$ は有界とする．然らば

（1°）積分可能の必要かつ十分なる条件は $\lim_{\delta \to 0}\sum v_i\omega_i = 0$ である．ここで，ω_i は K 内において $f(P)$ の不連続点を含む小矩形で，v_i は ω_i における $f(P)$ の振動量である．

（2°）$f(P)$ が K の内点において連続ならば，$f(P)$ は K において積分可能である．

（3°）$f(P)$ のすべての不連続点が，任意に小なる総面積を有する小矩形群で覆われるならば $f(P)$ は積分可能である（十分条件）．

§31 に述べた積分に関する定理は，二次元以上でも同様に証明されるから，一々説明しない

が，次のは特に基本的である（もちろん区域は面積確定，函数は積分可能と仮定して述べる）．

(1°) （区域に関する加法性）　区域 K が K_1, K_2 に分割されるならば
$$\int_K f(P)d\omega = \int_{K_1} f(P)d\omega + \int_{K_2} f(P)d\omega.$$

(2°) （函数に関する一次性）　a, b が定数ならば
$$\int_K (af(P) + bg(P))d\omega = a\int_K f(P)d\omega + b\int_K g(P)d\omega.$$

(3°) K 上で $f(P)$ が積分可能ならば，$|f(P)|$ も積分可能で，
$$\left|\int_K f(P)d\omega\right| \leqq \int_K |f(P)|d\omega.$$

(4°) （平均値の定理）
$$\int_K f(P)d\omega = \mu A, \qquad (m \leqq \mu \leqq M),$$

A は区域 K の面積で，m, M は K における $f(P)$ の下限，上限である．

特に K が閉域で $f(P)$ が K において連続ならば $\mu = f(P_0)$, $P_0 \in K$.

(5°) これは一次元では考察を要しなかった問題である．区域 K において，$f(P)$ が積分可能で，
$$I = \int_K f(P)d\omega$$

とする．今 K を小矩形の代りに任意の小区域（面積確定！）ω_i に分割して，その分割 Δ に関して，上記のように，和
$$\Sigma_\Delta = \sum_i f(P_i)\omega_i.$$

を作って，区域 ω_i を限りなく縮小する（区域 ω_i の径（32 頁）δ_i の最大値 δ を限りなく小さくする）とき，和 Σ_Δ は積分 I に収束する．すなわち
$$I = \lim_{\delta \to 0} \sum_i f(P_i)\omega_i. \tag{4}$$

これは明白であろうが，念のために証明を略述する．まず各小区域 ω_i に平均値の定理を適用して
$$I = \sum_i \int_{\omega_i} f(P)d\omega = \sum_i \mu_i \omega_i,$$

従って
$$I - \Sigma_\Delta = \sum_i (\mu_i - f(P_i))\omega_i.$$

さて $|\mu_i - f(P_i)| \leqq v_i$ (v_i は ω_i における $f(P)$ の振動量）だから
$$|I - \Sigma_\Delta| \leqq \sum v_i \omega_i.$$

92. 一般区域上の積分

故に
$$\lim_{\delta \to 0} \sum v_i \omega_i = 0 \tag{5}$$
なることを示せばよい．

さて仮定によって $f(P)$ は積分可能だから，矩形網に関しては (5) は既知である．よって任意に $\varepsilon_1(>0)$ を取って
$$\sum_\sigma v(\sigma)\sigma < \varepsilon_1 \tag{6}$$
なる矩形網を取る．σ はその矩形網の一つの小矩形の面積で，$v(\sigma)$ は小矩形 σ における $f(P)$ の振動量である．前節でもしたように，各小矩形 σ 内に，σ の各辺を δ だけ引き込めて矩形 σ' を作る (353 頁図参照)．ただし δ を十分小さく取って，区域 K からすべての σ' を取り除いた残りの面積すなわち $\sum(\sigma-\sigma')$ を任意の ε_2 よりも小さくする．然らば小区域 ω_i の中で σ' と共通点を有するものは，σ' の外へはみ出るとしても，σ には含まれる (ω_i の径が δ 以内であるから)．従って一つの σ に含まれるそれらの小区域 ω_i に関しては ($v_i \leqq v(\sigma)$ だから)，
$$\sum v_i \omega_i \leqq v(\sigma)\sigma.$$
すべての σ' に関して合計すれば，(6) から
$$\sum_{\sigma'} v_i \omega_i \leqq \sum_\sigma v(\sigma)\sigma < \varepsilon_1. \tag{7}$$
また (5) において，この和 $\sum_{\sigma'}$ に入らない残りの小区域 ω_i は全く区域 $\sum(\sigma-\sigma')$ に含まれるから，それらに関する和は
$$\sum_{\sigma-\sigma'} v_i \omega_i \leqq v(K)\sum(\sigma-\sigma') \leqq v(K)\varepsilon_2, \tag{8}$$
ただし $v(K)$ は全区域 K における $f(P)$ の振動量である．

(7) と (8) とから，すべての ω_i にわたって，
$$\sum v_i \omega_i < \varepsilon_1 + v(K)\varepsilon_2.$$
$\varepsilon_1, \varepsilon_2$ は任意であったから，ここで右辺を任意の ε よりも小さく取ることができる．そのとき
$$\sum v_i \omega_i < \varepsilon.$$
すなわち (5)，従って (4) が確定する．

(6°) **一次元の積分**
$$I = \int_a^b f(x)dx$$
は二次元における面積に帰する．今 $[a, b]$ において $f(x)$ は有界で，$f(x) \geqq 0$ として，二次元において
$$K: \qquad a \leqq x \leqq b, \quad 0 \leqq y \leqq f(x)$$
なる区域を K とする．然らば積分 I は区域 K の面積に等しい．§30 で積分 I に関していった S, s はすなわち §91 の意味での K の外面積，内面積で，積分 I が可能なる場合 ($S = s = I$) はす

なわち K の面積確定なる場合である．$[a,b]$ において $f(x)$ は有界であるが，その符号が一定でないときには，C を $f(x)$ の下界として $\bar{f}(x) = f(x) - C$ と置けば $\bar{f}(x) \geqq 0$ で，$I = \int_a^b \bar{f}(x)dx - C(a-b)$．あるいは §39 のように，$f(x) = f^+(x) - f^-(x)$ としてもよい．同様に，二次元の積分は三次元の体積に帰する．

第 3 章では，一次元積分に関して積分区域を区間に限定したが，二次元以上では，積分区域 K は連結されていることすらも仮定しなかった．しかし，実際は本節で述べたように，函数 $f(P)$ を $f^*(P)$ に変更して，積分区域 K を矩形 K^* に帰せしめたのである．同様の立場において，一次元でも区間の代りに任意の(有界)点集合 K に関する積分 $\int_K f(x)dx$ を考察することができる．それは K を含む区間 $[a,b]$ に関する $\int_a^b f^*(x)dx$ である．特に $\varphi(x)$ を集合 K の定義函数として $\int_a^b \varphi(x)dx$ をもって集合 K の '長さ' を定義することができる．

一次元における長さ，二次元における面積，三次元における体積などは任意次元に拡張されるが，Jordan は各次元に関して，それを総称して集合の étendue と名づけた．英訳すれば extent であろうが，ドイツ系では直訳しないで Inhalt という．折衷してかりにそれを容積というならば，集合 K の容積は，K の定義函数 $\varphi(P)$ の Riemann 積分である．Lebesgue は一層深刻な考察によって，容積の概念を拡張して，それを mesure (measure, Mass, 測度) と名づけた．'測度' は語義広汎で，特殊の意味に独占されるべきでなかろうから，各々の立場を明確にして，Lebesgue 測度に対して上記 Jordan 式の容積，étendue，を Riemann 測度というのが，むしろ適切であろう．

93. 一次元への単純化

任意次元の積分は，或る条件の下において，一次元積分の反復(累次積分)に帰する．最も簡明な場合として次の定理から始める．

定理 78．矩形 K $(a \leqq x \leqq b, c \leqq y \leqq d)$ において $f(x,y)$ が連続ならば

$$\int_K f(x,y)d\omega = \int_c^d dy \int_a^b f(x,y)dx. \tag{1}$$

定理の意味は次の通りである．$f(x,y)$ の連続性によって左辺の二次元積分は可能である．右辺において，しばらく y の値を固定するならば，$f(x,y)$ は x に関して連続だから，$\int_a^b f(x,y)dx$ は確定するが，その値は y の函数である．それをかりに

$$F(y) = \int_a^b f(x,y)dx \tag{2}$$

と書くならば，(1)の右辺は

$$\int_c^d F(y)dy \tag{3}$$

を意味する．すなわち $\int_c^d \left\{\int_a^b f(x,y)dx\right\}dy$ であるが，明瞭のために dy を前に書いて括弧 $\{\ \}$ を略したのである．さて定理の意味は，上記第二回の一次元積分(3)が可能で，かつそれが(1)の

左辺の二次元積分に等しいというところにある．

あるいは $f(x,y)$ の連続性を仮定しないで，定理 78 よりも一般に，次の定理が証明される．

定理 79． 上記の矩形 K において有界なる $f(x,y)$ が積分可能で，また $c<y<d$ なるとき積分 $F(y) = \int_a^b f(x,y)dx$ が可能ならば，等式(1)が成り立つ．

［証］ §90 の記号を襲用する．矩形網 Δ において
$$x_{i-1} \leqq x \leqq x_i, \quad y_{j-1} \leqq \eta_j \leqq y_j$$
とすれば，平均値の定理によって
$$m_{ij}(x_i - x_{i-1}) \leqq \int_{x_{i-1}}^{x_i} f(x, \eta_j)dx \leqq M_{ij}(x_i - x_{i-1}).$$
i に関して合計すれば
$$\sum_{i=1}^m m_{ij}(x_i - x_{i-1}) \leqq \int_a^b f(x, \eta_j)dx \leqq \sum_{i=1}^m M_{ij}(x_i - x_{i-1}),$$
すなわち（上記の記号(2)を用いて）
$$\sum_{i=1}^m m_{ij}(x_i - x_{i-1}) \leqq F(\eta_j) \leqq \sum_{i=1}^m M_{ij}(x_i - x_{i-1}).$$
$(y_j - y_{j-1})$ を掛けて，j に関して合計すれば
$$\sum_{i,j} m_{ij}(x_i - x_{i-1})(y_j - y_{j-1}) \leqq \sum_{j=1}^n F(\eta_j)(y_j - y_{j-1}) \leqq \sum_{i,j} M_{ij}(x_i - x_{i-1})(y_j - y_{j-1}),$$
すなわち
$$s_\Delta \leqq \sum F(\eta_j)(y_j - y_{j-1}) \leqq S_\Delta.$$
さて仮定によって $f(x,y)$ は K において積分可能である．その積分を I とすれば，$\delta \to 0$ のとき $s_\Delta \to I, S_\Delta \to I$．従って
$$\sum_{j=1}^n F(\eta_j)(y_j - y_{j-1}) \to I,$$
すなわち
$$I = \int_c^d F(y)dy.$$
これが証明すべき(1)である． (証終)

［注意1］ 上記定理において，変数 x, y の順序を交換すれば
$$I = \int_a^b dx \int_c^d f(x,y)dy.$$
これは y に関する積分が $a \leqq x \leqq b$ なるとき常に可能なる条件の下において成り立つのである．

特に $f(x,y)$ が K において連続ならば
$$\int_a^b dx \int_c^d f(x,y)dy = \int_c^d dy \int_a^b f(x,y)dx.$$

これは § 48 定理 41 (**B**) にほかならない．

[注意 2] K が § 91, [例 2] のような区域，すなわち
$$a \leqq x \leqq b, \quad \varphi_1(x) \leqq y \leqq \varphi_2(x)$$
で，$f(x,y)$ が K において連続ならば
$$I = \int_K f(x,y) d\omega = \int_a^b dx \int_{\varphi_1(x)}^{\varphi_2(x)} f(x,y) dy. \tag{4}$$
これは定理 79 から導かれる．§ 92 のように，K を含む矩形 K^* において，f を f^* に改造して考えるならば，f^* は各縦線上において(多くとも)二つの不連続点を(K の境界上において)有するにすぎないから，積分 $\int_c^d f^*(x,y) dy$ が可能で
$$I = \int_a^b dx \int_c^d f^*(x,y) dy$$
であるが，中の積分は $\int_{\varphi_1(x)}^{\varphi_2(x)} f(x,y) dy$ に等しい．

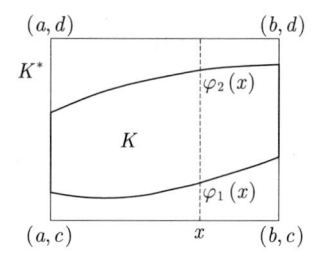

特に $f(x,y)$ を定数 1 とすれば，I はすなわち K の面積で
$$I = \int_a^b (\varphi_2(x) - \varphi_1(x)) dx = \int_a^b \varphi_2(x) dx - \int_a^b \varphi_1(x) dx \tag{5}$$
を得る．これが一次元積分によって面積を求める公式である．

[例 1] 双曲線 $\dfrac{x^2}{a^2} - \dfrac{y^2}{b^2} = 1$ の任意の点を $P = (x_0, y_0)$，頂点を $A = (a, 0)$ とするとき，動径 OA, OP の間のセクトル(扇形) AOP の面積 S を計算すること．

[解] $a > 0, b > 0$，また P は第一象限にあるとする．すなわち $x_0 \geqq 0, y_0 \geqq 0$．然らば弧 AP，動径 OP の方程式は，それぞれ

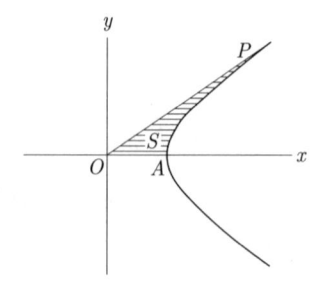

$$x = a\sqrt{1 + \frac{y^2}{b^2}}, \quad x = \frac{x_0}{y_0} y$$

だから，(5)において，x と y とを交換して

$$S = \int_0^{y_0} a\sqrt{1 + \frac{y^2}{b^2}}\, dy - \int_0^{y_0} \frac{x_0}{y_0} y\, dy.$$

右辺で，第一の積分は $\dfrac{y}{b} = t$ とすれば

$$ab \int_0^{\frac{y_0}{b}} \sqrt{1+t^2}\, dt = \frac{ab}{2}\left[t\sqrt{1+t^2} + \log(t + \sqrt{1+t^2})\right]_0^{\frac{y_0}{b}}$$

$$= \frac{ab}{2}\left\{\frac{y_0}{b}\sqrt{1 + \frac{y_0^2}{b^2}} + \log\left(\frac{y_0}{b} + \sqrt{1 + \frac{y_0^2}{b^2}}\right)\right\} = \frac{x_0 y_0}{2} + \frac{ab}{2}\log\left(\frac{x_0}{a} + \frac{y_0}{b}\right).$$

第二の積分は

$$\int_0^{y_0} \frac{x_0}{y_0} y\, dy = \frac{x_0 y_0}{2}$$

だから，

$$S = \frac{ab}{2}\log\left(\frac{x_0}{a} + \frac{y_0}{b}\right),$$

これが求める面積である．

もしも媒介変数 σ をもって，双曲線を

$$\frac{x}{a} = \frac{e^\sigma + e^{-\sigma}}{2}, \quad \frac{y}{b} = \frac{e^\sigma - e^{-\sigma}}{2}$$

で表わすならば，

$$S = \frac{1}{2} ab\, \sigma_0$$

を得る (§ 54 参照).

上記と全く同様な考察が高次元にも適用される．今三次元に関してその要領を述べる．
$f(x, y, z)$ は直方体 K

[K] $\qquad a_1 \leqq x \leqq a_2, \quad b_1 \leqq y \leqq b_2, \quad c_1 \leqq z \leqq c_2$

において積分可能と仮定する．この区域内において x, y を固定するとき，z に関する積分

$$F(x, y) = \int_{c_1}^{c_2} f(x, y, z)\, dz \tag{6}$$

が可能であると仮定するならば

$$I = \iiint_K f(x, y, z)\, dx dy dz = \iint_C F(x, y)\, dx dy, \tag{7}$$

すなわち

$$I = \int_C dx dy \int_{c_1}^{c_2} f(x, y, z)\, dz.$$

ただし C は xy 平面上の矩形 $a_1 \leqq x \leqq a_2, b_1 \leqq y \leqq b_2$ である．このようにして一次元の積分(6)を行なった後，I は二次元積分(7)に帰する．

あるいは，これと双対的に，z だけを固定して x, y に関する積分

$$Q(z) = \iint f(x,y,z)\,dxdy \tag{8}$$

を可能と仮定するならば，

$$I = \int_{c_1}^{c_2} Q(z)dz = \int_{c_1}^{c_2} dz \iint_C f(x,y,z)\,dxdy. \tag{9}$$

C は前の通り xy 平面上の矩形である．

いずれの方法においても，二次元積分をさらに一次元積分に還元することができるならば，I は三回の一次元積分に帰する*．

特に $f(x,y,z)$ が K において連続ならば，$F(x,y)$ は C において連続，また $Q(z)$ は区間 $[c_1, c_2]$ において連続で

$$I = \int_{a_1}^{a_2} dx \int_{b_1}^{b_2} dy \int_{c_1}^{c_2} f(x,y,z)dz.$$

一般区域 K における $f(P)$ の積分は K を含む直方体 K^* における $f^*(P)$ の積分として，それを低次元の累次積分にすることができる．特に最も簡明なのは次の二つの場合である．

（1°）　K を §91, [例 4] の区域とする．そのとき積分 (6) は

$$F(x, y) = \int_{\varphi_1(x,y)}^{\varphi_2(x,y)} f(x,y,z)dz$$

になるが，この積分を可能と仮定すれば

$$I = \int_K f(P)d\omega = \int_k dxdy \int_{\varphi_1}^{\varphi_2} f(x,y,z)dz.$$

特に $f(P) = 1$ とすれば，K の体積 V が得られる．すなわち

$$V = \int_k (\varphi_2(x,y) - \varphi_1(x,y))\,dxdy. \tag{10}$$

これは K を微小柱体に分割して，その体積を計算する方法である．

（2°）　K の z 軸上への正射影は線分 $[c_1, c_2]$ で，z 軸に垂直なる截面 $C(z)$，すなわち $(x, y, z) \in K$ なる (x, y) の集合は，面積確定と仮定する．然らば積分 (8) は

$$Q(z) = \iint_{C(z)} f(x,y,z)\,dxdy$$

になるが，この積分が可能ならば

$$I = \int_K f(P)d\omega = \int_{c_1}^{c_2} Q(z)dz = \int_{c_1}^{c_2} dz \int_{C(z)} f(x,y,z)\,dxdy.$$

特に $f(P) = 1$ とすれば，K の体積は

---

* (7) の中辺のように，積分記号を三つ書く記法は一次元積分への単純化を予想するのである．

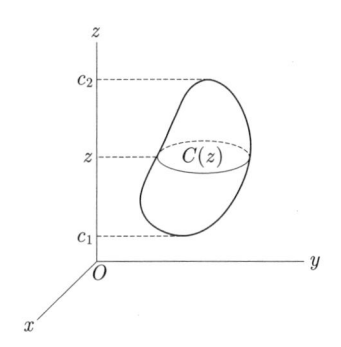

$$V = \int_{c_1}^{c_2} Q(z)dz, \tag{11}$$

ただし，ここでは $Q(z)$ は截面 $C(z)$ の面積である．これは立体 K を微小層片に分割して，その体積を計算する方法である．

[例 2] 底面積が A で高さが h なる筒(斜筒)の体積は $V = Ah$．

底を xy 平面上の区域 k とすれば，截面はすべて k と合同だから，(11) において $Q(z) = A$ として

$$V = \int_0^h A dz = A\int_0^h dz = Ah.$$

斜筒 K の体積が確定ならば，これでよいのだが，我々は筒の底 k が面積確定であることを仮定した．その仮定から筒の体積確定が導かれるであろうか？ それが実は問題の契点である．さて底が矩形ならば筒は多面体(斜角筒)従って体積確定($\S 91$, [例 3])だから，上記の公式が適用される．そこで xy 平面を矩形網 Δ で覆うとき，底 k の臨界矩形の総面積を Ω_Δ とすれば，筒の側面は総体積 $h\Omega_\Delta$ なる斜角筒群で包まれるが，仮定(k の面積確定)によって $\Omega_\Delta \to 0$ だから，これらの臨界斜角筒群は総体積が限りなく小さくされる．故にそれらは(従って K の側面も)総体積が任意に小なる直方体群に包まれる．すなわち K は体積確定である($\S 91$)．

[例 3] 底面積が A，高さが h なる錐体の体積は $V = \dfrac{1}{3}Ah$．

体積確定の理論は例 2 と同様．体積の計算は次の通り．ここでは $Q(z) = A\left(\dfrac{z}{h}\right)^2$ で

$$V = \int_0^h \frac{Az^2}{h^2}dz = \frac{A}{h^2}\int_0^h z^2 dz = \frac{1}{3}Ah.$$

初等幾何学で体積の計算される立体においては，直截面積 $Q(z)$ が z の二次式である．その場合には一般に

$$V = \int_{c_1}^{c_2} Q(z)dz = \frac{h}{6}\left\{Q(c_1) + Q(c_2) + 4Q\left(\frac{c_1+c_2}{2}\right)\right\},$$

ただし $h = c_2 - c_1$ ($\S 38$)．

例えば楕円体

$$\frac{x^2}{a^2} + \frac{y^2}{b^2} + \frac{z^2}{c^2} \leqq 1$$

においては，截面は楕円

$$\frac{x^2}{a^2}+\frac{y^2}{b^2}=1-\frac{z^2}{c^2},$$

従って

$$Q(z)=\pi ab\Bigl(1-\frac{z^2}{c^2}\Bigr).$$

よって

$$c_2=c,\quad c_1=-c,\quad Q(c_1)=Q(c_2)=0,\quad Q\Bigl(\frac{c_1+c_2}{2}\Bigr)=\pi ab,$$

$$V=\frac{2c}{6}\cdot 4\pi ab=\frac{4}{3}\pi abc.$$

　一般に，二つの平行平面と一つの線織面(ruled surface)とで囲まれる立体 K の体積も上記の範疇に属する．今平行平面を $z=c_1,\ z=c_2$ とし線織面の母線を

$$x=az+p,$$
$$y=bz+q$$

とする．ただし a,b,p,q は一つの媒介変数 t の函数で，t が t_0 から T まで変動するとき，母線が K の側面を画くとする．a,b,p,q が t に関して連続的微分可能とすれば，側面は滑らかな曲面で，K は体積確定，また截面積 $Q(z)$ は一般にはその周上の線積分として計算されるであろう (§ 41)．すなわち

$$Q(z)=\frac{1}{2}\int_{t_0}^{T}(xy'-x'y)dt$$
$$=\frac{1}{2}\int_{t_0}^{T}\{(az+p)(b'z+q')-(a'z+p')(bz+q)\}dt,$$

ただし a',b',p',q' は t に関する導函数である．積分記号の下の函数，従って $Q(z)$ は z に関する二次式である．

　t の函数 a',b',p',q' が区間 $[t_0,T]$ において有限個の不連続点を有してもよい．K の側面が有限個の多角形から成り立つ場合は，その一例である(次の図を参照)．

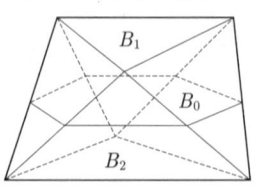

これらの場合において，K の体積 V は上記のように次の公式によって計算される(Kepler の公式)：

$$V=\frac{h}{6}(B_1+B_2+4B_0).$$

ただし，$B_1 = Q(c_1)$, $B_2 = Q(c_2)$ は底面積，$B_0 = Q\left(\dfrac{c_1+c_2}{2}\right)$ は中央截面積で，h は高さである．

[例 4] 回転体の体積．xz 平面上，区間 $a \leqq z \leqq b$ において与えられた曲線 AB の方程式を
$$x = \varphi(z) \geqq 0$$
とする．AB が z 軸のまわりに回転して生ずる回転体においては，直截面 $Q(z)$ は円
$$x^2 + y^2 = \varphi(z)^2$$
で，その面積は $Q(z) = \pi \varphi(z)^2$ である．故に
$$V = \pi \int_a^b \varphi(z)^2 dz.$$

94. 積分の意味の拡張(広義積分)

これまでは積分の区域 K は有界でかつ面積確定とし，また積分される函数 $f(P)$ は K において有界としたが，K において $f(P)$ が有界でない場合または区域 K が有界でない場合にも，積分の意味を拡張することが応用上重要である．そのために次の仮定をする．

　(1°)　K が有界なる場合には，K は面積確定とする．K が有界でない場合には，正方形，$|x| < R$, $|y| < R$ ($R > 0$ は任意)に含まれる K の部分は面積確定とする．

　(2°)　K 内に面積確定なる有界な閉区域を取って，しだいにそれを拡張して限りなく区域 K に近づかしめることができる．すなわち K に含まれる面積確定なる有界な閉区域の無限列 $\{K_n\}$ があって，K 内の任意の有界な閉区域は十分大なる番号以上のすべての K_n に含まれるとする．

　(3°)　K に含まれる任意の面積確定なる有界な閉区域において，$f(P)$ は有界で，かつ積分可能とする．

　簡明のために，上記仮定(2°)に述べた性質を有する区域列 $\underline{\{K_n\}}$ は K に収束するという(記号：$K_n \to K$)．特に，$K_1 \subset K_2 \subset \cdots \subset K_n \subset \cdots$ ならば，$\{K_n\}$ は$\underline{\text{単調に}}$ K に収束するという．

　一般に区域列 $\{K_n\}$ が K に収束するとき，$K_1, K_2, \cdots, K_n$ を合併した区域を H_n とすれば，$\{H_n\}$ は単調に K に収束する．

　さて，最初に，$f(P)$ は K において正とする：$f(P) \geqq 0$．そのとき積分
$$I(K_n) = \int_{K_n} f(P) d\omega$$
が K に収束するすべての区域列 $\{K_n\}$ に関して，$n \to \infty$ のとき一定の極限値 I に収束するならば，その極限値 I をもって，K における $f(P)$ の積分の定義とする：すなわち
$$I = \int_K f(P) d\omega$$
とする．このような意味での積分を正なる函数 $f(P)$ の広義積分という．

　上記の定義において，K に収束するすべての区域列 $\{K_n\}$ に関して $I(K_n)$ が収束すれば，その極限値は

当然一定である．実際 $\{K_n\}$, $\{K'_n\}$ が共に K に収束するならば，区域列 $K_1, K'_1, K_2, K'_2, \cdots$ も K に収束するから，それは明白である（§9，参照）．また連続的変数 λ に関して閉区域 K_λ が $\lambda \to \infty$ のとき区域 K に収束すると考えてもよい．すなわち K 内の任意の有界な閉区域 H が与えられたとき，$\lambda > \lambda_0$ なるすべての λ に関して K_λ が H を含むと仮定するのである．上記の定義に従って，$\int_K f(P)d\omega$ が収束するならば，$\lim_{\lambda \to \infty} \int_{K_\lambda} f(P)d\omega = I$ である．

広義積分の上記定義が諒解を得たとするならば，広義積分の収束条件は簡明である．すなわち，K において正なる $f(P) \geqq 0$ に関し $\int_K f(P)d\omega$ が収束するために必要かつ十分なる条件は，K 内のすべての面積確定なる有界な閉区域 H に関して，$I(H) = \int_H f(P)d\omega$ が有界なることである．すなわち，或る定数 M が存在して，すべての H に関して常に $I(H) \leqq M$ となるのである．

［証］ $\{K_n\}$ を単調に K に収束する一つの区域列とする．然らば，$f(P) \geqq 0$ だから，数列 $I(K_n)$ は単調に増大する．故に，$I(K_n) \leqq M$ ならば $I(K_n)$ は収束する．

さて $I(K_n) \to \gamma$ として，K に収束する任意の区域列を $\{K'_n\}$ とする．然らば番号 ν を固定するとき，或る番号以上の K_n に関して $K'_\nu \subset K_n$ だから，$f(P) \geqq 0$ によって $I(K'_\nu) \leqq I(K_n) \leqq \gamma$．すなわち $I(K'_n)$ は有界で，γ がその一つの上界である．さて任意に $\varepsilon > 0$ を取れば，仮定 $I(K_n) \to \gamma$ によって，$\gamma - \varepsilon < I(K_p) \leqq \gamma$ なる番号 p があるが，仮定 $K'_n \to K$ によって，或る番号以上は常に $K_p \subset K'_n$，従って $I(K_p) \leqq I(K'_n)$，すなわち $\gamma - \varepsilon < I(K'_n) \leqq \gamma$．$\varepsilon$ は任意であったから $I(K'_n) \to \gamma$．

逆に，$I(K_n)$ が収束するならば，仮定 $K_n \to K$ によって，任意の H は或る番号以上の K_n に含まれるから，$I(H)$ は有界である．故に上記の条件は収束のために必要かつ十分である[*]．

次に，K において，$f(P)$ の符号が一定でない場合には，$|f(P)|$ の K における広義積分が存在するという仮定の下に，$f(P)$ の K における広義積分を，すぐ下に述べるように定義する．そのために，まず，二つの函数 $f^+(P), f^-(P)$ を

$$f(P) \geqq 0 \quad \text{ならば} \quad f^+(P) = f(P), \quad f^-(P) = 0,$$
$$f(P) < 0 \quad \text{ならば} \quad f^+(P) = 0, \quad f^-(P) = -f(P)$$

によって定義する（§39）．然らば

$$f^+(P) \geqq 0, \quad f^-(P) \geqq 0,$$
$$f(P) = f^+(P) - f^-(P), \quad |f(P)| = f^+(P) + f^-(P),$$
$$f^+(P) = \frac{1}{2}(|f(P)| + f(P)), \quad f^-(P) = \frac{1}{2}(|f(P)| - f(P)).$$

よって，$f^+(P) \leqq |f(P)|$, $f^-(P) \leqq |f(P)|$ だから，$f^+(P)$ および $f^-(P)$ の K における広義積分

---

[*] 実は一つの単調なる $\{K_n\}$ に関して $I(K_n)$ が有界ならばよい．任意の H に対して，十分大きく n を取れば，$H \subset K_n$ だから，$I(H)$ は有界．

が存在する．それを用いて

$$\int_K f(P)d\omega = \int_K f^+(P)d\omega - \int_K f^-(P)d\omega$$

によって，$f(P)$ の K における広義積分を定義する．

[附記] 一般に $1°, 2°$ を満たす区域 K において，広義積分 $\int_K f(P)d\omega$ が存在するとき，K に，その境界の一部(または全部)を合併した区域を H とし，H における $f(P)$ の広義積分を，(境界上の点 P において $f(P)$ が定義されていても，いなくても)

$$\int_H f(P)d\omega = \int_K f(P)d\omega \tag{1}$$

と規約することができる*．実際，或る一つの H に対して，上記のような K が二つ以上ある場合には，それらの K に関して，(1)の右辺の積分は相等しいことが証明できる．その一般的な証明は本書では書ききれないが，応用上しばしば遭遇する具体的な計算においては，その証明は簡単である場合が多い．

[注意] 二次元以上では広義積分は，絶対収束の場合にのみ定義された．絶対収束以外の場合には，$K_n \to K$ のとき $I^+(K_n) = \int_{K_n} f^+(P)d\omega \to \infty$ または $I^-(K_n) = \int_{K_n} f^-(P)d\omega \to \infty$ である．もしも一方のみが ∞ ならば，$I(K_n) \to \pm\infty$ で，それを収束といわないにしても，$I(K_n)$ の行動は確定であるが，もしも双方共に ∞ ならば，K に収束する K_n の選定に従って，$\lim I(K_n)$ は動揺するから，$\int_K f(P)d\omega$ に一定の値がない(372頁, [例4]参照)．それはあたかも条件収束の級数における項の順序の変更と同様である．(一次元では，積分区域 K は区間で，$\{K_n\}$ を単調に増大して K に収束する区間列に限定して，広義積分を定義したが，二次元以上では $\{K_n\}$ の選択の自由度が広大だから事情が違う．)**

[例1] xy 平面において r を原点 $(0,0)$ と点 $P = (x, y)$ との距離とし，積分区域 K を単位円

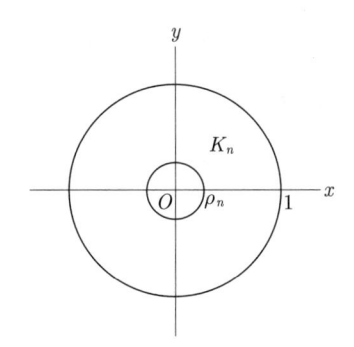

---

* 下記[例1]においては，原点において，函数 $r^{-\alpha}$ は定義されていない．その積分区域 K は(1)の H の意味で，原点が添え加えられた境界である．

** 一次元の広義積分または条件収束の級数は，実際計算上の手段として重要である．そこに，それらの存在理由がある．

$(x^2+y^2 \leqq 1)$ として

$$I(K) = \int_K \frac{d\omega}{r^\alpha} = \iint_K \frac{dxdy}{(x^2+y^2)^{\frac{\alpha}{2}}} \qquad (\alpha > 0)$$

を考察する．

　これは上記 $f(P) = r^{-\alpha} \geqq 0$ の場合であるが，原点だけが不連続点だから，$\rho_n \to 0$ として $\rho_n \leqq r \leqq 1$ なる円環を K_n とすれば，$K_n \to K$ で，

$$I(K_n) = \iint_{K_n} \frac{dxdy}{(x^2+y^2)^{\frac{\alpha}{2}}}.$$

あるいは極座標では*

$$I(K_n) = \int_{\rho_n}^1 \int_0^{2\pi} \frac{r\,dr\,d\theta}{r^\alpha} = 2\pi \int_{\rho_n}^1 r^{1-\alpha}dr = \frac{2\pi}{2-\alpha}(1-\rho_n^{2-\alpha}).$$

ただし，この計算では $\alpha \neq 2$ とした．故に

(1)　$0 < \alpha < 2$ ならば，$\rho_n \to 0$ のとき，$\rho_n^{2-\alpha} \to 0$．従って

$$I(K) = \frac{2\pi}{2-\alpha}.$$

(2)　$\alpha = 2$ ならば

$$I(K_n) = 2\pi \int_{\rho_n}^1 \frac{dr}{r} = -2\pi \log \rho_n \to +\infty.$$

(3)　$\alpha > 2$ ならば $\dfrac{1}{r^\alpha} > \dfrac{1}{r^2}$ だから，なおもって $I(K_n) \to +\infty$．

K が原点を含む任意の有界なる区域であるとしても，収束条件は同様である．
（また反対に，K が単位円の外部ならば，$\displaystyle\int_K \frac{d\omega}{r^\alpha}$ の収束条件は $\alpha > 2$ である．）
一般に，$f(P)$ は原点だけで不連続で，原点の近傍で

$$|f(P)| < \frac{M}{r^\alpha} \qquad (0 < \alpha < 2,\ M\text{ は定数})$$

ならば，$\displaystyle\int_K f(P)d\omega$ は収束するが，もしも

$$f(P) \geqq \frac{M}{r^2} \qquad (M > 0)$$

ならば，収束しない．

　上記は一次元における定理 36 の二次元への拡張であるが，α の限界 2 を n に換えれば，n 次元にも通用する．

　[例 2]　無限区域における積分の応用の一例として

---

*　積分変数を極座標に変換することの理論は後に述べるが(§96)，ここでは，その計算法を既知と仮定した．

94. 積分の意味の拡張(広義積分)

$$I = \int_0^\infty e^{-x^2} dx$$

を考察する．この積分は既知であるが($\S\,35$, [例 6])，次のようにしても計算することができる．

今

$$I(R) = \int_0^R e^{-x^2} dx$$

とおく．然らば

$$I = \lim_{R \to \infty} I(R).$$

さて K を xy 平面の第一象限の全部とし，$Q(R)$ を

$$0 \leqq x \leqq R, \quad 0 \leqq y \leqq R$$

なる正方形とすれば，$R \to \infty$ のとき，区域 $Q(R)$ は単調に K に収束する(367 頁)．

然るに(定理 78)

$$\iint_{Q(R)} e^{-x^2-y^2} dxdy = \int_0^R e^{-x^2} dx \cdot \int_0^R e^{-y^2} dy = I(R)^2.$$

故に

$$\iint_K e^{-x^2-y^2} dxdy = I^2.$$

さて $C(R)$ を円 $x^2+y^2 \leqq R^2$ の第一象限とすれば，$R \to \infty$ のとき $C(R)$ は単調に K に収束する．故に

$$\lim_{R \to \infty} \iint_{C(R)} e^{-x^2-y^2} dxdy = I^2.$$

極座標を用いるならば，

$$\iint_{C(R)} e^{-x^2-y^2} dxdy = \int_0^R \int_0^{\frac{\pi}{2}} e^{-r^2} r\, drd\theta = \frac{\pi}{2} \int_0^R e^{-r^2} r\, dr$$

$$= \frac{\pi}{4}(1 - e^{-R^2}),$$

従って

$$I^2 = \lim_{R \to \infty} \frac{\pi}{4}(1 - e^{-R^2}) = \frac{\pi}{4}.$$

$I > 0$ だから，

$$I = \frac{\sqrt{\pi}}{2}.$$

あるいは

$$2I = \int_{-\infty}^{\infty} e^{-x^2} dx = \sqrt{\pi}.$$

二次元では，或る線上の各点において，また三次元では或る線または面の上の各点において $f(P)$ が不連続になることがある．今その一例を挙げる．

[例 3] 矩形

[K] $\quad 0 \leqq x \leqq 1, \quad 0 \leqq y \leqq 1$

において対角線 $x=y$ が $f(x,y)$ の不連続線であるとする．そのときもしも K において

$$|f(x,y)| < \frac{M}{|x-y|^\alpha}, \qquad 0 < \alpha < 1$$

なる定数 M があるならば，$\iint_K f(x,y)\,dxdy$ は収束する．

それをみるには，対角線 $x=y$ の両側の三角形 A, B において(図を参照)

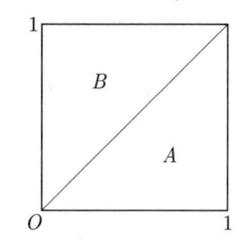

$$\iint \frac{dxdy}{|x-y|^\alpha}$$

が収束することを確かめればよい．さて

$$\iint_A \frac{dxdy}{(x-y)^\alpha} = \int_0^1 dy \int_y^1 \frac{dx}{(x-y)^\alpha}$$

$$= \int_0^1 dy \cdot \left[\frac{(x-y)^{1-\alpha}}{1-\alpha} \right]_{x=y}^{x=1} = \frac{1}{1-\alpha} \int_0^1 (1-y)^{1-\alpha} dy$$

$$= \frac{1}{(1-\alpha)(2-\alpha)}.$$

故に $1 > \alpha > 0$ のとき積分は収束する．

[例 4] 積分の収束しない一例として

$$f(x,y) = \frac{y^2 - x^2}{(x^2+y^2)^2}$$

と置いて，

$$\int_K f(x,y) d\omega \qquad (2)$$

を区域

[K] $\quad 0 \leqq x \leqq 1, \quad 0 \leqq y \leqq 1$

において考察する．

$f(x,y)$ は次のようにして得られたものである：

$$\left.\begin{array}{c}\dfrac{\partial}{\partial x}\operatorname{Arc\,tan}\dfrac{y}{x}=\dfrac{-y}{x^2+y^2}, \quad \dfrac{\partial}{\partial y}\operatorname{Arc\,tan}\dfrac{y}{x}=\dfrac{x}{x^2+y^2}, \\ \dfrac{\partial^2}{\partial x\partial y}\operatorname{Arc\,tan}\dfrac{y}{x}=f(x,y).\end{array}\right\} \quad (3)$$

$f(x,y)$ は $(0,0)$ において不連続で，図の三角形 B において $f>0$，A において $f<0$．故に (368 頁の記号を用いて)

$$\int_K f^+(P)d\omega = \int_B f(P)d\omega = \int_0^1 dy\int_0^y f(x,y)dx$$
$$= \int_0^1 dy\left[\dfrac{x}{x^2+y^2}\right]_{x=0}^{x=y} = \int_0^1 \dfrac{dy}{2y} = +\infty.$$

$f^-(P)$ に関しても同様だから，積分 (2) は収束しない．

今，図に示すように，三角形 A, B の原点における尖端を切り捨てて，残りの区域を $K(\varepsilon,\varepsilon')$ として，その上での $f(x,y)$ の積分を $J(\varepsilon,\varepsilon')$ と書く．然らば $\varepsilon\to 0, \varepsilon'\to 0$ のとき，$K(\varepsilon,\varepsilon')$ は K に収束するが，$J(\varepsilon,\varepsilon')$ を計算すれば，(3) のようにして

$$J(\varepsilon,\varepsilon') = -\int_\varepsilon^1 \dfrac{dx}{2x} + \int_{\varepsilon'}^1 \dfrac{dy}{2y} = \dfrac{1}{2}\log\dfrac{\varepsilon}{\varepsilon'}.$$

故に $\varepsilon\to 0, \varepsilon'\to 0$ のとき，ε/ε' の選定によって，$J(\varepsilon,\varepsilon')$ を $-\infty$ と $+\infty$ との間の任意の値に収束させ，またはそれを発散させることができる．

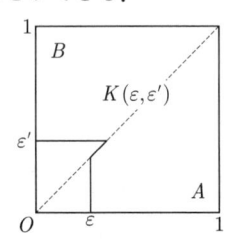

もしも $f(x,y)$ をまず x に関して 0 から 1 まで積分し，次に y に関して 0 から 1 まで積分すれば，(3) を用いて

$$\int_0^1 dy \int_0^1 f(x,y)dx = \int_0^1 dy\left[\dfrac{x}{x^2+y^2}\right]_{x=0}^{x=1} = \int_0^1 \dfrac{dy}{1+y^2} = \dfrac{\pi}{4}$$

を得るが，積分の順序を変更すれば

$$\int_0^1 dx \int_0^1 f(x,y)dy = \int_0^1 dx\left[\dfrac{-y}{x^2+y^2}\right]_{y=0}^{y=1} = -\int_0^1 \dfrac{dx}{1+x^2} = -\dfrac{\pi}{4}.$$

これらは，次の図の矩形 $K(\varepsilon), K'(\varepsilon)$ を K に収束させる場合に対応する．

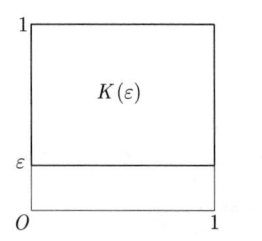

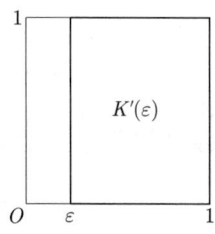

95. 多変数の定積分によって表わされる函数

二次元以上においても§48のような考察ができる．最も簡単な一例として

$$F(t) = \iint_K f(x,y,t)\,dxdy \tag{1}$$

において，x, y に関する積分区域 K (閉区域) が変数 t には無関係とする．もしも (x, y) が K に属し，t が区間 $t_1 \leqq t \leqq t_2$ に属するとき，$f(x, y, t)$ が連続ならば，$F(t)$ は区間 $[t_1, t_2]$ において連続で，また $\dfrac{\partial f}{\partial t} = f_t(x, y, t)$ が上記区域において連続ならば，$F(t)$ を積分記号の下において微分することができる．すなわち

$$\frac{d}{dt}F(t) = \iint_K f_t(x,y,t)\,dxdy, \tag{2}$$

これは定理41と同様である．また $F(t)$ の積分は，連続性の仮定の下において，$f(x, y, t)$ の三次元積分，すなわち積分記号の下における積分に帰する．すなわち

$$\int_{t_1}^{t_2} F(t)\,dt = \iint_K dxdy \int_{t_1}^{t_2} f(x,y,t)\,dt, \tag{3}$$

これはすでに§93で述べた．

広義積分に関しても§48のような考察法が適用される．

今古典的な一例としてポテンシャル

$$V(a,b,c) = \int_K \frac{\mu(x,y,z)\,d\omega}{r}$$

を取る．ここで K は体積確定なる xyz 空間の閉区域で，

$$r = \sqrt{(x-a)^2 + (y-b)^2 + (z-c)^2}$$

は $P = (x, y, z)$ と $A = (a, b, c)$ との距離，また $\mu(x, y, z)$ は K において連続とする．すなわち，ここでは V を点 (a, b, c) の函数とみるのである．

さて，もしも点 A が区域 K の外にあるならば，

$$\frac{\partial\left(\dfrac{1}{r}\right)}{\partial a} = \frac{x-a}{r^3}$$

から，(2)のように

$$X = \frac{\partial V}{\partial a} = \int_K \frac{(x-a)\mu\,d\omega}{r^3} \tag{4}$$

を得る．もしも A が K の内にあるならば，V も X も広義積分で，それは収束して(§94,[例1]参照)，(4)はやはり成立する．しかし，ここでは不連続点 A が P と同じく K の内で変動するのだから，(2)とは違って，(4)を得るためには特別の考察を要する．

今 A を包む小区域 K_1 を K から除いた残りの区域を K_2 として，K_1 内の点 $A'=(a+h,b,c)$ から点 P への距離を r' と書いて

$$V_1 = \int_{K_1} \frac{\mu d\omega}{r}, \quad V_1' = \int_{K_1} \frac{\mu d\omega}{r'},$$

$$V_2 = \int_{K_2} \frac{\mu d\omega}{r}, \quad V_2' = \int_{K_2} \frac{\mu d\omega}{r'}$$

と置けば，

$$\frac{V(A') - V(A)}{h} = \frac{V_1' - V_1}{h} + \frac{V_2' - V_2}{h}. \tag{5}$$

さて

$$\frac{V_1' - V_1}{h} = \int_{K_1} \frac{1}{h}\left(\frac{1}{r'} - \frac{1}{r}\right)\mu d\omega = \int_{K_1} \frac{r - r'}{h} \frac{\mu d\omega}{rr'}$$

において，$|r-r'| \leqq |h|$ だから，K における μ の最大値を m とすれば

$$\left|\frac{V_1' - V_1}{h}\right| \leqq m \int_{K_1} \frac{d\omega}{rr'} < \frac{m}{2} \int_{K_1}\left(\frac{1}{r^2} + \frac{1}{r'^2}\right)d\omega.$$

そこで K_1 の径を ρ とすれば

$$\int_{K_1} \frac{d\omega}{r^2}, \quad \int_{K_1} \frac{d\omega}{r'^2}$$

は A または A' を中心，ρ を半径とする球に関する積分 $\int \frac{d\omega}{r^2} = 4\pi\rho$ よりも小さいから

$$\left|\frac{V_1' - V_1}{h}\right| < 4\pi m\rho.$$

故に $\varepsilon > 0$ に対応して ρ を十分小さく取れば，(5)から

$$\left|\frac{V(A') - V(A)}{h} - \frac{V_2' - V_2}{h}\right| < \varepsilon. \tag{6}$$

また A, A' は区域 K_2 の外にあるから，K_2 に関しては(4)が適用されて

$$\lim_{h \to 0} \frac{V_2' - V_2}{h} = \int_{K_2} \frac{(x-a)\mu d\omega}{r^3}. \tag{7}$$

一方

$$\lim_{\rho \to 0} \int_{K_2} \frac{(x-a)\mu d\omega}{r^3} = \int_K \frac{(x-a)\mu d\omega}{r^3}, \tag{8}$$

これは右辺の広義積分の収束にほかならない*. (6), (7), (8) から
$$\lim_{h\to 0}\frac{V(A')-V(A)}{h}=\int_K\frac{(x-a)\mu d\omega}{r^3}.$$
すなわち
$$X=\frac{\partial V}{\partial a}=\int_K\frac{(x-a)\mu d\omega}{r^3},$$
同様に
$$Y=\frac{\partial V}{\partial b}=\int_K\frac{(y-b)\mu d\omega}{r^3},$$
$$Z=\frac{\partial V}{\partial c}=\int_K\frac{(z-c)\mu d\omega}{r^3}.$$
［注意］A が K の外部にあるときには，再び微分して
$$\frac{\partial^2 V}{\partial a^2}=\int_K\left(\frac{3(x-a)^2}{r^5}-\frac{1}{r^3}\right)\mu d\omega,\quad 等 \tag{9}$$
を得，それから Laplace の微分方程式
$$\Delta V\equiv\frac{\partial^2 V}{\partial a^2}+\frac{\partial^2 V}{\partial b^2}+\frac{\partial^2 V}{\partial c^2}=0$$
が得られる．A が K の内部にあるときには，(9) の積分は収束しない**．

96. 変数の変換

多変数の積分の計算においても，変数の変換が重要である．変数 x, y が変換式
$$x=\varphi(u,v),\quad y=\psi(u,v) \tag{1}$$
によって新変数 u, v に変換されるとき，xy 系の積分区域 K と，それに対応する uv 系の区域 K' との間に，一対一の対応が成り立つことが，基礎条件である．

§84 で述べたように，(1) を xy 平面上の点 $P=(x,y)$ と uv 平面上の点 $Q=(u,v)$ との間の対応として
$$P=A(Q) \tag{1'}$$
と略記する．今この対応によって，uv 平面の領域 U' と，xy 平面の領域 U とが，一対一に対応するとし，φ, ψ は U' において連続的微分可能と仮定する．然らば，(1') の逆写像は，U において連続である (§84, (1°))．さて，積分区域 K は，領域 U に含まれる有界な閉区域とし，K と K' とは (1') によって対応するものとする．然らば，K' は U' に含まれる有界な閉区域である．

さて (1) における変数 u, v を

---

* 積分の収束性は前頁ですでに述べたが，極座標を用いて $d\omega=r^2\sin\vartheta\,drd\vartheta d\varphi$ としても明らかである (385 頁参照)．
** $\partial^2 V/\partial a^2$ 等を求める方法は，§102,［例 3］(416 頁) 参照．

$$u = f(\xi, \eta), \quad v = g(\xi, \eta) \tag{2}$$

によって，さらに変数 ξ, η に変換するとき，(2)を(1)へ持ち込めば，x, y が ξ, η の函数になる，すなわち

$$x = \varphi(f(\xi, \eta), g(\xi, \eta)), \quad y = \psi(f(\xi, \eta), g(\xi, \eta)). \tag{3}$$

この変換(3)を変換(1)と(2)との結合という．今 $\xi\eta$ 平面上の点 (ξ, η) を Z と書いて，(2)を

$$Q = B(Z) \tag{2'}$$

と略記するならば，(1′)によって，(3)は

$$P = A(B(Z)) \tag{3'}$$

と書かれる．

さて，これらの変換に関する函数行列式の間に次の関係が成り立つ：

$$\frac{D(x,y)}{D(u,v)} \cdot \frac{D(u,v)}{D(\xi,\eta)} = \frac{D(x,y)}{D(\xi,\eta)}, \tag{4}$$

すなわち

$$\begin{vmatrix} \frac{\partial x}{\partial u} & \frac{\partial x}{\partial v} \\ \frac{\partial y}{\partial u} & \frac{\partial y}{\partial v} \end{vmatrix} \begin{vmatrix} \frac{\partial u}{\partial \xi} & \frac{\partial u}{\partial \eta} \\ \frac{\partial v}{\partial \xi} & \frac{\partial v}{\partial \eta} \end{vmatrix} = \begin{vmatrix} \frac{\partial x}{\partial \xi} & \frac{\partial x}{\partial \eta} \\ \frac{\partial y}{\partial \xi} & \frac{\partial y}{\partial \eta} \end{vmatrix}.$$

これは計算をしてみれば，すぐに分かる：

$$\frac{\partial x}{\partial \xi} = \frac{\partial x}{\partial u}\frac{\partial u}{\partial \xi} + \frac{\partial x}{\partial v}\frac{\partial v}{\partial \xi}, \quad \frac{\partial x}{\partial \eta} = \frac{\partial x}{\partial u}\frac{\partial u}{\partial \eta} + \frac{\partial x}{\partial v}\frac{\partial v}{\partial \eta},$$

$$\frac{\partial y}{\partial \xi} = \frac{\partial y}{\partial u}\frac{\partial u}{\partial \xi} + \frac{\partial y}{\partial v}\frac{\partial v}{\partial \xi}, \quad \frac{\partial y}{\partial \eta} = \frac{\partial y}{\partial u}\frac{\partial u}{\partial \eta} + \frac{\partial y}{\partial v}\frac{\partial v}{\partial \eta}$$

だから，行列式の掛け算によって(4)を得る．三次元以上でも，全く同様である．

もしも変換式(1)において，点 $Q_0 = (u_0, v_0)$ における函数行列式

$$\frac{D(x,y)}{D(u,v)} \neq 0$$

ならば，Q_0 の近傍で，逆変換

$$Q = A_1(P)$$

が可能であるが，それを(2′)に代用して，(1′)と結合すれば，その結果は，$P = P$ すなわち $x = x, y = y$ になる．

$$\frac{D(x,y)}{D(x,y)} = \begin{vmatrix} 1 & 0 \\ 0 & 1 \end{vmatrix} = 1$$

だから，この場合(4)によって

$$\frac{D(x,y)}{D(u,v)} \cdot \frac{D(u,v)}{D(x,y)} = 1. \tag{5}$$

前に述べた略記法
$$P = (x, y), \quad Q = (u, v), \quad Z = (\xi, \eta)$$
によって，かりに
$$\frac{D(x,y)}{D(u,v)} = \frac{D(P)}{D(Q)}, \quad \frac{D(u,v)}{D(\xi,\eta)} = \frac{D(Q)}{D(Z)}, \quad \frac{D(x,y)}{D(\xi,\eta)} = \frac{D(P)}{D(Z)}$$
と書くならば，(4),(5)は簡明に
$$\frac{D(P)}{D(Q)} \cdot \frac{D(Q)}{D(Z)} = \frac{D(P)}{D(Z)}, \tag{4'}$$
$$\frac{D(P)}{D(Q)} \cdot \frac{D(Q)}{D(P)} = 1 \tag{5'}$$
と書かれる．任意次元に関しても同様であるが，これらは一次元における合成函数または逆函数の微分商に関する公式
$$\frac{dy}{dx}\frac{dx}{dt} = \frac{dy}{dt}, \quad \frac{dy}{dx}\frac{dx}{dy} = 1$$
の拡張とみなすことができる．

然らば変換式 $P = A(Q)$ における
$$\frac{D(P)}{D(Q)} \quad \text{すなわち} \quad \frac{D(x,y)}{D(u,v)}$$
の意味はどうであろうか？

最も簡単なる一例として，二次元における一次変換を取ってみる．すなわち(1)において φ, ψ を u, v の一次式として
$$x = au + bv, \quad y = cu + dv$$
とする．これは，いわゆるアフィン(affine)変換である．この場合，函数行列式は
$$J = \frac{D(x,y)}{D(u,v)} = \begin{vmatrix} a & b \\ c & d \end{vmatrix}$$
であるが，もしも $ad - bc \neq 0$ ならば，xy 平面全体と uv 平面全体との間に一対一の対応が成り立って，しかも直線は直線に，平行線は平行線に対応するから，uv 平面の方眼には，xy 平面の平行格子が対応する．従って対応する面積 Ω, Ω' の比は一定である．故にその比を求めるためには，uv 平面の単位正方形(座標軸上に長さ1なる辺を有する正方形) Ω' と，それに対応する xy 平面の平行四辺形 Ω との面積の比を求めればよい．その比は，解析幾何学で周知の通り，$|J| = |ad - bc|$ に等しい．故に任意の互に対応する xy 系の面積 Ω と uv 系の面積 Ω' との間に次の関係がある：
$$\frac{\Omega}{\Omega'} = |J|.$$

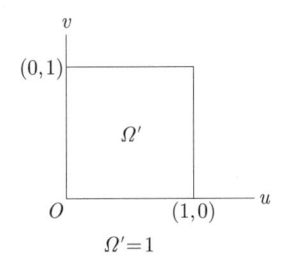

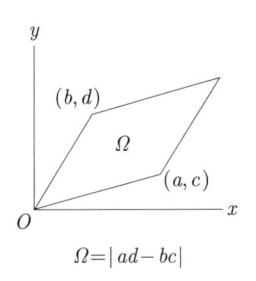

三次元においても同様である．すなわち
$$x = a_1 u + b_1 v + c_1 w,$$
$$y = a_2 u + b_2 v + c_2 w,$$
$$z = a_3 u + b_3 v + c_3 w$$
において，函数行列式 $J = \sum \pm a_1 b_2 c_3 \neq 0$ ならば，xyz 空間と uvw 空間とにおいて互に対応する体積 Ω, Ω' の間に，関係 $\Omega/\Omega' = |J|$ が成り立つ．

一般の一対一の変換においても，互に対応する微小面積の間には同様の関係が成立する．すなわち変換 (1) によって xy 系の閉区域 K と uv 系の閉区域 K' とが一対一に対応すると仮定するならば，K' 内の一点 Q_0 を包む面積確定なる区域 Ω' が Q_0 に収束するとき，それに対応して xy 平面の点 P_0 を包む区域 Ω が P_0 に収束するが，そのとき Ω は面積確定*で
$$\lim_{\rho \to 0} \frac{\Omega}{\Omega'} = |J|, \tag{6}$$
ここで J は点 Q_0 における函数行列式の値，Ω, Ω' は区域の面積で，ρ は区域 Ω' の径である．

次に (6) の証明をする．今 $P_0 = (x_0, y_0)$ は K' に属する点 $Q_0 = (u_0, v_0)$ に対応するとして
$$x = x_0 + \Delta x, \quad y = y_0 + \Delta y,$$
$$u = u_0 + \Delta u, \quad v = v_0 + \Delta v$$
と置く．もしも $\Delta u, \Delta v$ が 0 から ρ まで変わるならば，$Q = (u, v)$ は Q_0 を一つの頂点とする面積 ρ^2 なる正方形 Ω' を画くが，φ, ψ の連続的微分可能性の仮定の下において，そのとき
$$\left. \begin{array}{l} \Delta x = \varphi(Q) - \varphi(Q_0) = \varphi_u(Q_0) \Delta u + \varphi_v(Q_0) \Delta v + o\rho, \\ \Delta y = \psi(Q) - \psi(Q_0) = \psi_u(Q_0) \Delta u + \psi_v(Q_0) \Delta v + o\rho. \end{array} \right\} \tag{7}$$
任意の ε に対応して ρ_0 を十分小さく取れば，$\rho < \rho_0$ なる ρ に対して $|o\rho| < \varepsilon \rho$．しかも ρ_0 は閉区域 K' における Q_0 の位置に無関係としてよい (φ, ψ の偏微分商の一様連続性)．

さて $\Delta x, \Delta y$ の主要部だけを取って
$$\left. \begin{array}{l} x^* = x_0 + \varphi_u(Q_0) \Delta u + \varphi_v(Q_0) \Delta v, \\ y^* = y_0 + \psi_u(Q_0) \Delta u + \psi_v(Q_0) \Delta v \end{array} \right\} \tag{8}$$
と置けば，Q が上記正方形 Ω' を画くとき，(x^*, y^*) は平行四辺形 $P_0 P_1 P_3 P_2$ を画く．それを H_0

---

* Ω' はその閉包が U' に含まれるものとする．

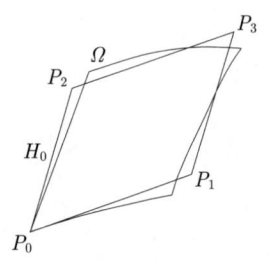

と書く．その頂点：

$$P_0 = (x_0, y_0),$$
$$P_1 = (x_0 + \varphi_u(Q_0)\rho, y_0 + \psi_u(Q_0)\rho),$$
$$P_2 = (x_0 + \varphi_v(Q_0)\rho, y_0 + \psi_v(Q_0)\rho).$$

従って H_0 の面積は $(\varphi_u\psi_v - \varphi_v\psi_u)\rho^2$ の絶対値に等しい．すなわち

$$H_0 = |J|\rho^2, \tag{9}$$

ただし J は Q_0 における函数行列式

$$\frac{D(x,y)}{D(u,v)} = \begin{vmatrix} \varphi_u & \varphi_v \\ \psi_u & \psi_v \end{vmatrix}$$

の値である．

　さて点 $P=(x,y)$ は(7)における剰余項 $o\rho$ のために，H_0 とはやや異なる区域を画く．その区域を Ω とすれば Ω は面積確定である(§91, [例1])，Ω は H_0 とは違うが，ρ を限りなく小さくすれば，H_0 がすでに ρ^2 程度の微小数だから*，Ω と H_0 との差は $o\rho^2$ 程度の微小数になって

$$\rho \to 0 \quad \text{のとき} \quad \Omega = |J|\rho^2 + o\rho^2, \quad \text{すなわち} \quad \frac{\Omega}{\rho^2} \to |J|$$

であるように推察される．実際，Ω/ρ^2 は，K' における Q_0 の位置に関係なく，一様に $|J|$ に収束する．それを確かめるために，次のような微分的考察をする．

　Ω' の周に属する点 $Q=(u,v)$ に対応する点 $P=(x,y)$ と $P^*=(x^*,y^*)$ とにおいて

$$|x-x^*| < \varepsilon\rho, \quad |y-y^*| < \varepsilon\rho$$

だから，$P^*P < 2\varepsilon\rho$.

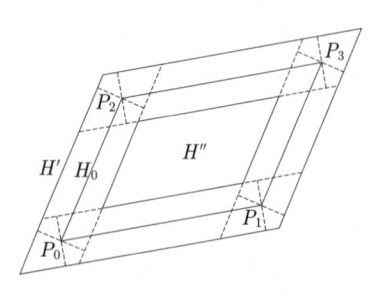

* 前にもしたように，区域とその面積を同じ記号で表わす．以下同様．

故に平行四辺形 H_0 の平行なる二辺の間隔が共に $4\varepsilon\rho$ より大なるときには，H_0 の外部と内部とに，その辺から $2\varepsilon\rho$ の距離に平行線を引いて，二つの平行四辺形 H', H'' を作れば，H_0 および Ω は H' に，またその周は H' と H'' との間の帯状の区域に含まれる．故に面積においては
$$H'' < \Omega < H', \quad H'' < H_0 < H', \quad |\Omega - H_0| < H' - H''.$$
$H' - H''$ はすなわち上記帯状区域の面積であるが，H_0 の周を $p\rho$ とすれば，この面積が $p\rho \cdot 4\varepsilon\rho$ に等しいことは見やすい．

また H_0 の平行なる二辺，例えば P_0P_1 と P_2P_3 の間隔が $4\varepsilon\rho$ 以下である場合には，H_0 と中心を共有する矩形 H' を，二辺が P_0P_1 に平行で，その長さが $\dfrac{p\rho}{2} + 4\varepsilon\rho$，他の二辺の長さが $8\varepsilon\rho$ なるように画けば，Ω も H_0 も H' に含まれて，H' の面積は $4\varepsilon\rho^2(p + 8\varepsilon)$ である．故に，いずれの場合にも
$$|\Omega - H_0| < 4\varepsilon\rho^2(p + 8\varepsilon) \tag{10}$$
である．さて
$$p = 2(\sqrt{\varphi_u(Q_0)^2 + \psi_u(Q_0)^2} + \sqrt{\varphi_v(Q_0)^2 + \psi_v(Q_0)^2})$$
で，Q_0 が閉区域 K' に属するとき，一様に（Q_0 の位置および $\varepsilon < 1$ に無関係に）
$$p + 8\varepsilon < M$$
と置くことができる．故に，(10) によって K' において
$$|\Omega - H_0| < 4\varepsilon M\rho^2,$$
$H_0 = |J|\rho^2$ であったから
$$\left|\dfrac{\Omega}{\rho^2} - |J|\right| < 4\varepsilon M. \tag{11}$$
故に K' において一様に（一様収束）
$$\lim_{\rho \to 0} \dfrac{\Omega}{\rho^2} = |J|. \tag{12}$$

さて，F' を U' に含まれ，K' をその内部（F' の開核）に含む有界なる閉区域とする[*]．また，$\rho > 0$ を十分小とし，K' を辺長 ρ なる小方眼 ω_i' で覆って，K' に触れる ω_i' は全く F' に含まれるようにし，ω_i' に対応する xy 平面の小区域を ω_i とする．然らば，(11) において，K' に F' を代用し，F' に含まれる各小区域 ω_i' に関して，
$$|\omega_i - |J_i|\rho^2| < \varepsilon\rho^2 \tag{13}$$
を得る．ただし，簡単のために，(11) における $4\varepsilon M$ を ε と書き換えた．J_i は方眼 ω_i' の左下の頂点における函数行列式の値である．

今，Ω, Ω' を K, K' において互に対応する区域とし，Ω' は面積確定であると仮定する．また，簡単のために，小区域 ω_i の中で，Ω に含まれるもの，および，Ω に触れるものを，それぞれ，

---

[*] そのような F' が取れることは，U' の境界と K' との距離が正であること (31 頁) からわかる．

一般的に，ω_k および ω_l と書く．然らば(13)により，

$$\left|\sum_k \omega_k - \sum_k |J_k|\rho^2\right| < \varepsilon \sum_k \rho^2 < A\varepsilon, \quad \left|\sum_l \omega_l - \sum_l |J_l|\rho^2\right| < \varepsilon \sum_l \rho^2 < A\varepsilon. \tag{14}$$

ただし，A は F' の内面積である．さて，仮定により Ω' は面積確定だから，$\rho \to 0$ のとき

$$\lim \sum_k |J_k|\rho^2 = \lim \sum_l |J_l|\rho^2 = \iint_{\Omega'} |J| du dv. \tag{15}$$

従って，(14)と(15)とにより，極限 $\lim_{\rho \to 0} \sum_k \omega_k$，$\lim_{\rho \to 0} \sum_l \omega_l$ が存在して

$$\lim \sum \omega_k = \lim \sum \omega_l = \iint_{\Omega'} |J| du dv. \tag{16}$$

一方，Ω の内面積および外面積を，それぞれ，s および S とすれば，

$$\sum \omega_k \leqq s \leqq S \leqq \sum \omega_l.$$

故に(16)により，Ω は面積確定で，

$$\Omega = \iint_{\Omega'} |J| du dv. \tag{17}$$

一対一の対応においては J の符号は一定である($\S 84, (4°)$)から

$$\Omega = \pm \iint_{\Omega'} J \, du dv. \tag{18}$$

これが xy 系における区域 Ω の面積を uv 系の積分に変換する公式である（$\pm$ は J の符号だから，Ω は正）．

さて(17)から

$$\Omega = \iint_{\Omega'} |J| du dv = |J_0| \iint_{\Omega'} du dv = |J_0|\Omega',$$

J_0 は区域 Ω' における J の平均値である．もしも Ω' が一点 $Q = (u, v)$ に収束するならば，Ω は K において Q に対応する点 $P = (x, y)$ に収束するが，そのとき J_0 は $J(Q)$ に収束する．故に互に対応する微小面積に関しては予期の通り

$$\lim_{\rho \to 0} \frac{\Omega}{\Omega'} = \left|\frac{D(x, y)}{D(u, v)}\right|. \tag{19}$$

Ω' が正方形なるとき，これはすでに(12)において証明されている．我々は局所的なる(12)から全局的の公式(17)を出したが，(17)を再び局所的に還元して，(12)を一般化した(19)を導いたのである．

上記では，Ω' が面積確定であることから Ω が面積確定であることを導いたが，逆に，Ω の面積が確定であると仮定しよう．そのとき，Ω' の面積は必ずしも確定であるとは限らない（その実例がある）．しかし，K' において常に $J \neq 0$ ならば，(1)の逆写像は K において連続的微分可能だから（定理74），上記と同様にして Ω' も面積確定である．一般に，$J = 0$ なる K' の点の集合を Z' とするとき，Z' の面積が確定である場合には，Ω' の面積も確定である．それを証明する．Z' の内面積は 0 であり（$\S 84, (3°)$），その面積は確定だから Z' の面積は 0 である．故に，任意の $\varepsilon > 0$ に対して，Z' を含む小矩形群 w' を適当に取れば，

その総面積 $w' < \varepsilon$. ここで, w' は開集合としてよい. 今, K' から w' に属する点を除いた閉集合を K_0' とし, Ω' と K_0' との共通部分を Ω_0' とする. また, w', Ω_0' に対応する区域を, それぞれ, w, Ω_0 とする. 然らば, w および Ω は, 共に面積確定だから, Ω_0 もそうである. また K_0' においては, $J \neq 0$ である. 故に, 前に述べたように, Ω_0' は面積確定である. Ω' は, Ω_0' と小矩形群 w' に含まれる或る集合からなり, $w' < \varepsilon$ だから, Ω' の境界の外面積は ε を超えない. ε は任意だから, Ω' は面積確定である.

さて, 積分区域 K は, U 内の面積確定なる閉区域で, K' も面積確定と仮定する. (この仮定は, 例えば K' において常に $J \neq 0$, または $J = 0$ なる K' の点の集合の面積が 0, であるときには満たされる.) また, 函数 $f(x,y)$ は K において, 積分可能(狭義)とする. そのとき, 積分

$$S = \int_K f(P) d\omega = \iint_K f(x,y) \, dxdy$$

において

$$x = \varphi(u,v), \quad y = \psi(u,v)$$

によって積分変数を xy 系から uv 系に変換すれば, xy 系の区域 K と, それに対応する uv 系の区域 K' とにおいて, 相対応する微小面積の間には

$$d\omega = |J| d\omega'$$

なる関係が成り立つから,

$$S = \iint_K f(x,y)dxdy = \pm \iint_{K'} f(\varphi, \psi) \frac{D(\varphi, \psi)}{D(u,v)} \, dudv. \tag{20}$$

$\pm$ は K' において一定なる函数行列式 J の符号である.

これが二次元の定積分における変数変換の公式である.

この公式の妥当性はほとんど明白であろうが, 一応その証明を述べておこう.

uv 平面において区域 K' を覆う矩形網に対応する曲線網で xy 平面の区域 K を覆って, K' における小矩形 ω_i' には K における小区域 ω_i が対応するとする. 今 P_i' を ω_i' の任意の点, P_i を P_i' に対応する ω_i の点とする. J の K' における一様連続性により, ρ を十分小さく取れば, (13) は $J_i(P_i')$ を J_i に代用しても成り立つから, (13) にその代用をして, $f(P_i)$ を掛けて加えれば,

$$\left| \sum f(P_i) \omega_i - \sum f(\varphi(P_i'), \psi(P_i')) |J(P_i')| \rho^2 \right| \leq MA\varepsilon, \tag{21}$$

ここで M は K における $|f(P)|$ の上限である, A は定数, 例えば前記 F' の内面積でよい. 然るに

$$\lim_{\rho \to 0} \sum_i f(P_i) \omega_i = \iint_K f(x,y) \, dxdy.$$

故に, (21) により $f(\varphi, \psi)|J|$ は K' において積分可能で (20) が成り立つ.

上記の方法は三次元以上にもそのまま通用する. また広義積分の場合には, K に収束する閉区域 K_n にこの方法を適用してから $K_n \to K$ なる極限へ行くのである.

応用上最も手近なのは，直角座標 (x,y) から極座標 (r,θ) への変換である．この場合
$$x = r\cos\theta, \quad y = r\sin\theta,$$
$$J = \frac{D(x,y)}{D(r,\theta)} = \begin{vmatrix} \cos\theta & \sin\theta \\ -r\sin\theta & r\cos\theta \end{vmatrix} = r,$$
$$\iint_K f(x,y)\,dxdy = \iint_{K'} f(r\cos\theta, r\sin\theta)\,rdrd\theta.$$

$r\theta$ 系の積分区域 K' は (r,θ) を xy 系の区域 K の点 (x,y) の極座標と考えて，xy 平面上において決定される．例えば次の図において
$$S = \int_0^{2\pi} d\theta \int_0^{r(\theta)} fr\,dr. \tag{22}$$

しかし，原点では $r=0$ で θ は任意である．極座標においては $r \geqq 0, 0 \leqq \theta \leqq 2\pi$ とするが，$r\theta$ 平面における，この区域の境界線上では，xy 平面との一対一の対応は成り立たない．領域の間に一対一の対応を成り立たせるためには
$$\rho \leqq r \,(\rho > 0), \quad \varepsilon \leqq \theta \leqq \alpha \quad (0 < \varepsilon < \alpha < 2\pi)$$
とすればよいが，上記(22)の意味は
$$S = \lim_{\varepsilon,\,\rho \to 0,\,\alpha \to 2\pi} \int_\varepsilon^\alpha d\theta \int_\rho^{r(\theta)} fr\,dr.$$

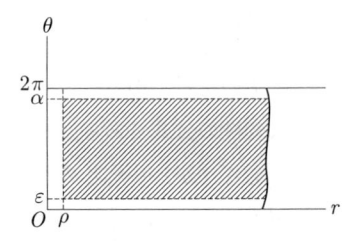

三次元において，点 $P = (x,y,z)$ の極座標 (r,ϑ,φ) を
$$x = r\sin\vartheta\cos\varphi, \quad y = r\sin\vartheta\sin\varphi, \quad z = r\cos\vartheta$$
$$r \geqq 0, \quad 0 \leqq \vartheta \leqq \pi, \quad 0 \leqq \varphi \leqq 2\pi$$
で定義する．すなわち r は動径 OP の長さ，ϑ は z 軸から計った極距離(余緯度)，φ は xz 面から yz 面への向きに計った経度である．

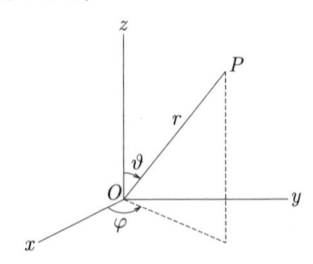

極座標を r, ϑ, φ の順に取れば，それは正系（右ネジ）すなわち x, y, z と同意である．函数行列式は

$$\frac{D(x,y,z)}{D(r,\vartheta,\varphi)} = \begin{vmatrix} \sin\vartheta\cos\varphi & \sin\vartheta\sin\varphi & \cos\vartheta \\ r\cos\vartheta\cos\varphi & r\cos\vartheta\sin\varphi & -r\sin\vartheta \\ -r\sin\vartheta\sin\varphi & r\sin\vartheta\cos\varphi & 0 \end{vmatrix} = r^2\sin\vartheta \geqq 0.$$

行列式の第二行と第三行とから因数 $r^2\sin\vartheta$ を出してしまえば，あとは直交行列式になって，

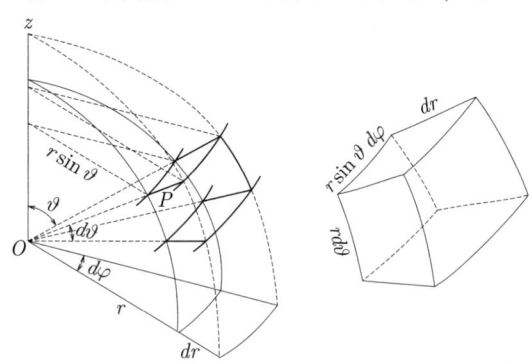

その値は 1 である．幾何学的にいえば，原点を中心とする半径 $r, r+dr$ なる二つの球面と，z 軸上に軸を有して頂角が $\vartheta, \vartheta+d\vartheta$ なる二つの直円錐面と，経度 $\varphi, \varphi+d\varphi$ なる二つの平面とで囲まれた微小なる曲六面体の体積の主要部が

$$J\,dr d\vartheta d\varphi = r^2\sin\vartheta\,dr d\vartheta d\varphi$$

に等しいのである．

よって xyz 系の区域 K の体積 V は極座標では

$$V = \iiint r^2\sin\vartheta\,dr d\vartheta d\varphi,$$

また K における函数 $f(x,y,z)$ の積分は

$$S = \iiint f\,dxdydz = \iiint f\,r^2\sin\vartheta\,dr d\vartheta d\varphi.$$

この場合にも，積分区域の限界は二次元の場合と同様にして定められる．

次に一般の変換の例を掲げる．

［例 1］ xy 平面の第一象限 $(0<x<\infty, 0<y<\infty)$ を積分区域 K として

$$S = \int_0^\infty \int_0^\infty e^{-x-y} x^{p-1} y^{q-1}\,dxdy$$

を考察する（ただし，$p>0, q>0$）．

これは広義積分であるが，その値は

$$S = \Gamma(p)\Gamma(q) = \int_0^\infty e^{-x} x^{p-1} dx \cdot \int_0^\infty e^{-y} y^{q-1} dy \tag{23}$$

に等しい (§ 33 参照)．さて一方

$$x+y=u, \quad x=uv \tag{24}$$

によって，S を uv 系に変換してみよう．(24) から

$$x=uv, \quad y=u-uv.$$

または逆に

$$u=x+y, \quad v=\frac{x}{x+y}.$$

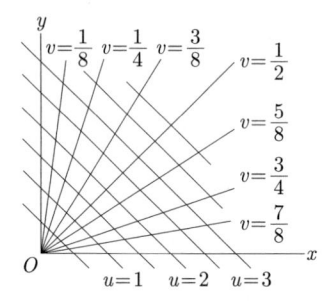

故に xy 平面の第一象限 ($0<x<\infty, 0<y<\infty$) と uv 平面の領域 $0<u<\infty, 0<v<1$ との間に一対一の対応が成り立って

$$\frac{D(x,y)}{D(u,v)}=\begin{vmatrix} v & u \\ 1-v & -u \end{vmatrix}=-u.$$

よって

$$\begin{aligned} S &= \int_{u=0}^{\infty}\int_{v=0}^{1} e^{-u}(uv)^{p-1}u^{q-1}(1-v)^{q-1}u\,dudv \\ &= \int_0^{\infty} e^{-u}u^{p+q-1}du \cdot \int_0^1 v^{p-1}(1-v)^{q-1}dv \\ &= \Gamma(p+q)B(p,q). \end{aligned} \tag{25}$$

(23) と (25) とを比較して既知の公式 (272 頁)

$$B(p,q)=\frac{\Gamma(p)\Gamma(q)}{\Gamma(p+q)} \tag{26}$$

を得る．

　［注意］　上記積分 S は広義積分である．計算の意味は xy 平面において

$$0<\varepsilon\leqq u\leqq R, \quad 0<\eta\leqq v\leqq 1-\eta'<1$$

に対応する四角形を Ω とするとき (図参照)

$$\iint_{\Omega} e^{-x-y}x^{p-1}y^{q-1}dxdy$$

$$= \int_\varepsilon^R e^{-u} u^{p+q-1} du \cdot \int_\eta^{1-\eta'} v^{p-1}(1-v)^{q-1} dv$$

から $\varepsilon \to 0,\ R \to \infty;\ \eta \to 0,\ \eta' \to 0$（従って $\Omega \to K$）なるときの極限値として S を得たのである．

[例 2]（Dirichlet 積分） 三次元空間において，座標面と平面 $x+y+z=1$ とで囲まれた四面体 K を積分区域として

$$S = \iiint_K x^{p-1} y^{q-1} z^{r-1}(1-x-y-z)^{s-1} dx dy dz$$

を求めること．ただし $p>0, q>0, r>0, s>0$．

$$x+y+z = \xi,\quad y+z = \xi\eta,\quad z = \xi\eta\zeta$$

とすれば，

$$\xi = x+y+z,\quad \eta = \frac{y+z}{x+y+z},\quad \zeta = \frac{z}{y+z}.$$

または逆に

$$x = \xi(1-\eta),\quad y = \xi\eta(1-\zeta),\quad z = \xi\eta\zeta.$$

よって xyz 系の四面体 K と $\xi\eta\zeta$ 系の立方体 K'：

K'： $\qquad 0 \leqq \xi \leqq 1,\quad 0 \leqq \eta \leqq 1,\quad 0 \leqq \zeta \leqq 1$

とは，その内部において一対一に対応する．今函数行列式

$$\frac{D(x,y,z)}{D(\xi,\eta,\zeta)}$$

を計算するために，中介の変数として

$$u = \xi,\quad v = \xi\eta,\quad w = \xi\eta\zeta$$

を取れば

$$x = u-v,\quad y = v-w,\quad z = w,$$

従って

$$\frac{D(x,y,z)}{D(\xi,\eta,\zeta)} = \frac{D(x,y,z)}{D(u,v,w)} \cdot \frac{D(u,v,w)}{D(\xi,\eta,\zeta)}$$

$$= \begin{vmatrix} 1 & -1 & 0 \\ 0 & 1 & -1 \\ 0 & 0 & 1 \end{vmatrix} \begin{vmatrix} 1 & 0 & 0 \\ \eta & \xi & 0 \\ \eta\zeta & \xi\zeta & \xi\eta \end{vmatrix} = \xi^2 \eta.$$

よって

$$S = \int_0^1 \int_0^1 \int_0^1 \xi^{p-1}(1-\eta)^{p-1}(\xi\eta)^{q-1}(1-\zeta)^{q-1}(\xi\eta\zeta)^{r-1}(1-\xi)^{s-1}\xi^2\eta\, d\xi d\eta d\zeta$$

$$= \int_0^1 \xi^{p+q+r-1}(1-\xi)^{s-1} d\xi \cdot \int_0^1 \eta^{q+r-1}(1-\eta)^{p-1} d\eta \cdot \int_0^1 \zeta^{r-1}(1-\zeta)^{q-1} d\zeta$$

$$= B(p+q+r, s) \cdot B(q+r, p) \cdot B(r, q).$$

故に (26) を用いて
$$S = \frac{\Gamma(p+q+r)\Gamma(s)}{\Gamma(p+q+r+s)} \frac{\Gamma(q+r)\Gamma(p)}{\Gamma(p+q+r)} \frac{\Gamma(r)\Gamma(q)}{\Gamma(q+r)} = \frac{\Gamma(p)\Gamma(q)\Gamma(r)\Gamma(s)}{\Gamma(p+q+r+s)}.$$

p, q, r, s の中に 1 よりも小なるものがあれば，S は広義積分であるが，計算の理論は例 1 と同様である (386 頁, [注意] 参照).

特に $p=q=r=s=1$ とすれば，四面体 K の体積として
$$\iiint_K dx dy dz = \frac{1}{\Gamma(4)} = \frac{1}{3!} = \frac{1}{6}.$$

上記 Dirichlet の積分は全く同様の方法によって任意次元に拡張される．

すなわち n 次元の区域 K:
$$x_1 \geqq 0, \ x_2 \geqq 0, \ \cdots, \ x_n \geqq 0, \quad x_1 + x_2 + \cdots + x_n \leqq 1$$
において，$p_1, p_2, \cdots, p_n > 0, q > 0$ なる仮定の下で
$$\int_K x_1^{p_1-1} x_2^{p_2-1} \cdots x_n^{p_n-1} (1 - x_1 - x_2 - \cdots - x_n)^{q-1} dx_1 \cdots dx_n$$
$$= \frac{\Gamma(p_1)\Gamma(p_2) \cdots \Gamma(p_n)\Gamma(q)}{\Gamma(p_1 + p_2 + \cdots + p_n + q)}.$$

97. 曲 面 積

三次元では，曲線の長さのほかに，曲面の面積が問題になる．もしも曲線の例にならうならば，曲面積を内接多面体の表面積の極限値として定義したく思われるが，それはうまく行かない．そのような極限値は無条件では存在しないのである (395 頁参照).

今 xy 平面の区域 K において方程式
$$z = f(x, y)$$
によって曲面 S が与えられて，$f(x,y)$ は K において連続的微分可能とする．すなわち接平面が連続的に変動するとする．さて S を小区域 σ_i $(i=1,2,\cdots,n)$ に分割して，σ_i の任意の点 $P_i = (x_i, y_i, z_i)$ における接平面の上への σ_i の正射影を τ_i とする．S の σ_i への分割において，各 σ_i の xy 平面への正射影が，面積確定ならば，後に示すように，τ_i も面積確定である．S のこのような分割に関し，区域 σ_i の径が微小になるとき，平面積 τ_i の総和 $\sum_{i=1}^{n} \tau_i$ が一定の極限値を有するならば，その極限値をもって曲面 S の面積の定義とする．

この極限値の存在を確かめるために，次の考察をする．まず一般に S 上の小区域を σ とし，上のように σ の一点を $P_0 = (x_0, y_0, z_0)$，P_0 における接平面上への σ の正射影を τ とする．また xy 平面上への σ および τ の正射影をそれぞれ ω および τ' とする．然らば区域 σ の径 ρ が限りなく小さくなるとき

97. 曲 面 積

$$\lim_{\rho \to 0} \frac{\tau}{\omega} = \frac{1}{\cos \gamma_0}, \tag{1}$$

ただし，γ_0 は接平面と xy 平面との間（すなわち法線と z 軸との間）の鋭角である．あるいは τ の代りに τ' を取れば $\tau \cos \gamma_0 = \tau'$ だから

$$\lim \frac{\tau'}{\omega} = 1. \tag{2}$$

さしあたり，これを考察の目標とする．

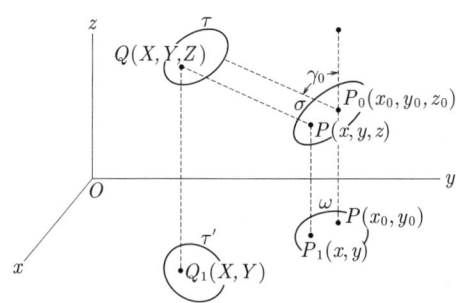

P_0 における接平面の代りに，それに平行な任意の平面を取っても，正射影 τ, τ' の面積に変わりはないから，計算の便宜上，射影面を

$$Z = p_0 X + q_0 Y \tag{3}$$

とする．ただし，p, q は f_x, f_y の略記で，

$$p_0 = f_x(x_0, y_0), \quad q_0 = f_y(x_0, y_0).$$

然らば σ の任意の点 $P = (x, y, z)$ の平面(3)への正射影を $Q(X, Y, Z)$ とするとき，

$$\left.\begin{array}{ll} X = x - p_0 t, & t = C(z - p_0 x - q_0 y), \\ Y = y - q_0 t, & C = -\dfrac{1}{1 + p_0^2 + q_0^2}. \\ Z = z + t, & \end{array}\right\} \tag{4}$$

xy 平面上において，P, Q の正射影は $P_1 = (x, y)$，$Q_1 = (X, Y)$ で，P が区域 σ 内を動くとき，P_1, Q_1 はそれぞれ区域 ω, τ' を動くが，σ が十分小なるとき，P_1 と Q_1 との間には一対一対応が成り立って，その対応は(4)によって与えられる．すなわち

$$\begin{array}{l} X = x - p_0 t, \\ Y = y - q_0 t, \end{array} \quad t = C(z - p_0 x - q_0 y). \tag{5}$$

ただし $z = f(x, y)$.

ω と τ' との面積の関係を求めるために，函数行列式を計算すれば，(5)から

$$\frac{\partial X}{\partial x} = 1 - p_0 \frac{\partial t}{\partial x}, \quad \frac{\partial X}{\partial y} = -p_0 \frac{\partial t}{\partial y},$$

$$\frac{\partial Y}{\partial x} = -q_0 \frac{\partial t}{\partial x}, \quad \frac{\partial Y}{\partial y} = 1 - q_0 \frac{\partial t}{\partial y},$$

従って

$$J(x,y) = \frac{D(X,Y)}{D(x,y)} = 1 - p_0 \frac{\partial t}{\partial x} - q_0 \frac{\partial t}{\partial y}.$$

さて

$$\frac{\partial t}{\partial x} = C(f_x - p_0), \quad \frac{\partial t}{\partial y} = C(f_y - q_0),$$

故に

$$J(x_0, y_0) = 1.$$

従って 382 頁 (19) から

$$\lim_{\rho \to 0} \frac{\tau'}{\omega} = 1.$$

または一層精密に，K において一様に

$$|\tau' - \omega| < \varepsilon \omega.$$

または $\tau \cos \gamma_0 = \tau'$ を用いて

$$\left| \tau - \frac{\omega}{\cos \gamma_0} \right| < \frac{\varepsilon}{\cos \gamma_0} \omega.$$

さて初めに述べたように，曲面 S を小区域 σ_i に分けて，σ_i の任意の点 P_i における接平面上への σ_i の正射影を τ_i，接平面と xy 平面との間の角 (P_i における法線と z 軸との間の鋭角) を γ_i とすれば

$$\left| \tau_i - \frac{\omega_i}{\cos \gamma_i} \right| < \frac{\varepsilon}{\cos \gamma_i} \omega_i$$

であるが，仮定によって閉区域 K において f_x, f_y は連続，従って

$$\frac{1}{\cos \gamma} = \sqrt{1 + f_x(x,y)^2 + f_y(x,y)^2}$$

も連続である．その最大値を M とすれば

$$\left| \tau_i - \frac{\omega_i}{\cos \gamma_i} \right| < \varepsilon M \omega_i,$$

故に

$$\left| \sum_{i=1}^{n} \tau_i - \sum_{i=1}^{n} \frac{\omega_i}{\cos \gamma_i} \right| < \varepsilon M \Omega,$$

ここで $\Omega = \sum \omega_i$ は区域 K の面積である．

さて $\dfrac{1}{\cos \gamma}$ は K において連続であるから，σ_i 従って ω_i の径を限りなく小さくするとき

97. 曲　面　積

$$\lim \sum_{i=1}^{n} \frac{\omega_i}{\cos \gamma_i} = \int_K \frac{d\omega}{\cos \gamma}.$$

故に極限値 $S = \lim \sum\limits_{i=1}^{n} \tau_i$ も存在して

$$S = \int_K \frac{d\omega}{\cos \gamma} = \int_K \sqrt{1 + f_x^2 + f_y^2}\, d\omega$$

$$= \int_K \sqrt{1 + \left(\frac{\partial z}{\partial x}\right)^2 + \left(\frac{\partial z}{\partial y}\right)^2}\, dx dy. \qquad (6)$$

これが曲面(1)の面積の公式である．

［注意］ S が広義積分である場合にも，それが収束すれば，それを曲面積の値とする．

［例1］ 最も古典的な例として半径 a なる球の面積を考察する．この場合
$$x^2 + y^2 + z^2 = a^2$$
から
$$x\,dx + y\,dy + z\,dz = 0,$$
故に
$$\frac{\partial z}{\partial x} = -\frac{x}{z}, \quad \frac{\partial z}{\partial y} = -\frac{y}{z}$$
で，xy 平面の上側の半球の面積は
$$\frac{S}{2} = \iint_K \sqrt{1 + \frac{x^2}{z^2} + \frac{y^2}{z^2}}\, dx dy = a\iint_K \frac{dx dy}{z},$$
積分区域 K は xy 平面上の円 $x^2 + y^2 = a^2$ の内部である．xy 平面上で極座標に変換すれば
$$\frac{S}{2} = a \int_0^{2\pi}\!\!\int_0^a \frac{r\,dr\,d\theta}{\sqrt{a^2 - r^2}} = 2\pi a \int_0^a \frac{r\,dr}{\sqrt{a^2 - r^2}} = 2\pi a^2,$$
故に
$$S = 4\pi a^2.$$

［例2］［Viviani の穹面］ 球の一つの大円に半分の半径の二つの円を内接させて，それらを直截面とする二つの直円筒で球面をくり抜くとき，球面の残部は二つの落下傘状の面に分かたれる．それを Viviani の穹面という．

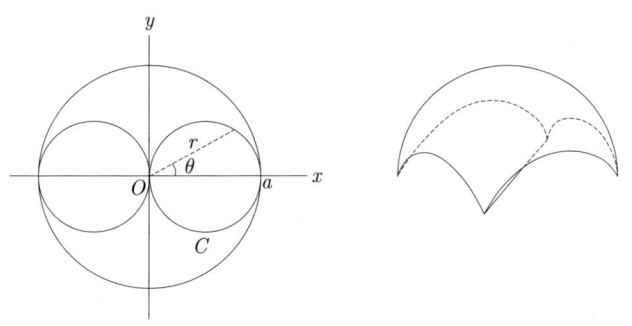

球面の方程式を $x^2 + y^2 + z^2 = a^2$ とし，xy 平面上で x 軸上の半径を直径とする円 C を円筒の直截面と

して，その円筒が xy 面の上側で球面からくり抜く部分の面積を Ω とすれば
$$\Omega = a \iint_C \frac{dxdy}{z} = a \iint_C \frac{dxdy}{\sqrt{a^2-x^2-y^2}}.$$
xy 平面上で極座標に移れば
$$\Omega = 2a \int_0^{\frac{\pi}{2}} d\theta \int_0^{a\cos\theta} \frac{rdr}{\sqrt{a^2-r^2}}$$
$$= 2a^2 \int_0^{\frac{\pi}{2}} (1-\sin\theta)d\theta = \pi a^2 - 2a^2.$$

Viviani の穹面は半球面から 2Ω を引いた残りで，その面積は $4a^2$ すなわち球の直径の平方に等しい．この結果は発見当時(1692)驚異であったという．

[例3] 楕円体の表面を
$$\frac{x^2}{a^2} + \frac{y^2}{b^2} + \frac{z^2}{c^2} = 1 \quad (a > b > c > 0)$$
とすれば
$$z = c\sqrt{1-\frac{x^2}{a^2}-\frac{y^2}{b^2}},$$
$$p = \frac{\partial z}{\partial x} = -\frac{c^2 x}{a^2 z}, \quad q = \frac{\partial z}{\partial y} = -\frac{c^2 y}{b^2 z}.$$
よって
$$\cos\gamma = u$$
と置けば
$$1 + p^2 + q^2 = \frac{1}{u^2}$$
から
$$c^2 u^2 \left(\frac{x^2}{a^4} + \frac{y^2}{b^4}\right) = (1-u^2)\left(1-\frac{x^2}{a^2}-\frac{y^2}{b^2}\right).$$
従って $\cos\gamma$ が一定なる点の xy 平面上への正射影は楕円
$$\frac{x^2}{a^2}\frac{1-\alpha^2 u^2}{1-u^2} + \frac{y^2}{b^2}\frac{1-\beta^2 u^2}{1-u^2} = 1$$
である．ただし
$$\alpha^2 = \frac{a^2-c^2}{a^2}, \quad \beta^2 = \frac{b^2-c^2}{b^2}.$$
この楕円の面積は
$$\pi ab \frac{1-u^2}{\sqrt{1-\alpha^2 u^2}\sqrt{1-\beta^2 u^2}}$$
である．今楕円体の表面を $u=\cos\gamma$ が一定なる線(等傾斜の線)によって細分すれば，u と $u+$

du とに対応する等傾斜線の間に挟まれる微小帯面の面積は
$$\pi ab \frac{dU}{u}$$
である．ただし
$$U = \frac{1-u^2}{\sqrt{1-\alpha^2 u^2}\sqrt{1-\beta^2 u^2}}. \tag{7}$$

そうして xy 平面の上側において γ は $\frac{\pi}{2}$ から 0 まで，従って u は 1 から 0 まで変動するから，表面積を S とすれば
$$\frac{S}{2\pi ab} = -\int_0^1 \frac{dU}{u} = -\int_0^1 \frac{dU}{du} \cdot \frac{du}{u}. \tag{8}$$

積分 (8) を次のように変形することができる．今
$$A = \sqrt{1-\alpha^2 u^2}, \quad B = \sqrt{1-\beta^2 u^2} \tag{9}$$

と置けば，(7) から
$$U = \frac{1-u^2}{AB},$$
$$-\int \frac{dU}{u} = -\frac{U}{u} - \int \frac{U}{u^2} du$$
$$= -\frac{U}{u} - \int \frac{du}{u^2 AB} + \int \frac{du}{AB}. \tag{10}$$

さて (9) によって
$$\frac{d}{du}\left(\frac{AB}{u}\right) = -\frac{\alpha^2 B}{A} - \frac{\beta^2 A}{B} - \frac{AB}{u^2} \tag{11}$$
$$\frac{AB}{u^2} = \frac{A^2 B^2}{u^2 AB} = \frac{(1-\alpha^2 u^2)(1-\beta^2 u^2)}{u^2 AB}$$
$$= \frac{1}{u^2 AB} - \frac{\alpha^2}{AB} - \frac{\beta^2(1-\alpha^2 u^2)}{AB}.$$

これを (11) に入れて
$$\frac{\beta^2 A}{B} = \frac{\beta^2 A^2}{AB} = \frac{\beta^2(1-\alpha^2 u^2)}{AB}$$

を用いれば
$$\frac{d}{du}\left(\frac{AB}{u}\right) = -\frac{\alpha^2 B}{A} - \frac{1}{u^2 AB} + \frac{\alpha^2}{AB}.$$

これを用いて (10) の右辺の第一の積分を消去すれば
$$-\int_0^1 \frac{dU}{u} = \frac{AB-U}{u}\bigg|_0^1 + \alpha^2 \int_0^1 \frac{B}{A} du + (1-\alpha^2)\int_0^1 \frac{du}{AB}. \tag{12}$$

$u=0$ のとき $\dfrac{AB-U}{u} = \dfrac{A^2B^2-(1-u^2)}{uAB} = 0$ だから，(12) の右辺の第一項は
$$\sqrt{(1-\alpha^2)(1-\beta^2)} = \dfrac{c^2}{ab}$$
になるが，二つの積分において変数を変換して
$$\alpha u = \sin\varphi$$
と置けば
$$\dfrac{d\varphi}{\alpha} = \dfrac{du}{A}.$$
積分の限界は $u=0$ に対して $\varphi=0$，また $u=1$ に対して $\varphi = \mathrm{Arc}\sin\alpha$ になるが，それを φ_0 と略記すれば，結局
$$\dfrac{S}{2\pi ab} = \dfrac{c^2}{ab} + \alpha \int_0^{\varphi_0} \sqrt{1-k^2\sin^2\varphi}\, d\varphi + \dfrac{1-\alpha^2}{\alpha} \int_0^{\varphi_0} \dfrac{d\varphi}{\sqrt{1-k^2\sin^2\varphi}}, \tag{13}$$
ただし
$$k = \dfrac{\beta}{\alpha} = \sqrt{\dfrac{1-\dfrac{c^2}{b^2}}{1-\dfrac{c^2}{a^2}}}, \quad \varphi_0 = \mathrm{Arc}\sin\sqrt{1-\dfrac{c^2}{a^2}}.$$

このように，一般楕円体の表面積は楕円積分に帰する．ただし，回転楕円体の場合には初等函数で積分されるが，二つの場合が生ずる．

 (1°) 扁平：$a=b>c$.
$$k=1, \quad \alpha = \dfrac{\sqrt{a^2-c^2}}{a} = \sin\varphi_0,$$
$$\dfrac{S}{2\pi a^2} = \dfrac{c^2}{a^2} + \alpha \int_0^{\varphi_0} \cos\varphi\, d\varphi + \dfrac{1-\alpha^2}{\alpha} \int_0^{\varphi_0} \dfrac{d\varphi}{\cos\varphi}$$
$$= \dfrac{c^2}{a^2} + \alpha\sin\varphi_0 + \dfrac{1-\alpha^2}{2\alpha} \log \dfrac{1+\sin\varphi_0}{1-\sin\varphi_0}.$$
故に
$$\dfrac{S}{2\pi} = a^2 + \dfrac{c^2}{2\alpha} \log \dfrac{1+\alpha}{1-\alpha}.$$

 (2°) 偏長：$a>b=c$.
$$k=0, \quad \alpha = \dfrac{\sqrt{a^2-b^2}}{a}.$$
$$\dfrac{S}{2\pi ab} = \dfrac{b}{a} + \alpha\varphi_0 + \dfrac{1-\alpha^2}{\alpha}\varphi_0 = \dfrac{b}{a} + \dfrac{\varphi_0}{\alpha}.$$
故に
$$\dfrac{S}{2\pi} = b^2 + ab\dfrac{\mathrm{Arc}\sin\alpha}{\alpha}.$$

$(1°), (2°)$ において α は回転軸を通る截面の離心率である．

［附記］　曲面積を内接多面体の表面積の極限として定義することの困難なることを Schwarz が簡単な実例によって指摘した．今半径 r，高さ h なる直円筒において，高さを m 等分して，それらの分点を通る直截面に正 n 角形を内接せしめる．ただし，各截面において正 n 角形の各頂点 A は隣りの截面の正 n 角形の一辺 BC が張る弧の中点 A' と同一母線上にあるとする．

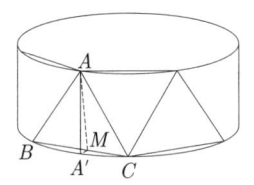

今これらの内接多角形の頂点を結んで，$2mn$ 個の二等辺三角形 ABC を面とする多面体を作るならば，各二等辺三角形の底辺 BC は $2r\sin\dfrac{\pi}{n}$ で，高さ AM は

$$\sqrt{\left(\frac{h}{m}\right)^2 + r^2\left(1 - \cos\frac{\pi}{n}\right)^2}$$

であるから，多面体の表面積は

$$S_{m,n} = 2mn \cdot r\sin\frac{\pi}{n}\sqrt{\left(\frac{h}{m}\right)^2 + 4r^2\sin^4\frac{\pi}{2n}}.$$

今簡単のために $r = h = 1$ とすれば，

$$S_{m,n} = 2\left(n\sin\frac{\pi}{n}\right)\sqrt{1 + 4\left(\frac{m}{n^2}\right)^2\left(n\sin\frac{\pi}{2n}\right)^4}.$$

m, n を限りなく大きくするとき，これは一定の極限値を有しない．例えば $m = n$ とすれば極限値は 2π であるが，もしも $m = n^2$ とするならば，$2\pi\sqrt{1 + \dfrac{\pi^4}{4}}$ になり，また $m = n^3$ とするならば極限値は ∞ である．

このような事情の生ずる理由は明白である．m, n を限りなく大きくすれば，上記内接多面体の表面上の各点から円筒面への距離は限りなく小さくなるが，多面体の各面と円筒面との間の角は必ずしも小さくならないで，0 と $\dfrac{\pi}{2}$ との間のいかなる値にも近づきうるのである．この角をも限りなく小ならしめるように m, n を取るならば，多面体の表面積の極限値が円筒面の面積として我々の期待する値（すなわち 2π）になるであろう*．

98. 曲線座標（体積，曲面積，弧長の変形）

三次元空間の或る区域において，xyz 系空間と uvw 系空間との点の間に一対一対応が成り立

---

* 曲線の場合には，接線が連続的に変動する限り，弦と曲線との間の角は自然に上記条件を満足させるのであった（145 頁，［注意］）．

つときは，点 (x, y, z) はそれに対応する (u, v, w) によって確定するから，(u, v, w) を点 (x, y, z) の一種の座標(曲線座標)とみることができる．今 u, v, w のうち二つを固定して，u だけ，v だけ，または w だけを変動させるならば，それに対応して点 (x, y, z) はそれぞれ或る曲線を画く．それらを u 線，v 線，w 線と略称する．

例えば $v = v_0, w = w_0$ を固定して(変数の記号を函数記号に流用)，
$$x = x(u, v_0, w_0), \quad y = y(u, v_0, w_0), \quad z = z(u, v_0, w_0)$$
とすれば，xyz 系空間において，u を媒介変数とする一つの曲線が定められる．それがいわゆる u 線(v_0, w_0 に対応する u 線)である．

然らば xyz 系空間の各点を一つずつの u 線，v 線，w 線が通って，xyz 空間はそれらの u 線，v 線，w 線の網で覆われる．

極座標 (r, ϑ, φ) においては，点 P を通る r 線は半直線 OP，ϑ 線は P を通る子午線，φ 線は P を通る緯度線である．

同様に u, v, w のうちの一つ，例えば $w = w_0$ を固定して u, v のみを変動させるならば
$$x = x(u, v, w_0), \quad y = y(u, v, w_0), \quad z = z(u, v, w_0)$$
は u, v を媒介変数として xyz 系空間の一つの曲面を定める．それを uv 面(w_0 に対応する uv 面)という．

さて uvw 系の微小直方体に対応する xyz 系の微小体積を $d\omega$ と略記すれば
$$\left. \begin{aligned} d\omega &= |J| du\, dv\, dw, \\ J &= \frac{D(x, y, z)}{D(u, v, w)}. \end{aligned} \right\} \tag{1}$$

その意味はすでに述べた($\S\, 96$)通りである．(u, v, w) を (x, y, z) の曲線座標とみれば，xyz 空間の微小体積(volume element)が(1)で表わされるのである．

故に $d\omega$ はもちろん u, v, w の或る函数 ω の微分という意味ではない．uvw 系における直方体の稜を $\Delta u, \Delta v, \Delta w$ として，それに対応する xyz 系の区域の体積を $\Delta\omega$ とすれば
$$\Delta\omega = |J|\Delta u\, \Delta v\, \Delta w + o(\delta^3), \quad \text{ただし} \quad \delta = \mathrm{Max}(\Delta u, \Delta v, \Delta w).$$
(1)は Δw の主要部が $|J|\Delta u\, \Delta v\, \Delta w$ であることを簡明に略記するのである．

同様の立場において，xyz 空間の曲線の弧長を s，その曲線上の点の座標 (x, y, z) の微分を dx, dy, dz とすれば
$$ds^2 = dx^2 + dy^2 + dz^2$$
であるが，
$$dx = \frac{\partial x}{\partial u} du + \frac{\partial x}{\partial v} dv + \frac{\partial x}{\partial w} dw,$$
$$dy = \frac{\partial y}{\partial u} du + \frac{\partial y}{\partial v} dv + \frac{\partial y}{\partial w} dw,$$

98. 曲線座標(体積，曲面積，弧長の変形)

$$dz = \frac{\partial z}{\partial u}du + \frac{\partial z}{\partial v}dv + \frac{\partial z}{\partial w}dw$$

から

$$ds^2 = H_1 du^2 + H_2 dv^2 + H_3 dw^2 \\ + 2F_1 dvdw + 2F_2 dudw + 2F_3 dudv. \tag{2}$$

ただし

$$\left.\begin{array}{l} H_1 = \sum \left(\dfrac{\partial x}{\partial u}\right)^2, \quad H_2 = \sum \left(\dfrac{\partial x}{\partial v}\right)^2, \quad H_3 = \sum \left(\dfrac{\partial x}{\partial w}\right)^2, \\[2mm] F_1 = \sum \dfrac{\partial x}{\partial v}\dfrac{\partial x}{\partial w}, \quad F_2 = \sum \dfrac{\partial x}{\partial u}\dfrac{\partial x}{\partial w}, \quad F_3 = \sum \dfrac{\partial x}{\partial u}\dfrac{\partial x}{\partial v}, \end{array}\right\} \tag{3}$$

ただし，$\sum$ は x,y,z に関する三つの項の和を示すのである．

さて上記(1)の微小体積 $d\omega$ を六つの H, F で表わすことができる．すなわち

$$J^2 = \begin{vmatrix} \dfrac{\partial x}{\partial u} & \dfrac{\partial x}{\partial v} & \dfrac{\partial x}{\partial w} \\[2mm] \dfrac{\partial y}{\partial u} & \dfrac{\partial y}{\partial v} & \dfrac{\partial y}{\partial w} \\[2mm] \dfrac{\partial z}{\partial u} & \dfrac{\partial z}{\partial v} & \dfrac{\partial z}{\partial w} \end{vmatrix}^2 = \begin{vmatrix} H_1 & F_3 & F_2 \\ F_3 & H_2 & F_1 \\ F_2 & F_1 & H_3 \end{vmatrix} = M \tag{4}$$

と置けば

$$d\omega = \sqrt{M}\, dudvdw. \tag{5}$$

曲面に関しては，簡単のために，w を固定して uv 面を考察する．然らばその曲面は u, v を媒介変数として

$$x = \varphi_1(u,v), \quad y = \varphi_2(u,v), \quad z = \varphi_3(u,v) \tag{6}$$

で表わされる．今この曲面が局所的に

$$z = f(x, y) \tag{7}$$

で表わされるとするならば，曲面上の微小面積(surface element)を $d\sigma$ として($\S\,97$)

$$d\sigma = \sqrt{1 + \left(\frac{\partial z}{\partial x}\right)^2 + \left(\frac{\partial z}{\partial y}\right)^2}\, dxdy \\ = \sqrt{1 + \left(\frac{\partial z}{\partial x}\right)^2 + \left(\frac{\partial z}{\partial y}\right)^2}\, \left|\frac{D(x,y)}{D(u,v)}\right| dudv.$$

さて

$$z_u = \frac{\partial z}{\partial x}x_u + \frac{\partial z}{\partial y}y_u,$$

$$z_v = \frac{\partial z}{\partial x}x_v + \frac{\partial z}{\partial y}y_v$$

から
$$\frac{\partial z}{\partial x} : \frac{\partial z}{\partial y} : -1 = \begin{vmatrix} y_u & z_u \\ y_v & z_v \end{vmatrix} : \begin{vmatrix} z_u & x_u \\ z_v & x_v \end{vmatrix} : \begin{vmatrix} x_u & y_u \\ x_v & y_v \end{vmatrix}, \tag{8}$$

従って
$$d\sigma = \sqrt{(y_u z_v - y_v z_u)^2 + (z_u x_v - z_v x_u)^2 + (x_u y_v - x_v y_u)^2}\, du dv$$
$$= \sqrt{\left(\frac{D(y,z)}{D(u,v)}\right)^2 + \left(\frac{D(z,x)}{D(u,v)}\right)^2 + \left(\frac{D(x,y)}{D(u,v)}\right)^2}\, du dv. \tag{9}$$

これは x, y, z のいずれにも偏しない形であるから，曲面(6)が(7)のように表わされなくても，一般に通用する．

(9)において，根号の下の三つの函数行列式は，(8)によって (u, v) に対応する点における曲面の法線の方向余弦 $\cos\alpha, \cos\beta, \cos\gamma$ に比例する．故に

$$\cos\alpha = \pm\frac{\dfrac{D(y,z)}{D(u,v)}}{\sqrt{\sum\left(\dfrac{D(x,z)}{D(u,v)}\right)^2}}, \quad \cos\beta = \pm\frac{\dfrac{D(z,x)}{D(u,v)}}{\sqrt{\sum\left(\dfrac{D(x,z)}{D(u,v)}\right)^2}}, \quad \cos\gamma = \pm\frac{\dfrac{D(x,y)}{D(u,v)}}{\sqrt{\sum\left(\dfrac{D(x,z)}{D(u,v)}\right)^2}},$$

± は三つとも同一，また分母は(9)の右辺の平方根と同じものである．故に分子なる三つの函数行列式が同時に 0 になる点(曲面の特異点)を通らない限り，法線の方向は連続的に変動する．

さて(6)において (u, v) を曲面上の点の座標とみれば，u, v の間の函数的関係によって曲面上の曲線が定められる．その弧長を s とすれば，ds は(2)から(w に関する項を除いて)求められる．すなわち

$$ds^2 = E\,du^2 + 2F\,du dv + G\,dv^2, \tag{10}$$

ただし
$$\left.\begin{aligned} E &= \left(\frac{\partial x}{\partial u}\right)^2 + \left(\frac{\partial y}{\partial u}\right)^2 + \left(\frac{\partial z}{\partial u}\right)^2, \\ F &= \frac{\partial x}{\partial u}\frac{\partial x}{\partial v} + \frac{\partial y}{\partial u}\frac{\partial y}{\partial v} + \frac{\partial z}{\partial u}\frac{\partial z}{\partial v}, \\ G &= \left(\frac{\partial x}{\partial v}\right)^2 + \left(\frac{\partial y}{\partial v}\right)^2 + \left(\frac{\partial z}{\partial v}\right)^2, \end{aligned}\right\} \tag{11}$$

すなわち前記(3)の H_1, F_3, H_2 である．(11)から

$$\begin{vmatrix} E & F \\ F & G \end{vmatrix} = \begin{vmatrix} \dfrac{\partial y}{\partial u} & \dfrac{\partial y}{\partial v} \\ \dfrac{\partial z}{\partial u} & \dfrac{\partial z}{\partial v} \end{vmatrix}^2 + \begin{vmatrix} \dfrac{\partial z}{\partial u} & \dfrac{\partial z}{\partial v} \\ \dfrac{\partial x}{\partial u} & \dfrac{\partial x}{\partial v} \end{vmatrix}^2 + \begin{vmatrix} \dfrac{\partial x}{\partial u} & \dfrac{\partial x}{\partial v} \\ \dfrac{\partial y}{\partial u} & \dfrac{\partial y}{\partial v} \end{vmatrix}^2$$

すなわち

98. 曲線座標（体積，曲面積，弧長の変形）

$$EG - F^2 = \left(\frac{D(y,z)}{D(u,v)}\right)^2 + \left(\frac{D(z,x)}{D(u,v)}\right)^2 + \left(\frac{D(x,y)}{D(u,v)}\right)^2,$$

従って (9) から

$$d\sigma = \sqrt{EG - F^2}\, du\, dv. \tag{12}$$

今公式 (12) の幾何学上の意味を考察しよう．曲面 S を u 線，v 線の網をもって $ABDC$ のような微小曲線四辺形に分割すれば，u 線 AB では v は一定で，u が u から $u+du$ まで変わるのだから，弧 AB の主要部は $\sqrt{E}\,du$ である．同じように v 線の弧 AC の主要部は $\sqrt{G}\,dv$ である．また A における u 線 AB の接線の方向余弦は

$$\frac{\frac{\partial x}{\partial u}}{\sqrt{E}},\quad \frac{\frac{\partial y}{\partial u}}{\sqrt{E}},\quad \frac{\frac{\partial z}{\partial u}}{\sqrt{E}},$$

v 線 AC の接線では

$$\frac{\frac{\partial x}{\partial v}}{\sqrt{G}},\quad \frac{\frac{\partial y}{\partial v}}{\sqrt{G}},\quad \frac{\frac{\partial z}{\partial v}}{\sqrt{G}}$$

であるから，これらの接線の間の角を θ とすれば

$$\cos\theta = \frac{F}{\sqrt{EG}},\quad \text{従って}\quad \sin\theta = \frac{\sqrt{EG - F^2}}{\sqrt{EG}}.$$

故に

$$\sqrt{EG - F^2}\, du\, dv = \sqrt{E}\,du \cdot \sqrt{G}\,dv \cdot \sin\theta$$

は高位の微小数を省略するとき，A における接平面上において二辺は微小弧 AB, AC に等しく，夾角は θ に等しい平行四辺形の面積に等しい．これが (12) における微小面積 $d\sigma$ の幾何学的の意味である．

［注意］上記 E, F, G は (10) からみえるように，曲面上の弧長だけによって確定するのであるから，曲面の形のみに関係する量である，すなわち E, F, G は直角座標 (x, y, z) の選択に無関係なる一定の値を有するのである[*]．それはまた計算によって容易に験証される．すなわち

$$x' = x'_0 + l_1 x + m_1 y + n_1 z,$$
$$y' = y'_0 + l_2 x + m_2 y + n_2 z,$$

---

[*] これによって，§ 97 で述べた曲面積の定義が合理化される．

$$z' = z'_0 + l_3 x + m_3 y + n_3 z$$

を直角座標 (x, y, z) から直角座標 (x', y', z') への変換式として

$$E' = \left(\frac{\partial x'}{\partial u}\right)^2 + \left(\frac{\partial y'}{\partial u}\right)^2 + \left(\frac{\partial z'}{\partial u}\right)^2,$$

$$F' = \frac{\partial x'}{\partial u}\frac{\partial x'}{\partial v} + \frac{\partial y'}{\partial u}\frac{\partial y'}{\partial v} + \frac{\partial z'}{\partial u}\frac{\partial z'}{\partial v},$$

$$G' = \left(\frac{\partial x'}{\partial v}\right)^2 + \left(\frac{\partial y'}{\partial v}\right)^2 + \left(\frac{\partial z'}{\partial v}\right)^2$$

と書けば

$$E' = \left(l_1\frac{\partial x}{\partial u} + m_1\frac{\partial y}{\partial u} + n_1\frac{\partial z}{\partial u}\right)^2 + \left(l_2\frac{\partial x}{\partial u} + m_2\frac{\partial y}{\partial u} + n_2\frac{\partial z}{\partial u}\right)^2 + \left(l_3\frac{\partial x}{\partial u} + m_3\frac{\partial y}{\partial u} + n_3\frac{\partial z}{\partial u}\right)^2$$

$$= \left(\frac{\partial x}{\partial u}\right)^2 + \left(\frac{\partial y}{\partial u}\right)^2 + \left(\frac{\partial z}{\partial u}\right)^2 = E.$$

ここで

$$l_1^2 + l_2^2 + l_3^2 = 1, \quad m_1^2 + m_2^2 + m_3^2 = 1, \quad n_1^2 + n_2^2 + n_3^2 = 1,$$
$$l_1 m_1 + l_2 m_2 + l_3 m_3 = 0, \quad l_1 n_1 + l_2 n_2 + l_3 n_3 = 0, \quad m_1 n_1 + m_2 n_2 + m_3 n_3 = 0$$

を用いた．同様に $F' = F, G' = G$ を得る．

(1°) 回転面 xz 平面上，z 軸の右側 $(x > 0)$ にある曲線

$$x = \varphi(u), \quad z = \psi(u), \quad a \leqq u \leqq b, \tag{13}$$

が z 軸のまわりに回転して生ずる回転面の方程式は，v を回転の角として

$$x = \varphi(u)\cos v, \quad y = \varphi(u)\sin v, \quad z = \psi(u).$$

よって

$$E = (\varphi'(u)\cos v)^2 + (\varphi'(u)\sin v)^2 + \psi'(u)^2 = \varphi'(u)^2 + \psi'(u)^2,$$
$$G = (-\varphi(u)\sin v)^2 + (\varphi(u)\cos v)^2 = \varphi(u)^2,$$
$$F = 0,$$
$$\sqrt{EG} = \varphi(u)\sqrt{\varphi'(u)^2 + \psi'(u)^2},$$
$$S = \int_0^{2\pi} dv \int_a^b \varphi(u)\sqrt{\varphi'(u)^2 + \psi'(u)^2}\, du$$
$$= 2\pi \int_a^b \varphi(u)\sqrt{\varphi'(u)^2 + \psi'(u)^2}\, du.$$

母線(13)を C と書いて，その弧長を s とすれば

$$ds = \sqrt{\varphi'(u)^2 + \psi'(u)^2}\, du$$

だから

$$S = 2\pi \int_C x\, ds. \tag{14}$$

$2\pi x\, ds$ は母線の微小弧 ds の回転から生ずる微小円錐台の側面積である．

もしも曲線 C の重心を (x_0, z_0) とすれば，C の全長を l として

$$x_0 = \frac{1}{l}\int_C x\,ds, \quad z_0 = \frac{1}{l}\int_C z\,ds.$$

故に (14) を

$$S = 2\pi x_0 l$$

と書くことができる．すなわち回転面の面積は母線の長さと，母線の重心の画く円周の長さとの積に等しい．[Guldin の法則]

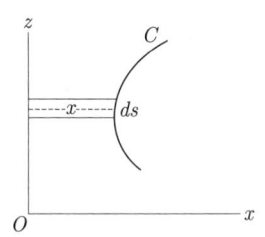

［注意］ 回転体の体積に関しても，類似の法則が成り立つ．今 xy 平面において母線の方程式を

$$x = f(z) \geqq 0$$

とすれば $z=a, z=b$ の間に挟まれる回転体の体積 $V = \int_a^b \pi f(z)^2 dz$．さて子午線面での截口の面積を A，截口の重心を (ξ, ζ) とすれば

$$\begin{aligned}\xi &= \frac{1}{A}\int_A x\,dxdz \\ &= \frac{1}{2A}\int_a^b f(z)^2 dz.\end{aligned}$$

故に

$$V = 2\pi\xi \cdot A,$$

すなわち回転体の体積 V は子午線面の面積と，それの重心が画く円周の長さとの積に等しい（体積に関する Guldin の法則）．この法則は z 軸に交わらない閉曲線が z 軸を周って回転するとき生ずる回転体にも当てはまる．

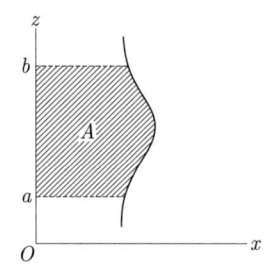

［例 1］ xz 平面上において，z 軸に交わらない円が z 軸を周って回転するときに生ずる立体を輪環体 (torus) という．円の半径を r，中心と回転軸との距離を a とすれば，$x_0 = a, \xi = a$ だから

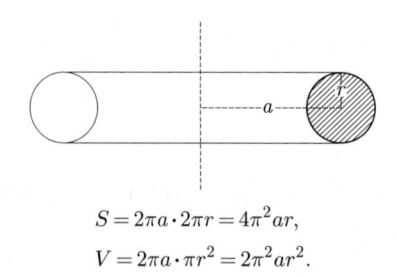

$$S = 2\pi a \cdot 2\pi r = 4\pi^2 ar,$$
$$V = 2\pi a \cdot \pi r^2 = 2\pi^2 ar^2.$$

[例 2] 回転楕円体の表面積は既に計算した (394 頁). またその体積はもちろん既知である. 故に Guldin の法則によって, 反対に長軸または短軸を限界とする楕円の半周または半面の重心の位置が決定される.

(2°) 螺旋面 母線
$$x = \varphi(u), \quad z = \psi(u), \quad a \leqq u \leqq b,$$
が z 軸を軸として一定の角速度をもって回転すると同時に, z 軸に沿って一定の速度をもって平行移動をするときは, 螺旋面が生ずる. v を回転の角 $(0 \leqq v \leqq 2\pi)$ とすれば, その方程式は
$$x = \varphi(u)\cos v, \quad y = \varphi(u)\sin v, \quad z = \psi(u) + cv,$$
c は定数である. よって
$$E = \varphi'(u)^2 + \psi'(u)^2,$$
$$G = \varphi(u)^2 + c^2,$$
$$F = c\psi'(u),$$
$$EG - F^2 = \varphi(u)^2(\varphi'(u)^2 + \psi'(u)^2) + c^2\varphi'(u)^2.$$
これは u のみに関係するから,
$$S = v\int_a^b \{\varphi^2(\varphi'^2 + \psi'^2) + c^2\varphi'^2\}^{\frac{1}{2}}\,du,$$
ただし, v は母線の回転の角である.

例えば母線が軸に垂直なる長さ a の直線ならば, $\varphi(u) = u, 0 \leqq u \leqq a, \psi(u) = 0$ と置いて $E = 1, G = u^2 + c^2, F = 0$. 故に一周に対応する面積は
$$S = 2\pi \int_0^a \sqrt{u^2 + c^2}\,du = \pi \left| u\sqrt{u^2 + c^2} + c^2 \log(u + \sqrt{u^2+c^2}) \right|_0^a$$
$$= \pi \left\{ a\sqrt{a^2+c^2} + c^2 \log\frac{a + \sqrt{a^2+c^2}}{c} \right\}.$$
ここで $2\pi c$ が螺旋の高さに等しい.

(3°) 線織面 直線
$$x = a_1 u + b_1, \quad y = a_2 u + b_2, \quad z = a_3 u + b_3$$
において係数 a, b を v の函数とするときは, v が変動するとき, 直線が動いて線織面を生ずる. この場合には
$$E = a_1^2 + a_2^2 + a_3^2,$$

$$G = (a_1' u + b_1')^2 + (a_2' u + b_2')^2 + (a_3' u + b_3')^2,$$
$$F = a_1(a_1' u + b_1') + a_2(a_2' u + b_2') + a_3(a_3' u + b_3').$$

(' は v に関する微分を示す．) よって

$$EG - F^2 = Lu^2 + Mu + N.$$

L, M, N は v のみの函数である．従って S の計算において u に関しては不定積分ができる．

99. 直 交 座 標

前節に述べたように，u, v, w のうち二つを固定すれば，u 線，v 線，w 線の接線の方向余弦はそれぞれ行列

$$\begin{array}{ccc} \dfrac{\partial x}{\partial u} & \dfrac{\partial x}{\partial v} & \dfrac{\partial x}{\partial w} \\ \dfrac{\partial y}{\partial u} & \dfrac{\partial y}{\partial v} & \dfrac{\partial y}{\partial w} \\ \dfrac{\partial z}{\partial u} & \dfrac{\partial z}{\partial v} & \dfrac{\partial z}{\partial w} \end{array}$$

の縦列に比例する (399頁)．応用上最も取扱いに便利なのは，これらの曲線が互に直交する場合で，そのとき (u, v, w) を直交座標という．直交座標では，上記行列の列の間に直交条件

$$\sum \frac{\partial x}{\partial u} \frac{\partial x}{\partial v} = 0, \quad \sum \frac{\partial x}{\partial u} \frac{\partial x}{\partial w} = 0, \quad \sum \frac{\partial x}{\partial v} \frac{\partial x}{\partial w} = 0$$

が成り立つ．すなわち前節(3)における

$$F_1 = F_2 = F_3 = 0.$$

故に直交座標に関しては前節 (2), (5), (12) が次のように簡約される．

$$ds = \sqrt{H_1 du^2 + H_2 dv^2 + H_3 dw^2}, \tag{1}$$

$$d\omega = \sqrt{H_1 H_2 H_3}\, du\, dv\, dw, \tag{2}$$

$$d\sigma = \sqrt{H_1 H_2}\, du\, dv = \sqrt{EG}\, du\, dv. \tag{3}$$

極座標は最も普通に用いられる直交曲線座標である．すなわち u, v, w に r, ϑ, φ を代用して

$$x = r \sin\vartheta \cos\varphi, \quad y = r \sin\vartheta \sin\varphi, \quad z = r \cos\vartheta$$

から

$$J = \begin{vmatrix} \sin\vartheta\cos\varphi & r\cos\vartheta\cos\varphi & -r\sin\vartheta\sin\varphi \\ \sin\vartheta\sin\varphi & r\cos\vartheta\sin\varphi & r\sin\vartheta\cos\varphi \\ \cos\vartheta & -r\sin\vartheta & 0 \end{vmatrix}$$

H_1, H_2, H_3 は各縦列の元の平方の和である．すなわち

$$H_1 = 1, \quad H_2 = r^2, \quad H_3 = r^2 \sin^2\vartheta.$$

故に (1), (2) から

$$(J = \sqrt{H_1 H_2 H_3} = r^2 \sin \vartheta)$$
$$ds^2 = dr^2 + r^2 d\vartheta^2 + r^2 \sin^2 \vartheta \, d\varphi^2, \tag{4}$$
$$d\omega = r^2 \sin \vartheta \, dr d\vartheta d\varphi. \tag{5}$$

面積に関しては曲面が $r = f(\vartheta, \varphi)$ の形で与えられているとすれば，(4) から
$$ds^2 = (r_\vartheta d\vartheta + r_\varphi d\varphi)^2 + r^2 d\vartheta^2 + r^2 \sin^2 \vartheta \, d\varphi^2,$$
従って
$$\left. \begin{array}{c} E = r^2 + r_\vartheta^2, \quad F = r_\vartheta r_\varphi, \quad G = r^2 \sin^2 \vartheta + r_\varphi^2, \\ d\sigma = \sqrt{EG - F^2} \, d\vartheta d\varphi = r\sqrt{(r^2 + r_\vartheta^2) \sin^2 \vartheta + r_\varphi^2} \, d\vartheta d\varphi. \end{array} \right\} \tag{6}$$

特に球面 ($r = $定数) 上で余緯度 ϑ，経度 φ を曲線座標とすれば，(6) から
$$\left. \begin{array}{c} E = r^2, \quad G = r^2 \sin^2 \vartheta, \quad F = 0, \\ ds^2 = r^2 (d\vartheta^2 + \sin^2 \vartheta \, d\varphi^2), \\ d\sigma = r^2 \sin \vartheta \, d\vartheta d\varphi. \end{array} \right\} \tag{7}$$

(7) によって球面上の面積が次のようにして計算される．今北極 $(0, 0, r)$ から球面上の点 P への直線距離を ρ とすれば，P の極座標を (r, ϑ, φ) とするとき
$$\rho = 2r \sin \frac{\vartheta}{2}, \quad \rho^2 = 2r^2 (1 - \cos \vartheta), \quad \rho \, d\rho = r^2 \sin \vartheta \, d\vartheta,$$
故に (7) から
$$d\sigma = \rho \, d\rho d\varphi.$$

今球面が閉曲線 C で二つの部分に分たれるとき，その一つの部分を S とする．北極が S の内部にあるように座標軸を取って，C 上の点 P においては $\rho = F(\varphi)$ とする (ρ, φ に関する C の方程式)．然らば面積 S は (記号 $[C]$ は 223 頁，脚註)
$$S = \int_{[C]} d\sigma = \int_0^{2\pi} d\varphi \int_0^\rho \rho \, d\rho = \frac{1}{2} \int_0^{2\pi} \rho^2 d\varphi. \tag{8}$$

例えば ρ を一定とすれば，球分の面積として $S = \pi \rho^2$ を得る．特に $\rho = 2r$ とすれば球の全面積として $S = 4\pi r^2$ を得る．

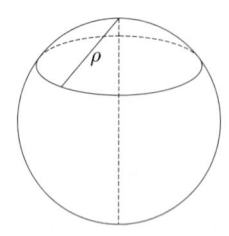

(8) は ϑ を含まないから，z 軸上原点を球の中心としなくてもよい．

［例］ 球面 $x^2 + y^2 + (z - R)^2 = R^2$ から，錐面 $z^2 = ax^2 + by^2$ $(a > 0, b > 0)$ が截り取る面積 S を求める

こと.

ここでは $\rho = 2R\sin\vartheta$ で,錐面上では
$$\cos^2\vartheta = (a\cos^2\varphi + b\sin^2\varphi)\sin^2\vartheta.$$
両辺に $\sin^2\vartheta$ を加えて
$$1 = (a\cos^2\varphi + b\sin^2\varphi + 1)\sin^2\vartheta.$$
故に
$$\rho^2 = \frac{4R^2}{a\cos^2\varphi + b\sin^2\varphi + 1},$$
従って(8)によって(§37, [例2]参照)
$$S = 2R^2\int_0^{2\pi}\frac{d\varphi}{a\cos^2\varphi + b\sin^2\varphi + 1}$$
$$= 2R^2\int_0^{2\pi}\frac{d\varphi}{(a+1)\cos^2\varphi + (b+1)\sin^2\varphi} = \frac{4\pi R^2}{\sqrt{(a+1)(b+1)}}.$$

楕円座標を直交座標の他の一例として取ってみる.今
$$a > b > c > 0$$
とすれば同焦点の二次曲面
$$\frac{x^2}{a-\lambda} + \frac{y^2}{b-\lambda} + \frac{z^2}{c-\lambda} = 1 \tag{9}$$
の中で,一点 (x,y,z) を通るものが三つある.すなわち与えられた (x,y,z) に関して(9)を満足せしめる λ の三つの実数値 $\lambda_1, \lambda_2, \lambda_3$ があって,それらは次のように配置される.
$$\lambda_1 < c < \lambda_2 < b < \lambda_3 < a.$$
λ_1 には楕円面,λ_2 には一葉双曲面,λ_3 には二葉双曲面が対応して,それらは二つずつ直交する.故に一つの八分象限(octant),例えば $x > 0, y > 0, z > 0$ における (x,y,z) と半直角柱
$$-\infty < \lambda_1 < c, \quad c < \lambda_2 < b, \quad b < \lambda_3 < a$$
における $(\lambda_1, \lambda_2, \lambda_3)$ との間に一対一対応が成り立つ.$(\lambda_1, \lambda_2, \lambda_3)$ を点 (x,y,z) の楕円座標というのである.

λ を変数とするとき,(9)の根が $\lambda_1, \lambda_2, \lambda_3$ であることから,λ に関する次の恒等式を得る:
$$\frac{x^2}{a-\lambda} + \frac{y^2}{b-\lambda} + \frac{z^2}{c-\lambda} - 1 = \frac{(\lambda-\lambda_1)(\lambda-\lambda_2)(\lambda-\lambda_3)}{(a-\lambda)(b-\lambda)(c-\lambda)}. \tag{10}$$
これから,$a-\lambda$ または $b-\lambda, c-\lambda$ を掛けて後 λ に a, b, c を代入して
$$\left.\begin{aligned} x^2 &= \frac{(a-\lambda_1)(a-\lambda_2)(a-\lambda_3)}{(a-b)(a-c)}, \\ y^2 &= \frac{(b-\lambda_1)(b-\lambda_2)(b-\lambda_3)}{(b-a)(b-c)}, \\ z^2 &= \frac{(c-\lambda_1)(c-\lambda_2)(c-\lambda_3)}{(c-a)(c-b)} \end{aligned}\right\} \tag{11}$$

を得る．これによって (x,y,z) が $(\lambda_1,\lambda_2,\lambda_3)$ で表わされる．これらを対数的に微分して

$$\left.\begin{aligned}-2dx &= \frac{xd\lambda_1}{a-\lambda_1}+\frac{xd\lambda_2}{a-\lambda_2}+\frac{xd\lambda_3}{a-\lambda_3},\\ -2dy &= \frac{yd\lambda_1}{b-\lambda_1}+\frac{yd\lambda_2}{b-\lambda_2}+\frac{yd\lambda_3}{b-\lambda_3},\\ -2dz &= \frac{zd\lambda_1}{c-\lambda_1}+\frac{zd\lambda_2}{c-\lambda_2}+\frac{zd\lambda_3}{c-\lambda_3}.\end{aligned}\right\}$$

これらを平方して加えて(直交条件を用いて)

$$ds^2 = H_1 d\lambda_1^2 + H_2 d\lambda_2^2 + H_3 d\lambda_3^2$$

における係数 H_i が求められる．例えば

$$4H_1 = \frac{x^2}{(a-\lambda_1)^2}+\frac{y^2}{(b-\lambda_1)^2}+\frac{z^2}{(c-\lambda_1)^2}$$

であるが，それを手短かに計算するために(10)の右辺の分母を

$$\varphi(\lambda) = (a-\lambda)(b-\lambda)(c-\lambda)$$

と書いて，(10)を λ に関して微分してから，λ に λ_1 を代入すれば同様に，

$$\left.\begin{aligned}H_1 &= \frac{(\lambda_1-\lambda_2)(\lambda_1-\lambda_3)}{4\varphi(\lambda_1)},\\ H_2 &= \frac{(\lambda_2-\lambda_1)(\lambda_2-\lambda_3)}{4\varphi(\lambda_2)},\\ H_3 &= \frac{(\lambda_3-\lambda_1)(\lambda_3-\lambda_2)}{4\varphi(\lambda_3)}.\end{aligned}\right\} \quad (12)$$

従って

$$\frac{D(x,y,z)}{D(\lambda_1,\lambda_2,\lambda_3)} = \sqrt{H_1 H_2 H_3} = \frac{(\lambda_3-\lambda_2)(\lambda_3-\lambda_1)(\lambda_2-\lambda_1)}{8\sqrt{-\varphi(\lambda_1)\varphi(\lambda_2)\varphi(\lambda_3)}}. \quad (13)$$

ここで $\lambda_1<\lambda_2<\lambda_3$ であった，また分母の根号の下で $\varphi(\lambda_1)>0$, $\varphi(\lambda_3)>0$, $-\varphi(\lambda_2)>0$ である．これを(2)へ入れて $d\omega$ を得る．

面積に関しては，一例として楕円体の表面

$$\frac{x^2}{a}+\frac{y^2}{b}+\frac{z^2}{c}=1 \quad (x>0,\ y>0,\ z>0)$$

を取れば，$\lambda_1=0$, $c<\lambda_2<b$, $b<\lambda_3<a$. よって H_2, H_3 において $\lambda_1=0$ と置いて

$$E = \frac{\lambda_2(\lambda_3-\lambda_2)}{-4\varphi(\lambda_2)},\quad G = \frac{\lambda_3(\lambda_3-\lambda_2)}{4\varphi(\lambda_3)},$$

$$d\sigma = \sqrt{EG}\,d\lambda_2 d\lambda_3 = \frac{\sqrt{\lambda_2\lambda_3}\,(\lambda_3-\lambda_2)}{4\sqrt{-\varphi(\lambda_2)\varphi(\lambda_3)}}d\lambda_2 d\lambda_3.$$

これを区域 $c<\lambda_2<b$, $b<\lambda_3<a$ において積分すれば，上記楕円体の表面積の $\dfrac{1}{8}$ を得るが，その積分はもちろん楕円積分である．

100. 面積分

三次元の或る区域において連続なる函数 $f(P)$ と滑らかな曲面 S とが与えられたとき，S を曲線網によって微小面積 σ_i に分割し，σ_i の上の任意の点を P_i とすれば，$\sum_i f(P_i)\sigma_i$ の極限値が確定する．それを S に関する $f(P)$ の面積分といい，

$$\int_S f(P)\,d\sigma \tag{1}$$

と書く．

線積分において積分路なる曲線に向きをつけたのと同様に，面積分においても，曲面 S の表面，裏面を区別して，面積分に符号をつけることが，応用上便利である．曲面 S のどの側を表，どの側を裏とするかは任意であるが，一側を表(正の側)，他の側を裏(負の側)と定めて，かりにそれを S^+, S^- と書くならば，定義として

$$\int_{S^-} f(P)\,d\sigma = -\int_{S^+} f(P)\,d\sigma.$$

さて S の各点 P における法線の向きは表面の側を正として，それに対応して，面上の回転の向きの正負を定める．すなわち座標軸が右系ならば，面上の回転の正の向きと法線の正の向きとが右ネジになるようにする．

さて P における法線の正の向きと，x, y, z 軸の正の向きとの間の角を α, β, γ とする．然らば P における S 上の微小面積 $d\sigma$ (それは絶対的とする，すなわち常に正とする)を一つの座標面例えば xy 平面上へ回転の向きも共に射影するならば，xy 面上の微小面積 $d\sigma \cdot \cos\gamma$ には，γ が $\dfrac{\pi}{2}$ よりも小なるか，大なるかに従って，正負の差別が生ずるが，その符号をも入れて微小面積を $dxdy$ と書いて S に関する函数 w の面積分を

$$\iint_S w\,dxdy$$

と書く．故にここでは $dxdy$ は $d\sigma\cos\gamma$ を意味するものと了解すべきである．$\iint u\,dydz$，$\iint v\,dzdx$ も同様である．応用上，しばしば u,v,w を一つのベクトル (u,v,w) の成分とするが，そのとき上記の意味で

$$\iint_S u\,dydz + v\,dzdx + w\,dxdy = \int_S (u\cos\alpha + v\cos\beta + w\cos\gamma)d\sigma.$$

左辺は疎漏な記法ではあるが，印象的だから応用上便利である．

曲面の表面，裏面を区別するというのは，直観的(粗雑)ないい表わしであるが，我々に必要なのは曲面上の各点 P における法線の正の向きが点 P に伴って連続的に変動するとき，曲面全体に関して法線の正の向きと負の向きとが区別されればよいのである．すなわち P における法線上の向きが P に伴って連続的に変動して P が出発点に返るときに，もとの向きと反対にならないことを要するのである．

これの意味は，表裏の区別ができない曲面(単側面)があることを指摘すれば明瞭になるであろう．その最も簡単なる一例は Möbius の帯である．

細長い矩形の紙片 $ABDC$ を一度ねじって，辺 CD を裏向きに AB に合わせて(A と D，および B と C とが重なるように)貼りつけるならば，一つの曲面 S が生ずる．それが Möbius の帯の模型である．

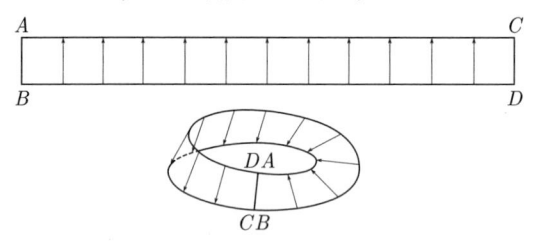

この曲面 S には表裏の区別がない．今矩形の紙片 $ABDC$ の一面を赤，他の一面を白として，上記のように AB と CD とをつぎ合わせるならば，曲面 S においては，つぎめの所で赤と白とが接するであろう．

曲面 S を媒介変数 u,v で表わして

$$x = x(u,v), \quad y = y(u,v), \quad z = z(u,v)$$

とし，uv 平面上 (u,v) が或る領域 K において変動するとき，K における (u,v) と S の点 (x,y,z) とが一対一に対応すると仮定する．

今 S は特異点を有しないとする．すなわち K において

$$\Delta = \left(\frac{D(y,z)}{D(u,v)}\right)^2 + \left(\frac{D(z,x)}{D(u,v)}\right)^2 + \left(\frac{D(x,y)}{D(u,v)}\right)^2 \neq 0$$

とする．そのとき，S の法線の正の向きの方向余弦を

$$\cos\alpha = \frac{D(y,z)}{D(u,v)}\bigg/\sqrt{\Delta}, \quad \cos\beta = \frac{D(z,x)}{D(u,v)}\bigg/\sqrt{\Delta}, \quad \cos\gamma = \frac{D(x,y)}{D(u,v)}\bigg/\sqrt{\Delta}$$

とすれば，これらは K において一意だから，S は正負の両側面を有する．そうして S 上の微小面積は

$$d\sigma = \sqrt{\Delta}\,dudv$$

だから，$f(x,y,z) = F(u,v)$ と書けば面積分(1)は次のようになる．

$$\int_S f(P)d\sigma = \int_K F(u,v)\sqrt{\Delta}\,dudv.$$

101. ベクトル法の記号

次に述べる Gauss の定理および Stokes の定理を簡明にいい表わすために，古典物理学で用いられるベクトル法の記号を説明する．

xyz 空間の或る区域内の各点 $P=(x,y,z)$ にベクトル $\boldsymbol{u}=(a,b,c)$ が配置されるとき，それをベクトルの場ということはすでに述べた（§87）．すなわち $\boldsymbol{u}$ の座標 a,b,c は x,y,z の函数である．このベクトルの場から次の定義によって数量の場 $\mathrm{div}\,\boldsymbol{u}$ およびベクトルの場 $\mathrm{rot}\,\boldsymbol{u}$ が生ずる：

$$\mathrm{div}\,\boldsymbol{u} = \frac{\partial a}{\partial x} + \frac{\partial b}{\partial y} + \frac{\partial c}{\partial z}, \tag{1}$$

$$\mathrm{rot}\,\boldsymbol{u} = \left(\frac{\partial c}{\partial y} - \frac{\partial b}{\partial z},\, \frac{\partial a}{\partial z} - \frac{\partial c}{\partial x},\, \frac{\partial b}{\partial x} - \frac{\partial a}{\partial y}\right). \tag{2}$$

前者を $\boldsymbol{u}$ の発散(divergence)，後者を $\boldsymbol{u}$ の回転(rotation または curl)という．

f が数量の場なるとき，その勾配（§87）

$$\mathrm{grad}\,f = (f_x, f_y, f_z) \tag{3}$$

はベクトルの場である．これを上記 $\boldsymbol{u}$ に代用すれば

$$\mathrm{rot}\,\mathrm{grad}\,f = 0, \tag{4}$$

$$\mathrm{div}\,\mathrm{grad}\,f = \Delta f = \frac{\partial^2 f}{\partial x^2} + \frac{\partial^2 f}{\partial y^2} + \frac{\partial^2 f}{\partial z^2} \tag{5}$$

を得る．次の等式も上記の定義から直ちに出る．

$$\mathrm{div}\,\mathrm{rot}\,\boldsymbol{u} = 0. \tag{6}$$

もしも演算記号 ∇（ナブラ）：

$$\nabla = \left(\frac{\partial}{\partial x},\, \frac{\partial}{\partial y},\, \frac{\partial}{\partial z}\right)$$

をベクトルのように扱うならば，

$$\left.\begin{aligned} \mathrm{grad}\,f &= \nabla f, \\ \mathrm{div}\,\boldsymbol{u} &= \nabla \cdot \boldsymbol{u}, \\ \mathrm{rot}\,\boldsymbol{u} &= \nabla \times \boldsymbol{u}, \\ \Delta f &= \nabla \cdot \nabla f. \end{aligned}\right\} \tag{7}$$

[注意] ベクトル $u=(a,b,c)$ が点 $P=(x,y,z)$ の函数として与えられるとき，u は座標軸の取り方に関係しないことを要する．故に今直角座標を変換して

$$\begin{aligned}\xi &= l_1 x + m_1 y + n_1 z \\ \eta &= l_2 x + m_2 y + n_2 z \\ \zeta &= l_3 x + m_3 y + n_3 z\end{aligned} \quad \Bigg| \quad \begin{aligned}x &= l_1 \xi + l_2 \eta + l_3 \zeta, \\ y &= m_1 \xi + m_2 \eta + m_3 \zeta, \\ z &= n_1 \xi + n_2 \eta + n_3 \zeta\end{aligned} \tag{8}$$

とするとき，新座標 ξ, η, ζ に関する u の成分を α, β, γ とすれば

$$\left.\begin{aligned}\alpha &= l_1 a + m_1 b + n_1 c, \\ \beta &= l_2 a + m_2 b + n_2 c, \\ \gamma &= l_3 a + m_3 b + n_3 c.\end{aligned}\right\} \tag{9}$$

特に二つのベクトル u, v が与えられたとき，そのベクトル積 $u \times v$ は変換(8)によって(9)のように変形される．また数量積 $u \cdot v$ はもちろん不変である．それは数量積，ベクトル積の意味(§ 27)によって明白であるが，実際計算をしてみるならば，その通りであることが，わかるであろう．

さて点 P の函数として u が与えられているとしても，(1),(2)のように算式で定義された $\mathrm{div}\,u$, $\mathrm{rot}\,u$ が実際数量の場，ベクトルの場を与えることは，験証を要するであろう．その験証は次のようにすれば簡明である．まず(8)から記号的に

$$\frac{\partial}{\partial \xi} = \frac{\partial x}{\partial \xi}\frac{\partial}{\partial x} + \frac{\partial y}{\partial \xi}\frac{\partial}{\partial y} + \frac{\partial z}{\partial \xi}\frac{\partial}{\partial z}$$

$$= l_1 \frac{\partial}{\partial x} + m_1 \frac{\partial}{\partial y} + n_1 \frac{\partial}{\partial z},$$

$$\frac{\partial}{\partial \eta} = l_2 \frac{\partial}{\partial x} + m_2 \frac{\partial}{\partial y} + n_2 \frac{\partial}{\partial z},$$

$$\frac{\partial}{\partial \zeta} = l_3 \frac{\partial}{\partial x} + m_3 \frac{\partial}{\partial y} + n_3 \frac{\partial}{\partial z}.$$

すなわち $\left(\dfrac{\partial}{\partial x}, \dfrac{\partial}{\partial y}, \dfrac{\partial}{\partial z}\right)$ は変換(8)に関して計算上ベクトルと同様に取扱ってよい．よって(7)から数量積 $\mathrm{div}\,u = \left(\dfrac{\partial}{\partial x}, \dfrac{\partial}{\partial y}, \dfrac{\partial}{\partial z}\right) \cdot (a,b,c)$ は不変で，またベクトル積 $\mathrm{rot}\,u = \left(\dfrac{\partial}{\partial x}, \dfrac{\partial}{\partial y}, \dfrac{\partial}{\partial z}\right) \times (a,b,c)$ が(9)のように変形されることがわかる．すなわち

$$\frac{\partial \gamma}{\partial \eta} - \frac{\partial \beta}{\partial \zeta} = l_1 \left(\frac{\partial c}{\partial y} - \frac{\partial b}{\partial z}\right) + m_1 \left(\frac{\partial a}{\partial z} - \frac{\partial c}{\partial x}\right) + n_1 \left(\frac{\partial b}{\partial x} - \frac{\partial a}{\partial y}\right),$$

あと二つは書くに及ぶまい．この計算によって $\mathrm{div}\,u$ は数量の場，$\mathrm{rot}\,u$ はベクトルの場であることが確定する．

102. Gauss の定理

平面上で閉曲線 C の内部の面積が，C に関する線積分として表わされることを前に述べた(§ 41, [例 2])．それは線積分の応用の最も簡単な一例であったのだが，それを拡張して三次元において，閉曲面 S に関する任意の面積分を S の内部の区域 K に関する三次元積分に変形することができる．結果をいえば次の通り：

102. Gauss の定理

$$a(x,y,z), \quad b(x,y,z), \quad c(x,y,z)$$

は (x,y,z) の函数で，それらは K において連続的微分可能とすれば

$$\iint_S a\,dydz + b\,dzdx + c\,dxdy = \iiint_K (a_x + b_y + c_z)\,dxdydz. \tag{1}$$

これが Gauss の定理*である．

(1)は記憶しやすい形に書いたのであるが，今その意味を説明する．閉曲面 S の各点において，その外部への法線の方向余弦を $\cos\alpha, \cos\beta, \cos\gamma$ とすれば

$$\int_K (a_x + b_y + c_z)d\omega = \int_S (a\cos\alpha + b\cos\beta + c\cos\gamma)d\sigma. \tag{1'}$$

または一層簡明に，(a,b,c) をベクトル $\boldsymbol{v}$ の座標と考えて，上記法線上の単位ベクトルを $\boldsymbol{n}$ と書けば

$$\int_K \mathrm{div}\,\boldsymbol{v}\,d\omega = \int_S \boldsymbol{v}\cdot\boldsymbol{n}\,d\sigma. \tag{G}$$

[証] (1)の形からみえるように，両辺において a,b,c に関する部分が各別に相等しいことを示せばよい．よって今

$$\iint_S c\,dxdy = \iiint_K \frac{\partial c}{\partial z}\,dxdydz \tag{2}$$

を証明する．

まず簡単に閉曲面 S は z 軸に平行なる直線と二つよりも多くの交点を有しないと仮定して

$$\iiint_K \frac{\partial c}{\partial z}\,dxdydz$$

を考察する．曲面 S の xy 平面上への正射影を B とすれば，S は B を底とする直筒面に包まれて，一つの閉曲線 L に沿って，その筒面に接するであろう．そうして S は L によって上下の二部分 S_1, S_2 に分たれる．すなわち B の内部の点 (x,y) を通る z 軸への平行線が S に交わる点を $P_1 = (x,y,z_1), P_2 = (x,y,z_2), z_1 > z_2$ とすれば，P_1 は S_1 に，P_2 は S_2 に属する．さて z

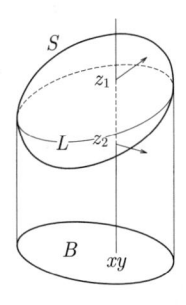

---

* または Green の定理ともいう．

に関して積分すれば

$$\iiint_K \frac{\partial c}{\partial z}\, dxdydz = \iint_B \{c(x,y,z_1) - c(x,y,z_2)\}\, dxdy. \qquad (3)$$

然るに，もしも K の外部を S の正の側として，面積分を取るならば

$$\iint_B c(x,y,z_1)\, dxdy = \iint_{S_1} c(x,y,z)\, dxdy,$$

$$-\iint_B c(x,y,z_2)\, dxdy = \iint_{S_2} c(x,y,z)\, dxdy.$$

故に

$$\iiint_K \frac{\partial c}{\partial z}\, dxdydz = \iint_S c(x,y,z) dxdy = \iint_S c\cdot\cos\gamma\, d\sigma. \qquad (4)$$

$\iint_B$ は通常の意味の二次元積分であるが，$\iint_S$ において $dxdy = \cos\gamma\, d\sigma$ とすれば，(3) をこのように形式上簡明に書き表わすことができるのである．　　　　　　　　　　（証終）

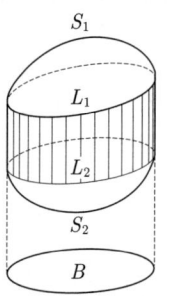

(2) は曲面 S の一部分が B を底とする直筒面上にある場合にも成り立つ．例えば L_1, L_2 を筒面の部分の境界とすれば，

$$\iiint_K c_z\, dxdydz = \iint_B c(x,y,z_1)\, dxdy - \iint_B c(x,y,z_2)\, dxdy$$

$$= \iint_S c(x,y,z)\, dxdy.$$

L_1 と L_2 との間にある部分に関しては $\cos\gamma = 0$ で

$$\iint c\, dxdy = \iint c\cos\gamma\, d\sigma = 0$$

だから，それでよいのである．

　　区域 K の境界面 S が z 軸への平行線と二つより多くの点で交わる場合にも，もしも K を前記のような区域に分割することができるならば，(1) はやはり成り立つ．例えば K を曲面 T で K_1, K_2 に分割して，それらの境界面を S_1, S_2 とすれば，K_1, S_1 と K_2, S_2 とに関して，(1) は成

り立つ．さて
$$\iiint_K = \iiint_{K_1} + \iiint_{K_2} = \iint_{S_1} + \iint_{S_2} = \iint_S$$

S_1, S_2 に共通なる境界面 T に関しては，反対の側において二回面積分を取ることになるから，それらは相殺するのである．

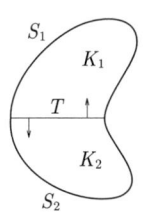

K の境界が互に離れた二つ以上の曲面であってもよい．K が図のように閉曲面 S_1 と，その内部に含まれる閉曲面 S_2 との間に挟まれる区域である場合が，その一例である．ただし，この場合，S_2 の内部は区域 K の外部だから，もしも閉曲面の外側を正の側として面積分を取るならば，K の境界 S に関する面積分は $\int_S = \int_{S_1} - \int_{S_2}$ になることに注意すべきである．

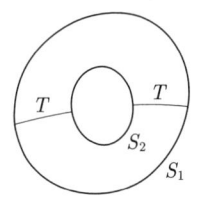

平面上においても Gauss の定理は成り立つ．それは上記と同様にして証明されるが，あるいはそれを(1)から導くために，$c = 0$，$\boldsymbol{v} = (a, b, 0)$ と置いて閉区域 K を高さ 1 なる直筒，xy 平面上におけるその底を B，B の周を閉曲線 C とする．然らば(1)から

$$\iint_B (a_x + b_y)\, dxdy = \int_C (a\cos\alpha + b\cos\beta) ds.$$

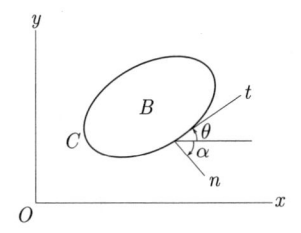

ここで α, β は C の外部へ引いた法線 n と x 軸，y 軸の正の向きとの間の角で，ds は C の微小弧である．もしも C の周を正の向き(内部を左に見る向き)に回るものとして，接線と x 軸の正の向きの間の角を θ とすれば，

$$dx = ds\cos\theta = -ds\cos\beta,$$
$$dy = ds\sin\theta = ds\cos\alpha.$$

故に
$$\iint_B (a_x + b_y)\,dxdy = \int_C a\,dy - b\,dx.$$

$-b, a$ の代りに二つの函数 φ, ψ を置けば
$$\iint_B \left(\frac{\partial\psi}{\partial x} - \frac{\partial\varphi}{\partial y}\right) dxdy = \int_C \varphi\,dx + \psi\,dy. \tag{5}$$

これが平面における Gauss の定理である．

[例 1] 閉曲面 S（二つ以上でもよい）を境界とする区域 K の体積を V とすれば
$$V = \iint_S x\,dydz = \iint_S y\,dzdx = \iint_S z\,dxdy$$
$$= \frac{1}{3}\int_S (x\cos\alpha + y\cos\beta + z\cos\gamma)d\sigma.$$

[証] (1)において $a = x$, $b = c = 0$ とすれば
$$\iiint_K dxdydz = \iint_S x\,dydz = \int_S x\cos\alpha\,d\sigma.$$

その他も同様である．

もしも座標の原点から S 上の点 P への動径を r, P において K の外部への法線と r との間の角を (r, n) とするならば
$$x\cos\alpha + y\cos\beta + z\cos\gamma = r\cos(r, n),$$
従って
$$V = \frac{1}{3}\int_S r\cos(r, n)d\sigma. \tag{6}$$

今 K を一つの卵形として，原点 O がその内部にあるとするならば，$\frac{1}{3}r\cos(r, n)d\sigma$ は，原点を頂点，境界面 S 上の微小面積 $d\sigma$ を底とする微小錐体の体積であるから，(6) の幾何学的の意味は明瞭である．しかし $\cos(r, n)$ の符号に注意すれば，任意の K に関して原点の位置に関係なく (6) は一般に成り立つのである．

[例 2] 原点 O から閉曲面 S の上の点 P への動径を r, P において S の外側へ引いた単位法線を $\boldsymbol{n}$ とすれば，O が S の外にあるか，または内にあるかに従って
$$\int_S \frac{\cos(r, n)d\sigma}{r^2} = 0, \quad\text{または}\quad = 4\pi.$$

[証]
$$\boldsymbol{u} = \operatorname{grad}\frac{1}{r}$$
とすれば，$\boldsymbol{u}$ の座標は
$$\frac{\partial}{\partial x}\left(\frac{1}{r}\right) = \frac{-x}{r^3}, \quad \frac{\partial}{\partial y}\left(\frac{1}{r}\right) = \frac{-y}{r^3}, \quad \frac{\partial}{\partial z}\left(\frac{1}{r}\right) = \frac{-z}{r^3}.$$

102. Gauss の定理

OP の方向余弦を λ, μ, ν とすれば，これらはそれぞれ

$$\frac{-\lambda}{r^2}, \quad \frac{-\mu}{r^2}, \quad \frac{-\nu}{r^2}$$

に等しい．故に

$$\frac{\cos(r,n)}{r^2} = -\boldsymbol{u}\cdot\boldsymbol{n}.$$

さて O が S の外にあれば，S の内部 K において $1/r$ は連続であるから，Gauss の定理によって

$$\int_S \frac{\cos(r,n)d\sigma}{r^2} = -\int_S \boldsymbol{u}\cdot\boldsymbol{n}\,d\sigma = -\int_K \operatorname{div}\boldsymbol{u}\,d\omega.$$

然るに $\operatorname{div}\boldsymbol{u} = \operatorname{div}\operatorname{grad}\dfrac{1}{r} = \Delta\left(\dfrac{1}{r}\right) = 0$ (§ 21, [例 2])，故に

$$\int_S \frac{\cos(r,n)d\sigma}{r^2} = 0.$$

次に O が S の内にあれば，O を中心とする半径 ρ なる小球面を S_0 として，K から S_0 の内部を除いた残りを K^* とする．然らば O は K^* の外にあるから，K^* に関しては上記の結果が成り立つ．従って

$$\int_S \frac{\cos(r,n)d\sigma}{r^2} - \int_{S_0} \frac{\cos(r,n)d\sigma}{r^2} = 0.$$

さて S_0 に関しては $\cos(r,n) = 1, r = \rho$ だから，第二の積分は

$$\frac{1}{\rho^2}\int_{S_0} d\sigma = \frac{1}{\rho^2}\cdot 4\pi\rho^2 = 4\pi.$$

故に

$$\int_S \frac{\cos(r,n)d\sigma}{r^2} = 4\pi.$$

[注意] O が S の上にあるときには，上記の球面 S_0 の S の内部にある部分 S_0' だけを取れば

$$\int_S \frac{\cos(r,n)d\sigma}{r^2} = \frac{1}{\rho^2}\int_{S_0'} d\sigma.$$

これは $\rho\to 0$ のときにも成り立つが，極限において S_0' は半球面になるから，右辺は 2π に等しい．ただし，S は滑らかな曲面と仮定していうのである．

一般に点 O が曲面 S の上にないとし，P が S の上を動くとき OP が O を中心とする半径 ρ の球面に交わる点を P' とすれば，P' は球面上の或る面積を掃過する．ただし，OP（の延長）が S の負の側から正の側に出るときには球面上の面積を正とし，反対の場合には負とする．このようにして計算された球面上の面積を S' とすれば，S' は半径 ρ の平方に比例するから，S'/ρ^2 は ρ に無関係である．これを O からみた曲面 S の立体角という．今 O を原点とし，OP の長さを r，OP と P における S の法線の正の向きとの間の角を (r,n) とし，S の上の微小面積 $d\sigma$ に対応する球面上の微小面積を $d\sigma'$ とすれば

$$\frac{d\sigma'}{\rho^2} = \frac{\cos(r,n)d\sigma}{r^2}.$$

故に上記立体角は面積分

$$\int_S \frac{\cos(r,n)d\sigma}{r^2}$$

に等しい．

［例 2］ では S が閉曲面であるとき，その外側を正の側として，立体角を計算したのである．

［例 3］ §95 で述べた積分

$$V(a,b,c) = \int_K \frac{\mu(x,y,z)}{r} d\omega$$

に関して，

$$\frac{\partial V}{\partial a} = \int_K \frac{x-a}{r^3} \mu\, d\omega = \int_K \frac{\partial\left(\frac{1}{r}\right)}{\partial a} \mu\, d\omega \tag{7}$$

を積分記号の下で，さらに a に関して微分して，$\dfrac{\partial^2 V}{\partial a^2}$ を求めることは，A が K 内にあるときには，できなかった (376 頁)．今本節で述べた方法によって，この問題の解決を試みる．

$$r = \sqrt{(x-a)^2 + (y-b)^2 + (z-c)^2}$$

であったから，

$$\frac{\partial\left(\frac{1}{r}\right)}{\partial a} = \frac{\partial\left(-\frac{1}{r}\right)}{\partial x} = \frac{x-a}{r^3}, \tag{8}$$

従って (7) から

$$\frac{\partial V}{\partial a} = \int_K \mu \frac{\partial\left(-\frac{1}{r}\right)}{\partial x}\, dxdydz. \tag{9}$$

よって x に関して部分積分を行えば，

$$\frac{\partial V}{\partial a} = -\int_S \frac{\mu}{r}\, dydz + \int_K \frac{1}{r}\cdot\frac{\partial \mu}{\partial x}\, dxdydz.$$

ここで右辺の第一項は K の境界 S に関する積分である．従って (4) と同様に

$$\int_S \frac{\mu}{r}\, dydz = \int_S \frac{\mu}{r} \cos\alpha\, d\sigma$$

で，α は曲面 S の外部への法線と x 軸との間の角，また $d\sigma$ は S 上の微小面積である．よって

$$\frac{\partial V}{\partial a} = -\int_S \frac{\mu}{r}\cos\alpha\, d\sigma + \int_K \frac{1}{r}\frac{\partial \mu}{\partial x}\, dxdydz. \tag{10}$$

ここで右辺の第一の積分は境界面 S の上にわたるのだから，$r \neq 0$．また第二の積分は μ の代りに $\dfrac{\partial \mu}{\partial x}$ を取ったポテンシャルである．故に $\dfrac{\partial V}{\partial a}$ を a に関して積分記号下で微分してよい．そこで，再び (8) を用いて

$$\frac{\partial^2 V}{\partial a^2} = \int_S \mu \frac{\partial\left(\frac{1}{r}\right)}{\partial x}\cos\alpha\, d\sigma - \int_K \frac{\partial\left(\frac{1}{r}\right)}{\partial x}\cdot\frac{\partial \mu}{\partial x}d\omega. \tag{11}$$

これが求める公式である．これから，A が K の内部にあるとき，$\dfrac{\partial^2 V}{\partial a^2}$ が A に関して連続であることがわかる．A が K の外部にあるとき連続性は既知である（もっとも(11)は a が K の外部であっても通用する）．

$\dfrac{\partial^2 V}{\partial b^2}, \dfrac{\partial^2 V}{\partial c^2}$ に関しても同様である．

ついでに A が K の内部にあるとして，有名なる Poisson の公式
$$\Delta V = \frac{\partial^2 V}{\partial a^2} + \frac{\partial^2 V}{\partial b^2} + \frac{\partial^2 V}{\partial c^2} = -4\pi\mu(A)$$
を験証しよう．(11)から
$$\Delta V = \int_S \mu \left(\frac{\partial\left(\frac{1}{r}\right)}{\partial x}\cos\alpha + \frac{\partial\left(\frac{1}{r}\right)}{\partial y}\cos\beta + \frac{\partial\left(\frac{1}{r}\right)}{\partial z}\cos\gamma \right) d\sigma$$
$$- \int_K \left(\frac{\partial\left(\frac{1}{r}\right)}{\partial x}\cdot\frac{\partial\mu}{\partial x} + \frac{\partial\left(\frac{1}{r}\right)}{\partial y}\cdot\frac{\partial\mu}{\partial y} + \frac{\partial\left(\frac{1}{r}\right)}{\partial z}\cdot\frac{\partial\mu}{\partial z} \right) d\omega$$
$$= \int_S \mu \frac{\partial\left(\frac{1}{r}\right)}{\partial n} d\sigma - \int_K \sum \frac{\partial\left(\frac{1}{r}\right)}{\partial x}\cdot\frac{\partial\mu}{\partial x} d\omega.$$

ここで，α, β, γ は S の外部への法線と座標軸との間の角，$\partial\left(\dfrac{1}{r}\right)\big/\partial n$ はその法線上の微分商で，また $\sum$ は x, y, z 上にわたるのである．

さて，K 内で A を中心とする半径 ρ の小さな球を k として，それを K から除いた残りを $K-k$ と書けば，A は $K-k$ の外にあるから，$K-k$ に関しては $(\Delta V)_{K-k} = 0$（376 頁，[注意]）．故に
$$(\Delta V)_K = (\Delta V)_k.$$
故に球 k の表面を S とすれば，
$$(\Delta V)_K = \int_S \mu \frac{\partial\left(\frac{1}{r}\right)}{\partial n} d\sigma - \int_k \sum \frac{\partial\left(\frac{1}{r}\right)}{\partial x}\cdot\frac{\partial\mu}{\partial x} d\omega. \tag{12}$$

球 k の半径 ρ は任意であるが，K における $\dfrac{\partial\mu}{\partial x}, \dfrac{\partial\mu}{\partial y}, \dfrac{\partial\mu}{\partial z}$ の絶対値の上界を m とすれば，
$$\left| \frac{\partial\left(\frac{1}{r}\right)}{\partial x} \right| = \left| \frac{a-x}{r^3} \right| \leqq \frac{1}{r^2}$$
から，
$$\left| \int_k \sum \frac{\partial\left(\frac{1}{r}\right)}{\partial x}\cdot\frac{\partial\mu}{\partial x} d\omega \right| < 3m \int_k \frac{d\omega}{r^2} = 3m \cdot 4\pi\rho.$$

故に $\rho \to 0$ のとき(12)の右辺の第二の積分 $\int_k \to 0$．また，その第一の積分は
$$\int_S \mu \frac{\partial\left(\frac{1}{r}\right)}{\partial n} d\sigma = \mu_0 \int_S \frac{\partial\left(\frac{1}{r}\right)}{\partial n} d\sigma.$$

μ_0 は S 上 μ の平均値で、また $-\int_S \partial\left(\frac{1}{r}\right)/\partial n \cdot d\sigma$ は [例 2] の積分 $\int_S \frac{\cos(r,n)}{r^2} d\sigma = -\int_S \operatorname{grad} \frac{1}{r} \cdot \boldsymbol{n}\, d\sigma = 4\pi$ である。すなわち

$$\lim_{\rho \to 0} \int_S \mu \frac{\partial\left(\frac{1}{r}\right)}{\partial n} d\sigma = -4\pi \lim_{\rho \to 0} \mu_0 = -4\pi\mu(A),$$

故に結局 (12) から、$A \in K$ のとき

$$\Delta V = -4\pi\mu(A).$$

103. Stokes の定理

Gauss の定理において

$$\operatorname{div} \boldsymbol{u} = 0$$

とするならば、

$$\int_S \boldsymbol{u} \cdot \boldsymbol{n}\, d\sigma = 0$$

になる。今閉曲面 S を閉曲線 C で二つの部分 S_1, S_2 に分けるならば

$$\int_{S_1} \boldsymbol{u} \cdot \boldsymbol{n}\, d\sigma = -\int_{S_2} \boldsymbol{u} \cdot \boldsymbol{n}\, d\sigma.$$

ここの面積分では、いずれも S の外側を正とするのだから、S_1 および S_2 における正の回転は境界線 C の上に互に反対なる方向を誘導する。今もし S_1（または S_2）の正負の側を換えるならば

$$\int_{S_1} \boldsymbol{u} \cdot \boldsymbol{n}\, d\sigma = \int_{S_2} \boldsymbol{u} \cdot \boldsymbol{n}\, d\sigma \tag{1}$$

になるが、その場合には S_1, S_2 における正の回転は C の上に同意の回転の向きを定めるであろう。

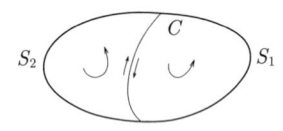

よって C の上に一定の向きをきめておいて、その向きが C を境界（端）とする任意の曲面 S_1 の上において誘導する回転の向きが正になるように、曲面の正の側を定めるならば、$\operatorname{div} \boldsymbol{u} = 0$ なるとき

$$\int_{S_1} \boldsymbol{u} \cdot \boldsymbol{n}\, d\sigma$$

は (1) によって S_1 の境界線 C のみに関係する値を有する。

さて任意のベクトル $\boldsymbol{v} = (a, b, c)$ を取って

$$\boldsymbol{u} = \operatorname{rot} \boldsymbol{v} = (c_y - b_z,\ a_z - c_x,\ b_x - a_y)$$

と置くならば(409頁(6))
$$\operatorname{div} \boldsymbol{u} = 0.$$
故に $\boldsymbol{n} = (\cos\alpha, \cos\beta, \cos\gamma)$ とすれば
$$\int_S \boldsymbol{u} \cdot \boldsymbol{n} \, d\sigma = \int_S ((c_y - b_z)\cos\alpha + (a_z - c_x)\cos\beta + (b_x - a_y)\cos\gamma) d\sigma \tag{2}$$
は S の境界線 C のみに関係する値を有する．次に示すように，実際この面積分を曲線 C に関する線積分に変形することができる．

今 S は媒介変数 u, v によって表わされるとし，S およびその境界 C は uv 平面における区域 S' とその境界 C' とに対応するとする．さて積分(2)において変数を u, v に変換すれば(397頁)
$$\int_{S'} [(c_y - b_z)(y_u z_v - y_v z_u) + (a_z - c_x)(z_u x_v - z_v x_u) + (b_x - a_y)(x_u y_v - x_v y_u)] du dv \tag{3}$$
を得る．積分記号の下で，a に関する項を集めて
$$a_z(z_u x_v - z_v x_u) - a_y(x_u y_v - x_v y_u) = (a_x x_u + a_y y_u + a_z z_u) x_v - (a_x x_v + a_y y_v + a_z z_v) x_u$$
$$= a_u x_v - a_v x_u.$$
これの積分
$$\int_{S'} (a_u x_v - a_v x_u) \, du dv$$
は uv 平面上における Gauss の定理によって(414頁の(5)において φ, ψ に ax_u, ax_v を代用する)，線積分
$$\int_{C'} (ax_u du + ax_v dv)$$
に等しい．変数 x, y, z に返れば，それは
$$\int_C a \frac{dx}{ds} ds = \int_C a \, dx$$
に等しい．すなわち
$$\int_{S'} (a_u x_v - a_v x_u) \, du dv = \int_C a \, dx.$$
同様にして(3)における b, c に関する項から
$$\int_{S'} (b_u y_v - b_v y_u) \, du dv = \int_C b \, dy,$$
$$\int_{S'} (c_u z_v - c_v z_u) \, du dv = \int_C c \, dz.$$
よって結局積分(2)が線積分に変形されて
$$\iint_S (c_y - b_z) \, dy dz + (a_z - c_x) \, dz dx + (b_x - a_y) \, dx dy$$

$$= \int_C a\,dx + b\,dy + c\,dz. \tag{4}$$

これを Stokes の定理という．

上記等式において，面積分および線積分を取るべき向きに関しては前に述べた．再言すれば，曲面 S の一側を正ときめて回転の正の向きを定めるならば，それが境界線 C の上における正の向きを誘導する．このようにして C の接線 t と S の法線 n との向きを対応させるときは，(4) が明確に次のように書かれる．

$$\iint_S [(c_y - b_z)\cos(x,n) + (a_z - c_x)\cos(y,n) + (b_x - a_y)\cos(z,n)]\,d\sigma$$
$$= \int_C [a\cos(x,t) + b\cos(y,t) + c\cos(z,t)]\,ds, \tag{5}$$

ds は C の微小弧，$d\sigma$ は S の微小面積で，それらは絶対値である．上記接線および法線上の単位ベクトルをそれぞれ t, n とすれば，ベクトル法の記号を用いて，Stokes の定理を次のように簡明に書くことができる．

$$\int_S \operatorname{rot} \boldsymbol{v} \cdot \boldsymbol{n}\,d\sigma = \int_C \boldsymbol{v} \cdot \boldsymbol{t}\,ds. \tag{S}$$

Stokes の定理において，曲面 S の境界が二つ以上の閉曲線であってもよい．ただし，各境界線上の向きは，S における回転の向きによって誘導される向きであることを要する．例えば S の境界が二つの閉曲線 C_1, C_2 であるときには，C_1, C_2 を曲面 S の上で滑らかな曲線 L で結びつけて二つの境界を合併して一つの境界にするならば，その境界では，L の上を互に反対の向きに二回通過するから，線積分には L の影響はない．面積分にはもちろん L の影響はないから，Stokes の定理が成り立つのである．

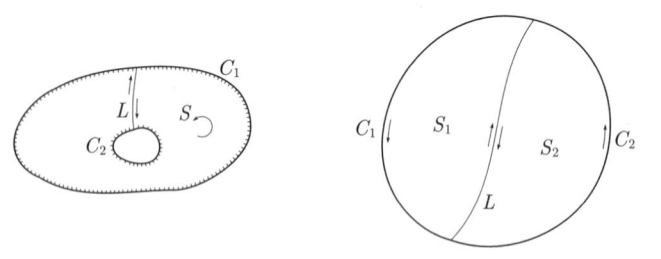

同じように，S が一つの滑らかな面でなくて，いくつかの滑らかな面の接合であっても，Stokes の定理は成り立つ．例えば S が滑らかな曲線 L において接する S_1, S_2 から成るとき，S_1, S_2 の境界は C の二つの部分 C_1, C_2 と共通の L とであるが，S_1 と $C_1 + L$ および S_2 と $C_2 + L$ とにおいて

$$\int_{C_1} + \int_L = \int_{S_1}, \quad \int_{C_2} + \int_L = \int_{S_2}$$

である．ここで二つの $\int_L$ は反対の向きに取った積分だから，加えて

$$\int_{C_1}+\int_{C_2}=\int_{S_1}+\int_{S_2} \quad \text{すなわち} \quad \int_C=\int_S$$

を得る．

[注意] Stokes の定理で C を xy 平面上の閉曲線，S をその内部とすれば，n は z 軸に平行，t は垂直だから，a,b の代りに φ,ψ と置けば(5)から

$$\iint_S (\psi_x-\varphi_y)d\sigma = \int_C [\varphi\cos(x,t)+\psi\cos(y,t)]ds$$
$$=\int_C \varphi\,dx+\psi\,dy.$$

これは 414 頁で述べた平面上の Gauss の定理で，それを上記の証明に用いたが，あの定理は，Stokes の定理の特別の場合とみるときに，左辺で $-\varphi_y$ が負号を持っている意味が明瞭である．

[附記] Gauss の定理，Stokes の定理によって $\mathrm{div}\,\boldsymbol{u}$, $\mathrm{rot}\,\boldsymbol{u}$ の応用上の意味が簡明に説明される．今圧縮されない一定の密度の流体が定常の運動をすると想像して，$\boldsymbol{u}$ を点 (x,y,z) における速度とする．然らば Gauss の定理における面積分 $\int_S \boldsymbol{u}\cdot\boldsymbol{n}\,d\sigma$ は単位時間に閉曲面 S を通過する流出量(符号を入れていう)で，圧縮されない流体では，それは区域 K における湧出量(同上)に等しいはずである．この湧出量は Gauss の定理によって $\int_K \mathrm{div}\,\boldsymbol{u}\,d\omega = (\mathrm{div}\,\boldsymbol{u})_0 \int_K d\omega$ に等しいから，$(\mathrm{div}\,\boldsymbol{u})_0$ は単位体積に関する平均の湧出率である．もしも曲面 S が一点 P に収束するならば，平均値 $(\mathrm{div}\,\boldsymbol{u})_0$ も P における $\mathrm{div}\,\boldsymbol{u}$ に収束する．故に $\mathrm{div}\,\boldsymbol{u}$ は P における湧出率である．

また Stokes の定理における線積分 $\int_C \boldsymbol{u}\cdot\boldsymbol{t}\,ds$ は単位時間における曲線 C に沿っての循環(circulation)で，C が曲面 S の上の一点 P に収束するとき，P における法線上へ $\mathrm{rot}\,\boldsymbol{u}$ の正射影が，面積に対する循環の率である．それの最大なる値を有する向きがすなわち $\mathrm{rot}\,\boldsymbol{u}$ の向きで，その最大の値が $\mathrm{rot}\,\boldsymbol{u}$ の大きさである．最も簡単な場合として流体が z 軸のまわりに角速度 ω をもって回転するとすれば，r,θ を xy 平面上の極座標とするとき

$$\boldsymbol{u}=(-r\omega\sin\theta, r\omega\cos\theta, 0)=(-\omega y, \omega x, 0),$$
$$\mathrm{rot}\,\boldsymbol{u}=(0,0,2\omega).$$

z 軸の代りに方向余弦が l,m,n なる軸を取れば，

$$\boldsymbol{u}=\omega(mz-ny, nx-lz, ly-mx),$$
$$\mathrm{rot}\,\boldsymbol{u}=2\omega(l,m,n).$$

104. 完全微分の条件

xy 平面の領域 K において連続的微分可能なる二つの函数 $\varphi(x,y), \psi(x,y)$ が与えられるとき，微分式

$$\varphi(x,y)dx+\psi(x,y)dy \tag{1}$$

が或る函数 $F(x,y)$ の全微分であるとする(§22)，すなわち

$$dF = \varphi\,dx + \psi\,dy,$$

従って

$$F_x = \varphi, \quad F_y = \psi$$

とする．然らば仮定によって $F_{xy} = \varphi_y$, $F_{yx} = \psi_x$, 従って（定理 27）

$$\varphi_y = \psi_x. \tag{2}$$

(2)は(1)が完全微分であるための必要条件であるが，もしも領域 K が単連結(227 頁)ならば，これが同時に十分条件で，すなわち次の定理が成り立つ．

定理 80．xy 平面上の単連結の領域 K において φ_y, ψ_x が連続で $\varphi_y = \psi_x$ ならば

$$F_x = \varphi, \quad F_y = \psi$$

なる函数 $F(x, y)$ が K において存在する．

　[証] K の内で任意の閉曲線 C を取れば，単連結の仮定によって，C の内部 $[C]$ は K に属する．故に Gauss の定理によって

$$\int_C \varphi\,dx + \psi\,dy = \iint_{[C]} (\psi_x - \varphi_y)\,dxdy = 0.$$

換言すれば，K の内で，一つの定点 (x_0, y_0) と任意の点 (x, y) とを結ぶ任意の曲線に関する線積分

$$F(x, y) = \int_{(x_0, y_0)}^{(x, y)} \varphi\,dx + \psi\,dy$$

によって，K の内で (x, y) の一つの函数 $F(x, y)$ が確定する．すなわち，この線積分は (x_0, y_0) と (x, y) とを結ぶ積分の路に関係しないで，上端 (x, y) のみによって確定する値を有するのである．さてこの $F(x, y)$ が定理で要求される函数である．実際上記のように

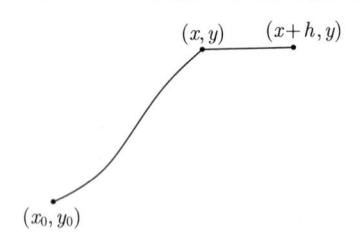

$$F(x+h, y) - F(x, y) = \int_{(x, y)}^{(x+h, y)} \varphi\,dx + \psi\,dy$$

は (x, y) と $(x+h, y)$ とを結ぶ線分上の線積分としてよいのだが，この線分上では $dy = 0$ だから

$$F(x+h, y) - F(x, y) = \int_x^{x+h} \varphi(x, y)dx = h\varphi(x + \theta h, y), \quad (0 < \theta < 1).$$

故に φ の連続性によって

$$\frac{\partial F}{\partial x} = \varphi(x,y)$$

を得る．同様に

$$\frac{\partial F}{\partial y} = \psi(x,y).$$

［例 1］
$$\varphi = 6x^2 + 4xy + 2, \quad \psi = 2x^2 - 3y^2 + 5.$$

$\varphi_y = \psi_x = 4x$ で完全微分の条件は全平面において成り立つ．よって $(0,0)$ を起点として，軸に平行なる折線を積分路として(図を参照)

$$F(x,y) = \int_0^x (6x^2+2)dx + \int_0^y (2x^2 - 3y^2 + 5)dy$$
$$= 2x^3 + 2x + 2x^2 y - y^3 + 5y.$$

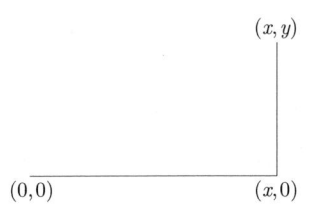

［例 2］
$$\varphi = \frac{-y}{x^2+y^2}, \quad \psi = \frac{x}{x^2+y^2}.$$

原点 $(0,0)$ を除けば

$$\varphi_y = \psi_x = \frac{y^2 - x^2}{(x^2+y^2)^2}$$

で，完全微分の条件は満たされる．よって単連結の区域を得るために，x 軸の負の部分に鋏を入れて，それを K の境界とする．さて O を中心として半径 a の円を画いて，図に示すように A を起点として円弧 AB と線分 BP とをつないだ積分路を取って

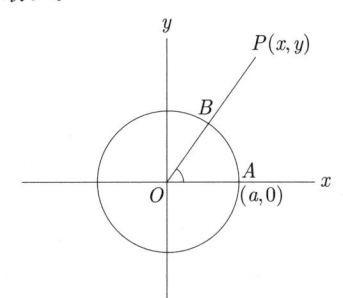

$$F(x,y) = \int_{AB} \frac{-y\,dx + x\,dy}{x^2+y^2} + \int_{BP} \frac{-y\,dx + x\,dy}{x^2+y^2}$$

と置けば，AB の上では

$$\begin{vmatrix} x & y \\ dx & dy \end{vmatrix} = a^2 \begin{vmatrix} \cos\theta & \sin\theta \\ -\sin\theta & \cos\theta \end{vmatrix} d\theta = a^2 d\theta$$

だから，AB の弧度を α として

$$\int_{AB} = \int_0^\alpha d\theta = \alpha.$$

また BP の上では $xdy - ydx = 0$ だから，第二の積分は 0 に等しい．故に

$$F(x,y) = \alpha, \qquad (-\pi < \alpha < \pi).$$

すなわち

$$F(x,y) = \operatorname{Arc\,tan} \frac{y}{x} + k\pi,$$

ただし

$$\begin{aligned} x \geqq 0 & \quad \text{ならば} \quad k = 0, \\ x < 0, y > 0 & \quad \text{ならば} \quad k = 1, \\ x < 0, y < 0 & \quad \text{ならば} \quad k = -1. \end{aligned}$$

このように k をきめれば，$F(x,y)$ が K において連続になるのである．x 軸の負の部分において，$F(x,y)$ は不連続である．

三次元以上でも同様の定理が成り立つ．今 xyz 空間の領域 K において三つの函数 $\varphi(x,y,z)$, $\psi(x,y,z), \chi(x,y,z)$ が連続的微分可能であるとする．然らば

$$dF = \varphi\,dx + \psi\,dy + \chi\,dz$$

が完全微分ならば，

$$F_x = \varphi, \quad F_y = \psi, \quad F_z = \chi, \tag{3}$$

従って

$$F_{xy} = \varphi_y = \psi_x, \quad F_{xz} = \varphi_z = \chi_x, \quad F_{yz} = \psi_z = \chi_y$$

なることを要する．

もしも K が単連結ならば，この条件は十分である．すなわち K において φ, ψ, χ が連続的微分可能で，かつ

$$\chi_y = \psi_z, \quad \varphi_z = \chi_x, \quad \psi_x = \varphi_y \tag{4}$$

ならば

$$\varphi\,dx + \psi\,dy + \chi\,dz$$

は完全微分である．（すなわち(3)を満足させる函数 F が K において存在する．)

約言すれば，$\boldsymbol{u} = (\varphi, \psi, \chi)$ をベクトルとするとき

$$\operatorname{rot}\boldsymbol{u} = 0 \quad \text{ならば} \quad \boldsymbol{u} = \operatorname{grad} F.$$

領域 K が単連結とは，ここでは K 内の任意の閉曲線が K 内で連続的に変動して K 内の一点に収束しうることをいう．例えば球の内部，または球の内部からいくつかの小さな球をくり抜いた残りの領域などは単連結であるが，輪環体(torus)の内部は単連結でない．

さて証明であるが，こんども K 内の任意の閉曲線 C に関して

$$\int_C \varphi\,dx + \psi\,dy + \chi\,dz = 0 \tag{5}$$

を示せばよい．そこで Stokes の定理を引用して，K 内で C を境界(端)とする曲面を S とするならば

$$\int \varphi\,dx + \psi\,dy + \chi\,dz = \iint_S (\chi_y - \psi_z)dydz + (\varphi_z - \chi_x)dzdx + (\psi_x - \varphi_y)dxdy \tag{6}$$

から，(4) によって (5) を得る．

これは簡単であるが，我々は Stokes の定理を応用したから，閉曲線 C を通って滑らかな曲面 S が K 内に作られることが保証されるときに限って，上記の証明は合法である．その保証のために，K を単連結の領域に限定したのである．単連結の仮定によって，閉曲線 C が K 内で連続的に変動して一点 P に収束するとき，C が一つの滑らかな曲面 S を描いて，その S に関して Stokes の定理が適用されようというのであるが，念のために次のような考察を試みる．

連続性の仮定を利用すれば，(5) における積分路 C をねじれた閉折線 $A_1, A_2, \cdots, A_n$ として十分である ($\S\,56$, $(5°)$)．また C が点 P に収束するとき，点 $A_1, A_2, \cdots, A_n$ は K 内で曲線を描くが，それらの曲線の上に分点を密に取って，それを結んで K 内に折線を作る．また隣り合った折線上の分点を結んで，折線 $A_1, A_2, \cdots, A_n$ を辺端として，三角形の連鎖から成る '折面' (多面体の表面の一部分のような面，polyhedral surface) を作り，それを S とする．すべての分点を十分密に取れば，これらの個々の三角形が全く K 内に止まるであろう．この面 S は有限個の滑らかな面 (三角形) の接合だから，Stokes の定理が成り立つのである．

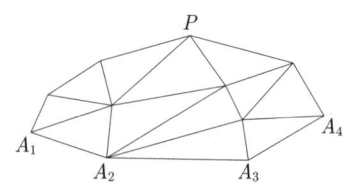

K が直方体 (稜は座標軸に平行) ならば，条件 (4) の下で函数 F が 423 頁 [例 1] のようにして積分法によって求められる．すなわち K 内で $P_0 = (a_0, b_0, c_0)$ を定点，$P = (a, b, c)$ を任意の点として，P_0 と P とを結ぶ積分路 C を初めに (a_0, b_0, c_0) から x 軸に平行に (a, b_0, c_0) まで，次に (a, b_0, c_0) から y 軸に平行に (a, b, c_0) まで，最後に (a, b, c_0) から z 軸に平行に (a, b, c) まで

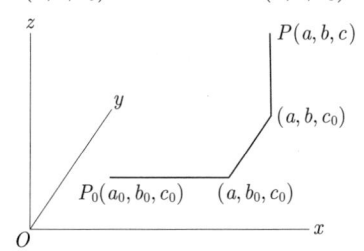

の三つの線分をつないだ折線とすれば，k を任意の定数として
$$F(a,b,c) = \int_C \varphi\,dx + \psi\,dy + \chi\,dz + k$$
$$= \int_{a_0}^a \varphi(x,b_0,c_0)dx + \int_{b_0}^b \psi(a,y,c_0)dy + \int_{c_0}^c \chi(a,b,z)dz + k.$$

実際，
$$F_a = \varphi(a,b_0,c_0) + \int_{b_0}^b \psi_x(a,y,c_0)dy + \int_{c_0}^c \chi_x(a,b,z)dz$$
$$= \varphi(a,b_0,c_0) + \int_{b_0}^b \varphi_y(a,y,c_0)dy + \int_{c_0}^c \varphi_z(a,b,z)dz$$
$$= \varphi(a,b_0,c_0) + \varphi(a,b,c_0) - \varphi(a,b_0,c_0) + \varphi(a,b,c) - \varphi(a,b,c_0)$$
$$= \varphi(a,b,c).$$

同様に
$$F_b = \psi(a,b,c), \quad F_c = \chi(a,b,c).$$

練習問題 (8)

(1) 半径 a なる二つの直円筒の軸が交って角 ω をなすとき，両方に共通なる体積を求めること．
[解] $\dfrac{16}{3}a^3/\sin\omega$．

(2) 放物面 $z = \dfrac{x^2}{2a} + \dfrac{y^2}{2b}$ ($a>0, b>0$) が球面 $x^2+y^2+z^2 = 2Rz$ ($R>0$) から截り取る面積を求めること．ただし，$\mathrm{Max}(a,b) \leqq R$ とする．
[解] $4\pi R\sqrt{ab}$．404 頁，[例]参照．

(3) 問題(2)の放物面において，
  [1°] 二つの等傾斜線(xy 平面に対する)の間の面積，
  [2°] 直楕円筒 $\dfrac{x^2}{a^2} + \dfrac{y^2}{b^2} = 1$ の内部にある面積
を求めること．
[解] $\dfrac{2}{3}\pi ab(\sec^3\gamma_1 - \sec^3\gamma_2)$，$\dfrac{2}{3}\pi ab(\sqrt{8}-1)$．

(4) n 次元空間において
$$|x_1|^\alpha + |x_2|^\alpha + \cdots + |x_n|^\alpha \leqq r^\alpha \quad (\alpha > 0)$$
なる区域の体積は
$$V = \frac{(2r)^n}{\alpha^{n-1}} \frac{\Gamma\left(\dfrac{1}{\alpha}\right)^n}{n\Gamma\left(\dfrac{n}{\alpha}\right)}.$$

特に $\alpha = 2$ とすれば，n 次元の球の体積として次の値を得る：

$$V = \frac{(r\sqrt{\pi})^n}{\Gamma\left(\dfrac{n}{2}+1\right)} = \begin{cases} r^n \dfrac{\pi^{\frac{n}{2}} 2^{\frac{n}{2}}}{2\cdot 4\cdot 6\cdots n}, & (n \text{ は偶数}) \\ r^n \dfrac{\pi^{\frac{n-1}{2}} 2^{\frac{n+1}{2}}}{1\cdot 3\cdot 5\cdots n}. & (n \text{ は奇数}) \end{cases}$$

[解] 387頁, [例2]から導かれる. ついでに $\alpha \to 0$ のとき $V \to 0$, また $\alpha \to \infty$ のとき $V \to (2r)^n$ になることをみきわめるとよい.

(5) 曲面 S が媒介変数 u, v によって, $x = x(u,v), y = y(u,v), z = z(u,v)$ の形に表わされるとき, $\boldsymbol{r} = (x, y, z)$, $\boldsymbol{r}_u = (x_u, y_u, z_u)$, $\boldsymbol{r}_v = (x_v, y_v, z_v)$ とすれば, 原点からみた S の立体角は

$$\iint_K \frac{\boldsymbol{r}\cdot(\boldsymbol{r}_u\times\boldsymbol{r}_v)}{|\boldsymbol{r}|^3} du dv$$

である. ただし K は uv 平面上 (u, v) の変動区域である.

(6) 適当なる一般的仮定の下において, 面積分

$$\int_S P\, dydz + Q\, dzx + R\, dxdy$$

が S の境界線 C のみに関係するために必要かつ十分なる条件は

$$\frac{\partial P}{\partial x} + \frac{\partial Q}{\partial y} + \frac{\partial R}{\partial z} = 0.$$

[解] C を通る任意の閉曲面に関して面積分が 0 になることに帰するから, 条件が十分なることは Gauss の定理から出る. 条件が必要なることは背理法による.

(7) 適当なる一般的仮定の下において, $\operatorname{div}\boldsymbol{u} = 0$ ならば $\boldsymbol{u} = \operatorname{rot}\boldsymbol{v}$.

[解] $\boldsymbol{u} = (a, b, c); \boldsymbol{v} = (\varphi, \psi, \chi)$ とおいて

$$\frac{\partial \chi}{\partial y} - \frac{\partial \psi}{\partial z} = a, \quad \frac{\partial \varphi}{\partial z} - \frac{\partial \chi}{\partial x} = b, \quad \frac{\partial \psi}{\partial x} - \frac{\partial \varphi}{\partial y} = c$$

なる φ, ψ, χ の存在を示すのである. $\chi = 0$ として, φ, ψ が積分によって求められる. ($\boldsymbol{v}$ が一つの解ならば $\boldsymbol{v} + \operatorname{grad} f$ も解である.)

この定理の逆は既知(§ 101)である.

(8) 区域 K において定義せられた函数 $f(P)$ に関し, 広義積分

$$\int_K |f(P)| d\omega$$

が存在するとする(§ 94 の定義参照). 然らば K に収束する任意の区域列(367頁, 定義参照) $\{K_n\}$ に関し

$$\lim_{n\to\infty} \int_{K_n} f(P) d\omega = \int_K f^+(P) d\omega - \int_K f^-(P) d\omega.$$

[解] 仮定によって $\int_K |f| d\omega$ は収束するから, 任意の閉区域 $H \subset K$ に関し $\int_H |f| d\omega$ は有界である (§ 94). 従って, $f^+(P) \leqq |f(P)|, f^-(P) \leqq |f(P)|$ によって, $\int_H f^+ d\omega, \int_H f^- d\omega$ は有界, 故に $\int_K f^+ d\omega$, $\int_K f^- d\omega$ は収束する. 従って

$$\int_{K_n} f\, d\omega = \int_{K_n} f^+ d\omega - \int_{K_n} f^- d\omega$$

は $n \to \infty$ のとき収束し(収束する二つの数列の差!), 標記の等式を得る.

第9章 Lebesgue積分

I. 概 括 論

105. 集 合 算

我々の目標は Euclid 空間の点集合にあるのだけれども，本節($\S$ 105-112)の概括論においては，まず抽象的に任意の集合を考察する．任意といっても，一つの集合 Ω を取って，それの部分集合のみを考察の対象とする．

以下，集合 Ω と，その元 x とを，一つの空間(Ω)と，その空間の点(x)とに当てて考えるならば，わかりよいであろう．もっとも，Ω をただちに一つの(抽象的)空間，x をその空間の点と称することに，何等の差し障りもない*．

x が集合 A の元であることを $x \in A$ と書く．$x \in A$ の否定を $x \notin A$ と書く．

A が B の部分集合なること($x \in A$ ならば $x \in B$)を $A \subset B$ と書き，A は B に含まれるという．$A \subset B$ かつ $B \subset A$ のとき，集合 A と B とは相等しいという：記号 $A = B$．従って $A = B$ なる場合にも $A \subset B$ である．

合併(和)　集合 $A, B, \cdots$ のどれかに属する元の全部をもって，一つの集合を作ることができる．それを $A, B, \cdots$ の合併といい，$A \cup B \cup \cdots$ と書く．集合の合併は交換律および結合律に従う．

集合が有限個または可算個あるときには，それらに番号をつけて $A_n (n=1, 2, \cdots)$ と書いて，その全体を集合の列 $\{A_n\}$ という．この列の集合の合併を $\bigcup_{n=1}^{\infty} A_n$ (あるいは略して $\bigcup A_n$)と書くが，番号のつけ方は随意である．なかんずく，重要なのは $A_i, A_j (i \neq j)$ に共通の元がない場合で，そのとき $\{A_n\}$ を単純列，またその合併を単純和**と略称して，特に記号 $+, \sum$ を用いる．

共通部分(積)　集合 $A, B, \cdots$ のどれにも属する元の全体をもって，一つの集合を作ることができる．それを $A, B, \cdots$ の共通部分または交わりといい，$A \cap B \cap \cdots$ (または積の形に $AB \cdots$)と書く．集合列 $\{A_n\}$ の場合には $\bigcap_{n=1}^{\infty} A_n$ と書く．A, B に共通の元がないときには，交わりはないが，陳述の便宜上，交わりは空集合であるといい，数字 0 を流用して，それを 0 と書く．集合の積に関しても，交換律および結合律が成り立つ．

余集合　集合 A に属しない Ω の元の全体は一つの集合を成す．それを A の余集合といい，

---

* 然らば，その空間 Ω において，'初めから在るもの' は，点と集合と，点の間の互に排反する関係 $x=y, x \neq y$ および点 x と集合 A との間の互に排反する関係 $x \in A, x \notin A$ とである．本節の集合算は，それに基いて公理式に組立てられるであろう．

** 単純和は代数学の direct sum を連想して，本書で仮用する．ただし direct を直訳しないでよいと考えた．

それを CA と書く*のが慣例であるが，本書ではおりおり簡明に A' とも書く．

Ω の各元 x は，A か A' か，どちらか一方に属する．すなわち $x \notin A$ は $x \in A'$ と同意である．もちろん，$(A')' = A$．

次の互に双対的なる二つの等式は明白であろう．
$$(A \cup B)' = A' \cap B', \quad (A \cap B)' = A' \cup B'. \tag{1}$$

無数の集合に関しても同様である．特に集合列に関しては
$$\left(\bigcup A_n\right)' = \bigcap A_n', \quad \left(\bigcap A_n\right)' = \bigcup A_n'. \tag{2}$$

実際，$x \in \bigcup A_n$ ならば或る n に関して $x \in A_n$．故に $x \in \left(\bigcup A_n\right)'$ はすべての n に関して $x \notin A_n$ すなわち $x \in A_n'$ を意味する．従って $x \in \bigcap A_n'$ を意味する．すなわち $\bigcup A_n$ と $\bigcap A_n'$ とは互に余集合である．A_n に A_n' を代用すれば，第二の等式を得る．

集合の差 集合 A に属して，B に属しない元の全体の集合を $A-B$ と書く．従って
$$A - B = A - AB = AB' = B' - A', \tag{3}$$
$$B - A = B - AB = BA' = A' - B',$$
$$A \cup B = (A-B) + (B-A) + AB.$$

最後の等式の右辺は単純和である．

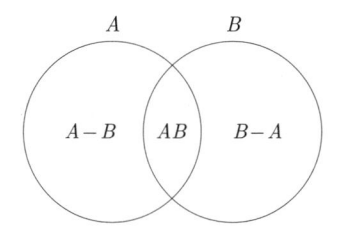

$A \supset B$ なるときは，$A-B$ を A に対する B の余集合という．A, B が K に含まれるとき，K に対する A, B の余集合に関しても (1) は成り立つ (Ω に K を代用してよいから)．

分配律 集合の和と積との間には，互に双対的なる二つの分配律が成り立つ．すなわち
$$\left.\begin{array}{l} (A \cup B) \cap C = (A \cap C) \cup (B \cap C), \\ (A \cap B) \cup C = (A \cup C) \cap (B \cup C). \end{array}\right\} \tag{4}$$

これらは合併および共通部分の意味から，(2) のようにして導かれる．また (2) を適用して，一方の等式の両辺の余集合を作れば，他の等式が得られる．

集合列に関しても分配律は成り立つ．すなわち
$$\bigcap_i \left(\bigcup_j A_j^{(i)}\right) = \bigcup (A_{j_1}^{(1)} \cap A_{j_2}^{(2)} \cap A_{j_3}^{(3)} \cap \cdots),$$
$$\bigcup_i \left(\bigcap_j A_j^{(i)}\right) = \bigcap (A_{j_1}^{(1)} \cup A_{j_2}^{(2)} \cup A_{j_3}^{(3)} \cup \cdots).$$
$$(j_1, j_2, \cdots = 1, 2, 3, \cdots)$$

---

* '余'=complement は余角，余弦，等々と同系の用語．C はその頭字．

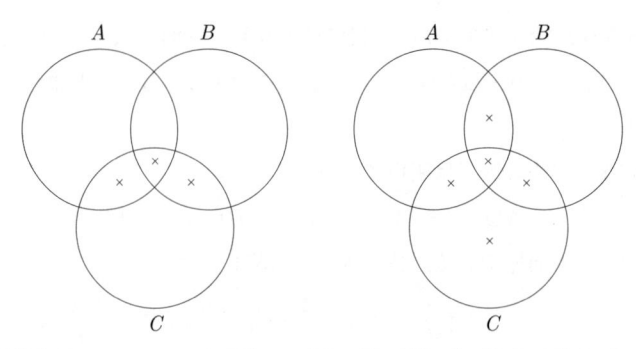

左[右]の図で × のついた部分が，(4)の第一[第二]の等式の両辺である．

定理81. 集合の積は和と差とで表わされる．すなわち，集合列に関していえば，

$$\bigcap_{n\geqq 1} A_n = A_1 - \bigcup_{n\geqq 2}(A_1 - A_n). \tag{5}$$

［証］
$$\begin{aligned}
\text{右辺} &= A_1 - \bigcup_{n\geqq 2} A_1 A'_n && \text{(3)による．}\\
&= A_1 - A_1 \bigcup_{n\geqq 2} A'_n = A_1 - \bigcup_{n\geqq 2} A'_n && \text{分配律および(3)}\\
&= A_1 \Big(\bigcup_{n\geqq 2} A'_n\Big)' = A_1 \bigcap_{n\geqq 2} A_n && \text{(3)および(2)による．}\\
&= \bigcap_{n\geqq 1} A_n.
\end{aligned}$$

［注意］集合列の合併 $E = \bigcup E_n$ を単純和 $E = \sum e_n, e_n \subset E_n$ に修正することができる．例えば $e_1 = E_1$, $e_n = E_n - (E_1 \cup E_2 \cup \cdots \cup E_{n-1}), (n = 2, 3, \cdots)$ とすればよい．

集合の上・下極限　集合列 $\{A_n\}$ に関して，上極限 $\overline{\lim}$, 下極限 $\underline{\lim}$ および極限 $\lim$ を次のように定義する：

$$\overline{\lim} A_n = \bigcap_{n\geqq 1}\Big(\bigcup_{i\geqq n} A_i\Big), \quad \underline{\lim} A_n = \bigcup_{n\geqq 1}\Big(\bigcap_{i\geqq n} A_i\Big). \tag{6}$$

$\overline{\lim} A_n = \underline{\lim} A_n$ なるとき，それを $\lim A_n$ とする．

　この定義からみえるように，$\overline{\lim}, \underline{\lim}$ は A_n の順序には関係しない．すなわち $\overline{\lim} A_n$ は無数の A_n に共通なる元の全体で，$\underline{\lim} A_n$ は有限個を除いたほかのすべての A_n に共通な元の全体である(除かれる集合は元によって違いうる)．故に $\underline{\lim} A_n \subset \overline{\lim} A_n$．

$\{A_n\}$ が増大列，すなわち $A_1 \subset A_2 \subset \cdots \subset A_n \subset \cdots$ ならば

$$\lim A_n = \bigcup_{n\geqq 1} A_n, \tag{7}$$

$\{A_n\}$ が減少列，すなわち $A_1 \supset A_2 \supset \cdots \supset A_n \supset \cdots$ ならば，

$$\lim A_n = \bigcap_{n\geqq 1} A_n \tag{8}$$

であることは，定義によって明らかである．従ってまた一般に，
$$\overline{\lim} A_n = \lim \bigcup_{i \geq n} A_i, \quad \underline{\lim} A_n = \lim \bigcap_{i \geq n} A_i. \tag{9}$$
また余集合に関して
$$(\overline{\lim} A_n)' = \underline{\lim} A_n', \quad (\underline{\lim} A_n)' = \overline{\lim} A_n'.$$

集合の定義函数(特徴函数*)　集合 E の各元 x に，一つの数 $f(x)$ が対応するとき，f を E における点函数という．

特に $x \in A$ なるとき $\varphi(x) = 1$，$x \in A'$（余集合）なるとき $\varphi(x) = 0$ なる函数 $\varphi(x)$ を A の定義函数という．逆に，1 または 0 なる値のみを取る点函数 $\varphi(x)$ が Ω において与えられるならば，$\varphi(x) = 1$ なる点 x の全部を A とすれば，$\varphi(x)$ はすなわち A の定義函数で，また $\varphi'(x) = 1 - \varphi(x)$ は余集合 A' の定義函数である．

集合列 $\{A_n\}$ において，A_n の定義函数を $\varphi_n(x)$ とすれば，
$$\sup \varphi_n(x), \quad \inf \varphi_n(x), \quad \overline{\lim} \varphi_n(x), \quad \underline{\lim} \varphi_n(x), \quad \lim \varphi_n(x)$$
は，それぞれ
$$\bigcup A_n, \quad \bigcap A_n, \quad \overline{\lim} A_n, \quad \underline{\lim} A_n, \quad \lim A_n$$
の定義函数である．

106. 加法的集合類(σ 系)

Ω の部分集合の一類 M が次の条件に適合するとき，それを σ 系（または加法的集合類）といい σ 系 M に属する集合を **M 集合**と略称する**．

1°．M 集合の列 $\{e_n\}$ の合併は M 集合である．すなわち
$$e_n \in M \ (n = 1, 2, \cdots) \quad \text{ならば} \quad \bigcup e_n \in M.$$

2°．M 集合の差は M 集合である．すなわち
$$e_1 \in M, \ e_2 \in M \quad \text{ならば} \quad e_1 - e_2 \in M.$$
特に，空集合は $e_1 - e_1$ として M に属する．

前節 (5), (6) によって，$e_n \in M$ なるとき，$\bigcap e_n, \overline{\lim} e_n, \underline{\lim} e_n$ も M 集合である．

M の中に最大の集合 ω があるとき（すなわち $e \in M$ ならば $e \subset \omega$），M を閉じた σ 系という．この場合には，2° を次の条件で置き換えてよい．

2'．M は e と同時に，ω に対する e の余集合 e' を含む．

---

* fonction caractéristique (de la Vallée-Poussin).
** 類=class は論理学上の意味でいう．または通俗的に族(family)，系(system) などともいう．外延では，M は Ω の特殊な部分集合を元とする一つの集合（集合の集合）である．故に $e \in M$ は 'e は一つの M 集合である' ことを意味する．σ は無限列に関して加法的なることを，また M は mesurable(後出) を示唆する．

実際,$e_1 \in M$, $e_2 \in M$ ならば,$e_1' \in M$ で,$e_1 - e_2 = (e_1' \cup e_2)' \in M$.

Ω の部分集合の任意の一組 S が与えられるとき,S に属する集合から,列の合併および引算(差を作ること)によって,次から次へと生ずる集合の全体は,一つの σ 系を成すであろう.それは S を含む最小の σ 系(S から生ずる σ 系)である.

Ω のすべての部分集合は一つの σ 系を成すが,それは S を含む.このように S を含む σ 系は確かに存在するから,S を含むすべての σ 系の共通部分は,すなわち S から生ずる σ 系である.

S に属する集合列の合併として生ずる集合を一般的に S_σ,またその交わりとして生ずる集合を S_δ というように書けば,$S_\sigma, S_{\sigma\delta}, S_{\sigma\delta\sigma}, \cdots, S_\delta, S_{\delta\sigma}, S_{\delta\sigma\delta}, \cdots$,またそのようにして,すでに生じた一組 T からさらに生ずる $T_\sigma, T_\delta, \cdots$ は,みなこの σ 系に属する.(故にこの最小 σ 系でも,ほとんど無際涯というべきで,いささか心もとない.すでにできている σ 系ならば安心である!)

107. M 函 数

σ 系 M に属する或る M 集合 e において,点函数 $f(x)$ が定義されているとする.すなわち x は集合 e の元である:$x \in e$, $e \in M$. そのとき,一つの実数 a に関して,$f(x) > a$ なる x の全体の集合 E は,一般には必ずしも M 集合を成さないであろう.もしも,その集合 E が,各々の実数 a に関して M 集合ならば,$f(x)$ を **M 函数**と略称する.

これより後,或る指定された性質 P を有する(または条件 P に適合する)点 x の全体の集合を
$$\{x; P\} \quad \text{または} \quad E\{x; P\}$$
と書く.例えば,上記 M 函数の定義においては,集合 E を定義する条件 P は
$$x \in e, \quad e \in M, \quad f(x) > a$$
で,$f(x)$ が M 函数であるとは,すなわち,すべての実数 a に関して
$$E\{x; x \in e, e \in M, f(x) > a\} \in M$$
なることである.今ここでは集合 E の元は x,ただしその x は $x \in e$ で $e \in M$ であるが,これらは当然として省略すれば,簡明に
$$E\{f(x) > a\} \in M. \tag{1}$$
さて,すべての実数 a に関して
$$E\{f(x) > a\}, \quad E\{f(x) \geqq a\}, \quad E\{f(x) \leqq a\}, \quad E\{f(x) < a\} \tag{2}$$
が M 集合なることは,同等なる条件である.——第一と第三と,また第二と第四とは e に対して互に余集合だから,もちろんだが,
$$E\{f(x) \geqq a\} = \bigcap_{n \geqq 1} E\left\{f(x) > a - \frac{1}{n}\right\},$$

$$E\{f(x) \leqq a\} = \bigcap_{n \geqq 1} E\left\{f(x) < a + \frac{1}{n}\right\}$$

だから，すべてが同等である．故にM函数の定義において，(2)の四つの集合のうち，どれを取ってもよい．

$f(x)$ がM函数ならば，$E\{f(x) = a\} = E\{f(x) \geqq a\} - E\{f(x) > a\}$ はM集合である．逆は成り立たない．

$$\left.\begin{array}{l} x \in E\{f(x) \geqq 0\} \quad \text{なるとき} \quad f^+(x) = f(x), \quad f^-(x) = 0 \\ x \in E\{f(x) < 0\} \quad \text{なるとき} \quad f^+(x) = 0, \quad f^-(x) = -f(x) \end{array}\right\}$$

として，$f^+(x), f^-(x)$ を $f(x)$ の正の部分，負の部分という．すなわち $f(x) = f^+(x) - f^-(x)$ であるが，f がM函数ならば，f^+, f^- もM函数である．

定理82. $f(x)$ がM函数なるためには，(1)において，a を有理数だけに限っても十分である（あるいは，一般に実数の範囲内に稠密に分布される数，例えば小数部の桁数が有限なる十進数に限ってもよい）．

[証] a に収束する単調減少の有理数列を r_n とすれば，$E\{f(x) > a\} = \bigcup_n E\{f(x) > r_n\}$ だから，次の定理は，証明の手段として，しばしば応用される．

定理83. 正なる（負でない）*M函数 $f(x)$ は階段的なるM函数の増大列** $\{f_n(x)\}$ の極限である．階段的なる函数とはその函数の取る相異なる値が有限個に限ること（値域が有限集合なること）をいう．

[証] $f(x)$ の値を十進数で書き表わして，小数点の上下共に n 位で打切って，それを $f_n(x)$ の値とすればよい．$f_n(x)$ は多くとも 10^{2n} 個の相異なる値を取る．すなわち階段的だから，それがM函数であることをみるには，$f_n(x)$ のとる各々の値 a に関し $E\{f_n(x) = a\}$ がM集合であることを確かめればよいが，この集合は $\sum_{h=0}^{\infty} E\left\{a + 10^n h \leqq f(x) < a + \frac{1}{10^n} + 10^n h\right\}$ に等しいから，よろしい．$f_n(x) \leqq f_{n+1}(x)$, $\lim_{n\to\infty} f_n(x) = f(x)$ は明白である．

一定のM集合 e を共通の定義域として有する函数のみを考察するとき，次の諸定理が成り立つ．

定理84. f, g がM函数ならば，
$$E\{f(x) > g(x)\} \in M.$$

[証] $f(x) > g(x)$ ならば，$f(x) > r > g(x)$ なる有理数 r がある．よって
$$E\{f(x) > g(x)\} = \bigcup_r (E\{f(x) > r\} \cap E\{g(x) < r\}) \in M.$$

定理85. M函数は実係数をもって環を成す．すなわち $f(x), g(x)$ がM函数ならば，

---

* '正' を広義に，負でない (non-negative, $\geqq 0$) 意味に用いる．厳密に正 (>0) に限定する必要のある場合には，それをことわることにする．

** 増大列は $f_1(x) \leqq f_2(x) \leqq \cdots \leqq f_n(x) \leqq \cdots$ の意，減少列も同様．

  (1°) $af(x)$, (a は実数), (2°) $f(x)+g(x)$, (3°) $f(x)\cdot g(x)$

も M 函数である．有限個の函数の和および積に関しても同様．

［証］

  (1°) $af(x)$，特に $-f(x)$ に関しては明白．

  (2°) $E\{f(x)+g(x)>a\}=E\{f(x)>a-g(x)\}$ で，$a-g(x)$ が M 函数であることは明白だから（定理 84）．

  (3°) $fg=\dfrac{1}{4}((f+g)^2-(f-g)^2)$ だから，一般に M 函数の平方が M 函数なることを示せばよいが，$E\{f^2>a\}$ は，$a>0$ ならば $E\{f>\sqrt{a}\}\cup E\{f<-\sqrt{a}\}$，$a=0$ ならば $E\{f\gtreqless 0\}$，また $a<0$ ならば，e だから，よろしい．

定理 86．M 函数の列 $\{f_n(x)\}$ に関して

$$\sup f_n(x),\quad \inf f_n(x),\quad \overline{\lim}\,f_n(x),\quad \underline{\lim}\,f_n(x),$$

従って，それが存在するとき，$\lim f_n(x)$ も M 函数である．

 ［証］ $\sup f_n(x)=g(x)$ と置けば $E\{g(x)>a\}=\bigcup E\{f_n(x)>a\}\in \mathrm{M}$．inf も同様．また $g_n(x)=\sup_{i\geqq n} f_i(x)$ と置けば，$g_n(x)$ は M 函数で減少列をなす．従って $\overline{\lim}\,f_n(x)=\lim g_n(x)=\inf g_n(x)$ は M 函数である．$\underline{\lim}$ も同様（または $\underline{\lim}\,f_n(x)=-\overline{\lim}(-f_n(x))$ から）． （証終）

 函数値が極限として定義される場合に順応するために，便宜上 $+\infty,-\infty$ を函数値として許容する．これは場合の区別から生ずる煩雑を緩和して，陳述を簡明にする手段にほかならない．そこで $\pm\infty$ と差別するために，個々の実数 a を有限という．函数 $f(x)$ が有限とは，それが $+\infty$ または $-\infty$ なる値を取らないことをいう．故に有限は有界とは違う．なお運用上，次の規約を設ける．

$$+\infty>a,\quad -\infty<a.$$
$$a+(\pm\infty)=(\pm\infty)+a=\pm\infty,\quad \pm\infty-a=\pm\infty.$$
$$(+\infty)+(+\infty)=+\infty,\quad (-\infty)+(-\infty)=-\infty.$$
$$a\cdot(\pm\infty)=(\pm\infty)\cdot a=\begin{cases}\pm\infty,&(a>0),\\\mp\infty,&(a<0).\end{cases}$$
$$0\cdot(\pm\infty)=(\pm\infty)\cdot 0=0.$$

これらは便宜上の規約である．特に，最後の規約は後に至って便利である．

 $(+\infty)-(+\infty),(-\infty)-(-\infty)$ は無意味とする．$+\infty$ を略して ∞ とも書く．

 ［附記］これに準じて，無限級数 $\sum a_n$ の項にも $+\infty,-\infty$ を許容する．級数 $\sum a_n$ の項に $+\infty$ または $-\infty$ が含まれる場合には，$+\infty$ をも込めて，$\sum a_n$ のすべての正の項の和を s とし，$-\infty$ をも込めて，すべての負の項の和を $-t$ とするとき，$s-t$ が $\infty-\infty$ となる場合を除いて，$\sum a_n$ の値は確定で，$s-t$ を $\sum a_n$ の値と規約する．

M 函数 $f(x)$ が有限でないときにも，

$$E\{f(x) < +\infty\} = \bigcup_{n \geq 1} E\{f(x) < n\} \in M.$$

$$E\{f(x) > -\infty\} = \bigcup_{n \geq 1} E\{f(x) > -n\} \in M.$$

$$E\{f(x) = +\infty\} = CE\{f(x) < +\infty\} \in M.$$

$$E\{f(x) = -\infty\} = CE\{f(x) > -\infty\} \in M.$$

C は e に対する余集合の記号である．

［注意］ 定理 82 以下の定理は函数値として $\pm\infty$ を許容した場合にも成り立つ．ただし，定理 85 は $\pm\infty$ を顧慮して主張を緩和することを要する．

任意の集合 E において与えられた点函数 $f(x)$ に対応する E 内の集合

$$E(t) = E\{f(x) \geq t\} \tag{3}$$

を t の函数とみるとき，それは単調減少，すなわち

$$t' < t \quad \text{なるとき} \quad E(t') \supset E(t)$$

であるが，なお(3)によれば

$$\left.\begin{array}{l} E(t) = \bigcap_{t' < t} E(t'), \\ E(-\infty) = E \quad E(\infty) = \bigcap_{t' < \infty} E(t'). \end{array}\right\} \tag{4}$$

今逆に条件(4)に適合する集合 $E(t)$ が E において与えられているとすれば，それから(3)に適合する点函数 $f(x)$ を定義することができる．それには $x_0 \in E(t)$ なる t の上限が t_0 なるとき，$f(x_0) = t_0$ とすればよい．—— それは明白であろう．実際，$x_0 \in E(t)$ ならば，$t \leq t_0 = f(x_0)$，従って $x_0 \in E\{f(x) \geq t\}$．故に $E(t) \subset E\{f(x) \geq t\}$．また $x_0 \in E\{f(x) \geq t\}$ ならば，$f(x_0) \geq t$，すなわち $t_0 \geq t$ だから，$t > t'$ なら $x_0 \in E(t')$．従って(4)から $x_0 \in E(t)$．故に $E\{f(x) \geq t\} \subset E(t)$．すなわち(3)が成り立つ．

$t_0 = \infty$ なるときは，$f(x_0) = \infty$ とするのであるが，そのときには，すべての t に関して $x_0 \in E(t)$ だから，(3)は $t = \infty$ でも成り立つ．また $t = -\infty$ ならば，(3)は $E = E$ となる．

t_0 が有限なるときには，$x_0 \in E(t)$ なる t は実数の一つの切断の下組で，t_0 がその下組の最大数である．それは $x_0 \in E(t_0)$ を意味する．

さて，すべての有理数 r（あるいは，実数内に稠密に分布されている数の可算集合に属する r）に対応して，E 内に集合 e_r が与えられているとき，任意の実数 t および $t = \infty$ に対して

$$E(t) = \bigcap_{r < t} e_r \tag{5}$$

によって $E(t)$ を定義し，また $E(-\infty) = E$ とすれば，$E(t)$ は条件(4)に適合する．実際，$t \neq -\infty$ のとき $t' < t$ とすれば

$$E(t) = \bigcap_{r<t} e_r \cdot \bigcap_{t' \leq r<t} e_r \subset E(t'),$$

従って

$$E(t) \subset \bigcap_{t'<t} E(t').$$

逆に $x \in \bigcap_{t'<t} E(t')$ とする．今 $r<t$ として，$r<t'<t$ なる t' を取れば，$x \in E(t')$ だから，(5) によって $x \in e_r$．$r<t$ の r は任意の有理数だから $x \in E(t)$．従って $\bigcap_{t'<t} E(t') \subset E(t)$．故に (4) が成り立つ．

もしも e_r が M 集合ならば，(5) は M 集合の列の共通部分だから，$E(t)$ が M 集合，従ってそれから定義される点函数 $f(x)$ が M 函数である．

108. 集合の測度

集合の一類 M (M は σ 系をなさなくてもよい) に属する各集合 e に実数または $\pm\infty$ を対応せしめる函数 $f(e)$ が定義されているとき，f を M における集合函数という．σ 系 M における集合函数に関し $e = \sum e_n, e_n \in M$，が単純和なるとき，下記 (1) の右辺が確定 (434 頁，[附記] 参照) で

$$f(e) = \sum f(e_n) \qquad (1)$$

ならば，$f(e)$ は加法的であるという．$\sum e_n$ は交換律に従うから，級数 $\sum f(e_n)$ は絶対収束をする．ここで絶対収束とは，無条件収束の意味，すなわち，級数 $\sum f(e_n)$ が項の順序および括り方に無関係に，一定の値 ($\pm\infty$ をも込めて) を有することをいう．

(1) が無限列に関して成り立つことを強調するためには，'完全に加法的*' ともいうが，我々はむしろ (1) が有限列に関してのみ成り立つことを，'弱い意味で加法的' ということにする．

さて，次のように測度の定義を立てる．

定義． 閉じた σ 系 M における集合函数 $\mu(e)$ が完全に加法的で常に正なる (負でない) とき，$\mu(e)$ (または μe とも書く) をもって，e の測度とする．$\mu(e)$ の値として ∞ をも許容するが，$\mu(e) = \infty$ なるときは，e は $\mu(e_n)$ が有限なる集合 e_n の増大列の極限 (合併) として，'到達される' とする．(すなわち $e_n \uparrow e, \mu(e_n) < \infty$ なる集合列 $\{e_n\}$ の存在を仮定する．)**

差し越しながら，この仮定のもとで $\mu(e_n) \to \infty$ となる (下記定理 87)．

$e_1 \supset e_2$ ならば，$e_1 = (e_1 - e_2) + e_2$ は単純和だから，定義によって，$\mu(e_1) = \mu(e_1 - e_2) + \mu(e_2)$．また，定義によって $\mu(e_1 - e_2) \geq 0$ だから，$\mu(e_1) \geq \mu(e_2)$．すなわち μ は '単調増大' である．

M は閉じた σ 系であるから，最大集合 ω を有する．故に $\mu(e) = \infty$ なる e がある場合には，$\omega \supset e$ から

---

* completely additive, total-additiv, voll-additiv.

** ↑ は増大列の収束，同様に ↓ は減少列の収束を示す記号．

$\mu(\omega) = \infty$. 従って仮定によって $e_n \uparrow \omega$, $\mu(e_n) < \infty$ ($\lim \mu(e_n) = \infty$) なる集合列 $\{e_n\}$ が存在する．そのとき $e = e\omega$, $ee_n \uparrow e$ で，$\mu(ee_n) \leqq \mu(e_n) < \infty$. すなわち $\{ee_n\}$ が定義の末端に述べた集合列である．

空集合に関しては，$\mu(0) = 0$. —— 実際，定義によって，$\mu(e) < \infty$ なる e はある．従って $e = e + 0$ から，$\mu(e) = \mu(e) + \mu(0)$. $\mu(e) < \infty$ だから $\mu(0) = 0$.

これらは定義の言葉尻であるが，重要なのは μ の完全加法性である．完全加法性は連続性を意味する．すなわち次の定理が成り立つ．

定理 87.

(1°) $e_1 \subset e_2 \subset \cdots \subset e_n \subset \cdots$, $\lim e_n = e$ とすれば，$\lim_{n \to \infty} \mu(e_n) = \mu(e)$.

［証］
$$e = e_1 + (e_2 - e_1) + \cdots + (e_n - e_{n-1}) + \cdots$$
から
$$\mu(e) = \mu(e_1) + \mu(e_2 - e_1) + \cdots + \mu(e_n - e_{n-1}) + \cdots.$$
$\mu(e_n)$ がすべて有限ならば，$\mu(e_n - e_{n-1}) = \mu(e_n) - \mu(e_{n-1})$ だから，
$$\mu(e) = \mu(e_1) + \lim_{n \to \infty}\{\mu(e_2) - \mu(e_1) + \cdots + \mu(e_n) - \mu(e_{n-1})\}$$
$$= \mu(e_1) + \lim_{n \to \infty}\{\mu(e_n) - \mu(e_1)\} = \lim_{n \to \infty} \mu(e_n).$$
$\mu(e_i) = \infty$ ならば，$\mu(e_n) = \infty$ $(n > i)$, $\mu(e) = \infty$. すなわち $\mu(e) = \lim \mu(e_n)$.

(2°) $e_1 \supset e_2 \supset \cdots \supset e_n \supset \cdots$, $\lim e_n = e$ とすれば，$\mu(e_1) < \infty$ なる仮定の下において，$\lim_{n \to \infty} \mu(e_n) = \mu(e)$.

［証］ e_1 に対する e_n, e の余集合を e'_n, e' とすれば
$$e'_1 \subset e'_2 \subset \cdots \subset e'_n \subset \cdots, \quad \lim e'_n = e'$$
だから，(1°) によって，$\lim \mu(e'_n) = \mu(e')$. さて $\mu(e_1) \neq \infty$ だから $\mu(e'_n) = \mu(e_1 - e_n) = \mu(e_1) - \mu(e_n)$, $\mu(e') = \mu(e_1) - \mu(e)$. 故に
$$\lim(\mu(e_1) - \mu(e_n)) = \mu(e_1) - \mu(e).$$
$\mu(e_1) \neq \infty$ を用いて，$\lim \mu(e_n) = \mu(e)$.

［注意］ 或る i に関して $\mu(e_i) < \infty$ ならば，(2°)は成り立つが，すべての n に関して $\mu(e_n) = \infty$ なるとき，$\mu(e) = \infty$ は保証されない．

(3°) 一般の集合列 e_n において，
$$E_n = \bigcap_{i=n}^{\infty} e_i$$
と置けば，E_n は増大列で，$\lim E_n = \varliminf e_n$ だから，(1°) によって $\mu(\varliminf e_n) = \lim \mu E_n$.

さて $E_n \subset e_n$, $\mu E_n \leqq \mu e_n$, $\lim \mu E_n \leqq \varliminf \mu e_n$ だから，
$$\mu(\varliminf e_n) \leqq \varliminf \mu e_n. \tag{2}$$
同様に

$$E_n = \bigcup_{i=n}^{\infty} e_i$$

と置けば，E_n は減少列で，$\overline{\lim} e_n = \lim E_n$ だから，$(2°)$ によって，$\mu(\overline{\lim} e_n) = \lim \mu E_n$．

こんどは $E_n \supset e_n$, $\mu E_n \geqq \mu e_n$, $\lim \mu E_n \geqq \overline{\lim} \mu e_n$ から，

$$\mu(\overline{\lim} e_n) \geqq \overline{\lim} \mu e_n. \tag{3}$$

ただし，ここでは $\mu E_1 = \mu(\bigcup e_n) < \infty$ を仮定する．

(4°) $\lim e_n = e$ ならば

$$e = \overline{\lim} e_n = \underline{\lim} e_n$$

だから，(2), (3) から

$$\overline{\lim} \mu e_n \leqq \mu e \leqq \underline{\lim} \mu e_n.$$

もちろん $\overline{\lim} \mu e_n \geqq \underline{\lim} \mu e_n$ だから，等号が成り立って，

$$\overline{\lim} \mu e_n = \lim \mu e_n = \underline{\lim} \mu e_n,$$

すなわち

$$\mu e = \lim \mu e_n. \tag{4}$$

ただし，ここでも (3) と同様に $\mu(\bigcup e_n) < \infty$ とする．

［注意］ 弱い意味の加法性を仮定すれば，(1°) または (2°) から完全加法性が導かれる．── 今 $e = \sum e_n$ を単純和とすれば，$e_n' = e - \sum_{i=1}^{n} e_i$ と置いて $e_n \downarrow 0$ を得る．従って $\mu e < \infty$ とすれば，(2°) から $\lim \mu e_n' = 0$．さて弱い意味の加法性から

$$\mu e_n' = \mu e - \sum_{i=1}^{n} \mu e_i, \quad \text{従って} \quad \mu e = \sum_{i=1}^{\infty} \mu e_i.$$

を得る．それが完全加法性である．次に $\mu(e) = \infty$ ならば，定義の規約のもとで，任意の $M > 0$ に対して，$e_0 \subset e$, $M < \mu e_0 < \infty$ なる e_0 があるが，$e_0 = e_0 e = \sum_{n=1}^{\infty} e_0 e_n$ だから，上記のように $\mu e_0 = \sum_{n=1}^{\infty} \mu e_0 e_n \leqq \sum_{n=1}^{\infty} \mu e_n$．すなわち $\sum \mu e_n > M$．M は任意だから $\sum \mu e_n = \infty$, $\mu e = \sum \mu e_n = \infty$．

また (1°) から (2°) が導かれるから，(1°) からも完全加法性が得られる．

109. 積　分

閉じた σ 系 M において測度 μe と，集合* E における点函数* $f(x)$ とが与えられているとき，E における $f(x)$ の積分を次のように定義する．

1°. $f(x) \geqq 0$ なるとき，

(Δ) $$E = e_1 + e_2 + \cdots + e_n$$

を E の任意の分割とする．すなわち E を e_i $(i = 1, 2, \cdots, n)$ の有限単純和とする．そのとき，e_i における $f(x)$ の値の下限を

---

* 本節では，M 集合，M 函数のみを取扱うから，一々それをことわらないこともある (以下同様)．

$$v_i = \inf_{x \in e_i} f(x)$$

として，和

$$s_\Delta = \sum_{i=1}^n v_i \mu e_i$$

を作る．そうして，すべての分割 Δ に関する上限 $\sup s_\Delta$ を集合 E の上の $f(x)$ の積分といい，それを

$$\int_E f(x)d\mu$$

と書く．ただし，s_Δ として ∞ を許容するが，その場合，v_i または μe_i が ∞ なるとき，規約 $0 \cdot \infty = \infty \cdot 0 = 0$ (434 頁) を適用する．

2°．$f(x)$ の符号が一定でない場合には，それを正・負の部分(433 頁)に分けて，$f(x) = f^+(x) - f^-(x)$ として，

$$\int_E f(x)d\mu = \int_E f^+(x)d\mu - \int_E f^-(x)d\mu$$

によって積分を定義する．右辺の二つの積分が共に ∞ で，右辺が $\infty - \infty$ の形になる場合だけを除いて，この定義は有効で，積分の値は確定する．

このように定義された積分の値が有限であるとき，$f(x)$ は E の上で積分有限(積分可能*)であるという．

次の定理は積分の定義から，ただちに，得られるものである．

1． $E = E_1 + \cdots + E_p$ が単純和で，E の上で $\int_E f(x)d\mu$ が確定ならば，

$$\int_E f(x)d\mu = \sum_{i=1}^p \int_{E_i} f(x)d\mu.$$

[証] $p=2$ としてよい．また積分の定義 2° によって $f \geqq 0$ としてよい．さて $E = \sum_{i=1}^n e_i$ を E の分割 Δ として，

$$e_i^{(1)} = E_1 \cap e_i, \quad e_i^{(2)} = E_2 \cap e_i \qquad (i=1,2,\cdots,n)$$

とすれば

$$E_1 = \sum e_i^{(1)}, \quad E_2 = \sum e_i^{(2)}$$

は E_1, E_2 の分割である．それらを Δ_1, Δ_2 と書けば

$$s_\Delta \leqq s_{\Delta_1} + s_{\Delta_2} \leqq \int_{E_1} + \int_{E_2}.$$

---

* 積分の値が有限であることを intégrable，または Lebesgue に従って sommable という．邦語ならば，積分確定($\pm\infty$ でも)，積分有限などと短くいえる．

Δ は任意だから，上限へ行って
$$\int_E \leqq \int_{E_1} + \int_{E_2}.$$
逆に E_1, E_2 の任意の分割を Δ_1, Δ_2 とすれば，それを合せて E の一つの分割 Δ が得られて
$$s_{\Delta_1} + s_{\Delta_2} = s_\Delta \leqq \int_E.$$
Δ_1, Δ_2 は任意だから上限へ行って
$$\int_{E_1} + \int_{E_2} \leqq \int_E.$$
故に
$$\int_E = \int_{E_1} + \int_{E_2}.$$

2. E において $f(x)$ が階段的で，互に相異なる有限個の値 $a_1, \cdots, a_p$ を取り，
$$E_i = E\{f(x) = a_i\} \qquad (i = 1, 2, \cdots, p)$$
とする．然らば $E = \sum_{i=1}^{p} E_i$ は単純和だから，**1.** によって
$$\int_E f(x) d\mu = \sum_{i=1}^{p} \int_{E_i} f(x) d\mu = \sum_{i=1}^{p} a_i \mu E_i.$$
E_i において $f(x)$ は定数に等しいから，$\int_{E_i} = a_i \mu E_i$．これは積分の定義によって明白であろう．ここで f が M 函数であることを用いた．そのために E_i が M 集合で，μE_i が確定する．

3. E において $f(x) \leqq g(x)$ ならば，両辺の積分確定のとき，
$$\int_E f(x) d\mu \leqq \int_E g(x) d\mu. \tag{1}$$

［証］ $E_1 = E\{0 \leqq f(x) \leqq g(x)\}$, $E_2 = E\{f(x) < 0 \leqq g(x)\}$, $E_3 = E\{f(x) \leqq g(x) < 0\}$ とすれば，$E = E_1 + E_2 + E_3$ は単純和である．さて E_1 では積分の定義 1° から (1) を得る．E_2 では積分の定義 2° から，(1) の左辺は $\leqq 0$，右辺は $\geqq 0$ だからよい．また E_3 では $\int_{E_3} f(x) d\mu = -\int_{E_3} f^-(x) d\mu$; $\int_{E_3} g(x) d\mu = -\int_{E_3} g^-(x) d\mu$ で，$0 < g^-(x) \leqq f^-(x)$ だから，(1) が成り立つ．故に **1.** によって E において (1) が成り立つ．

4. $\int_E f(x) d\mu$ が有限なるためには，$\int_E |f(x)| d\mu$ が有限なることが必要かつ十分である．

［証］ $E_1 = E\{f(x) \geqq 0\}$, $E_2 = E\{f(x) < 0\}$, $E = E_1 + E_2$, とすれば，**1.** によって
$$\int_E |f(x)| d\mu = \int_{E_1} |f(x)| d\mu + \int_{E_2} |f(x)| d\mu.$$
故に，f の正，負の部分 f^+, f^-（433 頁）を用いて，
$$\int_E |f(x)| d\mu = \int_E f^+(x) d\mu + \int_E f^-(x) d\mu. \tag{2}$$

さて，(2) の左辺が有限なることは，その右辺の二つの積分が有限なることと同等であり，それは，$\int_E f(x)dx$ が有限なることと同等であるから，**4.** が得られる．

5. ［平均値の定理］．E において $f(x)$ は有界で，$m \leqq f(x) \leqq M$，また $g(x)$ は積分有限とすれば，m, M の中間の或る値 c をもって $(m \leqq c \leqq M)$

$$\int_E f(x)|g(x)|d\mu = c\int_E |g(x)|d\mu.$$

$m|g| \leqq f|g| \leqq M|g|$ だから，**3.** によって

$$m\int_E |g|d\mu \leqq \int_E f|g|d\mu \leqq M\int_E |g|d\mu.$$

さて **4.** によって左右両端は有限だから，標記の等式を得る．

6. $\mu E = 0$ ならば，$\int_E f(x)d\mu = 0$．

積分の定義 2° によって $f \geqq 0$ としてよい．E の任意の分割 Δ において，$\mu E = 0$ から $\mu e_i = 0$，従って $(v_i = \infty$ でも$)$ $s_\Delta = 0$．

7. $\int_E f(x)d\mu$ が有限ならば，$E\{f(x) = \pm\infty\}$ の測度は 0 である．

この場合，$f^+(x), f^-(x)$ の積分が有限である．よって $f \geqq 0$ としてよい．もしも $E_1 = E\{f = \infty\}$ に関して $\mu E_1 \neq 0$ とするならば，E_1 を一つの成分とする E の分割 Δ において，すでに $s_\Delta = \infty$．従って $\int_E = \infty$．それは矛盾である．

8. $\int_E f(x)d\mu$ が有限なるとき，$e_n = E\{|f(x)| \geqq n\}$ とすれば，

$$n \to \infty \quad \text{のとき} \quad \mu e_n \to 0.$$

［証］ この場合，**4.** によって $\int_E |f(x)|d\mu$ は有限である．また，任意の n に関し，**1., 3.** によって

$$\int_E |f(x)|d\mu \geqq \int_{e_n} |f(x)|d\mu \geqq \int_{e_n} n\, d\mu = n\mu e_n.$$

故に $n \to \infty$ のとき $\mu e_n \to 0$．

上記 **6., 7., 8.** に関連して，次の定理を記録しておく．それは後に至って，一般的の見地から証明されるであろう(453 頁, **6.** および［注意］参照)．

9. $\int_E f(x)d\mu$ が有限で，$e \subset E$ ならば

$$\mu e \to 0 \quad \text{のとき} \quad \int_e f(x)d\mu \to 0.$$

110. 積分の性質

積分の性質を続けて述べる．

定理 88.（予備定理） E において $\{f_n(x)\}$ を正なる函数の増大列*とし $f(x) = \lim_{n\to\infty} f_n(x)$ とすれば

$$\lim_{n\to\infty}\int_E f_n(x)d\mu = \int_E f(x)d\mu. \tag{1}$$

[証] 仮定によって $f(x) \geqq f_n(x) \geqq 0$，従って（前節 **3.**）

$$\int_E f(x)d\mu \geqq \int_E f_n(x)d\mu,$$

$n \to \infty$ の極限へ行って

$$\int_E f(x)d\mu \geqq \lim_{n\to\infty}\int_E f_n(x)d\mu.$$

故に反対の向きの不等式を証明すればよい．そのために，E の分割 $E = \sum e_i\, (i=1,2,\cdots,p)$ において，$v_i = \inf_{x\in e_i} f(x)$，$s_\Delta = \sum v_i \mu e_i$ として，

$$\lim_{n\to\infty}\int_{e_i} f_n(x)d\mu \geqq v_i \mu e_i \tag{2}$$

を示そう．それができれば，前節 **1.** によって

$$\lim_{n\to\infty}\int_E f_n(x)d\mu \geqq s_\Delta$$

が得られるが，分割 Δ は任意だから，上限へ行って

$$\lim_{n\to\infty}\int_E f_n(x)d\mu \geqq \int_E f(x)d\mu,$$

従って(1)を得る．

よって，記号簡略のために，(2)において $e_i = e$，$v_i = v$，すなわち $v = \inf_{x\in e} f(x) \geqq 0$ と書いて，

$$\lim\int_e f_n(x)d\mu \geqq v\mu e \tag{3}$$

を証明する．$v = 0$ ならば，($\mu e = \infty$ でも)右辺は 0 で，左辺は $\geqq 0$ だから，問題はない．同様に，$\mu e = 0$ ならば，($v = \infty$ でも)問題はない．よって $v > 0$, $\mu e > 0$ とする．

（Ⅰ） $\mu(e) < \infty$ なる場合．

（1°） $v < \infty$ とする．$v > \varepsilon > 0$ として，$e_n = e \cdot E\{f_n(x) > v - \varepsilon\}$ と置く．然らば，$\{f_n(x)\}$ は増大列であったから，$e_1 \subset e_2 \subset \cdots \subset e_n \subset \cdots$ で，$\lim e_n = \bigcup e_n = e$.──なぜなら：$x_0 \in e$ とすれば，或る n 以上，$f_n(x_0) > v - \varepsilon$，従って $x_0 \in e_n$ だから．故に

$$\lim \mu e_n = \mu e, \tag{定理 87}$$

従って $n > N$ なるとき，

$$\mu e - \mu e_n < \varepsilon,$$

---

* 433 頁脚註参照．

$$\int_e f_n(x)d\mu \geqq \int_{e_n} f_n(x)d\mu \qquad \text{(前節 1.)}$$
$$\geqq (v-\varepsilon)\mu e_n \qquad \text{(前節 3.)}$$
$$> (v-\varepsilon)(\mu e - \varepsilon)$$
$$> v\mu e - \varepsilon(v+\mu e).$$

$\varepsilon > 0$ は任意だから，(3)を得る．

(2°) $v = \infty$ とする．この場合には，$m > 0$ として，
$$e_n = e \cdot E\{f_n(x) > m\}$$
と置けば，前と同様に $e = \lim e_n$ だから，$\varepsilon > 0$ に対して十分大きく n を取れば，
$$\int_e f_n(x)d\mu \geqq \int_{e_n} f_n(x)d\mu \geqq m\mu e_n \geqq m\mu e - \varepsilon m.$$
ε は任意だから，
$$\int_e f_n(x)d\mu \geqq m\mu e.$$
$m > 0$ も任意，また $\mu e > 0$ としたから，$\lim_{n \to \infty} \int_e f_n(x)d\mu = \infty$ で，(3)が成り立つ ($\infty = \infty$)．

(II) $\mu e = \infty$ ならば，$v < \infty$ として上記(1°)の記号を用いて，$\lim e_n = e$ から，$\lim \mu e_n = \infty$ (定理 87, (1°))．従って
$$\int_e f_n(x)d\mu \geqq \int_{e_n} f_n(x)d\mu \geqq (v-\varepsilon)\mu e_n$$
から，$\lim \int_e f_n(x)d\mu = \infty$，すなわち(3)が $\infty = \infty$ の意味で成り立つ．$v = \infty$ でも同様．

定理 89. 積分は函数に関して線型である．詳しくいえば，任意の実係数 a_i をもって
$$\int_E (a_1 f_1 + a_2 f_2 + \cdots + a_n f_n)d\mu = a_1 \int_E f_1 d\mu + a_2 \int_E f_2 d\mu + \cdots + a_n \int_E f_n d\mu.$$
ただし右辺の項の中に $+\infty$ と $-\infty$ が同時に出ていてはいけない．特に，右辺の各積分が有限なるとき，左辺も有限で，等式が成り立つのである*．

[証] 二つの函数 f, g に関して，次の式を証明すれば十分である：
$$\int_E (f+g)d\mu = \int_E f\,d\mu + \int_E g\,d\mu. \qquad (4)$$

(1°) $f \geqq 0, g \geqq 0$ が階段的で，それぞれ有限個の相異なる値 a_i, b_j ($i = 1, 2, \cdots, p$; $j = 1, 2, \cdots, q$) を取るとする．
$$E_i = E\{f(x) = a_i\}, \quad E'_j = E\{g(x) = b_j\}$$

---

* $\sum a_i f_i(x)$ が無意味 ($\infty - \infty$) になる点 x があっても，定理の 'ただし書き' の下では，それらの点 x の集合 e の測度は 0 である．実際，右辺の各項が，例えば，$+\infty$ でないとすれば，各々の $a_i f_i(x)$ が $+\infty$ となる点 x の集合の測度は 0 である (前節 **7.**)．故に測度 0 の集合 e を無視して，上記左辺の積分を E の上の積分と書くのである (前節 **6.**)．

として，$E_i \cap E'_j = e_{i,j}$ と置けば，$E_i = \sum_{j=1}^{q} e_{ij}$, $E'_j = \sum_{i=1}^{p} e_{ij}$, $E = \sum e_{i,j}$ は単純和で，$e_{i,j}$ において $f(x) = a_i$, $g(x) = b_j$. よって (§ 109, **2.**)

$$\int_E f(x) d\mu = \sum_{i=1}^{p} a_i \mu E_i, \quad \int_E g(x) d\mu = \sum_{j=1}^{q} b_j \mu E'_j, \tag{5}$$

$$\int_E (f+g) d\mu = \sum_{i,j}(a_i + b_j)\mu e_{ij} = \sum_i \left(a_i \sum_j \mu e_{ij}\right) + \sum_j \left(b_j \sum_i \mu e_{ij}\right)$$

$$= \sum_i a_i \mu E_i + \sum_j b_j \mu E'_j.$$

(5) と比較して (4) を得る．

(2°) $f \geqq 0$, $g \geqq 0$ なるとき，$f_n \to f$, $g_n \to g$ を定理 83 (435 頁, [注意] 参照) の階段函数とすれば，(1°) によって

$$\int_E (f_n + g_n) d\mu = \int_E f_n d\mu + \int_E g_n d\mu.$$

これから定理 88 によって (4) を得る．

(3°) 一般の場合，$f, g, f+g$ の符号に従って，E を六つの集合に分割すれば，その中に空集合もありうるが，§ 109, **1.** によって，各部分集合に関して (4) を証明すればよい．よって，E において，例えば $f \geqq 0$, $g < 0$, $f+g \geqq 0$ とする．然らば $f = (f+g) + (-g)$ から，(2°) によって

$$\int_E f d\mu = \int_E (f+g) d\mu + \int_E (-g) d\mu.$$

移項して (4) を得る*．その他の場合も同様である．

定理 90. (項別積分の定理) 函数列 $\{f_n(x)\}$ に関して $f_n(x) \to f(x)$, かつ

$$|f_n(x)| \leqq S(x) \quad (n = 1, 2, \cdots) \tag{6}$$

なる積分有限なる $S(x)$ が存在すれば (特に $\mu E < \infty$, $|f_n(x)| < c$ (定数) ならば)，

$$\lim_{n \to \infty} \int_E f_n(x) d\mu = \int_E f(x) d\mu. \tag{7}$$

各積分が有限で，等式が成り立つのである．

[証] 仮定 (6) によって，$f_n(x)$ は積分有限である．また § 109, **6., 7.** によって，$S(x) \neq \infty$ と仮定してよい．

まず一般に $g_n(x) \geqq 0$, $h_n(x) = \inf(g_n(x), g_{n+1}(x), \cdots) \geqq 0$ と置けば，$\varliminf g_n(x) = \lim h_n(x)$ で，$h_n(x)$ は増大列だから，定理 88 によって，

$$\int_E \varliminf g_n(x) d\mu = \int_E \lim h_n(x) d\mu = \lim \int_E h_n(x) d\mu.$$

$g_n(x) \geqq h_n(x)$ だから，

---

* 443 頁脚註と同様．

$$\int_E g_n(x)d\mu \geqq \int_E h_n(x)d\mu,$$

従って

$$\varliminf \int_E g_n(x)d\mu \geqq \varliminf \int_E h_n(x)d\mu.$$

すなわち

$$\int_E \varliminf g_n(x)d\mu \leqq \varliminf \int_E g_n(x)d\mu. \tag{8}*$$

これを $S(x)+f_n(x)\geqq 0$ に適用すれば（上記の仮定 $S(x) \neq \infty$ を用いて），

$$\int_E S(x)d\mu + \int_E \varliminf f_n(x)d\mu \leqq \int_E S(x)d\mu + \varliminf \int_E f_n(x)d\mu.$$

両辺から有限なる $\int_E S(x)d\mu$ を引いて，

$$\int_E \varliminf f_n(x)d\mu \leqq \varliminf \int_E f_n(x)d\mu. \tag{9}$$

同様に，$S(x)-f_n(x) \geqq 0$ から，

$$\int_E \varliminf(-f_n)d\mu \leqq \varliminf \int_E (-f_n)d\mu,$$

すなわち

$$-\int_E \varlimsup f_n d\mu \leqq -\varlimsup \int_E f_n d\mu,$$

すなわち

$$\int_E \varlimsup f_n d\mu \geqq \varlimsup \int_E f_n d\mu. \tag{10}$$

以上仮定(6)のみを用いた．さて $\lim f_n(x) = f(x)$ のはずであるから，(9), (10)から

$$\varlimsup \int_E f_n d\mu \leqq \int_E f(x)d\mu \leqq \varliminf \int_E f_n d\mu.$$

もとより $\varlimsup \int_E f_n d\mu \geqq \varliminf \int_E f_n d\mu$ だから，等式が成り立って，(7)を得る． (証終)

定理 90 が上記のように寛大な条件の下において成り立つことは，Lebesgue の理論の著しい成功というべきであろう．

定理 91. 積分は集合函数として加法的である**．すなわち，$E = \sum_{n=1}^{\infty} E_n$ が単純和ならば，

$$\int_E f(x)d\mu = \sum_{n=1}^{\infty} \int_{E_n} f(x)d\mu. \tag{11}$$

---

* 次の定理 91 によれば，この関係(8)は 437 頁(2)と同様である．

** 或る M 集合 H の部分集合なる M 集合の全体は H を最大集合とする閉じた σ 系を成す．それを M(H) とする．H における函数 $f(x)$ の積分 $\int_H f(x)d\mu$ が確定であるとき，$E \in M(H)$ における f の積分 $\varphi(E) = \int_E f(x)d\mu$ が M(H) における加法的集合函数であることを，簡略して積分は集合函数として加法的であるという(434 頁,[附記]参照).

左辺の積分は有限でなくてもよい（無意味でなければよい）．

［証］ $f(x) \geqq 0$ としてもよい．また $\widetilde{E}_n = \sum\limits_{i=1}^{n} E_i$ とすれば（§ 109, **1.**），
$$\int_{\widetilde{E}_n} f(x) d\mu = \sum_{i=1}^{n} \int_{E_i} f(x) d\mu.$$
故に
$$\int_{\widetilde{E}_n} f(x) d\mu \to \int_{E} f(x) d\mu \tag{12}$$
を示せばよい．さて
$$\left. \begin{array}{ll} x \in \widetilde{E}_n & \text{のとき} \quad f_n(x) = f(x), \\ x \in E - \widetilde{E}_n & \text{のとき} \quad f_n(x) = 0 \end{array} \right\} \text{とすれば,} \quad \int_{\widetilde{E}_n} f(x) d\mu = \int_{E} f_n(x) d\mu.$$
$f_n(x)$ は増大列で，$f(x)$ に収束するから，(12) が成り立つ（定理 88）．

以上，積分の最も重要な性質を述べたが，ここで，積分の定義そのものを反省してみよう．我々は E を分割して e_i における $f(x) \geqq 0$ の下限 v_i をもって $s_\Delta = \sum v_i \mu e_i$ を作って，その上限として積分を定義したが，同様の立脚点において，e_i における $f(x)$ の上限 u_i をもって，和 $S_\Delta = \sum u_i \mu e_i$ を作り，S_Δ の下限として積分を定義することも考えられる．しかし，μE は有限，また E において $f(x)$ は有界（$0 \leqq f(x) < m$）なる根幹的の場合においては，このような定義からも，積分は結局同一に帰する*．

今，実数の区間 $[0, m]$ に目盛り
$$0 = a_0 < a_1 < \cdots < a_n = m, \quad \max(a_i - a_{i-1}) = \delta$$
をして
$$E_i = E\{a_i \leqq f(x) < a_{i+1}\}, \quad E = \sum_{i=0}^{n-1} E_i$$
とすれば，E のこの分割 Δ に関しては
$$s_\Delta \geqq \sum a_i \mu E_i, \quad S_\Delta \leqq \sum a_{i+1} \mu E_i.$$
さて
$$0 \leqq \sum a_{i+1} \mu E_i - \sum a_i \mu E_i = \sum (a_{i+1} - a_i) \mu E_i \leqq \delta \sum \mu E_i = \delta \cdot \mu E.$$
従って
$$0 \leqq S_\Delta - s_\Delta \leqq \delta \cdot \mu E.$$
Δ は特別な分割であるが，一般に二つの分割 $\Delta^{(1)}, \Delta^{(2)}$ を合併して分割 $\Delta^{(3)}$ が作られる．すなわち
$$\Delta^{(1)}: \quad E = \sum_i e_i^{(1)}, \quad \Delta^{(2)}: \quad E = \sum_j e_j^{(2)},$$
$$\Delta^{(3)}: \quad E = \sum_{i,j} e_i^{(1)} e_j^{(2)}.$$

---

* $\mu E = \infty$，または $f(x)$ が有界でない場合には，S による定義は適切でない．これら極限の場合をも順調に包括するためには，s を取らねばならない．

そうすれば，
$$S_{\Delta^{(1)}} \geqq S_{\Delta^{(3)}} \geqq s_{\Delta^{(3)}} \geqq s_{\Delta^{(2)}},$$
すなわち
$$S_{\Delta^{(1)}} \geqq s_{\Delta^{(2)}}.$$
$\Delta^{(1)}, \Delta^{(2)}$ は任意だから
$$\inf S \geqq \sup s.$$
よって，上記の S_Δ, s_Δ を用いて
$$0 \leqq \inf S - \sup s \leqq S_\Delta - s_\Delta \leqq \delta \mu E.$$
δ は任意に取れるから
$$\inf S = \sup s = \int_E f(x) d\mu.$$

なお考慮すべきは，§109 で E を有限列 e_i に分割して s_Δ を定義したが，上に述べたような思想圏において，E を無限単純列 $\sum e_i$ に分割して，そのような分割 Δ' に関して $s_{\Delta'}$ を定義して，$\sup s_{\Delta'}$ をもって積分を定義することである．然るに，Δ' は Δ の再分と考えられるから，$s_{\Delta'} \geqq s_\Delta$ であるが，一方 $s_\Delta \leqq S_{\Delta'} \leqq S_\Delta$ であるから，$\sup s_{\Delta'} = \int_E f(x) d\mu$ である．S に関しても同様である．

Riemann 積分に関して §30 に述べた Darboux の和においては，このような結果は得られなかった．あそこでは，$f(x)$ を単に有界としたが，ここでは $f(x)$ を M 函数とした．あそこでは Δ をば，区間を区間への分割に限定したが，ここでは，M 集合 E を自由に M 集合に分割することを許したのである．

§109 に述べた積分の定義は簡明であるが，なお Lebesgue の定義との連絡のために，次の定理をつけ加える．簡明のために正なる函数を考察する．

定理 92. 集合 E において $f(x) \geqq 0$ とする．正数の範囲に目盛り
$$(\Delta) \qquad 0 = l_0 < l_1 < \cdots < l_n < \cdots, \quad \sup(l_n - l_{n-1}) = \delta \tag{13}$$
をつけて，
$$e_n = E\{l_n \leqq f(x) < l_{n+1}\}, \quad e_\infty = E\{f(x) = \infty\}$$
と書けば，$\mu(e_\infty) = 0$ なる条件の下において，
$$\int_E f(x) d\mu = \lim_{\delta \to 0} \sum_{1 \leqq n < \infty} l_n \mu e_n. \tag{14}$$

Lebesgue は初め μE も $f(x)$ も有界なる場合に，(14)の右辺の極限をもって，左辺の積分を定義したのである．

［証］目盛り Δ に対応して，
$$f_\Delta(x) = l_n, \qquad x \in e_n \qquad (n = 0, 1, 2, \cdots)$$
$$= \infty, \qquad x \in e_\infty$$
なる函数 $f_\Delta(x)$ を取れば，$x \in e_n$ のとき，
$$f(x) - f_\Delta(x) < l_{n+1} - l_n \leqq \delta$$

だから，$\delta \to 0$ のとき
$$f_\Delta(x) \to f(x). \tag{15}$$

一方(定理91)，
$$\int_E f_\Delta(x) d\mu = \sum_{1 \leqq n < \infty} \int_{e_n} f_\Delta(x) d\mu + \int_{e_\infty} f_\Delta(x) d\mu *$$
$$= \sum_{1 \leqq n < \infty} l_n \mu e_n. \tag{16}$$

後段の等式は仮定 $\mu e_\infty = 0$ による(§ 109, **6.**)．さて，ここで二つの場合を区別する．

(1°) $f(x)$ の積分が有限ならば(定理90の $S(x)$ に $f(x)$ 自身を当てて)，(15) によって
$$\int_E f(x) d\mu = \lim_{\delta \to 0} \int_E f_\Delta(x) d\mu.$$

従って，(16)から(14)を得る．

(2°) $\int_E f(x) d\mu = \infty$ ならば，(14)の右辺も ∞ である．―― この場合，(8)と同様に，
$$\varliminf \int_E f_\Delta(x) d\mu \geqq \int_E \varliminf f_\Delta(x) d\mu$$
だから，(15)によって
$$\varliminf \int_E f_\Delta(x) d\mu \geqq \int_E f(x) d\mu = \infty.$$

従って
$$\lim_{\delta \to 0} \int_E f_\Delta(x) d\mu = \infty.$$

[附記] $E_t = E\{t \leqq f(x)\}$, $\mu E_t = \psi(t)$ と置けば，$\psi(t) \geqq 0$ は単調減少であるが，$e_n = E_{l_n} - E_{l_{n+1}}$ だから，
$$\sum l_n \mu e_n = \sum \psi(l_n)(l_n - l_{n-1})$$
で，$\lim \sum l_n \mu e_n$ すなわち積分 $\int_E f(x) dx$ は Riemann 積分 $(R) \int^\infty \psi(t) dt$ に等しい．

次の定理は後に至って応用されるが，それ自身としても興味あるものである．

§ 109, **5.** において $g(x) = 1$ とすれば，e において $a \leqq f(x) \leqq b$ なるとき，$a \mu e \leqq \int_e f(x) d\mu \leqq b \mu e$ で，これが本来の平均値定理ともいうべきものである．この関係は，加法的集合関数としての積分の特徴である．すなわち次の定理が成り立つ．

定理93. μE が有限なる E において，$f(x)$ は M 函数，$F(e)$ は加法的集合関数**で，$-\infty \leqq a \leqq b \leqq \infty$ なるすべての a, b に関して

---

* この $\sum$ は通例 $\sum\limits_{n=1}^{\infty}$ と書くのだけれども，和はすべての自然数 n の上にわたるのだから，$n \neq \infty$．すでに434頁の規約を設けた上は，上記のように $\sum$ に $1 \leqq n < \infty$ を附記するのが正当である．特にここでは e_∞ に関する項が別になるのだから，明瞭のために，この記法を取った．

** E の部分集合なる M 集合の成す σ 系における加法的集合関数を，簡単に E における加法的集合関数という．以下同様．

$$e \subset E\{a \leq f(x) \leq b\} \quad \text{なるとき} \quad a\mu e \leq F(e) \leq b\mu e \qquad (17)$$

ならば,

$$F(E) = \int_E f(x)d\mu.$$

［注意］ a,b がその値として $\pm\infty$ をとる場合, 規約 $0\cdot\infty = 0$ を適用する.

$E\{f(x) \geq 0\}$ と $E\{f(x) < 0\}$ とを別々に考察すればよいから, E において $f(x) \geq 0$ と仮定してよい. 然らば, (17)において $a=0$ として, $F(e) \geq 0$ を得る. また $e_\infty = E\{f(x) = \infty\}$ とすれば, $\mu e_\infty > 0$ の場合には, (17)において $a = \infty$ と置いて $F(e_\infty) = \infty$, 従って $F(E) = \infty$. また $\int_E f(x)d\mu = \infty$ だから, 定理は $\infty = \infty$ の意味で成り立つ. よって $\mu e_\infty = 0$ としてよいが, そのとき(17)において $a = \infty$ とすれば $F(e_\infty) = 0$ を得る(規約 $0 \cdot \infty = 0$). 故に

$$f(x) \geq 0, \quad F(e) \geq 0, \quad \mu e_\infty = 0, \quad F(e_\infty) = 0 \qquad (18)$$

と仮定して証明をすればよい. この仮定の下においては, $-\infty < a \leq b < \infty$ なる a,b に関して(17)を仮定すれば, 定理は成り立つ. それを証明する.

［証］ (13)の目盛りに関して, 前のように

$$e_n = E\{l_n \leq f(x) < l_{n+1}\}, \quad \sup(l_{n+1} - l_n) = \delta$$

と置けば,

$$E = \sum_{0 \leq n < \infty} e_n + e_\infty.$$

さて(17)から

$$l_n \mu e_n \leq F(e_n) \leq l_{n+1}\mu e_n.$$

$F(e)$ の加法性から, $F(e_\infty) = 0$ を用いて

$$\sum l_n \mu e_n \leq F(E) \leq \sum l_{n+1}\mu e_n.$$

$\mu e_\infty = 0$ によって, 積分 $\int_E f(x)d\mu$ も同じ限界内にあるから, $\mu e_n < \infty$ を用いて

$$\left| F(E) - \int_E f(x)d\mu \right| \leq \sum (l_{n+1} - l_n)\mu e_n \leq \delta \sum \mu e_n \leq \delta \mu E.$$

$\delta > 0$ は任意であるから, $\mu E < \infty$ を用いて,

$$F(E) = \int_E f(x)d\mu.$$

［注意］ $\mu E = \infty$ ならば, 規約によって $E_n \uparrow E$, $\mu E_n < \infty$, よって $F(E_n) = \int_{E_n} f(x)d\mu$ から, $n \to \infty$ の極限へ行って標記の等式を得る.

111. 加法的集合函数

σ 系 M における加法的集合函数 $F(e)$ の定義はすでに述べた(436 頁), すなわち

　　(1°) 単純和 $e = \sum e_n$ に関して $F(e) = \sum F(e_n)$.

これより後, 簡単のためこの定義に次の条件を追加する.

($2°$)　一つの M 集合 E の内で，$F(e)$ は有限である：$e \subset E$, $e \in \mathrm{M}$ ならば，$F(e) \neq \pm \infty$. この条件のために次の定理が成り立つ．

定理 94.　$F(e)$ は E において有界である．すなわち一つの定数 m をもって，$e \subset E$ なるとき，$|F(e)| < m$.

［証］　$|F(E)| = c$ と置けば定義の ($2°$) によって $c \neq \infty$, もしも $F(e)$ が有界でないとするならば，任意の $\eta > 0$ をもって
$$e_1 \subset E, \quad |F(e_1)| > c + \eta$$
なる e_1 が存在する．従って
$$F(e_1) + F(E - e_1) = F(E)$$
から
$$|F(E - e_1)| > \eta.$$
そうして e_1 または $E - e_1$ の内で F は有界でないはずである．今両者のうちで F が有界でない方を改めて e_1 と書いて，同様の考察を継続すれば，
$$e_1 \supset e_2 \supset \cdots \supset e_n \supset \cdots, \quad |F(e_n - e_{n+1})| > \eta \tag{1}$$
なる集合列 $\{e_n\}$ を得る．そこで $e_0 = \lim e_n$ とすれば
$$e_1 - e_0 = \sum_{n=1}^{\infty} (e_n - e_{n+1})$$
は単純和だから，
$$F(e_1 - e_0) = \sum F(e_n - e_{n+1})$$
であるべきであるが，(1) によって右辺は収束しない．これは不合理である．

定理 95.　F が加法的ならば，
$$e_n \to e \quad \text{のとき} \quad F(e_n) \to F(e).$$

［証］　F が常に正：$F(e) \geqq 0$ なるときは，F は有限であることを用いて，定理 87 で μe に関して述べたのと同様である．F の符号が一定でないときには，次の定理 96 によって $F \geqq 0$ の場合に帰する．

加法的集合函数 $F(e)$ が与えられているとき
$$F^+(E) = \sup_{e \subset E} F(e), \quad F^-(E) = \inf_{e \subset E} F(e) \tag{2}$$
によって，集合函数 F^+, F^- が定義される．$e = 0$ を空集合とすれば，$F(0) = 0$ だから，上記の sup は $\geqq 0$, inf は $\leqq 0$, 従って
$$F^+(E) \geqq 0, \quad F^-(E) \leqq 0. \tag{3}$$

定義.　F^+, F^- をそれぞれ F の正の変動（または変分），負の変動といい，また $V(E) = F^+(E) + |F^-(E)|$ を $F(E)$ の絶対変動（または全変動）という．

定理 96.
$$F(E) = F^+(E) + F^-(E).$$
［証］ $E = E_1 + E_2$ を単純和とすれば，
$$F(E) = F(E_1) + F(E_2).$$
$E_2 \subset E$ だから，(2)によって
$$F(E_2) \leqq F^+(E), \quad F(E_2) \geqq F^-(E).$$
故に
$$F(E) - F^-(E) \geqq F(E_1) \geqq F(E) - F^+(E).$$
E_1 は E の任意の部分集合(M 集合)だから，上限，下限へ行って
$$F(E) - F^-(E) \geqq F^+(E), \quad F^-(E) \geqq F(E) - F^+(E).$$
故に標記の等式が成り立つ.

定理 97. F^+, F^-, V は加法的である.
［証］ $E = \sum E_n$ を単純和とし，$F^+(E) = g, F^+(E_n) = g_n$ と書いて，$g = \sum g_n$ を証明する.
任意に $\varepsilon > 0$ を取って $\varepsilon = \sum \varepsilon_n, \varepsilon_n > 0$ とする. 然らば上限としての F^+ の意味によって，
$$e_n \subset E_n, \quad F(e_n) > g_n - \varepsilon_n \quad (n = 1, 2, \cdots)$$
なる e_n がある. そこで $e = \sum e_n$ とすれば，これも単純和で，$e \subset E$ だから，
$$g \geqq F(e) = \sum F(e_n) > \sum g_n - \varepsilon.$$
故に $\sum g_n$ は収束するが，$\varepsilon > 0$ は任意だから $g \geqq \sum g_n$.
逆に $e \subset E, F(e) > g - \varepsilon, eE_n = e_n$ とすれば，$e = \sum e_n$ は単純和で，
$$g - \varepsilon < F(e) = \sum F(e_n) \leqq \sum g_n.$$
ε は任意だから $g \leqq \sum g_n$，故に $g = \sum g_n$. すなわち $F^+(E)$ は加法的である. 従って $F^- = F - F^+, V = F^+ + |F^-|$ も加法的である.

定理 98. 上下限 $F^+(E), F^-(E)$ は E 内で到達される. すなわち
 1°. $E = P + N$ なる分割があって［Hahn の分割］，
$$F^+(E) = F(P), \quad F^-(E) = F(N).$$
 2°. $e \subset P$ ならば，$F(e) \geqq 0$, $e \subset N$ ならば，$F(e) \leqq 0$.
 3°. $e \subset E$ なる e に関しては
$$F^+(e) = F(eP), \quad F^-(e) = F(eN).$$
［証］
$$E = P + N, \quad F^+(N) = 0, \quad F^-(P) = 0 \tag{4}$$
なる P, N の存在を示せばよい. そうすれば(定理 96)
$$F(P) = F^+(P) + F^-(P) = F^+(P).$$

$$F(N) = F^+(N) + F^-(N) = F^-(N).$$

また一方(定理 97)

$$F^+(E) = F^+(P) + F^+(N) = F^+(P),$$
$$F^-(E) = F^-(P) + F^-(N) = F^-(N)$$

だから,$1°$ が得られる.

$2°$ も(4)から得られる.実際,(4)から $F^-(P) = 0$ だから,$e \subset P$ なるとき $F(e) \geqq 0$. 同様に $F^+(N) = 0$ だから,$e \subset N$ なるとき $F(e) \leqq 0$.

次に,$e' \subset eP$ ならば,$2°$ によって $F(e') \geqq 0$,従って $F^-(eP) = 0$,また $e' \subset eN$ ならば $F(e') \leqq 0$,従って $F^+(eN) = 0$. 故に $e = eP + eN$ は e の Hahn 分割である.それが $3°$ である.

さて(4)を満足せしめる P, N を求めよう.$F^+(E) = g$ と置く.そのとき 1 より小なる一定の ε に対して

$$F(e_n) > g - \varepsilon^n \quad (1 > \varepsilon > 0)$$

なる集合列 e_n が E 内にある.そうして

$$F^+(e_n) > g - \varepsilon^n, \quad F^+(E - e_n) < \varepsilon^n.$$

今

$$P = \varliminf e_n, \quad N = E - P$$

とする.然らば任意の p に関して

$$N = \varlimsup (E - e_n) \subset \bigcup_{p \leqq n < \infty} (E - e_n).$$

故に

$$0 \leqq F^+(N) \leqq \sum_{p \leqq n < \infty} F^+(E - e_n) < \sum_{n=p}^{\infty} \varepsilon^n = \frac{\varepsilon^p}{1 - \varepsilon}.$$

$1 > \varepsilon > 0$ で p は任意だから,$p \to \infty$ の極限へ行って,$F^+(N) = 0$.

一方,$F^+(e_n) \leqq g$, $F(e_n) = F^+(e_n) + F^-(e_n) > g - \varepsilon^n$ から,$-F^-(e_n) < \varepsilon^n$. よって 437 頁(2)と同様に(あそこの μ に $-F^-$ をあてて),

$$\varepsilon^n \geqq \varliminf(-F^-(e_n)) \geqq -F^-(\varliminf e_n) = -F^-(P) \geqq 0.$$

従って $n \to \infty$ に行って $F^-(P) = 0$.

すなわち P, N は(4)に適合する.

112. 絶対連続性　特異性

σ 系 M における一つの測度 μ に基づいて,一般の加法的集合函数の連続性を考察するために,次の定義を立てる.

E において加法的なる集合函数 $F(e)$ が

$$\mu e = 0 \quad \text{なるとき常に} \quad F(e) = 0 \tag{1}$$

なる条件を満たすとき，$F(e)$ を E において絶対連続という．

また $F(e)$ が E 内でほとんど常に 0 なるとき，すなわち $\mu(e_0)=0$ なる一つの集合 e_0 以外で常に 0 なるとき，$F(e)$ を特異函数という．そのとき，$e = e_0 e + (e-e_0)$ で $F(e-e_0)=0$ なのだから，$F(e)=F(e_0 e)$．

次のことは定義によって明白であろう．

1. 絶対連続な函数 F の正・負の成分 F^+, F^- および絶対変分 V は絶対連続である．

2. 絶対連続な函数は線型空間を成す．すなわち F, G が絶対連続で，a が任意の実数ならば，$aF, F+G$ も絶対連続である．一般に絶対連続な函数 F_i $(i=1, 2, \cdots, n)$ の実係数 a_i をもっての一次結合 $\sum_{i=1}^{n} a_i F_i$ は絶対連続である．

3. E において絶対連続なる函数の列 $\{F_n(e)\}$ が，すべての $e \subset E$ に関して $F(e)$ に収束するならば，F は絶対連続である．

4. 集合列 E_n の各集合において F が絶対連続ならば，F は E_n の合併 $E = \bigcup E_n$ においても絶対連続である．

上記 **1.**–**4.** において '絶対連続' を '特異' で置き換えてもよい．

5. E において絶対連続で，かつ特異な函数は常に 0 に等しい．

F が特異ならば，$e_0 \subset E$, $\mu e_0 = 0$; $F(e) = F(e e_0)$．その F が絶対連続ならば，$\mu e e_0 = 0$ から，$F(e e_0) = 0$，従って $F(e) = 0$．

6. 積分 $\int_e f(x) d\mu$ を集合 e の函数とみて，それを不定積分という．不定積分が E の上で有限ならば，E 内の e でも有限で，それは加法的であるが（定理 91），それは E において絶対連続である（§ 109, **6.**）．

［注意］上記の定義において，絶対連続という用語は奇異に感ぜられるであろう．この用語の由来は後に述べるが，ここで集合函数の連続性に関して手近な解説をしておこう．まず $F(e)$ が絶対連続ならば，$\mu e \to 0$ なるとき $F(e) \to 0$ なることを証明する．定理 96 によって $F(e) \geqq 0$ の場合を考察すればよいが，今間接法を用いるために，$\mu e_n \to 0$ で，しかも $F(e_n) \to 0$ ではないと仮定する．然らば $\{e_n\}$ の中に，或る数 $\eta > 0$ に関して $F(e_n) > \eta > 0$ なる e_n が無数にあって，その中から $\mu e_n < \delta^n$ $(0 < \delta < 1)$ なる $\{e_n\}$ を取り出すことができるであろう．それらの e_n に関して $e_0 = \overline{\lim} e_n$ と置けば，$e_0 \subset \bigcup_{n \geqq p} e_n$, 従って $\mu e_0 \leqq \sum_{n \geqq p} \mu e_n < \dfrac{\delta p}{1-\delta}$．$p$ は任意だから，$\mu e_0 = 0$．故に絶対連続性の定義によって $F(e_0) = 0$．然るに 438 頁 (3) と同様に*
$F(e_0) = F(\overline{\lim} e_n) \geqq \overline{\lim} F(e_n) \geqq \eta > 0$．これは不合理である．故に $\mu e_n \to 0$ ならば $F(e_n) \to 0$．すなわち $\mu e = 0$ なるとき $F(e) = 0$ なることは，$\mu e \to 0$ なるとき $F(e) \to 0$ なることを意味する．それを見越して，絶対連続の定義を既述のように立てたのである．$\mu e = 0$ であっても，それは $e = 0$, すなわち e が空集合であるのではない．だから単に $\mu e \to 0$ からしてすでに $F(e) \to 0$ が保証されることは，高度の連続性といわねばならない．

---

* 同所 μ に F を代用して $\overline{\lim}$ に関する不等式が得られる．

定理 99. E の測度が有限なるとき（または一般に E が有限測度の集合列の合併であるとき），E において加法的なる集合函数は絶対連続な函数と特異函数との和として一意に表わされる [Lebesgue の分割]．

定理 100. E は前の通りとして，E において加法的なる集合函数が絶対連続なるためには，それが或る点函数の不定積分であることが，必要かつ十分である [Radon-Nikodym の定理]．

［証］ 定理 99, 100 を一括して証明するために，$\mu E<\infty$，また $F(e)$ は E において加法的として，$e\subset E$ なる e に関し，

$$F(e) = F(eH) + \int_e f(x)d\mu \tag{2}$$

なる M 函数 $f(x)$ と $\mu H = 0$ なる M 集合 $H\subset E$ との存在を証明する．然らば $e\subset E-H$，従って $eH=0$ なるとき，$\Phi(e)=F(eH)=0$ だから，Φ は特異函数で，また $\int_e f(x)d\mu$ は絶対連続であるから（前頁，**6.**）定理 99 にいう Lebesgue の分割の可能性が確定する．

また $\mu E_n < \infty$, $E = \bigcup E_n$ ならば，それを単純和に直すことができるから，加法性によって E においても (2) は成り立つ．Lebesgue の分割が一意的であることは簡明である．今

$$F(e) = \Phi_1(e) + \Psi_1(e) = \Phi_2(e) + \Psi_2(e)$$

で，Φ_1, Φ_2 は特異，Ψ_1, Ψ_2 は絶対連続とすれば，

$$\Phi_1 - \Phi_2 = \Psi_2 - \Psi_1$$

において，左辺は特異，右辺は絶対連続だから，両辺は 0 に等しい（前頁，**5.**）．

Lebesgue 分割が一意だから，(2) から定理 100 にいう条件の必要性がわかる．それが十分であることは既知である（§ 109, **6.**）．

さて，(2) の証明であるが，F に関する Hahn の分割（定理 98）$E=P+N$ によって，例の通り $F(e)\geqq 0$ としてよい．仮定によって $\mu E<\infty$ だから，$r>0$ を任意の有理数として，E において加法的なる $F(e)-r\mu e$ に Hahn の分割を適用して，

$$e_r \text{ において } F(e) \geqq r\mu e, \quad e'_r \text{ において } F(e) \leqq r\mu e \tag{3}$$

とする．ただし，$e'_r = E - e_r$．すなわち ' は E に対する余集合（以下同様）．また，負（$\leqq 0$）なる有理数 r に対して，$e_r = E$ と置く．然らば，$r\leqq 0$ なるときにも，(3) は成り立つ．

今，任意の実数 t に対して

$$E(t) = \bigcap_{r<t} e_r \tag{4}$$

と置く（435 頁）．然らば，(3) から，実数 t に関して，

$$E(t) \quad \text{ において } \quad F(e) \geqq t\mu e, \tag{5}$$

$$E(t)' = \bigcup_{r<t} e'_r \quad \text{ において } \quad F(e) \leqq t\mu e \tag{6}$$

であるが*，今
$$H = E(\infty) = \bigcap_{r<\infty} e_r \tag{7}$$
と置けば，任意の r に対して (3) から
$$F(H) \geqq r\mu H.$$
$F(H) < \infty$ のはずだから，$\mu H = 0$．故に $\Phi(e) = F(eH)$ は特異函数である．よって $H' = E - H$ と置けば
$$F(e) = F(eH) + F(eH'), \quad \mu e = \mu eH'$$
だから，(2) を得るには，
$$F(eH') = \int_{eH'} f(x) d\mu = \int_e f(x) d\mu$$
なる $f(x)$ が求められればよい．このような $f(x)$ は 435 頁に述べたようにして，$E(-\infty) = E$ と置いて，(4)，(7) の集合 $E(t)$，$-\infty \leqq t \leqq \infty$ から得られる．

実際，そのとき
$$E(t) = E\{f(x) \geqq t\}, \quad E(s)' = E\{f(x) < s\} \tag{8}$$
であるが，(5)，(6) によって，$-\infty < t \leqq s < \infty$ なる t, s と $e \subset H'$ なる e に関して
$$e \subset E\{t \leqq f(x) \leqq s\} \quad \text{なるとき} \quad t\mu e \leqq F(e) \leqq s\mu e. \tag{9}$$

ここで，§110，(18) の仮定が，H' において成り立つ．実際，(4)，(7) によって $E(0) = E$, $E(\infty) = H$ だから，(8) の前段の式によって，H' において $0 \leqq f(x) < \infty$，従ってあそこの $e_\infty = E(\infty) \cap H'$ は空集合となり，$\mu(e_\infty) = 0$, $F(e_\infty) = 0$ が成り立つ．$F(e) \geqq 0$ は仮定した．

さて，$H' \subset E$，従って $\mu H' < \infty$ だから，(9) によって，$e \subset H'$ なる e に関して
$$F(e) = \int_e f(x) d\mu$$
を得る (定理 93, 449 頁 [注意])．

II. Lebesgue の測度および積分

113. Euclid 空間　区間の体積

n 個の実数の取合せ $(x_1, x_2, \cdots, x_n)$ を点 x といい，点の全体は n 次元空間を成すとする．二点 x, y の距離を
$$\rho(x, y) = ((x_1 - y_1)^2 + (x_2 - y_2)^2 + \cdots + (x_n - y_n)^2)^{\frac{1}{2}}$$
で定義するとき，空間を n 次元の Euclid 空間 (記号：R^n) という．

---

* $e \subset E(t)'$ ならば，$e = \sum_{r<t} e^{(r)}, e^{(r)} \subset e'_r$ を単純和として，$F(e) = \sum F(e^{(r)}) \leqq \sum r\mu e^{(r)} \leqq t \sum \mu e^{(r)} = t\mu e$.

$$a_i \leqq x_i \leqq b_i \quad (i=1,2,\cdots,n) \tag{1}$$

なる点 x の集合を(閉)区間という．もしも等号を取らないならば開区間，右または左の等号だけを取らないならば，片開きの(右または左の開いた)区間という．

これは一次元の区間の拡張である．二次元ならば矩形，三次元ならば直方体だが，辺または稜が座標軸に平行なるものである．

区間(1)において

$$\prod_{i=1}^{n}(b_i - a_i)$$

を，開閉を問わないで，区間の体積という．

区間の意味を拡張して，(1)において a_i または b_i のうちの若干が $-\infty$ または $+\infty$ なる場合に及ぼす．その体積は $+\infty$ とする．

反面において，若干の i に関して $a_i = b_i$ なるとき，(1)は低次元の区間になるが，その場合には，他の a_i, b_i の中に $\pm\infty$ があっても，n 次元空間においては，その体積を 0 とする．

有限個数の区間の合併集合を，かりに区間塊という．二つの(従って有限個の)区間塊の合併，共通部分，および差は，やっぱり区間塊である．

区間塊を(それを組立てる区間の境界を延長して)互に重なり合わない区間(内点を共有しない区間)に分割することができる．それらの区間の体積の和を区間塊の体積とする．この体積は分割法に関係しない一定の値を有する．それは明白であろう．

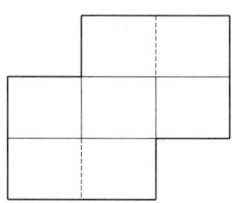

区間塊の体積は弱い意味で加法的である．すなわち互に重なり合わない区間塊 $w_i\,(i=1,2,\cdots,n)$ を合併して生ずる区間塊を w とし，その体積を mw_i, mw とすれば，次の関係が成り立つ．

$$mw = \sum_{i=1}^{n} mw_i.$$

これも明白であろう．さてここに重要なのは，区間塊に関して体積が完全に加法的(436 頁)なることである．すなわち区間塊 w が，互に重なり合わない区間塊 w_i の無限列に分割されるとき

$$mw = \sum_{i=1}^{\infty} mw_i. \tag{2}$$

これも明白なようだが，次にその証明を述べる．まず(2)において w, w_i を単なる区間として，$0 < mw < \infty$ とする．今 $s_n = \sum_{i=1}^{n} mw_i$ とすれば，数列 s_n は単調に増大するが，$\sum_{i=1}^{n} w_i \subset w$ だから，$s_n \leqq mw$. 故に(2)の右辺は収束する．その和を s とすれば，$s \leqq mw$. よって反対の不等式

$s \geqq mw$ を証明すればよいのだが，それが問題の核心である．さて任意に $\varepsilon > 0$ を取って，$\varepsilon = \sum_{i=1}^{\infty} \varepsilon_i, \varepsilon_i > 0$ とする．区間 w_i を開区間 w_i' に拡大して，$w_i' \supset w_i, mw_i' < mw_i + \varepsilon_i$ とする．また，w を閉区間 w' に縮小して，$w' \subset w, mw' > mw - \varepsilon$ とする．然らば，これらの開区間の列 w_i' は有界な閉区間 w' を覆うから，Heine-Borel の被覆定理(定理 11)によって，w_i' の中の有限個がすでに w' を覆う．従って，或る自然数 n に関して，

$$mw - \varepsilon < mw' \leqq \sum_{i=1}^{n} mw_i' < \sum_{i=1}^{n}(mw_i + \varepsilon_i) < s_n + \varepsilon \leqq s + \varepsilon.$$

$\varepsilon > 0$ は任意であったから，$mw \leqq s$ で，証明が完結する．

次に $mw = \infty$ とする．任意の $M > 0$ に関して $w_0 \subset w, M < mw_0 < \infty$ なる区間 w_0 を取れば

$$w_0 = \sum_{i=1}^{\infty} w_0 w_i$$

であるが，$w_0 w_i$ (すなわち $w_0 \cap w_i$) は区間だから，前のように

$$M < mw_0 = \sum_{i=1}^{\infty} mw_0 w_i \leqq \sum_{i=1}^{\infty} mw_i,$$

M は任意であったから $\sum_{i=1}^{\infty} mw_i = \infty$．

w, w_i が区間塊である一般の場合には，各区間塊を区間に分割すればよいが，あるいはまた直接に上記と同様に，(2)を証明することもできよう．

上記(2)では w_i の間に重なり合いがないと仮定した．もしもその条件を撤去して，単に

$$w = \bigcup_{i=1}^{\infty} w_i \tag{3}$$

とするならば

$$mw \leqq \sum_{i=1}^{\infty} mw_i. \tag{4}$$

実際に重なり合いがあるならば，$mw < \infty$ のときには等式は成り立たない．

実際，(3)から

$$w = \sum_{i=1}^{\infty} w_i', \quad w_i' = w_i - w_1 - w_2 - \cdots - w_{i-1}.$$

ここでは $\sum$ は単純和である．故に(2)によって

$$mw = \sum mw_i' \leqq \sum mw_i, \quad w_i' \subset w_i \tag{5}$$

すなわち(4)である．$mw < \infty$ で重なり合いがあるならば，w_1 と w_2 とが内点を共有するとして差し支えないが，そのとき $w_2' = w_2 - w_1$ に関して $mw_2' < mw_2$ だから，(5)において不等号を取らなければならない．

114. Lebesgue 測度論

Lebesgue 測度論は一次元空間における線分の長さ，二次元・三次元空間における面積・体積などを任意の点集合にまで拡張する試みであるが，拡張の目標を次の論点に置く．

1°. 区間の測度はその体積である．

2°. 測度は点集合の函数として完全に加法的である．

完全に加法的なることの意味は前にしばしば述べた．Riemann の測度が弱い意味でのみ加法的であったのに反して，集合の無限列を許容することが重要で，そのために拡張が成果を挙げえたのである．成果をいえば，任意の点集合に確定の測度を賦与することはできないが，十分広汎なる σ 系にまで，Riemann 測度が拡張されるのである．

定義．e を R^n における任意の点集合とすれば，区間列(有限列または無限列) w_i をもって e を覆うことができる．e を覆うすべての区間列に関する下限

$$\bar{m}e = \inf \sum_{i=1}^{\infty} mw_i, \quad e \subset \bigcup_i w_i \tag{1}$$

を e の外測度という*．

空集合の外測度は 0 とする．

1. 外測度はすべて点集合 e に関して一意的なる集合函数で，$0 \leqq \bar{m}e \leqq \infty$．

2. $e_1 \subset e_2$ ならば，$\bar{m}e_1 \leqq \bar{m}e_2$ （単調性）．

これは定義によって明白である．

3. 集合の合併に関しては，$e = \bigcup_{i=1}^{\infty} e_i$ ならば

$$\bar{m}e \leqq \sum_{i=1}^{\infty} \bar{m}e_i. \tag{2}$$

［証］ (2)の右辺が収束するときだけが証明を要する．そのとき任意に $\varepsilon > 0$ を取って，$\varepsilon = \sum_{i=1}^{\infty} \varepsilon_i, \varepsilon_i > 0$ とする．下限としての外測度の定義によって，e_i を覆う区間列 $w_{i,j}$ があって

$$e_i \subset \bigcup_{j=1}^{\infty} w_{i,j}, \quad \bar{m}e_i > \sum_{j=1}^{\infty} mw_{i,j} - \varepsilon_i.$$

従って

$$\sum_{i=1}^{\infty} \bar{m}e_i > \sum_{i,j} mw_{i,j} - \varepsilon.$$

一方において

$$e \subset \bigcup_{i,j} w_{i,j}$$

で，この右辺も区間列の合併だから，定義によって

---

* 外測度=mesure extérieure (Lebesgue)．

$$\bar{m}e \leqq \sum_{i,j} mw_{i,j},$$

従って

$$\bar{m}e < \sum_{i=1}^{\infty} \bar{m}e_i + \varepsilon.$$

$\varepsilon > 0$ は任意であったから，(2)を得る． (証終)

$e = \sum e_i$ が単純和であっても，(2)において等号が成り立たない(その実例がある)から，外測度は完全加法性を有しない．

[注意] 区間塊 w に関しては外測度は測度(体積)と一致する．すなわち $\bar{m}w = mw$．実際 w は区間列の合併であるから，(1)によって $\bar{m}w \leqq mw$ である．今 $w \subset \bigcup_i w_i$ とすれば

$$w = \bigcup_i (ww_i)$$

から，§113, (4)によって

$$mw \leqq \sum m(ww_i) \leqq \sum mw_i.$$

従って

$$mw \leqq \inf \sum mw_i = \bar{m}w.$$

故に

$$\bar{m}w = mw.$$

今 e を有界として，$e \subset w$ なる有界な区間 w に対する e の余集合を e' とする：$w = e + e'$．もしも $\bar{m}$ が加法的ならば，$\bar{m}e + \bar{m}e' = \bar{m}w = mw$ なることを要するが，不幸にして，任意の集合 e に関して，そうは行かない．そこで Lebesgue は

$$\underline{m}e = mw - \bar{m}e'$$

と置いて，$\underline{m}e$ を集合 e の内測度*と名づけ，

$$\bar{m}e = \underline{m}e \tag{3}$$

なるとき，e を測度確定の集合として，上記共通の値(3)を e の測度とした．(3)は

$$\bar{m}e + \bar{m}e' = mw \tag{4}$$

と同等である．

この定義において，測度 me は $e \subset w$ なる区間 w の選択に無関係であることは明らかであるが，今 e を有界とする制限を撤廃して，任意の区間 w に関して

$$mw = \bar{m}(we) + \bar{m}(we') \tag{5}$$

をもって e の測度確定の定義とする．ここで e' は e の(空間 R^n に関する)余集合である．

Carathéodory は w を区間とする制限を撤去して，(5)を一般化して，任意の集合 u に関して

$$\bar{m}u = \bar{m}ue + \bar{m}ue' \tag{6}$$

なるとき，e を測度確定とし，$me = \bar{m}e$ をもって e の測度を定義した．

---

* 内測度=mesure intérieure.

しかし，現在当面の場合(Euclid 空間)，(6)は(5) から導かれる．—— 実際，$u = ue + ue'$ だから，(2) によって
$$\bar{m}u \leqq \bar{m}ue + \bar{m}ue'.$$
故に $\bar{m}u = \infty$ なら(6)は当然だから，$\bar{m}u < \infty$ として反対向きの不等式を証明する．そのとき
$$u \subset \bigcup_i w_i, \quad \bar{m}u > \sum mw_i - \varepsilon \quad (\varepsilon > 0)$$
とすれば，(2)によって
$$ue \subset \bigcup w_i e, \quad \bar{m}ue \leqq \bar{m}(\bigcup w_i e) \leqq \sum_{i=1}^{\infty} \bar{m}w_i e,$$
$$ue' \subset \bigcup w_i e', \quad \bar{m}ue' \leqq \bar{m}(\bigcup w_i e') \leqq \sum_{i=1}^{\infty} \bar{m}w_i e'.$$
従って
$$\bar{m}ue + \bar{m}ue' \leqq \sum (\bar{m}w_i e + \bar{m}w_i e').$$
さて，(5)から区間 w_i に関しては
$$mw_i = \bar{m}w_i e + \bar{m}w_i e'.$$
故に
$$\bar{m}ue + \bar{m}ue' \leqq \sum mw_i < \bar{m}u + \varepsilon.$$
$\varepsilon > 0$ は任意であったから，
$$\bar{m}ue + \bar{m}ue' \leqq \bar{m}u.$$
故に(5)から(6)が導かれた．

(6)によって定義された測度確定の集合 e を **L 集合***と総称し，測度 me を **L 測度**(Lebesgue 測度)という．

さて我々は，まず次の定理を目標とする．

定理 101． L 集合は閉じた σ 系を成す．

これを証明するために，順次に次の論点を考察する．

　(1°)　空間 R^n のすべての点から成る集合 ω は L 集合である．

$u\omega = u, \omega' = 0, u\omega' = 0$ だから ω は(6)に適合する．

　(2°)　L 集合の余集合は L 集合である．

これは定義によって明白である．

　(3°)　二つの L 集合の合併，共通部分，および差は L 集合である．

まず $e_1 \in L, e_2 \in L, e = e_1 \cup e_2$ とする．然らば(6)から
$$\bar{m}u = \bar{m}ue_1 + \bar{m}ue_1',$$
また(6)の u に ue_1' を代用して
$$\bar{m}ue_1' = \bar{m}ue_1'e_2 + \bar{m}ue_1'e_2'.$$
従って

---

* L 集合は Lebesgue 式に測りうる集合 ensemble mesurable L (**L 可測集合**)の略記．

$$\bar{m}u = \bar{m}ue_1 + \bar{m}ue_1'e_2 + \bar{m}ue_1'e_2'. \tag{7}$$

u に ue を代用して
$$\bar{m}ue = \bar{m}uee_1 + \bar{m}uee_1',$$
さて
$$ee_1 = (e_1 \cup e_2)e_1 = e_1, \quad ee_1' = (e_1 \cup e_2)e_1' = e_1'e_2,$$
従って
$$\bar{m}ue = \bar{m}ue_1 + \bar{m}ue_1'e_2.$$
故に (7) から
$$\bar{m}u = \bar{m}ue + \bar{m}ue', \quad e \in \mathrm{L}$$
(ここで $e' = (e_1 \cup e_2)' = e_1'e_2'$ を用いた).

e_1, e_2 の共通部分および差に関しては，§105, (1), (3) を用いて上記と (2°) とから得られる．

　(4°)　L 測度は完全に加法的である．すなわち $e_i \in \mathrm{L}$ で $e = \sum\limits_{i=1}^{\infty} e_i$ が単純和ならば，$e \in \mathrm{L}$, かつまた
$$me = \sum_{i=1}^{\infty} me_i. \tag{8}$$
なお一般に
$$\bar{m}ue = \sum_{i=1}^{\infty} \bar{m}ue_i. \tag{9}$$

［証］　仮定によって
$$\bar{m}u = \bar{m}ue_1 + \bar{m}ue_1'$$
であるが，なお一般に $s_n = \sum\limits_{i=1}^{n} e_i$ と置けば，
$$\bar{m}u = \sum_{i=1}^{n} \bar{m}ue_i + \bar{m}us_n'. \tag{10}$$

この計算は帰納法でたやすくできる．実際，(10) を仮定すれば，(6) の u に us_n' を代用して，$e_{n+1} \in \mathrm{L}$ から
$$\bar{m}us_n' = \bar{m}us_n'e_{n+1} + \bar{m}us_n'e_{n+1}',$$
故に $s_n e_{n+1} = 0, e_{n+1} \subset s_n', s_n'e_{n+1} = e_{n+1}, s_n'e_{n+1}' = s_{n+1}'$ を用いて
$$\bar{m}u = \sum_{i=1}^{n+1} \bar{m}ue_i + \bar{m}us_{n+1}',$$
故に (10) は一般に成り立つ (帰納法)．

さて $s_n \subset e$, 従って $s_n' \supset e', \bar{m}us_n' \geqq \bar{m}ue'$. 故に (10) から
$$\bar{m}u \geqq \sum_{i=1}^{n} \bar{m}ue_i + \bar{m}ue',$$

n は任意だから

$$\bar{m}u \geqq \sum_{i=1}^{\infty} \bar{m}ue_i + \bar{m}ue' \tag{11}$$

$$\geqq \bar{m}ue + \bar{m}ue'.$$

ここで458頁, **3.** を用いた．さて反対の向きの不等式はもとより成り立つから，

$$\bar{m}u = \bar{m}ue + \bar{m}ue', \quad \text{故に} \quad e \in \mathrm{L}.$$

従って(11)でも等式が成り立つから，(11)の u に ue を代用して

$$\bar{m}ue = \sum_{i=1}^{\infty} \bar{m}ue_i.$$

これは(9)であるが，特に $u=e$ とすれば，$e_i \subset e, ue_i = e_i$ だから，$e_i \in \mathrm{L}, e \in \mathrm{L}$ によって(8)を得る．

　　(5°) L集合の任意の列の合併はL集合である．

$$e = \bigcup_i e_i, \quad e_i \in \mathrm{L}$$

ならば

$$e = e_1 + (e_2 - e_1) + (e_3 - e_1 - e_2) + \cdots$$

は単純和で，(3°)によって各項はL集合だから，(4°)によって $e \in \mathrm{L}$．

　上記(1°), (2°), (5°)によって，定理101は確定した(§106).

　［注意1］　区間 w に関しては，我々はすでに体積をもって測度 mw を定義した．それが，上記(6)による定義と調和することを示さねばならない．(6)の代りに(5)を用いるならば，u をも区間として

$$\bar{m}u = \bar{m}uw + \bar{m}uw'$$

を確かめればよいが，uw は区間，uw' はそれとは重なり合わない区間塊で，ここでは $\bar{m}$ は体積であるから(459頁，［注意］および§113)，ちょうどよい．

　［注意2］　$e \in \mathrm{L}, me = \infty$ ならば，$w_i \uparrow R^n, mw_i < \infty$ なる区間列 w_i を取って $w_ie = e_i$ と置くとき，me_i は有限で $e_i \in \mathrm{L}$．また $e_i \uparrow e$ だから，e は測度有限なるL集合の増大列として到達される．m は(8)によって完全に加法的だから，m はL集合の測度である(436頁, 定義).

　L集合は σ 系を成し，L測度 me は完全に加法的だから，その測度に基づいて§107, 109に述べたように，函数および積分を定義することができる．それらを **L函数**[*]，**L積分**(Lebesgue積分)と略称する．

115. 零　集　合

　$\bar{m}e = 0$ なる集合 e はL集合である．―― 実際，§114 (2)によって $\bar{m}u \leqq \bar{m}ue + \bar{m}ue'$ であ

---

[*] L函数=fonction mesurable (L), Lebesgue式に測られる函数，すなわち **L** 可測函数．

るが，$ue \subset e$, $\bar{m}ue \leqq \bar{m}e$ だから，$\bar{m}ue = 0$. 従って $\bar{m}u \leqq \bar{m}ue'$. もちろん $ue' \subset u$, $0 \leqq \bar{m}ue' \leqq \bar{m}u$ だから，$\bar{m}u = \bar{m}ue'$，従って §114 (6) が成り立って $e \in L$. $me = 0$.

このように測度 0 なる L 集合を零集合(L 系の零集合)という．それは空集合 0 とは違う．もっとも空集合の外測度は 0 としたから (458 頁)，空集合も零集合の中へはいる．

零集合の部分集合はすべて零集合である ($\bar{m}$ が 0 だから)．或る L 集合に零集合を合併しても，またそれから零集合を取り去っても，測度は変わらない．

零集合の列の合併は零集合(定理 101, (5°))で，零集合だけでも一つの σ 系を作るが，それは閉じた σ 系ではない．一つの点のみを元とする集合は零集合である．故に点の列(可算集合)は零集合である．(一次元で，区間は零集合でないから，区間内の実数の全体は可算でない！)

一次元で，有理数の集合は可算，従って零集合である．区間 $[0, 1]$ における有理数の全体は，Riemann 測度法では外積 1，内積 0 であった．この例で，すでに Lebesgue 測度法の優秀性が示される．

二次元では線分，従って線分列の合併なる全直線が零集合である．一般に n 次元空間に含まれる低次元空間で，従ってその内の集合は零集合である．

一次元空間で，可算でない零集合の一例として，Cantor の三進集合(ternary set)を挙げよう．その構造は次の通り．

区間 $[0, 1]$ を三等分して，中央の開区間 $\left(\dfrac{1}{3}, \dfrac{2}{3}\right)$ を取り去り，同様に残りの左右両端の区間を三等分して，中央の区間 $\left(\dfrac{1}{9}, \dfrac{2}{9}\right)$, $\left(\dfrac{7}{9}, \dfrac{8}{9}\right)$ を取り去る．同様の操作を限りなく継続するとき，取り去られないで残留する点の全部 S がいわゆる三進集合である．

区間 $[0, 1]$ から次々に取り去られた開区間の合併は一つの開集合で(定理 102 参照)，その測度は $\dfrac{1}{3} + \dfrac{2}{9} + \cdots + \dfrac{2^{n-1}}{3^n} + \cdots = 1$ だから，S は測度 0 なる閉集合である．S は取り去られた区間の両端の点とそれの集積点とから成り立つ．わかりよくいえば，S の点の座標は 3 進法で 1 という数字を用いないで書きうる数である $\left(\dfrac{1}{3} = 0.0222\cdots, \dfrac{7}{9} = 0.2022\cdots, 等々\right)$．それらを 2 で割れば，数字は 0 と 1 とになる．それを二進法で読んで，有限小数の重複を顧慮すれば，S の濃度は連続の濃度(区間 $[0, 1]$ の点の全体の濃度)と同じであることがわかる．三進集合は完全集合(孤立点のない閉集合)である．

前に取り去った各区間に同様の三分法を施して，S と相似なる集合を挿入し，同様の操作を限りなく継続すれば，三進集合列の合併として，一つの零集合を得る．それは全区間 $[0, 1]$ において稠密なる零集合で，連続の濃度を有する．

一つの L 集合から零集合を取り去っても，またはそれに零集合を合併しても測度は変わらないが，このようにして一つの L 集合から生ずる集合をほとんど同一といい，それを記号 $\simeq$ で表わす．一般に或る関係が一つの零集合以外のすべての点において成り立つとき，その関係はほ

とんど常に (ほとんど各所で*) 成り立つという．例えば二つの点函数 $f(x), g(x)$ がほとんど常に相等しい (記号：$f(x) \simeq g(x)$) とは，$f(x) \neq g(x)$ なる例外の点 x が零集合を成すことを意味する．一次元で，上に作ったような集合の点が全部例外であってもかまわないというのである！

このようないいまわしの一例として次の定理を挙げる．

L 集合 E において正 ($\geqq 0$) なる L 函数 $f(x)$ に関して

$$\int_E f(x)dm = 0 \tag{1}$$

ならば，E において $f(x) \simeq 0$．

なぜなら：$E\{f(x) > a\} = E_a$ と書けば，

$$\int_E f(x)dm \geqq \int_{E_a} f(x)dm \geqq amE_a.$$

故に $a > 0$ ならば，(1) から $mE_a = 0$．さて $E_0 = \lim_{n\to\infty} E_{1/n}$，故に $mE_0 = mE\{f(x) > 0\} = 0$．

上記では，固定の E において $f(x) \geqq 0$ とした．もしも $f(x)$ の符号は一定でなくて，$e \subset E$ なるすべての e において $\int_e f(x)dm = 0$ とするならば，E において $f(x) \simeq 0$．——なぜなら：$E\{f(x) \geqq 0\}$ において $\int f(x)dm = \int f^+(x)dm = 0$ だから，$f^+(x) \simeq 0$．同様に $f^-(x) \simeq 0$．従って $f(x) \simeq 0$．

Lebesgue は一片の呪語 'ほとんど' をもって，彼の積分論に魅惑的な外観を与ええたのであった．

116. 開集合・閉集合

開集合・閉集合の定義はすでに述べた (§12) が，それらは L 集合である．本節では，開集合・閉集合を L 集合の一例として考察する．以下，本節では一般的に

開集合を G，閉集合を F，一般集合を E

などの文字で書き表わすことにする．

開集合の余集合は閉集合で，閉集合の余集合は開集合である．なお，一般に $G - F$ は開集合，$F - G$ は閉集合である．

定理 102．開集合の合併は開集合で，閉集合の共通部分は閉集合である．

［証］ $x \in G$ とすれば x に十分近い点は G に属するから，G を含む任意の集合の内点である．閉集合に関しては余集合に移って双対的に証明される (S105, (2))．

定理 103．有限列に関しては，開集合の共通部分は開集合で，閉集合の合併は閉集合である．

［証］ $x \in \bigcap_{i=1}^n G_i$ とすれば，$x \in G_i$ だから，x を中心とする十分小さい半径 r_i の球 (n 次元) の

---

* presque partout (Lebesgue).

点は G_i に属する．従って $r = \min(r_1, r_2, \cdots, r_n)$ を半径とする球の点は $\bigcap_{i=1}^{n} G_i$ に属する．故に $\bigcap G_i$ は開集合である．ここで min の存在が致命的な論点である．

閉集合に関しては，余集合を用いて，双対的に証明される．

無限列に関しては，定理は成り立たない．例えば点の有限列は閉集合であるが，無限列は集積点を含まない限り閉集合でない．

定理 104. 開集合は重なり合わない閉区間の列の合併である．

重なり合わないとは，共通の内点がないことを意味するのであった (456 頁)．

精密にいえば，開集合は片開きの (例えば右の開いた) 区間の単純和である．

[証] 二次元として述べる．簡明のために，矩形網 (格子) を用いる．

座標軸に平行線を引いて，平面を合同なる矩形に分割する．その格子を $G^{(1)}$ と名づける．$G^{(1)}$ の分割線の間を二等分する平行線を $G^{(1)}$ に添加して生ずる格子を $G^{(2)}$ とし，次々に二等分を続けて，格子 $G^{(3)}, \cdots, G^{(n)}, \cdots$ を作る．こういうものを基準格子系列と名づける．

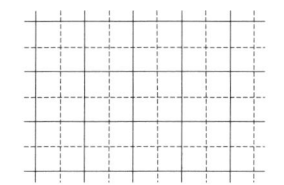

さて $G^{(n)}$ の区間 (矩形) の中，全く G に含まれるものの全体の合併を W_n とすれば
$$W_1 \subset W_2 \subset \cdots \subset W_n \subset \cdots$$
であるが，それらの合併を W とすれば，$G = W$ である．なぜなら：今 $x \in G$ とすれば，x は内点だから，x を中心とする十分小さい円は全く G に含まれる．故に十分大きい n に関して x を含む $G^{(n)}$ の区間は全く G に含まれ，従って W_n に，従って W に含まれる．すなわち $x \in G$ ならば $x \in W$ なのだから，$G \subset W$．もとより $W_n \subset G$，従って $W \subset G$ だから，$G = W$．

さて $W = W_1 + (W_2 - W_1) + \cdots + (W_n - W_{n-1}) + \cdots$ で，$W_n - W_{n-1}$ は $G^{(n)}$ に属する区間の合併である．従って G は区間列の和として
$$G = \sum_{i=1}^{\infty} w_i \tag{1}$$
と書かれる．ここで w_i は互いに重なり合わない区間であるが，もしも格子の矩形 w_i を右の開いたものとすれば，G は (1) のように w_i の単純和である．

このように，開集合 G は区間の合併であるから，G は L 集合であるが，その測度は (1) から
$$mG = \sum_{i=1}^{\infty} mw_i.$$
故に mG は Riemann 測度法で，G の内積 (内面積，§91) と名づけたものにほかならない．

さて，こんどは閉集合であるが，閉集合 F は開集合 $G = F'$ の余集合として，L 集合である．さて格子 $G^{(n)}$ において，余集合 G に含まれる小区間を除いた残りは，すなわち F と共通の点を有するものである．それの全体を $W^{(n)}$ とすれば
$$W^{(1)} \supset W^{(2)} \supset \cdots \supset W^{(n)} \supset \cdots$$
で，それらの共通部分がすなわち F である．従って
$$mF = \lim_{n\to\infty} mW^{(n)}.$$
故に mF は，Riemann 測度法で，F の外積（外面積）と名づけたものにほかならない．

一般集合 E に関しては，その開核を (E)，閉包を $[E]$ とすれば，$F \supset E \supset G$ なる G の合併が (E)，F の共通部分が $[E]$ で，Riemann 測度法では，$m(E)$ が E の内積，$m[E]$ が E の外積であったが（§91, (4), (5)），開核 (E) と閉包 $[E]$ との間に E の境界 $[E] - (E)$ が介在して，内積と外積との接近を妨げたのである．

区間 $[0,1]$ に稠密に分布する零集合の内積は 0，外積は 1 である．

今もし，F, G の位置を交換して
$$G \supset E \supset F$$
なる G, F を考察すれば，事情は一変する．E を含むすべての G の共通部分はすなわち E で，また E に含まれるすべての F の合併はすなわち E である．

実際，$G \supset E$ なる G が，E に属しない点 x を含むならば，G からその x を除いても，それは E を含む開集合である．また $E \supset F$ なる閉集合 F が，E の点 x を含まないならば，F にその点 x を合併しても，それは E に含まれる閉集合である．

さて，今 G, F の測度が決定した所で，$\inf_{G \supset E} mG$ および $\sup_{F \subset E} mF$ によって一般集合 E の外測度および内測度を，それぞれ定義して，それらが等しいとき，その共通の値をもって E の測度 mE を定義することが，Riemann 式測度法の改良案として自然に考えられるが，実際，そのような立脚点からも，§114 で述べた L 測度がえられるのである．すなわち次の定理 105, 106 が成り立つ．

定理 105．

$$\text{任意の集合 } E \text{ に関して} \quad \bar{m}E = \inf_{G \supset E} mG.$$
$$\text{有界なる集合 } E \text{ に関して} \quad \underline{m}E = \sup_{F \subset E} mF.$$

［証］ G は区間列の合併 $(G = \bigcup w_i)$ であるから，§114 (1) によって
$$\bar{m}E \leqq \inf_{G \supset E} mG$$
は当然である．故に $\bar{m}E < \infty$ として反対向きの不等式が成り立つことを示せばよい．それは簡単である．

すなわち，任意に $\varepsilon > 0$ を取るとき，定義によって

$$E \subset \bigcup_i w_i, \quad \bar{m}E > \sum mw_i - \varepsilon \qquad (2)$$

なる区間列 w_i がある.今 $\varepsilon = \sum_{i=1}^{\infty} \varepsilon_i, \varepsilon_i > 0$ とする.そうして

$$G_i \supset w_i, \quad mG_i \leqq mw_i + \varepsilon_i$$

なる開区間 G_i を取る.そのような開区間 G_i があることは明白であろう.そこで $G = \bigcup_i G_i$ とすれば,G は開集合(定理 102)で,

$$G \supset E, \quad mG \leqq \sum mG_i \leqq \sum mw_i + \varepsilon. \qquad (3)$$

(2), (3) から

$$\inf_{G \supset E} mG \leqq mG \leqq \bar{m}E + 2\varepsilon.$$

ε は任意だから,$\inf mG \leqq \bar{m}E$.故に予想通り $\bar{m}E = \inf_{G \supset E} mG$.

定理の後段に関しては,余集合に移って双対的に考えればよい. (証終)

Lebesgue の内測度 $\underline{m}E$ に関しては,有界なる E に対して,余集合を通じて $\bar{m}E'$ から導かれたが,上記のように,$\underline{m}E = \sup_{F \subset E} mF$ として定義する方が直截的で明朗であろう.以後,内測度 $\underline{m}E$ の定義として,この定義を用いる.然らば,有界なる E に関しては,定理 105 によって,E の内測度は,従前の定義による内測度と一致し,一般集合 E(有界であってもなくても)に関し,双対的に

$$\bar{m}E = \inf_{G \supset E} mG, \quad \underline{m}E = \sup_{F \subset E} mF. \qquad (4)$$

定理 106. E が L 集合であるためには,次の各条件が必要かつ十分である.

(1°) 任意の $\varepsilon > 0$ に対して,$G \supset E \supset F, m(G-F) < \varepsilon$,なる G, F が存在する.

(2°) 任意の $\varepsilon > 0$ に対して,$E = F + e, \bar{m}e < \varepsilon$,なる F, e が存在する.

(3°) 任意の $\varepsilon > 0$ に対して,$G = E + e, \bar{m}e < \varepsilon$,なる G, e が存在する.

[注意] $\bar{m}E < \infty$ なる集合 E に関しては,条件 (1°) は

$$\bar{m}E = \underline{m}E$$

と同等である.

[証]

(1°) 必要: E を L 集合とする.E が有界ならば,定理 105 により,$\bar{m}E$ も $\underline{m}E$ も従前の定義によるものと一致し,従って $\bar{m}E = \underline{m}E$ だから,条件 (1°) が成り立つ.

E が有界でないときには,有界なる L 集合の増大列 $\{E_i\}$ があって,$E_i \uparrow E$.今 $\varepsilon > 0, \varepsilon = \sum \varepsilon_i$ とすれば,

$$G_i \supset E_i, \quad m(G_i - E_i) < \varepsilon_i$$

なる G_i がある.さて,$G = \bigcup G_i$ とすれば,$G - E \subset \bigcup(G_i - E_i)$ だから,

$$m(G - E) \leqq \sum m(G_i - E_i) < \sum \varepsilon_i = \varepsilon,$$

すなわち，
$$G \supset E, \quad m(G-E) < \varepsilon$$
なる G がある．余集合へ移って同様に，
$$E \supset F, \quad m(E-F) < \varepsilon$$
なる F がある．よって，$G \supset E \supset F, m(G-F) < 2\varepsilon$．$\varepsilon$ は任意だから $(1°)$ が成り立つ．

十分：任意の自然数 n に対して
$$G_n \supset E \supset F_n, \quad m(G_n - F_n) < \frac{1}{n}$$
なる G_n, F_n がある．今 $B = \bigcup F_n$ とすれば，$G_n \supset E \supset B \supset F_n$．故に
$$\bar{m}(E-B) \leqq m(G_n - F_n) < \frac{1}{n}.$$
n は任意だから，$\bar{m}(E-B) = 0$．すなわち $E-B$ は零集合，従って，L 集合である ($\S 115$)．B も L 集合だから，$E = B + (E-B)$ は L 集合である．

$(2°)$ 必要：E を L 集合とすれば，$(1°)$ の G, F がある．その F をもって，$E = F + e$ と置けば，$e \subset G - F, \bar{m} e \leqq m(G-F) < \varepsilon$．

十分：$(1°)$ の十分の証明と同様．

$(3°)$ 余集合に移って $(2°)$ から導かれる．

117. Borel 集合

R^n において，すべての区間から生ずる σ 系 ($\S 106$) を B 系，それに属する集合を **B 集合*** という．開集合 G，閉集合 F，開集合列の共通部分 G_δ，閉集合の列の合併 F_σ 等々は B 集合である．B 集合は L 集合で，L 測度 m をそのまま B 集合としての測度とする．それによって定義される点函数を **B 函数**** という．

L 集合の定義は着想単純であるが，その範囲は広汎で，輪郭が明瞭でない．B 集合は L 集合の一部類として，区間から構成的に定義されるから，輪郭が捕捉しやすいかにみえるところに，それの理論上の興味がある．

連続函数 $f(x)$ においては，$E\{f(x) \geqq a\}$ は閉集合，従って B 集合だから，連続函数は B 函数である．従って連続函数の極限として生ずる函数 $f^{(1)}(x)$，また $f^{(1)}(x)$ の極限として生ずる函数 $f^{(2)}(x)$ 等々，また $f^{(1)}(x), f^{(2)}(x), \cdots, f^{(n)}(x), \cdots$ の極限として生ずる $f^{(\omega)}(x)$ 等々は B 函数である．このように連続函数から次々に極限として生れ出る函数を総括して **Baire** の函数類という．すなわち Baire 函数は B 函数であるが，実は逆に B 函数はすべて Baire の函数類に属す

---

* Lebesgue は B 集合を ensemble mesurable (B) = (Borel 式に測りうる集合) すなわち，**B 可測集合**と名づけた．B 集合は，それの略記．

** fonction mesurable (B) (**B 可測函数**) の略記．

る．しかし，このような理論に深入りすることは本書の企図でない．

集合の B 包・B 核　　$\bar{m}E < \infty$ なる任意の集合 E を含む開集合 G は無数にあるが，その無数は可算ではない．しかし，それらの開集合の列 $\{G_n\}$ で $\lim_{n\to\infty} mG_n = \bar{m}E$ なるものはある(もちろん $\lim_{n\to\infty} G_n = E$ というのではない)．実際 $\bar{m}E = \inf_{G \supset E} mG$ だから，今 ε_n を 0 に収束する正数列とすれば，$mG_n - \bar{m}E < \varepsilon_n$ なる G_n があって，上記のように $mG_n \to \bar{m}E$．

今 $B = \bigcap_{n=1}^{\infty} G_n$ とすれば，$E \subset B \subset G_n$, $\bar{m}E \leqq mB \leqq mG_n$，従って $mB - \bar{m}E < \varepsilon_n$ で，n は任意だから，$mB = \bar{m}E$．B は B 集合(G_δ 集合*)である．それを E の **B 包**と略称する．

同様に，E に含まれる閉集合を考察すれば，$F_n \subset E$ なる $\{F_n\}$ の合併として $mB = \underline{m}E$ なる B 集合(F_σ 集合*)が得られる．それを E の **B 核**という．

E の B 包，B 核は B 系の零集合を外にして一意に定まる．

もしも E が L 集合ならば，$mE = \bar{m}E = \underline{m}E$ だから，
$$B_1 \supset E \supset B_2, \quad mB_1 = mE = mB_2, \quad m(B_1 - E) = m(E - B_2) = 0 \tag{1}$$
なる B 包 B_1 および B 核 B_2 がある．L 集合 E に関しては，$mE = \infty$ なる場合にも，或る B 集合 B_1, B_2 があって(1)が成り立つ．実際，$E_i \uparrow E, mE_i < \infty$ として，E_i の B 包の合併を B_1，B 核の合併を B_2 とすればよい．従って，任意の L 集合 E に関し，
$$E \simeq B_1 \simeq B_2.$$
故に L 集合は B 集合と L 系の零集合の和として表わされる．

定理 107．L 函数はほとんどそれに等しい二つの B 函数の中間に挟まれる．すなわち $f(x)$ が L 函数ならば
$$\Psi(x) \leqq f(x) \leqq \Phi(x), \quad \Psi(x) \simeq f(x) \simeq \Phi(x)$$
なる B 函数 Φ, Ψ が(無数に)存在する．

最も興味ある一つの証明法の筋道だけを述べる．有理数 r に関して $f(x)$ に対応する集合 $E\{f(x) \geqq r\}$ の一つの B 包を e_r として，e_r から 435 頁に述べたようにして，集合 B_t (あそこの $E(t)$) を作れば，それはやはり $E\{f(x) \geqq t\}$ の B 包で，t に関して単調に減少する．その B_t に対応する函数を $\Phi(x)$ とすれば，$\Phi(x)$ は B 函数で，定理の要求に適合する．$\Psi(x)$ は同様にして B 核から作られる．

次の定理の証明にも，B 包，B 核が応用される．

定理 108．任意の集合列に関して，$n \to \infty$ のとき
$$E_n \uparrow E \quad ならば \quad \bar{m}E_n \to \bar{m}E,$$
$$E_n \downarrow E \quad ならば \quad \underline{m}E_n \to \underline{m}E. \qquad (436 頁, 脚註参照)$$

[証] E_n の B 包を B_n として，$\widetilde{B}_n = \bigcap_{i \geqq n} B_i$ とする．然らば $E_n \subset \widetilde{B}_n \subset B_n$ だから，$\bar{m}E_n = m\widetilde{B}_n$．さて $\{\widetilde{B}_n\}$ も増大列で，$\lim \widetilde{B}_n = \widetilde{B}$ とすれば，$E \subset \widetilde{B}$，従って $\bar{m}E \leqq m\widetilde{B}$．さて，B 集合に関しては，$\widetilde{B}_n \uparrow \widetilde{B}$ から，$m\widetilde{B} = \lim m\widetilde{B}_n = \lim \bar{m}E_n$．すなわち $\bar{m}E \leqq \lim \bar{m}E_n$．一方，$E_n \subset$

---

* G_δ は開集合列の交わり，F_σ は閉集合列の合併の意. 432 頁参照.

E から $\bar{m}E_n \leq \bar{m}E$, $\lim \bar{m}E_n \leq \bar{m}E$. 故に $\lim \bar{m}E_n = \bar{m}E$.

後の場合も同様である．

118. 集合の測度としての積分

空間 R^n の L 集合の測度を，低次元の空間 R^p $(p<n)$ における積分として表わすことができる．簡明のために，ここでは平面上の L 集合について，その方法を述べる $(n=2, p=1)$．

E を (x,y) 平面上の L 集合として，二次元の測度 μF を，x 軸上の区間の上の積分として表わそうというのである．差別のために，二次元の測度を μ，一次元の測度を m と書く．

最初に E が (x,y) 平面上の有界なる開集合および閉集合なる場合を考察する．よって集合 E は区間

$$(K) \qquad x_0 < x < x_0', \quad y_0 < y < y_0' \tag{1}$$

に含まれるとする．

(1°) $E=G$ が開集合なる場合．G は二次元の区間列の単純和である：

$$G = \sum_{i=1}^{\infty} w_i, \tag{2}$$

ここで

$$\left.\begin{array}{l} w_i = E\{(x,y)\,;\, x_i \leq x < x_i',\, y_i \leq y < y_i'\}, \\ a_i = x_i' - x_i,\, b_i = y_i' - y_i,\, \mu w_i = a_i b_i, \end{array}\right\} \tag{3}$$

従って，

$$\mu G = \sum_{i=1}^{\infty} \mu w_i = \sum_{i=1}^{\infty} a_i b_i \tag{4}$$

とする．まず μw_i を積分として表わすために，x 軸上の区間 (x_0, x_0') において L 函数 $\varphi_i(x)$ を次のように定義する：

$$\left.\begin{array}{ll} x \in [x_i, x_i'] & \text{のとき} \quad \varphi_i(x) = b_i, \\ \text{そのほか} & \qquad\qquad\quad = 0. \end{array}\right\} \tag{5}$$

そうすれば，

$$\mu(w_i) = a_i b_i = \int_{x_0}^{x_0'} \varphi_i(x)dx.^* \tag{6}$$

さて

$$\Phi(x) = \sum_{i=1}^{\infty} \varphi_i(x) \tag{7}$$

は収束する．それは x を通る縦線での G の断面——すなわちその縦線と G との共通部分，それを $G(x)$ と書くが——それの一次元測度である．すなわち

---

* 一次元の測度 m に関する，区間 $x_0 \leq x \leq x_0'$ の上の $\varphi_i(x)$ の L 積分 (462 頁) を (6) の右辺のように書く．以下同様．

$$\Phi(x) = mG(x). \tag{8}$$

断面 $G(x)$ は一次元の開集合で，(2)から

$$G(x) = \sum_{i=1}^{\infty} w_i(x).$$

ここで，$w_i(x)$ は w_i の断面，すなわち $x_i \leqq x < x_i'$ のとき $[x_i, x_i']$ に対する区間 $[y_i, y_i']$ で，$mw_i(x) = y_i' - y_i = b_i = \varphi_i(x)$. x を通る縦線と w_i が交わらないときには $mw_i(x) = \varphi_i(x) = 0$.

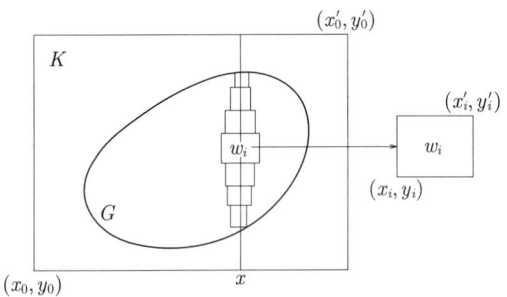

$\varphi_i(x)$ は L 函数だから，(7)によって $\Phi(x)$ も L 函数で，(4)によって

$$\mu G = \sum \mu w_i = \sum a_i b_i = \sum_{i=1}^{\infty} \int_{x_0}^{x_0'} \varphi_i(x) dx. \tag{6}から$$

故に定理 88 によって

$$\mu G = \int_{x_0}^{x_0'} \Phi(x) dx \tag{7}から$$

$$= \int_{x_0}^{x_0'} mG(x) dx. \tag{8}から$$

(2°) $E = F$ が閉集合なる場合．区間 K に対する F の余集合を G として，(1°)を適用する．そのとき F の断面 $F(x)$ と G の断面 $G(x)$ とは x を通る縦線上の区間 (y_0, y_0') に対して互に余集合で，K の辺長を a, b $(a = x_0' - x_0, b = y_0' - y_0)$ とすれば，$mF(x) = b - mG(x)$，従って

$$\mu F = ab - \mu G = \int_{x_0}^{x_0'} (b - mG(x)) dx = \int_{x_0}^{x_0'} mF(x) dx.$$

(3°) E が有界なる場合．L 集合 E を挟む有界なる開集合 G_n，閉集合 F_n の列を取って $(G_n \supset E \supset F_n)$

$$\mu G_n < \mu E + \varepsilon_n, \quad \mu F_n > \mu E - \varepsilon_n, \quad \varepsilon_n \to 0 \tag{9}$$

とすれば，断面に関して

$$G_n(x) \supset E(x) \supset F_n(x),$$
$$mG_n(x) \geqq \bar{m}E(x) \geqq \underline{m}E(x) \geqq mF_n(x). \tag{10}$$

さて(1°)によって(9)から

$$\mu G_n = \int_{x_0}^{x_0'} mG_n(x)dx < \mu E + \varepsilon_n.$$

$\Phi(x) = \inf mG_n(x)$ も L 函数であるが (定理86),

$$\int_{x_0}^{x_0'} \Phi(x)dx \leqq \int_{x_0}^{x_0'} mG_n(x)dx < \mu E + \varepsilon_n,$$

$\varepsilon_n \to 0$ だから

$$\int_{x_0}^{x_0'} \Phi(x)dx \leqq \mu E. \tag{11}$$

同様に,$\Psi(x) = \sup mF_n(x)$ も L 函数で,

$$\int_{x_0}^{x_0'} \Psi(x)dx \geqq \mu E, \tag{12}$$

従って

$$\int_{x_0}^{x_0'} (\Phi(x) - \Psi(x))dx \leqq 0. \tag{13}$$

もとより $\Phi(x) \geqq \Psi(x)$ だから, (13) から

$$\int_{x_0}^{x_0'} (\Phi(x) - \Psi(x))dx = 0. \tag{14}$$

従って (11), (12) でも等号が成り立つ,すなわち

$$\mu E = \int_{x_0}^{x_0'} \Phi(x)dx = \int_{x_0}^{x_0'} \Psi(x)dx. \tag{15}$$

(14) から

$$\Phi(x) \simeq \Psi(x). \tag{16}$$

さて (10) において n は任意だから,左辺の inf,右辺の sup へ行って,

$$\Phi(x) \geqq \bar{m}E(x) \geqq \underline{m}E(x) \geqq \Psi(x). \tag{17}$$

故に (16) から

$$\bar{m}E(x) \simeq \underline{m}E(x) \simeq mE(x).$$

すなわち E の断面 $E(x)$ は (x_0, x_0') 内でほとんど常に (或る零集合 e_0 に属する x を除いて) L 集合であり, $mE(x)$ は L 函数である.そうして (15) から

$$\mu E = \int_{x_0}^{x_0'} mE(x)dx. \tag{18}$$

積分範囲は実は (x_0, x_0') から或る零集合 e_0 を除くべきであるから,これは疎漏な書き方ではあるが,それを黙認して,このように書くのである.$mE(x)$ の代りに $\bar{m}E(x)$ または $\underline{m}E(x)$ を書けば正確だけれども,つたないであろう.もっとも除外すべき e_0 が実際はない場合もある.E が G または F であるときは,それであったが,一般に B 集合の場合にも $e_0 = 0$ である

—— $e_0 = 0$ なる集合 E は σ 系を成すからである．

　(4°)　E が有界でない場合．原点を中心として，辺が座標軸に平行で，辺長 $2n$ $(n=1,2,\cdots)$ なる正方形を W_n とし，$E \cap W_n = E_n$ とすれば，$E_n \uparrow E$ で

$$\mu E = \lim_{n \to \infty} \mu E_n. \tag{19}$$

今断面 $E_n(x)$ が L 集合でない x の集合を e_n とすれば，(3°) によって e_n，従って $e_0 = \bigcup_n e_n$ は零集合である．区間 $(-\infty, \infty)$ から e_0 を除いた集合を e とすれば，e の上で各 $E_n(x)$ は L 集合である．また，$E_n(x) \uparrow E(x)$ だから，$x \in e$ のとき，函数列 $\{mE_n(x)\}$ は増大列，$E(x)$ は L 集合で

$$\lim_{n \to \infty} mE_n(x) = mE(x). \tag{20}$$

然るに (3°) によって

$$\mu E_n = \int_e mE_n(x) dx. \tag{21}$$

故に (19), (20), (21) から，定理 88 を用いて

$$\mu E = \int_e mE(x) dx$$

を得る．すなわち，零集合 e_0 を除外する意味で

$$\mu E = \int_{-\infty}^{\infty} mE(x) dx.$$

　上記の方法は任意次元の空間 R^n に適用される．今 $n = p+q$ として R^n の点を

$$(x_1, x_2, \cdots, x_p; y_1, y_2, \cdots, y_q)$$

とし，それを (x, y) と略記する．x は R^p の点，y は R^q の点である．

　さて E を R^n の L 集合，その測度を μE とする．R^p の一点 x_0 に対応する E の点 (x_0, y) は，R^q における一つの集合である．それを $E(x_0)$ と書き，また R^q における測度を m で表わせば，

$$\Phi(x) = mE(x)$$

は R^p の或る零集合 e_0 に属する x を除けば確定で，それは R^p における L 函数である．そうして

$$\mu E = \int_{R^p} \Phi(x) dm.$$

実際は積分範囲は $R^p - e_0$ だけれども，$m(e_0) = 0$ だから，それを無視するのである．

　特別の場合として，R^n における Lebesgue 積分を R^{n+1} における集合の測度として考察する．今 R^n の L 集合 e において正なる任意の函数 $f(x)$ が与えられているとき，R^{n+1} において

$$E = E\{(x,y); x \in e, 0 \leqq y \leqq f(x)\}$$

なる集合を $f(x)$ から生ずる縦線集合という．$E\{(x,y); x \in e, y = f(x)\}$ はすなわち函数 $f(x)$

のグラフで，x を通る縦線での E の断面 $E(x)$ は，一次元の区間 $0 \leqq y \leqq f(x)$ である．

さて，次の定理が成り立つ．

定理 109．空間 R^n の L 集合 e において与えられた函数 $f(x) \geqq 0$ が L 函数なるためには，$f(x)$ から生ずる縦線集合 E が R^{n+1} の L 集合であることが必要かつ十分である．この条件の下において縦線集合 E の測度は

$$\mu E = \int_e f(x) dm. \tag{22}$$

［証］　十分：縦線集合 E を R^{n+1} の L 集合とする．然らば，E の断面 $E(y)$ はほとんど常に（高々一次元の零集合 e_0 に属する y を除いて）R^n の L 集合であるが(472 頁)，断面 $E(y)$ は縦線集合の定義によって，R^n の集合 $E\{x; f(x) \geqq y\}$ である．然るに e_0 は零集合だから区間を含まない．故に実数の内に稠密に分布される y に対して $E(y)$ は L 集合，従って $f(x)$ は e において L 函数である*(定理 82)．よって条件は十分である．そうして

$$\mu E = \int_e mE(x) dm = \int_e f(x) dm. \tag{23}$$

すなわち(22)が証明せられた．

必要：$f(x)$ を L 函数とする．（1°）　まず $f(x) = c$ が定数なる場合は明白であろう．それは，R^n において e を覆う区間塊を底とする高さ c なる R^{n+1} の区間塊が，すなわち R^{n+1} において E を覆う区間塊であることから導かれる．（2°）　一般の場合には，$g_n(x) = \text{Min}(n, f(x))$ と置き，$g_n(x)$ の値を十進法で表わして，それを小数第 n 位で打ち切って，それを $f_n(x)$ の値とすれば，$\{f_n(x)\}$ は増大しつつ $f(x)$ に収束する階段函数の列を成し，縦線集合 E は $f_n(x)$ の縦線集合 E_n の lim (合併)であるが，E_n は(1°)のような'柱状'の集合の和として L 集合であるから，その lim として E も L 集合である．　　　　　　　　　　　　　　　　(証終)

(22)が積分の幾何学的の意味である．すなわち $f(x)$ の積分は，$f(x)$ から生ずる縦線集合の測度に等しい．我々は§109 に従って積分を定義したから，被積分函数 $f(x)$ を初めから L 函数に限定した．それは気ままな取りきめというべきではあるが，縦線集合が L 集合であることを要求する以上，結果を見越せば，それは当然であったのである．

119. 累次積分

前節の方法を応用して，高次元積分を低次元積分のくりかえし(累次積分)に帰せしめることができる．すなわち次の定理が成り立つ．

定理 110．［Fubini の定理］　R^n における L 函数 $f(x, y) \, (x \in R^p, y \in R^q, p+q=n)$ に関して，積分

---

* 従って $E(y) = E\{x; f(x) \geqq y\}$ は常に L 集合である．故に e_0 は実は空集合である．

$$J = \int_{R^n} f(x,y) d\mu \tag{1}$$

が確定であるとする．然らば*，

$$J = \int_{R^p} \Big(\int_{R_q} f(x,y)(dy) \Big)(dx). \tag{2}$$

定理の意味は次の通りである．積分(1)が確定(または有限)ならば，ほとんどすべての x に関して，$f(x,y)$ は R^q における L 函数で，積分 $\int_{R^q} f(x,y)(dy)$ は，ほとんどすべての x に対して確定(または有限)で，R^p における L 函数となる．そうして(2)の右辺の積分が確定(または有限)で，(2)が成り立つというのである．

[証]

1°．$f(x,y) \geqq 0$ の場合．そのとき，$f(x,y)$ から生ずる縦線集合

$$E = E\{(x,y,z); x \in R^p, y \in R^q, 0 \leqq z \leqq f(x,y)\}$$

は R^{n+1} の L 集合で，(1)の J は E の測度である(定理109)．すなわち

$$J = \mu E,$$

故に，(§ 118, (23))

$$J = \int_{R^p} mE(x)(dx). \tag{3}$$

ここで E の断面 $E(x)$ は (y,z) 空間における縦線集合，m はその空間における L 測度である．前に述べたように，$mE(x)$ は或る零集合に属する x に対して無意味のこともあろうが，その零集合を無視しても，(3)の右辺の積分の値には影響はないのである．

さて，$E(x)$ が L 集合なる x に対して，$f(x,y)$ は R^q における L 函数であり，

$$mE(x) = \int_{R^q} f(x,y)(dy). \tag{4}$$

故に(3)と(4)から(2)が得られる．

(1)の積分が有限のときには，(3)によって，(4)の積分は，ほとんどすべての x に対して有限である．

2°．$f(x,y)$ が正負の値を取る場合，f^+ と f^- とを別々に考察すれば，1°．によって

$$\int_{R^n} f^\pm(x,y) d\mu = \int_{R^p} \Big(\int_{R^q} f^\pm(x,y)(dy) \Big)(dx) \tag{5}$$

を得る．(1)の積分が確定なら，(5)の左辺の積分の一方(少くとも)は有限で，その差が(1)の積分に等しい．また，(5)の右辺の内側の二つの積分は，1°．によって，或る零集合に属しない x に対しては，ともに L 函数で，そのうち一方は有限である．故に

---

* $(dx), (dy)$ は x 空間 R^p，y 空間 R^q における積分を示唆する．

$$\int_{R^q} f(x,y)(dy) = \int_{R^q} f^+(x,y)(dy) - \int_{R^q} f^-(x,y)(dy) \tag{6}$$

は，ほとんどすべての x に対して確定である(無意味 $\infty-\infty$ でない)．(6)の両辺を空間 R^p において積分すれば，(5)の右辺の差が，(2)の積分に等しいことがわかる． (証終)

累次積分における積分の順序が自由にできる所にも，Lebesgue 積分の優秀性が認められるであろう．

次の定理は，定理 110 からの直接の帰結であるが，定理 110 とあわせて，積分の順序の変更に関し，実用上，有効である．

定理 111． $R^n\,(n=p+q)$ における L 函数 $f(x,y)$ に関し，累次積分

$$I = \int_{R^p} \Big(\int_{R^q} |f(x,y)|(dy)\Big)(dx)$$

が有限ならば，$f(x,y)$ の R^n における積分は有限である．

120. Riemann 積分との比較

Lebesgue 積分と Riemann 積分との関係を考察するに当って，解説を透明にするために，予備的の説明から始める．

R^n の有界なる集合 E において，有界なる任意の函数 $f(x)$ が与えられているとする．点 x の近傍 U (すなわち x を内点とする開集合)と E との共通部分における $f(x)$ の値の上限 $\sup_{x\in U} f(x)$ は[*] U が縮小するとき，減少(不増大)するであろう．すべての U に関するそれの下限

$$\bar{f}(x) = \inf_U (\sup_{x\in U} f(x))$$

は点 x において確定する．x が E 内を動くとき，$\bar{f}(x)$ は E における x の函数である．大小の関係を逆にすれば，同様にして函数

$$\underline{f}(x) = \sup_U (\inf_{x\in U} f(x))$$

が確定する．上記において任意の U の代りに，単調に x に収束する開区間の列 $W_1 \supset W_2 \supset \cdots \supset W_n \supset \cdots$ を取ってもよい．任意の U の内に或る W_n が含まれ，また任意の W_n の内に或る U が含まれているから，それは明らかであろう．さて

$$\underline{f}(x) \leqq f(x) \leqq \bar{f}(x)$$

で，点 x_0 において $f(x)$ が連続なることは，すなわち

$$\underline{f}(x_0) = f(x_0) = \bar{f}(x_0)$$

である．もしも等号が一方のみ成り立つときは $f(x)$ は x において半連続という($f=\bar{f}$ ならば上半連続，$f=\underline{f}$ ならば下半連続)．

---

[*] $\sup$ の下の $x\in U$ は $x\in U\cap E$ の意．以下同様．

今 E の全局において，一律に $\bar{f}(x), \underline{f}(x)$ を定めるために §116 に述べたような基準格子系列 $\{G^{(n)}\}$ を取るならば，各点 x は格子 $G^{(n)}$ において一定の(半開)区間 $w^{(n)}$ に属する．そこで

$$M^{(n)}(x) = \sup_{x \in w(n)} f(x), \quad m^{(n)}(x) = \inf_{x \in w(n)} f(x)$$

と置けば*，$M^{(n)}(x), m^{(n)}(x)$ は階段的なる B 函数で，それらは，それぞれ，一定の x に関し，n と共に単調(広義)に減少または増大する．従って

$$M(x) = \lim_{n \to \infty} M^{(n)}(x), \quad m(x) = \lim_{n \to \infty} m^{(n)}(x)$$

とすれば，$M(x), m(x)$ も B 函数である (§107)．

さて $M(x), m(x)$ と $\bar{f}(x), \underline{f}(x)$ との関係はどうであるか．もしも点 x が格子系列の各 $G^{(n)}$ において，区間 $w^{(n)}$ の内点であるならば(上記の W_n に $w^{(n)}$ の開核を代用してよいから)

$$M(x) = \bar{f}(x), \quad m(x) = \underline{f}(x)$$

であるが，もしも x が或る $G^{(n)}$ において，従って $G^{(m)}$ $(m \geqq n)$ において，区間 $w^{(n)}$ の境界上(格子線上)にあるならば，(U が $w^{(n)}$ に限定されるために)

$$M(x) \leqq \bar{f}(x), \quad m(x) \geqq \underline{f}(x)$$

ではあるが，そのような除外点(すなわちすべての格子線上の点)は零集合(B 系)だから，

$$M(x) \simeq \bar{f}(x), \quad m(x) \simeq \underline{f}(x). \tag{1}$$

従って $\bar{f}(x), \underline{f}(x)$ は B 函数である**．

以上を前置きとして，Riemann 積分の考察に移る．§90 に連絡して有界なる $f(x)$ が有界なる区間 K において与えられているとする．§90 で述べたように，分割 Δ は基準格子系列 $G^{(n)}$ によるものに限定してもよいから，s_Δ, S_Δ の代りに $s^{(n)}, S^{(n)}$ と書く．そうすれば，それらは階段函数の L 積分として，次のように表わされる．

$$S^{(n)} = \int_K M^{(n)}(x) dm, \quad s^{(n)} = \int_K m^{(n)}(x) dm,$$

従って $n \to \infty$ の極限へ行って(定理 90)，

$$S = \int_K M(x) dm, \quad s = \int_K m(x) dm.$$

従って (1) から

$$S = \int_K \bar{f}(x) dm, \quad s = \int_K \underline{f}(x) dm.$$

このように，Darboux の和 S, s は L 積分として表わされる．そこで，Riemann 積分可能の条件 $S = s$ は

$$\int_K (\bar{f}(x) - \underline{f}(x)) dm = 0$$

---

* $M^{(n)}(x)$ は，$x \in w^{(n)}$ のとき $t \in [w^{(n)}]$ なる t に関する $f(t)$ の sup の意．$m^{(n)}(x)$ も同様．
** 格子系列の原点を動かしてみればわかる．

であるが，$\bar{f}(x) \geqq f(x) \geqq \underline{f}(x)$ だから，これは K において
$$\bar{f}(x) \simeq \underline{f}(x) \simeq f(x)$$
ということに帰する($\S 115$)．換言すれば：

定理 112. 有界なる区間 K において有界なる $f(x)$ の Riemann 積分が可能なるために必要かつ十分なる条件は，K における $f(x)$ の不連続点が零集合を成すことである．その場合 Riemann 積分は Lebesgue 積分に等しい．

この意味において Lebesgue 積分は Riemann 積分の拡張である．

零集合は区間を含みえない．Riemann 積分可能なる函数は，任意の区間内に連続点を有することを，104 頁で述べたが，それは当然である．Riemann 積分可能なる函数は，ほとんど各所連続である．

［注意］ 上記，Riemann 積分は本来の意味でいう．いわゆる広義積分で絶対収束をしないもの（一次元）は，$\S 109$ の意味で $\infty - \infty$ の形になって Lebesgue 積分として成り立たない（例えば $\int_0^\infty \frac{\sin x}{x} dx = \infty - \infty$）．それを除けば，絶対収束の場合，広義の Riemann 積分は Lebesgue 積分である（$\S 94$ および定理 88 参照）．

121. Stieltjes 積分

Euclid 空間 R^n において，区間の函数 $\mu(w) \geqq 0$ が加法的であるとする．そのとき，$\mu(w)$ を区間の体積 $m(w)$ に代用して，Lebesgue 式に，それを一つの σ 系の集合 e にまで拡張して，$\mu(e)$ を完全に加法的にすることができるならば，その $\mu(e)$ を $\S 108$ の意味の測度として，その測度に基づいて，積分論を組み立てることができるであろう．或る条件の下において，それは実際可能である．そのようにして定義される積分を Lebesgue-Stieltjes 積分という．

今一次元空間 R^1 に関して，その大要を述べる．

Stieltjes は初め一つの変数 x の有界変動の函数 $\varphi(x)$ を取って Riemann 式に積分を定義した．すなわち区間 $[a,b]$ において，積分されるべき函数を $f(x)$ とするとき，区間の分割
$$(\Delta) \qquad a = x_0 < x_1 < \cdots < x_{n-1} < x_n = b \quad \max(x_i - x_{i-1}) = \delta$$
に対応して作られる和
$$\sum_{i=1}^n f(\xi_i)(\varphi(x_i) - \varphi(x_{i-1})), \quad x_{i-1} \leqq \xi_i \leqq x_i,$$
が，$\delta \to 0$ のとき，一定の極限値を有するならば，それを $\varphi(x)$ に関する積分
$$\int_a^b f(x) d\varphi(x) \qquad (1)$$
としたのである．このような意味での積分(1)を，今は Riemann-Stieltjes 積分という．本来の Riemann 積分は $\varphi(x) = x$ になる特別の場合である．最も簡単な場合として，$f(x)$ を連続とすれば(1)が可能であることは，Riemann 積分の場合と全く同様である（これは $\S 39$ で述べた）．

今，有界変動の函数 $\varphi(x)$ から，R^1 において区間の加法的函数を導くために，まず $(-\infty, +\infty)$ において $\varphi(x)$ を有界で単調増大とする．$\varphi(x)$ が区間 $[a,b]$ においてのみ与えられているときに

は，$x<a$ なるとき $\varphi(x)=\varphi(a)$，$x>b$ なるとき $\varphi(x)=\varphi(b)$ として，$\varphi(x)$ の定義を $(-\infty,+\infty)$ に拡張する．そうして開区間 (x_1,x_2) および一点 x から成る集合 $[x]$ に関して，区間 w の函数 $\mu(w)$ を次のように定義する．

$$w=(x_1,x_2): \quad \mu(w)=\varphi(x_2-0)-\varphi(x_1+0), \tag{2}$$

$$w=[x]: \quad \mu(w)=\varphi(x+0)-\varphi(x-0). \tag{3}$$

任意の区間は開区間と一点からなる集合との単純和に分割されるから，その区間における $\mu(w)$ を加法的に定義することができる．例えば閉区間

$$w=[x_1,x_2]=[x_1]+(x_1,x_2)+[x_2]$$

に関しては

$$\begin{aligned}\mu(w)&=(\varphi(x_1+0)-\varphi(x_1-0))+(\varphi(x_2-0)-\varphi(x_1+0))+(\varphi(x_2+0)-\varphi(x_2-0))\\&=\varphi(x_2+0)-\varphi(x_1-0),\end{aligned}$$

このように定義された $\mu(w)$ は区間に関して加法的である．例えば (x_1,x_2) の内に分点 x を取れば $(x_1<x<x_2)$，

$$(x_1,x_2)=(x_1,x)+[x]+(x,x_2),$$
$$\begin{aligned}\mu(x_1,x_2)&=(\varphi(x-0)-\varphi(x_1+0))+(\varphi(x+0)-\varphi(x-0))+(\varphi(x_2-0)-\varphi(x+0))\\&=\varphi(x_2-0)-\varphi(x_1+0)\end{aligned}$$

で，ちょうど(2)と合う．

これは，しかしながら，弱い意味の加法性である．実際は $\mu(w)$ は完全に加法的である．(3)からみえるように，$w=[x]$ なるとき，x が $\varphi(x)$ の連続点ならば $\mu(w)=0$ だから，加法に関しては考慮を要しない．$\varphi(x)$ の不連続点は無数にあっても，可算であるが*，もしも w が開区間およびそれらの点の列に分割されて，

$$w=\sum_{i=1}^{\infty}w_i \quad \text{ならば} \quad \mu(w)=\sum_{i=1}^{\infty}\mu(w_i).$$

これは §113 と全く同様にして証明される．

よって §114 と同様の方法によって，R^1 において σ 系を成す集合 e の一類にまで，$\mu(e)$ を拡張することができる．その σ 系は，少くとも，すべての B 集合を含むであろう．

この $\mu(e)$ を測度として定義されるのが，Lebesgue-Stieltjes 積分である．特に積分範囲が区間 $[a,b]$ であるときは，積分を

$$\int_a^b f(x)d\varphi$$

と書く．記号は(1)と同じであるが，Lebesgue 式か，Riemann 式かを明示することが必要で

---

* 単調増大函数 $\varphi(x)$ の不連続点を，そこでの飛びが $\left[\dfrac{1}{n+1},\dfrac{1}{n}\right)$ $(n=0,1,2,\cdots)$ の範囲にあるものに分けて算えればよい．

ある．

　一般の有界変動の函数 $\varphi(x)$ は二つの増大函数の差：$\varphi(x) = \varphi_1(x) - \varphi_2(x)$ として表わされる．その場合には，定義として

$$\int_e f(x)d\varphi = \int_e f(x)d\varphi_1 - \int_e f(x)d\varphi_2$$

とするのである．

III. 集合函数の微分法

122. 微分法の定義

　R^n において，集合函数 f が与えられたとき，点 x における f の密度ともいうべきものを考察して，R^n における点函数を導き出すことができる．例えば，x を中心とする n 次元立方体（区間の意味でいう）を e として，e が x に収束するとき

$$\frac{f(e)}{m(e)}$$

の極限を考察する．そうして，$me \to 0$ のとき，

$$\bar{D}_f(x) = \overline{\lim} \frac{f(e)}{m(e)}, \quad \underline{D}_f(x) = \underline{\lim} \frac{f(e)}{m(e)}$$

を点 x における f の上・下微分商といい，両者が一致するとき，その共通の値

$$D_f(x) = \lim \frac{f(e)}{m(e)}$$

を単に微分商という．x が変動するとき，これらの微分商を点 x の函数とみて，それを f の導函数という[*]．

　上記の定義において，x に収束させる e を立方体に限る必要はない．例えば，x を中心とする n 次元の球としてもよい．これらはいわゆる対称的微分商であるが，最も一般には，x を含む任意の集合 e を取ってもよい．ただし $me \to 0$ なるとき，e の形に若干の制限を加えることが適切でもある．e があまりに極端な形を取ることを防ぐためには，集合 e を包む最小の立方体を w として，

$$\alpha(e) = \frac{m(e)}{m(w)} > 0$$

---

[*] 微分法，微分商，導函数は，意味よりも言葉の響きにたよって，仮用する．元来，点 x_0 における $D_f(x_0)$ 等も，その x_0 を動かして生ずる点函数 $D_f(x)$ 等も，統一的に dérivée (導き出されたもの) と呼ぶフランス式が最も簡潔である．この意味では，$D_f(x_0)$ を (微分商の代りに) 導来数，$D_f(x)$ を導来函数，また集合函数 $f(e)$ から点函数 $D_f(x)$ を導き出す算法を (微分法の代りに) 導出法 (derivation) とでもいうべきであろう．ここでは，単独に '微分' というものはない．従って微分係数も困る．我々は思想の実質を重視して，用語の詮義にあまり多くの関心を有しないが，$D_f, \bar{D}_f, \underline{D}_f$ など，明確な表現があるから，安心である！

をかりに e の正則性の指数と名づけて，それが 0 でないことを要求する．これは十分寛大な制限である．以下，我々は x に収束する閉集合の列 $\{e_n\}$ において，$\alpha(e_n)$ が一定の正数($\neq 0$)よりも小でないとき，$\{e_n\}$ を正則といい，$\alpha(e_n)$ の下限 $\alpha(>0)$ を $\{e_n\}$ の正則性の指数という[*]．

以下，集合函数 f は少くともすべての B 集合に対して定義されているものとし，また微分商に関しては x に収束する集合 e を正則なる閉集合に限定して

$$\bar{D}_f(x) = \varlimsup_{me \to 0} \frac{f(e)}{m(e)}, \quad \underline{D}_f(x) = \varliminf_{me \to 0} \frac{f(e)}{m(e)}, \tag{1}$$

$$D_f(x) = \lim_{me \to 0} \frac{f(e)}{m(e)}$$

を一般的に上，下，または単なる導函数という．極限値として $\pm\infty$ を許容すれば，$\bar{D}_f, \underline{D}_f$ は各点 x において確定するが，D_f は必ずしも存在しない．$D_f(x)$ が存在するとき，f は x において微分可能であるという．通例は $D_f(x) \neq \pm\infty$ を要求するが，広義では $D_f(x) = \pm\infty$ をも許容する．

導函数を導くために集合 e に課せられる制限が加重するに従って，$\underline{D}$ は増大(不減少)し，$\bar{D}$ は減少(不増大)することは当然である．

[附記] 上記(1)において $\overline{\lim}$ の意味は明瞭であろうけれども，念のために説明をする．簡明のために $f(e)/m(e)$ を $F(e)$ と略記する．x を含んで x に収束する正則なる閉集合を一般的に e と書いたのだが，なお精密に x を中心とする半径 ρ の円(二次元に即していう)に含まれる e の全体を $S(\rho)$ とする(点 x をも正則なる閉集合と見られないでもなかろうが，それは $S(\rho)$ から除外する)．そうして $S(\rho)$ に属する e に対する $F(e)$ の値の集合(値域)の上限を $M(\rho)$ とすれば，それは ρ が減少するに従って単調に減少する．そこで $M = \lim_{\rho \to 0} M(\rho)$ とすれば，

$$\bar{D}_f(x) = M. \tag{2}$$

これが(1)の意味である．$\bar{D}_f(x)$ はまた数列の $\overline{\lim}$ に基づいて

$$\bar{D}_f(x) = \sup_{\{e_n\}} (\varlimsup_{n \to \infty} F(e_n)) \qquad (e_n \to x) \tag{3}$$

としても定義される．ここで $\{e_n\}$ は x に収束する正則なる閉集合の列である．(3)は(1)の左の式と同等である．実際，まず e_n を含む上記の円の最小半径を ρ_n とすれば $e_n \in S(\rho_n)$．従って $F(e_n) \leqq M(\rho_n)$．故に $\varlimsup_{n \to \infty} F(e_n) \leqq \lim_{n \to \infty} M(\rho_n) = M$.

さて，一方において，$\rho_n \to 0$ とすれば，$e_n \in S(\rho_n), M(\rho_n) - \varepsilon < F(e_n) \leqq M(\rho_n)$ なる e_n があるが，$n \to \infty$ の極限へ行って $M - \varepsilon \leqq \varliminf_{n \to \infty} F(e_n) \leqq \varlimsup_{n \to \infty} F(e_n) \leqq M$，$\varepsilon > 0$ は任意に取れるから $\lim_{n \to \infty} F(e_n) = M$．すなわち(3)における sup は実は Max で，$\bar{D}_f(x)$ は或る集合列 $\{e_n\}$ に関する $\lim_{n \to \infty} F(e_n)$ に等しい．

$\underline{D}_f(x)$ に関しても同様である．

---

[*] $\alpha \neq 0$ だけが要求される場合，$\alpha(e)$ の定義において w を，立方体の代りに，球にしてもよい．

123. Vitali の被覆定理

定理 113. R^n において任意の集合 A の各点 x に収束する正則なる閉集合の列が与えられたとき，それらの集合の中から単純列 $\{E_n\}$ を抽き出して，それだけで，ほとんど全く A を覆うことができる．すなわち $\sum E_n$ に含まれない A の点は零集合を成すのである：

$$m\left(A - \sum E_n\right) = 0. \tag{1}$$

これを Vitali の被覆定理という．

［証］二次元に即して，Banach の証明法を紹介する．言語節約のために，定理にいう閉集合を C と総称する．

1°. A は有界で，集合 C の正則性の指数は一定の正数 a より大きいとする．

A を含む一つの有界なる開集合を S として，集合 C は S に含まれるもののみを取っても差し支えない．

C から任意に一つの集合 E_1 を取り出して，E_1 に触れない集合 C の径の上限を δ_1 とし，それらの集合 C の中から E_2 の径 $\delta E_2 > \frac{1}{2}\delta_1$ なる一つの集合 E_2 を取り出す．同じようにして，次々に $\{E_n\}$ を定めて行く．すなわちすでに E_n までが定められたとき，$E_1+E_2+\cdots+E_n$ なる閉集合がまだ全く A を覆っていないならば，それに触れない集合 C の径の上限 $\delta_n > 0$ だから，その中から $\delta E_{n+1} > \frac{1}{2}\delta_n$ なる E_{n+1} が取り出されるのである．このようにして，C から取り出される有限または無限の単純列 $\{E_n\}$ が定理の条件(1)に適合するのである．

まず仮定によって，E_n を包んで $mE_n > cmW_n$ なる円 W_n があるが[*]，$\sum mE_n \leqq mS$ だから，$\sum mW_n < mS/c$ は収束する．従って $n \to \infty$ のとき，(円 W_n の直径) $\delta W_n \to 0$，故に $\delta E_n \to 0$．

さて，A に属して $\sum E_n$ に属しない点 x があるとして，その x に収束する集合 C の中の任意の一つを E とすれば，E は $\{E_n\}$ の中のどれかと交わる．—— さもなければ，すべての n に対して $0 < \delta E \leqq \delta_n < 2\delta E_{n+1}$ で，$\delta E_n \to 0$ に矛盾する．

今かりに(1)が成り立たないとして，

$$A' = A - \sum E_n, \qquad \bar{m}A' > 0,$$

とするならば，上記の各円 W_n を同心の W_n' にまで k 倍($k \geqq 5$，後述)に拡大するとき，$\sum mW_n' = k^2 \sum mW_n < \frac{k^2}{c}mS$ は収束するから，十分大きい N に対して，

$$\sum_{n>N} mW_n' < \bar{m}A'.$$

故に

$$x \in A', \quad x \notin \bigcup_{n>N} W_n' \tag{2}$$

なる点 x がある．この点 x は $\sum E_n$ に属しないから，x を含んで $E_1, E_2, \cdots, E_N$ に交わらない C

---

[*] c は正則性の指数 a に関係する定数．二次元では $c = 2a/\pi$ でよい．

の集合 E があるが，前にいったように，E は $\{E_n\}$ の中のどれかと交わるのだから，$\{E_n\}$ の中で E と交わる最初のものを E_p とすれば，$p > N$ で，E は $E_1, E_2, \cdots, E_{p-1}$ とは交わらない．従って

$$\delta E \leqq \delta_{p-1}. \tag{3}$$

そうして x は W_p' には属しないのだから，E は W_p' の外部の点 x を含む．また E は W_p 内にある E_p と交わるから，W_p の内部の点をも含む．従って

$$\delta E \geqq \frac{1}{2}(k-1)\delta W_p \geqq \frac{1}{2}(k-1)\delta E_p > \frac{1}{4}(k-1)\delta_{p-1}.$$

$k \geqq 5$ とすれば，これは (3) と矛盾する．すなわち $\bar{m}A' > 0$ は不合理である．故に (1) が成り立つ．

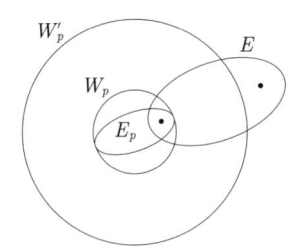

2°．一般の場合．原点 O を中心とする半径 n の円の内部を S_n とする．A の点 x が S_n に含まれ，かつ x に収束する C の集合列の正則性の指数が $\dfrac{1}{n}$ よりも大きいとして，そのような点 x の集合を A_n とする．従って $\{A_n\}$ は増大列で，$A = \lim\limits_{n \to \infty} A_n$．

さて 1° によって，集合 C の単純和 $\sum E_i$ でほとんど A_n が覆われる．すなわち

$$\bar{m}\left(A_n - \sum_{i=1}^{\infty} E_i\right) = 0. \tag{4}$$

単純和 $\sum\limits_{i=1}^{\infty} E_i$ は有界だから $\sum\limits_{i=1}^{\infty} mE_i$ は収束する．よって十分大きく p を取って

$$\sum_{i>p} mE_i < \frac{1}{n} \tag{5}$$

とする．然らば $F_n = \sum\limits_{i=1}^{p} E_i$ と置くとき

$$\bar{m}(A_n - F_n) < \frac{1}{n} \tag{6}$$

である．実際,

$$A_n - F_n \subset \left(A_n - \sum_{i=1}^{\infty} E_i\right) + \sum_{i>p} E_i$$

だから，(4), (5) によって

$$\bar{m}(A_n - F_n) \leqq \bar{m}\left(A_n - \sum_{i=1}^{\infty} E_i\right) + \sum_{i>p} mE_i < \frac{1}{n},$$

すなわち(6)が成り立つ．

さて，集合 $A_{n+1} - F_n$ は開集合 $S_{n+1} - F_n$ に含まれ，その各点に正則性の指数が $\dfrac{1}{n+1}$ より大きい集合Cの列が収束するから，前と同じようにして，それらのC集合の中から単純なる有限列 $\sum\limits_{i=1}^{q} E_i'$ を取り出して

$$\bar{m}\Big(A_{n+1} - F_n - \sum_{i=1}^{q} E_i'\Big) < \frac{1}{n+1}$$

にすることができる．ここで E_i' は閉集合 F_n の外にあるから，

$$F_{n+1} = F_n + \sum_{i=1}^{q} E_i' \tag{7}$$

と置けば，F_{n+1} は集合Cの有限単純列で，

$$\bar{m}(A_{n+1} - F_{n+1}) < \frac{1}{n+1}.$$

このような操作は，$n=1$ から始めて，どこまでも続けられるから，記号を変えて，集合Cの或る単純列 $\{E_i\}$ に関し，各々の n に対して，(6)が成り立つと見てよい．そのとき，(7)によって $\{F_n\}$ は増大列だから，

$$B = \lim_{n\to\infty} F_n = \sum_{i=1}^{\infty} E_i$$

と置けば，B は集合Cの単純和で，

$$\bar{m}(A - B) = 0. \tag{8}$$

実際，n をきめておいて，任意に $r > n$ を取れば，$F_r \subset B$, $A_n \subset A_r$ から

$$A_n - B \subset A_n - F_r \subset A_r - F_r,$$
$$\bar{m}(A_n - B) \leqq \bar{m}(A_r - F_r) < \frac{1}{r}.$$

r は任意であったから，$\bar{m}(A_n - B) = 0$ を得る．これから $A - B = \bigcup\limits_{n}(A_n - B)$ を用いて

$$\bar{m}(A - B) \leqq \sum_{n} \bar{m}(A_n - B) = 0$$

を得る．よって(8)が成り立ち，$B = \sum\limits_{i=1}^{\infty} E_i$ をもって，(1)を得る．

124. 加法的集合函数の微分法

準備として，B集合に関する次の考察を挿入する．$F(e) \geqq 0$ を正なる加法的集合函数*とする．一般的に開集合を G，閉集合を E で表わせば，

$$\inf_{G \supset e} F(G) \geqq F(e) \geqq \sup_{E \subset e} F(E)$$

---

* L集合に対して定義される，完全に加法的で，有限なる集合函数の意．以下同様．m はもちろんL測度である．

であるが，B 集合 e に関しては
$$\inf_{G \supset e} F(G) = \sup_{E \subset e} F(E) \tag{1}$$
が成り立つ．それを見るために，(1)を成立せしめる L 集合 e の一類を S とする．

任意の閉区間 w は S に属する．実際，$G_n \downarrow w$ なる列 $\{G_n\}$ があるから，定理 95 によって，
$$\inf_{G \supset w} F(G) = F(w) = \sup_{E \subset w} F(E).$$

さて，S は σ 系をなす．$G \supset e \supset E$ から，$G' \subset e' \subset E'$ だから，e と共に余集合 e' が S に属する．次に，$e_i \in S, e = \bigcup e_i$ とすれば，$e \in S$ である．実際，$\varepsilon_i > 0, \sum \varepsilon_i = \varepsilon$ とすれば，(1)によって，$e_i \in S$ から
$$G_i \supset e_i \supset E_i, \quad F(G_i - E_i) < \varepsilon_i$$
なる G_i, E_i がある．今，$G = \bigcup G_i, H = \bigcup E_i$ とすれば，
$$G \supset e \supset H, \quad G - H \subset \bigcup (G_i - E_i),$$
$$F(G - H) \leqq \sum F(G_i - E_i) < \sum \varepsilon_i = \varepsilon.$$
然るに H は閉集合の増加列の極限だから，
$$H \supset E, \quad F(H - E) < \varepsilon$$
なる E があって(定理 95)，$F(G - E) = F(G - H) + F(H - E) < 2\varepsilon$ である．すなわち
$$G \supset e \supset E, \quad F(G - E) < 2\varepsilon$$
なる G, E がある．ε は任意だから，(1)が成り立ち，$e \in S$ である．

任意の閉区間が S に属するから，S は少なくともすべての B 集合を含む．すなわち e が B 集合なら(1)が成り立つ．

定理 114．（予備定理）$F(e) \geqq 0$ を正なる加法的集合函数とし，任意の集合 A の各点において $\bar{D}_F(x) \geqq a > 0$ とすれば，$\bar{m}A < \infty$ で，A を含む B 集合 e に関して，$F(e) \geqq a\bar{m}A$．

［証］e を集合 A を含む B 集合とする．然らば，任意の $\varepsilon > 0$ に対応して，(1)によって，
$$e \subset G, \quad F(e) > F(G) - \varepsilon \tag{2}$$
なる開集合 G がある．また任意に $0 < b < a$ なる b を取れば，仮定によって，A の各点 x に収束する正則なる閉集合 E の列があって，$F(E) > bmE$．これらの集合の中から G に含まれる単純列 $\{E_n\}$ を取って，ほとんど A を覆うことができる（定理 113）．故に(2)から
$$F(e) > F(G) - \varepsilon \geqq \sum F(E_n) - \varepsilon > b \sum mE_n - \varepsilon \geqq b\bar{m}A - \varepsilon. \tag{3}$$
仮定により $F(e) < \infty$ だから $\bar{m}A < \infty$，また ε は任意，$b < a$ も任意だから，$F(e) \geqq a\bar{m}A$．

［注意］もしも A において $\bar{D}_F(x) = \infty$ ならば，$mA = 0$．実際，この場合，任意の $M > 0$ に関して $F(e) \geqq M\bar{m}A$．$F(e)$ は有限だから $\bar{m}A = 0$．

定理 115．（予備定理）F は前の定理の通りとする．任意の集合 A において $\underline{D}_F(x) \leqq a, (a > 0)$，ならば，ほとんど A を覆う B 集合 e が存在して

$$A \simeq A_0 \subset e, \quad F(e) \leqq a\bar{m}A$$

になる.

[証] $\bar{m}A < \infty$ として証明すればよい. そのとき任意の $\varepsilon > 0$ に対して,

$$A \subset G, \quad \bar{m}A > mG - \varepsilon$$

とする. $b > a$ とすれば, 仮定によって, A の各点に収束する正則なる閉集合 E の列があって, $F(E) \leqq bmE$ だが, それらのうち, G に含まれる単純列 $\{E_n\}$ を取って, ほとんど A を覆うことができる(定理 113). そこで $e = \sum E_n$ とすれば

$$F(e) \leqq b\sum mE_n = bme \leqq bmG < b(\bar{m}A + \varepsilon).$$

今 $\varepsilon = \dfrac{1}{n}, b = a + \dfrac{1}{n}$ に対応する e を e_n と書いて, 改めて $\varliminf e_n = e$ とする. すなわち

$$A \simeq A_n \subset e_n, \quad F(e_n) \leqq \left(a + \frac{1}{n}\right)\left(\bar{m}A + \frac{1}{n}\right),$$

従って $A_0 = \varliminf A_n$ とすれば,

$$A \simeq A_0 \subset e, \quad F(e) = F(\varliminf e_n) \leqq \varliminf F(e_n) \leqq a\bar{m}A.$$

定理 116. 加法的なる集合函数は, ほとんど各所で微分可能である[Lebesgue の定理].

[証] $F \geqq 0$ を加法的なる集合函数とする. 今

$$\bar{D}_F(x) > \underline{D}_F(x)$$

なる点 x の集合を A とする. もしも $\bar{m}A \neq 0$ とするならば, 或る有理数 $r, s\,(>0)$ に関して

$$\bar{D}_F(x) > r > s > \underline{D}_F(x)$$

なる点 x の集合を A_0 とするとき, $\bar{m}A_0 > 0$. また, $\bar{m}A_0 < \infty$ (定理 114).

然らば, ほとんど A_0 を覆う或る B 集合 e に関して(定理 115)

$$F(e) \leqq s\bar{m}A_0,$$

一方, $A_0 \cap e \subset e$ から(定理 114)

$$F(e) \geqq r\bar{m}(A_0 \cap e) = r\bar{m}A_0.$$

従って

$$r\bar{m}A_0 \leqq s\bar{m}A_0.$$

$r > s, \infty > \bar{m}A_0 > 0$ だから, これは不合理である. 故に $mA = 0$, すなわち

$$\bar{D}_F(x) \simeq \underline{D}_F(x).$$

F の符号が一定でないならば,

$$F(e) = F^+(e) + F^-(e), \quad F^+(e) \geqq 0, \quad -F^-(e) \geqq 0$$

で, $D_F(x) = D_{F^+}(x) + D_{F^-}(x)$. 故に定理は成り立つ.

[注意] $D_F(x)$ は, ほとんど常に有限である(前頁, [注意]).

定理 117. $\{F_n\}$ が加法的集合函数の単調列で,

$$\lim_{n\to\infty} F_n(e) = F(e)$$

ならば,
$$D_F(x) \simeq \lim_{n\to\infty} D_{F_n}(x).$$

［証］ $\{F_n\}$ を増大列として,
$$f_n(e) = F(e) - F_n(e)$$
と置けば(減少列の場合には $f_n = F_n - F$ と置く), $f_n \geqq 0$, $f_n \to 0$ で, $\{f_n\}$ は減少列である. 故に $\bar{D}_{f_n}(x) \geqq 0$ も n に関して減少列である. そこで
$$\lim_{n\to\infty} \bar{D}_{f_n}(x) \simeq 0$$
を示せばよい.

もしも, これが真でないとするならば, 或る $a > 0$ に関して
$$x \in A, \quad \bar{m}A > 0, \quad \bar{D}_{f_n}(x) > a \quad (n = 1, 2, \cdots)$$
なる集合 A が存在すべきである. 然らば(定理114), $A \subset e$ なる任意の B 集合 e に対して,
$$f_n(e) \geqq a\bar{m}A. \quad (n = 1, 2, \cdots)$$
$f_n(e) \to 0$ だから, これは不合理である.

定理118. $F(e)$ は加法的で, L 集合 E の内で常に 0 に等しいとする. すなわち $e \subset E$ ならば $F(e) = 0$. 然らば, E において $D_F(x) \simeq 0$.

［証］ $F \geqq 0$ として十分である. 或る B 集合 B をとって, $E \supset B$, $m(E-B) = 0$ とする (§117). $x \in B$ かつ $D_F(x) > \dfrac{1}{n}$ なる x の集合を A_n とすれば, $F(B) \geqq \dfrac{1}{n}\bar{m}A_n$ (定理114). 仮定により $F(B) = 0$ だから, $\bar{m}A_n = 0$. さて, $x \in B$, $D_F(x) > 0$ なる x の集合は $\{A_n\}$ の合併であるから, それは零集合である. 故に B において $D_F(x) \simeq 0$. 然るに $m(E-B) = 0$ だから, E において $D_F(x) \simeq 0$.

定理119. 特異函数 F に関しては $D_F(x) \simeq 0$.

［証］ $F \geqq 0$ として十分である. 今 $mN = 0$, $F(N') = 0$ とする. ただし N' は N の余集合である. 然らば, N' において $D_F(x) \simeq 0$ (定理118). $mN = 0$ だから, これは全空間で成り立つ.

125. 不定積分の微分法

定理120. ［密度定理］ L 集合 E の定義函数を $\varphi(x)$ として, $F(e) = m(Ee)$ と書けば,
$$D_F(x) \simeq \varphi(x).$$
すなわち E の内では $D_F(x) \simeq 1$, 余集合 E' の内では $D_F(x) \simeq 0$.

［証］ $F'(e) = m(E'e)$ と置けば,
$$F(e) + F'(e) = m(Ee) + m(E'e) = m(e).$$
故に F, F' が微分可能なる点において, すなわち, ほとんど各所(定理116),

$$D_F(x) + D_{F'}(x) \simeq 1. \tag{1}$$

さて，E' においては $F(e) = m(Ee) = m(0) = 0$．従って（定理 118）$D_F(x) \simeq 0$．また E においては $F'(e) = 0$，従って $D_{F'}(x) \simeq 0$，従って(1)から $D_F(x) \simeq 1$．* (証終)

定理 121．$f(x)$ を積分可能（有限）なる点函数，
$$F(e) = \int_e f(x) dm$$
とすれば，
$$D_F(x) \simeq f(x).$$

［証］

(1°) E の定義函数を $\varphi(x)$ とすれば
$$F(e) = m(Ee) = \int_e \varphi(x) dm$$
で，密度定理に帰する．

(2°) $f(x)$ が階段的で，$x \in E_i$ なるとき，$f(x) = a_i \,(i = 1, 2, \cdots, p)$ とする．然らば $\varphi_i(x)$ を E_i の定義函数とすれば，
$$f(x) = \sum_{i=1}^{p} a_i \varphi_i(x).$$
故に
$$F(e) = \int_e f(x) dm = \sum a_i \int_e \varphi_i(x) dm.$$
従って(1°)によって
$$D_F(x) \simeq \sum a_i \varphi_i(x) = f(x).$$

(3°) 一般の場合には，$f(x) \geqq 0$ として証明すればよいから，$f(x)$ を階段的なる函数 $f_n(x)$ の増大列の極限とする（定理 83）．然らば，
$$F(e) = \int_e f(x) dm, \quad F_n(x) = \int_e f_n(x) dm$$
と置くとき，
$$F(e) = \lim F_n(e). \tag{定理 88}$$
故に（定理 117）
$$D_F(x) \simeq \lim_{n \to \infty} D_{F_n}(x) \simeq \lim_{n \to \infty} f_n(x) = f(x).$$

定理 122．加法的なる集合函数 $F(e)$ の導函数 $D_F(x)$ は積分可能で，$F(e)$ は $D_F(x)$ の不定積分と一つの特異函数との和に等しい．

---

* この定理においては，F, F' は有限でないから，484 頁脚註の条件は満たされないが，(1)を出すには，x を含む或る矩形の外部において，F, F' の値を 0 に変更して，定理 116 を適用すればよい．

[証] 定理 99, 100 によって
$$F(e) = F(eH) + \int_e f(x)dm$$
で，$F(eH)$ は特異函数である．故に定理 119，定理 121 によって
$$D_F(x) \simeq f(x).$$
従って
$$F(e) = F(eH) + \int_e D_F(x)dm.$$

右辺の積分において，e 内の或る零集合 e_0 では $D_F(x)$ が存在しないこともありうるが，そのような e_0 は積分範囲 e から除くべきである．それを了解の上で，上記のように書いた．$\bar{D}_F(x)$，$\underline{D}_F(x)$ は常に存在して，
$$\bar{D}_F(x) \simeq \underline{D}_F(x) \simeq D_F(x) \qquad \text{(定理 116)}$$
であるから，積分記号の下へ $\bar{D}_F$ または $\underline{D}_F$ を入れてもよい．

以上，我々は $D_F(x)$ を 481 頁に述べた一般的の意味に取ったが，あるいはそれを狭義にしても，結果は同じである．狭い意味を，かりに記号 ^{0} で示せば，
$$\bar{D}_F(x) \simeq \bar{D}^0_F(x) \simeq \underline{D}^0_F(x) \simeq \underline{D}_F(x).$$

126. 有界変動・絶対連続の点函数

R^1 において加法的なる集合函数 $F(e)$ に対応して点函数 $f(x)$ が定義される．すなわち $e = (-\infty, x)$ なるとき $F(e) = f(x)$ とするのである．今最も興味ある場合として，$F(e)$ を連続と仮定する．すなわち $\delta e \to 0$ なるとき $F(e) \to 0$ とするのである．δe は集合 e の径，すなわち R^1 においては，e を含む区間の幅(長さ)の下限である．故に e が一点から成り立つとき，$F(e) = 0$ で，$f(x)$ は点函数として連続である．

さて，$F(e)$ が有界なる e に対して有限，従って有界(定理 94)であることを仮定するならば，F に対応する $f(x)$ は e において有界変動である．F の正負の変分 F^+, F^- および絶対変分 $V = F^+ + |F^-|$ に対応する点函数を，それぞれ $f^+(x), f^-(x)$ および $v(x)$ と書けば，
$$f(x) = f^+(x) + f^-(x), \quad v(x) = f^+(x) + |f^-(x)|$$
で，$f^+(x), |f^-(x)|$ は単調増大である($\S\,111$)．

さて，$F(e)$ を既述の意味($\S\,112$)で絶対連続とする．すなわち $me = 0$ なるとき，$F(e) = 0$．F の加法性のために，それは $me \to 0$ のとき，$F(e) \to 0$ を意味するのであった(453 頁)．$F(e)$ のこの絶対連続性は，それに対応する点函数 $f(x)$ の性質として，次のようにいい表わされる．——今互に重なり合わない小区間 $w_i = [x_i, x'_i]$ の有限列の合併を w とし，それら小区間 w_i における $f(x)$ の変動の絶対値の和を

$$V(w) = \sum |f(x_i') - f(x_i)|$$

と書くならば,

$$mw = \sum |x_i' - x_i|$$

で, $F(e)$ の絶対連続性によって, $mw \to 0$ のとき, $V(w) \to 0$. 詳しくいえば, 任意の $\varepsilon > 0$ に対応して δ が定められて,

$$mw < \delta \quad \text{なるとき} \quad V(w) < \varepsilon \tag{1}$$

ならしめうるのである. 函数 $f(x)$ のこの性質を Vitali が絶対連続と名づけた. これが絶対連続という用語の由来である. すなわち, Vitali の意味で絶対連続なる点函数に対応する集合函数 $F(e)$ が絶対連続と名づけられたのである.

逆に $f(x)$ が絶対連続ならば, $F(e)$ も絶対連続である. —— まず $f(x)$ が絶対連続だから, (1) において ε を固定して, それに対応する δ を取って, 任意の区間を長さが δ を超えない小区間に分けて, それらの区間の数を p とするならば, その区間における任意の小区間群 $w = \sum w_i$ に関して, $V(w) \leqq p\varepsilon$ だから, $f(x)$ は有界変動である. 故に $f(x)$ が単調増大なる場合を考察すればよいが, そのとき $F(e) \geqq 0$ だから, 今 $mE = 0$ とするならば, $E \subset G_n$, $mG_n \to 0$ なる開集合 G_n の列があって, $F(G_n) \to 0$. 故に $F(E) = 0$. すなわち F は絶対連続である.

同様の意味で, 特異なる集合函数 $F(e)$ に対応する点函数 $f(x)$ をも特異というならば, $f(x)$ に関しては, K を任意の区間とするとき, 任意の $\varepsilon > 0$ に対して $m(K - w) < \varepsilon$ で, $V(w) < \varepsilon$ なる区間列 w が K 内に存在する.

さて区間 K において $f(x)$ を連続とする. その区間内で x を固定し, h を動かして,

$$\Delta(x, h) = \frac{f(x+h) - f(x)}{h}$$

と書いて,

1) $\bar{D}_f^+(x) = \varlimsup_{h \to +0} \Delta(x, h),$

2) $\underline{D}_f^+(x) = \varliminf_{h \to +0} \Delta(x, h),$

3) $\bar{D}_f^-(x) = \varlimsup_{h \to -0} \Delta(x, h),$

4) $\underline{D}_f^-(x) = \varliminf_{h \to -0} \Delta(x, h)$

と置く. $h \to +0$ は '$h > 0$, $h \to 0$' の略記, $h \to -0$ は '$h < 0$, $h \to 0$' の略記である.

もしも 1), 2) が一致するならば, その共通の値を $D_f^+(x)$ と書く. それは x における $f(x)$ の右への微分商である. 同様に, 3), 4) が一致すれば, その共通の値 $D_f^-(x)$ は左への微分商である. もしも 1)-4) がすべて一致すれば, その共通の値 $D_f(x)$ はすなわち x における $f(x)$ の微分商で, その場合 $f(x)$ は x において微分可能である. 狭い意味では, $D_f(x)$ が有限なることを要求し, 広い意味では $\pm \infty$ をも許容する.

今，$f(x)$ が集合函数 $F(e)$ に対応するとするならば，1)-4) は §122 に述べた $F(e)$ の微分商の特別の場合，あそこの e を $[x, x+h]$ または $[x-h, x]$ に限定した場合で，これらの e の正則性の指数は $\frac{1}{2}$ である．

このように h が限定された結果として，導函数は B 函数である．例えば $\bar{D}^+$ に関していえば $\overline{\lim}$ の意味によって，h を有理数に限ってもよいが，f の連続性から，$\Delta(x, h)$ は x に関して連続で，$\bar{D}^+(x)$ は連続函数列の $\overline{\lim}$ として B 函数である（§117）．

以上を前置きとして，$f(x)$ を区間 $K = [a, b]$ において連続かつ有界変動として，$f(x)$ に対応する（完全）加法的集合函数 $F(e)$（§121 参照）に §§124, 125 の定理を適用すれば，次のような結果が得られる．

1. 区間 K において連続かつ有界変動なる函数 $f(x)$ は，ほとんど常に微分可能で，微分商はほとんど常に有限である．

2. 区間 $t_0 \leqq t \leqq t_1$ において $\varphi(t), \psi(t)$ が連続かつ有界変動ならば，$x = \varphi(t), y = \psi(t)$ によって定義される曲線は，ほとんど各点で接線を有する．

3. 区間 $[a, b]$ の点を x とすれば

$$f(x) - f(a) = \Phi(x) + \int_a^x \Delta(x) dx.$$

右辺の $\Delta(x)$ は前頁 1)-4) の四つの微分商の中のどれでもよい．$\int_a^x$ は $[a, x]$ における L 積分で，$\Phi(x)$ は特異函数である．

特に $f(x)$ が $f'(x)$ の Lebesgue の意味の不定積分であるためには，$f(x)$ が絶対連続であることが必要かつ十分である．

4. 特異函数は，ほとんど常に微分可能で，微分商は 0 に等しい．

最後に，特異函数 $\Phi(x)$ のなるべく手近な実例を作るために，§115 に述べた三進集合 E を考察する．区間 $K = [0, 1]$ において三進集合 E を作るために，次々に K から取り去った区間は第 n 回には 2^{n-1} 個であったが，それらの区間において $\Phi(x)$ の値を左から順に $1/2^n, 3/2^n, \cdots, (2^n - 1)/2^n$ とする．すべての n に関して，このように $\Phi(x)$ の値をきめるならば，$\Phi(x)$ は K の内に稠密に分布される E'（余集合）の点において決定するが，それを K において連続なる $\Phi(x)$ に拡張することができる．この $\Phi(x)$ は K において単調に 0 から 1 まで増大し，零集合 E 以外の各点では $\Phi'(x) = 0$．E の点では一般に $\Phi'(x) = \infty$ であるが，E' を組成する区間の端では，右または左への微分商が 0 になるであろう．

附録 I 無 理 数 論

数の概念を根本から考察するには，自然数の理論から始めねばなるまいが，それは現今むしろ数学基礎論に属するであろう．解析概論の立場においては，本書 §2 に述べた Dedekind の定理を出発点とすれば十分であろうと思われるが，19 世紀末からの慣例に従って，一応無理数論の解説をする．すなわち有理数を既知として，有理数から無理数への橋渡しをするのである．

よって以下有理数の四則および大小の関係 (順序) は既知とする．特に有理数の稠密性が大切である．すなわち a, b が相異なる有理数で，$a<b$ ならば，$a<x<b$ なる有理数 x が必ず，従って無数に，存在するのである．例えば $m=\dfrac{a+b}{2}$，従ってまた $\dfrac{a+m}{2}$，$\dfrac{m+b}{2}$ 等々が，a, b の中間にある．

1. 有理数の切断

有理数の全部を次の条件 $(1°), (2°)$ に従って二組*(部分集合) A, A' に分けるとき，それを切断という．

 $(1°)$ 各有理数は A あるいは A' のいずれか一方にのみ属する．すなわち A, A' は有理数の部分集合として互に余集合である．

 $(2°)$ A に属する各有理数は A' に属する各有理数よりも小さい．記号で書けば，$a \in A$, $a' \in A'$ ならば $a<a'$．

この切断を (A, A') と書く．また A を切断の下組，A' を上組という．

切断 (A, A') において A と A' とは互に余集合だから，そのうち一方がきまれば，他の一方は自然にきまる．今上組と切り離して，下組を単独に考察するならば，それを次のように定義することができる．

切断の下組 A は上方に有界なる有理数の集合で，
$$a \in A, \; x < a \quad \text{ならば}, \quad x \in A.$$

さて有理数の切断には二つの型が考えられる．

(第一) は下組と上組との境界をなす一つの有理数 a が存在する場合で，すなわち a よりも小なる有理数はすべて下組に属し，a よりも大なる有理数はすべて上組に属するのであるが，条件 $(1°)$ によって，a 自身も下組かまたは上組かに属せねばならない．もしも a が下組に属するならば，a は下組の最大数で，そのとき上組には最小数がない．もしまた a が上組に属するならば，a は上組の最小数で，そのとき下組には最大数がない．

これは有理数の稠密性による．もしもかりに下組に最大数 a があって，同時に上組に最小数 a' があると

---

* 二組は狭義でいう．すなわち A あるいは A' が空虚 (空集合) なることを許さない．

するならば，$a<m<a'$ なる m は下組にも上組にも属しえないから，条件($1°$)に反するであろう．

このようにして，任意の有理数 a に切断 (A, A') が対応するが，逆に切断 (A, A') において下組 A に最大数 a，あるいは上組 A' に最小数 a' があるならば，(A, A') はすなわち上記の意味で a あるいは a' に対応するものである．そのとき切断 (A, A') は<u>有理数 a あるいは a' を定める</u>という．

（第二）切断 (A, A') において A に最大の有理数がなく，同時にまた A' にも最小の有理数がないとする．この場合には，上記の意味で (A, A') に対応する有理数は存在しない．よって切断 (A, A') は（下組と上組との境界として）<u>一つの無理数 α を定める</u>ということにする．

有理数と無理数とを総称して**実数**という．

これは単なる称呼に過ぎない．すなわち実数 α といっても，今のところそこには有理数の一つの切断 (A, A') があるだけである．実数の概念は，それの大小および四則の意味を適当に定義することができた後に，初めて確定するのである．我々はまだ第二の型の切断が実際可能であることすらも証明していないが，その存在証明はしばらく留保して話を進める．

切断 (A, A') が一つの実数 α に対応するということにしたから，ついでに A を α の下組，A' を α の上組と呼ぼう．ただし α が有理数であるときには，α が下組の最大数として下組に属することもあるが，その場合には α を上組に移転することにする．然らば，この規約の下において，第一，第二の場合を統一して，<u>α の下組 A には最大数がない</u>ことになる．技術上の便利のために，しばらくこのような規約を設けるのである*.

2. 実数の大小

［**定理 1**］ 実数 α, β の下組 A, B の間には次の三つの関係のうちの一つが，しかもただ一つのみが，成り立つ．

(1) A と B とは一致する： $A = B$.
(2) A は B の一部分である**： $A \subset B$.
(3) B は A の一部分である： $B \subset A$.

［証］ $A \neq B$ とすれば，B に属して A に属しない有理数 m があるか，あるいは A に属して B に属しない有理数 m がある．

前の場合には $m \in A'$，故に $a \in A$ ならば $a < m$. 然るに $m \in B$，故に $a \in B$. 故に $A \subset B$.

同様に，後の場合には $B \subset A$.

［定義］

---

* 以下一般的にラテン字 a, b 等で有理数を表わし，ギリシァ字 α, β 等で実数(有理数を含む)を表わすことにする．まぎれのない場合，一々ことわらない．

** 狭義でいう．すなわち，$A \subset B$ は，A は B に含まれ，かつ $A \neq B$ を意味する．以下同様．

$$A = B \quad \text{なるときは} \quad \alpha = \beta.$$
$$A \subset B \quad \text{なるときは} \quad \alpha < \beta.$$
$$B \subset A \quad \text{なるときは} \quad \alpha > \beta.$$

[系1] $\alpha = \beta, \alpha < \beta, \alpha > \beta$ に従って $A = B, A \subset B, B \subset A$.

[系2] $\alpha < \beta$ ならば $\beta > \alpha$.

[注意1] α, β が有理数なるとき，有理数に関しては既定なる大小の関係は，上記の定義と調和する（すなわち有理数 α, β の下組を A, B とすれば，$A \subset B$, または $B \subset A$, に従って，既知のはずの意味で $\alpha < \beta$ または $\beta < \alpha$).

[注意2] m が α の下組に属するならば，上記の定義に従って $m < \alpha$. また m が α の上組に属するならば $\alpha \leqq m$.

前の場合には，m の下組 M は全く α の下組 A に含まれるが，規約によって A に最大数がないから，A の中には m よりも大きい有理数がある．故に $M \subset A$, 従って定義によって，$m < \alpha$.

後の場合 ($m \in A'$) には，$(1°)$ m が A' の最小数，従って $\alpha = m$ であることも可能であるが，もしも，$(2°)$ A' に最小数がないならば (α は無理数で)，m よりも小なる m_1 が A' に属し，従って A に属しないから $A \subset M$, 従って $\alpha < m$.

[系3] $\alpha < \beta$ ならば $\alpha < m < \beta$ なる有理数 m が（無数に）ある．

[証] 仮定によって $A \subset B$. 故に A' と B とに共通の有理数 c があるが，規約によって B に最大数がないから，$c < m \in B$ なる有理数 m は無数にある．そうして $\alpha < m < \beta$.

[定理2] $\alpha < \beta, \beta < \gamma$ ならば $\alpha < \gamma$.

[証] α, β, γ の下組を A, B, C とすれば，$\alpha < \beta, \beta < \gamma$ から $A \subset B, B \subset C$ （上記系1)，従って $A \subset C$. 故に $\alpha < \gamma$ (定義).

3. 実数の連続性

実数の大小が定義された上は，有理数の切断と全く同様に実数の切断が定義される．

[定理3] $(\mathsf{A}, \mathsf{A}')$ を実数の切断とすれば，A に最大の実数があるか，あるいは A' に最小の実数があるか，いずれか一つである．

[証] A, A' に含まれる有理数の全体をそれぞれ A, A' とすれば，(A, A') は有理数の切断である．この切断 (A, A') に対応する実数を α とする．

然らば $\alpha \in \mathsf{A}$ あるいは $\alpha \in \mathsf{A}'$ (切断の定義).

もしも $\alpha \in \mathsf{A}$ ならば，α は A の最大数である．なぜなら：$\alpha < \xi$ とすれば $\alpha < m < \xi$ なる有理数 m がある[定理1, 系3].

然らば $m \in A'$, 従って $m \in \mathsf{A}'$. $m < \xi$ だから $\xi \in \mathsf{A}'$ (切断の定義). このように α よりも大なる ξ は A' に属するから，α は A において最大である．そのとき A' に最小数はない[定理1, 系

同様に $\alpha \in A'$ ならば α は A' の最小数である． (証終)

[定理 4] 有界なる実数の集合は確定の上限および下限を有する（上限，下限の定義も [定理 4] の証明も 4, 5 頁の通りである）．

上記において我々は有理数の大小の関係と有理数の稠密性とのみを用いた．今有理数の四則を既知として，次の補助定理をここで述べておく．

[定理 5] α を実数，c を任意の正の有理数とするとき
$$a < \alpha < a', \quad a' - a = c$$
なる有理数 a, a' の組合せが（無数に）存在する．

[証] α が有理数ならば明白．

α が無理数ならば，任意に $a_0 < \alpha$ を取って，有理数列
$$a_0, \quad a_0 + c, \quad a_0 + 2c, \cdots, a_0 + nc, \cdots$$
を考察する．自然数 n を十分大きくすれば，これらの数は α の上組に入る（上組の一つの有理数を b とすれば，b よりも大きくなる）．それらのうちで係数 n の最小なるものを a' とすれば，$a = a' - c$ は下組に属する．すなわち $a < \alpha < a', a' - a = c$. (証終)

4. 加 法

[定理 6] α, β の下組 A, B に属する有理数を一般に a, b で表わして，$a + b$ の全体を M とすれば，M は一つの下組である．

[証]

(1°) $m < a + b$ とすれば，$m = a_1 + b_1, a_1 < a, b_1 < b$ なる有理数 a_1, b_1 がある（有理数の性質）．
$$a_1 \in A, \quad b_1 \in B \quad だから， \quad m \in M$$
すなわち M に属する一つの有理数 $a + b$ より小さい有理数 m は M に属する．

(2°) $m = a + b, a < a_1 \in A, b < b_1 \in B$ とすれば，$m < a_1 + b_1 \in M$. すなわち M に最大数はない．故に M は下組である．

[定義] この下組 M の定める数を $\alpha + \beta$ とする．

[注意] a', b' をそれぞれ α, β の上組の数とすれば，$a' + b'$ は $\alpha + \beta$ の上組に属する．—— $a < a', b < b'$，従って $a + b < a' + b'$ だから．

[定理 7] （交換律）
$$\alpha + \beta = \beta + \alpha.$$
定義によって明白．

[定理 8] （結合律）
$$(\alpha+\beta)+\gamma = \alpha+(\beta+\gamma).$$

[証] α, β, γ の下組を A, B, C として，一般的に $a \in A, b \in B, c \in C$ とする．然らば加法の定義によって $(\alpha+\beta)+\gamma$ は $(a+b)+c$ の上限である．同様に $\alpha+(\beta+\gamma)$ は $a+(b+c)$ の上限である，さて有理数に関しては $(a+b)+c = a+(b+c)$．故に $(\alpha+\beta)+\gamma = \alpha+(\beta+\gamma)$．

[定理 9] （加法の単調性） $\alpha<\beta, \gamma \leqq \delta$ ならば $\alpha+\gamma<\beta+\delta$．

[証]

(1°) $\gamma=\delta$ として $\alpha+\gamma<\beta+\gamma$ を証明する．
$$\alpha<r<s<\beta$$
なる有理数 r, s を取って [定理 1，系 3，定理 2]
$$c<\gamma<c', \quad c'-c=s-r$$
とする [定理 5]．然らば $r+c'=s+c$ （有理数の性質）．よって
$$m = r+c' = s+c$$
と書く．さて，$\alpha<r, \gamma<c'$ から，$r+c'$ は $\alpha+\gamma$ の上組に属する（前頁，[注意]）．故に
$$\alpha+\gamma \leqq m.$$
また $s<\beta, c<\gamma$ から，$s+c$ は $\beta+\gamma$ の下組に属する（加法の定義）．故に
$$m < \beta+\gamma.$$
すなわち
$$\alpha+\gamma \leqq m < \beta+\gamma,$$
$$\alpha+\gamma < \beta+\gamma. \qquad \text{[定理 2]}$$

(2°) $\alpha<\beta, \gamma<\delta$ ならば，(1°) によって $\alpha+\gamma<\beta+\gamma$，また交換律をも用いて，$\beta+\gamma<\beta+\delta$，故に $\alpha+\gamma<\beta+\delta$ [定理 2]．

[定理 10] （減法） α, β が与えられたとき，
$$\alpha+\xi = \beta$$
なる ξ が一意に存在する．

[証]

(1°) まず $\beta=0$ として $\alpha+\bar{\alpha}=0$ なる $\bar{\alpha}$ の存在を証明する．

$a<\alpha<a'$ とすれば $a<a', -a'<-a$ であるが，$-a'$ の全部は或る実数の下組を成す（下組の定義）．その実数を $\bar{\alpha}$ とする．然らば $\alpha+\bar{\alpha}=0$ である．それをみるには $a+(-a')=a-a'$ の上限が 0 であることを確かめればよい．すなわち，まず $a-a'<0$．これは $a<a'$ から出る（有理数の性質）．次に $-r<0$ なる任意の r に関して $a-a'=-r$ なる a, a' が存在する [定理 5]．

故に $\alpha+\bar{\alpha}=0$．

(2°) $\xi=\bar{\alpha}+\beta$ とすれば $\alpha+\xi=\alpha+(\bar{\alpha}+\beta)=(\alpha+\bar{\alpha})+\beta$ [定理 8]．

故に $\alpha+\xi=0+\beta=\beta$ すなわち $\alpha+\xi=\beta$ なる ξ が存在する．

($0+\beta=\beta$ は証明を要するが，それは簡単である．)

(3°) 減法の一意性は[定理9]から出る．すなわち $\xi \gtreqless \xi'$ ならば $\alpha+\xi \gtreqless \alpha+\xi'$ だから，
$$\beta \gtreqless \alpha+\xi', \quad \alpha+\xi' \neq \beta.$$

(証終)

[定義]　$\alpha+\xi=\beta$ なる ξ を $\beta-\alpha$ と書く．然らば(1°)の $\bar{\alpha}$ は $0-\alpha$ であるが，それを $-\alpha$ と略記する．(2°), (3°)によって $\beta-\alpha = \beta+(-\alpha)$．

5. 絶 対 値

実数の正負を0との大小によって定義するならば，$\alpha \neq 0$ なるとき，α と $-\alpha$ とのうちで，一つは正，一つは負である．

$\alpha>0, -\alpha \geqq 0$ または $\alpha<0, -\alpha \leqq 0$ とするならば，加法の単調性によって $0>0$ または $0<0$．（不合理）

[定義]　$\alpha \neq 0$ ならば，α と $-\alpha$ とのうちで正なる方を α の絶対値(記号：$|\alpha|$)という．$\alpha=0$ ならば $|\alpha|=0$ とする．

[定理11]　$|\alpha+\beta| \leqq |\alpha|+|\beta|$．

等号 $=$ は α および β が同符号のとき，あるいは α または β が 0 であるときに限る．

[証]　一度はぜひやってみるとよい．

6. 極 限

ここまできたところで，一応第1章の基本的定理を一つ一つ検討してみよう．

実数の大小の定義から Dedekind の原則(定理1)および Weierstrass の定理(定理2)が導かれることはすでに述べた(495, 496頁)．その上に今実数の加法減法が定義されたから，数列の極限の定義(§4)およびそれに基づく第1章の定理6, 7 および Cauchy の判定法(定理8)が確定する．

ただし，数列 $\{\alpha_n\}$ の上極限，下極限の定義は大小の関係だけでできる．従って，それらが一致する場合として極限も定義される．ただ，Cauchy の収束条件は差を使わないでは，うまく行かない．無理数論において加法が重要なる役をするのは，そこにある．

なお定理5(§4)に関しては(1°), (2°)はよいが，我々はまだ実数の乗法を定義していないから，(3°), (4°)は未決である．

ここで中間的に次の定理を述べておく．

[定理12]　実数 α に収束する有理数列が存在する．

[証]　この存在証明のついでに，α を十進数として表現する方法を述べる．

n を一つの自然数($\geqq 0$)，a を任意の整数として $\dfrac{a}{10^n}$ なる有理数

$$\cdots, \frac{-3}{10^n}, \frac{-2}{10^n}, \frac{-1}{10^n}, 0, \frac{1}{10^n}, \frac{2}{10^n}, \frac{3}{10^n}, \cdots$$

を取れば，そのうちで

$$\frac{a_n}{10^n} \leqq \alpha < \frac{a_n+1}{10^n}$$

なる整数 a_n が確定する．然らば

$$0 \leqq \alpha - \frac{a_n}{10^n} < \frac{1}{10^n}.$$

さて $\varepsilon > 0$ とするとき，$\varepsilon > r > 0$ なる有理数 r を取れば十分大なる n に関して $r > \dfrac{1}{10^n}$（有理数の性質：$n > \dfrac{1}{r}$ とすれば $10^n > n > \dfrac{1}{r}$）．

従って

$$0 \leqq \alpha - \frac{a_n}{10^n} < \varepsilon.$$

すなわち

$$\lim_{n\to\infty} \frac{a_n}{10^n} = \alpha.$$

これで [定理 12] は証明されたのであるが，上記 a_n の意味から

$$10a_{n-1} \leqq a_n < 10a_{n-1} + 10, \qquad (n = 1, 2, \cdots).$$

故に $a_n = 10a_{n-1} + c_n$ と置けば

$$\frac{a_n}{10^n} = \frac{a_{n-1}}{10^{n-1}} + \frac{c_n}{10^n}, \qquad 0 \leqq c_n \leqq 9.$$

すなわち

$$\frac{a_n}{10^n} = a_0 + \frac{c_1}{10} + \frac{c_2}{10^2} + \cdots + \frac{c_n}{10^n}.$$

従って

$$\alpha = a_0 + \frac{c_1}{10} + \frac{c_2}{10^2} + \cdots + \frac{c_n}{10^n} + \cdots.$$

これが十進数としての α の表現である．

このような表現は一般には一意であるが，ただ $\alpha = \dfrac{a_n}{10^n}, c_n \neq 0$，なるとき，最後の項 $\dfrac{c_n}{10^n}$ を $\dfrac{c_n-1}{10^n} + \dfrac{9}{10^{n+1}} + \dfrac{9}{10^{n+2}} + \cdots$ に換えることができる．これは周知である．

10 の代りに 1 よりも大なる任意の自然数 t を取って，同様の方法によって実数 α の <u>t 進展開</u>

$$\alpha = a_0 + \frac{c_1}{t} + \frac{c_2}{t^2} + \cdots, \qquad (0 \leqq c_n < t)$$

を得る．

7. 乗　　法

　乗法の定義は，切断によるよりも，極限の概念を自由に運用する方が得策であろう．与えられた実数 α, β に収束する任意の有理数列を $\{a_n\}, \{b_n\}$ とすれば，数列 $\{a_n b_n\}$ は収束する (Cauchy の判定法)．なぜなら：有理数の乗法(既知)によって
$$a_n b_n - a_m b_m = a_n(b_n - b_m) + b_m(a_n - a_m)$$
で，$\{a_n\}, \{b_n\}$ は有界だから，すべての n, m に関して
$$|a_n| < c, \quad |b_m| < c,$$
なる有理数 c がある．さて任意に $\varepsilon > 0$ が与えられるとき $\varepsilon > r > 0$ なる有理数 r を取れば，それに対応して n, m を十分大きくして $|a_n - a_m| < \dfrac{r}{2c}, |b_n - b_m| < \dfrac{r}{2c}$，従って
$$|a_n b_n - a_m b_m| \leqq |a_n||b_n - b_m| + |b_m||a_n - a_m| < c\frac{r}{2c} + c\frac{r}{2c} = r < \varepsilon.$$
故に数列 $\{a_n b_n\}$ は収束する．その極限は α, β に収束する有理数列 $\{a_n\}, \{b_n\}$ の選択に無関係である ($\S 9$)．

　[定義]　$\lim a_n = \alpha, \lim b_n = \beta$ なるとき
$$\lim a_n b_n = \alpha\beta$$
をもって <u>積 $\alpha\beta$ の定義</u> とする．

　$\alpha = a, \beta = b$ が有理数なるとき，この定義は有理数に関する既定の定義と調和する ($a_n = a, b_n = b$ とすればよい)．
$$\alpha \cdot 0 = 0, \quad \alpha \cdot 1 = \alpha, \quad (-\alpha)\beta = -\alpha\beta$$
なども，この定義からすぐに出る．これらを後に証明で使う．

　[定理 13]　(交換律)　$\alpha\beta = \beta\alpha$.

　[証]　$a_n \to \alpha, b_n \to \beta$ とすれば $a_n b_n \to \alpha\beta, b_n a_n \to \beta\alpha$．有理数に関して $a_n b_n = b_n a_n$ は既知．故に $\alpha\beta = \beta\alpha$.

　[定理 14]　(結合律)　$(\alpha\beta)\gamma = \alpha(\beta\gamma)$.

　[定理 15]　(分配律)　$(\alpha + \beta)\gamma = \alpha\gamma + \beta\gamma$.

　[証]　同様．ここでは $a_n + b_n \to \alpha + \beta$ をも用いる．

　[定理 16]　$\alpha > 0, \beta > 0$ ならば $\alpha\beta > 0$.

　[証]　$\alpha > 0, \beta > 0$ ならば，α, β に収束する単調増大の正の有理数列 $\{a_n\}, \{b_n\}$ がある (例えば十進数列)．然らば $\{a_n b_n\}$ も単調増大で $a_n b_n \leqq \alpha\beta$．$a_n b_n > 0$ だから $\alpha\beta > 0$.

　[注意]　これから $(-\alpha)\beta = -\alpha\beta$ を用いて，α, β が同符号または異符号なるに従って，$\alpha\beta \gtrless 0$ を得る．

　[定理 17]　$\alpha\beta = 0$ ならば $\alpha = 0$ または $\beta = 0$.

　[証]　$\alpha > 0$ として，$\beta = 0$ を示せばよい．もしも $\beta \neq 0$ ならば $\alpha\beta \neq 0$ (上記注意)．

[定理 18] （除法） $\alpha \neq 0$ と β とが与えられるとき，$\alpha\xi = \beta$ なる ξ が一意的に存在する．

[証]

(1°) まず $\alpha\bar{\alpha} = 1$ なる $\bar{\alpha}$ の存在を証明する．$\alpha > 0$ として，α に収束する単調増大の正の有理数列を $\{a_n\}$ とすれば，$\left\{\dfrac{1}{a_n}\right\}$ は単調減少で有界だから，収束する．その極限を $\bar{\alpha}$ とすれば，
$$\alpha\bar{\alpha} = \lim_{n\to\infty} a_n \cdot \frac{1}{a_n} = 1.$$
$-\alpha$ に関しては $-\bar{\alpha}$ が逆数である．

(2°) $\xi = \bar{\alpha}\beta$ とすれば $\alpha\xi = \alpha(\bar{\alpha}\beta) = (\alpha\bar{\alpha})\beta = 1 \cdot \beta = \beta$．

(3°) ξ の一意性は分配律から出る．$\alpha\xi = \beta$, $\alpha\xi' = \beta$ とすれば，$\alpha\xi - \alpha\xi' = \alpha(\xi - \xi') = 0$．$\alpha \neq 0$ だから $\xi - \xi' = 0$ [定理 17]．すなわち $\xi = \xi'$．

8. 巾および巾根

乗法の連続性から $f(x) = x^2$ の連続性が出るが，$[0, \infty)$ において，これは 0 から ∞ まで単調に増大するから，逆函数が可能で，それは連続かつ単調である．すなわち $[0, \infty)$ において $\sqrt{x}$ の意味が確定する（§ 16）．

三次以上に関しては説明を省略する．

平方根の可能性から無理数の存在証明が得られる．例えば $\sqrt{2}$ は無理数である．

$\sqrt{2}$ が無理数なることの証明は，整数論的にすれば，最も簡明である．今かりに $\sqrt{2} = p/q$ で，p, q は互に素なる整数とする．然らば $p^2 = 2q^2$ から，p は偶数，従って q は奇数である．そこで $p = 2p'$ と置けば，p' は整数で，$4p'^2 = 2q^2$ から $2p'^2 = q^2$，従って q は偶数である．不合理．

無理数の存在は実数の十進展開からも証明される．有理数の十進展開は有限か，または循環小数になる（これも整数論的だが）．従って不循環の十進数は無理数である．例えば $10, 100, 1000, \cdots$ を並べて書いた十進数 $0.10\,100\,1000\cdots$ が不循環なることは，容易に証明されるであろう．

9. 実数の集合の一つの性質

有理数の全部には番号がつけられる（可算，abzählbar[*], countable）．番号といっても，それは大小の順序とは無関係である．—— 有理数に大小の順序に従って番号をつけることは，稠密性が許さない．今正の有理数を自然数の商として n/m の形に書いて，それに平面上の格子点 (m, n) を対応させるならば，それらの格子点に 185 頁に述べたようにして，番号がつけられる．同一の有理数に無数の格子点が対応するけれども，重複するものを除いて番号を繰上げれ

---

[*] abzählbar（かずがよめる）は Georg Cantor の造語である．それの英訳は denumerable, countable, 仏訳は dénombrable．

ばよい．

例えば185頁，右の図のようにすれば，番号順は次のようになる．

$$\frac{1}{1}, \frac{1}{2}, \frac{2}{1}, \frac{1}{3}, \frac{3}{1}, \frac{1}{4}, \frac{2}{3}, \frac{3}{2}, \frac{4}{1}, \frac{1}{5}, \frac{5}{1}, \cdots.$$

正の有理数に $a_1, a_2, a_3, \cdots$ のように番号がつけば，0 および負の有理数をも入れて，例えば

$$0, a_1, -a_1, a_2, -a_2, \cdots$$

のようにして，すべての有理数の順番がきめられる．

然るに，実数の全体に関しては，たとえそれを一定の区間内に限っても，決して漏れなく番号をつけることはできない．それを手軽に証明するために，かりに区間を $(0,1)$ として，区間内のすべての実数に $\alpha_1, \alpha_2, \cdots, \alpha_n, \cdots$ のように番号がつけられたと仮定して，これらの実数を十進法で表わして

$$\alpha_1 = 0 \cdot c_1^{(1)} c_2^{(1)} \cdots c_n^{(1)} \cdots,$$
$$\alpha_2 = 0 \cdot c_1^{(2)} c_2^{(2)} \cdots c_n^{(2)} \cdots,$$
$$\cdots\cdots\cdots\cdots\cdots\cdots\cdots\cdots\cdots,$$
$$\alpha_n = 0 \cdot c_1^{(n)} c_2^{(n)} \cdots c_n^{(n)} \cdots,$$
$$\cdots\cdots\cdots\cdots\cdots\cdots\cdots\cdots\cdots$$

とおいてみる．ただし十進数として二様に書かれるものは，正規の記法を取ることとする（例えば $0.5000\cdots$ のように書いて，$0.4999\cdots$ のようには書かない）．

さて上記のような表が与えられているとき，その表に漏れている数が区間 $(0,1)$ に必ずあることが，次のようにして示される．今十進法で

$$\alpha = 0 \cdot c_1 c_2 \cdots c_n \cdots$$

と置いて，数字 $c_1, c_2, \cdots$ を次のようにきめる．すなわち，各々の位 n に関して α_n の数字 $c_n^{(n)}$ が偶数（0 をも含めていう）ならば $c_n = 1$，また $c_n^{(n)}$ が奇数ならば $c_n = 2$ とする．そうすれば，α と α_1 とは第一位の数字が違い，α_2 とは第二位の数字が違い，一般に α_n とは第 n 位の数字が違って，しかも α の数字は 1 か 2 かで，$999\cdots$ で終ることはないから，α は $\alpha_1, \alpha_2, \cdots, \alpha_n, \cdots$ のどれとも違う．この α は区間 $(0,1)$ にあるけれども，上記の表にはない．すなわち番号がついていない．

これが Cantor の有名な対角線論法である．

任意の区間 $a < x' < b$ においても同様である．それをみるには変換 $x' = a + (b-a)x$ によって区間 $(0,1)$ 内の x と (a,b) 内の x' との間に一対一対応を作ればよい．もしも (a,b) 内の x' に番号がつけきれるならば，x' に対応する x に同じ番号を与えて $(0,1)$ 内の x に番号をつけてしまえるはずであるが，それは不可能である．

それよりも重要なのは，無理数だけを取っても，すでに番号づけができないことである．——もし或る区間内のすべての無理数に，$b_1, b_2, \cdots, b_n, \cdots$ のように，番号がつけられるならば，同じ区間内の有理数に $a_1, a_2, \cdots, a_n, \cdots$ のように番号をつけて，双方を交代に $a_1, b_1, a_2, b_2, \cdots$ のよう

に入れ交ぜて，区間内のすべての実数の順番がきめられるであろう．それは不合理である．

大小の順序においては，有理数も無理数も各々稠密に，かつ交錯して配列されているが，無理数は圧倒的に濃厚に分布されているといわねばなるまい．

ここまでくれば，$\sqrt{2}$ などによらないで，無理数の存在が自然にわかるのであった．

10. 複 素 数

二つの実数の取り合せ (x,y) としてのベクトルの加法は，既知のように，交換律，結合律に従い，かつ一意的の逆算法として減法が可能で，そこで零の役目をするのは，ベクトル $(0,0)$ である．この加法の上に，或る特別なる第二の算法として，乗法を定義すれば，複素数が生ずる．

複素数 $(x,y) \neq (0,0)$ の座標 x,y に対して，関係式
$$x = \rho\cos\theta, \quad y = \rho\sin\theta, \quad \rho > 0 \tag{1}$$
から，ρ と θ (2π の整数倍なる差を無視して，すなわち mod. 2π に関して)とが確定する．極座標 ρ, θ がすなわち複素数 (x,y) の絶対値および偏角である．$(0,0)$ に対しては，$\rho=0$ で，θ は任意である．この極座標を用いて，かりに $(x,y) = [\rho, \theta]$ と書いて，二つの複素数の積を
$$[\rho_1, \theta_1] \cdot [\rho_2, \theta_2] = [\rho_1\rho_2, \theta_1 + \theta_2] \tag{2}$$
によって定義する(すなわち，幾何学的に約言すれば，$[\rho_2, \theta_2]$ を掛けることは，ベクトル $[\rho_1, \theta_1]$ を θ_2 だけ正の向きに回転させて，かつその長さを ρ_2 倍することである)．

この定義によれば，乗法は交換律，結合律に従い，また $[\rho_2, \theta_2] \neq (0,0)$ なるとき，除法 $[\rho_1, \theta_1]$ $[\rho_2, \theta_2] = [\rho_1/\rho_2, \theta_1 - \theta_2]$ が一意に可能である．積の定義(2)を Descartes 座標で表わすために
$$(a,b) = [r, \alpha], \quad (x,y) = [\rho, \theta]$$
とすれば，(1), (2)を用いて
$$(a,b) \cdot (x,y) = [r, \alpha] \cdot [\rho, \theta] = [r\rho, \alpha+\theta]$$
$$= (r\rho\cos(\alpha+\theta), r\rho\sin(\alpha+\theta)),$$
さて
$$r\rho\cos(\alpha+\theta) = r\cos\alpha \cdot \rho\cos\theta - r\sin\alpha \cdot \rho\sin\theta = ax - by,$$
$$r\rho\sin(\alpha+\theta) = r\sin\alpha \cdot \rho\cos\theta + r\cos\alpha \cdot \rho\sin\theta = bx + ay,$$
従って
$$(a,b) \cdot (x,y) = (ax - by, bx + ay).$$

これから，乗法が加法に対して分配律に従うことがわかる(x,y に x_1, y_1 および x_2, y_2 を代入して加える)．

$y=0$ なる複素数に関しては
$$(x_1, 0) + (x_2, 0) = (x_1+x_2, 0), \quad (x_1, 0)(x_2, 0) = (x_1 x_2, 0)$$

で，加法，乗法が実数 x_1, x_2 のそれらと全く同型であるから，$(x,0)$ を x と同一視して，複素数を実数の拡張とみるのである．

$a \cdot (x,y) = (ax, ay)$ は，いわゆる，スカラー乗法(伸縮の意味での乗法)で，それは $(a,0) \cdot (x,y)$ に等しい．

$(1,0) = 1, (0,1) = i$ と書けば，$(x,y) = x + yi$ で，
$$i^2 = (0,1) \cdot (0,1) = \left[1, \frac{\pi}{2}\right] \cdot \left[1, \frac{\pi}{2}\right] = [1, \pi] = (-1, 0) = -1.$$

故に形式的には，複素数の四則算法は，実数のそれと同様で，ただ，随所 i^2 を -1 で置き換えて，標準形 $x + yi$ を維持することに帰する．このような便宜上の規約を，18世紀には，天賦の法則のように考えていたのである．

複素数は伝統によって代数学的に導入される．上記の解説で，三角函数の加法定理を幾何学から引用したのは，方法上不純であるが，それを顧慮しないで，簡明を主としたのである．

附録 II 二, 三の特異な曲線

1. 本書§12 において Peano の曲線に触れたが，その趣意は次のようであった．

区間 $a \leqq t \leqq b$ において $\varphi(t), \psi(t)$ が連続であるとき

$$(C) \qquad x = \varphi(t), \quad y = \psi(t)$$

なる点 $P = (x, y)$ の集合(軌跡)として，一つの平面曲線 C を定義するならば，我々が直観的に連続曲線と考えるものはみなこの定義に適合するが，逆にこの定義に適合するものをすべて線というならば，意外なものが線の名目の下に包括される．その一例が Peano の曲線で，それは平面上の区域の各点を通過する．すなわち一つの曲線で或る面積が塗りつぶされるのである．このようなものを曲線の仲間に入れるのは迷惑であるとするならば，上記連続函数 $\varphi(t), \psi(t)$ による曲線 C の定義が悪いのである，不十分なのである．

Peano の曲線の実列を作る簡明な方法を Knopp が考案した．次にその要領を述べる．

一つの線分 T と，一つの二等辺直角三角形 Δ とを取る．媒介変数 t が T 上を動くとき，曲線 C をして Δ を塗りつぶさせようとするのである．

線分 T を T_0, T_1 に二等分し，また Δ の直角頂から斜辺への垂線を引いて Δ を Δ_0, Δ_1 に二等分して，T_0, T_1 にそれぞれ Δ_0, Δ_1 を対応させる．

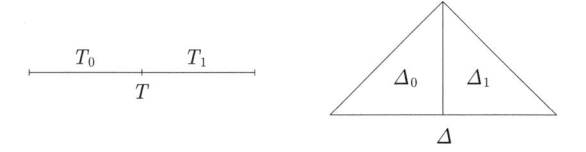

次に線分 T_0 を T_{00}, T_{01} に，また T_1 を T_{10}, T_{11} に二等分し，同時に Δ_0 および Δ_1 をそれぞれ Δ_{00}, Δ_{01} および Δ_{10}, Δ_{11} に二等分して，四つの線分 $T_{00}, T_{01}, T_{10}, T_{11}$ にそれぞれ $\Delta_{00}, \Delta_{01}, \Delta_{10}, \Delta_{11}$ を対応させる．ただし四つの線分は上記の順に並び，互に接する線分には，一辺をもって互に接する三角形が対応するようにするのである．すなわち対応は次の図のようになる．

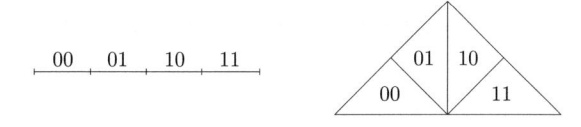

同じ条件の下で，今一回二等分をすれば，八つの線分 T_{abc} と八つの三角形 Δ_{abc} とが次のように対応する．

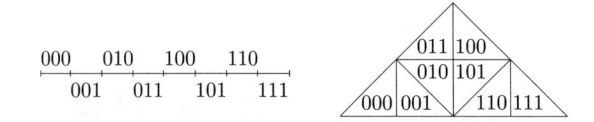

```
  000   010   100   110              011 100
------|-----|-----|-----|-----         010 101
    001   011   101   111         000 001  110 111
```

このような手順を続けるならば，線分 $T_{abc\cdots l}$ は記号 $(abc\cdots l)$ を二進数 $0\cdot abc\cdots l$ と見るときの大きさの順に並んで，相接する線分には，一辺をもって相接する三角形が対応する．

さて区間 $0 \leqq t \leqq 1$ において，変数 t を二進法で，
$$t = 0\cdot c_1 c_2 c_3 \cdots c_n \cdots \tag{1}$$
と書くならば，
$$\varDelta_{c_1} \supset \varDelta_{c_1 c_2} \supset \varDelta_{c_1 c_2 c_3} \supset \cdots \supset \varDelta_{c_1 c_2 \cdots c_n} \supset \cdots \tag{2}$$
で，これらは一点 P に収束する．今三角形 $\varDelta$ の平面において，任意に座標系をきめて（例えば斜辺上に x 軸を取って直角の頂点を $(0,1)$ とする），P の座標を (x, y) とすれば，上記のようにして，t の函数として
$$x = \varphi(t), \quad y = \psi(t)$$
が確定する．

ただし，このところ，$t = \dfrac{a}{2^n}$（線分の分点）に関する二進法の二意性にかかわらず，t に対応する点 P は一意的に定まる．例えば
$$t = 0.0101000\cdots = 0.0100111\cdots = \frac{5}{16}$$
には
$$P = \left(0, \frac{1}{2}\right)$$
が対応する（次の図，参照）．

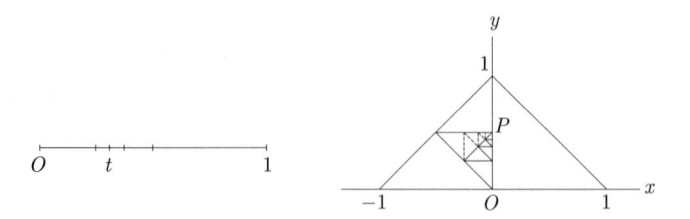

このようにして定義された函数 $\varphi(t), \psi(t)$ が連続であることは，その構成によって明白であろう．実際，$|t - t'| < \dfrac{1}{2^{2n}}$ とするならば，t, t' に対応する P, P' の距離は $\dfrac{1}{2^{n-2}}$ よりも小さい．また三角形 $\varDelta$ の各点 P は (2) のような区域列に属するから，区間 $[0,1]$ の t の値 (1) に対応することは明白である．しかし t と P の対応は一対一ではなくて，同一の点 P が t の相異なる値に対応することが可能で，そのような点 P が三角形 $\varDelta$ の辺および各分割線上に稠密に分布され

ている．例えば $P = \left(0, \frac{1}{2}\right)$ には $t = 0.0101 ; 0.0111 ; 0.1001 ; 0.1011$ が対応する．

2．上記の作図法を少しく変更して Helge von Koch の曲線を得る．それは接線が一つも引けない Jordan 曲線である．

こんどは底角 $30°$ の二等辺三角形 Δ から出発する．その底辺を三等分して Δ を三つの三角形に分割して，中の三角形を捨てて，両端の二つの三角形を Δ_0, Δ_1 とする．それらは Δ と相似である．Δ_0, Δ_1 を同様に分割して，四つの三角形 Δ_{00}, Δ_{01} および Δ_{10}, Δ_{11} を得る．

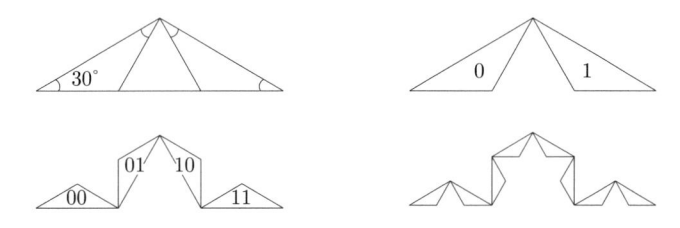

この操作をくりかえして無数の $\Delta_{abc\cdots l}$ を得る．番号のつけ方は前回と同様で，接続する線分に対応する三角形は，その一つの頂点において互に接続する．

さて前のように，二進法で

$$t = 0 \cdot c_1 c_2 c_3 \cdots c_n \cdots \tag{1}$$

とすれば

$$\Delta_{c_1} \supset \Delta_{c_1 c_2} \supset \Delta_{c_1 c_2 c_3} \supset \cdots \supset \Delta_{c_1 c_2 \cdots c_n} \supset \cdots \tag{2}$$

は一点 $P = (x, y)$ に収束して，座標

$$(C) \qquad x = \varphi(t), \quad y = \psi(t)$$

は連続函数になるが，こんどは t と P との間に一対一の対応が成り立って，C は Jordan 曲線になる．それを次の図のように三つを繋げば，一つの Jordan 閉曲線を得る．

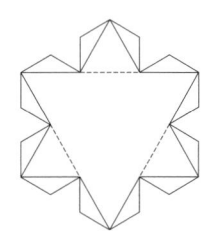

この曲線の特色は，その各点において接線が存在しないことである．実際今(1)に対応する点を P_0 とすれば，P_0 は(2)の無数の三角形 $\Delta_{c_1 c_2 \cdots c_n}$ に属するが，それらの三角形の各頂点 P_1, P_2, P_3 が曲線 C の点なのだから，弦 $P_0 P_1$, $P_0 P_2$, $P_0 P_3$ は一定の方向に収束しない．従って P_0 において接線は不可能である．P_0 が $\Delta_{c_1 c_2 \cdots c_n}$ の辺上にあっても，またはその頂点であっても同様である．

上記の作図において，二等辺三角形の底角を $30°$ とする必要はない．一般に底角を $\alpha<\dfrac{\pi}{4}$, $4\alpha+\beta=\pi$ として，Δ の頂角を α, β, α の三つに分ければ Δ_0, Δ_1 等，逐次に作られる三角形は Δ と相似である．このような三角形の連鎖からも Koch の曲線が得られる．$\alpha=\dfrac{\pi}{4}, \beta=0$ なる極限の場合には Peano の曲線が生ずるが，その場合，中間の三角形が消滅するために，連鎖の三角形が接着して，P と t との間の一対一対応が失われるのである．

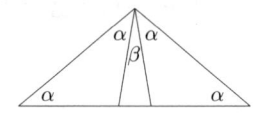

［注意］このような曲線があるから，各所で微分不可能なる連続函数があるといっても，もはやそれは驚くに足るまい (41 頁参照)．このような函数の簡単なる実例を，筆者はかつて二進法を用いて作った (東京数学物理学会記事, 1903)．その後，van der Waerden 君は，十進法によって，全く同様な函数を発表した (Mathematische Zeitschrift, 32, 1930)．上記 506 頁または 507 頁の函数 $\varphi(t), \psi(t)$ も，同種の函数であろうけれども，簡明でない．

3. 上記作図において，我々は簡明のために相似三角形を用いたけれども，作図の要点は計量的よりもむしろ位相的だから，$\Delta_a, \Delta_{ab}, \Delta_{abc}, \cdots$ が相似でなくとも，その辺 (点集合としての径) が，ついに限りなく小さくなれば，Jordan 曲線を得る．特に毎回取り除くべき中央の三角形の面積を，適当な速度で小さくして行くならば，Osgood が指摘したような，Jordan 曲線で囲まれて，しかも面積が確定でない区域の簡単な例が作られる．今作図の各階段において，三角形 $\Delta_{ab\cdots l}$ の中央から除くべき三角形の面積の比率 $k_n<1$ を適当にあんばいして，無限積 $\prod(1-k_n)=p\neq 0$ ならしめるならば (例えば $k_n=\dfrac{1}{2^n}$)，最初出発の三角形の面積を 1 として，曲線 C の外面積が p に等しい (§91)．従って，このような Jordan 曲線を境界とする区域は面積確定 (Riemann 式) でない．

補遺　いたるところ微分不可能な連続函数について

黒田成俊

本書の著者は付録 II，508 頁の注意において次のように述べている．

　このような曲線があるから，各所で微分不可能なる連続函数があるといっても，もはやそれは驚くに足るまい (41 頁参照)．このような函数の簡単なる実例を，筆者はかつて二進法を用いて作った (東京数学物理学会記事，1903)．

　ここで作られた函数は，最近応用面でも引用されることがあり，幾つかの書物にも解説が載っている．この補遺の趣旨はこの函数を著者の原論文

　　Teiji Takagi, A simple example of the continuous function without derivative,
　　　Proc. Phys.-Math. Soc. Japan, Ser. II **1**, 1903, pp. 176–177;
　　The Collected Papers of Teiji Takagi, 岩波書店, 1973, pp. 5–6

に沿う形で紹介することである (第 1 節)．この論文の方法は 2 進小数展開だけによっているところが際立っている．一方，この函数や類似の函数に関する大部分の文献では，2 進法というよりも区間の 2 進分割を用い，函数のグラフによるイメージも援用して解説がなされているので，それについての多少の説明も付け加える (第 2 節)．

1. 原論文に従って独立変数を t とし，t は便宜上 0 と 1 の間にあるとする．目的は，$0 \leqq t \leqq 1$ で連続で，しかしいかなる t においても微分可能ではない函数 $f(t)$ を作ることである．以下の解説は大筋で原論文の流れに従っているが，原論文は簡潔に書かれているので，この補遺として適当と思われる補足や説明の拡充をしていることをお断りしておく (特に連続性の部分)．

t の 2 進小数展開を
$$t = \sum_{n=1}^{\infty} \frac{c_n}{2^n} = 0.c_1 c_2 \cdots c_n \cdots, \qquad c_n = 0 \text{ または } 1$$
とする．$(0.c_1 c_2 \cdots c_n \cdots$ という書き方は原論文にはないが，式を簡単にするために使用する．) $\dfrac{m}{2^p}$ (m は奇数) という形の有理数の展開は二様あるが (例えば，$\dfrac{7}{8} = 0.111000 \cdots = 0.110111 \cdots$)，どちらでもよいとしておく．(ただし $t = 1$ は $0.111 \cdots$ と展開する.)
$$\tau_n = \frac{c_n}{2^n} + \frac{c_{n+1}}{2^{n+1}} + \frac{c_{n+2}}{2^{n+2}} + \cdots = 0.\overbrace{0 \cdots 0}^{n-1} c_n c_{n+1} \cdots,$$
$$\tau'_n = \frac{1}{2^{n-1}} - \tau_n = \frac{c'_n}{2^n} + \frac{c'_{n+1}}{2^{n+1}} + \frac{c'_{n+2}}{2^{n+2}} + \cdots = 0.\overbrace{0 \cdots 0}^{n-1} c'_n c'_{n+1} \cdots$$
とおく．ただし $c'_n = 1 - c_n$．そして γ_n を
$$c_n = 0 \quad \text{ならば} \quad \gamma_n = \tau_n, \quad c_n = 1 \quad \text{ならば} \quad \gamma_n = \tau'_n$$

と定めて，$f(t)$ を次のように定義する：
$$f(t) = \sum_{n=1}^{\infty} \gamma_n. \tag{1}$$
(c_n, γ_n 等は t に依存する．(1)の右辺で，γ_n を $\gamma_n(t)$ と書けば t の函数であることがはっきりするが，原論文にならって(1) のように書く．)

$f(t)$ は次のように変形される：
$$f(t) = \sum_{\substack{n=1 \\ c_n=0}}^{\infty} \sum_{k=n}^{\infty} \frac{c_k}{2^k} + \sum_{\substack{n=1 \\ c_n=1}}^{\infty} \sum_{k=n}^{\infty} \frac{c_k'}{2^k} = \sum_{\substack{k=1 \\ c_k=1}}^{\infty} \frac{1}{2^k} \sum_{\substack{n=1 \\ c_n=0}}^{k} 1 + \sum_{\substack{k=1 \\ c_k'=1}}^{\infty} \frac{1}{2^k} \sum_{\substack{n=1 \\ c_n=1}}^{k} 1. \tag{2}$$

ここで，記号 $\sum_{\substack{n=1 \\ c_n=0}}^{L}$（$L$ は有限または無限大）は 1 から L までの n で $c_n=0$ であるようなものについて和をとることを意味する．そこで，π_n, ν_n, a_n を

$\quad \pi_n$ は $c_1, \cdots, c_n$ のなかで 0 であるものの個数，

$\quad \nu_n$ は $c_1, \cdots, c_n$ のなかで 1 であるものの個数，

$\quad c_n=0$ ならば $a_n=\nu_n$，$\quad c_n=1$ ならば $a_n=\pi_n$

と定めて，(2)の右辺をこれらを用いて書き直せば，$f(t)$ は次のように表わされる：
$$f(t) = \sum_{\substack{k=1 \\ c_k=1}}^{\infty} \frac{\pi_k}{2^k} + \sum_{\substack{k=1 \\ c_k=0}}^{\infty} \frac{\nu_k}{2^k} = \sum_{n=1}^{\infty} \frac{a_n}{2^n}. \tag{3}$$

これが，これからの解説のもとになる式である．$\pi_n + \nu_n = n$ であり，容易にわかるように $0 \leq a_n \leq n-1$ であることに注意しておく．

ここでちょっと解説を差し挟む．t が区間 $[0,1]$ を 2^{n-1} 等分する連続する 2 点 $\frac{m}{2^{n-1}}, \frac{m+1}{2^{n-1}}$ の間にあるとする．この2点の中点は $\frac{2m+1}{2^n}$ である．そのとき，γ_n が次のように表わされることは容易に確かめられる：
$$\left. \begin{array}{l} \dfrac{m}{2^{n-1}} \leq t \leq \dfrac{2m+1}{2^n} \quad \text{のとき} \quad \gamma_n(t) = t - \dfrac{m}{2^{n-1}}, \\ \dfrac{2m+1}{2^n} \leq t \leq \dfrac{m+1}{2^{n-1}} \quad \text{のとき} \quad \gamma_n(t) = \dfrac{m+1}{2^{n-1}} - t. \end{array} \right\} \tag{4}$$

これを認めれば，γ_n が連続函数であることがわかる．さらに，$0 \leq \gamma_n \leq \dfrac{1}{2^n}$ であるから，(1)は一様収束である．故に第 4 章の定理 40 の(A)により(1)で定義された $f(t)$ は連続函数であることがわかる．以上が，γ_n, f に関する大体のイメージである．$\gamma_1, \gamma_2, \gamma_3$ のグラフを図に示す．

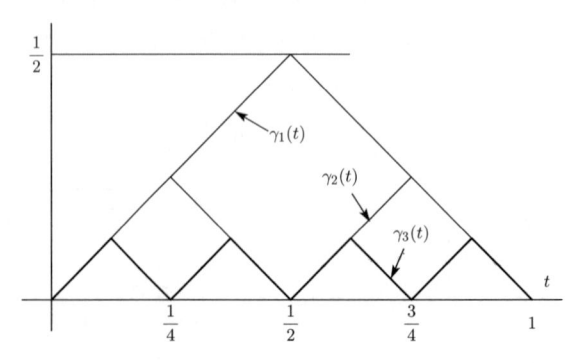

さて，原論文に戻ると，$f(t)$ の定義は(1)によっているが，(4)のようなことには全く触れず，以後の議論は(3)のみによっているようにみえる．実際，極端にいうと(1)は全く出さないで，(3)によって f を定義するとしても，定義は唐突に見えるかもしれないが，これからの議論は全部成立するのである．この節では，以下 f が(3)で定義されたとして議論を進める．

f の定義の一義性 これを確認するには，$t = \dfrac{m}{2^p}$（m は奇数）を
$$t = 0.c_1 \cdots c_{p-1}1000\cdots, \qquad t = 0.c_1 \cdots c_{p-1}0111\cdots$$
と二通りに表わしたとして，両者の場合の(3)の右辺が一致することを見ればよい．それは容易だから読者に任せる．（ただし，両者に対する a_n が一致するとは限らず，(3)の右辺の和をとって始めて両者が一致することに注意．）

f の連続性 t と t' が近ければ両者の小数展開は，n が十分大きいところ以外では実質的に一致するだろうから，f の連続性は明らかであるといえようが，この補遺では次の関係(5)が成り立つことを明示する形で連続性を示しておく．p を任意の自然数として
$$|t-t'| < \frac{1}{2^p} \ \text{ならば} \ |f(t)-f(t')| < \sum_{n=p}^{\infty} \frac{n-1}{2^n} = \frac{p}{2^{p-1}}. \tag{5}$$
(5)が成り立てば，f が連続であることは明らかであろう．

(5)を示すことは難しくはないが，話が少し細かくなるところがあるのでこの節の最後に廻し，先に f が微分不可能であることを論じる．その前に f が $t = \dfrac{1}{2}$ に関して対称であることに注意しておく．

f の対称性 $f(1-t) = f(t)$ が成り立つ．実際，t から $1-t$ に移ると，c_n の 0 と 1 が入れかわり，それに伴って，π_n と ν_n の値が入れかわり，a_n として π_n をとるか ν_n をとるかも入れかわる．従って，a_n は変わらない．（$t = \dfrac{m}{2^p}$ のとき有限小数表示か無限小数表示かも入れかわる．）

f が微分不可能であること 差分商
$$\frac{\Delta f}{\Delta t} = \frac{f(t+\Delta t)-f(t)}{\Delta t}$$
を考える．以下 $0 \leqq t < 1$ とし，Δt は $0 < \Delta t < 1-t$ を満たす範囲にあるとする．$t=1$ の場合は対称性により $t=0$ の場合に帰する．

(1°) $c_n = 0$, $\Delta t = \dfrac{1}{2^n}$ のときの $\dfrac{\Delta f}{\Delta t}$ の計算．$t' = t + \dfrac{1}{2^n}$ とすれば，
$$t = 0.c_1 c_2 \cdots c_{n-1} 0 c_{n+1} \cdots, \qquad t' = 0.c_1 c_2 \cdots c_{n-1} 1 c_{n+1} \cdots. \tag{6}$$
以下 t' に対する a_n 等を，$'$ をつけて a_n' 等で表わす．(6)から $k \leqq n-1$ のとき $a_k' = a_k$, k が n のとき $a_n = \nu_n$, $a_n' = \pi_n' = \pi_n - 1$, $k \geqq n+1$ のとき $\pi_k' = \pi_k - 1$, $\nu_k' = \nu_k + 1$ である．従って，
$$f(t') - f(t) = \frac{\pi_n - \nu_n - 1}{2^n} + \sum_{\substack{k \geqq n+1 \\ c_k = 0}} \frac{1}{2^k} - \sum_{\substack{k \geqq n+1 \\ c_k = 1}} \frac{1}{2^k}$$
$$= \frac{\pi_n - \nu_n - 1}{2^n} + \sum_{k=n+1}^{\infty} \frac{1}{2^k} - 2\sum_{\substack{k \geqq n+1 \\ c_k = 1}} \frac{1}{2^k} = \frac{\pi_n - \nu_n}{2^n} - 2\tau_{n+1},$$

$$\frac{\Delta f}{\Delta t} = \pi_n - \nu_n - 2^{n+1}\tau_{n+1} \qquad (c_n = 0, \ \Delta t = \frac{1}{2^n} \ \text{のとき}). \tag{7}$$

(2°) $c_n = 0, c_{n+1} = 1, \Delta t = \dfrac{1}{2^{n+1}}$ のときの $\dfrac{\Delta f}{\Delta t}$ の計算. $t' = t + \dfrac{1}{2^{n+1}}$ とすれば,
$$t = 0.c_1 \cdots c_{n-1} 0 1 c_{n+2} \cdots, \qquad t' = 0.c_1 \cdots c_{n-1} 1 0 c_{n+2} \cdots.$$

$k \leqq n$ のときの a_k, a'_k については (1°) と同じ. 次に $a_{n+1} = \pi_{n+1} = \pi_n, a'_{n+1} = \nu'_{n+1} = \nu_n + 1$, $k \geqq n+2$ のとき $\pi'_k = \pi_k, \nu'_k = \nu_k$, 従って $a'_k = a_k$. 故に
$$f(t') - f(t) = \frac{\pi_n - \nu_n - 1}{2^n} + \frac{\nu_n - \pi_n + 1}{2^{n+1}} = \frac{\pi_n - \nu_n - 1}{2^{n+1}},$$
$$\frac{\Delta f}{\Delta t} = \pi_n - \nu_n - 1 \quad (c_n = 0, \ c_{n+1} = 1 \ \Delta t = \frac{1}{2^{n+1}} \ \text{のとき}). \tag{8}$$

(3°) $c_n = 0, c_{n+1} = 0, \Delta t = \dfrac{1}{2^{n+1}}$ のときの $\dfrac{\Delta f}{\Delta t}$ の計算. これは, (1°) で $c_{n-1} = 0$ として得られる結果で n を $n+1$ に変えたものにあたる. (7) で n を $n+1$ に変え, $\pi_{n+1} = \pi_n + 1$, $\nu_{n+1} = \nu_n$ に注意すれば,
$$\frac{\Delta f}{\Delta t} = \pi_n - \nu_n + 1 - 2^{n+2}\tau_{n+2} \quad (c_n = 0, \ c_{n+1} = 0, \ \Delta t = \frac{1}{2^{n+1}} \ \text{のとき}). \tag{9}$$

$\Delta t = \dfrac{1}{2^{n+1}}$ のときの差分商と $\Delta t = \dfrac{1}{2^n}$ のときの差分商の差を D_n とおく. 敢えて式で書けば,
$$D_n = \left(\frac{\Delta f}{\Delta t}\right)_{\Delta t = \frac{1}{2^{n+1}}} - \left(\frac{\Delta f}{\Delta t}\right)_{\Delta t = \frac{1}{2^n}}.$$

$c_n = 0, c_{n+1} = 1$ のときには (8) と (7) の差をとって
$$D_n = -1 + 2^{n+1}\tau_{n+1} = 2^{n+1}\tau_{n+2} \quad (c_n = 0, \ c_{n+1} = 1 \ \text{のとき}) \tag{10}$$
が得られ, $c_n = c_{n+1} = 0$ のときには, (9) と (7) の差をとり, $\tau_{n+1} = \tau_{n+2}$ に注意すれば
$$D_n = 1 - 2^{n+2}\tau_{n+2} + 2^{n+1}\tau_{n+1} = 1 - 2^{n+1}\tau_{n+2} \quad (c_n = 0, \ c_{n+1} = 0 \ \text{のとき}) \tag{11}$$
が得られる.

さて, t の 2 進小数展開において, $\dfrac{m}{2^n}$ の形の数はすべて有限小数で表わすとすれば, 次の二つの場合が生じる.

(A) あるところから先の c_n はすべて 0 である.

(B) $c_n c_{n+1} = 01$ という並びが無数に現われる.

(A) の場合, ある n から先では (11) が成り立ち, しかも $\tau_{n+2} = 0$ である. 従ってある番号から先では常に $D_n = 1$ となる.

(B) はさらに分類して,

(B1) $c_{n+2} c_{n+3} c_{n+4} = 000$ である,

(B2) (B1) でない,

に分ける.

(B2) の場合には (10) を適用するが, そのとき容易にわかるように $\tau_{n+2} \geqq \dfrac{1}{2^{n+4}}$, 従って $D_n \geqq \dfrac{1}{8}$ である.

(B1)の場合は番号をずらして $c_n c_{n+1} c_{n+2}=000$ と思って(11)を適用する．$c_{n+2}=0$ から $\tau_{n+2} \leqq \frac{1}{2^{n+2}}$, 従って $D_n \geqq \frac{1}{2}$ である．

(B)の場合には(B1), (B2)の少なくとも一方は無数の n に対して起こる．従って(A)も含めていかなる場合にも $D_n \geqq \frac{1}{8}$ となる n が無数に現われることがわかった．一方，もし f が t で微分可能ならば，$n \to \infty$ のとき $D_n \to 0$ である．故に，f は t において微分可能ではあり得ない．

[注意] 微分可能の定義(37頁参照)において h を $h>0$(または $h<0$)に限った極限

$$f'_+(t) = \lim_{\substack{h \to 0 \\ h>0}} \frac{f(t+h)-f(t)}{h}, \quad f'_-(t) = \lim_{\substack{h \to 0 \\ h<0}} \frac{f(t+h)-f(t)}{h}$$

が存在(有限な値として存在)するとき，f は t において右微分可能(または左微分可能)であるという．上の証明は(3)の f が右微分可能でないこと，従って対称性により左微分可能でもないことをを示している．なお，$t=\frac{m}{2^n}$ という点では $f'_\pm(t) = \pm\infty$ となる．このことも，(3)から出発して容易に示すことができる．

(5)の証明 最後に，残っていた(5)の証明をする．$t'=1$ の場合は対称性により $t=0$ の場合に帰着できるから，以下 $0 \leqq t < t' < 1$, $t'-t < \frac{1}{2^p}$ とし，煩雑さを避けるため，$\frac{m}{2^n}$ の形の数は有限小数で表わすことにする．$t=0.c_1 c_2 \cdots c_n \cdots$, $t'=0.c'_1 c'_2 \cdots c'_n \cdots$ とし，t' に対する a_n 等はすべて $'$ をつけて表わす．$|a'_n - a_n| \leqq n-1$ であることに注意しておく．

このとき，次の三つの場合のいずれかである．

(A) ある非負整数 m によって，$\frac{m}{2^p} \leqq t < t' < \frac{m+1}{2^p}$.

(B) ある奇の自然数 m によって，$t < \frac{m}{2^p} \leqq t'$.

(C) ある偶の自然数 m によって，$t < \frac{m}{2^p} \leqq t'$.

(A)の場合：$n \leqq p$ のとき $c'_n = c_n$, 従って

$$|f(t')-f(t)| \leqq \sum_{n=p+1}^\infty \frac{|a'_n - a_n|}{2^n} \leqq \sum_{n=p+1}^\infty \frac{n-1}{2^n}. \tag{12}$$

(B)の場合：$m=2k+1$ とすると $\frac{k}{2^{p-1}} < t < t' < \frac{k+1}{2^{p-1}}$ であるから，$n \leqq p-1$ のとき $c'_n = c_n$, 従って，

$$|f(t')-f(t)| \leqq \sum_{n=p}^\infty \frac{n-1}{2^n}. \tag{13}$$

(C)の場合：$m=2^q l$ ($q \geqq 1$, l は奇数)とする．容易にわかるように

$$t = 0.c_1 \cdots c_{p-q-1} \overbrace{0}^{p-q} \overbrace{1 \cdots 1}^{q} c_{p+1} c_{p+2} \cdots,$$

$$t' = 0.c_1 \cdots c_{p-q-1} \overbrace{1}^{p-q} \overbrace{0 \cdots 0}^{q} c'_{p+1} c'_{p+2} \cdots$$

となる．(最初の $p-q-1$ 桁は同じであることに注意．) これより

$n=1, \cdots, p-q-1$ のとき，$\pi'_n = \pi_n$, $\nu'_n = \nu_n$, $a'_n = a_n$,

$n=p-q$ のとき，$a_{p-q} = \nu_{p-q}$, $a'_{p-q} = \pi'_{p-q} = \pi_{p-q}-1$,

$p-q < n \leqq p$ のとき, $a_n = \pi_n = \pi_{p-q},\ a'_n = \nu'_n = \nu_{p-q}+1$.

以上により
$$|f(t') - f(t)| \leqq \left|\frac{\pi_{p-q} - \nu_{p-q} - 1}{2^{p-q}}\right| + \sum_{n=p-q+1}^{p} \frac{\nu_{p-q} - \pi_{p-q} + 1}{2^n} + \sum_{n=p+1}^{\infty} \frac{n-1}{2^n}.$$

右辺において, $\pi_{p-q} - \nu_{p-q} = p-q-2\nu_{p-q}$ かつ $0 \leqq \nu_{p-q} \leqq p-q-1$ だから
$$-(p-q)+2 \leqq \pi_{p-q} - \nu_{p-q} \leqq p-q \quad \text{従って} \quad |\pi_{p-q} - \nu_{p-q} - 1| \leqq p-q-1 \leqq p-1$$
である. これと $\sum_{n=p-q+1}^{p} \frac{1}{2^n} = \frac{1}{2^{p-q}}\left(1 - \frac{1}{2^q}\right)$ に注意すれば,
$$|f(t') - f(t)| \leqq \frac{p-1}{2^p} + \sum_{n=p+1}^{\infty} \frac{n-1}{2^n} = \sum_{n=p}^{\infty} \frac{n-1}{2^n}. \tag{14}$$

(12), (13), (14)により, (5)が最後の等号を除いて示された. 最後の等号は次の計算による.
$$\sum_{n=p}^{\infty} \frac{n}{2^n} = \sum_{n=p}^{\infty}\sum_{k=1}^{n} \frac{1}{2^n} = \sum_{k=1}^{p}\sum_{n=p}^{\infty} \frac{1}{2^n} + \sum_{k=p+1}^{\infty}\sum_{n=k}^{\infty} \frac{1}{2^n} = \sum_{k=1}^{p} \frac{1}{2^{p-1}} + \sum_{k=p+1}^{\infty} \frac{1}{2^{k-1}} = \frac{p+1}{2^{p-1}}.$$

［注意］ (5)から
$$|f(t') - f(t)| \leqq |t' - t|\left\{2 + 4\log_2\left(\frac{1}{|t'-t|}\right)\right\} \tag{15}$$
が得られる. 実際, $|t'-t| \leqq \frac{1}{2}$ のときには $\frac{1}{2^{p+1}} \leqq |t'-t| < \frac{1}{2^p}$ となるように p を選んで(5)を適用すればよい. また, 左辺は 1 を超えないから $\frac{1}{2} < |t'-t| \leqq 1$ のとき(15)は明らか. 実は(1), (4)を用いれば少しよい評価
$$|f(t') - f(t)| \leqq |t'-t|\left\{2 + \log_2\left(\frac{1}{|t'-t|}\right)\right\} \tag{16}$$
が得られることが知られているが, (3)からでも(15)が得られることに注目しておく. (15), (16)は f の連続の度合い(連続率)に関する情報を与えている.

2. 以上で(3)を出発点として話は完結した. これが原論文の精神であろう. しかし, 函数 f や類似の函数に関する大部分の文献では, (1)または(4)のような表式を出発点として議論を進めるのが一般的なので, そのような方向についても少し解説を付け加えておく.

　定義について $\frac{m}{2^{n-1}},\ m=0, 1, \cdots, 2^{n-1}$ と書ける有理数全体の集合を Γ_n とする. (4)は $\gamma_n = \gamma_n(t)$ の値は, t と Γ_n の最寄りの点との間の距離に等しいことを表わしている. 式で書けば
$$\gamma_n(t) = \min\left(|t-0|, \left|t - \frac{1}{2^{n-1}}\right|, \left|t - \frac{2}{2^{n-1}}\right|, \cdots, \left|t - \frac{2^{n-1}-1}{2^{n-1}}\right|, |t-1|\right).$$

$\gamma_n(t)$ をこのように定義した上で, $f(t)$ を $f(t) = \sum_{n=1}^{\infty} \gamma_n(t)$ と定義するのが, 普通に行われている f の定義である. (4)で見たように, この $f(x)$ は(1)の f, 従って(3)の f と一致している.

　このように定義された f が区間 $[0,1]$ で連続であることは, (4)のすぐ後で述べた通りである.

　グラフ (3)および(1)の部分和をそれぞれ $f_n(t) = \sum_{k=1}^{n} \frac{a_k}{2^k},\ g_n(t) = \sum_{k=1}^{n} \gamma_k$ とおいて, それらのグラフを示しておく. 次頁の図のグラフで左半分が f_n, 右半分が g_n であり, 左半分のグラフは下から $f_2, f_4, f_6, f_8, f_{10}$, 右半分は下から $g_1, g_2, g_3, g_4, g_5, g_7, g_{10}$ である.

$$|f(t)-f_n(t)| \le \sum_{k=n+1}^{\infty} \frac{k-1}{2^k} = \frac{n+1}{2^n}, \quad |f(t)-g_n(t)| \le \sum_{k=n+1}^{\infty} \frac{1}{2^k} = \frac{1}{2^n}$$

であるから g_n の方が収束は早く，g_7 と g_{10} はグラフではほとんど区別できない．

$f_n(t)$ の計算アルゴリズムは，t の 2 進小数展開さえ出来れば，後は極めて単純なのが特徴である．ちなみに，このグラフは $[0,1]$ を $2^{10}=1024$ 等分し，ある表計算ソフトで計算した数値に基づいている．

微分不可能性 f が各所で微分不可能であることを，2 進小数展開を使わないで証明する．

$t=\dfrac{m}{2^n}$ の場合．$k \ge n+1$ のとき $\gamma_k(t)=0$ であることに注意すれば $f'_\pm(t)=\pm\infty$ であることは容易にわかる．従って，f は t で微分可能ではない．

その他の場合．自然数 p を任意にとるとき，$\dfrac{m}{2^p}<t<\dfrac{m+1}{2^p}$ となる非負整数 m が定まる．区間 $\left[\dfrac{m}{2^p},\dfrac{m+1}{2^p}\right]$ の中点 $\dfrac{2m+1}{2^{p+1}}$ に関して t と対称な点を t_p とする．$t_p \ne t$ であり，容易にわかるように

$$n>p \quad\text{ならば}\quad \gamma_n(t_p)=\gamma_n(t),$$
$$n\le p \quad\text{ならば}\quad \gamma_n(t_p)-\gamma_n(t)=\varepsilon_n(t_p-t), \quad \varepsilon_n=1 \text{ または } -1$$

だから，

$$\frac{f(t_p)-f(t)}{t_p-t} = \sum_{n=1}^{p}\frac{\gamma_n(t_p)-\gamma_n(t)}{t_p-t} + \sum_{n=p+1}^{\infty}\frac{\gamma_n(t_p)-\gamma_n(t)}{t_p-t} = \sum_{n=1}^{p}\varepsilon_n$$

が成り立つ．この右辺は，p が奇数ならば奇数，偶数ならば偶数である．一方，$p\to\infty$ のとき $t_p-t\to 0$ だから，f は t で微分可能ではあり得ない．

右微分不可能の証明 上の証明は簡明だが，右微分不可能であることまでは示していない．なぜならば，t_p が t の右側にあるか左側にあるかは p によるからである．しかし，右微分不可能であることを上に準拠する方法で証明することもできる．それには次のようにすればよい．

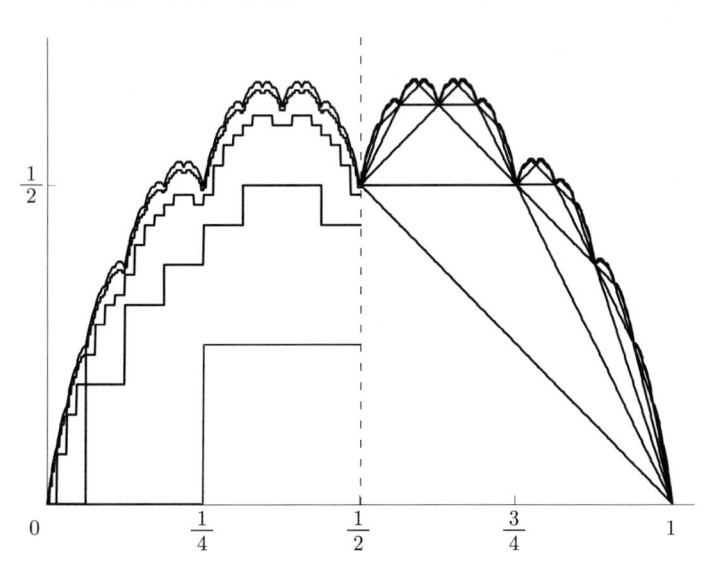

$0 \leqq t < 1$ である t を任意にとる．今回は $t = \dfrac{m}{2^n}$ の場合を別扱いする必要はない．背理法で証明するため，$f(t)$ が t で右微分可能であると仮定して矛盾を導く．

自然数 p を任意にとり，$\dfrac{m}{2^p} \leqq t < \dfrac{m+1}{2^p}$ となる非負整数 m を定める．そして

$$t_p = \frac{1}{2}\left(\frac{m+1}{2^p} + \frac{2m+3}{2^{p+1}}\right), \qquad t'_p = \frac{1}{2}\left(\frac{2m+3}{2^{p+1}} + \frac{m+2}{2^p}\right)$$

とおいて(図参照)次の計算をする．

```
────┼────×────┼────┼────┼────×────┼────
    m/2^p    t   (m+1)/2^p  t_p  (2m+3)/2^(p+1)  t'_p  (m+2)/2^p
```

$$\frac{f(t'_p) - f(t_p)}{t'_p - t_p} = \frac{f(t'_p) - f(t)}{t'_p - t} \times \frac{t'_p - t}{t'_p - t_p} - \frac{f(t_p) - f(t)}{t_p - t} \times \frac{t_p - t}{t'_p - t_p}$$

$$= \frac{f(t'_p) - f(t)}{t'_p - t} + \frac{t_p - t}{t'_p - t_p}\left(\frac{f(t'_p) - f(t)}{t'_p - t} - \frac{f(t_p) - f(t)}{t_p - t}\right).$$

$p \to \infty$ のとき $t_p, t'_p \to t$ であり，$f(t)$ は t で右微分可能と仮定しているから，右辺の三つの差分商はすべて $p \to \infty$ のとき $f'_+(t)$ に収束する．さらに，$t'_p - t_p = \dfrac{1}{2^{p+1}}$，$\dfrac{1}{2^{p+2}} \leqq t_p - t \leqq \dfrac{5}{2^{p+2}}$ だから，$p \to \infty$ のとき右辺は $f'_+(t)$ に収束する．一方，左辺は p の偶奇に従って，偶数または奇数であることが前と同じ考察でわかる．これは矛盾であり，$f(t)$ は t で右微分可能ではない．

定義の変形，自己相似性 函数 $f(t)$ が最近の文献で引用されるとき，定義が見かけ上違った形に書かれることが多い．それを説明し，合わせて $f(t)$ のもつ「自己相似性」という性質に触れておく．

$\gamma_1(t)$ は区間 $[0,1]$ 上で定義され，$0 \leqq t \leqq \dfrac{1}{2}$ なら $\gamma_1(t) = t$，$\dfrac{1}{2} \leqq t \leqq 1$ なら $\gamma_1(t) = 1 - t$ である．$\gamma_1(t)$ を周期 1 の周期函数として $-\infty < t < \infty$ にまで延長してできる函数を $\varphi(t)$ と書こう．$\varphi(t)$ は t が整数のとき 0，半整数(整数 $+\dfrac{1}{2}$)のとき $\dfrac{1}{2}$ の値をとる区分的一次函数である．そこで

$$F(t) = \sum_{n=0}^{\infty} \varphi_n(t), \quad \varphi_n(t) = \frac{1}{2^n}\varphi(2^n t), \quad -\infty < t < \infty \tag{17}$$

とおく ($\varphi_0(t) = \varphi(t)$)．$0 \leqq t \leqq 1$ のとき $F(t)$ は (1) の $f(t)$ と一致することを見よう．$t = \dfrac{m}{2^n}$ (m は整数)のとき $\varphi_n(t) = 0$ でこれらの点の中点では $\varphi_n(t) = \dfrac{1}{2^n}$ である．これにより，$0 \leqq t \leqq 1$ のとき $\varphi_n(t) = \gamma_{n+1}(t)$ であることがわかる．従って

$$f(t) = F(t) = \sum_{n=0}^{\infty} \frac{1}{2^n}\varphi(2^n t), \quad 0 \leqq t \leqq 1. \tag{18}$$

最近の文献で函数 f が出てくるときは，(18) が用いられることが多い．上で見たように，(1) と (18) とでは和の添字 n の値が一つずれることになる．

515 頁の図で縦軸の変数を s とし，f_{10}, g_{10} のグラフをつないだものを f のグラフと見よう．

すると，図の右半分 $\left(\frac{1}{2}\leqq t\leqq 1\right)$ で直線 $s=1-t$ を基準にして $s=f(t)$ のグラフを見たものと，図の全体 ($0\leqq t\leqq 1$) で直線 $s=0$ を基準にして $s=f(t)$ のグラフを見たものは似ているように見えるだろう．正確にいえば，前者は後者のアフィン変換として得られる．このような性質は「自己相似性」と呼ばれるものである．

(17)の右辺の部分和を $F_n(t) = \sum_{k=0}^{n} \frac{1}{2^k}\varphi(2^k t)$ とおくと

$$F(t) = F_{n-1}(t) + \frac{1}{2^n} F(2^n t), \quad -\infty < t < \infty$$

が成り立つことが容易に確かめられる．この式で $n=1$ とすると，上で述べたグラフの状況にちょうど対応している．

[附記] 41頁に述べられているように，Weierstrass は 1872 年にいたるところ微分不可能な連続函数の実例を作った (Weierstrass 全集，II 巻，71–74 頁)．Weierstrass の函数は

$$W(t) = \sum_{n=0}^{\infty} b^n \cos(a^n \pi t)$$

というものである．ここで $0 < b < 1$ で a は正の奇数とする．Weierstrass は，a, b が条件 $ab > 1 + \frac{3}{2}\pi$ を満たすとき $W(t)$ はいたるところ微分不可能であることを示した．(この条件は緩められることがその後の研究で知られている．)

上で述べた函数 f または類似の函数は，多くの研究者によって再発見されているが，函数 f はいつの頃からか高木函数 (Takagi function) と呼ばれるようになり，自己相似性の性質を持つ故か，最近の研究でもよく引用されるようである．

この補遺は岩波書店の依頼により執筆したものである．題材の選択に際して黒田成信氏から示唆を得た．

年　表

アルキメデス	Archimedes	(−212 歿)
ニュートン	Newton	1642−1727
ライプニッツ	Leibniz	1646−1716
ベルヌイ	Bernoulli (Jakob)	1654−1705
オイラー	Euler	1707−1783
ラグランジュ	Lagrange	1736−1813
ルジャンドル	Legendre	1752−1833
フーリエ	Fourier	1768−1830
ガウス	Gauss	1777−1855
コーシー	Cauchy	1789−1857
アーベル	Abel	1802−1829
ディリクレ	Dirichlet	1805−1859
ワイヤシュトラス	Weierstrass	1815−1897
リーマン	Riemann	1826−1866
デデキント	Dedekind	1831−1916
ジョルダン	Jordan, C.	1838−1922
カントル	Cantor, G.	1845−1918

事項索引

ア 行

アイゼンシュタイン (Eisenstein) の級
　　数　187
アステロイド　→　星形
アダマール (Hadamard) の定理　78
アフィン変換　378
アーベル (Abel の定理)　194, 197
アルキメデス (Archimedes) の原則
　　95
e (自然対数の底)　9
　　——の計算　71
位相的写像　34
一意化　266
一様収束　166, 173
一様性 (連続の——)　29
因子積分　→　部分積分
陰伏函数　317

ヴィヴィアニ (Viviani) の穹面　391

枝
　　陰伏函数の——　317
　　逆三角函数の——　46
　　対数函数の——　257
n 次元空間　2, 455
M 函数 (M 可測函数)　432
M 集合 (M 可測集合)　431
L (Lebesgue の略)
　　L 函数, L 積分　462
　　L 集合, L 測度　460
エルミート (Hermite) の多項式　91,
　　152
オイラー (Euler) の数　251
オイラー (Euler) の定数 C　161, 269
横截線　227

カ 行

開核　31, 352
開区間　4, 456
開集合　31, 464
解析函数　216, 246
解析接続　→　解析的延長
解析的延長　245
外測度　458

階段函数　433
回転 (ベクトル場の)　409
外点　30
回転体　367
回転面　400
外面積　352
ガウス (Gauss の記号) Π　125
ガウス (Gauss) の定理　411
下界　4
核　→　開核
下組　3, 493
下限　4
可算　185, 501
可測函数
　　L——　→　L 函数, B——　→　B 函数
可測集合
　　L——　→　L 集合, B——　→　B 集合
合併　428
加法的　436
　　完全に——　436
加法的集合函数　436, 449
加法的集合類　→　シグマ (σ) 系
函数　17
　　有界変動の——　139
　　連続——　24
函数行列式 (ヤコビアン)　320
函数空間　296
完全　→　完備
完全集合　463
完全微分　421
完備　295
　　——条件　295
ガンマ (Γ) 函数　117, 179, 268
逆函数　44, 323
逆三角函数　45, 206
球函数　128
ギュルダン (Guldin) の法則　401
境界　30
共通部分　428
行列式の最大値　→　アダマール
　　(Hadamard) の定理
極　235, 238
極距離　384

極限　5, 430, 498
　　上——，下——　13, 430
　　連続的変数に関する——　21
極座標　384, 403
曲線　33
　　——の長さ　142
　　——の方程式　334
曲線座標　395
極大 (小)
　　——点，——値　72
極値　72
極値点　72
曲面積　388
曲率　79, 84, 87
　　——の中心　88
曲率円　88
曲率半径　84, 87
距離 (点の, 点集合の)　2, 31
近傍　19, 32
区域　30
空集合　428
区間　4, 17, 456
　　開——　4, 456
　　閉——　4, 456
区間塊　456
区間縮小法　10, 16
グラフ　19
グラム (Gram) の行列式　152, 293
グリーン (Green) の定理　→　ガウス
　　(Gauss) の定理
径 (点集合の——)　16, 32
経度　384
結合律
　　——(実数算法の)　497, 500
　　——(集合算の)　428
結節点　337
ケプラー (Kepler) の方程式　333
元 (集合の)　12
原始函数　97, 108
懸垂線　208
原像　326
高階微分　55

事項索引

交換律
　——(実数算法の)　496, 500
　——(集合算の)　428
広義積分　111, 367
合成函数　42, 64
交代級数　164
勾配　340
項別積分の定理　444
コーシー-アダマール (Cauchy-Hadamard) の定理　195
コーシー (Cauchy) の積分公式　228
コーシー (Cauchy) の積分定理　223
コーシー (Cauchy) の判定法　12
コーシー-リーマン (Cauchy-Riemann) の微分方程式　217
コッホ (Koch) の曲線　507
孤立点
　点集合の——　33
　曲線の——　338

サ 行

差(集合の)　429
サイクロイド　89
最大・最小　76
搾出法　94
三角関係　2
三角函数　202, 248
三角級数　290
算術幾何平均　35
三進集合 (Cantor の)　463
三稜系(単位——)　81

シグマ (σ) 系　431
　閉じた——　431
指数函数　26, 48, 202, 248
指数級数　201
自然数　1
自然数の巾和　251
自然対数　49
実数　494
　——の連続性　495
嘴点　338
写像　325
集合　4
　——の元　12
　開——　31, 464
　点——　14
　閉——　16, 31, 464
　余——　30, 428
集合函数　436
　加法的——　436, 449
集合算　428
集積点　14

縦線集合　473
収束
　——(級数の)　154
　——(区域列の)　367
　——(数列の)　5
収束円　195
収束半径　195
従属変数　18
重複点　34
収斂　→　収束
縮閉線　89
主値
　逆三角函数の——　46
　積分の——　114
　対数の——　210
　巾の——　259
十進法　1, 499
主法線　83
主要部　234, 237
シュワルツ (Schwarz) の定理　62
シュワルツ (Schwarz) の不等式　152
循環(閉曲線に沿っての)　421
上界　4
上組　3, 493
上限　4
条件収束　155
剰余　154
剰余項　66, 127
　Cauchy の——　128
　Schlömilch の——　128
　Lagrange の——　128
ジョルダン (Jordan) 曲線　34
ジョルダン (Jordan) 曲面　343
伸開線　89
真性特異点　235
シンプソン (Simpson) の公式　137

数量の場　→　スカラー場
数列　5
　単調——　7
　部分——　6
スカラー積　79
スカラー場　340
スターリング (Stirling) の公式　280
スチルチェス (Stieltjes) 積分　141, 478
　Riemann——　478
　Lebesgue——　478
ストークス (Stokes) の定理　420

正割係数　→　Euler の数
整函数　238
正規化(直交函数系の)　291

整型　216
整数　1
正則(函数の)　216
正則(集合列の)　481
正則性の指数　481
正則点(曲線の)　334
成分(ベクトルの)　79
積(集合の)　→　共通部分
積分　438
　——確定 (Lebesgue 積分に関し)　439
　——可能 (Riemann 積分に関し)　103
　——有限 (Lebesgue 積分に関し)　439
　Stieltjes——　141, 478
　Riemann——　118, 476
　Lebesgue——　118, 462
積分函数　108
積分変数　108
ゼータ (ζ) 函数　160, 192
接触平面　83
接線　38, 79
絶対収束　114, 155, 191
絶対値　2, 158, 498
絶対連続　453, 490
切断　3, 493, 495
漸近　126
漸近線　337
線織面　402
線積分　147
尖点　90, 338
全微分　59, 63
像　326
相加平均総和法　297
双曲線函数　208
測度　360, 436
　Riemann——　360
　Lebesgue——　360, 460

タ 行

多意　247
　——函数　317
対角線論法　502
代数学の基本定理　239, 247
対数函数　48, 206, 256
対数積分　124
対数微分法　50
体積　356
第二曲率　→　撓率
楕円座標　405
楕円積分　135, 394

事 項 索 引

楕円体の表面積　392
楕円の弧長　146
多価函数　→　多意函数
ダルブー(Darboux)の定理　101
ダルブー(Darboux)の和　447, 477
単純列(集合の)　428
単純和(集合の)　428
単側面　408
単調　8, 430
　——減少　8, 430
　——数列　7
　——増大　8, 430
単連結　227

値域　24
置換積分　119
中間値の定理　27
超越整函数　238
超幾何級数　201
超楕円積分　135
稠密　31
　有理数の——性　3, 493
調和函数　217
調和級数　154
直交函数系　291
　正規——　291
直交座標　403

定義函数(点集合の)　351, 431
定義区間(函数の)　18
定差　68
定積分　103
テイラー(Taylor)級数　70, 229
テイラー(Taylor)の公式　66, 69
ディリクレ(Dirichlet)の積分　312, 387
停留　73
　——値，——点　73
デカルト(Descartes)の葉線　335
デデキント(Dedekind)の定理　3
点　428
点集合　14
　——の径　16, 32
　二つの——の距離　31
点列　14
等位線　21
等位面　340
導函数　37
　集合函数の——　480
　第 n 階の——　55
動径　384
特異函数　453, 487, 490, 491

特異点　226
　仮性——，真性——，除きうる——　235
　孤立——　232
　曲線の——　335
　曲面の——　398
特徴函数　→　定義函数
独立変数　18
凸函数　56

ナ 行

内測度　459, 466
内点　30
内面積　352
ナブラ(∇)　409
滑らか　141
　区分的に——　300
二項級数　201
二項定理　260
二項微分　135
二重級数　185
二重数列　183
二進法　1
ニュートン(Newton)の近似法　92
ねじれ　→　捩率

ハ 行

媒介変数　33
擺線　→　サイクロイド
π の計算　199
陪法線　84
パーセヴァル(Parseval)の等式　295
発散(級数の)　154
発散(ベクトル場の)　409
半収束(条件収束)　157
ハーン(Hahn)の分割　451
判別式　344
半立方放物線　338
半連続　476

B(Borel の略)
　B 函数，B 集合　468
　B 包，B 核　469
微小数　43
微小体積　396
微小面積　397
被積分函数　108
被覆定理
　Vitali の——　482
　Heine-Borel の——　17
微分　38
微分可能　37, 59, 215, 481, 486
微分係数　38

微分商　38, 480
微分積分法の基本公式　109, 227
平等　→　一様
フェイェール(Fejér)の定理　297, 299
複素数　158, 503
複連結　227
不定積分　110, 453
フビニ(Fubini)の定理　474
部分積分　122
フーリエ(Fourier)級数　290
フーリエ(Fourier)式級数　294
フーリエ(Fourier)式係数　294
フーリエ(Fourier)の積分公式　314
フレネ(Frenet)の公式　85
不連続因子　316
分岐点　257
分配律
　——(実数算法の)　500
　——(集合算の)　429

ペアノ(Peano)の曲線　505
閉域　32
平均値の定理
　積分法の第一——　107, 358, 441
　積分法の第二——　309
　微分法の——　51
閉区間　4, 457
閉集合　16, 31, 464
閉包　31, 352
巾　259, 501
巾函数　50
巾級数　194
巾根　501
ベクトル　79
ベクトル積　80
ベクトルの場　340, 409
ベータ(B 函数)　117
ベッセル(Bessel)の不等式　295
ベルヌイ(Bernoulli)の数　249
ベルヌイ(Bernoulli)の多項式　251, 316
ベール(Baire)の函数類　468
偏角　158
変格積分　→　広義積分
変数　17
変動(有界変動の函数，および加法的集合函数の)
　正の——，負の——，全——　140, 450
　絶対——　→　全——
偏微分　58

変分 → 変動
ポアソン(Poisson)の公式　417
放物線の弧長　146
包絡線　88, 343
母函数
　ルジャンドル(Legendre)の球函数の
　　―― 132
星形　90
ポテンシャル　374
ほとんど　463
ボレル(Borel)集合　→　B集合

マ行

マクローリン(Maclaurin)級数　70
交わり(集合の)　→　共通部分
密度定理　487
無限級数　154
無限小(高位の――，同位の――，n位の――)　43, 44
無限積　190
無条件収束　157, 436
無理数　1, 494
メービウス(Möbius)の帯　408
面積　352
面積計(Amsler の)　149
面積分　407
モレラ(Morera)の定理　230

ヤ行

ヤング(Young)の定理　62
有界　4

有界変動　139, 489
有限　434
有限増加の公式　52
湧出率　421
有理曲線　336
有理型　289
有理数　1
ユークリッド(Euclid)空間　455
余集合　30, 428

ラ行

ライプニッツ(Leibniz)の級数　199, 304
ライプニッツ(Leibniz)の法則　55
ラグランジュ(Lagrange)の乗数法　348
ラグランジュ(Lagrange)の展開　333
ラグランジュ(Lagrange)の補間式　263
ラゲール(Laguerre)の多項式　91, 153
螺線　86
螺旋面　402
ラドン-ニコディム(Radon-Nikodym)の定理　454
ラプラス(Laplace)の微分方程式　217, 376
立体角　415
リーマン(Riemann)積分　118, 476
リューヴィル(Liouville)の定理　238
流出量　421
留数　242

流動率　38
領域　32
臨界矩形群　352
輪環体　401
累次積分　360, 474
ルーシェ(Rouché)の定理　289
ルジャンドル(Legendre)変換　349
ルベーグ(Lebesgue)積分　118, 462
ルベーグ(Lebesgue)測度　360, 460
ルベーグ(Lebesgue)の定理　486
ルベーグ(Lebesgue)の分割　454
零集合　462
零点　235
捩率，捩率半径　84
レムニスケート　146, 206
連結　32, 227
連続　24
　――函数　24
　左へ――　25
　右へ――　26
連続性(実数の)　3, 495
連続体　32
連続的微分可能　141
連続の濃度　463
ローラン(Laurent)展開　234
ロル(Rolle)の定理　51

ワ行

和(集合の)　→　合併
ワイヤシュトラス(Weierstrass)の定理　5, 15, 231, 235, 306
ワリス(Wallis)の公式　125, 272

人名索引

A
Abel(アーベル)　165, 168, 194, 197
Adams(アダムス)　201
Amsler(アムスラー)　149
Archimedes(アルキメデス)　93
Artin(アルティン)　271
Arzelà(アルツェラ)　170

B
Baire(ベール)　468
Banach(バナッハ)　482
Bernoulli(ベルヌイ)　146, 249, 251
Bernstein(ベルンシュタイン)　307
Bessel(ベッセル)　295
Borel(ボレル)　17, 468
Brouwer(ブロウェル)　328

C
Cantor(カントル)　463, 501, 502
Carathéodory(カラテオドリ)　459
Cauchy(コーシー)　12, 23, 35, 37, 52, 114, 118, 128, 195, 217, 223, 228, 232, 239
Cesàro(チェザロ)　297

D
Darboux(ダルブー)　101
Dedekind(デデキント)　3
de la Vallée-Poussin(ド・ラ・ヴァレ・プッサン)　431
Descartes(デカルト)　335
Dirichlet(ディリクレ)　156, 311, 312, 316, 387

E
Eisenstein(アイゼンシュタイン)　187
Euclid(ユークリッド)　296
Euler(オイラー)　117, 121, 161, 212, 246, 251, 275

F
Fáa di Bruno(ファー・ディ・ブルノ)　91
Fejér(フェイエール)　297
Ferguson(ファーギュスン)　199
Fourier(フーリエ)　290, 314
Frenet(フレネ)　85
Fresnel(フレネル)　240

F
Fubini(フビニ)　474

G
Gauss(ガウス)　35, 138, 161, 201, 206, 232, 269, 286, 411
Goursat(グルサー)　230
Gram(グラム)　152, 293
Green(グリーン)　411
Guldin(ギュルダン)　401

H
Hadamard(アダマール)　78, 195
Hahn(ハーン)　451
Heine(ハイネ)　17
Hermite(エルミート)　91, 152, 263
Hilbert(ヒルベルト)　296

J
Jordan(ジョルダン)　34, 139, 311, 343, 360

K
Kelvin(ケルヴィン)　189
Kepler(ケプラー)　333
Knopp(クノップ)　505
Kummer(クンマー)　213

L
Lagrange(ラグランジュ)　37, 51, 128, 263, 333, 348
Laguerre(ラゲール)　91, 153
Laplace(ラプラス)　217, 286, 288, 376
Laurent(ローラン)　234
Lebesgue(ルベーグ)　118, 360, 447, 454, 458, 486
Legendre(ルジャンドル)　129, 288, 349
Lehmer(レーマー)　249
Leibniz(ライプニッツ)　37, 55, 103, 304
Liouville(リューヴィル)　238

M
Machin(メイチン)　199
Mertens(メルテンス)　158
Möbius(メービウス)　408
Morera(モレラ)　230

N
Newton(ニュートン)　37, 135

N
Nikodym(ニコディム)　454

O
Osgood(オスグッド)　508

P
Parseval(パーセヴァル)　295
Peano(ペアノ)　34, 505
Picard(ピカール)　237
Poisson(ポアソン)　287, 417
Pringsheim(プリングスハイム)　224
Pythagoras(ピタゴラス)　296

R
Radon(ラドン)　454
Riemann(リーマン)　118, 157, 160, 217, 235, 236, 360
Rolle(ロル)　51
Rouché(ルーシェ)　289

S
Schlömilch(シュレミルヒ)　128
Schwarz(シュワルツ)　62, 152, 395
Shanks(シャンクス)　199
Simpson(シンプソン)　137
Steiner(シュタイナー)　76
Stieltjes(スチルチェス)　141, 274, 333, 478
Stirling(スターリング)　280
Stokes(ストークス)　420

T
Taylor(テイラー)　66
Tschebyscheff(チェビシェフ)　135

V
van der Waerden(ファン・デア・ワルデン)　508
Vitali(ヴィタリ)　482, 490
Viviani(ヴィヴィアニ)　391
von Koch(フォン・コッホ)　507
von Neumann(フォン・ノイマン)　199

W
Wallis(ワリス)　125, 272
Weierstrass(ワイヤシュトラス)　5, 15, 41, 231, 235, 246, 269, 306
Wolfram(ウォルフラム)　201

Y
Young(ヤング)　62

定本 解析概論

2010 年 9 月 15 日　第 1 刷発行
2025 年 6 月 13 日　第 17 刷発行

著　者　高木貞治(たかぎていじ)
発行者　坂本政謙
発行所　株式会社 岩波書店
　　　　〒101-8002　東京都千代田区一ツ橋 2-5-5
　　　　電話案内 03-5210-4000
　　　　https://www.iwanami.co.jp/

印刷・大日本印刷　カバー・半七印刷　製本・中永製本

ISBN 978-4-00-005209-2　　Printed in Japan

読むだけでも楽しい入門辞典の最高峰

岩波 数学入門辞典

青本和彦・上野健爾・加藤和也・神保道夫・砂田利一
高橋陽一郎・深谷賢治・俣野博・室田一雄 編著

高校から大学院にかけて学ぶ用語を中心に 50 音順に並べた入門辞典．すべての用語説明を編者自身が記述．できる限り直観的な例から説明し，定義だけでなく，歴史や応用対象も考慮して解説をつけた．理系の人は必携．学習者のみならず一般の人も使える便利な辞典．

菊判　上製函入　2 段横組　738 頁　定価 7040 円

【本辞典の特色】

- 50 音順で配列された小項目辞典．知りたい・調べたいことがすぐにわかってとても便利．説明もまずは具体的な例を示して厳密な定義へと進む．レベルに応じていろいろな読み方が可能．
- 見出し語は約 4000 項目以上．高校および大学で習う数学用語はほとんど網羅．例や定義だけでなく，背景となる歴史や流れの中での位置づけも紹介．さらに，人物評伝もこのレベルの辞典としては充実していて読むだけでも面白い辞典．
- フィールズ賞やアーベル賞など，有名な数学賞や IMU などの国際的な組織の項目も説明．また，見出し語にはすべて英訳を付けた．学習者だけでなく，出版やマスコミ関係者にも役立つ辞典．

【この辞典を利用していただきたい方】

- 高校以上のレベルの数学に関心のある大学生および社会人
- 数学以外の理系の分野で，数学を使って研究をしている人
- 中学や高校，または学習塾などで，数学の先生をしている人
- 新聞や出版など，マスコミ関係で，数学関連のことに携わっている人

岩波書店刊
定価は消費税 10% 込です
2025 年 6 月現在